D1753185

Lambacher Schweizer 11/12

**Grundlagen der Mathematik
für Schweizer Maturitätsschulen**

Ausgabe für die Schweiz

Bearbeitung
Peter Jankovics
Beratung
Volker Dembinski
Sebastian Lamm
Roman Oberholzer
Rita Völlmin-Luchsinger

Autoren der Originalausgaben

Manfred Baum
Martin Bellstedt
Gerhard Bitsch
Dieter Brandt
Gerhard Brüstle
Heidi Buck
Jürgen Denker
Günther Dopfer
Rolf Dürr
Alfred Franz
Hans Freudigmann
Herbert Götz
Dieter Greulich
Frieder Haug
Manfred Herbst
Christine Kestler
Hans-Georg Kosuch
Detlef Lind
Michael Mertins
Jens Negwer

Peter Neumann
Johannes Novotný
Rolf Reimer
Günther Reinelt
Wolfgang Riemer
Rüdiger Sandmann
Hartmut Schermuly
August Schmid
Reinhard Schmitt-Hartmann
Siegfried Schwehr
Manfred Schwiehr
Maximilian Selinka
Jörg Stark
Barbara Sy
Günther Taetz
Thomas Thiessen
Ingo Weidig
Peter Zimmermann
Manfred Zinser
Arnold Zitterbart

Klett und Balmer Verlag

Lambacher Schweizer 11/12
Grundlagen der Mathematik für Schweizer Maturitätsschulen

Ausgabe für die Schweiz auf der Grundlage folgender Werke:
Lambacher Schweizer 8 Ausgabe Bayern, 12-731660, © Ernst Klett Verlag GmbH, Stuttgart 2006
Lambacher Schweizer 9 Ausgabe Bayern, 12-731760, © Ernst Klett Verlag GmbH, Stuttgart 2007
Lambacher Schweizer 10 Ausgabe A, 12-734801, © Ernst Klett Verlag GmbH, Stuttgart 2009
Lambacher Schweizer 10 Ausgabe Bayern, 12-731960, © Ernst Klett Verlag GmbH, Stuttgart 2008
Lambacher Schweizer 11 Ausgabe Bayern, 12-732760, © Ernst Klett Verlag GmbH, Stuttgart 2009
Lambacher Schweizer 11 Ausgabe Nordrhein-Westfalen, 12-732210, © Ernst Klett Verlag GmbH, Stuttgart 2000
Lambacher Schweizer 12 Ausgabe Bayern, 12-732860, © Ernst Klett Verlag GmbH, Stuttgart 2010
Lambacher Schweizer 11/12 Ausgabe Niedersachsen, 12-735501, © Ernst Klett Verlag GmbH, Stuttgart 2009
Lambacher Schweizer 11/12 Ausgabe Sachsen, 12-733140, © Ernst Klett Verlag GmbH, Stuttgart 2008
Lambacher Schweizer Gesamtband Oberstufe, 12-733120, © Ernst Klett Verlag GmbH, Stuttgart 2007
Lambacher Schweizer Kursstufe Baden-Württemberg, 12-735301, © Ernst Klett Verlag GmbH, Stuttgart 2009

Bearbeitung Peter Jankovics, Zürich

Beratung Dr. Volker Dembinski, Hasliberg-Goldern (Ecole d'Humanité), Prof. Dr. Sebastian Lamm, St. Gallen (Gymnasium Friedberg, Gossau), Roman Oberholzer, Luzern (Kantonsschule Alpenquai, Luzern), Rita Völlmin-Luchsinger, Zürich (ehemals Gymnasium der Juventus-Schulen)

Projektleitung Marcel Holliger, Klett und Balmer Verlag, Baar

Bildrechte, Bildrecherchen Text Pistols, Anja Fiebiger, Schwyz, und Tanja Witt, Luzern

Umsetzung click it AG, Tino Hug, Seon

Gestaltung Simone Glauner, Stuttgart, Ulrike Glauner, Stuttgart, Claudia Rupp, Stuttgart, Katharina Schlatterer, Stuttgart, Andreas Staiger, Stuttgart, Nadine Yesil, Stuttgart

Illustrationen Uwe Alfer, Waldbreitbach, Ulla Bartl, Weil der Stadt, Jochen Ehmann, Stuttgart, Sibylle Gückel, Stuttgart, Hartmut Günthner, Stuttgart, Helmut Holtermann, Dannenberg, Rudolf Hungreder, Leinfelden-Echterdingen, Christine Lackner-Hawighorst, Ittlingen, Annette Liese, Dortmund, Anja Malz, Taunusstein, media office gmbh, Kornwestheim, SMP Oehler, Remseck, U. Schwarz, Schwäbisch-Gmünd

Bildkonzept Umschlag SoldanKommunikation, Stuttgart

Umschlagbilder Kirche in Mogno, Mario Botta (Foto Pino Musi); Facettenauge einer Raubfliege (getty images, 101605172)

Korrektorat Stefan Zach, z.a.ch GmbH, Bern

1. Auflage 2013
3., unveränderter Nachdruck 2017
Alle Drucke dieser Auflage können im Unterricht nebeneinander verwendet werden.

Lizenzausgabe für die Schweiz
© Klett und Balmer AG, Baar 2013

Alle Rechte vorbehalten.
Nachdruck, Vervielfältigung jeder Art oder Verbreitung – auch auszugsweise – nur mit schriftlicher Genehmigung des Verlags.

ISBN 978-3-264-83983-8

Autoren der Originalausgaben
Lambacher Schweizer 8 Ausgabe Bayern: Herbert Götz, Manfred Herbst, Christine Kestler, Hans-Georg Kosuch, Dr. Johannes Novotný, Prof. August Schmid, Barbara Sy, Thomas Thiessen, Prof. Dr. Ingo Weidig
Lambacher Schweizer 9 Ausgabe Bayern: Herbert Götz, Manfred Herbst, Christine Kestler, Hans-Georg Kosuch, Dr. Johannes Novotný, Barbara Sy, Thomas Thiessen
Lambacher Schweizer 10 Ausgabe A: Manfred Baum, Martin Bellstedt, Dr. Dieter Brandt, Heidi Buck, Detlef Dornieden, Christina Drüke-Noe, Prof. Rolf Dürr, Hans Freudigmann, Dieter Greulich, Prof. Dr. Heiko Harborth, Dr. Dieter Haug, Edmund Herd, Thorsten Jürgensen-Engl, Andreas König, Rolf Reimer, Reinhard Schmitt-Hartmann, Ulrich Schönbach, Andrea Stühler, Dr. Peter Zimmermann
Lambacher Schweizer 10 Ausgabe Bayern: Herbert Götz, Manfred Herbst, Christine Kestler, Hans-Georg Kosuch, Dr. Johannes Novotný, Prof. August Schmid, Barbara Sy, Thomas Thiessen, Prof. Dr. Ingo Weidig
Lambacher Schweizer 11 Ausgabe Bayern: Herbert Götz, Manfred Herbst, Christine Kestler, Hans-Georg Kosuch, Dr. Johannes Novotný, Barbara Sy, Thomas Thiessen, Arnold Zitterbart
Lambacher Schweizer 11 Ausgabe Nordrhein-Westfalen: Manfred Baum, Detlef Lind, Dr. Wolfgang Riemer, Hartmut Schermuly, Jörg Stark, Günther Taetz, Prof. Dr. Ingo Weidig, Dr. Peter Zimmermann
Lambacher Schweizer 12 Ausgabe Bayern: Herbert Götz, Manfred Herbst, Christine Kestler, Hans-Georg Kosuch, Dr. Johannes Novotný, Barbara Sy, Thomas Thiessen, Arnold Zitterbart
Lambacher Schweizer 11/12 Ausgabe Niedersachsen: Manfred Baum, Dr. Dieter Brandt, Hans Freudigmann, Dieter Greulich, Dr. Wolfgang Riemer, Rüdiger Sandmann, Prof. Manfred Zinser
Lambacher Schweizer 11/12 Ausgabe Sachsen: Detlef Lind, Jens Negwer, Peter Neumann
Lambacher Schweizer Gesamtband Oberstufe: Dr. Dieter Brandt, Günther Reinelt
Lambacher Schweizer Kursstufe Baden-Württemberg: Manfred Baum, Martin Bellstedt, Dr. Dieter Brandt, Heidi Buck, Prof. Rolf Dürr, Dieter Greulich, Dr. Frieder Haug, Dr. Wolfgang Riemer, Rüdiger Sandmann, Reinhard Schmitt-Hartmann, Dr. Peter Zimmermann, Prof. Manfred Zinser

Inhaltsverzeichnis

Lernen mit dem Lambacher Schweizer — 6

I Grenzwerte — 7

1 Folgen und Reihen — 8
1.1 Folgen — 8
1.2 Eigenschaften von Folgen — 13
1.3 Grenzwert einer Folge — 15
1.4 Grenzwertsätze — 19
1.5 Reihen — 21
Exkursion: Eine übergeordnete Beweismethode – die vollständige Induktion — 25

2 Grenzwerte von Funktionen — 28
2.1 Grenzwerte von Funktionen an einer Stelle — 28
2.2 Stetigkeit einer Funktion — 32
2.3 Grenzwerte von Funktionen im Unendlichen — 35
Exkursion: Das Unendliche in der Mathematik — 37

II Differenzialrechnung — 41

3 Die Ableitung — 42
3.1 Differenzenquotient und mittlere Änderungsrate — 42
3.2 Differenzialquotient und lokale Änderungsrate — 44
3.3 Differenzierbarkeit — 48
3.4 Die Ableitungsfunktion — 51
3.5 Die Ableitung der Potenzfunktion — 55
3.6 Summenregel und Faktorregel — 57
3.7 Produktregel und Quotientenregel — 60
Exkursion: Zusammenhang zwischen Stetigkeit und Differenzierbarkeit — 63

4 Kurvendiskussion von Polynomfunktionen — 64
4.1 Verhalten im Unendlichen — 64
4.2 Nullstellen und Faktorisieren — 67
4.3 Gerade und ungerade Funktionen; Symmetrie — 72
4.4 Monotonie — 74
4.5 Extrempunkte — 76
4.6 Bedingungen für Extremstellen — 78
4.7 Wendepunkte — 81
4.8 Kurvendiskussion — 84
4.9 Bestimmung von Polynomfunktionen — 86
4.10 Extremwertprobleme — 89

5 Graphen rationaler Funktionen — 92
5.1 Verhalten in der Umgebung der Definitionslücken — 92
5.2 Verhalten im Unendlichen — 97
5.3 Kurvendiskussion rationaler Funktionen — 101
5.4 Anwendungen rationaler Funktionen — 104

6 Weitere Ableitungsregeln — 106
   6.1   Ableiten der trigonometrischen Funktionen — 106
           Exkursion: Ableitung der Sinus- und Kosinusfunktion – eine Beweisführung — 109
   6.2   Verkettung von Funktionen und ihre Ableitung — 110
   6.3   Ableitung der Umkehrfunktion — 114
   6.4   Potenzfunktionen mit rationalen Exponenten und ihre Ableitung — 116

7 Natürliche Exponential- und Logarithmusfunktion — 119
   7.1   Die natürliche Exponentialfunktion und ihre Ableitung — 119
           Exkursion: Die Euler'sche Zahl e — 122
   7.2   Die natürliche Logarithmusfunktion und ihre Ableitung — 125
   7.3   Ableiten zusammengesetzter Funktionen — 128
   7.4   Gleichungen, Funktionen mit beliebigen Basen — 130
   7.5   Kurvendiskussion von Exponentialfunktionen — 132
   7.6   Kurvendiskussion von Logarithmusfunktionen — 135
   7.7   Funktionen mit Parameter — 137

III Integralrechnung — 141

8 Das Integral — 142
   8.1   Lokale Änderungsrate und Gesamtänderung — 142
   8.2   Definition des Integrals als Grenzwert einer Summe — 145
   8.3   Das Integral als Flächenbilanz — 149
   8.4   Die Integralfunktion — 151
   8.5   Stammfunktionen — 153
   8.6   Der Hauptsatz der Differenzial- und Integralrechnung — 156
   8.7   Eigenschaften von Stammfunktionen und Integralen — 160
   8.8   Flächenberechnungen mit dem Integral — 164
           Exkursion: Differenzialgleichungen — 169

9 Anwendungen und Ergänzungen der Integralrechnung — 171
   9.1   Volumen von Rotationskörpern — 171
   9.2   Mittelwerte von Funktionen — 174
   9.3   Uneigentliche Integrale — 176
   9.4   Partielle Integration — 178
   9.5   Integration durch Substitution — 180
           Exkursion: Numerische Integration – die Fassregel von Kepler — 182
           Exkursion: Bogenlänge einer Kurve — 184
           Exkursion: Geschichte der Analysis — 185

IV Wahrscheinlichkeitsrechnung — 187

10 Wahrscheinlichkeiten und Abzählverfahren — 188
   10.1   Zufallsexperimente und Ereignisse — 188
   10.2   Wahrscheinlichkeiten — 192
   10.3   Laplace'scher Wahrscheinlichkeitsbegriff — 196

10.4	Wahrscheinlichkeiten bei mehrstufigen Zufallsexperimenten	— 199
10.5	Kombinatorik – Abzählverfahren am Urnenmodell	— 204
	Exkursion: Peinliche Fragen	— 211
	Exkursion: Die Würfel von Efron	— 212

11 Zusammengesetzte Ereignisse — 213

11.1	Ereignisse und Vierfeldertafel	— 213
11.2	Vierfeldertafel und Baumdiagramm	— 216
11.3	Bedingte Wahrscheinlichkeit	— 219
11.4	Unabhängigkeit von Ereignissen	— 224
11.5	Regel von Bayes	— 228
	Exkursion: Das Ziegenproblem	— 231

12 Zufallsvariablen und Verteilungsfunktion — 233

12.1	Zufallsvariablen	— 233
12.2	Wahrscheinlichkeitsverteilung einer Zufallsvariablen	— 235
12.3	Erwartungswert einer Zufallsvariablen	— 239
12.4	Varianz einer Zufallsvariablen	— 242

13 Bernoulli-Experiment und Binomialverteilung — 244

13.1	Bernoulli-Experiment und Bernoulli-Kette	— 244
13.2	Binomialverteilung	— 246
13.3	Modellieren mit der Binomialverteilung	— 250
13.4	Erwartungswert und Varianz der Binomialverteilung	— 254
	Exkursion: Sigma-Regeln	— 257
13.5	Die Gauss'sche Glockenfunktion	— 258
13.6	Normalverteilung – Modell und Wirklichkeit	— 260
	Exkursion: Geschichte der Wahrscheinlichkeitsrechnung	— 263

V Statistik — 265

14 Beschreibende Statistik — 266

14.1	Daten erheben und darstellen	— 266
	Exkursion: Mogeln mit Statistik	— 271
14.2	Statistische Kennzahlen	— 273
14.3	Regression	— 279
14.4	Korrelation	— 283

15 Beurteilende Statistik — 288

15.1	Grundproblem der beurteilenden Statistik	— 288
15.2	Hypothesen testen – Alternativtests	— 290
15.3	Hypothesen testen – Signifikanztests	— 294
15.4	Fehlerwahrscheinlichkeiten bei Signifikanztests	— 300
	Exkursion: Das Taxiproblem	— 303

Stichwortverzeichnis — 305
Quellenverzeichnis — 308

Lernen mit dem Lambacher Schweizer

Wie das Inhaltsverzeichnis zeigt, enthält der Band 11/12 die fünf grossen Themen «Grenzwerte», «Differenzialrechnung», «Integralrechnung», «Wahrscheinlichkeitsrechnung» und «Statistik». Sie sind wiederum in einzelne Kapitel und Lerneinheiten gegliedert. Die nachfolgenden Abbildungen erläutern den Aufbau im Detail.

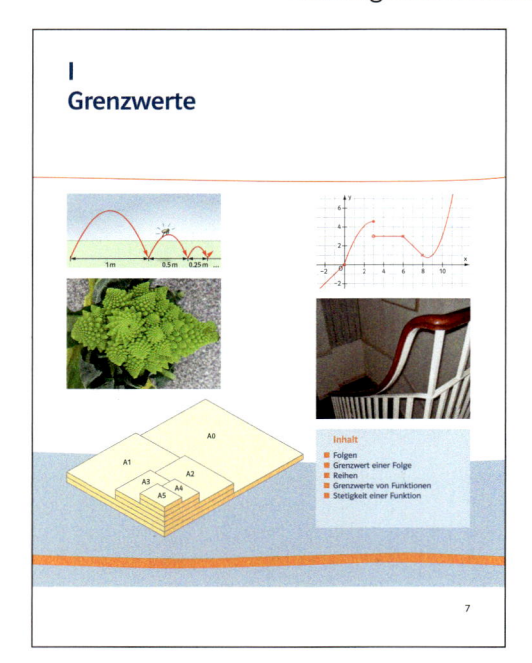

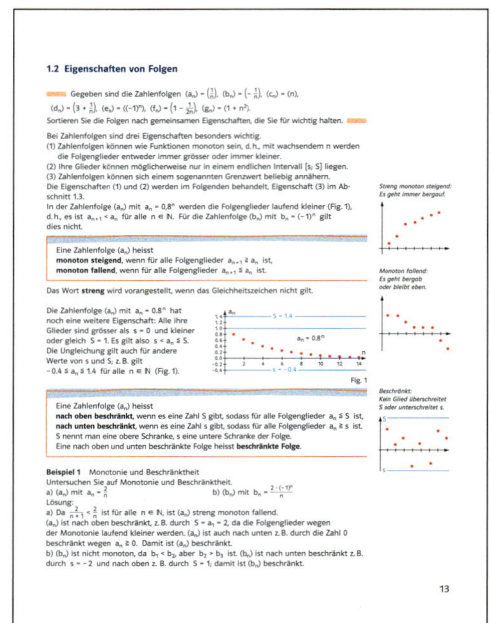

Zum **Einstieg** gibt es immer eine Frage oder eine Anregung zum Thema. Diese können individuell, in Gruppen oder in der Klasse behandelt werden.

In **Merkkästen** sind die wichtigsten Inhalte in Wort und Formelsprache zusammengefasst.

Vor den **Aufgaben** befinden sich **Beispiele** mit Lösungen, welche Hinweise für die Bearbeitung der Aufgaben geben.

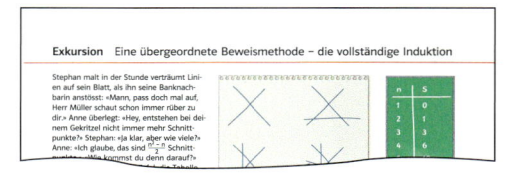

Die **Themen** beginnen mit einer Auftaktseite, welche den Inhalt in Bild und Text umschreibt

Mit dem Titel **Exkursionen** sind grössere Ergänzungen bezeichnet. Sie enthalten zusätzliche Informationen zu Geschichte und Anwendungen der Mathematik.

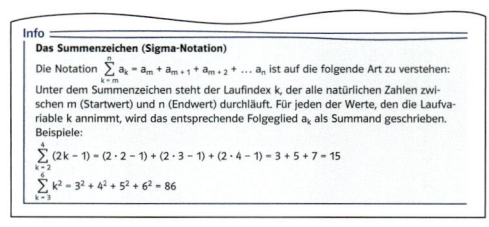

Zuweilen sind interessante zusätzliche Informationen unter der Rubrik **Info** eingestreut.

Mathematik – vielseitig und zielorientiert

Ein zeitgemässer Mathematikunterricht soll Gymnasiastinnen und Gymnasiasten neben reinen Rechenfertigkeiten weitere Fähigkeiten vermitteln, die grundlegend für die Allgemeinbildung sowie hilfreich zum Verständnis ihrer Umwelt sind.

Das Angebot der drei Bände für das Grundlagenfach an Schweizer Maturitätsschulen richtet sich nach ausgewählten Schullehrplänen, nach dem Stoffplan der Schweizerischen Maturitätskommission sowie nach den Empfehlungen der Arbeitsgruppe HSGYM.

I Grenzwerte

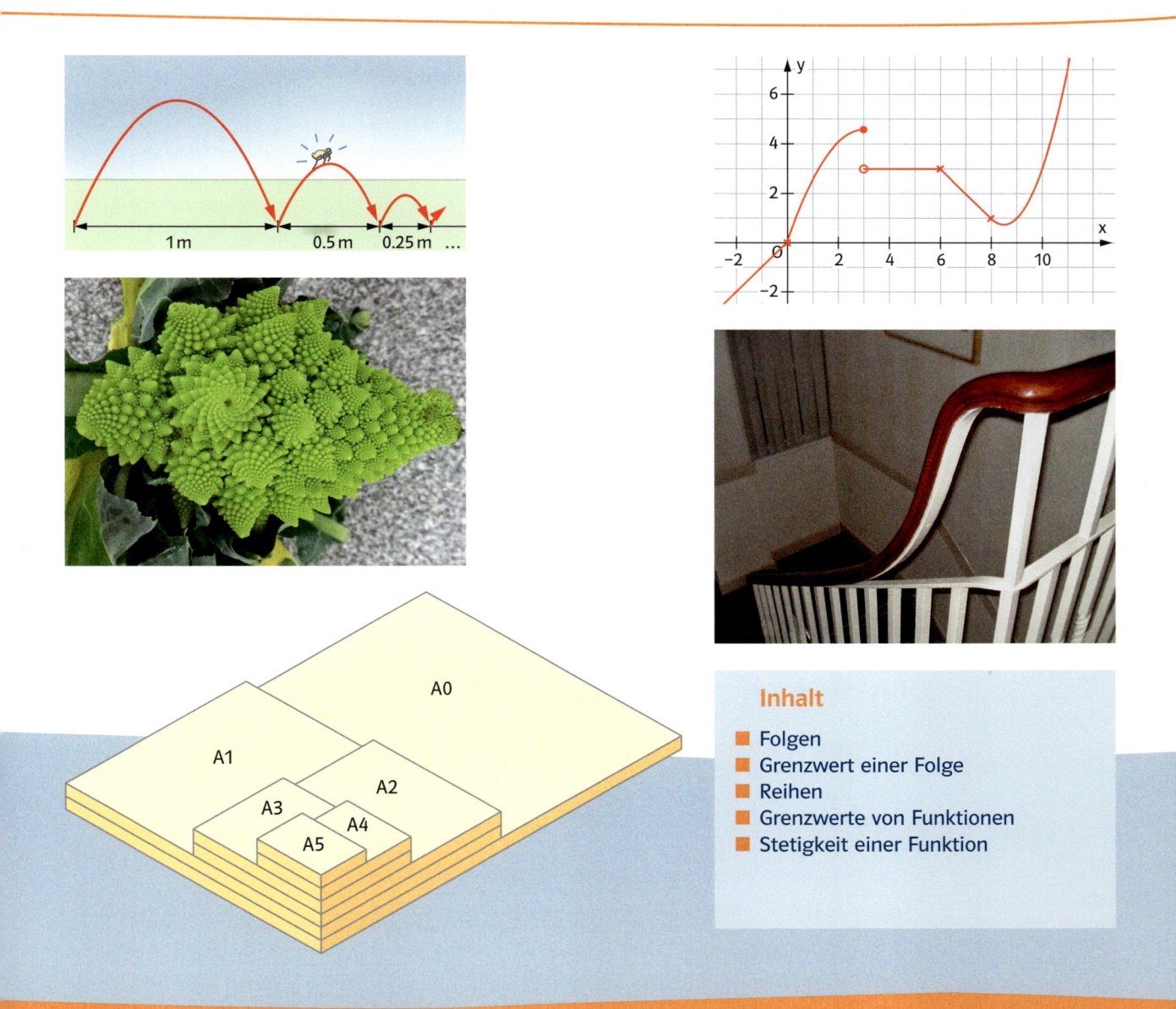

Inhalt
- Folgen
- Grenzwert einer Folge
- Reihen
- Grenzwerte von Funktionen
- Stetigkeit einer Funktion

1 Folgen und Reihen

1.1 Folgen

Der griechische Philosoph Zenon von Elea (um 490–430 v. Chr.) behauptete, der Läufer Achilles könne kein Wettrennen gegen eine Schildkröte gewinnen, falls diese vor ihm einen gewissen Vorsprung habe. Er gab die folgende Begründung.

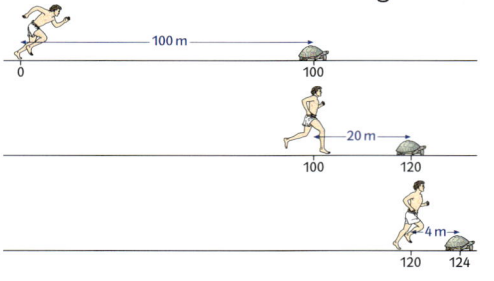

Der Vorsprung der Schildkröte betrage beispielsweise 100 m und Achilles sei fünfmal so schnell wie das Tier. Um die Startstelle der Schildkröte zu erreichen, verbraucht Achilles Zeit – Zeit, in der die Schildkröte 20 m zurücklegt. Diesen kürzeren Abstand legt Achilles noch rascher zurück, allerdings ist die Schildkröte auch in dieser Zeit ein wenig vorgerückt (4 m). So setzt sich das Rennen fort, und Achilles wird die Schildkröte nicht einholen können, da diese, wenn Achilles den jeweils letzten Punkt des Tieres erreicht hat, schon wieder ein Stück weitergelaufen ist.

- Zählen Sie die hier von Achilles gelaufenen Streckenabschnitte nacheinander auf.
- Wie ermittelt man einen Streckenabschnitt aus der vorangegangenen Strecke?
- Gibt es einen Fehler in der Argumentation Zenons?

Der Begriff der Folge

Zählt man nacheinander reelle Zahlen auf, z. B. die geraden Zahlen 2; 4; 6; 8; …, so entsteht eine **reelle Zahlenfolge**, auch kurz **Folge** genannt. Jede Folge besitzt eine erste Zahl a_1, eine zweite Zahl a_2, eine dritte Zahl a_3 usw. (im obigen Fall: $a_1 = 2$; $a_2 = 4$; $a_3 = 6$; …). Die einzelnen Zahlen einer Folge heissen **Glieder** der Folge. Mit (a_n) wird die gesamte Folge symbolisiert, wobei a_n das n-te Glied der Folge bezeichnet.

Anstelle von a und n werden auch andere Buchstaben verwendet.

Beispiele von Folgen:
Die Folge der ungeraden negativen Zahlen $(a_n) = -1; -3; -5; …$
Die Folge der Quadratzahlen $(b_n) = 1; 4; 9; 16; …$
Die Folge $(c_n) = 3; 1; 4; 1; 5 …$

Die Fortsetzungspunkte «…» für die nicht angegebenen Glieder einer Folge sind nur dann sinnvoll, wenn die Folge eindeutig fortgesetzt werden kann. Dies ist bei den Folgen (a_n) und (b_n) durch die Wortformulierung gewährleistet. Für die Folge (c_n) ist eine plausible Fortsetzung 1; 6; 1; 7; …. Man könnte aber auch die Dezimaldarstellung der Kreiszahl π wiedererkennen und die Fortsetzung 9; 2; 6; … wählen.

Eine eindeutige Fortsetzung einer Folge ist durch eine Bildungsvorschrift für das allgemeine n-te Glied a_n gesichert. So liefert für n = 1; 2; 3; … beispielsweise
$a_n = 2n + 1$ die Folge $a_1 = 3$; $a_2 = 5$; $a_3 = 7$; ….
Hierbei wird stets jeder natürlichen Zahl genau ein Folgenglied zugeordnet.

$\mathbb{N} = \{1; 2; 3; …\}$
$\mathbb{N}_0 = \{0; 1; 2; …\}$

Bei manchen Anwendungen ist es zweckmässig, die Folge mit a_0 beginnen zu lassen. Dann ist $\mathbb{N}_0$ die Definitionsmenge der Zahlenfolge.

> Eine (unendliche reelle) **Zahlenfolge** ist eine Abbildung von der Menge der natürlichen Zahlen in die Menge der reellen Zahlen. Jeder natürlichen Zahl n wird eine reelle Zahl a_n (ein Folgenglied) zugeordnet.

Darstellungen von Folgen

Um eine unendliche Folge eindeutig festzulegen, braucht es eine Vorschrift. Es gibt zwei Arten von Vorschriften: die **explizite** und die **rekursive** Darstellung.
Bei der expliziten Darstellung ist das n-te Glied a_n direkt in Abhängigkeit von n angegeben, z. B. $a_n = \frac{3}{2n}$ ($n \in \mathbb{N}$). Das entspricht einer Funktionsgleichung $a_n = f(n)$, bei der das n-te Glied unabhängig von den anderen Gliedern berechnet werden kann, wie im Beispiel das 99. Glied: $a_{99} = \frac{3}{2 \cdot 99} = \frac{3}{198} = \frac{1}{66}$

> Bei der **expliziten Darstellung** einer Zahlenfolge ist eine Vorschrift angegeben, wie man das n-te Glied direkt berechnen kann.

Eine andere Art von Bildungsvorschrift für eine Folge ist die rekursive Darstellung. Sie gibt an, wie jedes Glied der Folge aus seinem Vorgänger entsteht.
So lassen sich z.B. mit den Angaben $a_1 = 3$ und $a_n = 2 \cdot a_{n-1} - 1$ ($n \geq 2$) alle Glieder der Folge bestimmen:
$a_1 = 3$
$a_2 = 2 \cdot a_1 - 1 = 2 \cdot 3 - 1 = 5$
$a_3 = 2 \cdot a_2 - 1 = 2 \cdot 5 - 1 = 9$ usw.

Für das Glied a_n ist a_{n-1} der Vorgänger und a_{n+1} der Nachfolger.

> Bei der **rekursiven Darstellung** einer Zahlenfolge ist das erste Glied (oder sind die ersten Glieder) angegeben und eine Vorschrift, wie man aus dem Vorgänger (oder den Vorgängern) das nächste Glied berechnen kann.

Zur grafischen Darstellung einer Zahlenfolge, z. B. (a_n) mit $a_n = \frac{1}{n}$, benutzt man entweder ein Koordinatensystem und trägt dort die Glieder als diskret liegende Funktionswerte ein (Fig. 2) oder man markiert die Glieder $a_1; a_2; a_3; \ldots$ als Punkte auf einer Zahlengeraden (Fig. 1).

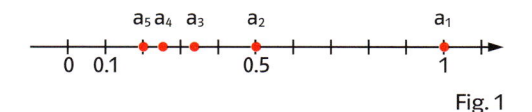

Nicht jede Folge lässt sich durch eine explizite oder rekursive Vorschrift angeben. Ein Beispiel dafür ist die Folge der Primzahlen 2; 3; 5; 7; 11 ....

Fig. 1

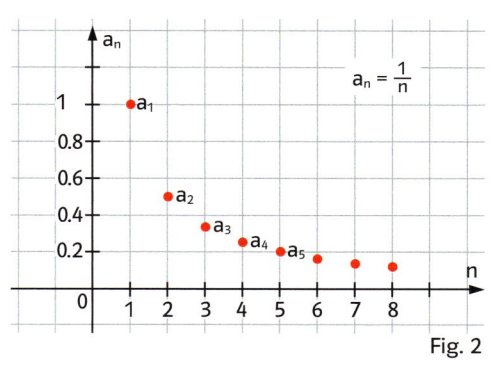

Fig. 2

Beispiel 1 Explizit gegebene Zahlenfolge
Erstellen Sie zu der Zahlenfolge (a_n) mit $a_n = \frac{n + (-1)^n}{n}$, $n \in \mathbb{N}$, eine Wertetabelle und den Graphen. Was fällt auf?
Lösung:

n	1	2	3	4	5	6	7	8	9	10
a_n	0	$\frac{3}{2}$	$\frac{2}{3}$	$\frac{5}{4}$	$\frac{4}{5}$	$\frac{7}{6}$	$\frac{6}{7}$	$\frac{9}{8}$	$\frac{8}{9}$	$\frac{11}{10}$

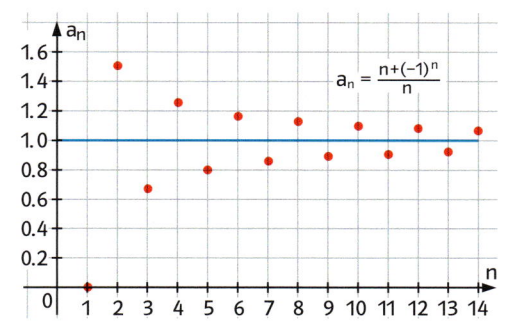

Die Glieder pendeln um den Wert $a = 1$.

Beispiel 2 Rekursive und explizite Darstellungen von Folgen bestimmen

a) Die ersten Werte einer Folge (a_n) sind $5; \frac{5}{2}; \frac{5}{4}; \frac{5}{8}; \frac{5}{16}$. Geben Sie eine rekursive und eine explizite Darstellung an, die zu der Folge passt.

b) Geben Sie eine Darstellung der Folge 1; 2; 5; 10; 17; 26; 37; ... an.

Lösung:

a) Man muss einen Folgenwert immer mit $\frac{1}{2}$ multiplizieren, um den nächsten zu erhalten.
Rekursive Darstellung: $a_n = \frac{1}{2} \cdot a_{n-1}$; mit $a_1 = 5$.
Eine explizite Darstellung erhält man, indem man die rekursive Darstellung wiederholt einsetzt:

$a_1 = 5$; $a_2 = \frac{1}{2} \cdot 5$; $a_3 = \frac{1}{2} \cdot a_2 = \frac{1}{2} \cdot \frac{1}{2} \cdot 5 = \left(\frac{1}{2}\right)^2 \cdot 5$; $a_4 = \frac{1}{2} \cdot a_3 = \frac{1}{2} \cdot \left(\frac{1}{2}\right)^2 \cdot 5 = \left(\frac{1}{2}\right)^3 \cdot 5$; ...

Explizite Darstellung: $a_n = 5 \cdot \left(\frac{1}{2}\right)^{n-1}$.

Eine rekursive Darstellung bei Beispiel 2 b) ist $a_n = a_{n-1} + 2n - 3$ mit $a_1 = 1$.

b) Die Folgenglieder sind um 1 grösser als die Quadratzahlen 0; 1; 4; 9; 16; 25; 36; ...
Explizite Darstellung: $a_n = (n-1)^2 + 1$.

Arithmetische und geometrische Folge

Eine Zahlenfolge wie $(a_n) = 1; 4; 7; 10; ...$, bei der die Differenz $d = a_{n+1} - a_n = 3$ zweier aufeinanderfolgender Glieder konstant ist, nennt man **arithmetische Folge**.
Mit dem Anfangsglied a_1 und der konstanten Differenz d lässt sich die arithmetische Folge rekursiv durch $a_n = a_{n-1} + d$ $(n \geq 2)$ darstellen.

Führt man die ersten Glieder auf a_1 zurück,
$a_2 = a_1 + d$
$a_3 = a_2 + d = a_1 + d + d = a_1 + 2d$
$a_4 = a_3 + d = a_1 + 2d + d = a_1 + 3d$
$a_5 = a_4 + d = a_1 + 3d + d = a_1 + 4d$,
so erkennt man die explizite Darstellung $a_n = a_1 + (n-1) \cdot d$ einer arithmetischen Folge.

Eine Folge (a_n), deren Differenz $d = a_{n+1} - a_n$ zweier aufeinanderfolgender Glieder konstant ist, heisst **arithmetische Folge**. Sie ist eindeutig durch das Anfangsglied a_1 und die konstante Differenz d bestimmt. Für $n \geq 2$ gilt:

$a_n = a_{n-1} + d$ (rekursiv)
$a_n = a_1 + (n-1) \cdot d$ (explizit)

Beginnt eine arithmetische Folge mit a_0, so ist die explizite Darstellung $a_n = a_0 + n \cdot d$ $(n \geq 1)$.

Ausser den arithmetischen Folgen sind noch die **geometrischen Folgen** von grosser Bedeutung. Ein Beispiel dafür ist die Folge $(a_n) = 1; 2; 4; 8; 16; ...$, bei welcher der Quotient $q = \frac{a_{n+1}}{a_n} = 2$ zweier aufeinanderfolgender Glieder konstant ist.

Mit dem Anfangsglied a_1 und dem konstanten Quotienten q lässt sich die geometrische Folge rekursiv durch $a_n = a_{n-1} \cdot q$ $(n \geq 2)$ darstellen.

Führt man die ersten Glieder auf a_1 zurück,
$a_2 = a_1 \cdot q$
$a_3 = a_2 \cdot q = a_1 \cdot q \cdot q = a_1 \cdot q^2$
$a_4 = a_3 \cdot q = a_1 \cdot q^2 \cdot q = a_1 \cdot q^3$
$a_5 = a_4 \cdot q = a_1 \cdot q^3 \cdot q = a_1 \cdot q^4$,
so erkennt man die explizite Darstellung $a_n = a_1 \cdot q^{n-1}$ einer geometrischen Folge.

Eine Folge (a_n), deren Quotient $q = \frac{a_{n+1}}{a_n}$ (mit $q \neq 0$ und $q \neq 1$) zweier aufeinanderfolgender Glieder konstant ist, heisst **geometrische Folge**. Sie ist eindeutig durch das Anfangsglied $a_1 \neq 0$ und den konstanten Quotienten q bestimmt. Für $n \geq 2$ gilt:
- $a_n = a_{n-1} \cdot q$ (rekursiv)
- $a_n = a_1 \cdot q^{n-1}$ (explizit)

Beginnt eine geometrische Folge mit a_0, so ist die explizite Darstellung $a_n = a_0 \cdot q^n$ ($n \geq 1$).

Beispiel 1 Arithmetische Folge
Der Preis einer Zeitungsanzeige setzt sich zusammen aus dem Preis d je Zeile sowie einem Grundpreis a. Bestimmen Sie den Preis einer n-zeiligen Anzeige, wenn eine 3-zeilige Anzeige 64 Fr. und eine 12-zeilige Anzeige 118 Fr. kostet.
Lösung:
Ist p_n der Preis (in Fr.) einer n-zeiligen Anzeige, so gilt $p_n = a + d \cdot n$.
Weiterhin gilt: $p_3 = a + d \cdot 3 = 64$ (1)
$p_{12} = a + d \cdot 12 = 118$ (2)
Subtraktion dieser beiden Gleichungen ergibt $9 \cdot d = 54$; also ist $d = 6$.
Aus Gleichung (1) folgt dann $a = 46$.
Eine n-zeilige Anzeige kostet also $(46 + 6 \cdot n)$ Fr.

Hier ist es sinnvoll, die Folge mit $p_0 = a$ zu beginnen.

Beispiel 2 Geometrische Folge
Bei einer Spirale wie in Fig. 1 ist die erste Strecke 2 cm lang, jede folgende ist 1.2-mal so lang wie die vorhergehende Strecke.
a) Geben Sie eine explizite und eine rekursive Darstellung für die Streckenlängen an.
b) Wie lang ist die Strecke nach dem 10. Knick?
Lösung:
a) Da jede folgende Strecke 1.2-mal so lang ist wie die vorhergehende, handelt es sich bei den Streckenlängen (in cm) um eine geometrische Folge mit dem Anfangsglied $a_1 = 2$ und dem Quotienten $q = 1.2$. Also ist $a_n = 2 \cdot 1.2^{n-1}$, $n \geq 1$ eine explizite und $a_n = 1.2 \cdot a_{n-1}$, $a_1 = 2$ eine rekursive Darstellung für die Streckenlängen.
b) Nach dem 10. Knick entsteht die Strecke $a_{11} = 2 \cdot 1.2^{10} = 12.38$ (cm).

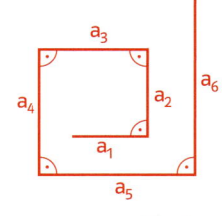

Fig. 1

Aufgaben

1 Berechnen Sie die ersten zehn Glieder der Zahlenfolge und stellen Sie die Folge sowohl im Koordinatensystem als auch auf der Zahlengeraden grafisch dar.
a) $a_n = \frac{2n}{5}$ b) $a_n = \frac{1}{n+3}$ c) $a_n = (-1)^n$ d) $a_n = \left(\frac{1}{2}\right)^n$ e) $a_n = 4 - \frac{1}{n}$
Beschreiben Sie das Verhalten für grosse Werte von n.

2 Berechnen Sie die ersten zehn Glieder der rekursiv dargestellten Zahlenfolge (a_n). Geben Sie eine explizite Darstellung der Folge an.
a) $a_1 = 1$; $a_n = 2 + a_{n-1}$ b) $a_1 = 1$; $a_n = 2 \cdot a_{n-1}$ c) $a_1 = 2$; $a_n = a_{n-1} + 2 \cdot n + 1$

3 Sind die angegebenen Zahlen Glieder der Folge (a_n) mit $a_n = \frac{2n+1}{n-5}$? Wenn ja, bestimmen Sie, welches Folgenglied es ist.
a) $\frac{23}{6}$ b) $\frac{17}{3}$ c) $-\frac{18}{13}$ d) $\frac{9}{4}$ e) 1

4 Geben Sie eine rekursive Darstellung an.
a) $a_n = n + 5$ b) $a_n = \left(\frac{3}{2}\right)^n$ c) $a_n = (-1)^n$ d) $a_n = \frac{1}{2}n^2 + \frac{1}{2}n$

Ihren Namen verdankt die arithmetische bzw. geometrische Folge der Eigenschaft, dass jedes Glied das arithmetische Mittel
$$a_n = \frac{a_{n-1} + a_{n+1}}{2}$$
bzw. das geometrische Mittel
$$a_n = \sqrt{a_{n-1} \cdot a_{n+1}}$$
aus seinem Vorgänger und seinem Nachfolger ist.

5 Bestimmen Sie je eine rekursive und eine explizite Darstellung zu der Folge.
a) 4; 8; 12; 16; 20; …   b) 1; 2; 4; 8; 16; …   c) −1; 0; 3; 8; 15; …   d) 2; 1; $\frac{1}{2}$; $\frac{1}{4}$; $\frac{1}{8}$; $\frac{1}{16}$; …

6 Bestimmen Sie eine explizite Darstellung der Folge.
a) $\frac{10}{7}$; $\frac{12}{13}$; $\frac{14}{19}$; $\frac{16}{25}$; $\frac{18}{31}$; …   b) $\frac{8}{9}$; $\frac{12}{16}$; $\frac{16}{25}$; $\frac{20}{36}$; $\frac{24}{49}$; …   c) $\frac{3}{22}$; $\frac{6}{17}$; 1; $\frac{24}{7}$; $\frac{48}{2}$; …

7 Ab welchem n sind die Folgenglieder
a) $a_n = \frac{2n^2 - 1}{n + 7}$ grösser als 20?   b) $b_n = \frac{3n + 1}{n^2 + 2}$ kleiner als $\frac{1}{10}$?

8 Bestimmen Sie die Folgenglieder a_7 und a_{10} für eine arithmetische Folge (a_n) mit
a) $a_1 = 2$; $a_5 = 14$ b) $a_2 = 2$; $a_6 = -23$ c) $a_3 = -6$; $a_6 = 8$ d) $a_5 = -9$; $a_9 = -17$.

9 Bestimmen Sie die Folgenglieder g_6 und g_8 für eine geometrische Folge (g_n) mit
a) $g_1 = 4$; $g_4 = 108$ b) $g_2 = 0.1$; $g_4 = 2.5$ c) $g_1 = 3$; $g_5 = \frac{243}{16}$ d) $g_4 = -\frac{2}{7}$; $g_7 = -\frac{2}{728}$.

10 Ein Konto weist am 1. Januar ein Kapital K_0 auf und wird jährlich mit p% verzinst.
a) Wie gross ist das Kapital K_n auf dem Konto nach n Jahren?
b) Wann hat sich das Kapital K_0 auf dem Konto verdoppelt für p = 2.5 bzw. für p = 5?

11 Die Fahrt in einem Taxi kostet 6.– Fr. Grundgebühr und 3.80 Fr. für jeden gefahrenen Kilometer. Es sei p_n der Preis für eine n Kilometer lange Fahrt. Geben Sie eine explizite Darstellung der Folge (p_n) an und berechnen Sie die Folgenglieder p_{20}, p_{36} und p_{72}.

12 Der in Fig. 1 bzw. Fig. 2 für n = 0; 1; 2; 3 dargestellte Vorgang wird fortgeführt.
a) Bestimmen Sie in Fig. 2 für $l_0 = 1$ die Länge l_n der roten Strecke nach n Schritten.
b) Bestimmen Sie in Fig. 1 für $A_0 = 1$ den Inhalt A_n der grünen Fläche nach n Schritten.

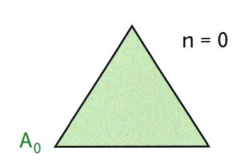

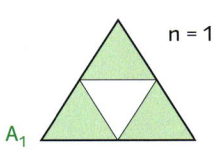

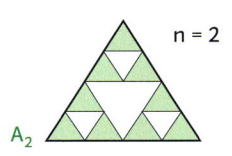

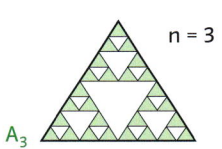

Fig. 1

Die Flächen stammen von dem polnischen Mathematiker Waclaw Sierpinski (1882–1969).

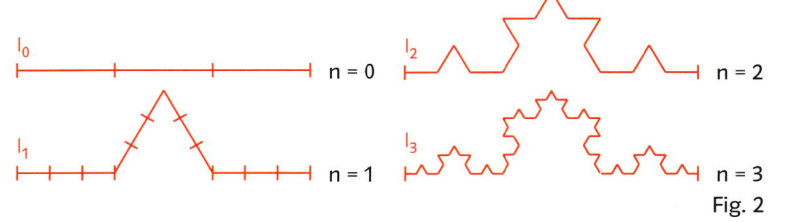

Die Kurven stammen von dem schwedischen Mathematiker Helge von Koch (1870–1924).

Fig. 2

13 Von zwei gleich grossen Würfeln der Kantenlänge 1 wird einer in acht gleich grosse Würfel zerlegt und einer der dabei erhaltenen Würfel wie in Fig. 3 auf den anderen gestellt. Dieses Verfahren wird wiederholt.
a) Berechnen Sie das Volumen des entstandenen Körpers nach der 1., 2. und 3. Teilung.
b) Geben Sie das n-te Glied der Folge (V_n) an, die jedem n das Volumen V_n zuordnet.

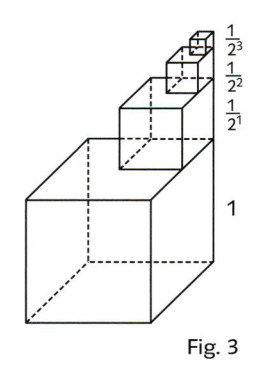

14 Eine der berühmtesten Folgen ist die Fibonacci-Folge (f_n), bei der ein Glied jeweils die Summe seiner beiden Vorgänger ist: $f_n = f_{n-2} + f_{n-1}$ (n ≥ 3) mit $f_1 = 1$ und $f_2 = 1$.
a) Berechnen Sie die ersten zehn Glieder der Fibonacci-Folge.
b) Gibt es Fibonacci-Zahlen, die Quadratzahlen sind?
c) Es wird Folgendes angenommen: (1) Es gibt eine Geiss und eine unbeschränkte Anzahl Ziegenböcke zum Paaren. (2) Jede Geiss gebärt ihr erstes Zicklein im Alter von zwei Jahren und dann jedes Jahr ein weiteres Zicklein. (3) Alle geborenen Zicklein sind weiblich und sterben nicht. Wie viele Geissen und Zicklein gibt es nach 12 Jahren?

Fig. 3

1.2 Eigenschaften von Folgen

Gegeben sind die Zahlenfolgen $(a_n) = \left(\frac{1}{n}\right)$, $(b_n) = \left(-\frac{1}{n}\right)$, $(c_n) = (n)$, $(d_n) = \left(3 + \frac{1}{n}\right)$, $(e_n) = ((-1)^n)$, $(f_n) = \left(1 - \frac{1}{2n}\right)$, $(g_n) = (1 + n^2)$.
Sortieren Sie die Folgen nach gemeinsamen Eigenschaften, die Sie für wichtig halten.

Bei Zahlenfolgen sind drei Eigenschaften besonders wichtig.
(1) Zahlenfolgen können wie Funktionen monoton sein, d.h., mit wachsendem n werden die Folgenglieder entweder immer grösser oder immer kleiner.
(2) Ihre Glieder können möglicherweise nur in einem endlichen Intervall [s; S] liegen.
(3) Zahlenfolgen können sich einem sogenannten Grenzwert beliebig annähern.
Die Eigenschaften (1) und (2) werden im Folgenden behandelt, Eigenschaft (3) im Abschnitt 1.3.
In der Zahlenfolge (a_n) mit $a_n = 0{,}8^n$ werden die Folgenglieder laufend kleiner (Fig. 1), d.h., es ist $a_{n+1} < a_n$ für alle $n \in \mathbb{N}$. Für die Zahlenfolge (b_n) mit $b_n = (-1)^n$ gilt dies nicht.

Streng monoton steigend: Es geht immer bergauf.

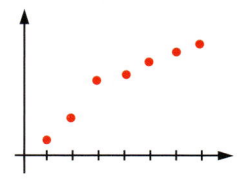

> Eine Zahlenfolge (a_n) heisst
> **monoton steigend**, wenn für alle Folgenglieder $a_{n+1} \geq a_n$ ist,
> **monoton fallend**, wenn für alle Folgenglieder $a_{n+1} \leq a_n$ ist.

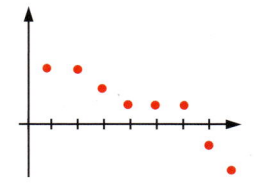

Das Wort **streng** wird vorangestellt, wenn das Gleichheitszeichen nicht gilt.

Monoton fallend: Es geht bergab oder bleibt eben.

Die Zahlenfolge (a_n) mit $a_n = 0{,}8^n$ hat noch eine weitere Eigenschaft: Alle ihre Glieder sind grösser als $s = 0$ und kleiner oder gleich $S = 1$. Es gilt also $s < a_n \leq S$. Die Ungleichung gilt auch für andere Werte von s und S; z.B. gilt $-0{,}4 \leq a_n \leq 1{,}4$ für alle $n \in \mathbb{N}$ (Fig. 1).

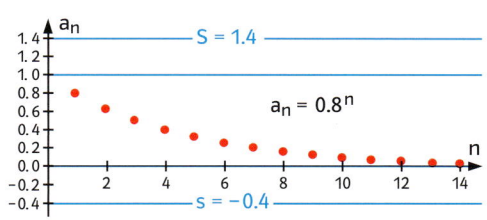

Fig. 1

Beschränkt: Kein Glied überschreitet S oder unterschreitet s.

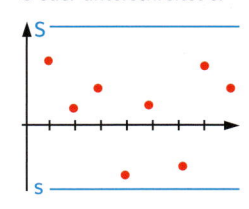

> Eine Zahlenfolge (a_n) heisst
> **nach oben beschränkt**, wenn es eine Zahl S gibt, sodass für alle Folgenglieder $a_n \leq S$ ist,
> **nach unten beschränkt**, wenn es eine Zahl s gibt, sodass für alle Folgenglieder $a_n \geq s$ ist.
> S nennt man eine obere Schranke, s eine untere Schranke der Folge.
> Eine nach oben und unten beschränkte Folge heisst **beschränkte Folge**.

Beispiel 1 Monotonie und Beschränktheit
Untersuchen Sie auf Monotonie und Beschränktheit.
a) (a_n) mit $a_n = \frac{2}{n}$ 	 b) (b_n) mit $b_n = \frac{2 \cdot (-1)^n}{n}$
Lösung:
a) Da $\frac{2}{n+1} < \frac{2}{n}$ ist für alle $n \in \mathbb{N}$, ist (a_n) streng monoton fallend.
(a_n) ist nach oben beschränkt, z.B. durch $S = a_1 = 2$, da die Folgenglieder wegen der Monotonie laufend kleiner werden. (a_n) ist auch nach unten z.B. durch die Zahl 0 beschränkt wegen $a_n \geq 0$. Damit ist (a_n) beschränkt.
b) (b_n) ist nicht monoton, da $b_1 < b_2$, aber $b_2 > b_3$ ist. (b_n) ist nach unten beschränkt z.B. durch $s = -2$ und nach oben z.B. durch $S = 1$; damit ist (b_n) beschränkt.

Beispiel 2 Nachweis der Monotonie mithilfe der Differenz
Gegeben ist die Zahlenfolge (a_n) mit $a_n = \frac{1-2n}{n}$, $n \in \mathbb{N}$.
a) Zeichnen Sie den Graphen.
b) Untersuchen Sie (a_n) auf Monotonie und Beschränktheit.
Lösung:
a) $a_n = \frac{1-2n}{n} = \frac{1}{n} - 2 = -2 + \frac{1}{n}$ (Fig. 1)
b) Um die Monotonie nachweisen zu können, bildet man die Differenz $a_{n+1} - a_n$:

$$a_{n+1} - a_n = \frac{1-2(n+1)}{n+1} - \frac{1-2n}{n}$$
$$= \left(-2 + \frac{1}{n+1}\right) - \left(-2 + \frac{1}{n}\right) = -\frac{1}{n(n+1)}$$

Sie ist negativ für alle $n \in \mathbb{N}$; daher gilt $a_{n+1} < a_n$; (a_n) ist streng monoton fallend.
Die Zahlenfolge ist auch beschränkt: Eine obere Schranke ist $S = a_1 = -1$; eine untere Schranke ist $s = -2$, da $a_n = -2 + \frac{1}{n} > -2$ ist für alle $n \in \mathbb{N}$.

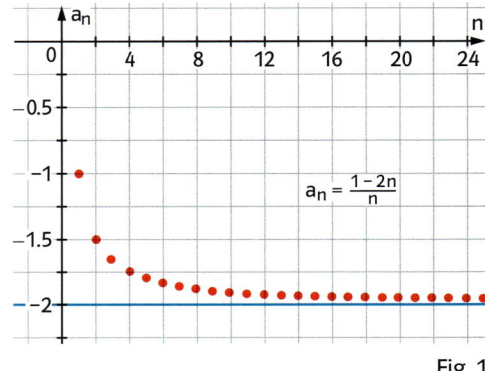

Fig. 1

Aufgaben

Hat eine Folge (a_n) nur positive Glieder, so ist manchmal folgendes Kriterium für die Monotonie nützlich: Ist $\frac{a_{n+1}}{a_n} \geq 1$ $\left(\frac{a_{n+1}}{a_n} \leq 1\right)$ für alle $n \in \mathbb{N}$, so ist (a_n) monoton steigend (monoton fallend).

1 Untersuchen Sie die Folge (a_n) auf Monotonie und Beschränktheit.
a) $a_n = 1 + \frac{1}{n}$
b) $a_n = \left(\frac{3}{4}\right)^n$
c) $a_n = (-1)^n$
d) $a_n = 1 + \frac{(-1)^n}{n}$
e) $a_n = 2$
f) $a_n = \frac{8n}{n^2+1}$
g) $a_n = \frac{n^2}{100} + n$
h) $a_n = \frac{1}{\sqrt{n}}$
i) $a_n = \frac{1+5n^2}{n(n+1)}$
j) $a_n = \sin(\pi \cdot n)$

Sind Monotonie und Beschränktheit unabhängige Eigenschaften einer Zahlenfolge?

2 Kreuzen Sie die zugehörige Eigenschaft an.

Folge (a_n) mit	$a_n = n$	$a_n = (-1)^n \cdot n$	$a_n = \frac{(-1)^n}{n}$	$a_n = 1 + \frac{1}{n}$
nach oben beschränkt				
nach unten beschränkt				
beschränkt				
monoton				

Können Sie eine Aussage über das Verhalten von (a_n) für grösser werdendes n machen?

3 Geben Sie jeweils drei Zahlenfolgen in expliziter Darstellung an, die
a) monoton steigend sind,
b) monoton fallend sind,
c) nicht monoton sind,
d) nicht nach oben beschränkt sind,
e) streng monoton fallend und nach unten beschränkt sind,
f) streng monoton steigend und nicht nach oben beschränkt sind,
g) streng monoton steigend und nach oben beschränkt sind.

4 Sind die folgenden Aussagen wahr oder falsch? Geben Sie, wenn möglich, ein Beispiel an. Begründen Sie Ihre Antwort.
a) Eine beschränkte Zahlenfolge muss nicht monoton sein.
b) Ist eine Zahlenfolge (a_n) streng monoton fallend, so ist (a_n) immer nach oben beschränkt.
c) Gilt für alle $n \in \mathbb{N}$ einer Zahlenfolge (a_n) sowohl $a_n > 0$ als auch $\frac{a_{n+1}}{a_n} \leq 1$, so ist (a_n) streng monoton fallend.
d) Gilt für alle $n \in \mathbb{N}$ einer Zahlenfolge (a_n), dass der Quotient $\left|\frac{a_{n+1}}{a_n}\right|$ grösser als 1 ist, so ist die Zahlenfolge streng monoton steigend.

1.3 Grenzwert einer Folge

Gegeben ist die Zahlenfolge (a_n) mit $a_n = \frac{2n-1}{n}$.
a) Zeichnen Sie den Graphen bis $n = 20$ in ein Koordinatensystem.
b) Berechnen Sie für grosses n einige Folgenglieder. Welchem Wert nähern sich die Glieder mit zunehmenden n an?
c) Berechnen Sie alle Folgenglieder a_n, die sich um weniger als $\frac{1}{100}$ bzw. 10^{-6} von 2 unterscheiden.

Die Abweichung der Zahl x von einer Zahl a ist $|x-a|$.

Bei Zahlenfolgen (a_n) soll das Annähern der Folgenglieder a_n an eine Zahl g im Folgenden analysiert und definiert werden. Der Gedankengang wird an einem Beispiel erläutert. Betrachtet wird die Folge $(a_n) = 0; \frac{3}{2}; \frac{2}{3}; \frac{5}{4}; \frac{4}{5}; \frac{7}{6}; \ldots$, deren Glieder durch $a_n = \frac{n+(-1)^n}{n}$ ($n \in \mathbb{N}$) gegeben sind. Da $\frac{n+(-1)^n}{n} = 1 + \frac{(-1)^n}{n}$, ist es offensichtlich, dass sich die Folgenglieder mit wachsendem Index n dem Wert 1 immer mehr annähern und ihm beliebig nahe kommen. Das bedeutet, dass ab einem bestimmten Index n_0 alle Folgenglieder näher an 1 sind als ein beliebig vorgegebener Wert ε. In Fig. 1 wird dies am Beispiel $\varepsilon = 0.05$ deutlich gemacht.

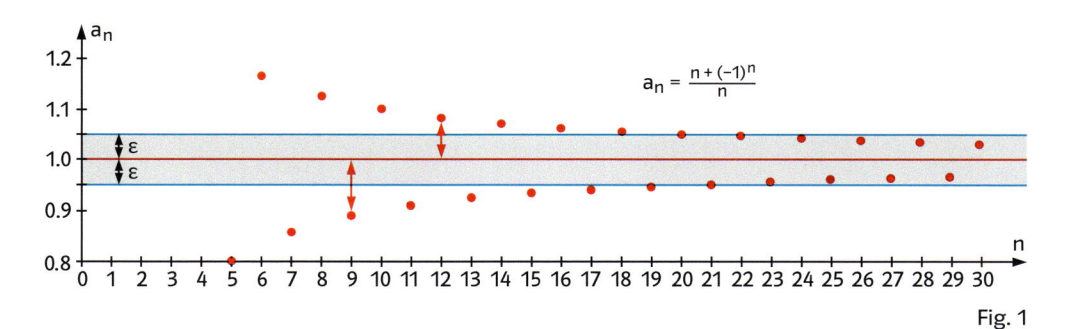

Fig. 1

Alle Folgenglieder a_n, die sich innerhalb des horizontalen Streifens befinden, liegen im Intervall $]0.95; 1.05[$. Das heisst, der Abstand zum Wert 1 ist kleiner als 0.05: $|a_n - 1| < 0.05$. Da $|a_n - 1| = \left|1 + \frac{(-1)^n}{n} - 1\right| = \frac{1}{n} < 0.05$ für alle $n > 20$ gilt, sind alle Folgenglieder mit einem Index grösser als $n_0 = 20$ innerhalb dieses Streifens.
Statt für 0.05 kann man genauso für jede andere beliebige positive Zahl ε einen Index n_0 angeben, von dem ab alle Folgenglieder in $]1 - \varepsilon; 1 + \varepsilon[$ liegen. Ab einem bestimmten Index n_0 ist der Abstand der Folgenglieder a_n zum Wert 1 also beliebig klein. Man nennt deshalb den Wert 1 den **Grenzwert** der Folge. Allgemein definiert man:

Die Zahlenfolge (a_n) hat den **Grenzwert** g, wenn sich für jedes $\varepsilon > 0$ ein Index n_0 angeben lässt, sodass für alle $n > n_0$ gilt: $|a_n - g| < \varepsilon$.
Man schreibt dann:
$g = \lim\limits_{n \to \infty} a_n$ (gelesen: g ist der Limes von a_n für n gegen unendlich) oder auch
$a_n \to g$ für $n \to \infty$ (gelesen: a_n strebt gegen g für n gegen unendlich)

---

limes (lat.): Grenze

Folgen, die einen Grenzwert haben, nennt man **konvergente** Folgen.
Folgen ohne Grenzwert nennt man **divergente** Folgen.
Hat eine Folge (a_n) den Grenzwert 0, so nennt man (a_n) **Nullfolge**.

convergere (lat.): zusammenlaufen
divergere (lat.): auseinanderlaufen

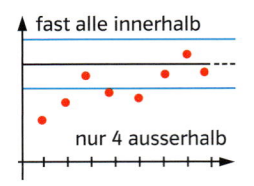

Bei der Folge (a_n) mit $a_n = (-1)^n + \frac{1}{n}$ liegen unendlich viele Glieder beliebig nahe bei 1 und unendlich viele beliebig nahe bei −1. Damit ist die Folge divergent.

Besitzt eine Folge (a_n) einen Grenzwert g, so ist dies gleichbedeutend damit, dass für alle $\varepsilon > 0$ endlich viele Folgenglieder ausserhalb des Intervalls $]g - \varepsilon; g + \varepsilon[$ liegen und unendlich viele innerhalb dieses Intervalls. Man sagt dann: Für **fast alle** (alle bis auf endlich viele) Glieder a_n gilt $|a_n - g| < \varepsilon$.

Eine Folge (a_n) kann höchstens einen Grenzwert haben. Fig. 1 zeigt nämlich, dass bei zwei vermuteten Grenzwerten g_1 und g_2 mit $g_1 > g_2$ und der Wahl von $\varepsilon = \frac{g_1 - g_2}{2}$ nur noch endlich viele Glieder nahe genug bei g_1 liegen können, wenn fast alle in der Nähe von g_2 liegen.

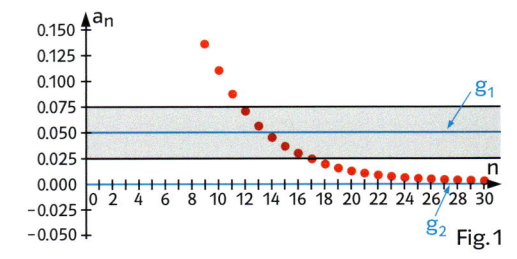

Fig. 1

> Eine Zahlenfolge kann **höchstens einen** Grenzwert haben.

Mit der Definition des Grenzwertes kann man keinen Grenzwert berechnen, wohl aber nachprüfen, ob eine Zahl Grenzwert einer Folge ist oder nicht.

Zum Nachweis eines Grenzwertes kann folgende Aussage sehr nützlich sein:
(a_n) hat genau dann den Grenzwert g, wenn $(a_n - g)$ eine Nullfolge ist. Die Aussage stimmt mit der Definition des Grenzwertes überein, da $|a_n - g| < \varepsilon$ mit $|(a_n - g) - 0| < \varepsilon$ äquivalent ist.
Für den Nachweis der Konvergenz mithilfe der Definition muss eine konkrete Vermutung für g vorliegen. Man kann die Konvergenz aber auch ohne eine Vermutung nachweisen.

> Wenn eine Folge **monoton und beschränkt** ist, dann ist sie auch **konvergent**.

Der Beweis für monoton fallende und nach unten beschränkte Folgen verläuft völlig analog.

Beweis (für monoton steigende und nach oben beschränkte Folgen):
(a_n) sei monoton steigend und nach oben beschränkt. Dann gibt es eine obere Schranke S, für die gilt $a_n \leq S$ für alle $n \in \mathbb{N}$. Unter den oberen Schranken S von (a_n) ist die kleinste obere Schranke g, deren Existenz durch die unten beschriebene Vollständigkeit von $\mathbb{R}$ gegeben ist, der Grenzwert von (a_n).
Gibt man nämlich irgendeine positive Zahl ε vor, so ist $g - \varepsilon$ keine obere Schranke von (a_n) mehr. Damit gibt es sicher ein Folgenglied a_{n_0} mit $g - \varepsilon < a_{n_0} < g$. Da (a_n) monoton steigend ist, gilt $g - \varepsilon < a_n \leq g$ für alle $n > n_0$. Also $-\varepsilon < a_n - g \leq 0$ oder $|a_n - g| < \varepsilon$ für alle $n > n_0$. Damit ist nach Definition g Grenzwert der Folge (a_n).

Info

Vollständigkeit von $\mathbb{R}$:
Jede nach oben beschränkte nicht leere Teilmenge von $\mathbb{R}$ besitzt in $\mathbb{R}$ ein Supremum.
Erläuterungen:
Gegeben ist eine nicht leere Menge reeller Zahlen, etwa $M = \{x \mid -2 < x < 6\}$. Dann sind etwa $S = 100$ oder $S' = \sqrt{37}$ obere Schranken von M. Die kleinste aller möglichen oberen Schranken wird als Supremum der Menge M bezeichnet. So ist das Supremum von M die Zahl 6.
Für $M' = \{x \mid 0 < x \leq 6\}$ fällt das Supremum von M mit dem Maximum zusammen.
Dass die Menge $\mathbb{Q}$ der rationalen Zahlen nicht vollständig ist, zeigt das Beispiel der Menge $M = \{x \mid x^2 < 2, x \in \mathbb{Q}\}$. Da es keine rationale Zahl mit $x^2 = 2$ gibt, gibt es auch keine rationale Zahl, die Supremum der Menge M sein kann. Im Bereich der reellen Zahlen $\mathbb{R}$ hat M aber eine kleinste obere Schranke, nämlich $\sqrt{2}$.

Beispiel 1 Gewinnen und Überprüfen einer Vermutung
Stellen Sie eine Vermutung über den Grenzwert der Zahlenfolge (a_n) mit $a_n = \frac{2n-1}{n+1}$ auf und überprüfen Sie diese mithilfe der Definition.
Lösung:
Die Wertetabelle

n	5	10	50	100	1000
a_n	1.5	1.727	1.941	1.970	1.997

führt zur Vermutung: $g = 2$

Zur Überprüfung dieser Vermutung gibt man sich ein beliebiges positives ε vor und berechnet die Abweichung von $g = 2$: $|a_n - g| = \left|\frac{2n-1}{n+1} - 2\right| < \varepsilon$. (1)
Diese Ungleichung muss nach n aufgelöst werden. Man erhält die folgenden äquivalenten Ungleichungen:
$\left|\frac{-3}{n+1}\right| < \varepsilon \quad \Rightarrow \quad \frac{3}{n+1} < \varepsilon \quad \Rightarrow \quad n+1 > \frac{3}{\varepsilon} \quad \Rightarrow \quad n > \frac{3}{\varepsilon} - 1$
Damit erfüllen alle Folgenglieder a_n mit $n > \frac{3}{\varepsilon} - 1$ die Bedingung (1).
Also ist die Zahlenfolge (a_n) konvergent mit dem Grenzwert 2.

$\frac{3}{2}$ ist nicht Grenzwert dieser Zahlenfolge, da für ein ε mit $\varepsilon > 0$ der Reihe nach folgt:

(*) $\left|\frac{2n-1}{n+1} - \frac{3}{2}\right| < \varepsilon$

$\frac{n-5}{2n+2} < \varepsilon$

$n - 5 < 2n\varepsilon + 2\varepsilon$

$n \cdot (1 - 2\varepsilon) < 2\varepsilon + 5$

$n < \frac{2\varepsilon + 5}{1 - 2\varepsilon}$,

sofern $\varepsilon < 0.5$ ist. Damit erfüllen für kleines ε nur endlich viele Glieder die Bedingung (*).

Beispiel 2 Nullfolgen
Zeigen Sie, dass die Folge (a_n) mit $a_n = q^n$; $|q| < 1$ eine Nullfolge ist.
Lösung:
Man wählt ein beliebiges $\varepsilon > 0$.
Ab welchen n gilt $|q^n - 0| < \varepsilon$ bzw. $|q|^n < \varepsilon$?
Logarithmieren ergibt: $n \cdot \log |q| < \log(\varepsilon)$.
Wegen $\log |q| < 0$ ergibt sich daraus: $n > \frac{\log(\varepsilon)}{\log |q|}$
Somit weichen alle Folgenglieder a_n mit $n > \frac{\log(\varepsilon)}{\log |q|}$ weniger als ε von 0 ab.

Also ist (a_n) eine Nullfolge.

Folgen, deren Glieder Brüche mit konstantem Zähler sind und deren Nenner eine positive Potenz von n ist, sind Nullfolgen, z.B.
$\left(\frac{1}{n}\right), \left(\frac{3}{n^2}\right), \left(\frac{1}{\sqrt{n}}\right), \ldots$

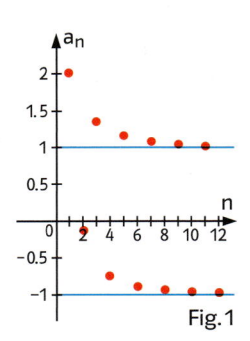

Beispiel 3 Nachweis mit Nullfolge
Untersuchen Sie, ob die Folge (a_n) einen Grenzwert hat.

a) $a_n = \frac{3 + (-1)^n n^2}{n^2}$
b) $a_n = \sqrt{a + \frac{1}{n}}$; $a \geq 0$

Lösung:
a) Es ist $\frac{3 + (-1)^n n^2}{n^2} = \frac{3}{n^2} + (-1)^n$; $\left(\frac{3}{n^2}\right)$ ist eine Nullfolge, $((-1)^n)$ liefert die Werte 1 und -1. Es liegen beliebig viele Glieder nahe bei 1 wie auch bei -1 (Fig.1). (a_n) ist also divergent.

b) Vermutung: $\lim_{n \to \infty} \sqrt{a + \frac{1}{n}} = \sqrt{a}$

Aus $\sqrt{a + \frac{1}{n}} - \sqrt{a} = \frac{\left(\sqrt{a + \frac{1}{n}} - \sqrt{a}\right) \cdot \left(\sqrt{a + \frac{1}{n}} + \sqrt{a}\right)}{\left(\sqrt{a + \frac{1}{n}} + \sqrt{a}\right)} = \frac{\frac{1}{n}}{\sqrt{a + \frac{1}{n}} + \sqrt{a}}$ und $0 < \frac{\frac{1}{n}}{\sqrt{a + \frac{1}{n}} + \sqrt{a}} < \frac{\frac{1}{n}}{2\sqrt{a}}$ folgt:

$0 < \sqrt{a + \frac{1}{n}} - \sqrt{a} < \frac{1}{2n\sqrt{a}}$. Da $\left(\frac{1}{2n\sqrt{a}}\right)$ eine Nullfolge ist, gilt $\lim_{n \to \infty} \sqrt{a + \frac{1}{n}} = \sqrt{a}$.

Fig. 1

Beispiel 4 Konvergenz einer monotonen und beschränkten Folge
Zeigen Sie, dass die Folge (a_n) mit $a_n = \frac{1}{10^1} + \frac{1}{10^2} + \frac{1}{10^3} + \ldots + \frac{1}{10^n}$ konvergent ist.
Lösung:
Die Folge ist monoton steigend, da $a_{n+1} - a_n = \frac{1}{10^{n+1}} > 0$ ist. Die Folge ist nach oben beschränkt wegen $0 < a_n < 1$ für alle $n \in \mathbb{N}$.
Damit ist die Folge konvergent.

$a_1 = 0.1$
$a_2 = 0.11$
$a_3 = 0.111$
$a_4 = 0.1111$
...
Was ist wohl der Grenzwert?

Aufgaben

1 Erstellen Sie eine Wertetabelle und einen Graphen der Folge (a_n).
Ab welchem Folgenglied ist die Abweichung vom vermuteten Grenzwert weniger als 0.1?
Bestätigen Sie das Ergebnis rechnerisch.

a) $a_n = 1 + \frac{1}{3n}$ b) $a_n = 4 \cdot \left(\frac{1}{3}\right)^{n-1}$ c) $a_n = \frac{6n+2}{3n}$ d) $a_n = \frac{3n^2}{n^2+5}$ e) $a_n = \frac{1+\sqrt{n}}{2+\sqrt{n}}$

2 Ermitteln Sie rechnerisch die Glieder der Zahlenfolge (a_n), die um weniger als $\varepsilon = 0.1$ von 1 abweichen.

a) $a_n = \frac{1+n}{n}$ b) $a_n = \frac{n^2-1}{n^2}$ c) $a_n = 1 - \frac{100}{n}$ d) $a_n = \frac{n-1}{n+2}$ e) $a_n = \frac{2n^2-3}{3n^2}$

3 Zeigen Sie mithilfe der Definition, dass die Folge $\left(\frac{1-2n}{3n}\right)$ konvergent ist. Ab welchem Glied unterscheiden sich die Folgenglieder vom Grenzwert um weniger als $\frac{1}{100}$ bzw. 10^{-6}?

4 Zeigen Sie, dass die angegebenen Folgen Nullfolgen sind.

a) $a_n = \frac{1}{2n}$ b) $a_n = \frac{1}{n^2}$ c) $a_n = \left(\frac{1}{2}\right)^n$

5 Zeigen Sie, dass die Differenzenfolge ($a_n - g$) eine Nullfolge ist.

a) $\left(\frac{3n-2}{n+2}\right)$; $g = 3$ b) $\left(\frac{n^2+n}{5n^2}\right)$; $g = 0.2$ c) $\left(\frac{2^{n+1}}{2^n+1}\right)$; $g = 2$ d) $\left(\frac{3 \cdot 2^n + 2}{2^{n+1}}\right)$; $g = \frac{3}{2}$

*Zu Aufgabe 6:
Besteht ein Zusammenhang zwischen Nichtbeschränktheit und Konvergenz von Folgen?*

6 Ordnen Sie den Astenden Folgen mit den an den Ästen angegebenen Eigenschaften zu.

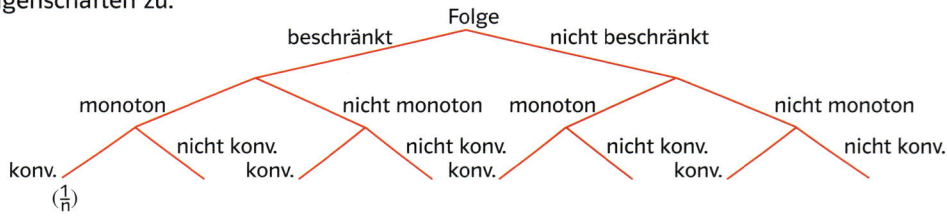

```
                        Folge
              beschränkt      nicht beschränkt
         monoton   nicht monoton   monoton   nicht monoton
       konv. nicht konv.  nicht konv.  nicht konv.  nicht konv.
             konv.         konv.        konv.         konv.
        (1/n)
```

7 Weisen Sie nach, dass die Zahlenfolge (a_n) nicht konvergent ist.

a) $a_n = 1 + n^2$ b) $a_n = (-1)^n \cdot (n+2)$ c) $a_n = \frac{n^2+1}{n+2}$ d) $a_n = 2 - (1 + (-1)^n)$

Wie unterscheiden sich die Folgen in a), b) und d) bezüglich Beschränktheit?

8 Zeigen Sie durch Nachweis der Monotonie und der Beschränktheit, dass die Folge (a_n) konvergent ist. Stellen Sie eine Vermutung über ihren Grenzwert auf und bestätigen Sie diese.

a) $a_n = \frac{n+1}{5n}$ b) $a_n = \frac{\sqrt{5n}}{\sqrt{n+1}}$ c) $a_n = \frac{n\sqrt{n}+10}{n^2}$ d) $a_n = \frac{n}{n^2+1}$

9 Widerlegen Sie folgende falsche Aussagen durch ein Gegenbeispiel.
a) Jede monotone Folge ist konvergent.
b) Jede konvergente Folge ist monoton.
c) Jede beschränkte Folge ist konvergent.
d) Jede divergente Folge ist nicht beschränkt.
e) Der Grenzwert einer Folge ist obere und untere Schranke.
f) Jede Nullfolge ist monoton fallend.
g) Jede Folge ohne obere Schranke ist monoton steigend.
h) Jede konvergente Folge besitzt Glieder, die ungleich ihrem Grenzwert sind.

1.4 Grenzwertsätze

Gegeben ist die Zahlenfolge (a_n) mit $a_n = \frac{9n^2 + 4}{3n^2}$.
a) Weisen Sie nach, dass die Zahlenfolge den Grenzwert 3 hat.
b) Schreiben Sie den Bruch als Summe zweier Brüche und schliessen Sie dann auf den Grenzwert.
c) Erweitern Sie den Bruch mit $\frac{1}{n^2}$ und zeigen Sie, dass Sie auch so auf den Grenzwert $g = 3$ schliessen können.

Man kann Folgen mit bekannten Grenzwerten zu neuen Folgen zusammensetzen und die neuen Grenzwerte aus den bekannten berechnen.

Die Folge (a_n) mit $a_n = \frac{2n + 10}{5n}$ hat den Grenzwert $\frac{2}{5}$, da die Folge $\left(\frac{2n + 10}{5n} - \frac{2}{5}\right) = \left(\frac{2}{n}\right)$ eine Nullfolge ist. Man kann aber $a_n = \frac{2n + 10}{5n}$ auch zerlegen in $a_n = \frac{2}{5} + \frac{2}{n}$. Die Folge (a_n) kann somit aufgefasst werden als Summe der konstanten Folge und einer Nullfolge. Von den Grenzwerten dieser Einzelfolgen kann man auf den Grenzwert der Summenfolge schliessen:

$$\lim_{n \to \infty} \frac{2n + 10}{5n} = \lim_{n \to \infty} \left(\frac{2}{5} + \frac{2}{n}\right) = \lim_{n \to \infty} \frac{2}{5} + \lim_{n \to \infty} \frac{2}{n} = \frac{2}{5} + 0 = \frac{2}{5}.$$

Die konstante Folge (a_n) mit $a_n = a$ hat den Grenzwert a, da für alle Folgenglieder bei vorgegebener Abweichung $\varepsilon > 0$ gilt: $|a - a| < \varepsilon$.

Dieses Vorgehen ist zulässig und lässt sich sogar verallgemeinern:

Grenzwertsätze

Sind die Folgen (a_n) und (b_n) konvergent und haben sie die Grenzwerte a und b, so sind auch die Folgen $(a_n \pm b_n)$, $(a_n \cdot b_n)$ und, sofern $b_n \neq 0$ und $b \neq 0$ sind, auch die Folge $\left(\frac{a_n}{b_n}\right)$ konvergent.
Für die Grenzwerte der zusammengesetzten Folgen gilt dann:

$$\lim_{n \to \infty} (a_n \pm b_n) = \lim_{n \to \infty} a_n \pm \lim_{n \to \infty} b_n = a \pm b$$

$$\lim_{n \to \infty} (a_n \cdot b_n) = \lim_{n \to \infty} a_n \cdot \lim_{n \to \infty} b_n = a \cdot b$$

$$\lim_{n \to \infty} \frac{a_n}{b_n} = \frac{\lim_{n \to \infty} a_n}{\lim_{n \to \infty} b_n} = \frac{a}{b}, \quad b_n \neq 0 \text{ und } b \neq 0$$

Beweis (beispielhaft für die Summe von Grenzwerten):
Nach Voraussetzung gilt $\lim_{n \to \infty} a_n = a$ und $\lim_{n \to \infty} b_n = b$, d.h., bei beliebig vorgegebenem positivem ε gilt für fast alle Folgenglieder $|a_n - a| < \varepsilon$ und $|b_n - b| < \varepsilon$.
Daraus ergibt sich

$$|(a_n + b_n) - (a + b)| = |(a_n - a) + (b_n - b)| \leq |a_n - a| + |b_n - b| < \varepsilon + \varepsilon = 2\varepsilon.$$

Damit haben fast alle Summenfolgen-Glieder $a_n + b_n$ von der Summe $a + b$ eine kleinere Abweichung als ein beliebig vorgegebener Wert $\eta = 2\varepsilon$. Die Summenfolge $(a_n + b_n)$ hat somit den Grenzwert $a + b$.

Es ist für alle reellen Zahlen x und y stets: $|x + y| \leq |x| + |y|$

Bemerkung
Ist eine Folge konvergent mit dem Grenzwert g, so gilt:

$$\lim_{n \to \infty} a_n = \lim_{n \to \infty} a_{n-1} = g.$$

Hiermit lässt sich häufig der Grenzwert einer rekursiv definierten Folge bestimmen.

Man dividiert Zähler und Nenner durch die höchste auftretende Potenz von n.

Beispiel 1 Anwendung der Grenzwertsätze
Berechnen Sie den Grenzwert der Zahlenfolge (a_n) für $a_n = \frac{4n^2 - 17}{3n^2 + n}$.
Lösung:
Es ist $a_n = \frac{4n^2 - 17}{3n^2 + n} = \frac{4 - \frac{17}{n^2}}{3 + \frac{1}{n}}$. Wegen $\lim_{n \to \infty} 4 = 4$, $\lim_{n \to \infty} \frac{17}{n^2} = 0$, $\lim_{n \to \infty} 3 = 3$, $\lim_{n \to \infty} \frac{1}{n} = 0$ gilt:
$$\lim_{n \to \infty} a_n = \lim_{n \to \infty} \frac{4 - \frac{17}{n^2}}{3 + \frac{1}{n}} = \frac{\lim_{n \to \infty} 4 - \lim_{n \to \infty} \frac{17}{n^2}}{\lim_{n \to \infty} 3 + \lim_{n \to \infty} \frac{1}{n}} = \frac{4 - 0}{3 - 0} = \frac{4}{3}.$$

Beachten Sie: Bei dieser Methode zur Bestimmung des Grenzwertes einer rekursiv definierten Folge muss die Konvergenz gesichert sein.

Beispiel 2 Bestimmung des Grenzwertes einer konvergenten rekursiv definierten Folge
Die Folge (a_n) mit $a_1 = 3$ und $a_n = \frac{a_{n-1}^2 + 1}{a_{n-1} + 2}$ ist konvergent mit dem Grenzwert g.
Bestimmen Sie g.
Lösung:
Da die Folge (a_n) den Grenzwert g hat, gilt: $\lim_{n \to \infty} a_n = \lim_{n \to \infty} a_{n-1} = g$.
Mithilfe der Grenzwertsätze ergibt sich:
$$\lim_{n \to \infty} a_n = \lim_{n \to \infty} \frac{a_{n-1}^2 + 1}{a_{n-1} + 2} = \frac{(\lim_{n \to \infty} a_{n-1})^2 + 1}{(\lim_{n \to \infty} a_{n-1}) + 2}.$$
Also gilt: $g = \frac{g^2 + 1}{g + 2}$ oder $g^2 + 2g = g^2 + 1$ und folglich $g = \frac{1}{2}$.

Aufgaben

1 Zerlegen Sie die Folge (a_n) in eine konstante Folge plus eine Nullfolge und geben Sie ihren Grenzwert an.

a) $a_n = \frac{8 + n}{4n}$ b) $a_n = \frac{8 + \sqrt{n}}{4\sqrt{n}}$ c) $a_n = \frac{8 + 2^n}{4 \cdot 2^n}$ d) $a_n = \frac{6 + n^4}{\frac{1}{4}n^4}$ e) $a_n = \frac{4 + n^3}{n^3}$

2 Berechnen Sie den Grenzwert der Zahlenfolge (a_n) durch Umformen und Anwenden der Grenzwertsätze.

a) $a_n = \frac{1 + 2n}{1 + n}$ b) $a_n = \frac{7n^3 + 1}{n^3 - 10}$ c) $a_n = \frac{n^2 + 2n + 1}{1 + n + n^2}$ d) $a_n = \frac{\sqrt{n} + n + n^2}{\sqrt{2}n + n^2}$ e) $a_n = \frac{n^5 - n^4}{6n^5 - 1}$

f) $a_n = \frac{\sqrt{n+1}}{\sqrt{n+1} + 2}$ g) $a_n = \frac{(5-n)^4}{(5+n)^4}$ h) $a_n = \frac{(2+n)^{10}}{(1+n)^{10}}$ i) $a_n = \frac{(1+2n)^{10}}{(1+n^2)^{10}}$ j) $a_n = \frac{(1+2n)^k}{(1+3n)^k}$

3 Bestimmen Sie den Grenzwert.

a) $\lim_{n \to \infty} \frac{2^n - 1}{2^n}$ b) $\lim_{n \to \infty} \frac{2^n - 1}{2^{n-1}}$ c) $\lim_{n \to \infty} \frac{2^n}{1 + 4^n}$ d) $\lim_{n \to \infty} \frac{2^n - 3^n}{2^n + 3^n}$ e) $\lim_{n \to \infty} \frac{2^n + 3^{n+1}}{2 \cdot 3^n}$

4 Bestimmen Sie wie in Beispiel 2 den Grenzwert der rekursiv definierten Folge (a_n), wenn die Existenz des Grenzwertes von (a_n) gesichert ist.

a) $a_1 = 0$; $a_n = \frac{2}{5}a_{n-1} - 2$ b) $a_1 = -2$; $a_n = -\frac{2}{3}a_{n-1} + 4$ c) $a_1 = -\frac{1}{2}$; $a_n = \frac{1 - a_{n-1}}{2 + a_{n-1}}$

d) $a_1 = 1$; $a_n = \frac{2 - a_{n-1}^2}{3 + a_{n-1}}$ e) $a_1 = -4$; $a_n = \sqrt{a_{n-1} + 4}$ f) $a_1 = 4$; $a_n = \sqrt{\frac{8}{a_{n-1}}}$

5 Untersuchen Sie die rekursiv definierte Folge (a_n) für verschiedene Startwerte a_1 auf einen Grenzwert.

a) $a_n = a_{n-1}^2$ b) $a_n = -\frac{1}{7}a_{n-1}^2 + a_{n-1} + \frac{1}{7}$ c) $a_n = \frac{a_{n-1}^2 + 2}{2 \cdot a_{n-1}}$

Beachten Sie: $\lim_{n \to \infty} \sqrt{a + h_n} = \sqrt{a}$, wenn (h_n) eine Nullfolge ist.

6 Formen Sie den Term um und berechnen Sie den Grenzwert.

a) $\lim_{n \to \infty} (\sqrt{n+1} - \sqrt{n})$ b) $\lim_{n \to \infty} (\sqrt{n} \cdot (\sqrt{n+1} - \sqrt{n}))$ c) $\lim_{n \to \infty} (\sqrt{n^2 - n} - n)$
(Hinweis: Verwenden Sie eine binomische Formel.)

1.5 Reihen

Eine n-stufige Dosen-Pyramide ist so aufgebaut, dass die Anzahl der Dosen pro Stufe (von oben gezählt) 1; 3; 5; ... beträgt. Auf der k-ten Stufe befinden sich also $a_k = 2k - 1$ (k = 1; ...; n) Dosen. Das entspricht der Folge der ungeraden Zahlen. Es sei nun s_n die Gesamtanzahl der Dosen einer solchen n-stufigen Pyramide. Schreiben Sie die ersten zehn Glieder der Folge $(s_n) = s_1; s_2; s_3 \ldots$ auf. Welcher Zusammenhang besteht zwischen den Folgen (s_n) und (a_k)?

Der Begriff der Reihe

In manchen Fällen sind nicht nur die einzelnen Glieder einer Folge interessant, sondern wie im folgenden Beispiel auch die Summe der Glieder.

Die Folge $(a_k) = 54; 59; 68; 93; 123; 119; 116; 101; 70; 68; 55$ zeigt die monatliche Niederschlagsmenge einer Region in mm von Januar bis Dezember. Der Gesamtniederschlag s_n bis Ende des n-ten Monats ist dann offensichtlich die Summe der vorangegangenen einzelnen Monatsniederschlagsmengen:

$s_1 = a_1 = 54;$
$s_2 = a_1 + a_2 = 54 + 59 = 113;$
$s_3 = a_1 + a_2 + a_3 = 54 + 59 + 68 = 181$
...
$s_{12} = a_1 + a_2 + \ldots + a_{12} = 54 + 59 + \ldots + 55 = 926$

Aus der Folge (a_k) ist eine Folge (s_n) entstanden, wobei s_n jeweils die Summe der ersten n Glieder der Folge (a_k) ist.

Allgemein nennt man für eine beliebige Folge (a_k) die Summe $s_n = a_1 + a_2 + \ldots + a_n$ die n-te **Partialsumme** zur Folge (a_k). Die Folge (s_n) der einzelnen Partialsummen $s_1 = a_1; s_2 = a_1 + a_2; s_3 = a_1 + a_2 + a_3; \ldots$ heisst **Reihe**.

> Für eine gegebene Folge (a_k) heisst die Summe der ersten n Glieder
> $s_n = a_1 + a_2 + \ldots + a_n$ die n-te **Partialsumme** zur Zahlenfolge (a_k).
>
> Die Folge der Partialsummen (s_n) nennt man **Reihe**.

Die Summation $s_n = a_1 + a_2 + \ldots + a_n$ lässt sich mit dem Summenzeichen Σ (Sigma) vereinfacht anschreiben: $s_n = \sum_{k=1}^{n} a_k = a_1 + a_2 + \ldots + a_n$ (siehe Info-Kasten)

Info

Das Summenzeichen (Sigma-Notation)

Die Notation $\sum_{k=m}^{n} a_k = a_m + a_{m+1} + a_{m+2} + \ldots a_n$ ist auf die folgende Art zu verstehen:
Unter dem Summenzeichen steht der Laufindex k, der alle natürlichen Zahlen zwischen m (Startwert) und n (Endwert) durchläuft. Für jeden der Werte, den die Laufvariable k annimmt, wird das entsprechende Folgenglied a_k als Summand geschrieben.
Beispiele:

$\sum_{k=2}^{4} (2k - 1) = (2 \cdot 2 - 1) + (2 \cdot 3 - 1) + (2 \cdot 4 - 1) = 3 + 5 + 7 = 15$

$\sum_{k=3}^{6} k^2 = 3^2 + 4^2 + 5^2 + 6^2 = 86$

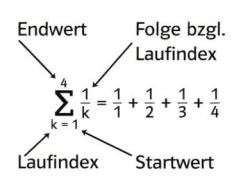

Endwert — Folge bzgl. Laufindex
$\sum_{k=1}^{4} \frac{1}{k} = \frac{1}{1} + \frac{1}{2} + \frac{1}{3} + \frac{1}{4}$
Laufindex — Startwert

Beispiel Geben Sie die ersten drei Partialsummen zur Folge (a_k) an.

a) $a_k = (-1)^k \cdot k$ b) $a_k = \dfrac{k+1}{2k}$

Lösung:

a) $s_1 = -1;$ $\qquad s_2 = -1 + 2 = 1;$ $\qquad s_3 = -1 + 2 - 3 = -2$

b) $s_1 = \dfrac{1+1}{2 \cdot 1} = 1;$ $\qquad s_2 = \dfrac{1+1}{2 \cdot 1} + \dfrac{2+1}{2 \cdot 2} = \dfrac{7}{4};$ $\qquad s_3 = \dfrac{1+1}{2 \cdot 1} + \dfrac{2+1}{2 \cdot 2} + \dfrac{3+1}{2 \cdot 3} = \dfrac{29}{12}$

Arithmetische und geometrische Reihe

Zur Erinnerung: Die explizite Darstellung einer arithmetischen Folge lautet: $a_k = a_1 + (k-1) \cdot d$

Ist die zugrunde liegende Folge (a_k) einer Reihe (s_n) eine arithmetische Folge, so heisst (s_n) **arithmetische Reihe**.

Die Summe $s_n = a_1 + a_2 + a_3 + \ldots + a_n$ einer arithmetischen Folge lässt sich allgemein berechnen. Beachtet man nämlich, dass die Differenz zweier aufeinanderfolgender Summanden gleich d ist, so lässt sich s_n als

$s_n = a_1 + (a_1 + d) + (a_1 + 2 \cdot d) + \ldots + (a_1 + (n-1) \cdot d)$ und in umgekehrter Reihenfolge als

$s_n = a_n + (a_n - d) + (a_n - 2 \cdot d) + \ldots + (a_n - (n-1) \cdot d)$ schreiben.

Addition der beiden Gleichungen ergibt:

$2 s_n = (a_1 + a_n) + (a_1 + a_n) + (a_1 + a_n) + \ldots + (a_1 + a_n) = n \cdot (a_1 + a_n)$

Daraus folgt die explizite Darstellung der arithmetischen Reihe:

> Die Reihe (s_n) zur arithmetischen Folge $a_k = a_1 + (k-1) \cdot d$ heisst **arithmetische Reihe** und hat die explizite Darstellung $s_n = \sum_{k=1}^{n} a_k = \dfrac{n \cdot (a_1 + a_n)}{2}$.

Die Legende besagt, dass der junge Friedrich Gauss diese Formel entdeckte, als sein Lehrer die Aufgabe stellte, die Zahlen von 1 bis 100 zusammenzuzählen.

Für die spezielle arithmetische Folge 1; 2; 3; …; n ist $a_1 = 1$ und $a_n = n$. Das heisst, die Summe der ersten n natürlichen Zahlen lässt sich mit $s_n = \dfrac{n \cdot (1+n)}{2}$ berechnen.

Eine Reihe, die aus den Gliedern einer geometrischen Folge entsteht, heisst **geometrische Reihe**. Auch hier lässt sich eine explizite Darstellung angeben.
Setzt man in $s_n = a_1 + a_2 + a_3 + \ldots + a_n$ die explizite Darstellung $a_k = a_1 \cdot q^{k-1}$ $(q \neq 1)$ der geometrischen Folge ein, so erhält man: $s_n = a_1 + a_1 \cdot q + a_1 \cdot q^2 + \ldots + a_1 \cdot q^{n-1}$
und multipliziert mit q: $\qquad q \cdot s_n = a_1 \cdot q + a_1 \cdot q^2 + \ldots + a_1 \cdot q^{n-1} + a_1 \cdot q^n$
Subtrahiert man die zweite Gleichung von der ersten, so folgt $s_n - q \cdot s_n = a_1 - a_1 \cdot q^n$
und somit für die Summe $s_n = a_1 \cdot \dfrac{1 - q^n}{1 - q}$.

> Die Reihe (s_n) zur geometrischen Folge $a_k = a_1 \cdot q^{k-1}$ heisst **geometrische Reihe** und hat die explizite Darstellung $s_n = \sum_{k=1}^{n} a_1 q^{k-1} = a_1 \cdot \dfrac{1 - q^n}{1 - q}$.

Beispiel 1 Arithmetische Reihe
Zählen Sie die ersten 50 geraden Zahlen zusammen und stellen Sie eine allgemeine Formel für die Summe der ersten n geraden Zahlen auf.
Lösung:
Bei den geraden Zahlen handelt es sich um eine arithmetische Folge (d = 2) mit $a_n = 2n;$ $a_1 = 2;$ $a_{50} = 100$. Für die fünfzigste bzw. n-te Partialsumme folgt also:
$s_{50} = \dfrac{50}{2}(2 + 100) = 25 \cdot 102 = 2550$ bzw. $s_n = \dfrac{n}{2}(2 + 2n) = n + n^2$

22

Beispiel 2 Geometrische Reihe
Addieren Sie die ersten sechs Glieder der Folge 9; 3; 1; $\frac{1}{3}$; ... .
Lösung:
Es handelt sich um eine geometrische Folge mit $a_1 = 9$ und $q = \frac{1}{3}$. Für die sechste
Partialsumme $s_6 = 9 + 3 + 1 + \frac{1}{3} + \frac{1}{9} + \frac{1}{27}$ gilt somit: $s_6 = 9 \cdot \frac{1-\left(\frac{1}{3}\right)^6}{1-\frac{1}{3}} = 9 \cdot \frac{\frac{728}{729}}{\frac{2}{3}} = \frac{364}{27}$

Unendliche Reihen

Im Einleitungstext auf Seite 8 hat die Schildkröte 100 m Vorsprung auf Achilles, der allerdings fünfmal so schnell ist. In der dortigen Betrachtungsweise läuft Achilles nacheinander die Streckenabschnitte 100; 20; 4; 0.8; ... (in m). Offensichtlich kommt Achilles immer ein Stückchen weiter. Aber kann er hierbei auch so weit laufen, dass er die Schildkröte überholt?

Bei unendlichen Folgen (a_k) bricht auch die zugehörige Reihe (s_n), mit $s_n = \sum_{k=1}^{n} a_n$, nicht ab. Konvergiert die Reihe gegen einen Grenzwert s, so nähert sich die Summe der unendlich vielen Folgenglieder a_k einem festen Wert s an und man schreibt: $s = \lim_{n \to \infty} s_n = \sum_{k=1}^{\infty} a_k$.

Ein notwendiges Kriterium für die Konvergenz einer Reihe ist, dass die Summanden a_k gegen Null konvergieren, also (a_k) eine Nullfolge ist. Das heisst, dass unendliche arithmetische Reihen stets divergieren.

Anders verhält es sich bei unendlichen geometrischen Reihen, deren explizite Darstellung $s_n = a_1 \cdot \frac{1-q^n}{1-q}$ ($q \neq 1$) lautet.
Ist $|q| > 1$, so wächst q^n über alle Grenzen und die geometrische Reihe divergiert.
Ist $|q| < 1$, so ist q^n eine Nullfolge (Beispiel 2, S. 17) und die geometrische Reihe konvergiert gegen den Grenzwert $s = a_1 \cdot \frac{1}{1-q}$.

> Eine unendliche geometrische Reihe (s_n) mit $s_n = \sum_{k=1}^{n} a_1 q^{k-1}$ **konvergiert für $|q| < 1$** gegen den Grenzwert $s = \lim_{n \to \infty} s_n = \sum_{k=1}^{\infty} a_1 q^{k-1} = a_1 \cdot \frac{1}{1-q}$.

Mit diesem Satz lässt sich auch das obige Gedankenexperiment mit Achilles und der Schildkröte verstehen. Die Streckenabschnitte $(a_k) = 100; 20; 4; 0.8; ...$ bilden eine geometrische Folge mit $a_k = 100 \cdot \left(\frac{1}{5}\right)^{k-1}$. Da hier $|q| = \frac{1}{5} < 1$ ist, kann die von Achilles gelaufene Gesamtstrecke niemals den Wert $s = 100 \cdot \frac{1}{1-\frac{1}{5}} = 125$ überschreiten.
In der Realität wäre bei 125 m aber genau die Überholstelle.

Beispiel
Wandeln Sie den periodischen Dezimalbruch 0.515151... mithilfe einer geometrischen Reihe in eine Bruchzahl um.
Lösung:
$0.\overline{51} = \frac{51}{100} + \frac{51}{10\,000} + \frac{51}{1\,000\,000} + ... = \sum_{k=1}^{\infty} \frac{51}{100} \cdot \left(\frac{1}{100}\right)^{k-1}$
Es handelt sich um eine unendliche geometrische Reihe mit $a_1 = \frac{51}{100}$ und $q = \frac{1}{100}$.
Folglich ist $0.\overline{51} = \frac{51}{100} \cdot \frac{1}{1-\frac{1}{100}} = \frac{51}{100} \cdot \frac{1}{\frac{99}{100}} = \frac{51}{99} = \frac{17}{33}$.

Aufgaben

1 Berechnen Sie die erste, zweite, …, fünfte Partialsumme zur Folge (a_k).

a) $a_k = 2k - 1$ b) $a_k = k^2$ c) $a_k = 2^{k-1}$ d) $a_k = \frac{1}{k}$ e) $a_k = \frac{1}{k^2}$

2 Berechnen Sie die folgenden endlichen Summen.

a) $\sum_{k=1}^{5}(3k-2)$ b) $\sum_{k=3}^{5}\frac{k}{k-1}$ c) $\sum_{k=1}^{3}2 \cdot k^3$ d) $\sum_{k=1}^{4}3 \cdot 2^{k-1}$ e) $\sum_{k=3}^{4}2 \cdot \left(\frac{2}{3}\right)^{k-1}$

f) $\sum_{a=1}^{20} a \cdot k^2$ g) $\sum_{j=3}^{12}(3+7j)$ h) $\sum_{k=5}^{11}3 \cdot 2^{k-1}$ i) $\sum_{i=4}^{8}\frac{3i+k}{2k+1}$ j) $\sum_{k=3}^{7}\frac{(-1)^k}{k+4}$

3 Schreiben Sie die Summen mit dem Summenzeichen (in Sigma-Notation).

a) $3 + 4 + 5 + 6 + 7 + 8$ b) $2 + 4 + 6 + 8 + 10$ c) $3 + 10 + 17 + 24 + 31 + 38$

d) $2 + 4 + 8 + 16 + 32$ e) $9 + 3 + 1 + \frac{1}{3} + \frac{1}{9} + \frac{1}{27}$ f) $\frac{1}{6} + \frac{1}{8} + \frac{1}{10} + \frac{1}{12}$

g) $77 + 88 + 99 + … + 979$ h) $\frac{7}{10} - \frac{9}{13} + \frac{11}{16} - … + \frac{23}{34}$ i) $\frac{8}{7} + \frac{11}{14} + \frac{2}{3} + \frac{17}{28} + … + \frac{32}{63}$

4 Vier Zahlen a_1, a_2, a_3 und a_4 bilden eine arithmetische Folge mit der Summe 130. Dabei ist a_4 viermal so gross wie a_1. Bestimmen Sie die vier Zahlen.

5 Die Summe aus den ersten sechs Gliedern einer geometrischen Folge mit $q = \frac{2}{3}$ hat den Wert 665. Bestimmen Sie den ersten und den letzten Summanden.

6 Berechnen Sie die Summen mit geeigneten Formeln.

a) $\sum_{k=1}^{1000}k$ b) $\sum_{k=1}^{99}(2+4k)$ c) $\sum_{k=2}^{99}(2+4k)$ d) $\sum_{k=1}^{23}3 \cdot 2^{k-1}$ e) $\sum_{k=1}^{9}2 \cdot \left(\frac{2}{3}\right)^{k-1}$

7 Berechnen Sie für die unendliche geometrische Reihe den Grenzwert.

a) $\sum_{k=1}^{\infty}9 \cdot \left(\frac{1}{2}\right)^{k-1}$ b) $\sum_{k=1}^{\infty}\frac{1}{2} \cdot \left(\frac{3}{4}\right)^{k-1}$ c) $50 + 10 + 2 + \frac{2}{5} + …$

8 Wandeln Sie die periodischen Dezimalbrüche in Bruchzahlen um.

a) $0.\overline{07}$ b) $1.\overline{7}$ c) $6.0\overline{17}$ d) $11.239\overline{345}$

9 In einem rechtwinkligen Dreieck mit $a = 3$ cm, $b = 4$ cm und $c = 5$ cm wird vom Scheitelpunkt des rechten Winkels ein Lot auf die Hypotenuse c gefällt. Vom Lotfusspunkt fällt man das Lot auf die Kathete b, von dessen Fusspunkt das Lot auf c und vom letzten Fusspunkt wieder das Lot auf b (Fig. 1). Diesen Prozess denke man sich unbegrenzt fortgesetzt. Wie gross ist die Summe aller Lote?

Fig. 1

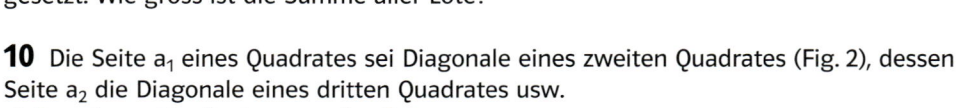

10 Die Seite a_1 eines Quadrates sei Diagonale eines zweiten Quadrates (Fig. 2), dessen Seite a_2 die Diagonale eines dritten Quadrates usw.

a) Berechnen Sie die Summe aller Seiten a_1; a_2; a_3; ….
b) Berechnen Sie die Summe der Flächen aller Quadrate.

Fig. 2

11 Angenommen, die Erdölvorräte würden bei konstantem Verbrauch noch 60 Jahre reichen. Es wird vorgeschlagen, im aktuellen Jahr genauso viel Erdöl zu verbrauchen wie bereits eingeplant und ab dann den Verbrauch an Erdöl jedes Jahr auf einen konstanten Prozentsatz des Vorjahresverbrauchs zu reduzieren. Um wie viel Prozent müsste man den jährlichen Verbrauch pro Jahr verringern, damit die Erdölvorräte für immer reichen?

Exkursion   Eine übergeordnete Beweismethode – die vollständige Induktion

Stephan malt in der Stunde verträumt Linien auf sein Blatt, als ihn seine Banknachbarin anstösst: «Mann, pass doch mal auf, Herr Müller schaut schon immer rüber zu dir.» Anne überlegt: «Hey, entstehen bei deinem Gekritzel nicht immer mehr Schnittpunkte?» Stephan: «Ja klar, aber wie viele?» Anne: «Ich glaube, das sind $\frac{n^2 - n}{2}$ Schnittpunkte.» «Wie kommst du denn darauf?» «Schau doch mal an die Tafel, die Tabelle dort vorn passt doch genau zu deiner Zeichnung!» Stephan: «Mmh, stimmt! Ob das wirklich immer so ist?» «Na, dann pass doch mal auf!»

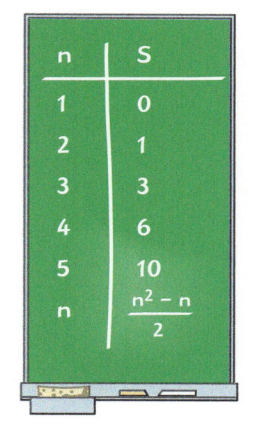

n	S
1	0
2	1
3	3
4	6
5	10
n	$\frac{n^2 - n}{2}$

Soll eine Aussage, die für alle natürlichen Zahlen gilt, bewiesen werden, so stösst man auf Schwierigkeiten. Man kann eine solche Aussage meist für konkrete natürliche Zahlen bestimmen, aber ein Beweis für alle natürlichen Zahlen ist damit noch nicht erbracht. Beim Ausrechnen der maximalen Anzahl von Schnittpunkten für 6 nicht parallele Geraden stellt man fest, dass die Anzahl einfach zu berechnen ist, wenn man die Anzahl von 10 Schnittpunkten für 5 Geraden bereits kennt. Die 6. Gerade kann nämlich jede der 5 bereits vorhandenen Geraden genau ein Mal schneiden (Fig. 1). Es ergibt sich eine neue Anzahl von Schnittpunkten aus $10 + 5 = 15$.

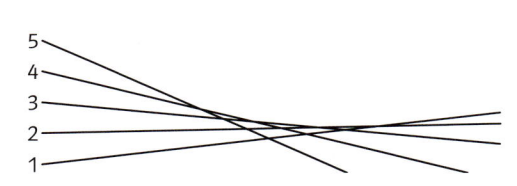

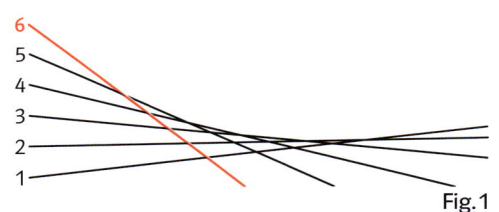

Fig. 1

Eine solche Überlegung kann man auch allgemein durchführen.
Ist, wie Anne vermutet, die Anzahl der Schnittpunkte für k Geraden $\frac{k^2 - k}{2}$, so kommen für die (k + 1)-te Gerade noch genau k neue Schnittpunkte dazu. Insgesamt erhält man:
$\frac{k^2 - k}{2} + k = \frac{k^2 - k}{2} + \frac{2k}{2} = \frac{k^2 + k}{2}$.
Auf diese Anzahl von Schnittpunkten kommt man aber auch, wenn man direkt die von Anne vorgeschlagene Formel zur Berechnung mit k + 1 Geraden benutzt:
$\frac{(k + 1)^2 - (k + 1)}{2} = \frac{k^2 + 2k + 1 - k - 1}{2} = \frac{k^2 + k}{2}$.
Damit wurde festgestellt: Unter der Voraussetzung, dass Annes Formel für k Geraden gilt, gilt sie auch für k + 1 Geraden.

Da die Formel offensichtlich für eine Gerade, also k = 1, gilt, gilt sie mit obiger Feststellung auch für k = 2 Geraden, also auch für k = 3 Geraden (Fig. 2) usw. Also gilt die Formel für alle natürlichen Zahlen.

Fig. 2

Die Überlegungen führen zu folgendem Beweisverfahren:

Beweisverfahren der vollständigen Induktion
Eine Aussage gilt für alle natürlichen Zahlen $n \geq n_0$, wenn gezeigt werden kann:
(I) **Induktionsverankerung**: Die Aussage gilt für eine erste natürliche Zahl n_0.
(II) **Induktionsschritt**: Ist die Aussage für eine natürliche Zahl $k \geq n_0$ richtig, so gilt sie auch für $k + 1$.

Hinweis: Im Induktionsschritt wird nicht gezeigt, dass die betrachtete Aussage für k richtig ist. Vielmehr wird die Aussage für k als richtig vorausgesetzt, um die Gültigkeit für k + 1 nachzuweisen.

Am **Dominoprinzip** kann man sich das Beweisverfahren der vollständigen Induktion noch einmal gut veranschaulichen. Alle Steine sind wie folgt aufgestellt:
(1) Induktionsverankerung: Der erste Stein fällt beim Anstossen um.
(2) Induktionsschritt: Wenn ein beliebiger Stein umfällt, dann stösst er den nachfolgenden Stein so an, dass dieser auch umfällt.
Das bedeutet: Wenn der erste Stein angestossen wird, fallen alle Dominosteine nacheinander um.

1 In einem Rechteck sind Punkte so angeordnet, dass drei Punkte nie auf einer gemeinsamen Geraden liegen. Durch das Verbinden der Punkte untereinander und der Eckpunkte entstehen Dreiecke.
a) Wie viele Dreiecke entstehen bei elf Punkten?
b) Suchen Sie eine allgemeine Formel für die Anzahl der Dreiecke in Abhängigkeit von der Anzahl der Punkte und beweisen Sie die Formel mithilfe der vollständigen Induktion.

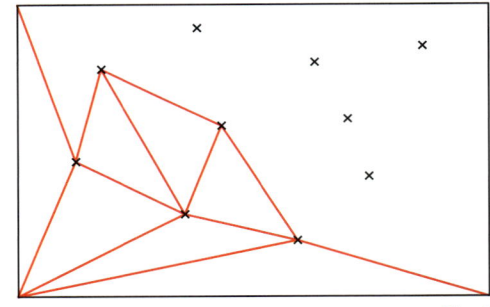

Fig. 1

2 Ein Rechteck wird durch n Geraden in Dreiecke, Vierecke, Fünfecke usw. zerlegt. Wie viele Teile entstehen höchstens? Beweisen Sie Ihre Vermutung mithilfe der vollständigen Induktion.

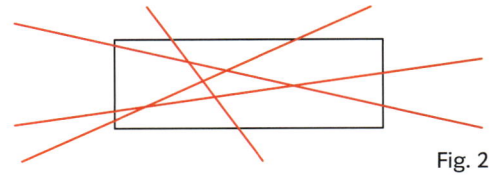

Fig. 2

Das Beweisverfahren der vollständigen Induktion ist immer dann anwendbar, wenn eine Aussage auf der Grundlage von natürlichen Zahlen bewiesen werden soll.
Solche Aussagen findet man beispielsweise auch beim Aufsummieren von Zahlen. Die Summe aller natürlichen Zahlen von 1 bis n ist wohl die bekannteste Formel dieser Art. Ihrer Entstehungsgeschichte wegen wird sie auch Gauss'sche Summenformel oder kleiner Gauss genannt.

Behauptung: Es gilt die Formel: $1 + 2 + 3 + 4 + \ldots + (n - 1) + n = \frac{n \cdot (n + 1)}{2}$, $n \in \mathbb{N}$

Beweis durch vollständige Induktion:
Induktionsverankerung:

$n = 1$; $1 = \frac{1 \cdot (1 + 1)}{2}$ Für die Zahl $n = 1$ ist die Aussage offensichtlich richtig.

Induktionsschritt:
Voraussetzung: Die Formel ist für $n = k$ richtig: $1 + 2 + 3 + \ldots + k = \frac{k \cdot (k + 1)}{2}$
Es ist zu zeigen:
Die Formel gilt dann auch für $n = k + 1$: $1 + 2 + 3 + \ldots + k + (k + 1) = \frac{(k + 1) \cdot (k + 2)}{2}$

$1 + 2 + 3 + \ldots + k = \frac{k \cdot (k + 1)}{2}$ $\quad | + k + 1$ Letzter Summand wird addiert

$1 + 2 + 3 + \ldots + k + k + 1 = \frac{k \cdot (k + 1)}{2} + k + 1$ Hauptnenner bilden, zu einem Bruch zusammenfassen

$1 + 2 + 3 + \ldots + k + k + 1 = \frac{k \cdot (k + 1) + 2(k + 1)}{2}$

$1 + 2 + 3 + \ldots + k + k + 1 = \frac{(k + 1) \cdot (k + 2)}{2}$ Ausklammern

Damit ist die Gültigkeit der Formel für alle natürlichen Zahlen gezeigt.

3 Zeigen Sie mit vollständiger Induktion, dass für alle $n \in \mathbb{N}$ gilt:
a) $2 + 4 + 6 + \ldots + 2n = n \cdot (n + 1)$ b) $1 + 3 + 5 + \ldots + (2 \cdot n - 1) = n^2$
c) $1 + 4 + 7 + \ldots + (3n - 2) = \frac{1}{2} n \cdot (3n - 1)$ d) $1^2 + 2^2 + 3^2 + \ldots + n^2 = \frac{1}{6} n \cdot (n + 1) \cdot (2n + 1)$

4 Eine der berühmtesten Folgen ist die Fibonacci-Folge (f_n), bei der ein Glied jeweils die Summe der beiden Vorgänger ist: $f_n = f_{n-2} + f_{n-1}$ ($n \geq 3$) mit $f_1 = 1$ und $f_2 = 1$.
Beweisen Sie, dass für alle $n \in \mathbb{N}$ gilt:
a) $f_n + 2 \cdot f_{n+1} = f_{n+3}$ b) $f_1^2 + f_2^2 + \ldots + f_n^2 = f_n \cdot f_{n+1}$
c) $f_{n-1} \cdot f_{n+1} - f_n^2 = (-1)^n$ ($n \geq 2$)   d) $f_n = \frac{1}{\sqrt{5}} \left[\left(\frac{1 + \sqrt{5}}{2} \right)^n - \left(\frac{1 - \sqrt{5}}{2} \right)^n \right]$

5 Für Potenzfunktionen mit natürlichen Exponenten $f(x) = x^n$, $n \in \mathbb{N}$, kann die Ableitung in der Form $f'(x) = n \cdot x^{n-1}$ angegeben werden. Beweisen Sie diese Ableitungsregel mithilfe des Beweisverfahrens der vollständigen Induktion.

Hinweis:
Aufgabe 5 kann nur mit Kenntnissen der Differenzialrechnung (Kapitel II) behandelt werden.

Fehlschlüsse gibt es bei der vollständigen Induktion nur, wenn man den Induktionsschritt oder die Induktionsverankerung vergisst oder sich verrechnet.
a) Fehlender Induktionsschritt:
Es wird behauptet, dass für alle $n \in \mathbb{N}$ die Zahl $p(n) = n^2 + n + 11$ eine Primzahl ist.
Die Induktionsverankerung $p(1) = 13$ ist richtig. Weitere Einsetzungen bis 9 sind ebenfalls richtig. Trotzdem ist die Aussage falsch. Für $n = 10$ liegt mit $p(10) = 121$ keine Primzahl vor.
b) Fehlende Induktionsverankerung:
Es wird behauptet, dass für alle $n \in \mathbb{N}$ gilt: $1 + 2 + 3 + 4 + \ldots + n = \frac{1}{2} n \cdot (n + 1) + 3$
Der Induktionsschritt ist richtig.
Voraussetzung: Die Formel gilt für $n = k$: $1 + 2 + 3 + \ldots + k = \frac{1}{2} k \cdot (k + 1) + 3$
Behauptung:
Die Formel gilt für $n = k + 1$: $1 + 2 + 3 + \ldots + k + (k + 1) = \frac{1}{2} \cdot (k + 1) \cdot (k + 2) + 3$
Aus der Voraussetzung folgt:
$1 + 2 + 3 + \ldots + k + (k + 1) = \frac{1}{2} k \cdot (k + 1) + 3 + (k + 1) = \frac{1}{2} \cdot (k + 1) \cdot (k + 2) + 3$
Vergisst man die Induktionsverankerung (für $n = 1$ ist $1 \neq 4$), so hält man die Aussage für richtig. Die Aussage ist aber offensichtlich falsch.

Die «vollständige Induktion im Alltag», nämlich der Schluss von wenigen Beispielen auf die Gesamtheit, führt häufig zu Problemen in der Gesellschaft. Einige Beispiele:
– Die Politiker sind geldgierig.
– Die Schüler heute sind unfähig, sich zu konzentrieren.
– Die Beamten sind faul.
Bei den Aussagen wird das Wort «die» synonym für «alle» verwendet.

2 Grenzwerte von Funktionen

2.1 Grenzwerte von Funktionen an einer Stelle

Halbiert man alle Glieder der Folge $x_n = 4 + \frac{1}{n}$, so entsteht eine neue Folge (y_n), die sich mithilfe der Funktion $f(x) = \frac{1}{2}x$ beschreiben lässt: $y_n = f(x_n) = \frac{1}{2}x_n = \frac{1}{2}(4 + \frac{1}{n}) = 2 + \frac{1}{2n}$.
Bilden Sie für $\bar{x}_n = 4 - \frac{1}{n^2}$ und $\bar{\bar{x}}_n = \frac{4n-2}{n+3}$ die Folgen $\bar{y}_n = f(\bar{x}_n)$ und $\bar{\bar{y}}_n = f(\bar{\bar{x}}_n)$.
Haben $(\bar{y}_n)$ und $(\bar{\bar{y}}_n)$ denselben Grenzwert wie (y_n)? Und wenn ja, warum?

Bei vielen Anwendungen der Mathematik in Naturwissenschaft, Technik und Wirtschaft spielen diejenigen Funktionen eine grosse Rolle, die das Konvergenzverhalten von Folgen nicht verändern. Dies führt zum Begriff des Grenzwertes einer Funktion, der über konvergente Folgen definiert wird. Das folgende Beispiel erläutert den Sachverhalt.

Der Graph der Funktion $f(x) = x^2$ ist durch die Punkte $(x|y)$ mit $y = x^2$ gegeben. Um das Verhalten der Funktion in der Umgebung eines Punktes, z. B. $(2|4)$, zu untersuchen, wählt man eine Zahlenfolge (x_n) aus, deren Grenzwert 2 ist. Eine solche ist z. B. durch $x_n = 2 + \frac{1}{n}$ gegeben. Für jedes Glied x_n ist dann genau ein Wert $y_n = x_n^2 = (2 + \frac{1}{n})^2$ zugeordnet. Durchläuft die Variable x die Folge $(x_n) = 2 + \frac{1}{1}; 2 + \frac{1}{2}; 2 + \frac{1}{3}; \ldots$, so durchläuft y also die Bildfolge
$(y_n) = (f(x_n)) = (2 + \frac{1}{1})^2; (2 + \frac{1}{2})^2; (2 + \frac{1}{3})^2; \ldots$.
Der Grenzwert der Bildfolge ist $\lim_{n \to \infty} y_n = 4$, da $y_n = (2 + \frac{1}{n})^2 = 4 + \frac{4}{n} + \frac{1}{n^2}$ und $\frac{4}{n}$ sowie $\frac{1}{n^2}$ Nullfolgen sind. Das heisst: Nähert sich x über die Folgenglieder x_n der Stelle $x_0 = 2$ an, so nähert sich y dem Wert 4 an.

Dabei kommt man der Stelle $x_0 = 2$ durch eine Folge beliebig nahe, deren Glieder sämtlich grösser als 2 sind, also auf der x-Achse rechts von 2 liegen.
Genauso kann man von links durch die Folge $x_n = 2 - \frac{1}{n}$ der Stelle $x_0 = 2$ beliebig nahe kommen (Fig. 1). Auch hier ist der Grenzwert der Bildfolge $(y_n) = (f(x_n))$ gleich
$\lim_{n \to \infty} y_n = \lim_{n \to \infty} (2 + \frac{1}{n})^2 = 4$.

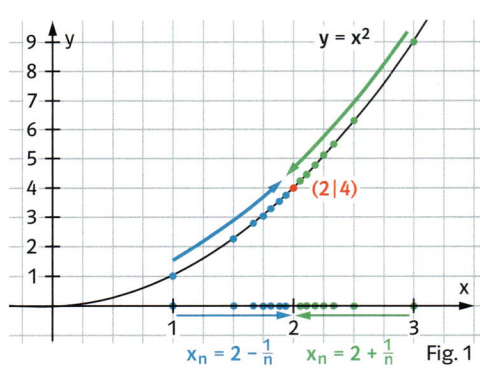

Fig. 1

Bei der Funktion $f(x) = x^2$ würde auch jede andere Zahlenfolge der Form $x_n = 2 + h_n$ mit einer Nullfolge h_n eine Bildfolge $(y_n) = (f(x_n))$ mit Grenzwert 4 liefern. Deshalb nennt man 4 den **Grenzwert der Funktion f an der Stelle** 2.
Die hier angewendeten Mittel sollen nun für den allgemeinen Fall definiert werden.

Jede konvergente Folge mit Grenzwert 2 lässt sich in der Form $x_n = 2 + h_n$ mit einer Nullfolge h_n schreiben.

Eine Zahl g heisst **Grenzwert der Funktion f an der Stelle x_0**, wenn für **jede** Folge (x_n) aus dem Definitionsbereich von f mit $\lim_{n \to \infty} x_n = x_0$ und $x_n \neq x_0$ ($n \in \mathbb{N}$) die Bildfolge $(f(x_n))$ den Grenzwert g hat.
Man schreibt dann: $\lim_{x \to x_0} f(x) = g$ oder $f(x) \to g$ für $x \to x_0$

Man beachte, dass bei der hier definierten Schreibweise $\lim_{x \to x_0}$ der Index n weggelassen wird und $x \neq x_0$ ist.

28

Bemerkung
Die Funktion f braucht an der Stelle x_0 den Wert g nicht anzunehmen und braucht an dieser Stelle auch nicht definiert zu sein. Es ist nur verlangt, dass sich die Funktionswerte bei unbegrenzter Annäherung von x an x_0 unbegrenzt an g annähern.

Dass der Grenzwert einer Funktion an einer Stelle nicht immer existieren muss, zeigt die stückweise definierte Funktion $f(x) = \begin{cases} 2x & \text{für } x < 1 \\ 2x+1 & \text{für } x \geq 1 \end{cases}$ an der Stelle $x_0 = 1$ (Fig. 1).
Nähert man sich von rechts der Stelle $x_0 = 1$ durch die Folge $x_n = 1 + \frac{1}{n}$ an, so konvergieren die Funktionswerte $f(x_n) = 2\left(1 + \frac{1}{n}\right) + 1 = 3 + \frac{2}{n}$ gegen 3. Anderseits lässt die von links kommende Folge $x_n = 1 - \frac{1}{n}$ die Funktionswerte $f(x_n) = 2\left(1 - \frac{1}{n}\right) = 2 - \frac{2}{n}$ gegen 2 konvergieren. Also hat die Funktion nach Definition keinen Grenzwert an der Stelle $x_0 = 1$.
Da aber $\lim_{n \to \infty} f(x_n) = 3$ für alle von rechts gegen 1 konvergierenden Folgen (x_n) gilt, nennt man 3 den **rechtsseitigen Grenzwert** der Funktion an der Stelle 1. Und genauso ist hier 2 der **linksseitige Grenzwert**.

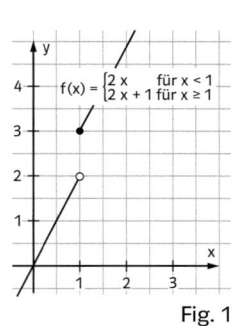

Fig. 1

Eine Zahl g_r heisst **rechtsseitiger Grenzwert** der Funktion f an der Stelle x_0, wenn für jede Folge (x_n) aus dem Definitionsbereich von f mit $\lim_{n \to \infty} x_n = x_0$ und $x_n > x_0$ ($n \in \mathbb{N}$) die Bildfolge $(f(x_n))$ den Grenzwert g_r hat.
Man schreibt dann: $\lim_{\substack{x \to x_0 \\ x > x_0}} f(x) = \lim_{x \downarrow x_0} f(x) = g_r$
Analog wird der **linksseitige Grenzwert** $\lim_{x \uparrow x_0} f(x) = g_l$ definiert.

Ist $\lim_{x \to x_0} f(x) = g$, dann ist offensichtlich auch $\lim_{x \downarrow x_0} f(x) = \lim_{x \uparrow x_0} f(x) = g$.
Auch die Umkehrung dieses Sachverhaltes ist richtig.

Besitzt eine Funktion f in x_0 einen linksseitigen Grenzwert g_l sowie einen rechtsseitigen Grenzwert g_r und stimmen diese beiden überein, so besitzt die Funktion den Grenzwert $g = \lim_{x \to x_0} f(x) = g_r = g_l$ an der Stelle x_0.

Da der Grenzwert von Funktionen auf denjenigen von Folgen zurückgeführt wird, gelten die Grenzwertsätze für Folgen (S. 19) auch für Funktionen.

Grenzwertsätze
Besitzen die Funktionen f_1 und f_2 die Grenzwerte g_1 und g_2 an der Stelle x_0, so besitzen auch die Funktionen $(f_1 \pm f_2)$; $(f_1 \cdot f_2)$ und, sofern $g_2 \neq 0$ ist, auch die Funktion $\frac{f_1}{f_2}$ einen Grenzwert an der Stelle x_0. Es gilt:

$$\lim_{x \to x_0} (f_1(x) \pm f_2(x)) = \lim_{x \to x_0} f_1(x) \pm \lim_{x \to x_0} f_2(x) = g_1 \pm g_2$$

$$\lim_{x \to x_0} (f_1(x) \cdot f_2(x)) = \lim_{x \to x_0} f_1(x) \cdot \lim_{x \to x_0} f_2(x) = g_1 \cdot g_2$$

$$\lim_{x \to x_0} \frac{f_1(x)}{f_2(x)} = \frac{\lim_{x \to x_0} f_1(x)}{\lim_{x \to x_0} f_2(x)} = \frac{g_1}{g_2}, \; g_2 \neq 0$$

Bemerkung

Bei der praktischen Berechnung des Grenzwertes einer Funktion ist es oft hilfreich, für $x \to x_0$ die Substitution $x = x_0 \pm h$ für $h \to 0$ ($h > 0$) durchzuführen. Das heisst, statt $\lim_{x \to x_0} f(x)$ untersucht man $\lim_{h \to 0} f(x_0 \pm h)$. Bei den einseitigen Grenzwerten untersucht man lediglich $\lim_{h \to 0} f(x_0 + h)$ bzw. $\lim_{h \to 0} f(x_0 - h)$.

Beispiel 1 Grenzwert von Funktionen

Untersuchen Sie die Funktion f auf Grenzwerte bei x_0.

a) $f(x) = \frac{1}{2}x^2 + 2$; $x_0 = 3$

b) $f(x) = \begin{cases} -2x & \text{für } x < -1 \\ 3x + 5 & \text{für } x \geq -1 \end{cases}$; $x_0 = -1$

c) $f(x) = \begin{cases} 2x & \text{für } x \leq 4 \\ x - 2 & \text{für } x > 4 \end{cases}$; $x_0 = 4$

d) $f(x) = \frac{1}{x-2}$; $x_0 = 2$

Lösung:

a) Grenzwert an der Stelle $x_0 = 3$:

$$g = \lim_{x \to 3} f(x) = \lim_{h \to 0} f(3 \pm h) = \lim_{h \to 0}\left(\frac{1}{2}(3 \pm h)^2 + 2\right) = \lim_{h \to 0}\left(\frac{1}{2}(9 \pm 6h + h^2) + 2\right) = \frac{9}{2} + 2 = \frac{13}{2}$$

b) rechtsseitiger Grenzwert an der Stelle $x_0 = -1$:

$$g_r = \lim_{\substack{x \to -1 \\ x > -1}} f(x) = \lim_{h \to 0} f(-1 + h) = \lim_{h \to 0}(3(-1 + h) + 5) = -3 + 5 = 2$$

linksseitiger Grenzwert an der Stelle $x_0 = -1$:

$$g_l = \lim_{\substack{x \to -1 \\ x < -1}} f(x) = \lim_{h \to 0} f(-1 - h) = \lim_{h \to 0}\left(-2(-1 - h)\right) = 2$$

Da $g_r = g_l$, ist der Grenzwert der Funktion an der Stelle -1 gleich $g = g_r = g_l = 2$.

c) rechtsseitiger Grenzwert an der Stelle $x_0 = 4$:

$$g_r = \lim_{h \to 0} f(4 + h) = \lim_{h \to 0}\left((4 + h) - 2\right) = 2$$

linksseitiger Grenzwert an der Stelle $x_0 = 4$:

$$g_l = \lim_{h \to 0} f(4 - h) = \lim_{h \to 0}\left(2(4 - h)\right) = 8$$

Da $g_r \neq g_l$, existieren nur die einseitigen Grenzwerte an der Stelle 4.

d) Bei der Annäherung an die Stelle $x_0 = 2$ von rechts mittels $x_n = 2 + \frac{1}{n}$ wächst der Funktionswert $f(x_n) = \frac{1}{2 + \frac{1}{n} - 2} = n$ über alle Grenzen. Es existiert also kein rechtsseitiger Grenzwert.

Bei der Annäherung an die Stelle $x_0 = 2$ von links mittels $x_n = 2 - \frac{1}{n}$ wächst der Funktionswert $f(x_n) = \frac{1}{2 - \frac{1}{n} - 2} = -n$ unter alle Grenzen. Es existiert also auch kein linksseitiger Grenzwert.

Beispiel 2 Grenzwertsätze

Bestimmen Sie $\lim_{x \to 2}(x \cdot (x + 1))$ und $\lim_{x \to 2} \frac{x}{x + 1}$.

Lösung:

Wegen $\lim_{x \to 2} x = 2$ und $\lim_{x \to 2}(x + 1) = 3$ ergibt sich: $\lim_{x \to 2}(x \cdot (x + 1)) = 6$ und $\lim_{x \to 2} \frac{x}{x + 1} = \frac{2}{3}$.

Beispiel 3 Umformung und Grenzwertsätze

Bestimmen Sie: $\lim_{x \to -2} \frac{x^2-4}{x+2}$.

Lösung:

Für jede Folge (x_n) mit $x_n \to -2$ strebt sowohl der Zähler als auch der Nenner gegen 0; das Verhalten des Quotienten ist nicht ohne Weiteres zu erkennen.

Umformung aber ergibt: $\frac{x^2-4}{x+2} = \frac{(x+2) \cdot (x-2)}{x+2} = x - 2$ für $x \neq -2$.

Damit erhält man: $\lim_{x \to -2} \frac{x^2-4}{x+2} = \lim_{x \to -2} (x-2) = -4$.

Aufgaben

1 Die Figur zeigt den Graphen einer Funktion f. Ermitteln Sie die Grenzwerte $\lim_{x \downarrow x_0} f(x)$, $\lim_{x \uparrow x_0} f(x)$ und $\lim_{x \to x_0} f(x)$ für die angegebene Stelle x_0, wenn sie existieren.

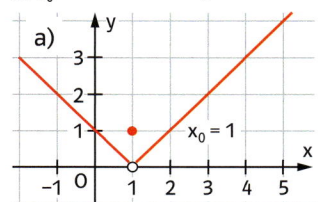

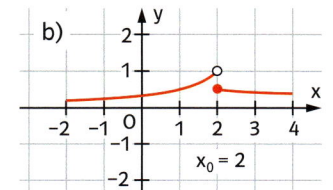

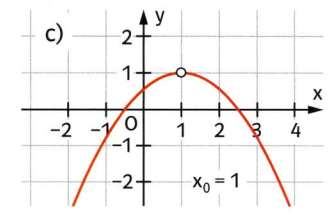

Wir markieren Punkte, die zum Graphen gehören, durch ● und diejenigen, die nicht zum Graphen gehören, durch ○.

2 Die Figur zeigt den Graphen einer Funktion f. Für welche Werte von x_0 existiert der Grenzwert der Funktion f für $x \to x_0$?

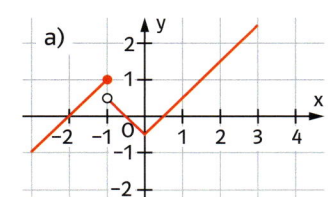

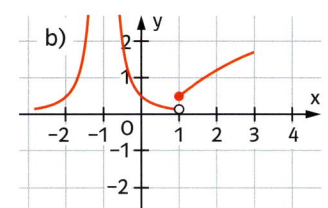

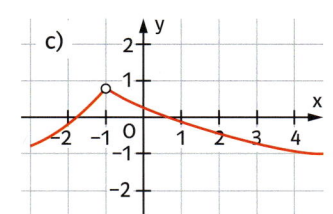

3 Skizzieren Sie die Funktion f und berechnen Sie $\lim_{x \downarrow x_0} f(x)$, $\lim_{x \uparrow x_0} f(x)$ und $\lim_{x \to x_0} f(x)$, falls diese Grenzwerte existieren.

a) $f(x) = 5x^3 - 7$; $x_0 = -1$

b) $f(x) = \begin{cases} x^2 & \text{für } x \leq 3 \\ 12 - x & \text{für } x > 3 \end{cases}$; $x_0 = 3$

c) $f(x) = \begin{cases} 3x + 4 & \text{für } x \leq -2 \\ -3 & \text{für } x > -2 \end{cases}$; $x_0 = -2$

d) $f(x) = \frac{|x|}{x}$; $x_0 = 0$

4 a) Zeigen Sie, dass die Funktion f mit $f(x) = \frac{1}{(x+2)^4}$ für $x \to -2$ keinen Grenzwert hat.

b) Wie weit muss man sich der Stelle -2 nähern, damit die Funktionswerte von f grösser als 10 000 sind?

5 Untersuchen Sie, ob die Funktion f an den Definitionslücken Grenzwerte besitzt. Skizzieren Sie den Graphen von f.

a) $f(x) = \frac{x}{x-1}$
b) $f(x) = \frac{x^2-1}{x-1}$
c) $f(x) = \frac{x^3-1}{x-1}$
d) $f(x) = \frac{x^2-a^2}{x-a}$
e) $f(x) = \frac{x^4-16}{x-2}$

6 Berechnen Sie den Grenzwert mithilfe der Grenzwertsätze für Funktionen.

a) $\lim_{x \to 5} (x^2 - 2x)$
b) $\lim_{x \to -3} (x^4 - 5x^2 + 10)$
c) $\lim_{x \to -2} \left(x^3 - \frac{1}{x} \right)$
d) $\lim_{x \to -3} \left(\frac{10}{x^3} + x - \frac{20}{x} \right)$

2.2 Stetigkeit einer Funktion

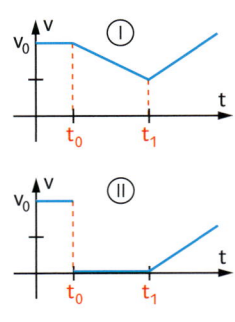

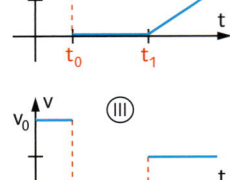

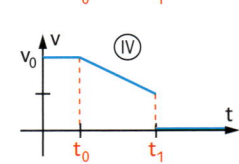

Ein Wasserbecken wird über eine Leitung gefüllt. Der Zufluss kann mit dem Schieber S sehr rasch unterbrochen oder geöffnet werden. Der Hahn H erlaubt eine langsame Regelung der Fliessgeschwindigkeit des Wassers in der Zuleitung.
Die Graphen I, II, III und IV zeigen Abhängigkeiten der Fliessgeschwindigkeit v von der Zeit t. Beschreiben Sie den Verlauf der Graphen. Wie wurde v mit H und S jeweils geregelt?

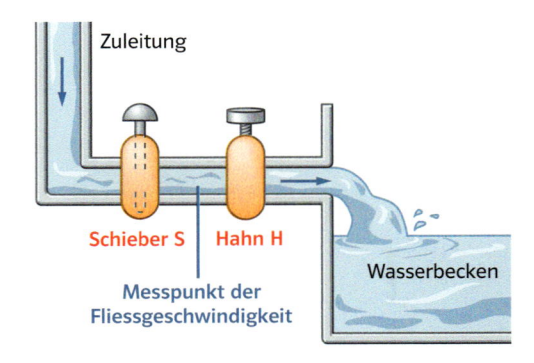

Eine Funktion f ist bekanntlich eine Vorschrift, die jeder reellen Zahl $x \in D_f$ genau eine reelle Zahl $y = f(x)$ zuordnet.
Diese Definition der Funktion ist so allgemein gefasst, dass der Graph einer Funktion unter Umständen an manchen Stellen nicht die Eigenschaften besitzt, die man anschaulich erwartet hat. Dazu gehört z. B. die Aussage, dass jeder Graph einer Funktion, der oberhalb und unterhalb der x-Achse verläuft, die x-Achse irgendwo schneiden muss.

Aussage:
Ist eine Funktion f auf dem abgeschlossenen Intervall $[a;b]$ definiert und haben die Funktionswerte $f(x_1)$ und $f(x_2)$ für $x_1, x_2 \in [a;b]$ verschiedene Vorzeichen, so gibt es mindestens eine Stelle $z \in [a;b]$ mit $f(z) = 0$.

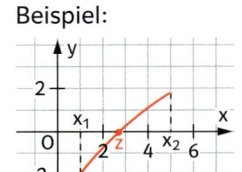

Damit diese Aussage gültig ist, muss die Funktion eine Bedingung erfüllen, die man **Stetigkeit** nennt.

Kurz und vereinfacht: «Funktionswert gleich Grenzwert!»

Eine Funktion f mit Definitionsbereich D heisst **an der Stelle** $x_0 \in D$ **stetig**, wenn der Grenzwert von f(x) für $x \to x_0$ existiert und mit dem Funktionswert $f(x_0)$ übereinstimmt, wenn also $\lim_{x \to x_0} f(x) = f(x_0)$ gilt.

Eine Funktion, die an jeder Stelle ihres Definitionsbereichs D stetig ist, nennt man **stetige Funktion** (auf D).

Entsprechend der Definition müssen also folgende Bedingungen für die Stetigkeit in x_0 erfüllt sein:
1. Der Funktionswert $f(x_0)$ muss existieren.
2. Der Grenzwert für $x \to x_0$ muss existieren, also linksseitiger Grenzwert gleich rechtsseitiger Grenzwert.
3. Der Grenzwert für $x \to x_0$ muss mit dem Funktionswert an der Stelle x_0 übereinstimmen.

Ist eine Funktion f an einer Stelle $x_0 \in D$ **nicht stetig** (man sagt auch **unstetig**), können zwei Fälle auftreten: f hat für $x \to x_0$ keinen Grenzwert oder der Grenzwert von f für $x \to x_0$ existiert zwar, aber es ist $\lim_{x \to x_0} f(x) \neq f(x_0)$ (vgl. Beispiel 2).

Beispiel 1 Nachweis der Stetigkeit
Gegeben ist die Funktion f mit

$$f(x) = \begin{cases} \frac{1}{2}x & \text{für } x \leq 6 \\ 3 - (x-6)^2 & \text{für } x > 6 \end{cases}.$$

Zeigen Sie: f ist an der Stelle 6 stetig.
Lösung:
$g_r = \lim\limits_{x \downarrow 6} f(x) = \lim\limits_{x \downarrow 6} \left(3 - (x-6)^2\right) = 3$

$g_l = \lim\limits_{x \uparrow 6} f(x) = \lim\limits_{x \uparrow 6} \left(\frac{1}{2}x\right) = 3$

Da $g_r = g_l$, existiert der Grenzwert $\lim\limits_{x \to 6} f(x) = 3$.
Und da $f(6) = 3 = \lim\limits_{x \to 6} f(x)$ gilt, ist f in $x_0 = 6$ stetig.

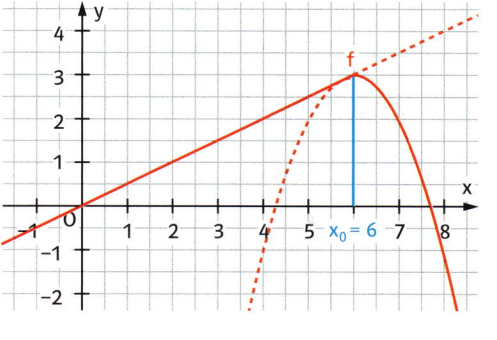

*Grobe Veranschaulichung der Stetigkeit in einem Intervall:
Man kann den Graphen zeichnen, ohne den Zeichenstift abzusetzen.*

Beispiel 2 Funktionen, die an einer Stelle x_0 nicht stetig sind
Gegeben sind die Funktionen f und h durch

$$f(x) = \begin{cases} \frac{1}{2}x & \text{für } x \leq 2 \\ \frac{1}{2}x + \frac{1}{2} & \text{für } x > 2 \end{cases} \quad \text{und} \quad h(x) = \begin{cases} \frac{1}{2}x & \text{für } x \neq 2 \\ \frac{3}{2} & \text{für } x = 2 \end{cases}.$$

Untersuchen Sie f und h auf Stetigkeit an der Stelle $x_0 = 2$.
Lösung:
Untersuchung von f:
$g_r = \lim\limits_{x \downarrow 2} f(x) = \lim\limits_{x \downarrow 2} \left(\frac{1}{2}x + \frac{1}{2}\right) = \frac{3}{2}$

$g_l = \lim\limits_{x \uparrow 2} f(x) = \lim\limits_{x \uparrow 2} \left(\frac{1}{2}x\right) = 1$

Da $g_r \neq g_l$, hat f keinen Grenzwert in $x_0 = 2$ und kann somit dort auch nicht stetig sein.

Für $x \to x_0$ hat f keinen Grenzwert.

Untersuchung von h:
$g_r = \lim\limits_{x \downarrow 2} h(x) = \lim\limits_{x \downarrow 2} \left(\frac{1}{2}x\right) = 1$

Da für g_l ebenso $g_l = 1$ gilt, existiert der Grenzwert $\lim\limits_{x \to 2} h(x) = 1$.
Da aber $h(2) = \frac{3}{2} \neq \lim\limits_{x \to 2} h(x)$,
ist h an der Stelle $x_0 = 2$ nicht stetig.

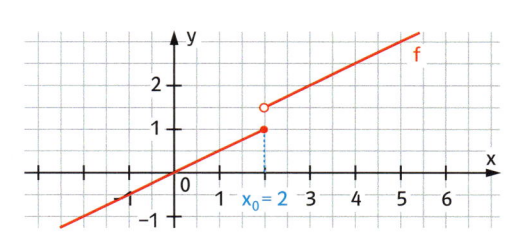

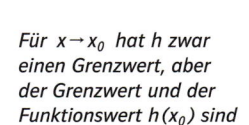

Für $x \to x_0$ hat h zwar einen Grenzwert, aber der Grenzwert und der Funktionswert $h(x_0)$ sind verschieden.

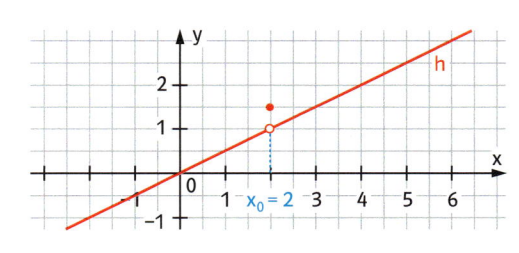

Aufgaben

1 An welchen Stellen ist die Funktion stetig, wenn der Graph wie folgt aussieht?

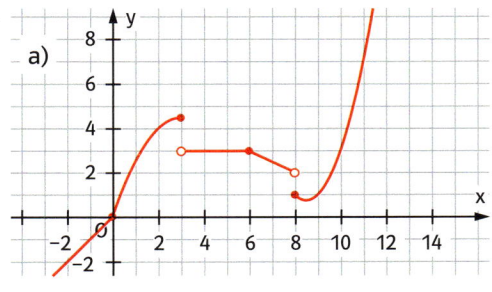

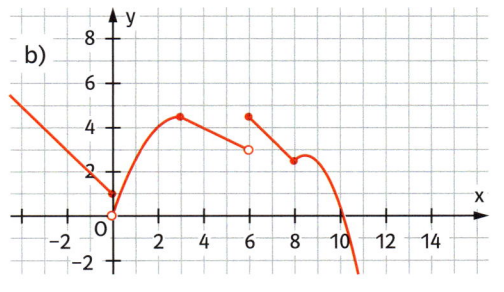

a)

b)

Die Stetigkeit von Funktionen wurde später als die Differenzierbarkeit zu einem Grundbegriff der Analysis. In ähnlicher Form wie heute wurde die Stetigkeit erstmals 1817 von Bernard Bolzano und wohl unabhängig davon 1821 von Augustin Louis Cauchy definiert.

Bernard Bolzano (1781–1848) war Priester und Professor für Philosophie in Prag. Wegen seiner freiheitlichen Ansichten wurde er 1819 von Kaiser Franz entlassen und von der Universität verwiesen.

2 Welche der folgenden Funktionen sind stetig bzw. unstetig? Begründen Sie Ihre Antwort. Geben Sie anschliessend weitere Beispiele stetiger bzw. unstetiger Funktionen an.
a) An einem festen Ort wird jeder Tageszeit eindeutig eine Temperatur zugeordnet.
b) Ein Fitnessstudio wirbt mit einem Monatsbeitrag von 1 Fr. pro Lebensjahr des Teilnehmers.

3 Stellen Sie einen Graphen der Funktion f dar und untersuchen Sie, ob f an der Stelle x_0 stetig ist.

a) $f(x) = |x - 3|$; $x_0 = 3$

b) $f(x) = \begin{cases} -x^2 + 8 & \text{für } x \leq 2 \\ x^2 + x - 2 & \text{für } x > 2 \end{cases}$; $x_0 = 2$

c) $f(x) = \begin{cases} \frac{5}{x} + 1 & \text{für } x \leq -2 \\ x^2 + x - 1 & \text{für } x > -2 \end{cases}$; $x_0 = -2$

d) $f(x) = \begin{cases} 2x - 12.5 & \text{für } x < 5 \\ 0.5x^2 - 3x & \text{für } x \geq 5 \end{cases}$; $x_0 = 5$

4 Untersuchen Sie die Funktionen in Fig. 1 bis Fig. 4 an den Stellen x_0, an denen eine Unstetigkeit zu vermuten ist, und treffen Sie jeweils Aussagen über die Existenz des Funktionswertes an der Stelle x_0 und des Grenzwertes bei Annäherung an diese Stelle. Weisen Sie Ihre Vermutung rechnerisch nach.

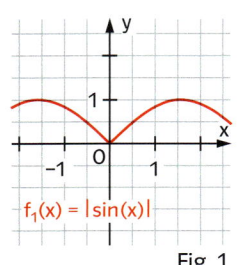

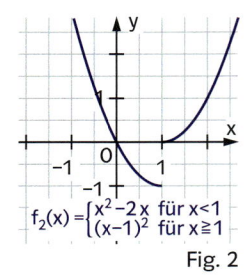

$f_1(x) = |\sin(x)|$ — Fig. 1

$f_2(x) = \begin{cases} x^2 - 2x & \text{für } x < 1 \\ (x-1)^2 & \text{für } x \geq 1 \end{cases}$ — Fig. 2

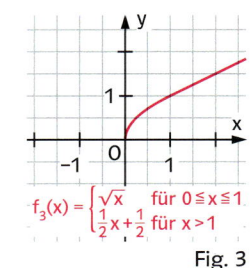

$f_3(x) = \begin{cases} \sqrt{x} & \text{für } 0 \leq x \leq 1 \\ \frac{1}{2}x + \frac{1}{2} & \text{für } x > 1 \end{cases}$ — Fig. 3

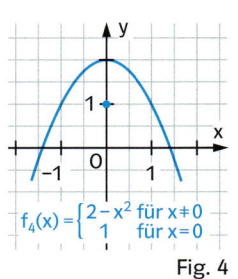

$f_4(x) = \begin{cases} 2 - x^2 & \text{für } x \neq 0 \\ 1 & \text{für } x = 0 \end{cases}$ — Fig. 4

5 Bestimmen Sie $t \in \mathbb{R}$ so, dass die Funktion f an der Stelle x_0 stetig ist.

a) $f(x) = \begin{cases} x + 1 & \text{für } x \leq 1 \\ x^2 + t & \text{für } x > 1 \end{cases}$; $x_0 = 1$

b) $f(x) = \begin{cases} x^2 - 2tx & \text{für } x \geq t \\ 2x - t & \text{für } x < t \end{cases}$; $x_0 = t$

6 Stellen Sie den Graphen der Funktion f dar und weisen Sie nach, dass f an der Stelle x_0 stetig ist.

a) $f(x) = x \cdot |x|$; $x_0 = 0$

b) $f(x) = |x| \cdot (x - 3)$; $x_0 = 3$

c) $f(x) = \begin{cases} 1 - x^2 & \text{für } x \leq 1 \\ x^2 - 1 & \text{für } x > 1 \end{cases}$; $x_0 = 1$

7 Die Funktion f mit $f(x) = \frac{x^2 - 1}{x + 1}$ besitzt an der Stelle $x_0 = -1$ keinen Funktionswert. f soll so zu einer Funktion g mit $g(x) = \begin{cases} \frac{x^2 - 1}{x + 1} & \text{für } x \neq -1 \\ k & \text{für } x = -1 \end{cases}$ ergänzt werden, dass g(x) im gesamten Definitionsbereich stetig ist. Bestimmen Sie k.

8 Untersuchen Sie, ob die Funktion A(x), die für jedes $x \geq 0$ mit $x \in \mathbb{R}$ den Inhalt der roten Fläche aus Fig. 5 zuordnet, an der Stelle $x_0 = 2$ stetig ist.

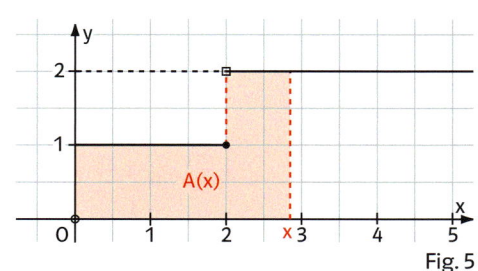

9 Begründen Sie, warum es nicht möglich ist, die Funktion $f(x) = \sin\left(\frac{1}{x}\right)$ zu einer stetigen Funktion auf $\mathbb{R}$ zu ergänzen.

Augustin Louis Cauchy (1789–1857) war Professor an der Sorbonne in Paris. Politisch war er sehr konservativ und überzeugter Anhänger der Monarchie.

Fig. 5

2.3 Grenzwerte von Funktionen im Unendlichen

Für die Gegenstandsweite x und die Bildweite f(x) (jeweils in cm) einer Fotolinse mit der Brennweite 5 cm gilt nach der Linsengleichung für $x > 5$: $f(x) = \frac{5x}{x-5}$ (Fig. 1).
a) Berechnen Sie die Bildweiten für $x = 6; 7; \ldots$ bis 10. Wie verhält sich diese Folge $(f(x_n))$, wenn die Gegenstandsweiten grösser werden?
b) Wie verhält sich die Folge $(f(x_n))$, die entsteht, wenn man $x_1 = 10$ setzt und diesen Wert bei jedem Schritt verdoppelt $(x_{n+1} = 2x_n)$?

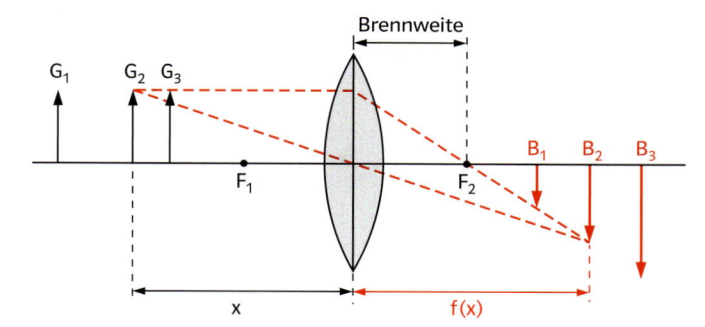

Fig. 1

Vielfach ist es notwendig, das Verhalten einer Funktion f für $x \to \infty$ oder $x \to -\infty$ zu untersuchen. Dies geschieht mithilfe von unbeschränkten Folgen. Setzt man bei einer Funktion f mit einer rechts unbeschränkten Definitionsmenge für x nacheinander $1; 2; 3; \ldots$ ein, so entsteht eine Folge $f(1); f(2); f(3); \ldots$ von Funktionswerten.

Für die Funktion f mit $f(x) = \frac{2x+4}{x+3}$ mit der Definitionsmenge $D_f = \mathbb{R} \setminus \{-3\}$ beispielsweise erhält man mit der Folge $x_n = n$ die Bildfolge $f(x_n) = \frac{2n+4}{n+3}$.
Wegen $\frac{2n+4}{n+3} = \frac{2+\frac{4}{n}}{1+\frac{3}{n}}$ ergibt sich mithilfe der Grenzwertsätze der Grenzwert $\lim_{n \to \infty} f(x_n) = 2$.

Auch jede andere monotone nach oben unbeschränkt wachsende Folge (x_n) liefert eine Bildfolge $(f(x_n))$ mit Grenzwert $g = 2$. Deshalb nennt man 2 den **Grenzwert der Funktion für** $x \to \infty$.
Anschaulich bedeutet das, dass sich der Graph der Funktion für zunehmende x-Werte immer näher an die Gerade $y = 2$ anschmiegt (Fig. 2).

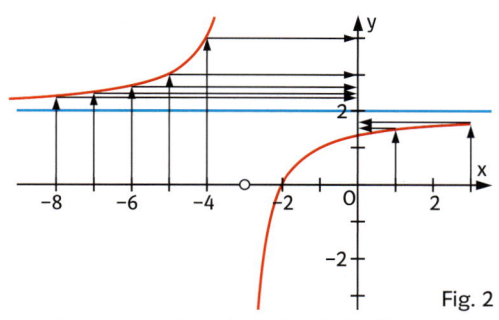

Fig. 2

Dementsprechend wird mithilfe von Folgen, die nach unten unbeschränkt sind wie etwa $x_n = -n$, das Verhalten einer Funktion mit nach links unbeschränkter Definitionsmenge untersucht. Hier ergibt sich auch der Wert 2 als der **Grenzwert der Funktion für** $x \to -\infty$. Der Graph der Funktion schmiegt sich für abnehmende x-Werte immer mehr der Geraden $y = 2$ an (Fig. 2).

Eine Zahl g heisst **Grenzwert der Funktion f für** $x \to \infty$, wenn für jede Folge (x_n) mit $x_n \to \infty$ und $x_n \in D_f$ die Bildfolge $(f(x_n))$ den Grenzwert g hat.
Man schreibt dann $\lim_{x \to \infty} f(x) = g$.
Analog wird der Grenzwert einer Funktion für $x \to -\infty$ definiert.

Der Graph der Funktion f mit $\lim_{x \to \infty} f(x) = g$ nähert sich mit zunehmendem x der Geraden mit der Gleichung $y = g$ beliebig dicht an, genauer: $\lim_{x \to \infty} (f(x) - g) = 0$. Man nennt deshalb die Gerade mit der Gleichung $y = g$ eine **Asymptote** des Graphen.
Entsprechendes gilt für $\lim_{x \to -\infty} f(x) = g$.

Beispiel 1 Grenzwertbestimmung durch Umformung

Untersuchen Sie, ob der Grenzwert $\lim_{x \to -\infty} \frac{3x^2 - x}{x^2}$ existiert.

Lösung:

Strategie:
Höchste Potenz des Nenners in Zähler und Nenner ausklammern und kürzen.

Da $\frac{1}{x}$ gegen 0 geht, wenn x gegen $-\infty$ strebt, gilt wegen der Grenzwertsätze:

$$\lim_{x \to -\infty} \frac{3x^2 - x}{x^2} = \lim_{x \to -\infty} \left(3 - \frac{1}{x}\right) = 3$$

In Beispiel 2 genügt es, zwei unbeschränkte Folgen (x_n) anzugeben, für die $(f(x_n))$ verschiedene Grenzwerte besitzt. Man kann auch eine Folge (x_n) angeben, für die $(f(x_n))$ divergiert. Zum Beispiel liefert $x_n = n \cdot \frac{\pi}{2}$ die divergente Folge $(f(x_n)) = 1; 0; -1; 0; \dots$.

Beispiel 2 Kein Grenzwert

Zeigen Sie, dass f mit $f(x) = \sin(x)$ keinen Grenzwert für $x \to \infty$ besitzt.

Lösung:

Wählt man $x_n = n \cdot \pi$, dann sind die Glieder der Bildfolge $f(x_n) = 0$ (rote Punkte in Fig. 1).
Wählt man $x_n = \frac{\pi}{2} + 2n \cdot \pi$, so sind die Glieder der Folge $f(x_n) = 1$ (blaue Punkte).
Damit existiert kein Grenzwert.

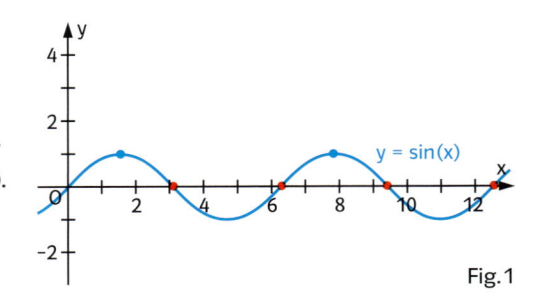

Fig. 1

Aufgaben

1 Gegeben sei die Funktion f mit $f(x) = \frac{2x + 4}{x + 3}$ und $D_f = \mathbb{R} \setminus \{-3\}$.
a) Zeigen Sie mithilfe der Grenzwertsätze, dass für die Folgen (n^2), $(\sqrt{n})$, $(2n - 1)$, (3^n) und (n^n) die zugehörigen Bildfolgen den Grenzwert 2 haben.
b) Wählen Sie nach unten unbeschränkte Folgen und zeigen Sie, dass sich für die zugehörigen Bildfolgen ebenfalls der Grenzwert 2 ergibt.

2 Geben Sie die Grenzwerte für $x \to \infty$ und (wenn möglich) für $x \to -\infty$ an.
a) $f(x) = \frac{2}{x + 1}$ b) $f(x) = \frac{1}{\sqrt{x}}$ c) $f(x) = \frac{x^3}{x^5} - 3$ d) $f(x) = \frac{4}{x + \sqrt{x} + 1} + \frac{1}{3}$ e) $f(x) = \frac{1}{2^x + 1}$

3 Berechnen Sie die Grenzwerte für $x \to \infty$ und (wenn möglich) für $x \to -\infty$. Erweitern Sie dazu die Terme geeignet, um die Grenzwertsätze für Folgen anwenden zu können.
a) $f(x) = \frac{6x + 5}{4 + 3x}$ b) $f(x) = \frac{2x^3 + 4x}{3x^3 + 6x + 1}$ c) $f(x) = \frac{\sqrt{x} - 8}{\sqrt{x}}$ d) $f(x) = \frac{x + 12}{2x^2 - 1}$ e) $f(x) = \frac{2x - 19}{\sqrt{x^2 + 19}}$

4 Untersuchen Sie das Verhalten von f für $x \to \infty$ und (wenn möglich) für $x \to -\infty$.
a) $f(x) = \frac{x^2 + 4x + 1}{x^2 + x - 1}$ b) $f(x) = \frac{x^4 - x^2}{6x^4 + 1}$ c) $f(x) = \frac{x^4 - x^2}{6x^5 - 1}$ d) $f(x) = \frac{x^4 + x^2}{5x^3 + 3}$ e) $f(x) = \frac{\sqrt{x} - 8}{\sqrt{x}}$
f) $f(x) = \frac{(3 + x)^2}{(3 - x)^2}$ g) $f(x) = \frac{(3 + x)^3}{(3 - x)^3}$ h) $f(x) = \frac{3^{x-1}}{3^x - 1}$ i) $f(x) = (3 + 6^x) \cdot 3^{-x}$

5 Nennen Sie je zwei Funktionen f mit dem Grenzwert g für $x \to \infty$ bzw. für $x \to -\infty$.
a) $g = 0$ b) $g = 2$ c) $g = \sqrt{3}$ d) $g = -1$ e) $g = -\frac{1}{4}$

6 Zeigen Sie, dass $f(x) = \sin\left(\frac{1}{x}\right)$ mit $D_f = \mathbb{R} \setminus \{0\}$ Grenzwerte besitzt für $x \to \infty$ und für $x \to -\infty$.

Exkursion   Das Unendliche in der Mathematik

Beispiel 1

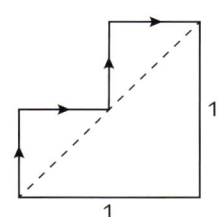

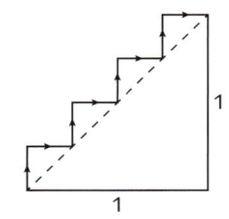

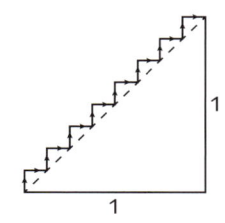

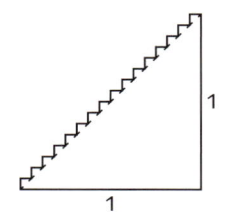

Die «Länge» der Treppe ist in jeder Figur gleich 2. Führte man den Prozess von kleineren Stufen immer weiter, ergäbe dies eine Diagonale der Länge 2, was $2 = \sqrt{2}$ hiesse.

Beispiel 2   Galileis Räder
Ein kleines Rad ist wie in Fig. 1 fest mit einem grossen Rad verbunden. Welchen Weg legt das kleine Rad bei einer Vierteldrehung des grossen Rads zurück?

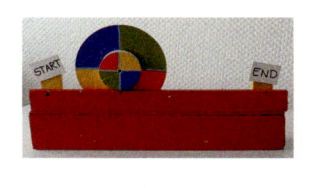

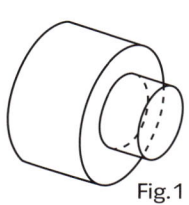

Fig. 1

Beispiel 3   Gibt es mehr natürliche Zahlen als Zahlen zwischen null und eins?

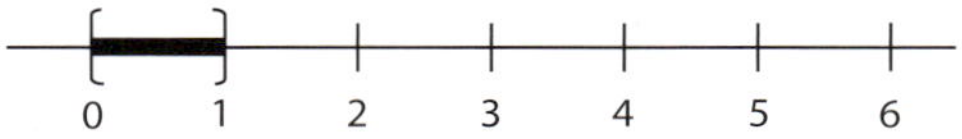

> «Das Unendliche hat wie keine andere Frage von jeher so tief das Gemüt des Menschen bewegt; das Unendliche hat wie kaum eine andere Idee auf den Verstand so anregend und fruchtbar gewirkt; das Unendliche ist aber auch wie kein anderer Begriff so der Aufklärung bedürftig.»
> *Zitat von David Hilbert (1862–1943), Paris, 1900*

David Hilbert (1862–1943)

Das Unendliche bis ins 17. Jahrhundert

Das Unendliche hat viele Aspekte. Wie weit können wir zählen, beginnend mit 1; 2; 3; …? Auch die Summe $1 + 1 - 1 + 1 - 1 \pm \ldots$ bleibt unklar. Oder dass bei endlich vielen Stellen $0.9999\ldots99 \neq 1$ ist, aber $0.\overline{9} = 1$. Oder Zenons Paradox, wie sich ein Pfeil fortbewegen kann, wenn er in jedem Moment in Ruhe ist. Das Unendliche beschäftigte schon im Altertum den Geist der Menschheit, und bis ins 17. Jahrhundert war man mit der aristotelischen Definition des potenziell Unendlichen einverstanden. **Potenziell unendlich** nach Aristoteles bedeutet, dass alle Zahlenfolgen endliche Anfangsstücke 1; 2; 3; …; n sind, die die Möglichkeit haben, unendlich lang zu werden, ohne aber unendlich je zu erreichen. Denn das Unendliche selbst, das sogenannte **aktual Unendliche**, ist nach Aristoteles nirgends in der Realität verwirklicht und somit inexistent. Auch Archimedes von Syrakus folgte der aristotelischen Lehre, als er alle Sandkörner des Universums durch eine sehr grosse, aber immer noch endliche Zahl abschätzte. In den ersten Jahrhunderten nach Christi Geburt verschwanden die Ideen der griechischen Philosophie über das Unendliche immer mehr. An ihre Stelle trat die Gleichsetzung des Unendlichen mit Gott. Für Augustinus erkennt nur der allwissende Gott das Unendliche, womit Gott selbst unendlich und vollkommen ist. Denn wäre Gott endlich, gäbe es Wissen ausserhalb von ihm, was dem allwissenden Gott widerspräche.

Aristoteles (384–322 v. Chr.)

Archimedes (285–212 v. Chr.)

Augustinus (354–430)

Thomas von Aquin (1225–1274)

Galileo Galilei (1564–1642)

John Wallis (1616–1703)

Augustin Louis Cauchy (1789–1857)

Karl Theodor Weierstrass (1815–1897)

Einen weiteren Beweis für die Unendlichkeit Gottes sieht Augustinus in der Schöpfung: Nur ein unendlicher Gott kann in einem unendlichen, zeitlosen Raum das Universum erschaffen. Diese Auffassung geriet während der Hochscholastik (13. und 14. Jh.) ins Wanken, als durch arabische und jüdische Vermittlung Aristoteles' Werk in Europa bekannt wurde und zur dominierenden Philosophie aufstieg. Da es nach Aristoteles das Unendliche selbst nicht gibt, müsste man dem allwissenden und allmächtigen Gott die Fähigkeit absprechen, Unendliches zu erschaffen. Thomas von Aquin (1225–1247), Hauptvertreter der Scholastik und Anhänger von Aristoteles, löste das «Gottesproblem», indem er wie folgt argumentierte: Alles Erschaffene ist eine Menge von abzählbaren Dingen. Diese Menge kann aber nicht unendlich gross sein, da es keine unendlich grosse Zahl gibt. In diesem Denkansatz sind erste Untersuchungen zum aktual Unendlichen und zu abzählbaren Mengen enthalten, welche im 19. Jahrhundert eine entscheidende Rolle spielten. Die Verbindung von Gott und dem Unendlichen kommt in vielen anderen Religionen (z. B. Hinduismus oder Judentum) vor.

Einen weiteren Schritt im Verständnis des Unendlichen lieferte Galileo Galilei mit der Zuordnung der Quadratzahl zu ihrer natürlichen Zahl: $1 \rightarrow 1$; $2 \rightarrow 4$; $3 \rightarrow 9$; …. Führt man diese Zuordnung immer weiter fort, findet man für jede natürliche Zahl ihre Quadratzahl; somit besitzen beide Mengen gleich viele Elemente, obwohl es mehr natürliche Zahlen als Quadratzahlen gibt. Galilei schloss daraus, dass man Begriffe wie «kleiner», «grösser» oder «gleich» nicht für unendliche Mengen anwenden dürfe. Wegen solcher Paradoxien des Unendlichen vermieden viele Mathematiker bis ins 17. Jahrhundert den Begriff «unendlich» und umschrieben ihn als eine Zahl, die grösser ist als jede vorgelegte Zahl. Umgekehrt wurden sehr kleine Grössen, die sogenannten «Indivisiblen», die schon den Griechen in ihrer Kreis-Ausschöpfungsmethode bekannt waren, als unendlich kleine Grössen oder als gleich null angesehen. Dies führte zu Widersprüchen wie etwa dem von Bonaventura Cavalieri (1598–1647), der eine Fläche als Summe unendlich vieler Linien betrachtete. Wie kann eine unendliche Summe von Breiten gleich null plötzlich grösser als null sein? Und Isaac Newtons (1642–1727) «Methode der Fluktionen» zur Beschreibung der Bewegung wurde stark kritisiert, da seine infinitesimal kleine Grösse gleichzeitig sowohl echt grösser null als auch gleich null sein konnte.

Das Unendliche ab dem 17. Jahrhundert
In der Mitte des 17. Jahrhunderts begann mit John Wallis (1616–1703), schottischer Mathematiker und Schöpfer des Unendlichzeichens ∞, die Abkehr vom unscharfen Begriff unendlich, wie er von Aristoteles geprägt wurde, hin zu einer exakten Theorie. Anstelle von nicht messbaren kleinen Grössen, wie sie Galilei sah, wurden nun die «Indivisiblen», zum Beispiel von Leibniz (1646–1716), als Grössen aufgefasst, die kleiner als jede gegebene Grösse, aber verschieden von null sind. Man vermied es aber weiterhin, in der Mathematik direkt mit unendlich zu rechnen. So schrieb Carl Friedrich Gauss (1777–1855) in einem Brief: «Was nun aber … betrifft, so protestiere ich zuvörderst gegen den Gebrauch einer unendlichen Grösse als einer Vollendeten, welcher in der Mathematik niemals erlaubt ist.» «Unendlich» sei in der Mathematik lediglich eine Sprechweise bei Grenzwerten, die man beliebig annähern könne.

Es dauerte aber bis ins 19. Jahrhundert, bis Augustin Louis Cauchy und Karl Theodor Weierstrass die von Leibniz und Newton geschaffenen Grundlagen weiterentwickelten und fundamentale Aussagen darüber formal bewiesen.

Cauchy und Weierstrass definierten «unendlich gross» und «unendlich klein» als variable Grössen, die beliebig gross bzw. beliebig klein werden, aber nie unendlich bzw. null erreichen. Weierstrass führte schliesslich den Begriff des Grenzwerts ein.

Cauchy und Weierstrass nahmen dem Unendlichen das Mystische und gaben ihm eine formale Korrektheit. Dadurch wurde der Umgang mit dem Unendlichen als Grenzwert auf eine sichere Basis gestellt. Der katholische Priester, Philosoph und Mathematiker Bernard Bolzano betonte aber das aktual Unendliche in der Mathematik, da ja z. B. irrationale Zahlen unendlich viele Stellen haben oder eine Linie unendlich viele Punkte besitzt. Mit der Funktion f mit f(x) = 2x konnte er nachweisen, dass jeder Zahl zwischen 0 und 1 eine Zahl zwischen 0 und 2 entsprach, woraus er schloss, dass es gleich viele Zahlen zwischen 0 und 1 wie zwischen 0 und 2 gibt. Für alle Zahlen zwischen zwei Zahlen benutzte er den Begriff des **Kontinuums**. Bolzanos Leistung war es, das Unendliche an sich zu betrachten, wodurch er zum Wegbereiter von Cantor wurde.

Bernard Bolzano (1781–1848)

Georg Cantors Stufen des Unendlichen

Mit Georg Cantor kam «unendlich» wieder zurück in die Mathematik, und er betrachtete es als seine Lebensaufgabe, das Unendliche zu verstehen. Cantor begründete mit der Mengenlehre eine fundamentale Theorie der Mathematik, bei deren Definition aber auch Paradoxien entstanden. Klassisches Beispiel eines Widerspruchs war die Fragestellung von Bertrand Russell (1872–1970): Er betrachtete die Menge aller Mengen, die nicht Element ihrer selbst sind, und er fragte, ob diese Menge ein Element ihrer selbst sei. Dies zeigte, dass die von Cantor geschaffene Mengenlehre widersprüchlich ist. Obwohl sich die «naive» Mengenlehre nicht als solides Fundament der Mathematik erwies, gelang bei der Betrachtung unendlicher Mengen ein weiterer Schritt zum Verständnis des Unendlichen.

Giuseppe Peano (1858–1932) definierte z. B. die natürlichen Zahlen mithilfe von Mengen: $\emptyset = 0$, $\{\emptyset\} = 1$, $\{\emptyset, \{\emptyset\}\} = 2$, $\{\emptyset, \{\emptyset\}, \{\emptyset, \{\emptyset\}\}\} = 3, \ldots$

Mithilfe seines berühmten **Diagonal-Abzählverfahrens** konnte Cantor zeigen, dass die Menge der natürlichen Zahlen $\mathbb{N}$ und die Menge der rationalen Zahlen $\mathbb{Q}$ gleichmächtig sind, obwohl zwischen zwei natürlichen Zahlen unendlich viele rationale Zahlen liegen. Dazu ordnet er alle positiven rationalen Zahlen in einer Tabelle an und durchläuft sie entlang der Pfeile, wobei man die schon vorgekommenen Zahlen streicht. Dadurch wird jeder natürlichen Zahl genau eine positive rationale Zahl zugeordnet: $1 \to 1$; $2 \to 2$; $3 \to \frac{1}{2}$; $4 \to \frac{1}{3}$; …. Analog verfährt man mit den negativen rationalen Zahlen und der Null.

Dies zeigt, dass $\mathbb{N}$ und $\mathbb{Q}$ gleichmächtig sind. Cantor nannte Mengen, die zu $\mathbb{N}$ gleichmächtig sind, **abzählbar unendlich** und bezeichnete ihre Mächtigkeit mit $\aleph_0$. Den vermeintlichen Widerspruch, dass eine echte Teilmenge gleichmächtig sein kann wie die Menge selbst, verwandelte er in folgende Definition: Eine Menge heisst **unendlich**, wenn eine bijektive Abbildung zwischen ihr und einer ihrer echten Teilmengen existiert.

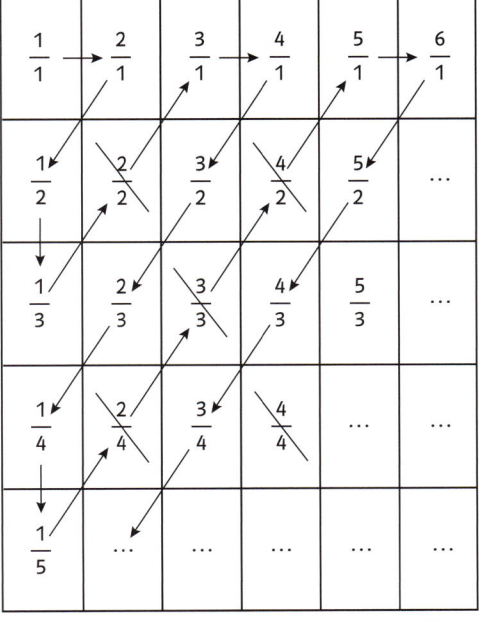

Georg Cantor (1845–1918)

$\aleph$ (gesprochen: Aleph) ist der erste Buchstabe des hebräischen Alphabets.

Richard Dedekind (1831–1916) unterstützte Cantors Ideen.

$|A|$ = Mächtigkeit der Menge A

Bolzano brauchte den Begriff «Kontinuum» für alle Zahlen zwischen zwei Zahlen.

Weitere Beispiele: Gabriels Horn mit unendlicher Oberfläche, aber endlichem Volumen, oder Hilberts Hotel

Cantors nächster Schritt war die Untersuchung überabzählbarer Mengen; er wollte die nächstgrössere Einheit des Unendlichen nach $\aleph_0$ finden. Mit einer geschickten Konstruktion bewies Cantor, dass die Mächtigkeit der Menge aller (rationalen und irrationalen) Zahlen zwischen 0 und 1, also des Intervalls [0;1], grösser als $\aleph_0$ ist.

Er nahm an, dass es eine abzählbare Liste aller Zahlen zwischen 0 und 1 gäbe, d.h., die Mengen $\mathbb{N}$ und [0;1] wären gleichmächtig. Nun konstruierte er eine Zahl, die nicht in der Liste vorkommt, wie folgt: Er beginnt mit 0 und nimmt als erste Nachkommastelle die erste Nachkommastelle der ersten Zahl der Liste und erhöht sie um 1. Als zweite Nachkommastelle nimmt er die zweite Nachkommastelle der zweiten Zahl der Liste und erhöht sie um 1, usw. Die so konstruierte Zahl kann nicht in der abzählbaren Liste vorkommen, da sie sich von der n-ten Zahl der Liste an der n-ten Stelle unterscheidet. Damit ist die Annahme widerlegt und das Intervall [0;1] ist somit nicht abzählbar, sondern **überabzählbar unendlich**. Ist nun die Mächtigkeit von [0;1] die nächstgrössere Einheit des Unendlichen, also $|[0;1]| = \aleph_1$? Dies ist die **Kontinuumshypothese**.

Was ist $\aleph_1$?

Durch eine weitere geschickte Konstruktion konnte Cantor zeigen, dass das n-dimensionale Einheitsintervall $[0;1]^n$ dieselbe Mächtigkeit besitzt wie [0;1].

Die Beweisidee sei hier am zweidimensionalen Einheitsintervall skizziert: Jeder seiner Punkte besitzt die Darstellung $(x|y)$, also z.B. $(0.674155479\ldots | 0.178942145\ldots)$. Nun nimmt Cantor abwechslungsweise je eine Nachkommastelle der beiden Zahlen und erhält die neue Zahl $0.617748195452417495\ldots$, welche als «eindimensionale» Zahl die genau gleiche Information wie die beiden obigen enthält. Somit hat $[0;1]^2$ die gleiche Mächtigkeit wie [0;1]. Für den n-dimensionalen Fall verläuft der Beweis analog. n-dimensionale Objekte lieferten somit keine nächstgrössere Einheit des Unendlichen nach $\aleph_0$. Cantor gelang jedoch ein Schritt in einer anderen Richtung: Indem er jede Zahl des Kontinuums im Zweiersystem schrieb, konnte er zeigen, dass das Kontinuum die gleiche Mächtigkeit wie die Potenzmenge der Menge der natürlichen Zahlen hat. Da die Potenzmenge von A die Mächtigkeit $2^{|A|}$ hat, besitzt das Kontinuum die Mächtigkeit $2^{\aleph_0}$ mit $2^{\aleph_0} > \aleph_0$. Somit fand Cantor eine höhere Stufe als $\aleph_0$, doch scheiterte er am Beweis, dass $2^{\aleph_0}$ die nächstgrössere Einheit des Unendlichen nach $\aleph_0$ ist: $2^{\aleph_0} = \aleph_1$? Cantors Ideen stiessen in Mathematikerkreisen auf heftigen Widerstand, gerade auch bei seinem Lehrer Leopold Kronecker (1823–1891), der Cantors Theorie völlig negierte und ihn auch persönlich angriff, indem er u.a. seine Publikationen zu verhindern versuchte. Cantor wurde immer stärker depressiv und seine Aufenthalte in Sanatorien wurden immer länger.

Cantors Mengenlehre wurde u.a. von Ernst Zermelo (1871–1953) und Abraham Fraenkel (1891–1965) weiterentwickelt, um mögliche Widersprüche auszuschliessen. Kurt Gödel (1906–1978), der Cantors Arbeit bezüglich des Unendlichen fortsetzte, bewies im Jahre 1938, dass unter der Voraussetzung, dass die Zermelo-Fraenkel-Mengenlehre widerspruchsfrei ist, die Kontinuumshypothese dieser Mengenlehre nicht widerspricht. Schliesslich zeigte 1963 Paul Cohen (1934–2007), dass die Kontinuumshypothese von der Zermelo-Fraenkel-Mengenlehre unabhängig ist, aus dieser heraus also weder bewiesen noch widerlegt werden kann.

Kurt Gödel (1906–1978)

II
Differenzialrechnung

Inhalt
- Ableitung und Ableitungsregeln
- Extrem- und Wendepunkte
- Kurvendiskussion
- Polynomfunktionen
- Rationale Funktionen
- Trigonometrische Funktionen
- Exponentialfunktionen
- Logarithmusfunktionen

3 Die Ableitung

3.1 Differenzenquotient und mittlere Änderungsrate

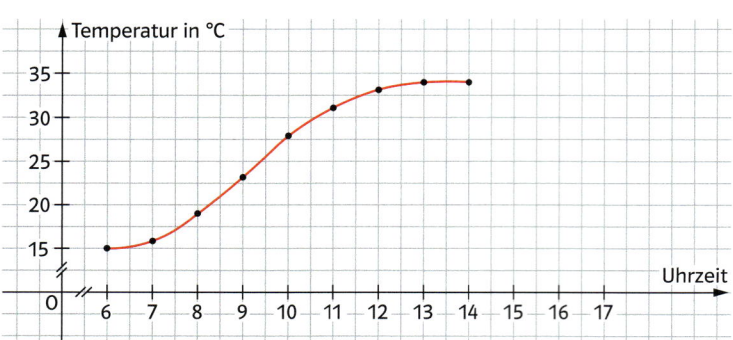

Uhrzeit	6	7	8	9	10	11	12	13	14
Temperatur in °C	15	16	19	23	28	31	33	34	34

Die Tabelle und das Diagramm zeigen, wie sich die Lufttemperatur an einer Messstation zwischen 6 Uhr und 14 Uhr verhalten hat.

a) Die Temperaturzunahme verlief nicht gleichmässig. Begründen Sie dies.
b) Vergleichen Sie für die Zeiträume zwischen 6 und 8 Uhr, 7 und 10 Uhr bzw. 9 und 13 Uhr, wie sich die Temperatur durchschnittlich pro Stunde geändert hat.
c) Zeichnen Sie den Graphen und die Geraden durch die Punkte (6|15) und (8|19) bzw. (10|28) und (13|34). Was fällt auf?

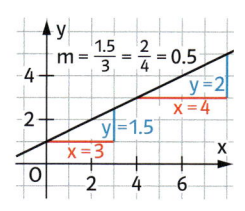

Eine lineare Funktion ist dadurch charakterisiert, dass die Steigung ihres Graphen überall gleich ist. Das bedeutet, dass die Änderung Δy der Funktionswerte direkt proportional zur Änderung Δx der zugehörigen x-Werte ist. Das Änderungsverhalten einer linearen Funktion ist demnach stets gleich. Dies ist bei nicht linearen Funktionen anders.
Im Folgenden wird dies am Beispiel der Funktion $f(x) = \frac{1}{10}x^2$; $x \in \mathbb{R}$ näher betrachtet.

Steigung m der Geraden durch zwei Punkte P(a|f(a)) und Q(b|f(b)), die auf dem Graphen der Funktion f liegen:
$$m = \frac{f(b) - f(a)}{b - a}$$

In den gleich langen Intervallen [0;2] und [2;4] auf der x-Achse ändern sich die Funktionswerte unterschiedlich stark:
$f(2) - f(0) = 0.4$ und $f(4) - f(2) = 1.2$.
Die Änderung der Funktionswerte ist im Intervall [2;4] grösser. Anschaulich zeigt sich dies an den eingezeichneten Sekanten s_1 und s_2: Die Steigung der Sekante s_2 ist grösser als die Steigung der Sekante s_1.

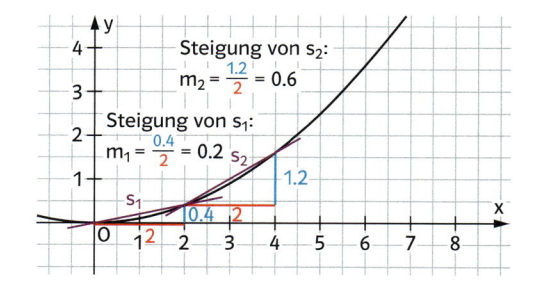

Die Änderung erfolgt im Intervall [4;5] «schneller» als im Intervall [0;3].

In den unterschiedlich langen Intervallen [0;3] und [4;5] ändern sich die Funktionswerte jeweils gleich stark:
$f(3) - f(0) = f(5) - f(4) = 0.9$.
Die absolute Änderung der Funktionswerte ist zwar in beiden Intervallen gleich gross, die relative Änderung ist jedoch im Intervall [4;5] grösser, da die Intervalllänge kürzer ist als die des Intervalls [0;3].
Anschaulich zeigt sich dies an den Steigungen der eingezeichneten Sekanten.

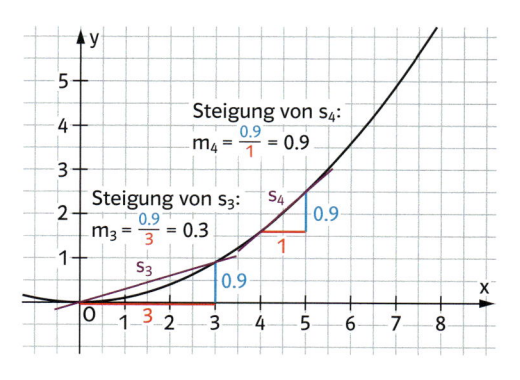

Die Steigung der Sekanten durch zwei beliebige Punkte (a|f(a)) und (b|f(b)) des Graphen einer Funktion f ist ein geeignetes Mass für das durchschnittliche Änderungsverhalten der Funktionswerte im Intervall [a;b].

Ist die Funktion f auf dem Intervall [a;b] definiert, so heisst $m = \frac{\Delta y}{\Delta x} = \frac{f(b) - f(a)}{b - a}$ der **Differenzenquotient** (oder die **mittlere Änderungsrate**) von f im Intervall [a;b].

Anschaulich entspricht $m = \frac{f(b) - f(a)}{b - a}$ der **Steigung der Sekante** durch die Graphenpunkte P(a|f(a)) und Q(b|f(b)).

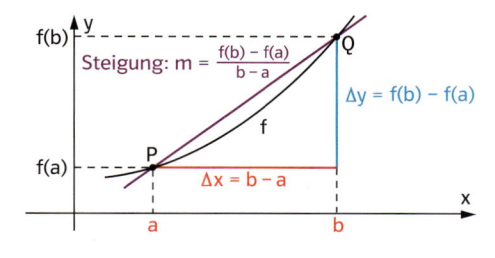

Beispiel
Gegeben ist die Funktion $f(x) = -\frac{1}{4}x^2 + 2x + 2$; $x \in \mathbb{R}$. Berechnen Sie die mittlere Änderungsrate m von f in den Intervallen [2;3], [2;4], [4;6] und [2;10].

Lösung:

Intervall [2;3]: $m_1 = \frac{f(3) - f(2)}{3 - 2} = \frac{5.75 - 5}{1} = 0.75$ Intervall [2;4]: $m_2 = \frac{f(4) - f(2)}{4 - 2} = \frac{6 - 5}{2} = \frac{1}{2}$

Intervall [4;6]: $m_3 = \frac{f(6) - f(4)}{6 - 4} = \frac{5 - 6}{2} = -\frac{1}{2}$ Intervall [2;10]: $m_4 = \frac{f(10) - f(2)}{10 - 2} = \frac{-3 - 5}{8} = -1$

Aufgaben

1 Geben Sie für die Funktion f die Definitionsmenge an und berechnen Sie die mittlere Änderungsrate in den Intervallen $I_1 = [-1;0]$, $I_2 = [0;1]$, $I_3 = [1;3]$, $I_4 = [0;3]$.

a) $f(x) = x^2 - 2$ b) $f(x) = (x - 4)^2$ c) $f(x) = \frac{1}{2}\sqrt{x} + 2$ d) $f(x) = \frac{12}{x + 2}$

2 Durch die auf den Kärtchen angegebenen Graphenpunkte verläuft jeweils eine Sekante des Graphen der Funktion $f(x) = 0.1x^3 - x$.
a) Welche Sekante hat die grösste Steigung, welche die kleinste?
b) Beschreiben Sie, wie Sie bei der Lösung von a) strategisch vorgegangen sind.
c) Geben Sie jeweils eine Gleichung der Sekanten an.

$P_1(0|?)$ und $Q_1(3|?)$
$P_2(0|?)$ und $Q_2(4|?)$
$P_3(0|?)$ und $Q_3(5|?)$
$P_4(1|?)$ und $Q_4(5|?)$
$P_5(-1|?)$ und $Q_5(4|?)$

3 $T(t) = 75 \cdot 3^{-0.05t} + 20$ ($t \geq 0$ in min; T(t) in °C) beschreibt die Temperatur einer Tasse Tee.
a) Berechnen Sie die mittlere Abkühlung, also die mittlere Änderung von T, für die Intervalle [5;40] bzw. [15;50]. Beschreiben Sie in Worten, was diese Werte angeben.
b) Zeichnen Sie den Graphen von T und die zwei Sekanten g_1 und g_2, die zu den in a) betrachteten Intervallen gehören. Wie kann man an g_1 und g_2 erkennen, dass die mittlere Temperaturabnahme in [5;40] grösser ist als in [15;50]?

4 Das Zeit-Ort-Diagramm veranschaulicht die Bewegung eines Fahrstuhls zwischen dem Erdgeschoss und dem 4. Stockwerk.

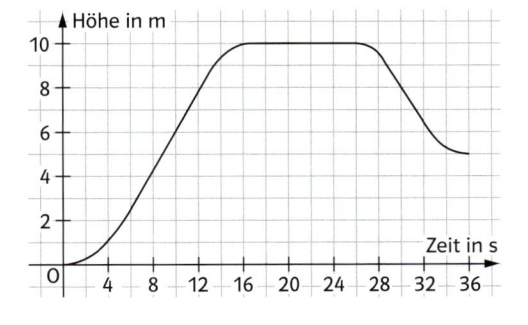

a) Beschreiben Sie die Bewegung des Fahrstuhls.
b) Berechnen Sie die mittlere Änderungsrate der Funktion Zeit → Höhe für die Intervalle [0;16], [16;26] bzw. [26;36]. Was geben diese Werte an?
c) Ines überlegt: Für 4 Stockwerke benötigt der Fahrstuhl 16s, also braucht er 80s ins 20. Stockwerk. Nehmen Sie dazu Stellung.

3.2 Differenzialquotient und lokale Änderungsrate

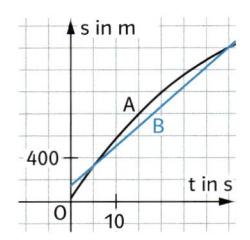

Zwei Autos A und B fahren auf der Autobahn. Ihre Fahrt wird durch das links skizzierte Zeit-Ort-Diagramm beschrieben.
a) Begründen Sie, wie man erkennt, dass A seine Geschwindigkeit ständig verringert und B mit konstanter Geschwindigkeit v fährt. Bestimmen Sie die Geschwindigkeit v von B.
b) Begründen Sie, wie man erkennt, dass A beim ersten «Treffen» schneller ist als B.
c) Wann etwa sind A und B gleich schnell?
d) Überlegen Sie, wie man die Geschwindigkeit von A beim ersten «Treffen» bestimmen könnte.

Hier wird von einer Beschleunigung von $a = 0.5 \frac{m}{s^2}$ ausgegangen. Mit der aus der Physik bekannten Zeit-Ort-Funktion $s(t) = \frac{1}{2} a t^2$ erhält man die rechts betrachtete Funktion.

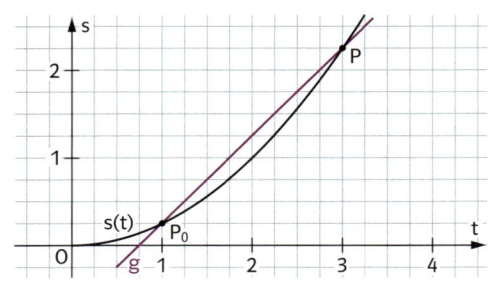

Eine Kugel, die eine schiefe Ebene hinunterrollt, wird durch die Erdanziehungskraft gleichmässig beschleunigt und dadurch immer schneller. Die Länge $s(t)$ des in der Zeit t zurückgelegten Wegs kann durch die Funktion $s(t) = 0.25 \cdot t^2$ (s in Meter und $t \geq 0$ in Sekunden) beschrieben werden. Das Zeit-Ort-Diagramm links zeigt den Graphen der Funktion s (schwarz gezeichnet).

Im Folgenden werden die mittlere Geschwindigkeit der Kugel in einem Zeitintervall und die Momentangeschwindigkeit der Kugel zu einem bestimmten Zeitpunkt betrachtet.
Die mittlere Geschwindigkeit v der Kugel im Zeitintervall $I = [1;3]$ erhält man, wie im vorausgehenden Kapitel gesehen, indem man die mittlere Änderungsrate des Wegs s im Intervall I bestimmt:

$$v = \frac{s(3) - s(1)}{3 - 1} = \frac{2.25 - 0.25}{2} = 1 \left(\frac{m}{s}\right)$$

Die mittlere Geschwindigkeit v entspricht der Steigung der Sekante g durch die Graphenpunkte $P_0(1|0.25)$ und $P(3|2.25)$ in der obigen Abbildung.
An die Momentangeschwindigkeit zum Zeitpunkt $t_0 = 1$ «tastet» man sich heran, indem man die mittlere Geschwindigkeit $\frac{s(t) - s(1)}{t - 1}$ für immer kleiner werdende Zeitintervalle $[1;t]$ berechnet:

Man lässt die obere Intervallgrenze immer näher von rechts an $t_0 = 1$ «heranwandern».

*$t \to 1$, Annäherung von rechts:
Je kleiner die Intervalllängen werden, desto näher rücken die zugehörigen Graphenpunkte P «von oben» an den Graphenpunkt P_0 heran.*

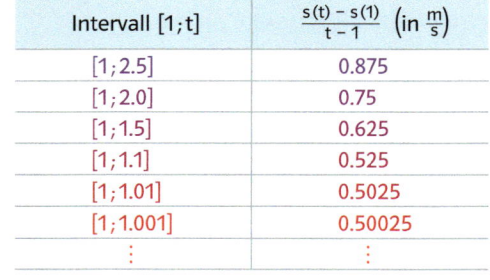

Intervall $[1;t]$	$\frac{s(t) - s(1)}{t - 1}$ (in $\frac{m}{s}$)
$[1;2.5]$	0.875
$[1;2.0]$	0.75
$[1;1.5]$	0.625
$[1;1.1]$	0.525
$[1;1.01]$	0.5025
$[1;1.001]$	0.50025
⋮	⋮

Da sich für $t \to 1$ die Werte der Differenzenquotienten immer mehr dem Wert 0.5 nähern, ist es sinnvoll, 0.5 als Momentangeschwindigkeit der Kugel für $t_0 = 1$ anzusehen.

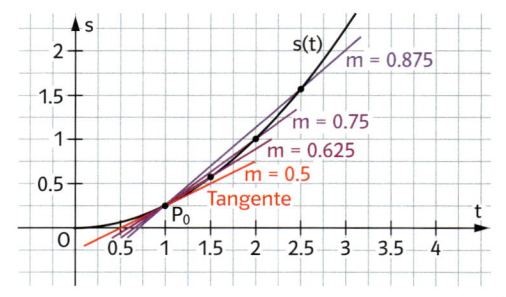

Das Bild oben zeigt die zu den ersten drei Intervallen gehörigen Sekanten. Man erkennt, dass sich die Sekanten mit kleiner werdenden Intervalllängen der sogenannten Tangente annähern, die den Graphen im Punkt $P_0(1|0.25)$ berührt.

Die Steigung dieser Tangente beträgt 0.5 und entspricht der Momentangeschwindigkeit der Kugel für $t_0 = 1$.

Analog kann man sich an die Momentangeschwindigkeit zum Zeitpunkt $t_0 = 1$ «herantasten», indem man wie oben vorgeht, sich jedoch von links an $t_0 = 1$ annähert:

Intervall $[t;1]$	$\frac{s(1) - s(t)}{1 - t} = \frac{s(t) - s(1)}{t - 1}$ (in $\frac{m}{s}$)
$[0;1]$	0.25
$[0.25;1]$	0.3125
$[0.5;1]$	0.375
$[0.9;1]$	0.475
$[0.99;1]$	0.4975
$[0.999;1]$	0.49975
⋮	⋮

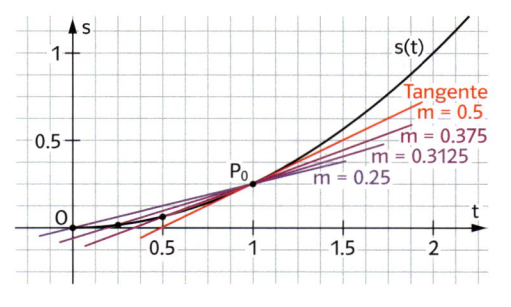

$t \to 1$, Annäherung von links:
Auch hier nähern sich die zu den Intervallen gehörenden Sekanten der Tangente an, die den Graphen im Punkt $P_0(1|0.25)$ berührt.

Auch hier nähern sich die Werte der Differenzenquotienten (d. h. der mittleren Änderungsraten) immer mehr dem Wert 0.5 an, d. h., die Annäherungen von rechts und von links führen zum gleichen Ergebnis. Es gilt daher $\lim\limits_{t \to 1} \frac{s(t) - s(1)}{t - 1} = 0.5$. Die Momentangeschwindigkeit 0.5 ist also die momentane Änderungsrate der Funktion $s(t) = 0.25 \cdot t^2$ zum Zeitpunkt $t_0 = 1$. Allgemein gilt für jede Funktion $f(x)$ an der Stelle x_0:

Die Funktion f sei auf einem offenen Intervall I definiert und $x_0 \in I$.

Wenn der Grenzwert $m_{x_0} = \lim\limits_{x \to x_0} \frac{f(x) - f(x_0)}{x - x_0}$ des Differenzenquotienten existiert,

dann heisst dieser Grenzwert der **Differenzialquotient** (oder die **lokale Änderungsrate**) **von f an der Stelle x_0**.

Die Gerade durch den Punkt $P_0(x_0 | f(x_0))$ mit der Steigung m_{x_0} heisst **Tangente** an den Graphen in P_0.
Die Tangentensteigung m_{x_0} wird als **Steigung des Graphen im Punkt $P_0(x_0 | f(x_0))$** bezeichnet.

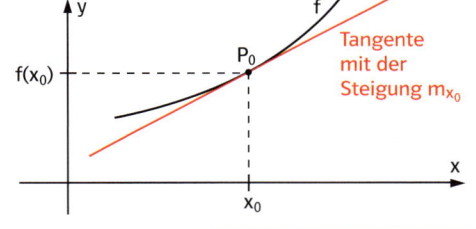

Lokale Änderungsrate = Steigung des Graphen

Bemerkung
Wenn die x-Achse als Zeitachse verwendet wird, spricht man in der Regel von der momentanen Änderungsrate.

Beispiel 1
Ermitteln Sie für $f(x) = 2x^2 + 1$ die lokale Änderungsrate m_3 für $x_0 = 3$ bzw. die lokale Änderungsrate m_{-1} für $x_1 = -1$ jeweils mithilfe einer Tabelle.
Lösung:
Es ist $f(3) = 19$. Damit gilt: $\frac{f(x) - f(x_0)}{x - x_0} = \frac{f(x) - 19}{x - 3}$
Für Werte von x, die nahe bei 3 liegen, ergibt sich folgende Tabelle:

x	2.5	2.9	2.99	2.999	...	3.001	3.01	3.1	3.5
$\frac{f(x) - 19}{x - 3}$	11	11.8	11.98	11.998	...	12.002	12.02	12.2	13

Entsprechend ergibt sich mit $f(-1) = 3$ für x-Werte, die nahe bei −1 liegen, folgende Tabelle:

x	−1.5	−1.1	−1.01	−1.001	...	−0.999	−0.99	−0.9	−0.5
$\frac{f(x) - 3}{x + 1}$	−5	−4.2	−4.02	−4.002	...	−3.998	−3.98	−3.8	−3

Den Tabellen kann $m_3 = 12$ bzw. $m_{-1} = -4$ entnommen werden.

Beispiel 2
Beim freien Fall aus der Ruhelage gilt zu jeder Zeit t für die Fallstrecke ungefähr:
$s(t) = 5t^2$ (s in Meter, t in Sekunden).
Bestimmen Sie die momentane Geschwindigkeit eines fallenden Körpers zur Zeit $t_0 = 2$.
Lösung:
Es ist $s(t_0) = s(2) = 5 \cdot 2^2 = 20$. Damit gilt: $\frac{s(t) - s(t_0)}{t - t_0} = \frac{s(t) - 20}{t - 2}$
Für die Werte von t, die nahe bei 2 liegen, erhält man die folgende Tabelle:

t	1	1.5	1.9	1.99	1.999	...	2.001	2.01	2.1	2.5	3
$\frac{s(t) - 20}{t - 2}$	15	17.5	19.5	19.95	19.995	...	20.005	20.05	20.5	22.5	25

Der Tabelle entnimmt man: $\lim_{t \to 2} \frac{s(t) - 20}{t - 2} = 20$. Die momentane Geschwindigkeit eines frei fallenden Körpers zum Zeitpunkt $t_0 = 2$ ist damit $v(2) = 20 \left(\frac{m}{s}\right)$.

Beispiel 3
In einem Modell wird durch die Funktion L mit $L(t) = \frac{6 \cdot 2^t}{0.7 + 2^t} - 1$ die Länge einer Kürbisranke beschrieben. Dabei wird die Zeit t in Wochen seit Beobachtungsbeginn und der Längenwert L(t) in m gemessen. Die Abbildung zeigt den Graphen G_L der Funktion L.
a) Bestimmen Sie mithilfe einer Tabelle die lokale Änderungsrate der Länge zwei Wochen nach Beobachtungsbeginn.
b) Erläutern Sie, wie man die in a) bestimmte lokale Änderungsrate näherungsweise auch mithilfe von G_L ermitteln könnte.
c) Beschreiben Sie, wie man an G_L erkennen kann, dass die Zunahme der Rankenlänge immer geringer wird.
Lösung:
a) Es ist $t_0 = 2$ und damit $L(t_0) = L(2) \approx 4.1$. Für Werte von t, die nahe bei 2 liegen, ergibt sich die folgende Tabelle:

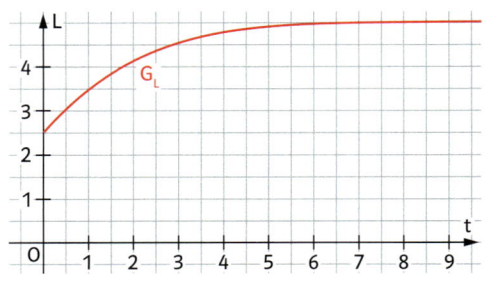

t	1.5	1.9	1.99	...	2.01	2.1	2.5
$\frac{L(t) - L(2)}{t - 2}$	0.593	0.540	0.528	...	0.526	0.514	0.466

Der Tabelle kann man entnehmen, dass die lokale Änderungsrate der Länge zwei Wochen nach Beobachtungsbeginn ungefähr 0.527 (Meter pro Woche) beträgt.
b) Man zeichnet nach Augenmass im Punkt $P(2|f(2))$ die Tangente an den Graphen von f und bestimmt die Steigung dieser Tangente. Der Steigungswert entspricht dann angenähert der lokalen Änderungsrate.
c) G_L wird mit zunehmender Zeit immer flacher und damit die lokale Änderungsrate immer geringer.

Aufgaben

1 Ermitteln Sie mithilfe einer Wertetabelle die lokale Änderungsrate für $x_0 = 3$.
a) $f(x) = 0.25x^2 - 2$ b) $g(x) = x - 0.1x^3$ c) $h(x) = 0.5 \cdot 2^x$ d) $u(x) = \sin(x)$

2 Ein Körper bewegt sich so, dass er in der Zeit t (in s) den Weg $s(t) = 2t^2$ (in m) zurücklegt. Bestimmen Sie seine momentanen Geschwindigkeiten zu den Zeiten $t_1 = 1$, $t_2 = 2$ und $t_3 = 3$.

3 a) Zeichnen Sie die Graphen der Funktionen $f(x) = -0.25x^2 - 0.5x + 1$ und $g(x) = 0.5x^2 - 4$ in ein gemeinsames Koordinatensystem.
b) Zeichnen Sie die Tangenten an G_f bzw. G_g im Punkt $P_1(-2|f(-2))$ bzw. $P_2(-2|g(-2))$ nach Augenmass «möglichst genau» ein.
c) Bestimmen Sie die Steigungen der beiden Geraden mithilfe eines geeigneten Steigungsdreiecks. Was beschreiben die Steigungen jeweils?
d) Welche besondere Lage haben die beiden Tangenten zueinander? In welchem Zusammenhang stehen die beiden Steigungen?

4 Zu jedem Kärtchen am Rand mit einem x-Wert gehört ein Kärtchen mit dem gerundeten Wert der lokalen Änderungsrate der Funktion f (Fig. 1) an der Stelle x. Ordnen Sie die Kärtchen korrekt zu. Es ergibt sich ein Lösungswort.

5 Erläutern Sie die Begriffe «mittlere» und «lokale Änderungsrate» an einem Beispiel. Welche anschauliche Bedeutung haben sie? In welchem Zusammenhang stehen sie?

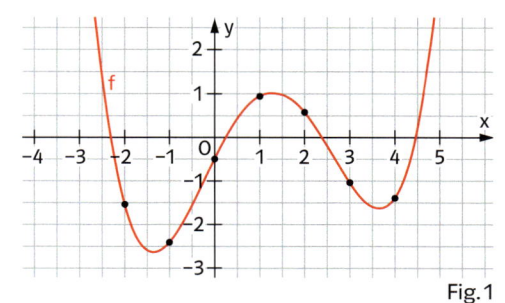

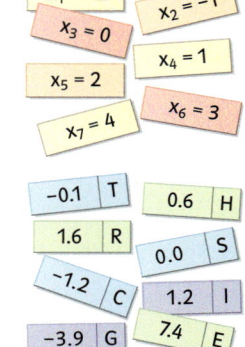

Fig. 1

$x_1 = -2$ $x_2 = -1$
$x_3 = 0$ $x_4 = 1$
$x_5 = 2$ $x_6 = 3$
$x_7 = 4$

–0.1	T		0.6	H
1.6	R		0.0	S
–1.2	C		1.2	I
–3.9	G		7.4	E
–8.1	A		2.0	T
			–1.5	I

6 Bestimmen Sie die Nullstellen der Funktion f und skizzieren Sie ihren Graphen. Geben Sie an, wie viele Stellen f hat, für die die lokale Änderungsrate den Wert null annimmt.
a) $f(x) = 0.25(x-1)(x+1)(x^2-9)$ b) $f(x) = 0.4(x^2-4x+1)(x+3)$ c) $f(x) = 0.01x^2(x^3-4x)$

7 Die Graphik zeigt das Zeit-Ort-Diagramm eines Körpers, der zum Zeitpunkt $t = 0$ senkrecht nach oben geschossen wird. Bestimmen Sie mithilfe des Funktionsterms $h(t)$ die Geschwindigkeit des Körpers jeweils zu den Zeitpunkten $t_0 = 0$, $t_1 = 1$, $t_2 = 2$ und $t_3 = 3$.

H(2|19)

8 a) Bestimmen Sie für den Würfel und den Tetraeder das Volumen $V(a)$ in Abhängigkeit von der Kantenlänge a (a > 0 in cm, V in cm³).
b) Ermitteln Sie mithilfe der Funktion V die lokale Änderungsrate des Volumens an der Stelle $x_0 = 3$.

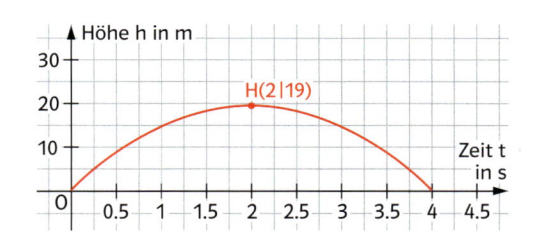

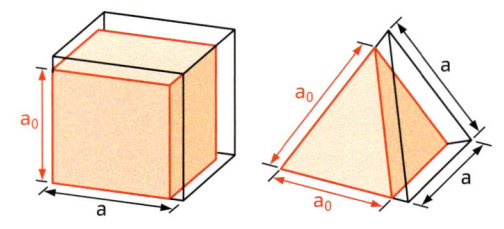

Welche der nachfolgenden Kerzen hat am ehesten das in Aufgabe 9 beschriebene Abbrennverhalten? Begründen Sie.

9 Eine Kerze wird zum Zeitpunkt $t = 0$ angezündet und brennt herab. Ihre Höhe (in cm) zum Zeitpunkt t (in Stunden) wird angenähert durch die Funktion $k(t) = \frac{2}{0.05t + 0.2} - 2$ beschrieben.
a) Bestimmen Sie, wie hoch die Kerze zu Beginn war, und zeigen Sie durch Rechnung, dass die Kerze 16 Stunden brennt.
b) Bestimmen Sie die mittlere Abbrenngeschwindigkeit v der Kerze.
c) Es gibt einen maximalen und einen minimalen Wert der Abbrenngeschwindigkeit. Erläutern Sie, zu welchen Zeitpunkten diese Werte auftreten und wie man sie ermitteln kann.

3.3 Differenzierbarkeit

Rechts sehen Sie den Graphen der Funktion f. Beschreiben Sie das Änderungsverhalten von f an den Stellen $x_1 = 1$; $x_2 = 3$; $x_3 = 6$; $x_4 = 7$.

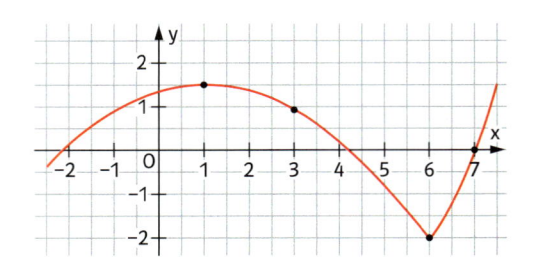

Die Begriffe «mittlere» und «lokale bzw. momentane Änderungsrate» sind von den Anwendungssituationen der Funktionen geprägt. Betrachtet man die Funktionen unter einem rein mathematischen Blickwinkel, so verwendet man andere Begriffe.

Die lokale Änderungsrate m_{x_0} ist die Ableitung $f'(x_0)$.

$f'(x_0)$: Lies «f Strich an der Stelle x_0».

Die Funktion f sei auf einem offenen Intervall I definiert und $x_0 \in I$.

Wenn f den Differenzialquotienten (lokale Änderungsrate) $m_{x_0} = \lim\limits_{x \to x_0} \frac{f(x) - f(x_0)}{x - x_0}$ besitzt, so heisst f **an der Stelle x_0 differenzierbar**.
Man nennt den Grenzwert m_{x_0} die **Ableitung von f an der Stelle x_0** und schreibt dafür **$f'(x_0)$**.
Ist die Funktion f für alle Werte $x_0 \in I$ differenzierbar, so nennt man f eine **auf I differenzierbare Funktion**.

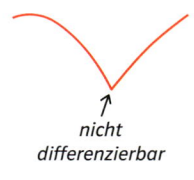

nicht differenzierbar

Wenn bei einer Funktion f an einer Stelle x_0 der Grenzwert $\lim\limits_{x \to x_0} \frac{f(x) - f(x_0)}{x - x_0}$ nicht existiert, so ist sie an dieser Stelle nicht differenzierbar. Beispielsweise ist die Betragsfunktion $f(x) = |x|$ an der Stelle $x_0 = 0$ nicht differenzierbar. Dies wird im Folgenden nachgewiesen:

Es gilt: $f(x) = |x| = \begin{cases} -x, & \text{falls } x < 0 \\ x, & \text{falls } x \geq 0 \end{cases}$

Damit ergibt sich:

$\lim\limits_{x \uparrow 0} \frac{f(x) - f(0)}{x - 0} = \lim\limits_{x \uparrow 0} \frac{-x - 0}{x - 0} = \lim\limits_{x \uparrow 0} (-1) = -1$ und

$\lim\limits_{x \downarrow 0} \frac{f(x) - f(0)}{x - 0} = \lim\limits_{x \downarrow 0} \frac{x - 0}{x - 0} = \lim\limits_{x \downarrow 0} 1 = 1$

Da der linksseitige und der rechtsseitige Grenzwert verschieden sind, existiert der Grenzwert $\lim\limits_{x \to 0} \frac{f(x) - f(0)}{x - 0}$ nicht.

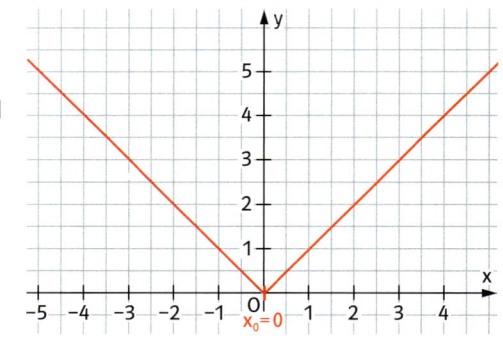

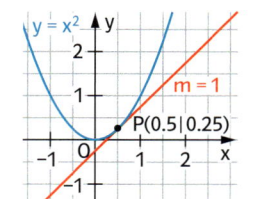

Im letzten Kapitel wurde die Ableitung $f'(x_0)$ an der Stelle x_0 meist näherungsweise rechnerisch mithilfe von Tabellen oder graphisch mithilfe von Tangentensteigungen bestimmt. Für viele bereits bekannte Funktionen ist dies auch durch Termumformungen möglich. Beispielsweise erhält man für $f(x) = x^2$ und $x_0 = \frac{1}{2}$ die Ableitung $f'\left(\frac{1}{2}\right)$ durch Anwendung der 3. binomischen Formel auf folgende Weise:

$f'\left(\frac{1}{2}\right) = \lim\limits_{x \to \frac{1}{2}} \frac{x^2 - \frac{1}{4}}{x - \frac{1}{2}} = \lim\limits_{x \to \frac{1}{2}} \frac{\left(x - \frac{1}{2}\right)\left(x + \frac{1}{2}\right)}{x - \frac{1}{2}} = \lim\limits_{x \to \frac{1}{2}} \left(x + \frac{1}{2}\right) = \frac{1}{2} + \frac{1}{2} = 1$

In manchen Fällen wird die Berechnung der Ableitung erleichtert, wenn man $x = x_0 + h$ setzt (siehe Beispiel 1). Man spricht von der **h-Methode**.

Aus $\dfrac{f(x) - f(x_0)}{x - x_0}$ wird dann $\dfrac{f(x_0 + h) - f(x_0)}{h}$ und $x \to x_0$ ist gleichbedeutend mit $h \to 0$.

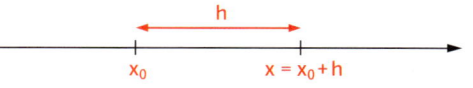

Wenn eine Funktion f an der Stelle x_0 differenzierbar ist, erhält man folgende gleichwertige Formeln für $f'(x_0)$:

$$f'(x_0) = \lim_{x \to x_0} \frac{f(x) - f(x_0)}{x - x_0} \quad \text{und} \quad f'(x_0) = \lim_{h \to 0} \frac{f(x_0 + h) - f(x_0)}{h}$$

Tangente und Normale

Ist eine Funktion an einer Stelle x_0 differenzierbar, so können an dieser Stelle mithilfe der Ableitung die Gleichung der Tangente an den Graphen und der Steigungswinkel dieser Tangente bestimmt werden.
Damit lässt sich dann auch die Gleichung der zugehörigen Normale (Lotgerade zur Tangente im Berührpunkt) berechnen.
Dies wird im Folgenden exemplarisch für die Funktion $f(x) = x^2$ an der Stelle $x_0 = 1$ vorgeführt:

Steigung der Tangente im Punkt $P(1|1)$:

$$f'(1) = \lim_{x \to 1} \frac{x^2 - 1}{x - 1} = \lim_{x \to 1} \frac{(x-1)(x+1)}{x - 1}$$
$$= \lim_{x \to 1} (x + 1) = 1 + 1 = 2$$

Gleichung der Tangente g an den Graphen im Punkt $P(1|1)$:
$y = mx + b$; aus $m = f'(1) = 2$ und $P(1|1) \in g$ folgt $1 = 2 \cdot 1 + b$, also $b = -1$.
$\Rightarrow$ Tangentengleichung: $y = 2x - 1$

Steigungswinkel α der Tangente g:
$\tan(\alpha) = f'(1) = 2 \Rightarrow \alpha \approx 63{,}4°$

Gleichung der Normale n:
Steigung m_n von n: $m_n = -\dfrac{1}{f'(1)} = -\dfrac{1}{2}$
$y = m_n x + b_n$; aus $m_n = -\dfrac{1}{2}$ und $P(1|1) \in n$
folgt $1 = -\dfrac{1}{2} \cdot 1 + b_n$, also $b_n = \dfrac{3}{2}$.
$\Rightarrow$ Normalengleichung: $y = -\dfrac{1}{2}x + \dfrac{3}{2}$

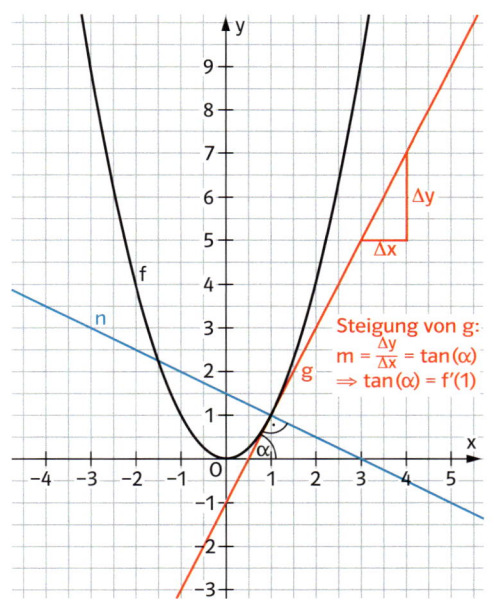

*Haben zwei Funktionsgraphen an einer Stelle x_0 dieselbe Tangente, so sagen wir:
Die Funktionsgraphen berühren sich an der Stelle x_0.*

*Erinnerung:
Die Gleichung $y = mx + b$ einer Geraden kann bestimmt werden, wenn die Steigung m und ein Graphenpunkt P bekannt sind.*

*Stehen zwei Geraden g_1 und g_2 aufeinander senkrecht, so gilt für ihre Steigungen m_1 und m_2:
$m_1 \cdot m_2 = -1$*

Beispiel 1

Bestimmen Sie für die Funktion $f(x) = x^2 - 4x$ die Ableitung $f'(3)$ auf verschiedene Arten.
Lösung:

1. Möglichkeit:
Mit $x_0 = 3$ und $f(3) = -3$
erhält man für den Differenzenquotienten:

$$\frac{f(x) - f(x_0)}{x - x_0} = \frac{x^2 - 4x + 3}{x - 3} = \frac{(x-3)(x-1)}{x - 3} = x - 1$$

$\Rightarrow f'(3) = \lim_{x \to 3}(x - 1) = 2$

2. Möglichkeit (h-Methode):
Mit $x_0 = 3$ und $f(3) = -3$
erhält man für den Differenzenquotienten:

$$\frac{f(x_0 + h) - f(x_0)}{h} = \frac{(3+h)^2 - 4(3+h) + 3}{h} = \frac{2h + h^2}{h}$$
$$= \frac{h(2+h)}{h} = 2 + h$$

$\Rightarrow f'(3) = \lim_{h \to 0}(2 + h) = 2$

Beispiel 2
Gegeben sind die Funktion $h(x) = \frac{1}{5}x^2$ und der Punkt $P\left(3 \mid \frac{9}{5}\right) \in G_h$.
Ermitteln Sie die Gleichungen der Tangente t und der Normale n an den Graphen G_h von h im Punkt P.

Lösung:

Zum Vereinfachen des Differenzenquotienten hilft Faktorisieren (hier Ausklammern und Anwendung der 3. binomischen Formel).

Steigung der Tangente: $m_t = f'(3) = \lim\limits_{x \to 3} \frac{\frac{1}{5}x^2 - \frac{9}{5}}{x-3} = \lim\limits_{x \to 3} \frac{\frac{1}{5}(x^2 - 9)}{x-3} = \lim\limits_{x \to 3} \frac{\frac{1}{5}(x-3)(x+3)}{x-3}$
$= \lim\limits_{x \to 3} \frac{1}{5}(x+3) = \frac{6}{5}$

Tangentengleichung: $\frac{9}{5} = \frac{6}{5} \cdot 3 + b_t \Rightarrow b_t = \frac{9}{5} - \frac{18}{5} = -\frac{9}{5} \Rightarrow t: y = \frac{6}{5}x - \frac{9}{5}$

Steigung der Normale: $m_n = -\frac{1}{m_t} = -\frac{5}{6}$

Normalengleichung: $\frac{9}{5} = -\frac{5}{6} \cdot 3 + b_n \Rightarrow b_n = \frac{9}{5} + \frac{5}{2} = \frac{43}{10} \Rightarrow n: y = -\frac{5}{6}x + \frac{43}{10}$

Aufgaben

1 Berechnen Sie für $f(x) = 2x^2 - 3x$ und $x_0 = 2$:
a) $f(3)$ b) $f(a)$ c) $f(r+2)$ d) $f(x_0 + h)$
e) $f(x) - f(x_0)$ f) $f(x_0 + h) - f(x_0)$ g) $\frac{f(x) - f(x_0)}{x - x_0}$ h) $\frac{f(x_0 + h) - f(x_0)}{h}$

2 Im nebenstehenden Diagramm ist der Graph der Funktion f abgebildet.
a) Geben Sie die x-Werte an, für die der Graph von f eine waagerechte Tangente besitzt (für die also $f'(x) = 0$ gilt).
b) Geben Sie die x-Werte an, an denen die Funktion f nicht differenzierbar ist. Begründen Sie Ihre Antwort.

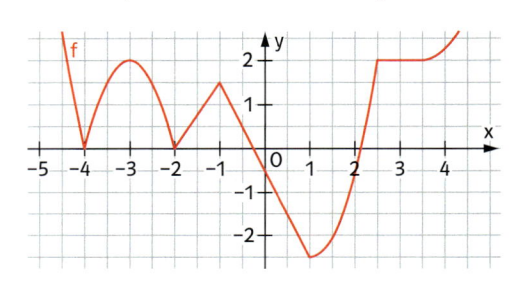

3 Bestimmen Sie $f'(x_0)$ auf zwei Arten (siehe Beispiel 1).
a) $f(x) = 2x^2$; $x_0 = 4$ b) $f(x) = \frac{6}{x}$; $x_0 = -2$ c) $f(x) = x^2 + 6x$; $x_0 = 2$
d) $f(x) = x^2 - x + 2$; $x_0 = \frac{4}{3}$ e) $f(x) = x^3 - 2x^2$; $x_0 = 1$ f) $f(x) = 7$; $x_0 = 10$

4 Gegeben ist die Funktion $f(x) = \frac{3}{x}$.
a) Berechnen Sie die lokale Änderungsrate von f an der Stelle $x_0 = 2$.
b) Zeichnen Sie den Graphen von f und die Tangente an diesen im Punkt $P(2 \mid ?)$.

5 Untersuchen Sie, ob die Funktion f an der «Nahtstelle» differenzierbar ist. Zeichnen Sie dann den Graphen von f.
a) $f(x) = 0.5 \cdot |x| = \begin{cases} -0.5x & \text{für } x < 0 \\ 0.5x & \text{für } x \geq 0 \end{cases}$
b) $f(x) = |x-2| = \begin{cases} -(x-2) & \text{für } x < 2 \\ x-2 & \text{für } x \geq 2 \end{cases}$

6 Ermitteln Sie die Gleichungen der Tangente t und der Normale n an den Graphen G_f der Funktion f im Punkt P. Bestimmen Sie die Schnittwinkel der Geraden mit der x-Achse.
a) $f(x) = x^2$ und $P(2 \mid 4)$
b) $f(x) = -0.125x^2$ und $P(-2 \mid 0.5)$
c) $f(x) = x^2 - 5x$ und $P(0 \mid 0)$
d) $f(x) = \frac{6}{x+3}$ und $P(3 \mid 1)$

7 Ermitteln Sie, in welchen Punkten die Tangente an den Graphen der Funktion f parallel zur Geraden $g: y = \frac{1}{2}x - 4$ ist.
a) $f(x) = x^3 - x$ b) $f(x) = \frac{-9}{2x}$ c) $f(x) = 4x$ d) $f(x) = -2x^3 + 12$

3.4 Die Ableitungsfunktion

Ein direkter Weg von der Kratersohle bis zum Rand des abgebildeten Kraters wird näherungsweise beschrieben durch die Funktion f mit $f(x) = \frac{1}{500}x^2$ und $0 \leq x \leq 300$. Der Hersteller eines Kettenfahrzeugs behauptet, dass dieses Steigungen bis zu 100 % bewältigen kann.
a) Wie kann man zeigen, dass das Fahrzeug den Kraterrand nicht erreicht?
b) Wie könnte man die Höhe berechnen, die das Fahrzeug auf dem beschriebenen Weg erreicht, wenn die Angaben des Herstellers richtig sind?

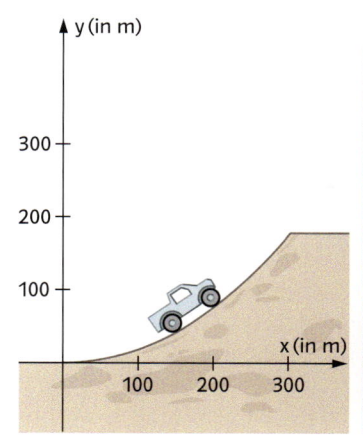

Dieser Meteorkrater in Arizona (USA) entstand vor etwa 22 000 Jahren durch den Einschlag eines Eisenmeteoriten von etwa 60 m Durchmesser. Der Krater ist 180 m tief und hat einen Durchmesser von 1300 m. Hier übten Astronauten für ihre Mondlandungen.

Um bei einer gegebenen Funktion f nicht für jede Stelle wie z. B. $x_0 = 2$; $x_0 = 3$; … erneut den Differenzialquotienten zu berechnen, ist es zweckmässig, den Differenzialquotienten allgemein für eine beliebige Stelle $x_0 \in D_f$ zu ermitteln.
Für die Funktion $f(x) = x^2$ und eine beliebige Zahl $x_0 \in \mathbb{R}$ ergibt sich:

$$f'(x_0) = \lim_{x \to x_0} \frac{f(x) - f(x_0)}{x - x_0} = \lim_{x \to x_0} \frac{x^2 - x_0^2}{x - x_0} = \lim_{x \to x_0} \frac{(x - x_0)(x + x_0)}{x - x_0} = \lim_{x \to x_0} (x + x_0) = x_0 + x_0 = 2x_0$$

Aus $f'(x_0) = 2x_0$ erhält man dann beispielsweise für $x_0 = 3$ die Ableitung $f'(3) = 2 \cdot 3 = 6$ und für $x_0 = 0.6$ die Ableitung $f'(0.6) = 2 \cdot 0.6 = 1.2$.
Die Funktion $f'(x) = 2x$ liefert also für jedes beliebige x die zugehörige Ableitung $f'(x)$.

Eine Funktion heisst **differenzierbar**, falls sie auf ihrem gesamten Definitionsbereich differenzierbar ist.
Ist f differenzierbar, so heisst die Funktion **f'**, die jeder Stelle x die Ableitung $f'(x)$ zuordnet, die **Ableitungsfunktion** oder kurz die **Ableitung** von f.

Bemerkungen
1. Das Ermitteln der Ableitung von f nennt man «Ableiten» oder «Differenzieren» von f.
2. Die Ableitung einer Funktion f ordnet jeder Stelle x, an der f differenzierbar ist, den Wert der Steigung des Graphen von f im Punkt $P(x | f(x))$ zu.

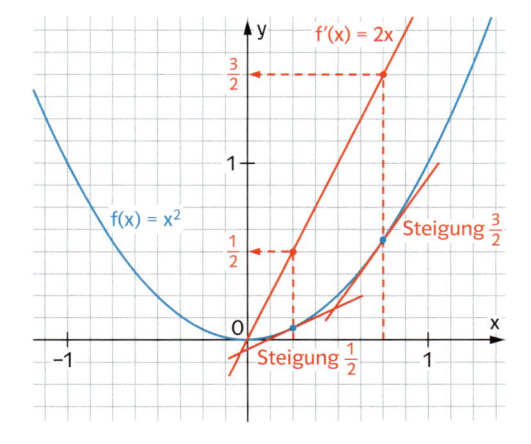

Links sind die Graphen G_f und $G_{f'}$ für $f(x) = x^2$ und ihre Ableitung $f'(x) = 2x$ gezeichnet.
Für $x < 0$ fällt G_f mit zunehmenden x-Werten, daher verläuft $G_{f'}$ unterhalb der x-Achse. Da G_f zum Ursprung hin immer flacher wird, nähern sich die y-Werte von f' immer mehr dem Wert null.
Für $x = 0$ hat G_f die Steigung null, daher ist $f'(0) = 0$.
Für $x > 0$ steigt G_f mit zunehmenden x-Werten immer steiler an, daher nehmen die Werte von f' immer mehr zu.

Andere Schreibweisen:
$$f'(x) = \lim_{h \to 0} \frac{f(x + h) - f(x)}{h}$$
$$= \lim_{\Delta x \to 0} \frac{\Delta y}{\Delta x} = \frac{dy}{dx} = \frac{df}{dx}$$

Berechnung der Ableitungen an den Stellen $\frac{3}{4}$ bzw. $\frac{1}{4}$ mithilfe der Ableitung $f(x) = 2x$:
$$f'\left(\frac{3}{4}\right) = 2 \cdot \frac{3}{4} = \frac{3}{2}$$
$$f'\left(\frac{1}{4}\right) = 2 \cdot \frac{1}{4} = \frac{1}{2}$$

Ist der Graph G_f einer Funktion f vorgegeben, kann mithilfe von G_f eine Skizze des Graphen $G_{f'}$ der Ableitung f' erstellt werden. Man ermittelt dazu für verschiedene Punkte von G_f jeweils die Steigung der zugehörigen Tangente. So können einzelne Punkte des Graphen von f eingezeichnet und kann eine Skizze von $G_{f'}$ erstellt werden. Weist ein Graph «markante» Graphenpunkte (z. B. mit waagerechter Tangente) auf, so bezieht man diese als Erstes in die Überlegungen ein. Eine mögliche Vorgehensweise wird im Folgenden dargestellt.

Gegeben ist der (blau gezeichnete) Graph der Funktion f. In den Punkten $P_1(x_1|f(x_1))$ und $P_2(x_2|f(x_2))$ ist die Steigung des Graphen von f null, d.h., es gilt $f'(x_1) = f'(x_2) = 0$. Daher hat die Ableitung f' von f an den Stellen x_1 und x_2 Nullstellen.

Zwischen x_1 und x_2 fällt der Graph von f, d.h., es gilt $f'(x) < 0$ für $x_1 < x < x_2$. Die negative Steigung von G_f nimmt bis x_3 immer mehr zu und dann wieder ab. Also hat f' bei x_3 ihren kleinsten Funktionswert, nämlich ca. –1.5 (bestimmbar mit der Tangente). Damit kann $G_{f'}$ für $x_1 \leq x \leq x_2$ skizziert werden.

Für $x > x_2$ steigt der Graph von f, d.h., es gilt $f'(x) > 0$ für $x > x_2$.
Da die Steigung von G_f für grösser werdende x-Werte immer mehr zunimmt, nehmen auch die Werte von f' immer mehr zu. Entsprechendes gilt für $x < x_1$.
Bestimmt man z. B. für x_4 und x_5 zusätzlich Steigungswerte, kann man $G_{f'}$ gut skizzieren.

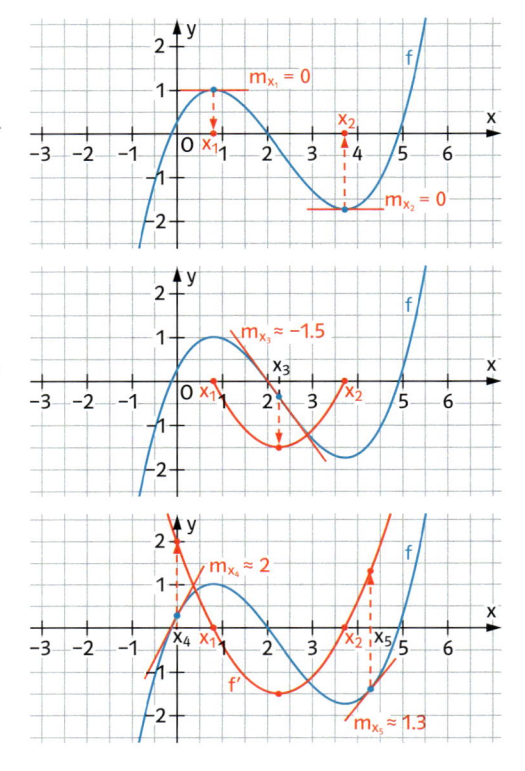

Beispiel 1
a) Bestimmen Sie für die Funktion $f(x) = 0.25 x^2$ die Ableitung f'.
b) In welchem Punkt $P(x|f(x))$ hat der Graph von f die Steigung 1.5?
Lösung:

Alternative Schreibweisen für die Lösung:
$(0.25 x^2)' = \frac{d}{dx} 0.25 x^2$
$= 0.5 x$

a) $f'(x_0) = \lim_{x \to x_0} \frac{0.25 x^2 - 0.25 x_0^2}{x - x_0} = \lim_{x \to x_0} \frac{0.25(x - x_0)(x + x_0)}{x - x_0} = \lim_{x \to x_0} 0.25(x + x_0) = 0.25(x_0 + x_0) = 0.5 x_0$
Die Ableitung von f ist demnach $f'(x) = 0.5 x$.
b) Aus $f'(x) = 1.5$ ergibt sich $0.5 x = 1.5$. Daraus folgt $x = 3$ und $f(3) = 2.25$. Also hat der Graph von f im Punkt $P(3|2.25)$ die Steigung 1.5.

Beispiel 2

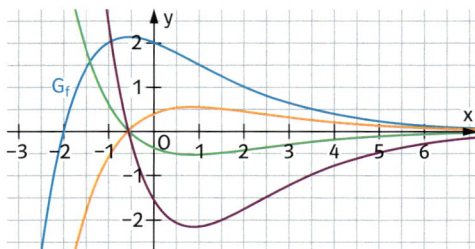

Links ist blau der Graph der Funktion f gezeichnet. Einer der anderen Graphen ist der Graph von f'. Welcher? Begründen Sie.
Lösung:
Da G_f für $x > 0$ fällt, scheidet der orangefarbene Graph aus. Für $0 < x < 2$ fällt G_f nahezu konstant mit $m \approx -\frac{1}{2}$. Daher ist die grüne Kurve der Graph der Ableitung f' von f.

Beispiel 3

Die Funktion p beschreibt die Wasserhöhe eines Flusses an einer Messstation in Abhängigkeit von der Zeit. Die Abbildung zeigt den Graphen G_p von p.

a) Was beschreibt die Ableitung p' von p?
b) Markieren Sie in der Abbildung die Stellen x_i, an denen G_p waagerechte Tangenten besitzt. Überlegen Sie, in welchen Intervallen $G_{p'}$ ober- bzw. unterhalb der x-Achse verläuft. Skizzieren Sie dann $G_{p'}$.
c) Wann etwa beträgt die momentane Änderungsrate der Wasserhöhe 1 m/Tag?

Lösung:
a) Durch p' ist die momentane Änderungsrate der Wasserhöhe gegeben.
b) Für $x < x_1$ und $x_2 < x < x_3$ verläuft $G_{p'}$ oberhalb der x-Achse, da G_p in diesen Intervallen steigt.
Für $x_1 < x < x_2$ und $x > x_3$ verläuft $G_{p'}$ unterhalb der x-Achse, da G_p in diesen Intervallen fällt.
c) Nach ca. 18 Stunden (orange Pfeile)

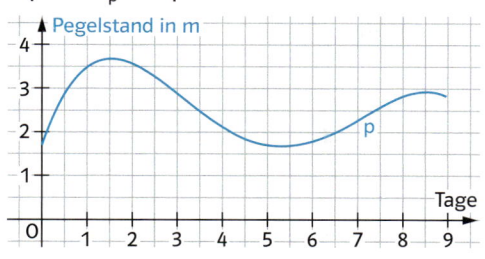

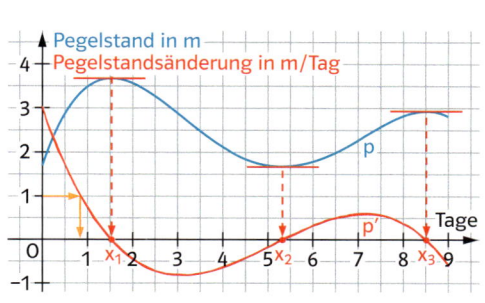

Zur Lösung von b):
Für $x_1 < x < x_2$ und $x > x_3$ nimmt die Wasserhöhe ab. Man kann auch sagen, dass die Zunahme der Wasserhöhe negativ ist. Diese Sprechweise macht verständlich, warum der Graph von p' in diesen Bereichen unterhalb der x-Achse verläuft.

Aufgaben

1 Bestimmen Sie für die Funktion f die Ableitung f' und zeichnen Sie G_f und $G_{f'}$. Ermitteln Sie dann, falls möglich, den Punkt $P(x|f(x))$, in dem G_f die Steigung 2 aufweist.
a) $f(x) = 2x^2$
b) $f(x) = 2$
c) $f(x) = 2x$
d) $f(x) = \frac{3}{5} - 4x$
e) $f(x) = \frac{1}{2}x^2 - 2x$

2 Der Punkt $B(x_0|f(x_0))$ ist der Berührpunkt der Tangente t mit der Steigung $m = -5$ an den Graphen der Funktion $f(x) = x^2$.
a) Berechnen Sie die Koordinaten des Punktes B und ermitteln Sie eine Gleichung der Tangente t in B.
b) Die Koordinatenachsen und t schliessen eine Fläche ein. Wie gross ist ihr Inhalt?

3 a) Zeichnen Sie die Graphen der Funktionen $f(x) = x^2 - 4$, $g(x) = x^2 + 1$ und $h(x) = x^2 + 4$ und ermitteln Sie f', g' und h'.
b) Geben Sie für $c \in \mathbb{R}$ die Ableitung der Funktion $f_c(x) = x^2 + c$ an.

4 Die Abbildung zeigt den Graphen einer Polynomfunktion vierten Grades. Entscheiden Sie, welche der folgenden Aussagen richtig sind. Begründen Sie jeweils kurz.
a) f hat mehr als drei Nullstellen.
b) Die Graphen von f und f' schneiden sich im Ursprung.
c) Die Ableitung von f hat drei Nullstellen.
d) Für $x \in]0;4[$ verläuft der Graph von f' auch unterhalb der x-Achse.
e) Die Graphen von f und f' schneiden sich im II. Quadranten.

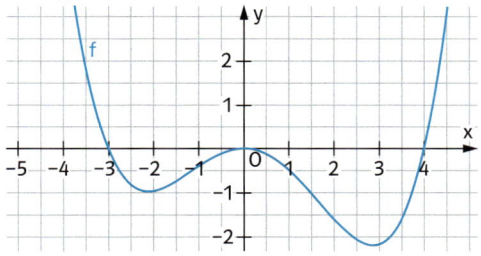

5 Zeichnen Sie den Graphen einer Funktion, deren Ableitung
a) keine (eine, zwei) Nullstellen besitzt,
b) für $x \geq 0$ negativ ist,
c) nur Funktionswerte zwischen -1 und 1 besitzt.

6 Die Funktion p beschreibt die Wasserhöhe eines Flusses in Abhängigkeit von der Zeit. Welche der vier farbigen Graphenskizzen könnte die Pegelstandsänderung beschreiben?
Begründen Sie Ihre Antwort.

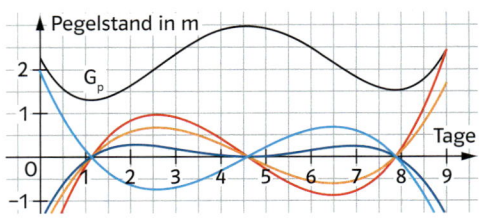

7 Die Funktion $f(x) = 0.5x^3 - 2x^2 + 2$ besitzt die Ableitung $f'(x) = 1.5x^2 - 4x$.
a) Bestimmen Sie durch Rechnung, in welchen Punkten der Graph von f eine Steigung von 2 hat.
b) Ermitteln Sie, in welchem Punkt $A(x_0 | f(x_0))$ der Graph von f am stärksten fällt.
c) Ermitteln Sie, für welche x-Werte der Graph der Funktion f steigt.
d) Ermitteln Sie, für welche Werte von x die Steigung des Graphen von f grösser als 3 ist.

8 Die folgenden Abbildungen zeigen fünf Funktionsgraphen (blau gezeichnet) und die zugehörigen Graphen der Ableitungsfunktionen (rot gezeichnet). Ordnen Sie jeder Funktion ihre Ableitung zu. Begründen Sie jeweils.

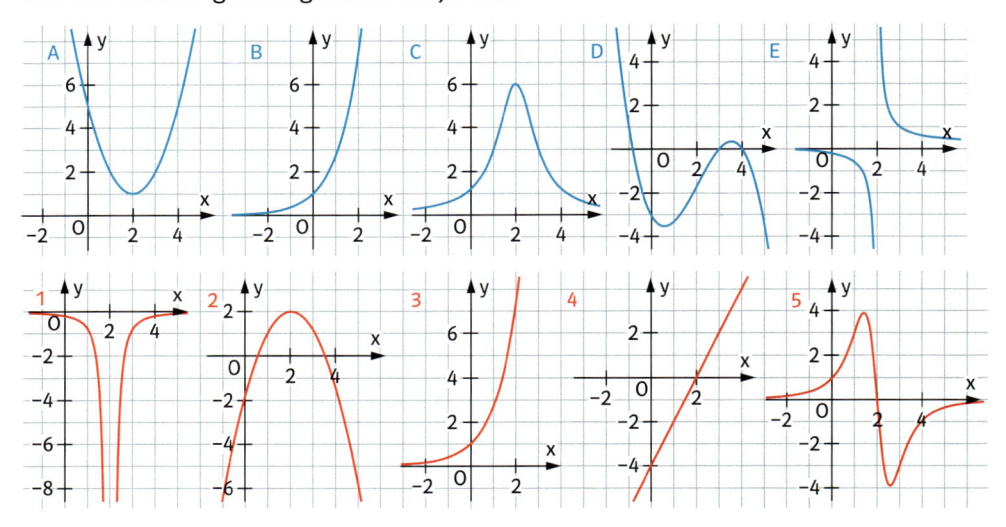

9 Die Abbildungen zeigen jeweils den Graphen einer Funktion f. Geben Sie die x-Werte an, für die $f'(x)$ null, positiv oder negativ ist, und skizzieren Sie den Graphen von f'.

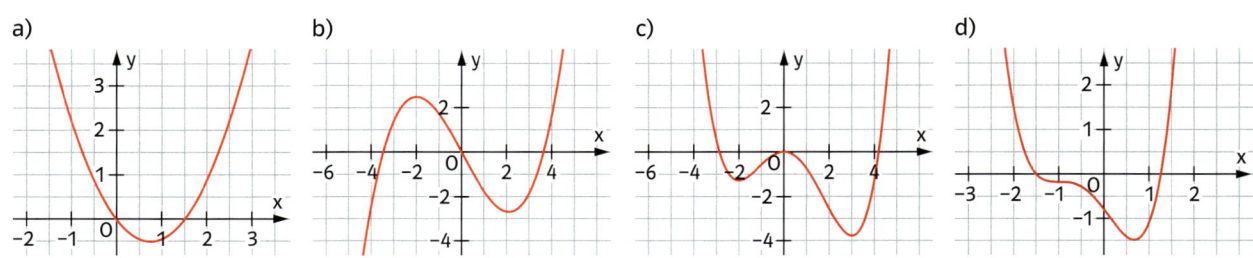

3.5 Die Ableitung der Potenzfunktion

n	2	3	−2	−3
$f(x) = x^n$	x^2	x^3	$\frac{1}{x^2}$	$\frac{1}{x^3}$
$f'(x)$	$2x^1$	$3x^2$	$\frac{-2}{x^3}$	$\frac{-3}{x^4}$

Welche Gesetzmässigkeit kann man aus der nebenstehenden Tabelle für $f'(x)$ bei der Funktion $f(x) = x^n$ mit $n \in \mathbb{Z}$ vermuten?

Menge der ganzen Zahlen:
$\mathbb{Z} = \{\ldots; -1; 0; 1; 2; \ldots\}$

Die bisherigen Verfahren zur Berechnung der Ableitung verschiedener Funktionen sind relativ aufwendig. Deshalb sind Regeln hilfreich, mit denen die Ableitung einfach berechnet werden kann. Eine der wichtigsten Regeln ist die sogenannte Potenzregel, um eine beliebige Potenzfunktion f mit $f(x) = x^n$ und $n \in \mathbb{Z}$ abzuleiten.

Die Ableitungen von $f(x) = x^0$ bzw. $g(x) = x^1$ ergeben sich aus einfachen Überlegungen:
Der Graph der Funktion $f(x) = x^0 = 1$ $(x \neq 0)$ ist eine Parallele zur x-Achse und hat die Steigung $m = 0$. Somit ergibt sich als Ableitung $f'(x) = 0$ (Fig. 1).
Der Graph der Funktion $g(x) = x^1$ ist eine Gerade mit der Steigung $m = 1$.
Somit ergibt sich als Ableitung $g'(x) = 1$ (Fig. 2).
Für $n \in \mathbb{Z}\setminus\{0; 1\}$ wird nun die Ableitung der Funktion $x \to x^n$ an einer Stelle x_0 bestimmt.
Dazu wird zunächst der Differenzenquotient $\frac{f(x) - f(x_0)}{x - x_0} = \frac{x^n - x_0^n}{x - x_0}$ vereinfacht und anschliessend der Grenzwert für $x \to x_0$ ermittelt. Dabei werden zwei Fälle unterschieden.

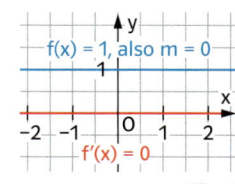

Fig. 1

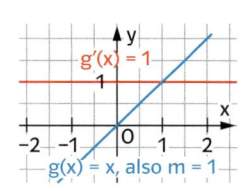

Fig. 2

Fall A: Es sei $n > 1$.
Für die Vereinfachung des Differenzenquotienten faktorisiert man den Term $x^n - x_0^n$.
Durch Ausmultiplizieren der rechten Seiten zeigt sich die Gültigkeit der Gleichungen

$x^2 - x_0^2 = (x - x_0) \cdot (x^1 + x_0^1)$,
$x^3 - x_0^3 = (x - x_0) \cdot (x^2 + x^1 x_0^1 + x_0^2)$,
$x^4 - x_0^4 = (x - x_0) \cdot (x^3 + x^2 x_0^1 + x^1 x_0^2 + x_0^3)$

und allgemein
$x^n - x_0^n = (x - x_0) \cdot (x^{n-1} + x^{n-2} x_0^1 + x^{n-3} x_0^2 + \ldots + x^2 x_0^{n-3} + x^1 x_0^{n-2} + x_0^{n-1})$.

Damit ergibt sich für den Differenzenquotienten:

$\frac{x^n - x_0^n}{x - x_0} = x^{n-1} + x^{n-2} x_0^1 + x^{n-3} x_0^2 + \ldots + x^2 x_0^{n-3} + x^1 x_0^{n-2} + x_0^{n-1}$

Jetzt kann der Grenzübergang $x \to x_0$ durchgeführt werden und man erhält für die Ableitung:

$f'(x_0) = \lim_{x \to x_0} \frac{f(x) - f(x_0)}{x - x_0} = \lim_{x \to x_0} \frac{x^n - x_0^n}{x - x_0} = \lim_{x \to x_0} (x^{n-1} + x^{n-2} x_0^1 + \ldots + x^1 x_0^{n-2} + x_0^{n-1})$

$= \underbrace{x_0^{n-1} + x_0^{n-1} + \ldots + x_0^{n-1} + x_0^{n-1}}_{\text{n-mal}} = n \cdot x_0^{n-1}$

Fall B: Es sei $n < 0$.
Mit $n = -k$ und $k > 0$ ergibt sich entsprechend wie im Fall A:

$\frac{x^n - x_0^n}{x - x_0} = \frac{x^{-k} - x_0^{-k}}{x - x_0} = \frac{\frac{1}{x^k} - \frac{1}{x_0^k}}{x - x_0} = \frac{\frac{x_0^k - x^k}{x^k \cdot x_0^k}}{x - x_0} = \frac{1}{x^k \cdot x_0^k} \cdot \frac{x_0^k - x^k}{x - x_0} = \frac{-1}{x^k \cdot x_0^k} \cdot \frac{x^k - x_0^k}{x - x_0}$

$= -x^{-k} \cdot x_0^{-k} \cdot (x^{k-1} + x^{k-2} x_0^1 + x^{k-3} x_0^2 + \ldots + x^2 x_0^{k-3} + x^1 x_0^{k-2} + x_0^{k-1})$

$= -(x^{-1} x_0^{-k} + x^{-2} x_0^{-k+1} + x^{-3} x_0^{-k+2} + \ldots + x^{-k+2} x_0^{-3} + x^{-k+1} x_0^{-2} + x^{-k} x_0^{-1})$

Also gilt:
$$f'(x_0) = \lim_{x \to x_0} \frac{f(x) - f(x_0)}{x - x_0} = \lim_{x \to x_0} \frac{x^n - x_0^n}{x - x_0} = \lim_{x \to x_0} \left[-\left(x^{-1}x_0^{-k} + x^{-2}x_0^{-k+1} + \ldots + x^{-k+1}x_0^{-2} + x^{-k}x_0^{-1} \right) \right]$$
$$= -k \cdot x_0^{-k-1} = n \cdot x_0^{n-1}$$

Da dieses Ergebnis für jede Stelle x des Definitionsbereiches gilt, ergibt sich die folgende Ableitungsregel.

Die Potenzregel gilt auch für reelle Exponenten:
$(x^r)' = r \cdot x^{r-1}$
(Beweis für $r \in \mathbb{Q}$ auf Seite 117;
Beweis für $r \in \mathbb{R}$ auf Seite 129, Aufgabe 10)

Potenzregel
Die Funktion $f(x) = x^n$ ($n \in \mathbb{Z}$) besitzt die Ableitung $f'(x) = n \cdot x^{n-1}$.

Beispiel Anwendung der Potenzregel
Bestimmen Sie für die Funktion $f(x) = \frac{1}{x^4}$
a) die Ableitung $f'(x)$,
b) die Gleichung der Tangente an den Graphen G_f im Punkt $P(0.5 | 16)$ und
c) die Gleichung der Tangente, welche die Steigung $m = 4$ besitzt.

Eine Skizze gibt einen Überblick und zeigt, dass der Berührpunkt im II. Quadranten liegt:

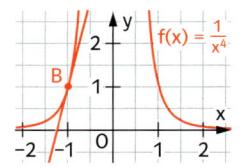

Lösung:
a) Wegen $f(x) = \frac{1}{x^4} = x^{-4}$ ist $f'(x) = -4x^{-5} = \frac{-4}{x^5}$.

b) Steigung in $P(0.5|16)$: $f'(0.5) = \frac{-4}{0.5^5} = -128$;
Tangente: $y = -128x + b$; $b = 128 \cdot 0.5 + 16 = 80 \Rightarrow y = -128x + 80$

c) x-Koordinate des Berührpunktes: $f'(x) = \frac{-4}{x^5} = 4 \Rightarrow x_B = -1$
y-Koordinate: $y_B = f(-1) = 1 \Rightarrow B(-1|1)$
Tangente: $y = 4x + b$; $b = -4 \cdot (-1) + 1 = 5 \Rightarrow y = 4x + 5$

Aufgaben

1 Bestimmen Sie $f'(x)$ für die Funktion f mit
a) $f(x) = x^4$
b) $f(x) = x^6$
c) $f(x) = x^9$
d) $f(x) = x^{12}$
e) $f(x) = x^{35}$
f) $f(x) = x^{-5}$
g) $f(x) = \frac{1}{x^8}$
h) $f(x) = \frac{1}{x^{-100}}$

Bei Potenzen mit negativen ganzen Exponenten ist folgendes Verfahren empfehlenswert:

Gegeben:
$f(x) = \frac{1}{x^3}$

Umformen:
$f(x) = x^{-3}$

Ableiten:
$f'(x) = -3 \cdot x^{-4}$

Umformen:
$f'(x) = \frac{-3}{x^4}$

2 Es seien $k, m, n \in \mathbb{Z}$. Bestimmen Sie $f'(x)$ für f mit
a) $f(x) = x^{2k+1}$
b) $f(x) = x^{3-m}$
c) $f(x) = x^{1-3n}$
d) $f(x) = \frac{1}{x^{3-2k}}$

3 Bestimmen Sie für die Funktion f eine Gleichung der Tangente an den Graphen von f, die die angegebene Steigung besitzt.
a) $f(x) = x^4$; $m = -4$
b) $f(x) = x^3$; $m = 12$
c) $f(x) = x^{-1}$; $m = -\frac{3}{4}$
d) $f(x) = x^{-2}$; $m = \frac{1}{4}$

4 Gegeben ist die Funktion $h(x) = x^3$.
a) Die Tangente an G_h in $B(1|1)$ schneidet G_h im Punkt P. Bestimmen Sie P.
b) Bestimmen Sie die Gleichung der Tangente an G_h in einem beliebigen Punkt $T_a(a|a^3)$.

5 Bestimmen Sie erst graphisch (verwenden Sie eine geeignete Einheit), dann rechnerisch, an welchen Stellen die Tangente an den Graphen von f den Steigungswinkel α hat.
a) $f(x) = x^3$; $\alpha = 30°$
b) $f(x) = x^4$; $\alpha = 45°$
c) $f(x) = x^5$; $\alpha = 60°$
d) $f(x) = x^{-4}$; $\alpha = 21°$

6 Leiten Sie die Ableitungsformel für die Wurzelfunktion $f(x) = \sqrt[n]{x}$ ($n \in \mathbb{N}$) her, indem Sie zunächst den Differenzenquotienten mithilfe der Substitution $z = \sqrt[n]{x}$ und $z_0 = \sqrt[n]{x_0}$ als $\frac{\sqrt[n]{x} - \sqrt[n]{x_0}}{x - x_0} = \frac{z - z_0}{z^n - z_0^n}$ schreiben und danach analog der Herleitung der Potenzregel vorgehen.

3.6 Summenregel und Faktorregel

Rechts sind jeweils die Graphen der Funktionen $f(x) = \frac{1}{4}x^2$ und $g(x) = 2f(x)$ gezeichnet. Für $x = 1$ bzw. für $x = 2$ sind die Tangenten an die Graphen von f und g mit eingezeichnet.
Vergleichen Sie jeweils die Steigungen von G_f und G_g an den Stellen $x = 1$ bzw. $x = 2$ durch Ablesen an der Zeichnung und danach rechnerisch (mithilfe des Differenzialquotienten).
Welcher Zusammenhang besteht offenbar zwischen $f'(x)$ und $g'(x)$?

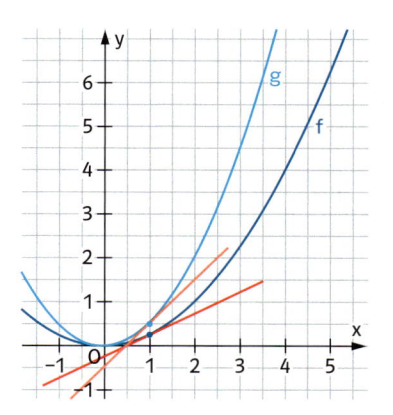

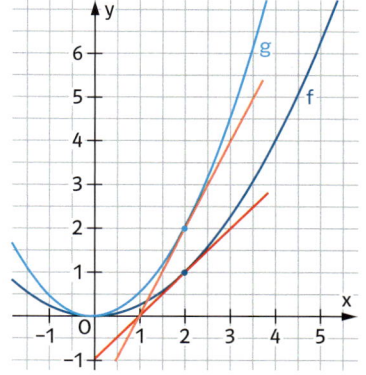

Kennt man die Ableitungen u' und v' der Funktionen u und v, so lässt sich die Ableitung der Summenfunktion $u + v$ leicht bilden. Für den Differenzialquotienten von $f(x) = u(x) + v(x)$ an einer beliebigen Stelle x_0 gilt nämlich:

$$f'(x_0) = \lim_{x \to x_0} \frac{f(x) - f(x_0)}{x - x_0} = \lim_{x \to x_0} \frac{u(x) + v(x) - (u(x_0) + v(x_0))}{x - x_0} = \lim_{x \to x_0} \frac{u(x) - u(x_0) + v(x) - v(x_0)}{x - x_0}$$

$$= \lim_{x \to x_0} \frac{u(x) - u(x_0)}{x - x_0} + \lim_{x \to x_0} \frac{v(x) - v(x_0)}{x - x_0} = u'(x_0) + v'(x_0)$$

Die Ableitung der Summe zweier Funktionen ist also gleich der Summe der Ableitungen der Funktionen.

Ist nun f ein Vielfaches der Funktion u, so gilt für den Differenzialquotienten von $f(x) = c \cdot u(x)$ mit $c \in \mathbb{R}$:

$$f'(x_0) = \lim_{x \to x_0} \frac{f(x) - f(x_0)}{x - x_0} = \lim_{x \to x_0} \frac{c \cdot u(x) - c \cdot u(x_0)}{x - x_0} = \lim_{x \to x_0} \frac{c \cdot (u(x) - u(x_0))}{x - x_0} = c \cdot \lim_{x \to x_0} \frac{u(x) - u(x_0)}{x - x_0} = c \cdot u'(x_0)$$

Die Ableitung einer Funktion mal konstantem Faktor ist also gleich konstanter Faktor mal Ableitung der Funktion.

Damit sind die folgenden Ableitungsregeln gezeigt.

Bei den nebenstehenden Umformungen und bei weiteren Betrachtungen werden die folgenden Grenzwertsätze verwendet:

$$\lim_{x \to x_0} (u(x) \pm v(x)) = \lim_{x \to x_0} u(x) \pm \lim_{x \to x_0} v(x)$$

$$\lim_{x \to x_0} (u(x) \cdot v(x)) = \lim_{x \to x_0} u(x) \cdot \lim_{x \to x_0} v(x)$$

$$\lim_{x \to x_0} (u(x) : v(x)) = \lim_{x \to x_0} u(x) : \lim_{x \to x_0} v(x)$$

Es seien u und v differenzierbare Funktionen und c sei eine reelle Zahl.

Summenregel
Die Funktion $f = u + v$ ist differenzierbar und es gilt: $f'(x) = u'(x) + v'(x)$

Faktorregel
Die Funktion $f = c \cdot u$ ist differenzierbar und es gilt: $f'(x) = c \cdot u'(x)$

$(u + v)' = u' + v'$
$(c \cdot u)' = c \cdot u'$

Aus diesen Regeln folgt, dass alle Polynomfunktionen, die man aus Potenzfunktionen der Form $f(x) = x^n$ mit $n \in \mathbb{N}$ durch Multiplikation mit einer Konstanten und anschliessender Addition erhalten kann, differenzierbar sind.
So lautet die Ableitung von f mit $f(x) = 2x^5 - 4x^3 + x + 4$:
$f'(x) = 2 \cdot 5x^4 - 4 \cdot 3x^2 + 1 = 10x^4 - 12x^2 + 1$

Da sich der Exponent einer Potenzfunktion beim Ableiten um 1 reduziert, reduziert sich auch der Grad einer Polynomfunktion beim Ableiten um 1.

Der Grad einer Polynomfunktion ist der Wert des grössten bei der Variablen vorkommenden Exponenten.

> Jede Polynomfunktion f vom Grad $n \geq 1$ ist differenzierbar. Ihre Ableitung f' ist eine Polynomfunktion vom Grad $n - 1$.

Ist die Ableitungsfunktion f' einer Funktion f auch differenzierbar, so erhält man aus f' durch Ableiten die Funktion f''. Aus f'' erhält man gegebenenfalls f''', dann $f^{(IV)}$, $f^{(V)}$ usw. Man spricht von **höheren Ableitungen** von f.

f'' wird als «f zwei Strich» gelesen.

Funktionen wie g mit $g(x) = 3x^{-2} - \frac{4}{5}x^{-1}$ sind zwar keine Polynome, sie können aber wie diese beliebig oft abgeleitet werden: $g'(x) = -6x^{-3} + \frac{4}{5}x^{-2}$; $g''(x) = 18x^{-4} - \frac{8}{5}x^{-3}$; $g'''(x) = -72x^{-5} + \frac{24}{5}x^{-4}$; $g^{(IV)}(x) = 360x^{-6} - \frac{96}{5}x^{-5}$ usw.

Grad 3: kubische Funktion
↓ Ableiten
Grad 2: quadrat. Funktion
↓ Ableiten
Grad 1: lineare Funktion
↓ Ableiten
Grad 0: konstante Funktion

Beispiel 1 Summenregel und Faktorregel
Bestimmen Sie f'(x) für f mit
a) $f(x) = x^2 + \frac{1}{x}$ b) $f(x) = 3x^2$ c) $f(x) = ax^2 + bx + c$
Lösung:
a) $f'(x) = 2x - \frac{1}{x^2}$ b) $f'(x) = 3 \cdot 2x = 6x$ c) $f'(x) = 2ax + b$

Beispiel 2 Berechnung höherer Ableitungen
Bestimmen Sie f', f'' und f''' für f mit
a) $f(x) = 2x^4 + \frac{2}{3}x^3 - 2x + \frac{5}{4}$ b) $f(x) = 6x^2 - \frac{5}{2x} + \frac{2}{3x^2}$
Lösung:
a) $f'(x) = 8x^3 + 2x^2 - 2$; $f''(x) = 24x^2 + 4x$; $f'''(x) = 48x + 4$
b) $f'(x) = 12x + \frac{5}{2}x^{-2} - \frac{4}{3}x^{-3} = 12x + \frac{5}{2x^2} - \frac{4}{3x^3}$; $f''(x) = 12 - 5x^{-3} + 4x^{-4} = 12 - \frac{5}{x^3} + \frac{4}{x^4}$; $f'''(x) = 15x^{-4} - 16x^{-5} = \frac{15}{x^4} - \frac{16}{x^5}$

Aufgaben

1 Bestimmen Sie die Ableitung.
a) $f(x) = 1 + \frac{1}{x}$ b) $g(x) = x^2 - \frac{1}{x^2}$ c) $f(z) = \frac{4}{3}z^6$ d) $f(x) = x^3 + x^{-5}$
e) $g(u) = u^{-8} - 8u^3$ f) $f(x) = \frac{2x}{5} + \frac{5}{x^2}$ g) $f(x) = \frac{3}{4x^2}$ h) $h(x) = \frac{1}{2} \cdot \frac{1}{x^{10}} - 3$

2 Berechnen Sie die Ableitungsfunktion f' und geben Sie die Werte f'(0) und f'(1) an. Steigt oder fällt der Graph von f an der Stelle $x = 0$?
a) $f(x) = 4x^3 - 5x^2 - 3x + 1$ b) $f(x) = \frac{3}{4}x^8 - 2x^5 + \frac{5}{6}x^3 - \frac{1}{3}x^2 - 5$
c) $f(x) = 0.8x^4 - 1.3x^2 + ax - 2$ ($a \in \mathbb{R}$)   d) $f(x) = -x^3 + 1.5x^2 - 3.5x + 2.5$
e) $f(x) = ax^3 - 5x^5 - 1$ ($a \in \mathbb{R}$)   f) $f(x) = x^7 - x^6 + x^5 - x^4 + x$

Hinweis: Der Vergleich von 3c) und 3d) zeigt, wie wichtig es ist, auf die richtige Funktionsvariable zu achten.

3 Geben Sie den Term der Ableitungsfunktion an.
a) $h(x) = 6x^2 + \frac{3}{2x} - 1$ b) $f(a) = \frac{1}{2}a^3 - 3a$ c) $g(x) = 2x^2 - 3a^2$ d) $h(a) = 2x^2 - 3a^2$
e) $f(t) = 4t^{-1} - at$ f) $g(a) = 3a^2 - a$ g) $h(x) = \frac{4}{3}x^4 - z + \frac{1}{x}$ h) $f(z) = \frac{3}{8}z^4 - \frac{3}{2}z^2$
i) $f(t) = (2t^2 - 3t) \cdot t$ j) $h(x) = \frac{1}{x}(3x^3 - 2x)$ k) $g(x) = 1.3x^6 - 2.1z^3 + 8z - \frac{1}{2z^2}$

Testrelevant

4 Gegeben ist der Graph der Funktion g. Welche der folgenden Funktionen kann die Ableitungsfunktion von g sein? Begründen Sie Ihre Entscheidung!

$h_1(x) = 2x^2 + \frac{3}{2}x + 1$ $\qquad h_2(x) = \frac{1}{2}x^3 + x - 2$
$h_3(x) = \frac{3}{2}x^2 + x - 3$ $\qquad h_4(x) = -\frac{1}{2}x^2 + x - 3$

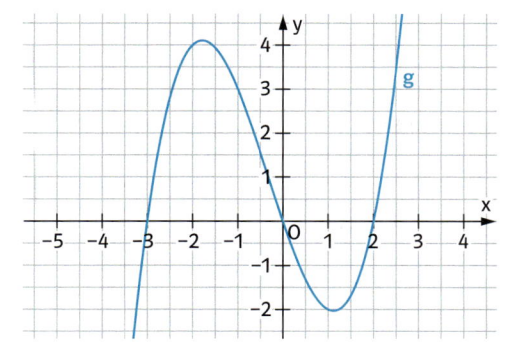

5 In welchem Punkt ist die Tangente an den Graphen von $f(x) = x^{-3} + 3x$ parallel zur x-Achse?

6 Zeichnen Sie den Graphen der Funktion h ab und skizzieren Sie den Graphen der zugehörigen Ableitungsfunktion h'.

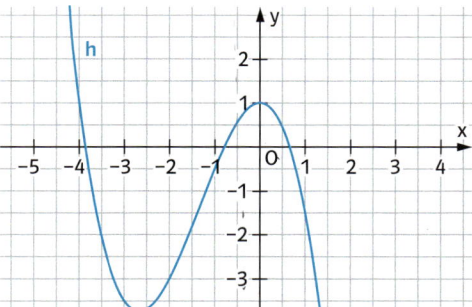

7 Berechnen Sie jeweils die Steigung des Graphen von f in den Schnittpunkten mit den Koordinatenachsen.
a) $f(x) = 4x - x^3$ b) $f(x) = 4x^2 - x - 3$
c) $f(x) = x^3 - 3x + 2$ d) $f(x) = 3x^2 - 1$
e) $f(x) = 3x^2 - x^4$ f) $f(x) = x^4 - 5x^2 + 4$

8 Gegeben sind die Funktionen f und g mit $f(x) = \frac{2}{9}x^3 - \frac{x}{2}$ bzw. $g(x) = -\frac{1}{18}x^3 + 2x$.
a) Berechnen Sie die Schnittwinkel der x-Achse mit den Tangenten an G_f und G_g in allen Nullstellen.
b) Ermitteln Sie die gemeinsamen Punkte der beiden Funktionsgraphen. Berechnen Sie die Schnittwinkel der Tangenten in diesen Punkten.
c) Bestimmen Sie die Gleichung einer waagerechten Geraden h, die Tangente an den Graphen von g in einem Punkt mit positivem x-Wert ist.

9 Bestimmen Sie f'(x), f''(x) und f'''(x).
a) $f(x) = \frac{1}{10}x^5 + \frac{4}{9}x^3 - 12$ b) $f(x) = x^3 - x^{-2} - x^{-3}$ c) $f(x) = \frac{1}{x} + \frac{2}{x^2} + \frac{3}{x^3} + \frac{4}{x^4}$
d) $f(x) = x^4 + \frac{1}{2x^2} - \frac{4}{5x^5}$ e) $f(x) = (x+1) \cdot (x-2)$ f) $f(x) = \left(\frac{1}{x} + x\right) \cdot (x^2 + 1)$

10 Geben Sie einen Funktionsterm für die 1. und die 2. Ableitung an. Was verbinden Sie mit den angegebenen Funktionen? Geben Sie, wenn es möglich ist, eine inhaltliche Interpretation der 1. Ableitung an.
a) $A(r) = \pi \cdot r^2$ b) $U(a) = 2 \cdot (a+b)$ c) $O(h) = 2\pi r^2 + 2\pi rh$ d) $V(r) = \frac{4}{3}\pi \cdot r^3$
e) $V(h) = \frac{1}{3}\pi \cdot r^2 h$ f) $A(a) = \frac{1}{2}a^2$ g) $O(r) = 2\pi r^2 + 2\pi rh$ h) $O(r) = \pi r(s+r)$

11 Skizzieren Sie die Graphen der Funktion f, der 1. Ableitung (f') und der 2. Ableitung (f'').
a) $f(x) = x^2 + 1$ b) $f(x) = x + x^2$ c) $f(x) = x + 0.5x^3$ d) $f(x) = 2 + \frac{1}{x}$

12 Bestimmen Sie die Gleichung der Normale an den Graphen von $g(x) = \frac{1}{2}x^3 - 2x^2 + 5$ im Punkt P(2|y).

13 Unter welchem Winkel schneiden sich die Graphen f und g?
a) $f(x) = x - 1$; $g(x) = (x+1)^3 - 2$ b) $f(x) = x^2 - 3$; $g(x) = \frac{4}{x^2}$

Zu Aufgabe 13:
Unter dem Schnittwinkel α zweier Graphen versteht man den Schnittwinkel ihrer Tangenten im Schnittpunkt $S(x_0|y_0)$ der beiden Graphen. Für α ≠ 90° gilt:

$$\tan(\alpha) = \left| \frac{f'(x_0) - g'(x_0)}{1 + f'(x_0) \cdot g'(x_0)} \right|$$

3.7 Produktregel und Quotientenregel

Betrachten Sie die Funktion f mit $f(x) = u(x) \cdot v(x)$ und $u(x) = 3x^2 - 4$, $v(x) = 4x^3 - 3x$.
a) Berechnen Sie $u'(x)$ und $v'(x)$.
b) Multiplizieren Sie den Funktionsterm $f(x)$ aus und berechnen Sie anschliessend $f'(x)$.
c) Ist die Gleichung $f'(x) = u'(x) \cdot v'(x)$ richtig?

Rechts ist der Graph der Funktion f mit $f(x) = \frac{x-1}{x+1}$ gezeichnet.
Übertragen Sie den Graphen in Ihr Heft und skizzieren Sie dazu den Graphen der Ableitungsfunktion f'.
Benennen Sie Eigenschaften der Funktion f' und versuchen Sie, anhand dieser Eigenschaften und der Skizze, einen möglichen Funktionsterm für f' anzugeben.

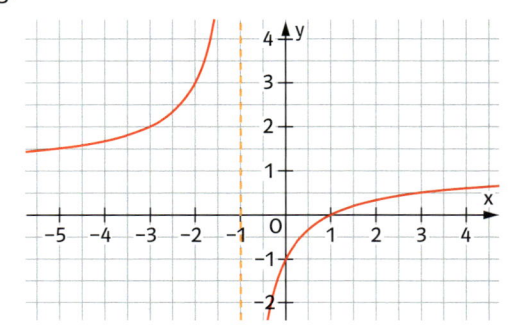

Im vorangegangenen Kapitel wurde gezeigt, dass die Ableitungsfunktion der Summe zweier Funktionen u und v gleich der Summe der Ableitungsfunktionen der beiden Funktionen u und v ist.
Daher lässt sich zur Funktion $f(x) = x^2 + 3x$ die Ableitungsfunktion $f'(x) = 2x + 3$ ermitteln, weil man die Ableitungen der beiden Summanden von f kennt.

Einfache Beispiele zeigen, dass die Situation bei der Bestimmung der Ableitung eines Produkts zweier Funktionen nicht ganz so einfach ist:
Betrachtet man $f(x) = x^2 \cdot 3x$, so ist wegen $x^2 \cdot 3x = 3x^3$ die Ableitungsfunktion $f'(x) = 9x^2$. Das Produkt der Ableitungen der einzelnen Faktoren ist dagegen $(x^2)' \cdot (3x)' = 2x \cdot 3 = 6x$.

Um auch für das Produkt zweier Funktionen eine Ableitungsregel zu erhalten, betrachtet man den Differenzialquotienten für die Funktion f mit $f(x) = u(x) \cdot v(x)$ an einer beliebigen Stelle x_0:

Es werden die Grenzwertsätze
$\lim_{x \to x_0} (f(x) \pm g(x))$
$= \lim_{x \to x_0} f(x) \pm \lim_{x \to x_0} g(x)$
und
$\lim_{x \to x_0} (f(x) \cdot g(x))$
$= \lim_{x \to x_0} f(x) \cdot \lim_{x \to x_0} g(x)$
verwendet.

$$f'(x_0) = \lim_{x \to x_0} \frac{f(x) - f(x_0)}{x - x_0} = \lim_{x \to x_0} \frac{u(x) \cdot v(x) - u(x_0) \cdot v(x_0)}{x - x_0}$$

$$= \lim_{x \to x_0} \frac{u(x) \cdot v(x) - u(x_0)v(x) + u(x_0)v(x) - u(x_0)v(x_0)}{x - x_0}$$

$$= \lim_{x \to x_0} \frac{u(x) \cdot v(x) - u(x_0)v(x)}{x - x_0} + \lim_{x \to x_0} \frac{u(x_0)v(x) - u(x_0)v(x_0)}{x - x_0}$$

$$= \lim_{x \to x_0} v(x) \frac{u(x) - u(x_0)}{x - x_0} + \lim_{x \to x_0} u(x_0) \frac{v(x) - v(x_0)}{x - x_0}$$

$$= \lim_{x \to x_0} v(x) \cdot \lim_{x \to x_0} \frac{u(x) - u(x_0)}{x - x_0} + u(x_0) \cdot \lim_{x \to x_0} \frac{v(x) - v(x_0)}{x - x_0}$$

$$= v(x_0) \cdot u'(x_0) + u(x_0) \cdot v'(x_0)$$

Damit ist die folgende Ableitungsregel gezeigt.

$(u \cdot v)' = u' \cdot v + u \cdot v'$

Produktregel
Sind die Funktionen u und v differenzierbar, so ist auch die Funktion $f = u \cdot v$ differenzierbar, und es gilt: $f'(x) = u'(x) \cdot v(x) + u(x) \cdot v'(x)$

Auch für Funktionen, deren Funktionsterme sich als Quotient zweier Funktionsterme ergeben, kann man durch Betrachtung des Differenzialquotienten eine Ableitungsregel erhalten.

Man betrachtet für eine Funktion f mit $f(x) = \frac{u(x)}{v(x)}$ und eine beliebige Stelle x_0 mit $v(x_0) \neq 0$:

$$f'(x_0) = \lim_{x \to x_0} \frac{f(x) - f(x_0)}{x - x_0} = \lim_{x \to x_0} \frac{\frac{u(x)}{v(x)} - \frac{u(x_0)}{v(x_0)}}{x - x_0} = \lim_{x \to x_0} \frac{\frac{u(x) \cdot v(x_0)}{v(x) \cdot v(x_0)} - \frac{u(x_0) \cdot v(x)}{v(x_0) \cdot v(x)}}{x - x_0}$$

$$= \lim_{x \to x_0} \frac{1}{v(x) \cdot v(x_0)} \cdot \frac{u(x) \cdot v(x_0) - u(x_0) \cdot v(x)}{x - x_0} = \lim_{x \to x_0} \frac{1}{v(x) \cdot v(x_0)} \cdot \lim_{x \to x_0} \frac{u(x) \cdot v(x_0) - u(x_0) \cdot v(x)}{x - x_0}$$

$$= \frac{1}{v(x_0) \cdot v(x_0)} \cdot \lim_{x \to x_0} \frac{u(x) \cdot v(x_0) - u(x_0) \cdot v(x_0) + u(x_0) \cdot v(x_0) - u(x_0) \cdot v(x)}{x - x_0}$$

$$= \frac{1}{v^2(x_0)} \cdot \left(\lim_{x \to x_0} \frac{u(x) \cdot v(x_0) - u(x_0) \cdot v(x_0)}{x - x_0} + \lim_{x \to x_0} \frac{u(x_0) \cdot v(x_0) - u(x_0) \cdot v(x)}{x - x_0} \right)$$

$$= \frac{1}{v^2(x_0)} \cdot \left(v(x_0) \cdot \lim_{x \to x_0} \frac{u(x) - u(x_0)}{x - x_0} + u(x_0) \cdot \lim_{x \to x_0} \frac{v(x_0) - v(x)}{x - x_0} \right)$$

$$= \frac{1}{v^2(x_0)} \cdot \left(v(x_0) \cdot \lim_{x \to x_0} \frac{u(x) - u(x_0)}{x - x_0} - u(x_0) \cdot \lim_{x \to x_0} \frac{v(x) - v(x_0)}{x - x_0} \right)$$

$$= \frac{1}{v^2(x_0)} \cdot \left(v(x_0) \cdot u'(x_0) - u(x_0) \cdot v'(x_0) \right) = \frac{v(x_0) \cdot u'(x_0) - u(x_0) \cdot v'(x_0)}{v^2(x_0)}$$

Damit ergibt sich die folgende Ableitungsregel.

Quotientenregel
Sind die Funktionen u und v differenzierbar mit $v(x) \neq 0$, so ist die Funktion $f = \frac{u}{v}$ differenzierbar, und es gilt: $f'(x) = \frac{u'(x) \cdot v(x) - u(x) \cdot v'(x)}{v^2(x)}$

$\left(\frac{u}{v}\right)' = \frac{u' \cdot v - u \cdot v'}{v^2}$

Beispiel 1   Produktregel
Berechnen Sie auf zwei verschiedene Weisen die Ableitung f' zu f mit $f(x) = (2x^2 - 1)(x - 3x^2)$.
Lösung:
Mit der Produktregel:
$f(x) = u(x) \cdot v(x)$ mit $u(x) = 2x^2 - 1$ und $v(x) = x - 3x^2 \Rightarrow u'(x) = 4x$ und $v'(x) = 1 - 6x$
$f'(x) = 4x(x - 3x^2) + (2x^2 - 1)(1 - 6x) = 4x^2 - 12x^3 + (2x^2 - 12x^3 - 1 + 6x) = -24x^3 + 6x^2 + 6x - 1$
Durch Ausmultiplizieren:
$f(x) = (2x^2 - 1)(x - 3x^2) = 2x^3 - 6x^4 - x + 3x^2 = -6x^4 + 2x^3 + 3x^2 - x$
$f'(x) = -6 \cdot 4x^3 + 2 \cdot 3x^2 + 3 \cdot 2x - 1 = -24x^3 + 6x^2 + 6x - 1$

Beispiel 2   Quotientenregel
Berechnen Sie $f'(x)$.
a) $f(x) = \frac{3x}{1 - x}$ b) $f(x) = \frac{x^2 - 5x + 1}{2x^2 + 3}$

Lösung:
a) $f(x) = \frac{u(x)}{v(x)}$ mit $u(x) = 3x$ und $v(x) = 1 - x \Rightarrow u'(x) = 3;\ v'(x) = -1$

$f'(x) = \frac{3(1 - x) - 3x(-1)}{(1 - x)^2} = \frac{3 - 3x + 3x}{(1 - x)^2} = \frac{3}{(1 - x)^2}$

b) $f(x) = \frac{u(x)}{v(x)}$ mit $u(x) = x^2 - 5x + 1$ und $v(x) = 2x^2 + 3 \Rightarrow u'(x) = 2x - 5;\ v'(x) = 4x$

$f'(x) = \frac{(2x - 5)(2x^2 + 3) - (x^2 - 5x + 1) \cdot 4x}{(2x^2 - 4x + 3)^2} = \frac{(4x^3 + 6x - 10x^2 - 15) - (4x^3 - 20x^2 + 4x)}{(2x^2 - 4x + 3)^2} = \frac{10x^2 + 2x - 15}{(2x^2 - 4x + 3)^2}$

Anfangs ist es meist hilfreich, sich die Einzelterme so getrennt aufzuschreiben.

Aufgaben

Bemerkung:
Die Faktorregel ist ein Spezialfall der Produktregel. Denn betrachtet man $f(x) = c \cdot g(x)$ und setzt $u(x) = c$ und $v(x) = g(x)$, so erhält man mit der Produktregel
$$f'(x) = [c]' \cdot g(x) + c \cdot g'(x)$$
$$= 0 \cdot g(x) + c \cdot g'(x)$$
$$= c \cdot g'(x),$$
was auch die Faktorregel liefert.

1 Berechnen Sie die Ableitung auf zwei verschiedene Arten mithilfe der Produktregel bzw. durch Ausmultiplizieren.
a) $f(x) = (x^3 - 2x - 1)(x^2 + 3)$
b) $f(x) = (2x^2 - x + 2)(0.5x^2 - x - 3)$
c) $f(x) = (x - 1)(x + 3)$
d) $f(x) = (x^4 - x^2 + 1)(x^2 - 2x + 2)$
e) $f(x) = (x^3 + 4x)(x^3 + 3)$
f) $f(x) = (x^2 - x)\left(\frac{1}{2}x^2 + \frac{1}{2}x\right)$

2 Berechnen Sie die Ableitung.
a) $f(x) = \frac{x}{x+1}$
b) $g(x) = \frac{2x}{1+3x}$
c) $f(z) = \frac{1-z^2}{z+2}$
d) $f(t) = \frac{t^2+t+1}{t^2-1}$
e) $g(x) = \frac{6x}{15-x^2}$
f) $h(z) = \frac{4z^2-5}{2z+1}$

3 Berechnen Sie die Ableitung der Funktion $f(x) = \frac{1}{x^2}$ mit der Quotientenregel und vergleichen Sie mit dem bereits bekannten Resultat.

4 Berechnen Sie die Ableitungsfunktion.
a) $f(x) = x - \frac{4x^2+1}{2x}$
b) $f(x) = \frac{3x^2+3x}{x+1}$
c) $f(x) = \frac{4x^2-1}{2x-1}$
d) $f(x) = \frac{3-4x^2}{x^3}$
e) $f(x) = 2x^3 - \frac{x^2-1}{5}$
f) $f(x) = \frac{2x-3}{2x+3}$

5 Gegeben ist die Funktion $f(x) = \frac{4-x}{2-x}$. Berechnen Sie die Funktionswerte an den Stellen $x = -2; 0; 1.5; 2.5; 6$ und tragen Sie die zugehörigen Punkte in ein Koordinatensystem ein. Berechnen Sie für jeden der eingetragenen Punkte die Steigung des Graphen von f. Zeichnen Sie die jeweiligen Tangenten mit ein und skizzieren Sie damit den Graphen von f'.

6 An welchen Stellen hat die Ableitung der Funktion f den Wert m?
a) $f(x) = \frac{x}{2} + \frac{3}{2x}$; $m = -\frac{1}{2}$
b) $f(x) = \frac{1-x^2}{x}$; $m = -5$
c) $f(x) = \frac{x^2-9}{x+2}$; $m = \frac{6}{5}$

7 An welchen Stellen stimmen die Funktionswerte von f' und g' überein? Was bedeutet das geometrisch? Zeichnen Sie die Graphen von f und g.
a) $f(x) = x^2$; $g(x) = -\frac{1}{x^2}$
b) $f(x) = \frac{1}{x+1}$; $g(x) = \frac{1}{x-1}$
c) $f(x) = -x^2 + 2x - 1$; $g(x) = \frac{-4x}{x-2}$

8 Welche Ableitungsfunktionen können zu den in Fig. 1 abgebildeten Graphen gehören?

$f'(x) = \frac{6}{(2x+4)^2}$ $g'(x) = \frac{3}{x+2}$ $h'(x) = x^3 + 3x + 2$ $u'(x) = 3x^2 - 6x - 1$ $k'(x) = \frac{1}{(2x+2)^2}$ $v'(x) = 3x^2 + 2x$

9 Bestimmen Sie die Gleichung der Tangenten und der Normalen an den Graphen von f im Punkt $P(x|f(x))$.
a) $f(x) = (x+2) \cdot \left(\frac{x^2}{8} - x + 5\right)$; $P(2|y)$
b) $f(x) = \frac{3x}{x-1}$; $P(3|y)$
c) $f(x) = \frac{1}{4}(x^2 - x) \cdot (x^3 - 1)$; $P(-1|y)$

10 Unter welchem Winkel schneiden sich die Graphen f und g?
a) $f(x) = \frac{x}{x+1}$; $g(x) = \frac{x+1}{x}$
b) $f(x) = x(x^2 - 1)$; $g(x) = \frac{12}{x}$

11 In welchem Punkt des Graphen von $f(x) = \frac{x}{x-1}$ muss die Tangente an den Graphen gelegt werden, damit diese denselben x- und y-Achsenabschnitt hat?

12 Bestimmen Sie a so, dass die Normale an die Kurve $f(x) = a(x^3 - 2x)(x^2 - 1)$ im Punkt $P(1|y)$ durch den Punkt $A(2|5)$ verläuft.

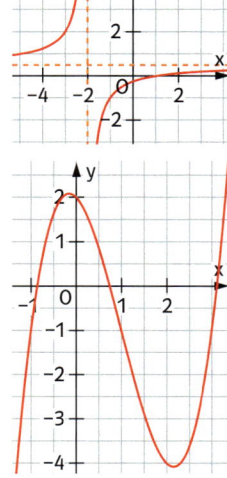

Fig. 1

Exkursion   Zusammenhang zwischen Stetigkeit und Differenzierbarkeit

Untersucht man den Zusammenhang zwischen der Stetigkeit und der Differenzierbarkeit einer Funktion, so erkennt man am Differenzenquotienten $\frac{f(x) - f(x_0)}{x - x_0}$ Folgendes:
Für $x \to x_0$ strebt der Nenner gegen null. Damit der Quotient trotzdem einen endlichen Grenzwert haben kann, muss notwendigerweise auch der Zähler den Grenzwert null besitzen. Dies bedeutet, dass $\lim_{x \to x_0} (f(x) - f(x_0)) = 0$ bzw. $\lim_{x \to x_0} f(x) = f(x_0)$ gilt. Also folgt:

> **Satz über den Zusammenhang zwischen Stetigkeit und Differenzierbarkeit:**
> Ist eine Funktion f an der Stelle x_0 differenzierbar, so ist f an der Stelle x_0 stetig.

Der obige Satz ist gleichbedeutend mit dem folgenden Satz:
Wenn eine Funktion an einer Stelle x_0 nicht stetig ist, so ist sie dort auch nicht differenzierbar.

Die Umkehrung des Satzes gilt nicht, wie das Beispiel der Betragsfunktion $f(x) = |x|$ zeigt. Der linksseitige und der rechtsseitige Grenzwert des Differenzenquotienten an der Stelle $x_0 = 0$ existieren, sie haben aber verschiedene Werte. Damit ist die Funktion nicht differenzierbar.
Der Graph hat an der Stelle $x_0 = 0$ einen Knick. Die Funktion ist aber stetig.

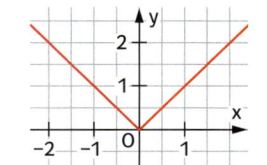

> Für Funktionen, die auf einem Intervall definiert sind, kann man anschaulich sagen:
> **Stetigkeit:**
> Man kann den Graphen zeichnen, ohne den Zeichenstift abzusetzen.
> **Differenzierbarkeit:**
> Man kann den Graphen ohne Knick zeichnen.

1 In den Abbildungen am Rand sind die Graphen zweier Funktionen f und g gegeben. Geben Sie an, an welchen Stellen die Funktionen stetig sind. An welchen Stellen sind sie sogar differenzierbar?

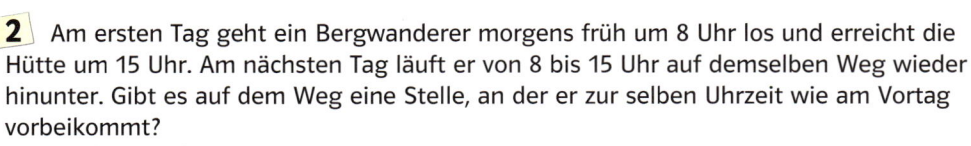

2 Am ersten Tag geht ein Bergwanderer morgens früh um 8 Uhr los und erreicht die Hütte um 15 Uhr. Am nächsten Tag läuft er von 8 bis 15 Uhr auf demselben Weg wieder hinunter. Gibt es auf dem Weg eine Stelle, an der er zur selben Uhrzeit wie am Vortag vorbeikommt?
Begründen Sie Ihre Antwort.

3 Welche der folgenden Aussagen sind richtig? Welche sind falsch? Begründen Sie.
a) Eine in x_0 stetige Funktion kann an dieser Stelle differenzierbar sein, muss aber nicht.
b) Ist eine Funktion in x_0 differenzierbar, so hat der Graph an dieser Stelle keinen Sprung.

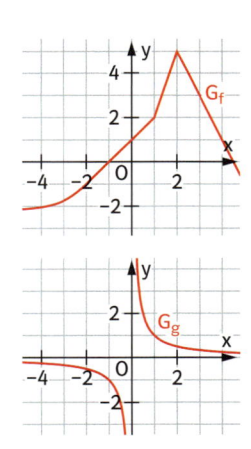

4 Kurvendiskussion von Polynomfunktionen

4.1 Verhalten im Unendlichen

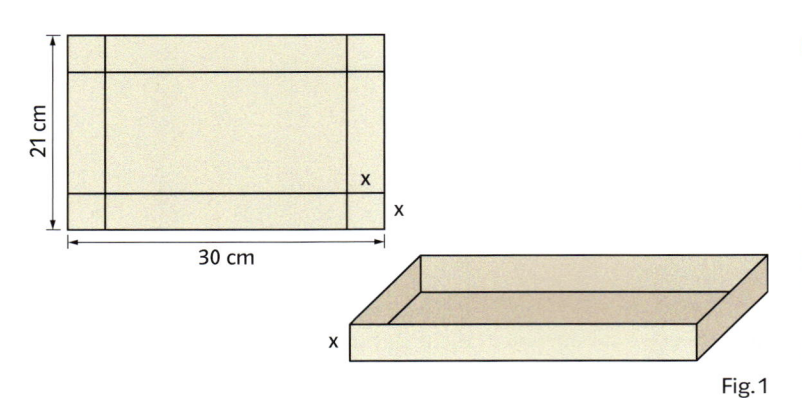

Aus einem rechteckigen Karton soll eine Schachtel gefaltet werden. Dazu werden an den Ecken jeweils Quadrate der Kantenlänge x ausgeschnitten (Fig. 1). Bestimmen Sie das Volumen der Schachtel in Abhängigkeit von x.

Berechnen Sie für die Funktionen f mit $f(x) = x^3 + x$ und g mit $g(x) = x^3$ die Funktionswerte an den Stellen $a = 1; 10; 100$. Um wie viel Prozent weicht jeweils $g(a)$ von $f(a)$ ab?

Fig. 1

Addiert man Terme von linearen und Potenzfunktionen, so erhält man im allgemeinen Fall Terme der Form $a_n x^n + a_{n-1} x^{n-1} + \ldots + a_1 x + a_0$. Diese liefern neue Funktionen.

Grad
$f(x) = 4x^5 + x^2 - 3$
Polynom

Polynomfunktion

> Terme der Form $a_n x^n + a_{n-1} x^{n-1} + \ldots + a_1 x + a_0$ mit $n \in \mathbb{N}_0$ und $a_n \neq 0$ nennt man **Polynome**, die reellen Zahlen $a_n; a_{n-1}; \ldots ; a_1; a_0$ **Koeffizienten**.
> Der grösste Exponent n heisst **Grad** des Polynoms.
> Eine Funktion f, deren Funktionsterm f(x) als Polynom geschrieben werden kann, also $\mathbf{f(x) = a_n x^n + a_{n-1} x^{n-1} + \ldots + a_1 x + a_0}$, nennt man eine **Polynomfunktion** oder **ganzrationale Funktion**.

Bemerkungen

Erinnerung:
$x^0 = 1, x^1 = x$

Statt «Polynom vom Grad n» sagt man auch «Polynom n-ten Grades».

– Üblicherweise schreibt man Polynome so auf, dass man die Potenzen vom höchsten zum niedrigsten Exponenten ordnet. Dies erleichtert den Vergleich verschiedener Polynome.
– Allgemein hat ein Polynom vom Grad 3 die Form $a_3 x^3 + a_2 x^2 + a_1 x + a_0$, beispielsweise sind bei $-2x^3 + x^2 - 3$ die Koeffizienten $a_3 = -2$, $a_2 = 1$, $a_1 = 0$ (denn x ist nicht enthalten) und $a_0 = -3$. In entsprechender Weise werden auch bei Polynomen höheren Grades die Koeffizienten nummeriert, z. B. ist bei $-5x^6 + 3x^4 + x^3 - x + 6$:
$a_6 = -5$, $a_5 = 0$, $a_4 = 3$, $a_3 = 1$, $a_2 = 0$, $a_1 = -1$ und $a_0 = 6$.
– Die quadratischen Funktionen $f(x) = a_2 x^2 + a_1 x + a_0$ haben den Grad 2,
die linearen Funktionen $g(x) = a_1 x + a_0$ haben den Grad 1
und die konstanten Funktionen $h(x) = a_0$ haben wegen $a_0 = a_0 x^0$ den Grad 0.

Am Beispiel von $f(x) = 3x^3 - 5x^2 + 2$ betrachten wir das Verhalten von Polynomfunktionen für betragsmässig grosse x-Werte. Der Taschenrechner liefert:

x	-10^6	-10^4	-10^2	-1	0	1	10^2	10^4	10^6
f(x)	$\approx -3 \cdot 10^{18}$	$\approx -3 \cdot 10^{12}$	$\approx -3 \cdot 10^6$	-6	2	0	$\approx 3 \cdot 10^6$	$\approx 3 \cdot 10^{12}$	$\approx 3 \cdot 10^{18}$

Man erkennt: Für betragsmässig immer grösser werdende x-Werte werden die Funktionswerte von f betragsmässig immer grösser.

Dies lässt sich durch Ausklammern der Potenz mit dem höchsten Exponenten und Analyse des entstehenden Terms bestätigen:

$$f(x) = 3x^3 - 5x^2 + 2 = 3x^3 \cdot \left(1 - \frac{5}{3x} + \frac{2}{3x^3}\right)$$

Für betragsmässig wachsende x-Werte nähern sich die Werte der Terme $\frac{5}{3x}$ und $\frac{2}{3x^3}$ immer mehr null. Das bedeutet, dass sich die Werte des Terms $1 - \frac{5}{3x} + \frac{2}{3x^3}$ in der Klammer immer mehr der Zahl 1 nähern. Folglich bestimmt der Term $3x^3$ das Verhalten der Funktionswerte für betragsmässig grosse x-Werte.

Bei jeder Polynomfunktion lässt sich der Summand mit dem höchsten Exponenten ausklammern und entsprechend argumentieren.

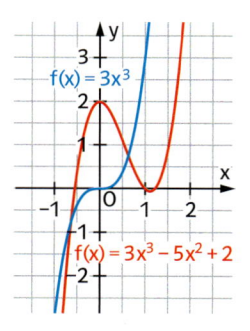

> Das **Verhalten einer Polynomfunktion** wird für betragsmässig grosse x-Werte durch den **Summanden mit dem höchsten vorkommenden Exponenten** bestimmt.

$h(x) = \underbrace{-4x^4} + 2x - 3$

entscheidend für grosse |x|

Bezogen auf betragsmässig grosse x-Werte gibt es daher für die Graphen der Polynomfunktionen wie bei den Graphen der Potenzfunktionen nur folgende vier charakteristische Verläufe im Unendlichen:

«von links oben nach rechts oben»:

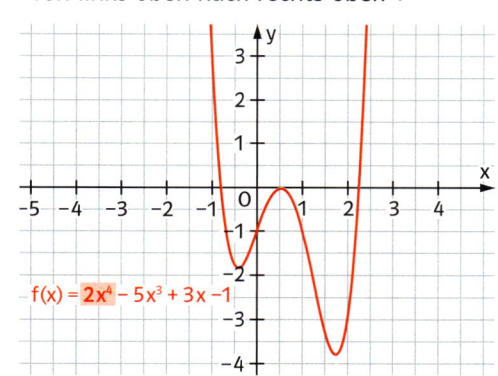

$f(x) = 2x^4 - 5x^3 + 3x - 1$

«von links unten nach rechts oben»:

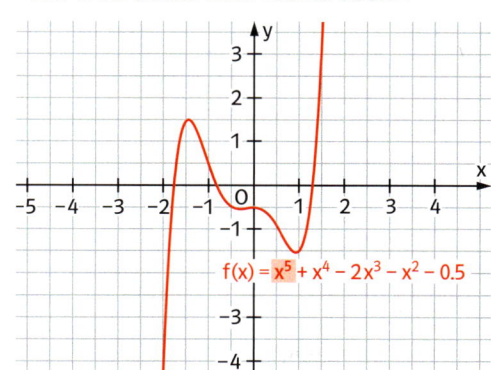

$f(x) = x^5 + x^4 - 2x^3 - x^2 - 0.5$

«von links unten nach rechts unten»:

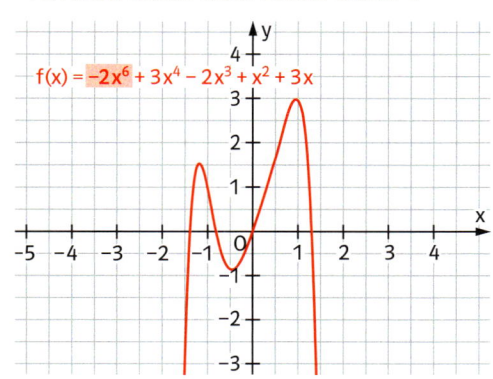

$f(x) = -2x^6 + 3x^4 - 2x^3 + x^2 + 3x$

«von links oben nach rechts unten»:

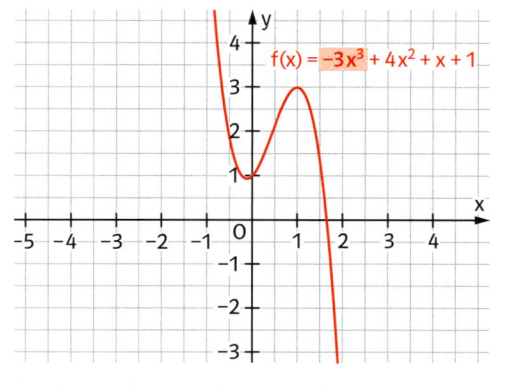

$f(x) = -3x^3 + 4x^2 + x + 1$

Ist der höchste vorkommende Exponent gerade, so verläuft also der Graph «von oben nach oben» oder «von unten nach unten».

Ist der höchste vorkommende Exponent ungerade, so verläuft also der Graph «von unten nach oben» oder «von oben nach unten».

Beispiel Charakteristischer Verlauf im Unendlichen
Untersuchen Sie für die Funktion $g(x) = -(2 - x^2)(-0.5x^3 + x)$, welchen charakteristischen Verlauf der zugehörige Graph aufweist.
Lösung:
Es gilt $g(x) = -(2 - x^2)(-0.5x^3 + x) = -[-x^3 + 2x + 0.5x^5 - x^3] = -0.5x^5 + 2x^3 - 2x$.
Der Summand mit dem höchsten vorkommenden Exponenten ist $-0.5x^5$. Daher verläuft der Graph von g «von links oben nach rechts unten».

Aufgaben

1 Entscheiden Sie, ob der Term der gegebenen Funktion ein Polynom ist. Geben Sie gegebenenfalls den Grad und die Koeffizienten an.
a) $f(x) = 2 + x^5 - 2x^3$ b) $f(x) = 1 + \sqrt{5}x$ c) $f(x) = x^2 + 2^x$ d) $f(x) = -x(x^4 + 3)$
e) $f(x) = x^2 - \frac{x}{3}$ f) $f(x) = x^4 - \frac{3}{x}$ g) $f(x) = (x - 1)^2(x - 7)$ h) $f(x) = x^3 + \sin(2x)$

2 Untersuchen Sie, welchen charakteristischen Verlauf im Unendlichen der Graph der Funktion aufweist.
a) $f(x) = 2x^4 - 2x^6 + 1$ b) $f(x) = x^3(1 - x^2)$ c) $f(x) = 100x^2 + x^3$ d) $f(x) = x^6 + 10^{-7}x^7$
e) $f(x) = (2 - x)^3 + x^4$ f) $f(x) = \frac{1}{2}x^3 - 1 - x^3$ g) $f(x) = x^n + x^3 - 2x^n$ h) $f(x) = (x^{-3} - x^{-2})x^5$
i) $f(x) = 2x^2(4 - 3x)^2$ j) $f(x) = 2x^{2n} - 1$ k) $f(x) = -\frac{1}{4}(2x^2 - 4x)^2(x^3 - 1) - 2x^6 + 2x^7$

3 Fassen Sie die Funktionen auf den Kärtchen nach sinnvollen Kriterien (z. B. «Schneidet der Graph die x-Achse?» oder «Wie ist der charakteristische Verlauf des Graphen?» oder …) in Gruppen zusammen.

4 Welcher Graph gehört zu welcher Funktion? Begründen Sie Ihre jeweilige Antwort.
a) $f(x) = x^3 + x^2 + x$ b) $g(x) = -x^3 + x + 1$
c) $h(x) = x^3 + x^2 + 1$ d) $k(x) = -x^5 - 3x^2$
e) $l(x) = x^4 - 2x^2 + 1$

a: $f(x) = -x^3 + 2x - 1$
c: $f(x) = \frac{1}{x}$
d: $f(x) = (x - 3)^2$
g: $f(x) = (x + 2)^2 + 2$
h: $f(x) = -2x$
k: $f(x) = 3^x$
f: $f(x) = -2x^5 - \frac{1}{2}x^2 + x$
e: $f(x) = x^4(x^2 + 2)$
p: $f(x) = -x^2 + 2$
b: $f(x) = \frac{3}{2}x - 2$

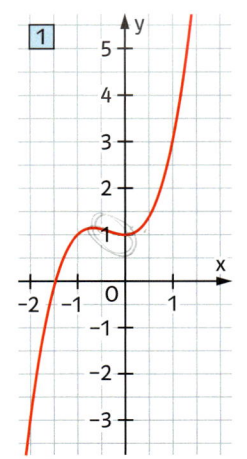

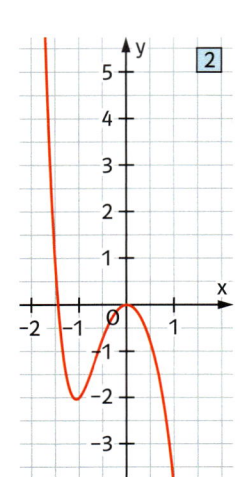

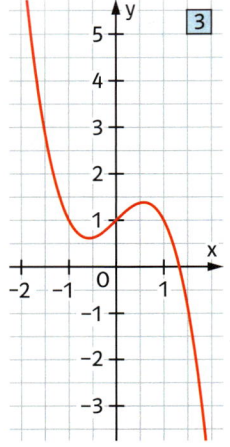

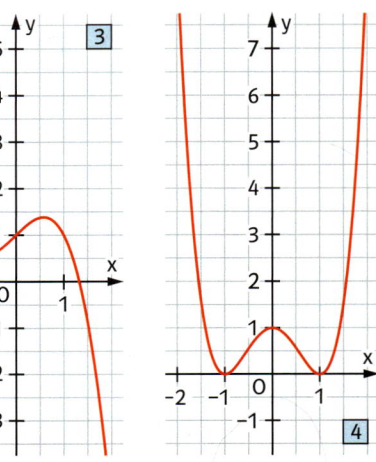

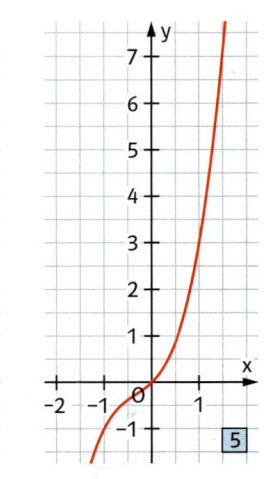

4.2 Nullstellen und Faktorisieren

Die Funktion $Z(t) = \frac{1}{60}(t^4 - 11t^3 + 41t^2 - 61t + 30)$ $= \frac{1}{60}(t-5)(t-3)(t-2)(t-1)$ beschreibt für $0 \leq t \leq 7$ den Vorsprung bzw. den Rückstand des Postautos auf den Fahrplan in Minuten. Zu welcher Zeit fährt das Postauto exakt nach Fahrplan? Fährt es am Startpunkt pünktlich ab?

Erinnerung:
Ein Produkt ist genau dann null, wenn mindestens ein Faktor null ist.

Das folgende Bild zeigt Beispiele für Graphen von Polynomfunktionen dritten und vierten Grades:

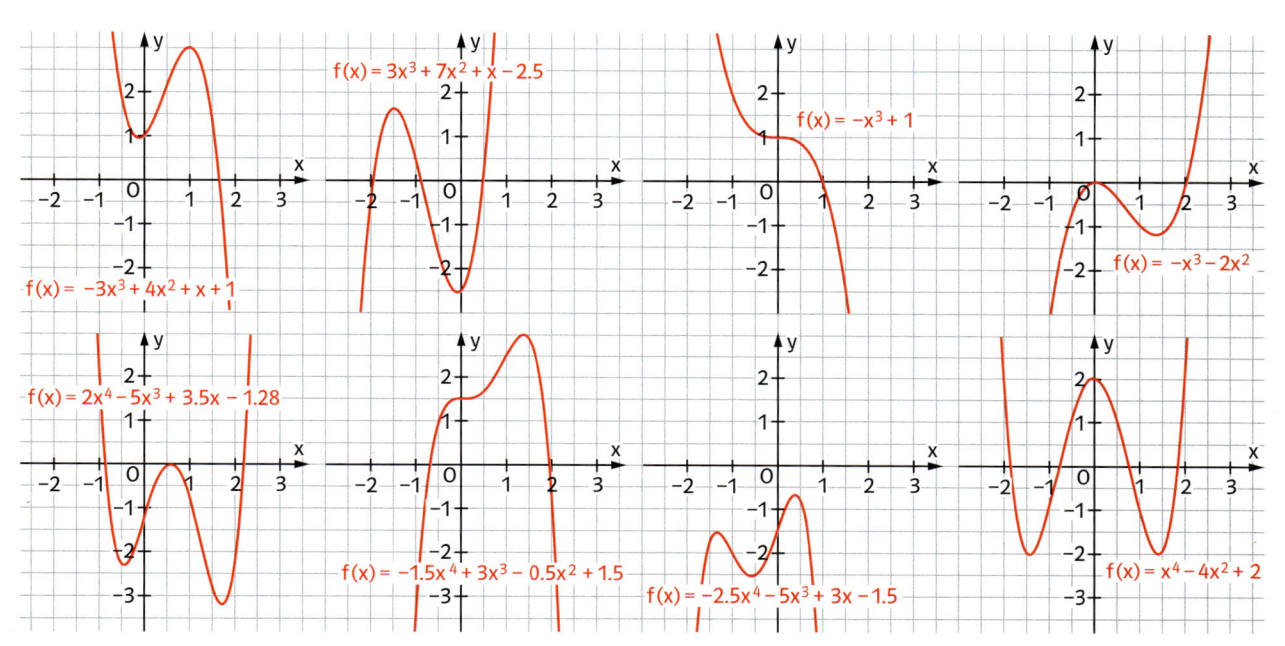

$f(x) = -3x^3 + 4x^2 + x + 1$

$f(x) = 3x^3 + 7x^2 + x - 2.5$

$f(x) = -x^3 + 1$

$f(x) = -x^3 - 2x^2$

$f(x) = 2x^4 - 5x^3 + 3.5x - 1.28$

$f(x) = -1.5x^4 + 3x^3 - 0.5x^2 + 1.5$

$f(x) = -2.5x^4 - 5x^3 + 3x - 1.5$

$f(x) = x^4 - 4x^2 + 2$

Aus dem Funktionsterm können wir bereits das Verhalten des Graphen für betragsmässig grosse x-Werte ablesen. Weitere Anhaltspunkte über den genaueren Verlauf des Graphen erhält man durch Kenntnis der Nullstellen und des Funktionswerts an der Stelle null.

Für Polynomfunktionen vom Grad 1 (lineare Funktionen) und Grad 2 (quadratische Funktionen) können wir bereits Nullstellen bestimmen. Für Polynomfunktionen höheren Grades ergeben sich bei der Nullstellenbestimmung Gleichungen, die man im Allgemeinen nicht mit einer Formel lösen kann.

Die Funktion $f(x) = (x-2)(x^2 - 4x + 3)$ ist eine Polynomfunktion dritten Grades. Sie weist zur Bestimmung der Nullstellen eine besonders günstige Form auf, da man an ihrem sogenannten **Linearfaktor** $x - 2$ unmittelbar die Nullstelle $x = 2$ ablesen kann. Ist also ein Polynom in der Produktform $f(x) = (x - a) \cdot g(x)$ gegeben, dann ist a eine Nullstelle. Umgekehrt gilt:

Erinnerung:
Nullstellen quadratischer Funktionen
$f(x) = ax^2 + bx + c$
können mit der Lösungsformel
$x_{1;2} = \frac{-b \pm \sqrt{b^2 - 4ac}}{2a}$
bestimmt werden.

> **Abspaltung eines Linearfaktors**
> Ist **a eine Nullstelle** einer Polynomfunktion f vom Grad n, dann lässt sich f(x) in der Form $\mathbf{f(x) = (x - a) \cdot g(x)}$ schreiben. Dabei ist g(x) ein Polynom vom Grad n − 1.

$(x - 2)(x^2 - 4x + 3)$
$= x^3 - 6x^2 + 11x - 6$
also
$(x^2 - 4x + 3)$
$= (x^3 - 6x^2 + 11x - 6) : (x - 2)$

Der Satz besagt also, dass man bei Kenntnis einer Nullstelle einer Polynomfunktion den Funktionsterm in ein Produkt umformen kann. Wegen $f(x) = (x - a) \cdot g(x)$ findet man den zweiten Faktor $g(x)$, indem man $f(x)$ durch $(x - a)$ dividiert: $g(x) = f(x) : (x - a)$. Folgendes Beispiel zeigt, wie sich diese sogenannte **Polynomdivision** durchführen lässt:

$$(5x^2 + 7x + 2) : (x + 1) = 5x + 2$$
$$\underline{-(5x^2 + 5x)}$$
$$2x + 2$$
$$\underline{-(2x + 2)}$$
$$0$$

Dividiere $5x^2$ durch x.
Multipliziere das Ergebnis $5x$ mit $x + 1$, subtrahiere $5x^2 + 5x$ von $5x^2 + 7x + 2$.
Dividiere $2x$ durch x.
Multipliziere das Ergebnis 2 mit $x + 1$, subtrahiere $2x + 2$ von $2x + 2$.

Bemerkungen
– Um den Term einer Polynomfunktion mit $n \geq 3$ mittels Polynomdivision in ein Produkt mit einem Linearfaktor umzuwandeln, muss man also bereits eine Nullstelle der Funktion kennen. Ist dies nicht der Fall, so ist man auf systematisches Probieren beim Ermitteln dieser Nullstelle angewiesen.
– Sind alle Koeffizienten ganze Zahlen und der Koeffizient der höchsten Potenz gleich 1, so kommen als ganzzahlige Nullstellen nur Teiler des konstanten Glieds infrage. Bei der Funktion $f(x) = x^3 - 2x^2 - 14x + 3$ also beispielsweise die Zahlen -3, -1, 1 und 3.
– Ist in einem Polynom das konstante Glied nicht vorhanden, so ist die Zahl Null eine Nullstelle dieses Polynoms und man geht folgendermassen vor:
$x^5 - 2x^4 - x^3 = 0$
$x^3 (x^2 - 2x - 1) = 0$ (Ausklammern von x^3)
$x = 0$ oder $x^2 - 2x - 1 = 0$
Lösungen: $x_1 = 0$; $x_2 = 1 - \sqrt{2}$; $x_3 = 1 + \sqrt{2}$

Ist a eine Nullstelle und b eine weitere Nullstelle der Funktion f mit $f(x) = (x - a) \cdot g(x)$, so muss b auch Nullstelle von g sein. Für f gilt also auch $f(x) = (x - a) \cdot (x - b) \cdot h(x)$, wobei $h(x)$ ein Polynom vom Grad $n - 2$ ist. Mit jeder weiteren Nullstelle von f lässt sich ein weiterer Linearfaktor «abspalten». Bei diesem Verfahren vermindert sich der Grad des verbleibenden Polynoms jeweils um 1. Daher kann es maximal n Linearfaktoren geben.

Nullstellen einer Polynomfunktion
Eine Polynomfunktion vom **Grad n** hat **höchstens n Nullstellen**.

Bemerkung
Eine Polynomfunktion vom Grad n kann auch weniger als n Nullstellen haben. So hat z. B. die Funktion $f(x) = x^n + 1$ keine Nullstellen, wenn n gerade ist, und -1 als einzige Nullstelle, wenn n ungerade ist.

Der Faktor $x^2 + 2$ liefert keine weiteren Nullstellen.

Am vollständig faktorisierten Term der Funktion $f(x) = 2x(x + 2)(x - 1)^3(x - 2)^2(x^2 + 2)$ kann man die Nullstellen $x_1 = 0$, $x_2 = -2$, $x_3 = 1$ und $x_4 = 2$ ablesen. Die Linearfaktoren x und $x + 2$ kommen einmal vor, man spricht daher von einer **einfachen Nullstelle**. Der Linearfaktor $x - 2$ kommt wegen des Quadrats zweimal vor, der Linearfaktor $x - 1$ dreimal; man spricht von einer **doppelten** bzw. **dreifachen Nullstelle**. Allgemein spricht man von einer **k-fachen Nullstelle**, wenn in der vollständig faktorisierten Form eines Funktionsterms der entsprechende Linearfaktor k-mal vorkommt.

Statt «k-fache Nullstelle» sagt man auch «Nullstelle k-ter Ordnung».

Das Verhalten des Graphen einer Polynomfunktion in der Umgebung einer Nullstelle
hängt von der Vielfachheit der Nullstelle ab:

Einfache Nullstelle:	Doppelte Nullstelle:	Dreifache Nullstelle:	Vierfache Nullstelle:	Fünffache Nullstelle:	Sechsfache Nullstelle:
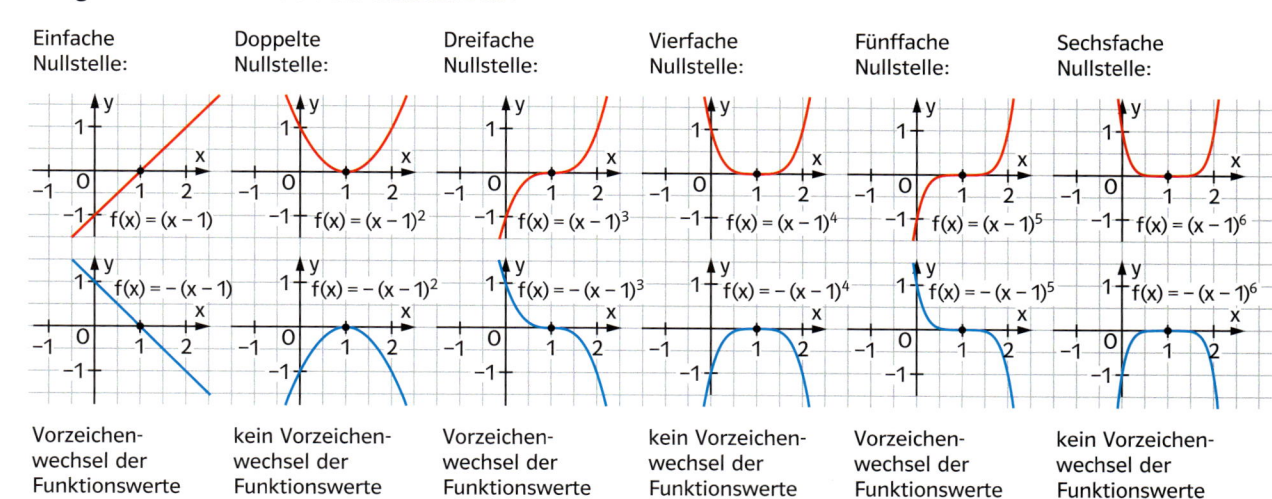 $f(x) = (x-1)$	$f(x) = (x-1)^2$	$f(x) = (x-1)^3$	$f(x) = (x-1)^4$	$f(x) = (x-1)^5$	$f(x) = (x-1)^6$
$f(x) = -(x-1)$	$f(x) = -(x-1)^2$	$f(x) = -(x-1)^3$	$f(x) = -(x-1)^4$	$f(x) = -(x-1)^5$	$f(x) = -(x-1)^6$
Vorzeichenwechsel der Funktionswerte	kein Vorzeichenwechsel der Funktionswerte	Vorzeichenwechsel der Funktionswerte	kein Vorzeichenwechsel der Funktionswerte	Vorzeichenwechsel der Funktionswerte	kein Vorzeichenwechsel der Funktionswerte

Bemerkung

Allgemein gilt: Bei Nullstellen ungerader Ordnung ergibt sich ein Vorzeichenwechsel der Funktionswerte, bei Nullstellen gerader Ordnung ergibt sich kein Vorzeichenwechsel.

Bei Nullstellen gerader Ordnung berührt der Graph die x-Achse, kreuzt sie aber nicht.

Lässt sich der Term einer Polynomfunktion f **vollständig** in Linearfaktoren zerlegen, so kann leicht eine aussagekräftige Skizze des Graphen von f erstellt werden.
Eine Möglichkeit, wie man dabei vorgehen kann, wird im Folgenden exemplarisch anhand der Funktion $f(x) = 0.1(x+2)(x-1)^2(x-3) = 0.1x^4 - 0.3x^3 - 0.3x^2 + 1.1x - 0.6$ gezeigt:

Am faktorisierten Term liest man alle Nullstellen ab:
$x_1 = -2$; $x_2 = 1$ (doppelt);
$x_3 = 3$
Man markiert diese auf der x-Achse und trägt den Schnittpunkt $S(0|-0.6)$ des Graphen mit der y-Achse ein.

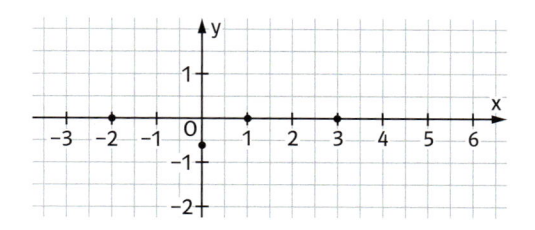

Am ausmultiplizierten Term liest man ab:
$0.1x^4$ ist entscheidend für das Verhalten für grosse $|x|$, also kommt der Graph «von links oben». Man zeichnet daher den Graphen («von oben aus dem Unendlichen kommend») bis zur Nullstelle $x_1 = -2$ oberhalb der x-Achse. Da bei $x_1 = -2$ eine einfache Nullstelle vorliegt, wird danach unterhalb der x-Achse weitergezeichnet.

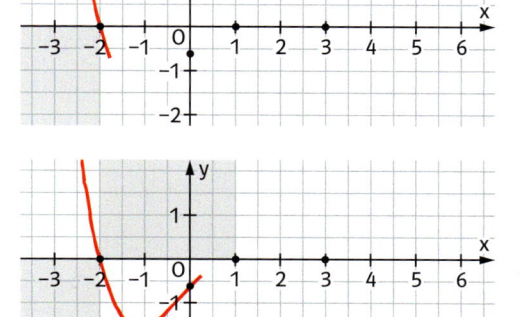

Anschliessend muss der Graph so weitergeführt werden, dass er bei $S(0|-0.6)$ die y-Achse schneidet.

Alternativ kann man den Funktionswert an einer Stelle, die links von der «kleinsten» Nullstelle $x_1 = -2$ liegt, z.B. $f(-3) = 9.6$, berechnen. Da dieser Wert grösser als null ist, müssen alle Funktionswerte links von $x_1 = -2$ positiv sein.

Bereichseinteilung: Die Bereiche, in denen der Graph nicht verlaufen kann, kann man markieren (hier grau).

Der Graph muss sich dann der Nullstelle $x_2 = 1$ nähern.
Da diese doppelt ist, zeichnet man den Graphen so, dass er die x-Achse bei $x_2 = 1$ berührt und anschliessend weiterhin unterhalb der x-Achse verläuft.

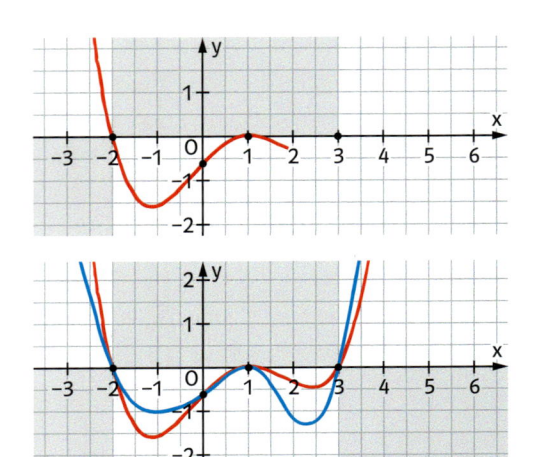

Der Graph muss sich anschliessend der Nullstelle bei $x_3 = 3$ nähern. Da diese einfach ist, schneidet der Graph die x-Achse und verläuft «ins Unendliche».

Wir kennen bisher diese charakteristischen Eigenschaften: Verlauf im Unendlichen, Nullstellen, Schnittpunkt mit der y-Achse.

Ein weiterer möglicher Graph mit denselben charakteristischen Eigenschaften ist blau eingezeichnet.

Beispiel 1 Nullstellenbestimmung mithilfe von Polynomdivision
Ermitteln Sie alle Nullstellen der Funktion f mit $f(x) = x^3 - 5x^2 + 5x - 1$.
Lösung:
Durch Probieren findet man die Nullstelle $x_1 = 1$.
Polynomdivision von $f(x)$ durch $(x - x_1) = (x - 1)$:

Beachten Sie: Durch «x minus Nullstelle» dividieren.

$$
\begin{array}{r}
(x^3 - 5x^2 + 5x - 1) : (x - 1) = x^2 - 4x + 1 \\
\underline{-(x^3 - x^2)} \\
-4x^2 + 5x - 1 \\
\underline{-(-4x^2 + 4x)} \\
x - 1 \\
\underline{-(x - 1)} \\
0
\end{array}
$$

Es ist also $f(x) = x^3 - 5x^2 + 5x - 1$ in der Form $f(x) = (x - 1)(x^2 - 4x + 1)$ darstellbar.
Da ein Produkt null ist, wenn einer oder beide der Faktoren null sind, erhält man die weiteren Nullstellen aus der Gleichung $x^2 - 4x + 1 = 0$.
Die quadratische Gleichung hat die Lösungen $x_{2;3} = 2 \pm \sqrt{\frac{4^2}{4} - 1} = 2 \pm \sqrt{3}$.
f hat somit die drei Nullstellen $x_1 = 1$; $x_2 = 2 + \sqrt{3}$; $x_3 = 2 - \sqrt{3}$.

Beispiel 2 Zwei wichtige Sonderfälle zur Nullstellenbestimmung
Bestimmen Sie die Nullstellen der Funktion f mit
a) $f(x) = x^3 - 2x^2 - x$,
b) $f(x) = x^4 - 7x^2 + 12$.
Lösung:

a) durch Ausklammern:
$x^3 - 2x^2 - x = 0$
Ausklammern von x:
$x \cdot (x^2 - 2x - 1) = 0$
Daraus ergibt sich
$x = 0$ oder $x^2 - 2x - 1 = 0$.
Die quadratische Gleichung hat die Lösungen
$x_{2;3} = 1 \pm \sqrt{\frac{2^2}{4} - (-1)} = 1 \pm \sqrt{2}$.
Damit hat f die Nullstellen
$x_1 = 0$; $x_2 = 1 - \sqrt{2}$; $x_3 = 1 + \sqrt{2}$.

b) durch Substituieren: $x^4 - 7x^2 + 12 = 0$
Die Substitution $z = x^2$ ergibt die Gleichung
$z^2 - 7z + 12 = 0$.
Diese hat die Lösungen
$z_{1;2} = \frac{7}{2} \pm \sqrt{\frac{49}{4} - 12} = \frac{7}{2} \pm \frac{1}{2}$,
also $z = 4$ oder $z = 3$.
Die Rücksubstitution ergibt damit die Gleichungen $x^2 = 4$ und $x^2 = 3$.
Damit hat f die Nullstellen
$x_1 = -2$; $x_2 = 2$; $x_3 = -\sqrt{3}$; $x_4 = \sqrt{3}$.

Aufgaben

1 Ermitteln Sie die Nullstellen der Funktion.
a) $f(x) = (1 - 2x)(x - 2)$
b) $f(t) = (2t + 1)(6 - 4t)$
c) $g(x) = (0.4x - 1.2)(x^2 + 4)$
d) $g(x) = \frac{1}{2}x + \frac{2}{3}x^2$
e) $k(t) = 2t^2 - (1 + \sqrt{2})t$
f) $h(u) = 3u^2 - \frac{1}{3}u^4$
g) $f(x) = x^4 - 13x^2 + 36$
h) $g(x) = 16x^4 - 40x^2 + 9$
i) $f(t) = -9 - 2t^2 + 32t^4$
j) $h(v) = 4v^2 - \frac{1}{4}v^4$
k) $g(r) = r^6 - 19r^3 - 216$
l) $f(x) = (x+1)^3 + (x+1)^2 - 6(x+1)$

Man kann nicht nur x^2 substituieren!

2 Führen Sie jeweils die Polynomdivision aus.
a) $(x^3 + 2x^2 - 17x + 6) : (x - 3)$
b) $(2x^3 + 2x^2 - 21x + 12) : (x + 4)$
c) $(2x^3 - 7x^2 - x + 2) : (2x - 1)$
d) $(x^4 + 2x^3 - 4x^2 - 9x - 2) : (x + 2)$

3 Bestimmen Sie durch Probieren eine Nullstelle, berechnen Sie danach die weiteren Nullstellen und schreiben Sie den Funktionsterm in vollständig faktorisierter Form.
a) $f(x) = x^3 - 6x^2 + 11x - 6$
b) $f(x) = x^3 + x^2 - 4x - 4$
c) $f(x) = 4x^3 - 13x + 6$
d) $f(x) = 4x^3 - 8x^2 - 11x - 3$
e) $f(x) = 4x^3 - 3x - 1$
f) $f(x) = 25x^3 + 15x^2 - 9x + 1$

Der Norweger Niels Henrik Abel (1802–1829) konnte im Alter von 22 Jahren nachweisen, dass für die allgemeine Gleichung 5. Grades keine Lösungsformel existiert. Als 24-Jährigem gelang ihm dieser Nachweis für alle Gleichungen höher als 5. Grades.

4 Geben Sie eine Polynomfunktion mit den folgenden Nullstellen an:
a) 1; 2
b) −9; −7; 9
c) $\sqrt{2}$; $1 + \sqrt{2}$; $1 - \sqrt{2}$

5 Welcher Graph in Fig. 1 gehört zu welcher Funktion? Begründen Sie.
$f(x) = -0.07(x - 4)(x + 2)(0.8x^2 + 2)$
$g(x) = -0.14(x^2 - 4)(5x^2 + 2)$
$h(x) = -0.07(x + 2)(x - 4)(0.1x^2 + 2)$
$k(x) = -0.14(x + 2)(2 - x)(5x^2 + 2)$

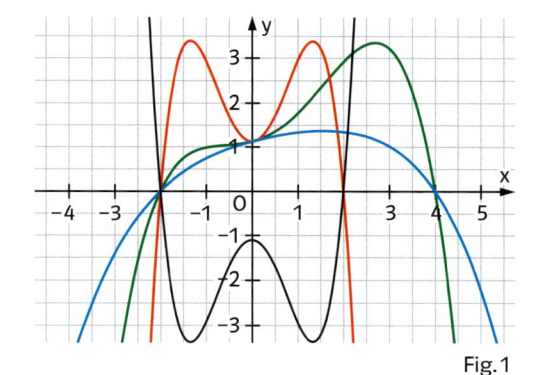

6 Begründen Sie jeweils:
a) $x^n - 1$ enthält den Linearfaktor $x - 1$.
b) Enthält $x^n + 1$ den Linearfaktor $x + 1$?

Fig. 1

7 Skizzieren Sie mithilfe der auf den Kärtchen gegebenen Informationen jeweils einen möglichen Verlauf des Graphen der Funktion.

> Die Funktion g hat den Grad 3, besitzt Nullstellen bei $x_1 = -2$; $x_2 = 1$; $x_3 = 3$. Ihr Graph schneidet die y-Achse in P(0|1.5).

> Die Funktion k hat den Grad 4 und genau eine doppelte Nullstelle. Ihr Graph ist symmetrisch zur y-Achse.

> Die Funktion h hat den Grad 4, besitzt drei Nullstellen und ihr Graph verläuft durch den Punkt A(2|1).

> Die Funktion f hat den Grad 4 und besitzt eine dreifache Nullstelle bei $x_1 = -7$. Ihr Graph verläuft nur in zwei Quadranten.

> Die Funktion p hat den Grad 5 und besitzt mindestens eine doppelte Nullstelle. Ihr Graph verläuft nicht im III. Quadranten.

> Die Funktion r hat den Grad 6 und besitzt zwei mehrfache Nullstellen.

8 Wahr oder falsch? Begründen Sie.
a) Eine Polynomfunktion dritten Grades hat mindestens eine Nullstelle.
b) Der Term einer Polynomfunktion vierten Grades kann in vier Linearfaktoren zerlegt werden.
c) Der Graph einer Polynomfunktion zweiten Grades schneidet den Graphen einer Polynomfunktion dritten Grades mindestens einmal.

4.3 Gerade und ungerade Funktionen; Symmetrie

▬▬▬ Vergleichen Sie bei den folgenden Funktionen die Funktionswerte an den Stellen 1 und −1; 2 und −2; a und −a. Welche Bedeutung haben die Ergebnisse für die zugehörigen Graphen?
a) $f(x) = x^4 + x^2 - 2$ b) $f(x) = x^3 - x$ c) $f(x) = x^3 + x^2$ ▬▬▬

Eine Wertetabelle und der Graph einer Funktion lassen sich einfacher erstellen, wenn man schon am Funktionsterm überprüfen kann, ob der Graph zu einer Geraden oder zu einem Punkt symmetrisch ist.
Fig. 1 und Fig. 2 zeigen solche «Prüfbedingungen» für Achsensymmetrie zur y-Achse bzw. für die Punktsymmetrie zum Ursprung O (0|0).

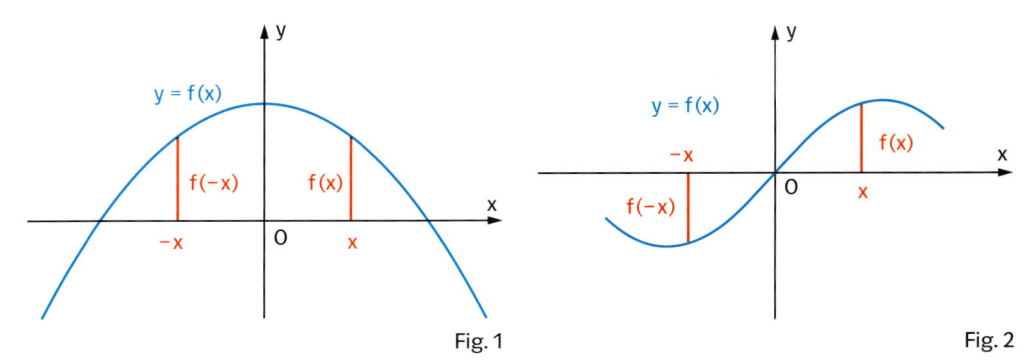

Fig. 1   Fig. 2

Gegeben ist eine Funktion f mit der Definitionsmenge D_f.

| Gilt **f(−x) = f(x)** für alle $x \in D_f$, so ist der Graph von f **achsensymmetrisch** zur y-Achse. | Gilt **f(−x) = −f(x)** für alle $x \in D_f$, so ist der Graph von f **punktsymmetrisch** zum Ursprung O(0|0). |

Eine Funktion f mit der Eigenschaft $f(-x) = f(x)$ nennt man eine **gerade** Funktion; gilt dagegen $f(-x) = -f(x)$, so nennt man f eine **ungerade** Funktion.
Bei Polynomfunktionen erkennt man eine vorhandene Symmetrie relativ einfach.
Treten bei einem Polynom nur gerade Potenzen von x auf, d.h., hat es die Form $a_{2n}x^{2n} + \ldots + a_2x^2 + a_0$, so gilt stets $f(-x) = f(x)$.
Treten nur ungerade Potenzen von x auf, d.h., hat das Polynom die Form $a_{2n-1}x^{2n-1} + \ldots + a_3x^3 + a_1x$, so gilt stets $f(-x) = -f(x)$.

Eine Polynomfunktion f mit $f(x) = a_n x^n + \ldots + a_1 x + a_0$ ist
    gerade,   **ungerade**,
wenn der Funktionsterm f(x) nur x-Potenzen mit
    geraden Exponenten   **ungeraden Exponenten**
enthält. Es gilt auch die Umkehrung.

Bemerkung: Wegen $a_0 = a_0 x^0$ gilt a_0 als Summand mit geradem Exponenten.

Beispiel 1 Untersuchung auf Symmetrie
Überprüfen Sie, ob die Funktion f mit $f(x) = \frac{x}{x^2 + 1}$ gerade oder ungerade ist.
Welche Symmetrie weist der Graph auf?
Lösung:
Es ist $f(-x) = \frac{(-x)}{(-x)^2 + 1} = -\frac{x}{x^2 + 1} = -f(x)$. Also ist f ungerade.
Der Graph von f ist punktsymmetrisch zu O(0|0).

Beispiel 2 Untersuchung auf Symmetrie bei Polynomfunktionen
Überprüfen Sie, ob die gegebene Funktion gerade oder ungerade ist.
a) $f(x) = 4x^2 - \sqrt{5}\,x^8 + 9$ b) $g(x) = 6 + 3x + 0.4x^3$
Lösung:
a) Der Funktionsterm ist ein Polynom und enthält nur gerade Potenzen von x, also ist f eine gerade Funktion.
b) Da 6 als Summand mit geradem Exponenten gilt (wegen $6 = 6 \cdot x^0$) und die restlichen Potenzen von x ungerade sind, ist g weder eine gerade noch eine ungerade Funktion.

Aufgaben

1 Welche Polynomfunktion ist gerade, welche ist ungerade?
a) $f(x) = -2x^6 + 3x^2$ b) $f(x) = x^3 - x + 1$ c) $f(x) = x(2x^2 - \frac{1}{3}x^4)$
d) $f(x) = (x-1)(x-2)$ e) $f(x) = (1-3x^2)^2$ f) $f(x) = (x-x^2)^2$

2 Welche Funktion hat einen zur y-Achse (zum Ursprung) symmetrischen Graphen?
Skizzieren Sie den Graphen.
a) $f(x) = \frac{1}{x}$ b) $f(x) = \frac{1}{x^2}$ c) $f(x) = \frac{1}{x+1}$ d) $f(x) = \frac{1}{x^2+1}$
e) $f(x) = -x$ f) $f(x) = 1 - |x|$ g) $f(x) = 3^x$ h) $f(x) = \sqrt{x^2}$

3 Überprüfen Sie rechnerisch, ob die Funktion gerade oder ungerade ist.
a) $f(x) = 3^x + \left(\frac{1}{3}\right)^x$ b) $f(x) = 3^x - \left(\frac{1}{3}\right)^x$ c) $f(x) = 3^x + \left(\frac{1}{3}\right)^{x+1}$
d) $f(x) = \frac{1+x^3}{x}$ e) $f(x) = x^4 - \frac{1}{x}$ f) $f(x) = \sqrt{x} + 1$

4 Für welche reelle Zahl t ist die Funktion f symmetrisch zur y-Achse bzw. zum Ursprung? Geben Sie jeweils auch die Art der Symmetrie an.
a) $f(x) = x^3 + t$ b) $f(x) = x^2 + t$ c) $f(x) = (x+t)^2$
d) $f(x) = (x^2 + t) \cdot x^3$ e) $f(x) = (x-t)(x+1)$ f) $f(x) = x^t - x$

5 a) Zeigen Sie: Wenn das Polynom einen konstanten Summanden enthält, dann kann die Polynomfunktion nicht ungerade sein. Kann eine solche Funktion gerade sein?
b) Gibt es eine Funktion, die sowohl gerade als auch ungerade ist?

6 Beweisen Sie:
a) Ist der Graph einer Funktion f symmetrisch zur y-Achse, dann ist der Graph der Funktion h mit $h(x) = f(x-c)$ symmetrisch zur Geraden g: $x = c$.
b) Ist der Graph einer Funktion f symmetrisch zum Ursprung, dann ist der Graph der Funktion h mit $h(x) = f(x-x_0) + y_0$ symmetrisch zum Punkt $P(x_0|y_0)$.

4.4 Monotonie

Beschreiben Sie die Graphen von Fig. 1, Fig. 2 und Fig. 3.

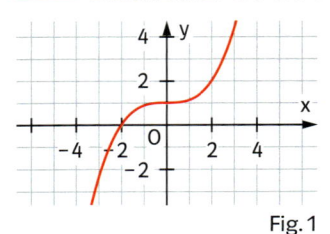

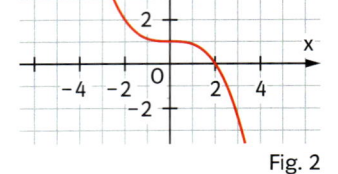

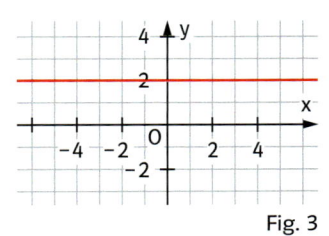

Fig. 1   Fig. 2   Fig. 3

Charakterisieren Sie die Unterschiede zwischen den Graphen zunächst mithilfe der Ableitung und anschliessend ohne Verwendung der Ableitung.

Der Gesamteindruck des Graphen einer Funktion ist oft geprägt durch Abschnitte, in denen mit wachsenden x-Werten die zugehörigen Funktionswerte f(x) nur zu- oder abnehmen.
So zeigt der Graph der Funktion f mit $f(x) = x^2$, dass für $x > 0$ die Funktionswerte f(x) zunehmen, wenn die x-Werte grösser werden. Dafür schreibt man kurz:
Für $0 < x_1 < x_2$ gilt $f(x_1) < f(x_2)$.
Dagegen nehmen für $x < 0$ die Funktionswerte mit wachsenden x-Werten ab.

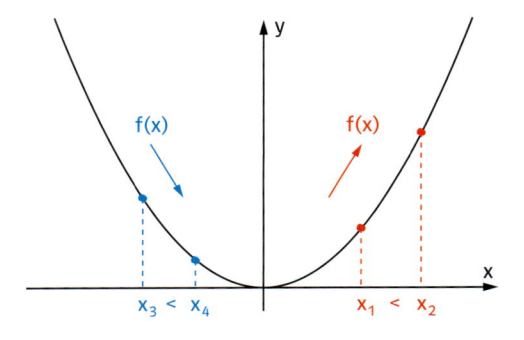

Statt **monoton wachsend** *sagt man auch* **monoton zunehmend**, *statt* **monoton fallend** *auch* **monoton abnehmend**.

Die Funktion f sei in einem Intervall I definiert. Wenn für alle $x_1, x_2 \in I$ mit $x_1 < x_2$ gilt:

$f(x_1) \leq f(x_2)$, $f(x_1) \geq f(x_2)$,
so heisst f in I **monoton wachsend**.   so heisst f in I **monoton fallend**.
Ist die Gleichheit ausgeschlossen, so heisst f in I
streng monoton wachsend.   **streng monoton fallend**.

Die Ermittlung von Intervallen, in denen eine Funktion streng monoton zu- oder abnimmt, ist mithilfe der Definition oft nicht einfach, da hierzu Ungleichungen betrachtet werden müssen.
Ist die Funktion f aber differenzierbar, so liefert der anschauliche Zusammenhang (Fig. 4) zwischen der Monotonie von f und den Tangentensteigungen das folgende Kriterium für strenge Monotonie.

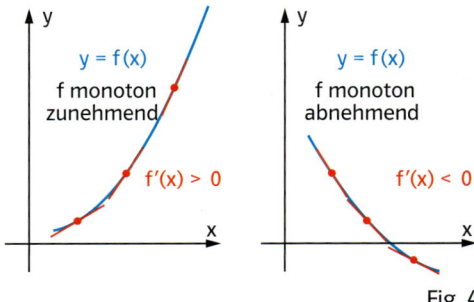

Fig. 4

Monotoniesatz
Die Funktion f sei im Intervall I differenzierbar. Wenn für alle x aus I gilt:
$$f'(x) > 0, \qquad\qquad f'(x) < 0,$$
dann ist f **streng monoton wachsend** in I.   dann ist f **streng monoton fallend** in I.

Am Graphen der Funktion f mit $f(x) = x^3$ (Fig. 1) erkennt man, dass die Umkehrung des Satzes nicht richtig ist. Obwohl f eine streng monoton wachsende Funktion ist, gilt $f'(0) = 0$.

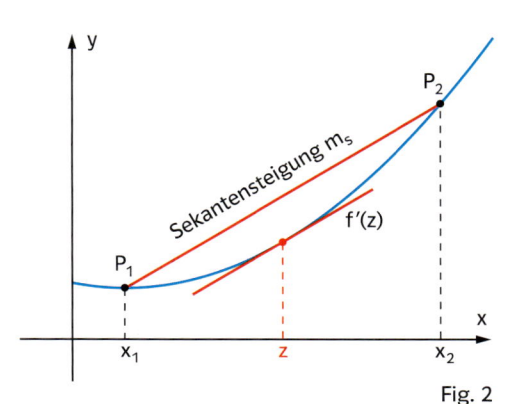

Beweisidee (für den Fall $f'(x) > 0$ für $x \in I$):
Nach Voraussetzung ist f differenzierbar und es gilt: $f'(x) > 0$ für alle $x \in I$.
Für die Steigung m_s der Sekante durch zwei Punkte $P_1(x_1 | f(x_1))$ und $P_2(x_2 | f(x_2))$ des Graphen mit $x_1 < x_2$ gilt (vgl. Fig. 2)
$$m_s = \frac{f(x_2) - f(x_1)}{x_2 - x_1} = f'(z).$$
Dabei ist z eine Stelle mit $x_1 < z < x_2$.
Wegen $x_2 - x_1 > 0$ und $f'(z) > 0$ gilt auch
$$f(x_2) - f(x_1) = f'(z) \cdot (x_2 - x_1) > 0.$$
Damit gilt $f(x_1) < f(x_2)$ für alle $x_1 < x_2$ aus I.
Also ist f streng monoton wachsend in I.

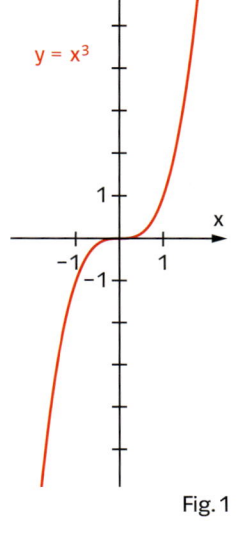

Fig. 1

Isolierte Stellen x_0 mit $f'(x) = 0$ stören also die Monotonie nicht.

Fig. 2

Beispiel Anwendung des Monotoniesatzes
Untersuchen Sie die Funktion f mit $f(x) = \frac{1}{3}x^3 - x$ auf Monotonie.
Lösung:
Es ist $f'(x) = x^2 - 1$. Die Ungleichung $x^2 - 1 > 0$ ist erfüllt für $x < -1$ oder $x > 1$;
die Ungleichung $x^2 - 1 < 0$ ist erfüllt für $-1 < x < 1$. Also ist f streng monoton fallend
für $-1 \leq x \leq 1$ und streng monoton wachsend für $x \leq -1$ und für $x \geq 1$ (Fig. 3).

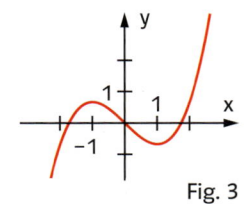

Fig. 3

Aufgaben

1 Ermitteln Sie rechnerisch mithilfe des Monotoniesatzes die Intervalle, in denen f streng monoton ist. Skizzieren Sie den Graphen von f und kontrollieren Sie Ihr Ergebnis.
a) $f(x) = x^2$ b) $f(x) = x^4$ c) $f(x) = x^5$ d) $f(x) = x$
e) $f(x) = -x^3$ f) $f(x) = \frac{1}{x}$ g) $f(x) = -\frac{1}{x^2}$ h) $f(x) = 4x + x^2$
i) $f(x) = \frac{1}{3}x^3 - 9x + 1$ j) $f(x) = \frac{1}{5}x^5 - \frac{1}{4}x^4$ k) $f(x) = -\frac{1}{8}x^4 + 4x$ l) $f(x) = \frac{x}{x+1}$

2 Bestimmen Sie die Monotonieintervalle der Funktion in Abhängigkeit vom Parameter $a \in \mathbb{R}$.
a) $f_a(x) = ax - x^2$ b) $g_a(x) = x^3 - ax$ c) $h_a(x) = ax^3 - ax^2$ d) $k_a(x) = x^4 + ax^2$
Skizzieren Sie jeweils grob den Verlauf der Graphen von f_a, g_a, h_a und k_a für ein frei gewähltes $a > 0$ ($a < 0$).

3 Suchen Sie ein möglichst einfaches Verfahren, wie Sie bei einer differenzierbaren Funktion die Intervalle bestimmen können, in denen f streng monoton ist.
Wenden Sie das gefundene Verfahren auf die Funktion $f(x) = \frac{1}{4}x^4 - \frac{5}{6}x^3 - \frac{1}{2}x^2 + \frac{5}{2}x + 1$ an.

4.5 Extrempunkte

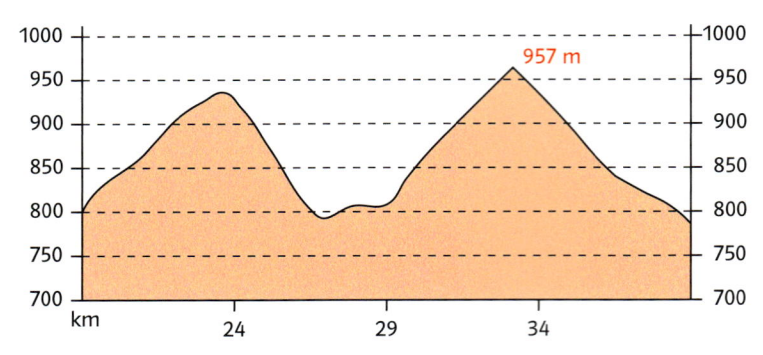

Die Grafik zeigt das Höhenprofil eines Teilabschnitts einer Radstrecke.
a) Nach wie vielen Kilometern werden besondere Punkte erreicht? Beschreiben Sie diese.
b) Wie kann man diese höchsten Punkte charakterisieren? Wie unterscheiden sich diese von den tiefsten Punkten?
c) Versuchen Sie die absolut tiefsten bzw. höchsten Werte über Meer zu finden.

Um einen Funktionswert $f(x_0)$ als grössten oder kleinsten Funktionswert zu erkennen, vergleicht man ihn mit den Werten $f(x)$ aus einer Umgebung von x_0. Dabei verstehen wir unter einer **Umgebung von x_0** ein (eventuell sehr kleines) offenes Intervall, das x_0 als Punkt enthält. Hierfür schreiben wir kurz $U(x_0)$.

Für den rechts gezeichneten Graphen ist die Ungleichung $f(x) \leq f(x_0)$ für alle $x \in U(x_0)$ erfüllt. **Lokal** betrachtet, d.h. innerhalb einer Umgebung $U(x_0)$, ist also $f(x_0)$ ein grösster Funktionswert.

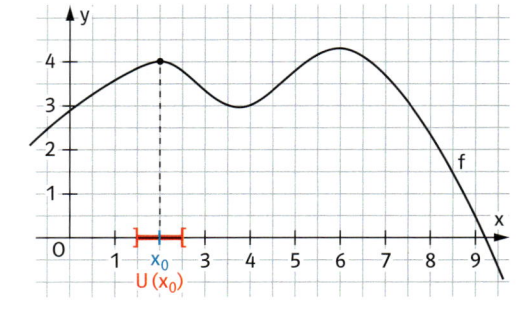

Der Funktionswert $f(x_0)$ heisst

lokales oder **relatives**	**lokales** oder **relatives**
Maximum	**Minimum**

von f, wenn es eine Umgebung $U(x_0)$ gibt, sodass für alle Werte $x \in U(x_0)$ aus dem Definitionsbereich D_f gilt:

$f(x) \leq f(x_0)$	$f(x) \geq f(x_0)$

Ist der Funktionswert $f(x_0)$ ein Maximum oder ein Minimum, nennt man ihn auch **Extremwert** und x_0 eine **Extremstelle**.
Der Punkt $P_0(x_0 | f(x_0))$ des zu f gehörenden Graphen heisst **Extrempunkt**.

Im Falle des Maximums heisst P_0	Im Falle des Minimums heisst P_0
Hochpunkt.	**Tiefpunkt**.

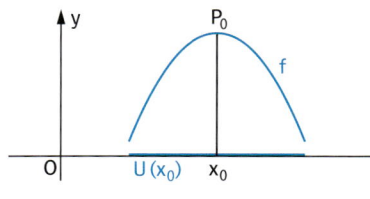

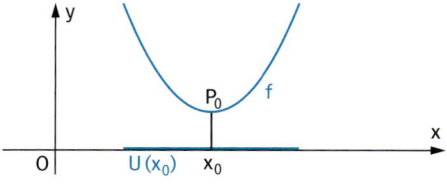

Gilt die Bedingung $f(x) \leq f(x_0)$ bzw. $f(x) \geq f(x_0)$ nicht nur innerhalb einer gewissen Umgebung von x_0, sondern für alle Stellen x des Definitionsbereiches, dann nennt man $f(x_0)$ **globales** oder **absolutes Maximum** bzw. **globales** oder **absolutes Minimum** von f.

Nicht jede Funktion besitzt einen globalen Extremwert (vgl. Randspalte), es gilt aber: Eine auf einem abgeschlossenen Intervall [a; b] definierte stetige Funktion nimmt ihr globales Maximum und globales Minimum auf [a; b] an. Diese können auch bei den Randstellen a oder b liegen.

Hier existiert kein globales Maximum oder Minimum:

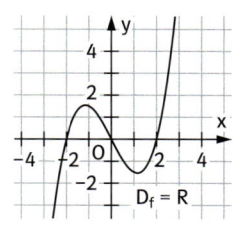

Beispiel Untersuchen Sie die nebenan gezeichnete Funktion bezüglich lokaler und globaler Extrema sowie Hoch- und Tiefpunkte.
Lösung: 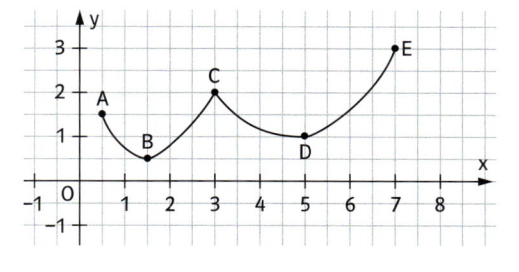
$x_1 = 0.5$; $x_2 = 1.5$; $x_3 = 3$; $x_4 = 5$ und $x_5 = 7$ sind Extremstellen. $f(x_1) = 1.5$; $f(x_3) = 2$ und $f(x_5) = 3$ sind lokale Maxima, dabei ist $f(x_5) = 3$ das globale Maximum.
$f(x_2) = 0.5$ und $f(x_4) = 1$ sind lokale Minima, dabei ist $f(x_2) = 0.5$ das globale Minimum.
A(0.5|1.5), C(3|2) und E(7|3) sind Hochpunkte. B(1.5|0.5) und D(5|1) sind Tiefpunkte.

Aufgaben

1 Lesen Sie am Graphen der Funktion die Extremstellen ab. Geben Sie die Koordinaten der Hoch- und Tiefpunkte an. Nennen Sie lokale und globale Maxima und Minima.

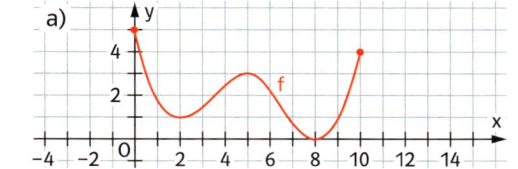

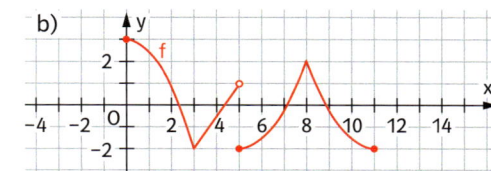

a)

b)

Rechnerischer Nachweis, dass die Funktion
$f(x) = \frac{1}{2}(x-2)^2 - 2$
an der Stelle $x = 2$ ein globales Minimum hat:

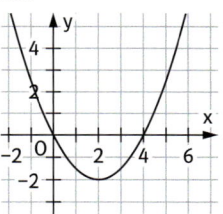

2 Begründen Sie am Funktionsterm $f(x) = x^2(x-3)^2$, dass die Funktion f zwei Extrema besitzt, und ermitteln Sie, von welcher Art diese sind.

3 Zeichnen Sie den Graphen von f. Nennen Sie Extremstellen und Extremwerte, falls solche vorhanden sind. Geben Sie die Koordinaten der Hoch- und Tiefpunkte an.
a) $f(x) = x^2$
b) $f(x) = x^3$
c) $f(x) = \frac{1}{x}$
d) $f(x) = \sin(x)$; $x \in [0; 2\pi]$
e) $f(x) = \sqrt{x}$
f) $f(x) = |x|$
g) $f(x) = 2^x$
h) $f(x) = \cos(x)$; $x \in [-\pi; 2\pi]$

Zu zeigen: $f(x) \geq f(2)$
Für alle $x \in \mathbb{R}$ gilt:
$(x-2)^2 \geq 0$
$\Rightarrow \frac{1}{2}(x-2)^2 \geq 0$
$\Rightarrow \frac{1}{2}(x-2)^2 - 2 \geq -2$

4 Skizzieren Sie den Graphen der Funktion $f(x) = -x^3 + 7x^2 - 10x$ mithilfe ihrer Nullstellen und ihres Verhaltens im Unendlichen. In welchen Bereichen liegen die Extremstellen der Funktion und von welcher Art ist dieses Extremum jeweils? Besitzt die Funktion ein globales Extremum? Begründen Sie.

5 Skizzieren Sie jeweils den Graphen einer Funktion f mit der Definitionsmenge $\mathbb{R}$, die die vorgegebenen Voraussetzungen erfüllt. Geben Sie eine mögliche Funktion f explizit an.
a) f besitzt genau ein lokales Maximum, das gleichzeitig absolutes Maximum ist.
b) f besitzt mindestens ein lokales Maximum, aber kein absolutes Maximum.
c) f besitzt keine absoluten Extremwerte.
d) f besitzt unendlich viele lokale Maxima und Minima.

4.6 Bedingungen für Extremstellen

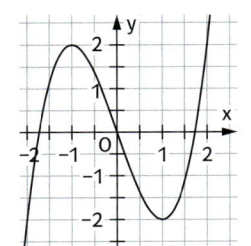

Auf der Randspalte ist der Graph der Funktion $f(x) = x^3 - 3x$ abgebildet.
a) Bestimmen Sie die Monotonieintervalle der Funktion.
b) An welchen Stellen sind Extrema? Bestimmen Sie an diesen Stellen $f'(x)$.

Um Extremstellen einer Funktion zu ermitteln, greift man meist nicht auf die Definition zurück, sondern verwendet die Ableitung.

Man erkennt am rechts gegebenen Graphen, dass im Extrempunkt $P(x_0 | f(x_0))$ die Tangente an den Graphen in x_0 parallel zur x-Achse verläuft, dort gilt also $f'(x_0) = 0$.

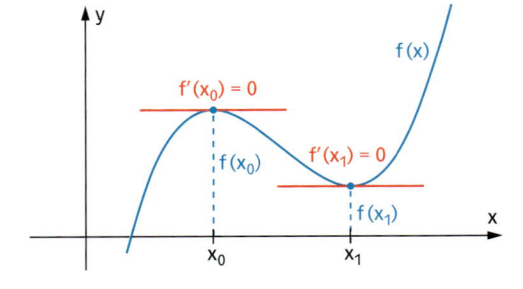

Notwendige Bedingung für Extremstellen
Ist die Funktion f auf einem Intervall $I = \,]a;b[$ differenzierbar und $x_0 \in \,]a;b[$, so gilt:
Wenn x_0 eine **Extremstelle** von f ist, dann ist $f'(x_0) = 0$.

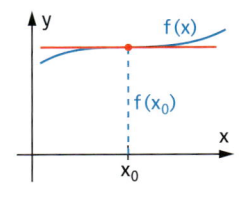

Der links gezeichnete Graph zeigt jedoch, dass nicht jeder Punkt, bei dem der Graph eine waagerechte Tangente besitzt, auch ein Extremum sein muss.

Die Bedingung $f'(x_0) = 0$ reicht also nicht aus, um x_0 als Extremstelle zu identifizieren. Gesucht sind zusätzliche Bedingungen, die garantieren, dass x_0 eine Extremstelle ist. Beim Betrachten von Funktionsgraphen in der Umgebung eines Punktes mit waagerechter Tangente, d.h. an einer Stelle mit $f'(x_0) = 0$, erkennt man diese zusätzlichen Bedingungen für Extremstellen.

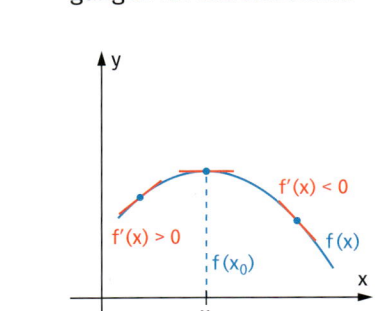

Ist f für $x < x_0$ monoton zunehmend und für $x > x_0$ monoton abnehmend, so besitzt G_f an der Stelle x_0 einen Hochpunkt.

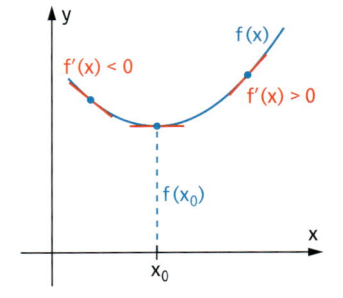

Ist f für $x < x_0$ monoton abnehmend und für $x > x_0$ monoton zunehmend, so besitzt G_f an der Stelle x_0 einen Tiefpunkt.

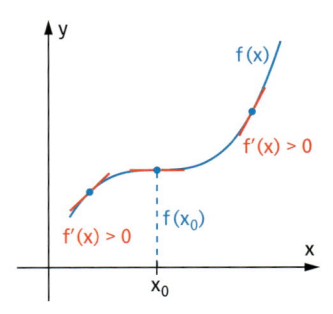

Ist f für $x < x_0$ **und** für $x > x_0$ streng monoton zunehmend (bzw. für $x < x_0$ **und** für $x > x_0$ streng monoton abnehmend), so ist x_0 keine Extremstelle.

Ein lokales Extremum liegt also vor, wenn zusätzlich zur Bedingung $f'(x_0) = 0$ das Monotonieverhalten von f an der Stelle x_0 wechselt.

Ist f differenzierbar, so liegt nach dem Monotoniesatz (S. 75) ein solcher Wechsel dann vor, wenn es eine Umgebung $U(x_0)$ gibt, sodass für alle $x \in U(x_0) \cap D_f$ gilt:

Für $x < x_0$ gilt $f'(x) > 0$	Für $x < x_0$ gilt $f'(x) < 0$
und für $x > x_0$ gilt $f'(x) < 0$;	und für $x > x_0$ gilt $f'(x) > 0$;
d.h., f' hat an der Stelle x_0 einen **Vorzeichenwechsel von + nach −**.	d.h., f' hat an der Stelle x_0 einen **Vorzeichenwechsel von − nach +**.

Hinreichende Bedingung für Extremstellen via Vorzeichen der ersten Ableitung

Die Funktion f sei auf einem Intervall $I = \,]a;b[\,$ differenzierbar und $x_0 \in \,]a;b[\,$.

Wenn $f'(x_0) = 0$ ist **und f'** bei x_0 einen **Vorzeichenwechsel von + nach −** hat, dann hat die Funktion f ein **lokales Maximum** an der Stelle x_0.

Wenn $f'(x_0) = 0$ ist **und f'** bei x_0 einen **Vorzeichenwechsel von − nach +** hat, dann hat die Funktion f ein **lokales Minimum** an der Stelle x_0.

Die Voraussetzung des Vorzeichenwechsels von f' ist erfüllt, wenn die Ableitungsfunktion f' in einer Umgebung von x_0 streng monoton ist. Ist f' differenzierbar, so folgt aus dem Monotoniesatz, dass f' streng monoton ist, wenn $f''(x_0) < 0$ bzw. $f''(x_0) > 0$ gilt. Daraus ergibt sich ein alternatives hinreichendes Kriterium für lokale Extremstellen.

Hinreichende Bedingung für Extremstellen via Wert der zweiten Ableitung

Die Funktion f sei auf einem Intervall $I = \,]a;b[\,$ zweimal differenzierbar und $x_0 \in \,]a;b[\,$.

Wenn $f'(x_0) = 0$ und $f''(x_0) < 0$ gilt, dann hat f ein **lokales Maximum** an der Stelle x_0.

Wenn $f'(x_0) = 0$ und $f''(x_0) > 0$ gilt, dann hat f ein **lokales Minimum** an der Stelle x_0.

---

f hat lokales Minimum bei x_0:

f' hat Vorzeichenwechsel bei x_0 von − nach +.

Bemerkung

Ist der Definitionsbereich ein abgeschlossenes Intervall $I = [a;b]$, so können die Bedingungen nur angewendet werden, wenn die Extremstellen im Inneren des Intervalls liegen, denn für Extremstellen am Rand muss $f'(x) = 0$ nicht gelten.

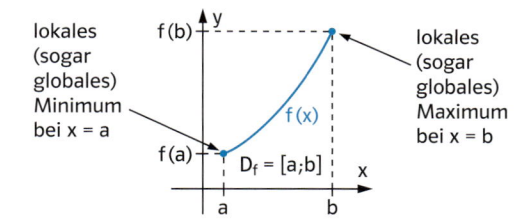

lokales (sogar globales) Minimum bei x = a

lokales (sogar globales) Maximum bei x = b

Bei der Bestimmung lokaler Extrempunkte einer Funktion f kann man so vorgehen:
1. Man bestimmt f' und f''.
2. Man untersucht, für welche Stellen x_0 gilt: $f'(x_0) = 0$
3. Gilt $f'(x_0) = 0$ und $f''(x_0) < 0$, so hat f an der Stelle x_0 ein lokales Maximum $f(x_0)$ und damit den Hochpunkt $H(x_0|f(x_0))$.
Gilt $f'(x_0) = 0$ und $f''(x_0) > 0$, so hat f an der Stelle x_0 ein lokales Minimum $f(x_0)$ und damit den Tiefpunkt $T(x_0|f(x_0))$.
Gilt $f'(x_0) = 0$ und $f''(x_0) = 0$, so wendet man die hinreichende Bedingung via Vorzeichen von f' an:
Hat f' in einer Umgebung von x_0 einen Vorzeichenwechsel von + nach −, so hat f an der Stelle x_0 ein lokales Maximum $f(x_0)$;
hat f' in einer Umgebung von x_0 einen Vorzeichenwechsel von − nach +, so hat f an der Stelle x_0 ein lokales Minimum $f(x_0)$.

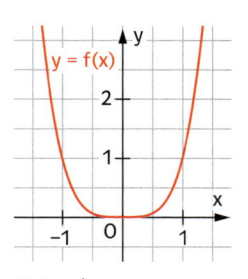

$f(x) = x^4$
Bedingung via Wert von f'' ist nicht erfüllt, Bedingung via Vorzeichen von f' ist erfüllt.

Beispiel Bestimmen aller Extrempunkte
Untersuchen Sie die Funktion f mit $f(x) = -\frac{1}{8}x^4 - \frac{1}{3}x^3 + 1$ auf Extrempunkte.
Lösung: $f'(x) = -\frac{1}{2}x^3 - x^2$; $f''(x) = -\frac{3}{2}x^2 - 2x$.
$f'(x) = 0$ liefert $x^2\left(-\frac{1}{2}x - 1\right) = 0$; somit sind $x_1 = -2$ und $x_2 = 0$ mögliche Extremstellen.
Untersuchung für $x_1 = -2$:
Es ist $f''(-2) = -2 < 0$; somit liegt bei $H(-2|f(-2))$ bzw. $H\left(-2\big|\frac{5}{3}\right)$ ein lokaler Hochpunkt vor.
Untersuchung für $x_2 = 0$:
Da $f''(0) = 0$ ist, wird f' auf Vorzeichenwechsel an der Stelle $x_2 = 0$ untersucht:
x nahe $x_2 = 0$ und $x < x_2$:   x nahe $x_2 = 0$ und $x > x_2$:
$x^2 > 0$; $-\frac{1}{2}x - 1 < 0$; also $x^2 \cdot \left(-\frac{1}{2}x - 1\right) < 0$. $x^2 > 0$; $-\frac{1}{2}x - 1 < 0$; also $x^2 \cdot \left(-\frac{1}{2}x - 1\right) < 0$.
Da $f'(x) < 0$, also monoton fallend, für $x < x_2$ und $x > x_2$, ist $P(0|f(0))$ bzw. $P(0|1)$ kein Extrempunkt.

Aufgaben

*Die Berechnung von **Extremstellen** einer Funktion f führt zur Berechnung von **Nullstellen** der Funktion f'.*

1 Ermitteln Sie die Extrempunkte der Funktion f. Verwenden Sie für die hinreichende Bedingung den Vorzeichenwechsel der ersten Ableitung.
a) $f(x) = x^4 - 6x^2 + 1$ b) $f(x) = x^5 - 5x^4 - 2$ c) $f(x) = x^3 - 3x^2 + 1$
d) $f(x) = x^4 + 4x + 3$ e) $f(x) = 2x^3 - 9x^2 + 12x - 4$ f) $f(x) = (x^2 - 1)^2$

2 Ermitteln Sie die Extrempunkte der Funktion f. Verwenden Sie für die hinreichende Bedingung die zweite Ableitung.
a) $f(x) = x^2 - 5x + 5$ b) $f(x) = 2x - 3x^2$ c) $f(x) = x^3 - 6x$
d) $f(x) = x^4 - 4x^2 + 3$ e) $f(x) = \frac{4}{5}x^5 - \frac{10}{3}x^3 + \frac{9}{4}x$ f) $f(x) = 3x^5 - 10x^3 - 45x$

3 Die nebenstehende Abbildung zeigt den Graphen der Ableitung einer Funktion f. Bestimmen Sie die Monotonieintervalle und die Extremstellen der Funktion f. Skizzieren Sie anschliessend grob den Verlauf des Graphen von f, wenn bekannt ist, dass der Graph G_f durch den Punkt $(1|1)$ verläuft.

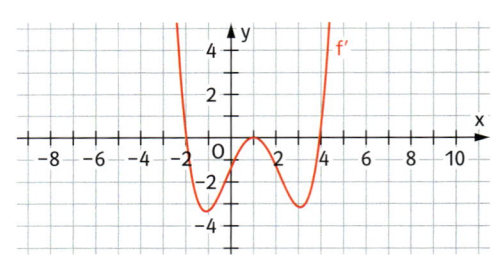

4 Für welche Werte von $a \in \mathbb{R}$ hat der Graph mehrere, eine oder keine waagerechte Tangente? Beschreiben Sie jeweils den typischen Verlauf des Graphen.
a) $f(x) = x^3 - ax$ b) $f(x) = x^4 + ax^2$ c) $f(x) = \frac{1}{3}x^3 + x^2 + ax$

5 Beweisen Sie für eine Polynomfunktion f:
a) Ist f vom Grad 2, so hat f genau eine Extremstelle.
b) Ist der Grad von f gerade, so hat f mindestens eine Extremstelle.
c) Wenn f drei verschiedene Extremstellen hat, so ist der Grad von f mindestens 4.
d) Eine Polynomfunktion vom Grad n hat höchstens $n - 1$ Extremstellen.

6 Die Steighöhe h eines im luftleeren Raum senkrecht nach oben geworfenen Gegenstandes lässt sich angenähert durch die Funktion $h(t) = v_0 \cdot t - \frac{1}{2}g \cdot t^2$; v_0 in $\frac{m}{s}$; t in s; $g = 9.81 \frac{m}{s^2}$ beschreiben. Dabei ist v_0 die Abwurfgeschwindigkeit.
a) Berechnen Sie die maximal erreichte Höhe des Gegenstandes, wenn $v_0 = 12 \frac{m}{s}$ ist.
b) Wie lange dauert es, bis der Gegenstand wieder die Ausgangshöhe erreicht?

4.7 Wendepunkte

Fährt man die abgebildete Strasse mit dem Fahrrad ab, werden Teile davon als Linkskurve und andere Teile als Rechtskurve empfunden.
a) Nennen Sie die Art der Kurven in der zeitlichen Reihenfolge.
b) Gibt es Punkte, wo der Lenker senkrecht zum Rahmen ist?
c) Skizzieren Sie die gestrichelte Mittellinie in einem Koordinatensystem und markieren Sie die Punkte aus b).

Neben den Extrempunkten ist auch das Krümmungsverhalten des Graphen einer Funktion von Interesse.

Der dargestellte Teil des Graphen (Fig. 1) einer differenzierbaren Funktion ist in Richtung zunehmender x-Werte für $x < x_0$ «nach links gekrümmt» und für $x > x_0$ «nach rechts gekrümmt». Die Anstiege der Tangenten im linksgekrümmten Teil nehmen zu, im rechtsgekrümmten Teil nehmen sie ab.

Somit ist der zu einem Intervall I gehörende Graph einer differenzierbaren Funktion f **linksgekrümmt**, wenn f' streng monoton wachsend ist. Entsprechend ist der Graph **rechtsgekrümmt**, wenn f' in I streng monoton fallend ist.

Nach dem Monotoniesatz lässt sich das Krümmungsverhalten des Graphen deshalb mit der Ableitung f'' von f' bestimmen: Gilt $f''(x) > 0$ in I, ist f' streng monoton wachsend; es liegt eine Linkskrümmung vor. Entsprechend ergibt sich aus $f''(x) < 0$ in I eine Rechtskrümmung.

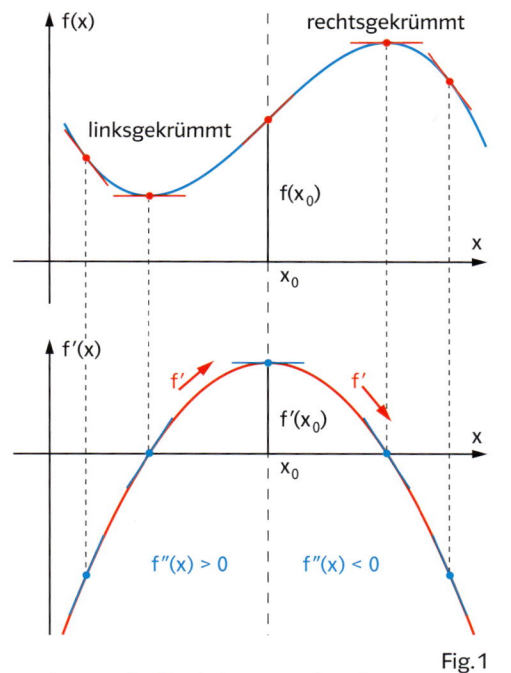

*Statt «linksgekrümmt» sagt man auch **konvex**, statt «rechtsgekrümmt» **konkav**.*

Fig. 1

Im Folgenden werden nun Stellen betrachtet, an denen ein Funktionsgraph sein Krümmungsverhalten ändert.

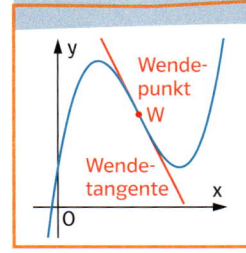

Die Funktion f sei in einem Intervall I differenzierbar.
Eine Stelle $x_0 \in I$, bei der der Graph von f von einer Linkskrümmung in eine Rechtskrümmung (oder umgekehrt) übergeht, heisst **Wendestelle** von f.
Der zugehörige Punkt $W(x_0 | f(x_0))$ heisst **Wendepunkt**. Die Tangente an den Graphen im Wendepunkt heisst **Wendetangente**.

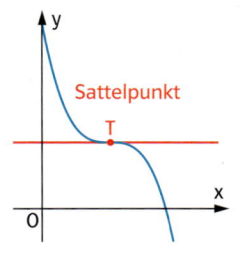

Ein Wendepunkt mit waagerechter Tangente heisst auch **Sattelpunkt (Terrassenpunkt)**.

Beim Übergang von einer Linkskrümmung in eine Rechtskrümmung geht der Tangentenanstieg von zunehmenden Werten über zu abnehmenden Werten. Daher hat die Ableitung f' an einer solchen Stelle ein lokales Maximum (Fig. 1, S. 81). Entsprechend ergibt sich beim Übergang von einer Rechtskrümmung in eine Linkskrümmung ein lokales Minimum von f'.

Dies zeigt, dass die Wendestellen einer Funktion lokale Extremstellen der Ableitungsfunktion f' sind und als solche ermittelt werden können.

Wendepunkt ist Extrempunkt von f'.

Notwendige Bedingung für Wendestellen
Die Funktion f sei auf einem Intervall I zweimal differenzierbar und $x_0 \in I$.
Wenn x_0 eine **Wendestelle** von f ist, dann gilt **f''(x_0) = 0**.

Hinreichende Bedingung für Wendestellen via Vorzeichen der zweiten Ableitung
Die Funktion f sei auf einem Intervall I zweimal differenzierbar und $x_0 \in I$.
Wenn **f''(x_0) = 0** ist **und f''** bei x_0 einen **Vorzeichenwechsel** hat, dann ist x_0 eine **Wendestelle**.

Hinreichende Bedingung für Wendestellen via Wert der dritten Ableitung
Die Funktion f sei auf einem Intervall I dreimal differenzierbar und $x_0 \in I$.
Wenn **f''(x_0) = 0 und f'''(x_0) ≠ 0** gilt, dann ist x_0 eine **Wendestelle**.

Beispiel 1 Wendepunktbestimmung
Gegeben ist die Funktion $f(x) = \frac{1}{4}(x^4 - 6x^2 - 8x - 1)$. Bestimmen Sie die Wendepunkte.
Lösung:
Ableitungen: $f'(x) = x^3 - 3x - 2$; $f''(x) = 3x^2 - 3$; $f'''(x) = 6x$
Notwendige Bedingung für Wendestellen: $f''(x) = 0 \Rightarrow 3x^2 - 3 = 0 \Rightarrow x_1 = 1$; $x_2 = -1$
Hinreichende Bedingung: Es ist $f''(1) = 0$ und $f'''(1) = 6 \neq 0$. Die Stelle $x_1 = 1$ ist Wendestelle.
Es ist $f''(-1) = 0$ und $f'''(-1) = -6 \neq 0$, womit die Stelle $x_2 = -1$ ebenfalls Wendestelle ist.
Somit besitzt der Graph von f die beiden Wendepunkte $W_1(1|-3.5)$ und $W_2(-1|0.5)$.

Beispiel 2 Wendestelle, Krümmungsverhalten, Wendetangente
Gegeben ist die Funktion $f(x) = x^3 + x$.
a) Bestimmen Sie die Wendestelle des Graphen von f und sein Krümmungsverhalten.
b) Ermitteln Sie die Gleichung der Wendetangente.
c) Skizzieren Sie den Graphen und zeichnen Sie die Wendetangente ein.
Lösung:
a) Ableitungen: $f'(x) = 3x^2 + 1$; $f''(x) = 6x$
Notwendige Bedingung: $f''(x) = 0 \Rightarrow 6x = 0$
$\Rightarrow x = 0$ ist mögliche Wendestelle.
Hinreichende Bedingung: Da f'' bei $x = 0$ einen Vorzeichenwechsel hat, ist $x = 0$ eine Wendestelle.
Krümmungsverhalten: Da $f''(x) < 0$ für $x < 0$, ist der Graph in $]-\infty; 0[$ rechtsgekrümmt.
Da $f''(x) > 0$ für $x > 0$, ist der Graph in $]0; \infty[$ linksgekrümmt.
b) Im Wendepunkt $W(0|f(0)) = W(0|0)$ ist die Steigung $f'(0) = 1 \Rightarrow$ Wendetangente: $y = x$

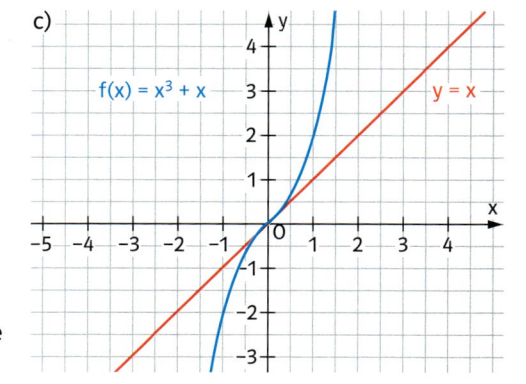

Aufgaben

1 Bestimmen Sie die Intervalle, in denen der Graph der Funktion f linksgekrümmt bzw. rechtsgekrümmt ist. Geben Sie die Wendepunkte an.

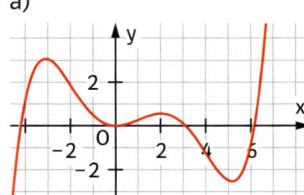

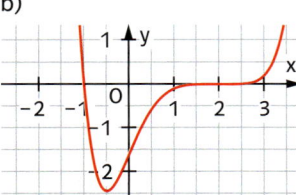

a) b) c)

2 Ermitteln Sie die Wendepunkte und geben Sie die Intervalle an, in denen der Graph von f eine Linkskurve bzw. eine Rechtskurve ist.
a) $f(x) = 4 + 2x - x^2$
b) $f(x) = x^3 - x$
c) $f(x) = x^3 + 6x$
d) $f(x) = x^4 + x^2$
e) $f(x) = x^4 - 6x^2$
f) $f(x) = \frac{1}{3}x^6 - 20x^2$
g) $f(x) = x^5 - x^4 + x^3$
h) $f(x) = x^3 \left(\frac{1}{20}x^2 + \frac{1}{4}x + \frac{1}{3}\right)$
i) $f(x) = \frac{3}{10}x^5 - 4x^3 + 10$

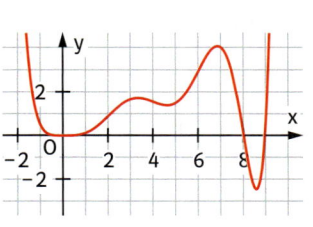

Wo ist die Strasse linksgekrümmt, wo ist sie rechtsgekrümmt? Worauf kommt es dabei an?

3 Bestimmen Sie in den Wendepunkten die Gleichungen der Tangenten.
a) $f(x) = x^3 - 6x^2 + 20$
b) $f(x) = x^3(2 + x)$
c) $f(x) = \frac{1}{2}x^4 - x^3 + \frac{1}{2}$
d) $f(x) = x^5 - x + 1$

4 Bestimmen Sie a so, dass die gegebene Funktion bei $x = 2$ einen Wendepunkt besitzt.
a) $f(x) = ax^3 - x^2 + 5$
b) $f(x) = \frac{2 + ax}{x^2 - 1}$

5 a) Zeigen Sie, dass der Graph der Quadratfunktion f mit $f(x) = ax^2 + bx + c$ linksgekrümmt ist für $a > 0$ und rechtsgekrümmt ist für $a < 0$.
b) Gegeben ist die Funktion f mit $f(x) = \frac{1}{x^n}$; $n \in \mathbb{N}$; $D_f = \mathbb{R} \setminus \{0\}$. Für welche n ist der Graph von f überall linksgekrümmt?

6 Skizzieren Sie den Graphen einer Polynomfunktion, der die angegebene Bedingung erfüllt. Geben Sie möglichst einen passenden Funktionsterm an.
a) Der Graph besitzt keinen Wendepunkt und ist rechtsgekrümmt.
b) Der Graph hat genau einen Wendepunkt auf der x-Achse, links davon ist der Graph rechtsgekrümmt, rechts davon linksgekrümmt.
c) Der Graph hat einen Wendepunkt im Ursprung und genau einen Hoch- und Tiefpunkt.

7 Zeigen Sie, dass jede Polynomfunktion f dritten Grades die folgenden Eigenschaften hat.
a) f besitzt genau eine Wendestelle x_w.
b) Fehlt bei f das quadratische Glied, dann liegt der Wendepunkt auf der y-Achse.
c) Die Nullstellen von f' liegen stets symmetrisch um x_w.
d) f ist punktsymmetrisch zum Wendepunkt.

Hinweis zu 7d):
Es genügt zu zeigen, dass für alle $p \in \mathbb{R}$ gilt:
$$f(x_w) = \frac{f(x_w + p) + f(x_w - p)}{2}$$

8 a) Welche Beziehung muss zwischen den Koeffizienten b und c bestehen, damit der Graph von $f(x) = x^3 + bx^2 + cx + d$ einen Wendepunkt mit waagerechter Tangente hat?
b) Beweisen Sie: Der Graph der Funktion f mit $f(x) = ax^5 - bx^3 + cx$; $a, b, c \in \mathbb{R}^+$ hat drei Wendepunkte, die auf einer Geraden liegen.

4.8 Kurvendiskussion

▬▬ Eine Polynomfunktion hat Nullstellen bei $x_1 = -2$ und bei $x_2 = 3$. Ihr Graph besitzt einen Hochpunkt $H(-1|5)$ und einen Tiefpunkt $T(4|-2)$.
a) Skizzieren Sie den Graphen der Funktion.
b) Ist 5 der maximale Funktionswert?
c) Ist 5 der maximale Funktionswert im Intervall $[-2; 3]$?
d) Welche weiteren Informationen über die Funktion werden für eine genaue Skizze benötigt? ▬▬

Um den Graphen einer Funktion zeichnen und interpretieren zu können, ist es erforderlich, alle seine charakteristischen Punkte und Eigenschaften zu kennen bzw. zu ermitteln. Derartige Untersuchungen von Funktionen nennt man **Kurvendiskussion**.
Bei einer Kurvendiskussion sollte man stets systematisch vorgehen.

Beispiel Kurvendiskussion
Ermitteln Sie alle charakteristischen Eigenschaften der Funktion $f(x) = x^3 - 3x$ und zeichnen Sie den Graphen mit Wendetangenten.
Lösung:

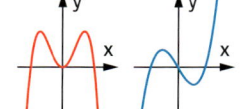

Die Symmetrie sollte frühzeitig untersucht werden, da man so von den Erkenntnissen auf einer Seite der y-Achse auf die andere Seite schliessen kann.

1. Definitionsbereich:

Für Polynomfunktionen ist der Definitionsbereich stets $D_f = \mathbb{R}$.

2. Symmetrie:
Zum Ursprung: $f(-x) = -f(x)$
Zur y-Achse: $f(-x) = f(x)$ für alle $x \in D_f$

Da $f(-x) = (-x)^3 - 3 \cdot (-x) = -x^3 + 3x = -f(x)$ ist, ist der Graph punktsymmetrisch zum Ursprung.

3. Schnittpunkte mit den Koordinatenachsen:
Schnittpunkte mit x-Achse:
$x_0 \in D_f$ mit $f(x_0) = 0$;
Schnittpunkt mit y-Achse: $S(0|f(0))$

$f(x) = 0 \Rightarrow x \cdot (x^2 - 3) = 0 \Rightarrow$
Nullstellen: $x_1 = 0$; $x_2 = -\sqrt{3}$; $x_3 = \sqrt{3}$
$f(0) = 0 \Rightarrow$
Schnittpunkt mit der y-Achse $S(0|0)$

4. Ableitungen:
Von f werden die ersten drei Ableitungen bestimmt.

$f'(x) = 3x^2 - 3$
$f''(x) = 6x$
$f'''(x) = 6$

5. Extrempunkte:
$f'(x_0) = 0$ und
(1) f' wechselt in x_0 das Vorzeichen von
– nach + (Minimalstelle) oder von
+ nach – (Maximalstelle) oder
(2) $f''(x_0) > 0$ (lokales Minimum) oder
$f''(x_0) < 0$ (lokales Maximum)

$f'(x) = 3x^2 - 3 = 3 \cdot (x-1) \cdot (x+1) = 0$ ergibt $x_4 = 1$ und $x_5 = -1$. Da $f''(-1) = -6 < 0$ ist, liegt in $x_5 = -1$ ein Maximum vor.
Es ist $f(-1) = 2$; daher ist $H(-1|2)$ Hochpunkt. Wegen der Punktsymmetrie zu O ist $T(1|-2)$ ein Tiefpunkt.

6. Wendepunkte:
$f''(x_0) = 0$ und
(1) f'' wechselt in x_0 das Vorzeichen oder
(2) $f'''(x_0) \neq 0$.

$f''(x) = 6x = 0 \Rightarrow x_6 = 0$. Wegen $f'''(0) = 6 \neq 0$ ist $W(0|0)$ Wendepunkt. Steigung der Wendetangente ist $f'(0) = -3$.

7. Verhalten im Unendlichen:
Das Verhalten von f(x) ist für grosse |x| durch den Summanden mit dem grössten Exponenten bestimmt.

Der entscheidende Summand von f(x) ist x^3; also gilt:
$f(x) \to -\infty$ für $x \to -\infty$
$f(x) \to +\infty$ für $x \to +\infty$

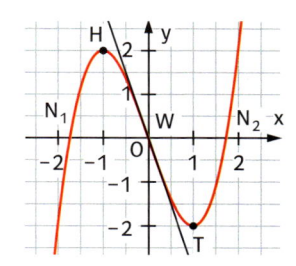

8. Graph:
Für die Skizze des Graphen werden die berechneten Punkte in ein Koordinatensystem eingezeichnet und gegebenenfalls noch weitere Punkte berechnet.

Aufgaben

1 Führen Sie eine Kurvendiskussion durch.
a) $f(x) = \frac{1}{3}x^3 - x$
b) $f(x) = \frac{1}{2}x^2 - \frac{1}{8}x^3$
c) $f(x) = \frac{1}{4}x^4 + x^3$
d) $f(x) = 2 - \frac{5}{2}x^2 + x^4$
e) $f(x) = \frac{1}{8}x^4 - \frac{3}{4}x^3 + \frac{3}{2}x^2$
f) $f(x) = \frac{1}{20}x^5 - \frac{1}{6}x^3$
g) $f(x) = \frac{1}{6}(x+1)^2(x-2)$
h) $f(x) = 0.1 \cdot (x^2 + 1)^2$
i) $f(x) = 0.1 \cdot (x^3 + 1)^2$

2 Skizzieren Sie den Graphen einer Funktion f mit folgenden Eigenschaften:
$f(-1) = 0$; $f(4) = 0$; $f'(4) = 0$; $f''(4) = 0$; $f'''(4) \neq 0$; $f(6) = 0$.
Beantworten und begründen Sie folgende Fragen.
a) Wie viele Extrempunkte muss der Graph mindestens haben?
b) Wie viele Wendepunkte muss der Graph mindestens haben?
c) Schneidet der Graph die y-Achse oberhalb oder unterhalb der x-Achse?

3 Gegeben ist die Funktion f mit $f(x) = \frac{1}{20}x^5 - \frac{2}{3}x^3 + 3x$.
a) Bestätigen Sie, dass der Graph f an der Stelle $x_0 = \sqrt{2}$ ein lokales Maximum, für $x_1 = \sqrt{6}$ ein lokales Minimum und für $x_2 = 2$ eine Wendestelle besitzt.
b) An welchen Stellen müssen ebenfalls Extrem- und Wendestellen auftreten? Begründen Sie möglichst ohne Rechnung.
c) Berechnen Sie die Extremwerte und zeichnen Sie den Graphen von f.

4 Begründen oder widerlegen Sie.
a) Der Graph einer Polynomfunktion vierten Grades kann drei Wendepunkte haben.
b) Der Graph einer Polynomfunktion fünften Grades hat immer 4 Extrempunkte.
c) Der Graph einer Polynomfunktion fünften Grades hat mindestens einen Wendepunkt.
d) Polynomfunktionen von ungeradem Grad haben immer den Ursprung als Wendepunkt.

Können Sie 4 c) verallgemeinern?

5 Welche Beziehung muss für die Koeffizienten der Funktion f mit $f(x) = x^3 + bx^2 + cx + d$ gelten, damit der Graph von f zwei, genau eine bzw. keine waagerechte Tangente besitzt?

6 Welche Eigenschaften des Graphen der Funktion f (Schnittpunkte mit der x-Achse und der y-Achse, Extrem- und Wendepunkte) gelten, wenn $c \neq 0$ ist, auch für den Graphen von g? Wie verändern sich dabei gegebenenfalls die Koordinaten der Schnittpunkte mit der x-Achse, der y-Achse, Extrem- und Wendepunkte?
a) $g(x) = c \cdot f(x)$
b) $g(x) = f(x) + c$
c) $g(x) = f(x - c)$
d) $g(x) = c \cdot f(x - c)$

4.9 Bestimmung von Polynomfunktionen

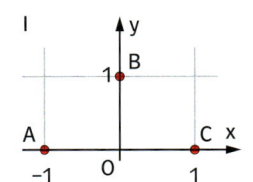

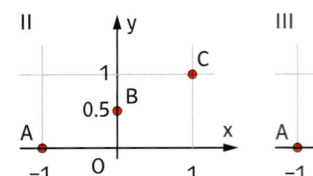

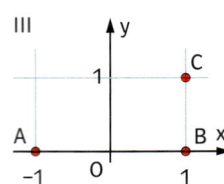

Für welche der drei Fälle I, II, III lässt sich durch die drei Punkte A, B und C der Graph einer Polynomfunktion
a) vom Grad 2,
b) höchstens vom Grad 2
zeichnen?

Ist eine Funktion f gegeben, kann man die Koordinaten von Punkten des Graphen ermitteln. Sind umgekehrt Punkte vorgegeben, kann man versuchen, eine Polynomfunktion zu bestimmen, deren Graph durch diese Punkte geht.

Der Graph einer Polynomfunktion zweiten Grades soll z. B. durch die Punkte A (0|1), B (1|2) und C (2|7) gehen. Durch den Ansatz $f(x) = ax^2 + bx + c$ erhält man:

$f(0) = 1$:	$c = 1$	(1)
$f(1) = 2$:	$a + b + c = 2$	(2)
$f(2) = 7$:	$4a + 2b + c = 7$	(3)

(1), (2) und (3) bilden ein lineares Gleichungssystem von drei Gleichungen mit den drei Unbekannten a, b und c.

Das Gleichungssystem liefert $a = 2$; $b = -1$; $c = 1$. Also gilt: $f(x) = 2x^2 - x + 1$.

Bei drei gegebenen Punkten führte der Ansatz einer Polynomfunktion zweiten Grades zum Ziel. Sind allgemein n + 1 Punkte vorgegeben, so liefert der Ansatz einer Polynomfunktion n-ten Grades in gleicher Weise ein lineares Gleichungssystem von n + 1 Gleichungen für die n + 1 Koeffizienten des Funktionsterms.

Sind zusätzlich Ableitungswerte gegeben, so geht man entsprechend vor. Die Vorgaben $f(0) = -2$; $f(1) = 0$; $f(-1) = -6$; $f'(0) = 0$ sind vier Bedingungen.
Wir setzen daher eine Polynomfunktion dritten Grades an.
Der Ansatz $f(x) = ax^3 + bx^2 + cx + d$ mit $f'(x) = 3ax^2 + 2bx + c$ liefert:

$f(0) = -2$:	$d = -2$	(1)
$f(1) = 0$:	$a + b + c + d = 0$	(2)
$f(-1) = -6$:	$-a + b - c + d = -6$	(3)
$f'(0) = 0$:	$c = 0$	(4)

Das Gleichungssystem führt zu $d = -2$; $c = 0$; $b = -1$; $a = 3$. Somit ist f mit $f(x) = 3x^3 - x^2 - 2$ die gesuchte Funktion.

Die Kontrolle ist nötig, da nur notwendige Bedingungen verwendet werden.

Strategie zur **Bestimmung einer Polynomfunktion**:
1. Bei n + 1 Bedingungen Ansetzen einer Funktion vom Grad n
2. Formulieren der gegebenen Bedingungen mithilfe von f, f', f'' usw.
3. Aufstellen des Gleichungssystems
4. Lösen des Gleichungssystems; Angabe der gefundenen Funktion
5. Kontrollieren des Ergebnisses

Ist der Graph der gesuchten Funktion symmetrisch zur y-Achse oder zum Ursprung oder sind Nullstellen gegeben, so kann dies bereits beim Ansatz berücksichtigt werden. Hierdurch vereinfacht sich das Gleichungssystem.

Beispiel 1 Bestimmung einer Polynomfunktion
Der Graph einer Polynomfunktion vierten Grades hat bei $x = -3$ eine Extremstelle und im Punkt $W(-2|-2)$ einen Wendepunkt. Er schneidet die x-Achse an der Stelle $x = -4$, und die Steigung im Schnittpunkt mit der y-Achse beträgt $m = -3$.

«Der Graph hat in $W(-2|-2)$ einen Wendepunkt» enthält zwei Bedingungen.

Lösung:
1. Ansatz: $f(x) = ax^4 + bx^3 + cx^2 + dx + e$;
   $f'(x) = 4ax^3 + 3bx^2 + 2cx + d$; $f''(x) = 12ax^2 + 6bx + 2c$
2. Bedingungen: 3. Gleichungssystem:
   $f'(-3) = 0$ $-108a + 27b - 6c + d = 0$ (1)
   $f(-2) = -2$ $16a - 8b + 4c - 2d + e = -2$ (2)
   $f''(-2) = 0$ $48a - 12b + 2c = 0$ (3)
   $f(-4) = 0$ $256a - 64b + 16c - 4d + e = 0$ (4)
   $f'(0) = -3$ $d = -3$ (5)
4. Das Gleichungssystem führt zu $a = \frac{1}{12}$, $b = 0$, $c = -2$, $d = -3$ und $e = -\frac{4}{3}$.
   Es ist also $f(x) = \frac{1}{12}x^4 - 2x^2 - 3x - \frac{4}{3}$.
5. Die Funktion f erfüllt die geforderten Bedingungen.

Beispiel 2 Punktsymmetrie
Der Graph einer Polynomfunktion f vom Grad 3 ist punktsymmetrisch zum Ursprung, geht durch $A(1|2)$ und hat für $x = 1$ eine waagerechte Tangente. Bestimmen Sie f.
Lösung:
1. Ansatz ($n = 3$ und f ungerade): $f(x) = ax^3 + bx$; $f'(x) = 3ax^2 + b$
2. Bedingungen: $f(1) = 2$ 3. Gleichungssystem: $a + b = 2$ (1)
   $f'(1) = 0$ $3a + b = 0$ (2)
4. Das Gleichungssystem führt zu $a = -1$; $b = 3$. Es ist also $f(x) = -x^3 + 3x$.
5. Die Funktion f ist ungerade und erfüllt die geforderten Bedingungen $f(1) = 2$, $f'(1) = 0$.

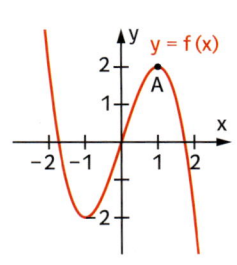

Fig. 1
Genau eine Lösung

Beispiel 3 Nullstellenansatz
Für welche Polynomfunktion möglichst niedrigen Grades n ist $f(0) = f(2) = 0$ und $f'(2) = 6$?
Lösung:
1. Nullstellenansatz ($x_1 = 0$ und $x_2 = 2$): $f(x) = ax(x - 2) = ax^2 - 2ax$; $f'(x) = 2ax - 2a$
2. Bedingungen: $f(0) = f(2) = 0$ ist bereits erfüllt. Bleibt $f'(2) = 6$.
3. Gleichung: $4a - 2a = 6$
4. Die Gleichung führt auf $a = 3$. Es ist also $f(x) = 3x^2 - 6x$.
5. Die Funktion f erfüllt die gestellten Bedingungen und ist vom Grad 2.

Beispiel 4 Achsensymmetrie
Der Graph einer Polynomfunktion f vom Grad 4 ist achsensymmetrisch zur y-Achse, geht durch $A(0|-4)$, $B(-1|-6)$ und hat in B die Steigung 2. Bestimmen Sie f.
Lösung:
1. Ansatz ($n = 4$ und f gerade): $f(x) = ax^4 + bx^2 + c$; $f'(x) = 4ax^3 + 2bx$
2. Bedingungen: $f(0) = -4$ 3. Gleichungssystem: $c = -4$ (1)
   $f(-1) = -6$ $a + b + c = -6$ (2)
   $f'(-1) = 2$ $-4a - 2b = 2$ (3)
4. Mit $c = -4$ ergibt sich: $a + b = -2$
                                $2a + b = -1$
Subtraktion der ersten Zeile von der zweiten ergibt $a = 1$ und dann $b = -3$.
Es ist also $f(x) = x^4 - 3x^2 - 4 = (x^2 - 4)(x^2 + 1)$.
5. Die Funktion f ist gerade und erfüllt die Bedingungen.

Aufgaben

Mitunter ist es sinnvoll, die gegebenen Eigenschaften wie in Fig. 1 bis 5 zu skizzieren.

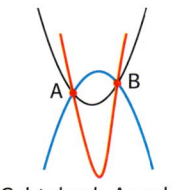

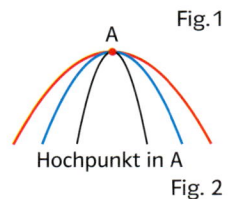

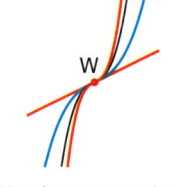

1 Bestimmen Sie die Polynomfunktion vom Grad 2, deren Graph durch die angegebenen Punkte geht.
a) A(−1|0), B(0|−1), C(1|0)   b) A(0|0), B(1|0), C(2|3)   c) A(1|3), B(−1|2), C(3|2)

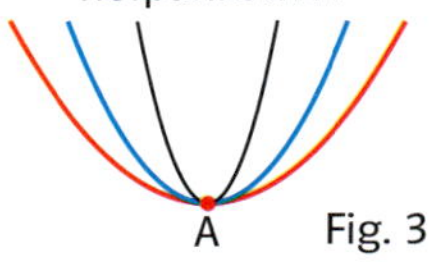

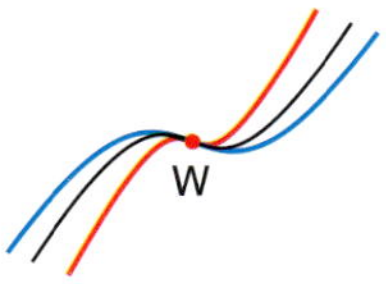

2 Bestimmen Sie eine Polynomfunktion vom Grad 3, deren Graph
a) durch A(2|0), B(−2|4) und C(−4|8) geht und einen Tiefpunkt auf der y-Achse hat,
b) durch A(2|2) und B(3|9) geht und den Tiefpunkt T(1|1) hat.

3 Bestimmen Sie die Polynomfunktion f niedrigsten Grades mit den Funktionswerten:
a) f(0) = 1, f(1) = 0, f(2) = 1   b) f(0) = 0, f(1) = 1, f(2) = 2
c) f(0) = 0, f(−1) = 0, f(1) = 2, f(2) = 6   d) f(0) = 0, f(1) = 0, f(2) = 0, f(3) = 1

4 Begründen Sie, dass es für die folgenden Bedingungen keine Polynomfunktion f gibt.
a) Grad von f gleich 2; Nullstellen für x = 2 und x = 4; Maximum für x = 0.
b) Grad von f gleich 3; Extremwerte für x = 0 und x = 3; Wendestelle für x = 1.

5 Bestimmen Sie die Polynomfunktion dritten Grades, deren Graph
a) die x-Achse im Ursprung berührt und deren Tangente in P(−3|0) parallel zur Geraden y = 6x ist,
b) in P(1|4) einen Extrempunkt und in Q(0|2) einen Wendepunkt hat,
c) an der Stelle x = −2 ein Extremum besitzt und deren Tangente im Wendepunkt W(−1|2) durch den Ursprung geht,
d) in A(1|−1) ein Extremum und in x = −1 eine Wendestelle hat und die Gerade y = −3x + 2 berührt.

6 Bestimmen Sie alle Polynomfunktionen dritten Grades, deren Graph
a) punktsymmetrisch zum Ursprung ist und für x = 2 einen Extrempunkt hat,
b) im Ursprung einen Wendepunkt mit der Wendetangente y = x hat.

7 Bestimmen Sie die Polynomfunktion vierten Grades, deren Graph
a) den Wendepunkt O(0|0) mit der x-Achse als Wendetangente und den Extrempunkt A(−1|−2) hat,
b) in O(0|0) und im Wendepunkt W(−2|2) Tangenten parallel zur x-Achse hat,
c) symmetrisch zur y-Achse ist, durch A(0|2) geht und den Extrempunkt B(1|0) hat,
d) symmetrisch zur y-Achse ist und in P(2|0) eine Wendetangente mit dem Anstieg $-\frac{3}{4}$ hat.

8 Bestimmen Sie alle Polynomfunktionen
a) vom Grad 2, deren Graph durch A(0|2) und B(6|8) geht und die x-Achse berührt,
b) vom Grad 3, deren Graph durch A(−2|2), B(0|2), C(2|2) geht und die x-Achse berührt.

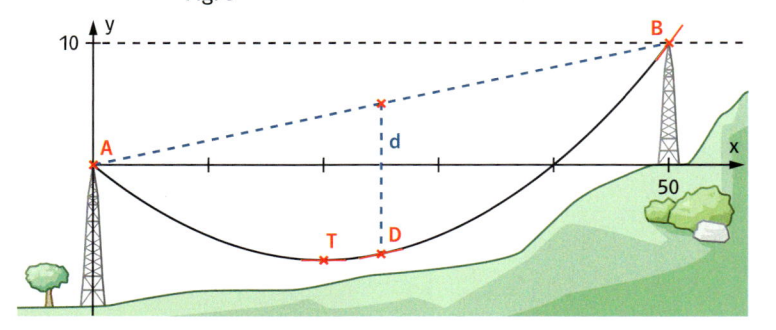

9 Der Verlauf eines Seiles zwischen zwei Aufhängepunkten A(0|0) und B(50|10) kann näherungsweise durch eine quadratische Funktion f mit f(x) = ax² + bx + c beschrieben werden (Einheiten in m).
a) Bestimmen Sie a, b und c so, dass die Tangente im Punkt B den Anstieg 1 hat.
b) Welche Koordinaten hat der tiefste Punkt T des Seils? In welchem Punkt D ist der Durchhang d des Seils am grössten?

4.10 Extremwertprobleme

▬▬ Stellen Sie den Umfang eines Rechtecks als Funktion einer Variablen dar, wenn
a) die Rechteckseiten gleich lang sind,   b) die Seiten im Verhältnis 2:3 stehen,
c) das Rechteck den Flächeninhalt 20 cm² hat,   d) die Rechteckdiagonale 5 cm lang ist.

Bisher wurden wiederholt Extremwerte bei vorgegebenen Funktionen bestimmt. Ist der Funktionsterm zunächst unbekannt, so muss er aus der Problemstellung ermittelt werden.

Aus einem dreieckigen Stück einer Glasscheibe (Fig. 1) soll ein rechteckiges Stück mit einem möglichst grossen Flächeninhalt herausgeschnitten werden. Dazu muss derjenige Punkt P(u|v) auf der Strecke QR bestimmt werden, für den der Flächeninhalt des eingezeichneten Rechtecks am grössten wird. Für den Flächeninhalt des Rechtecks erhält man zunächst (1) $A = u \cdot v$.
A hängt in diesem Fall von den beiden Variablen u und v ab. Die Variablen u und v sind nicht unabhängig voneinander. Da P auf der Geraden liegen soll, gilt die sogenannte
Nebenbedingung (2) $v = -\frac{5}{3}u + 5$ für $0 \leq u \leq 3$.
Setzt man die Nebenbedingung (2) in (1) ein, so erhält man die sogenannte **Zielfunktion**:
$A(u) = u \cdot \left(-\frac{5}{3}u + 5\right)$, $0 \leq u \leq 3$.
Sie hängt nur noch von einer Variablen ab und wird wie bisher in ihrer Definitionsmenge auf Extremwerte untersucht.

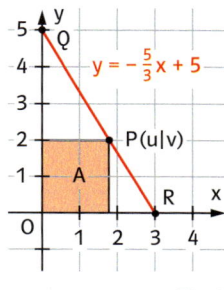

Fig. 1

Strategie für das **Lösen von Extremwertproblemen**:
1. Beschreiben der Grösse, die extremal werden soll, durch einen Term. Dieser kann mehrere Variablen enthalten.
2. Aufsuchen von Nebenbedingungen (Abhängigkeiten zwischen den Variablen).
3. Bestimmung der Zielfunktion.
4. Untersuchung der Zielfunktion auf Extremwerte und Formulierung des Ergebnisses. Hier sind auch globale Extremwerte und Randwerte zu untersuchen.

Beispiel 1
Ein Sportstadion (Fig. 2) mit einer Laufbahn der Länge 400 m soll so angelegt werden, dass die Fläche A des eingeschlossenen Rechtecks als Fussballfeld möglichst gross ist.
Lösung:
1. Sind x und y die Längen (in m), so ist der Inhalt des Rechtecks $A = x \cdot 2y$.
2. Nebenbedingung ist $400 = 2x + 2\pi y$.
3. Aus $400 = 2x + 2\pi y$ ergibt sich $y = \frac{1}{\pi}(200 - x)$. Einsetzen in A ergibt die Zielfunktion $A(x) = \frac{1}{\pi}(400x - 2x^2)$. Da $x > 0$ und $y > 0$ ist, erhält man $x \in [0; 200]$.
4. Es ist $A'(x) = \frac{1}{\pi}(400 - 4x)$ und $A''(x) = -\frac{4}{\pi}$.
Da $A'(x) = 0$ für $x_0 = 100$ ist und $A''(100) < 0$, liegt bei $x_0 = 100$ ein lokales Maximum von A vor. Dies ist gleichzeitig ein globales Maximum, da $A(0) = A(200) = 0$ ist, die Randwerte also kleiner als $A(100) \approx 6366$ sind. Die Breite erhält man aus $y = \frac{1}{\pi}(200 - x)$, also $y \approx 31.83$.
Ergebnis: Der Platz innerhalb der 400 m-Bahn ist maximal für $x = 100\,m$ und $y = 31.83\,m$.

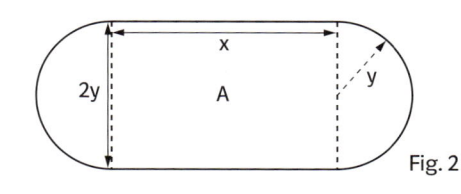

Fig. 2

Masse eines Fussballfeldes:
Länge: 90 m bis 120 m
Breite: 45 m bis 90 m

Beispiel 2 Extremwert am Rand
Der Punkt $Q(u|v)$ liegt auf dem Graphen von f mit $f(x) = \frac{7}{16}x^2 + 2$ (Fig. 1). Für welche Lage von Q wird der Inhalt des Rechtecks RBPQ maximal?

Lösung:
1. Flächeninhalt des Rechtecks:
   $A = (4 - u) \cdot v$
2. Nebenbedingung: $v = f(u)$
3. Zielfunktion: $A(u) = (4 - u) \cdot \left(\frac{7}{16}u^2 + 2\right)$
   $= -\frac{7}{16}u^3 + \frac{7}{4}u^2 - 2u + 8; \quad D_A = [0; 4]$
4. Es ist $A'(u) = -\frac{21}{16}u^2 + \frac{7}{2}u - 2$ und
   $A''(u) = -\frac{21}{8}u + \frac{7}{2}$. $A(u)$ hat bei $u_0 \approx 1.84$ das lokale Maximum $A(u_0) \approx 7.52$.

Der Vergleich mit den Randstellen $A(0) = 8$ und $A(4) = 0$ zeigt: globales Maximum bei $u = 0$, also im Punkt $Q(0|2)$.

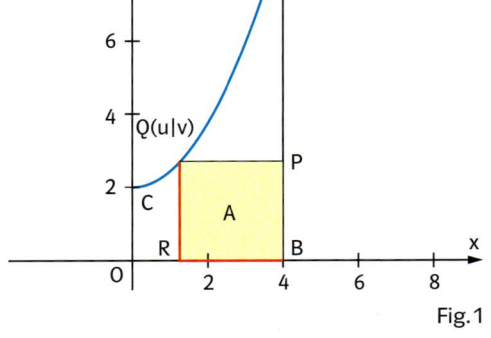

Fig. 1

Aufgaben

1 a) Zerlegen Sie die Zahl 12 in zwei Summanden, deren Produkt möglichst gross ist.
b) Welche beiden reellen Zahlen mit der Differenz 2 haben das kleinste Produkt?

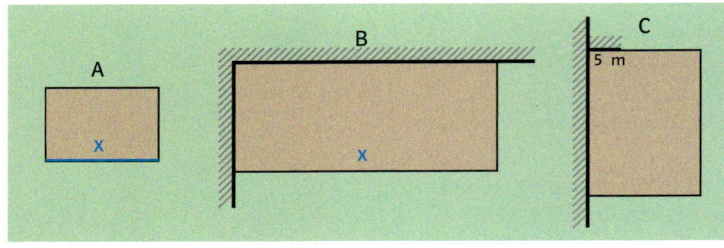

2 Mit einem Zaun der Länge 100 m soll ein rechteckiger Hühnerhof mit möglichst grossem Flächeninhalt eingezäunt werden. Bestimmen Sie in den Fällen A, B und C
a) mithilfe der Differenzialrechnung
b) ohne Differenzialrechnung
die Breite x des Hühnerhofes. Wie gross ist jeweils die maximale Fläche?

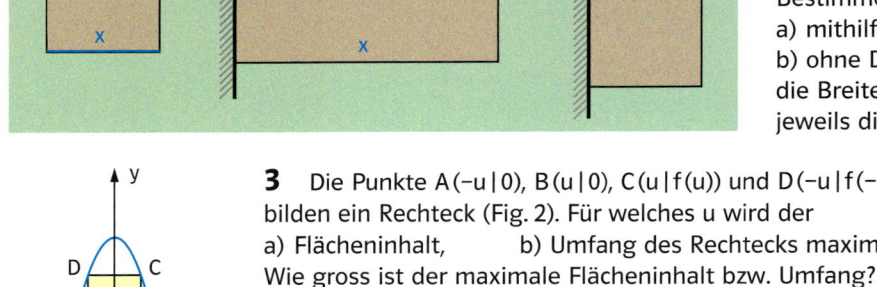

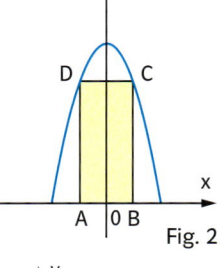

3 Die Punkte $A(-u|0)$, $B(u|0)$, $C(u|f(u))$ und $D(-u|f(-u))$ mit $0 \leq u \leq 3$ und $f(x) = -x^2 + 9$ bilden ein Rechteck (Fig. 2). Für welches u wird der
a) Flächeninhalt, b) Umfang des Rechtecks maximal?
Wie gross ist der maximale Flächeninhalt bzw. Umfang?

4 a) Aus einem Stück Karton der Länge 16 cm und der Breite 10 cm werden an den Ecken Quadrate der Seitenlänge x ausgeschnitten und die überstehenden Teile zu einer nach oben offenen Schachtel hochgebogen. Für welchen Wert von x wird das Volumen der Schachtel maximal?
Wie gross ist das maximale Volumen? 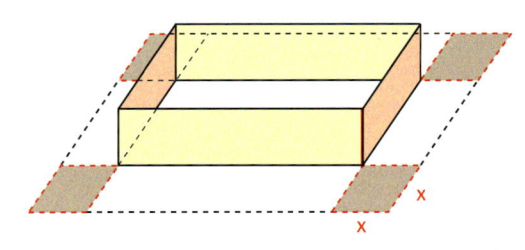
b) Falten Sie aus einem A4 Blatt eine solche «optimale» Schachtel.
c) Bestimmen Sie x für ein quadratisches Stück Karton der Länge a.

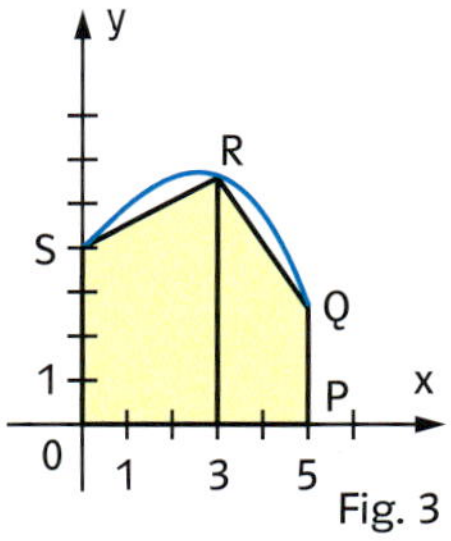

Fig. 2

Fig. 3

5 Die Punkte $O(0|0)$, $P(5|0)$, $Q(5|f(5))$, $R(u|f(u))$ und $S(0|f(0))$ bilden ein Fünfeck (Fig. 3). Für welches u wird sein Inhalt maximal, wenn $f(x) = -0.05x^3 + x + 4; \; x \in [0;5]$?

6 Von welchem Punkt des Graphen von f hat der Punkt Q den kleinsten Abstand?
a) $f(x) = x^2$; $Q(0|1.5)$ b) $f(x) = x^2$; $Q(3|0)$ c) $f(x) = \sqrt{x}$; $Q(a|0)$; $a \geq 0.5$

Beachten Sie: Für $f \geq 0$ hat g mit $g(x) = \sqrt{f(x)}$ dieselben Extremstellen wie f.

7 Welches Rechteck mit dem Umfang 30 cm (a cm) hat die kürzeste Diagonale?

8 Für welche Strecke x wird der Inhalt der grün gefärbten Dreiecksfläche in Fig. 1 maximal?

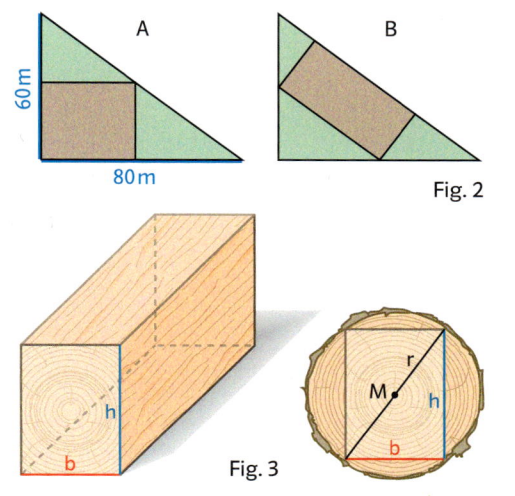

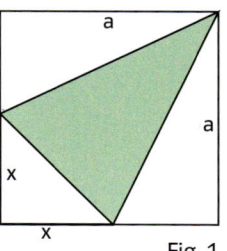

Fig. 1

9 Auf einem dreieckigen Grundstück soll eine rechteckige Lagerhalle gebaut werden. Welche grösstmögliche Fläche hat die Halle in den Fällen A und B (Fig. 2), wenn diese
a) bis zur Grundstücksgrenze reichen darf,
b) 3 m Abstand zur Grenze haben muss.

Fig. 2

10 Die Tragfähigkeit von Holzbalken ist proportional zur Balkenbreite b und zum Quadrat der Balkenhöhe h (Fig. 3).
a) Aus einem zylindrischen Baumstamm mit dem Radius r = 50 cm soll ein Balken maximaler Tragfähigkeit herausgeschnitten werden.
Wie sind Breite und Höhe zu wählen?
b) Wie genau ist die Zimmermannsregel?

Fig. 3

Zimmermannsregel: Zeichnen Sie auf eine kreisförmige Querschnittsfläche des Baumstammes einen Durchmesser; teilen Sie diesen in drei gleiche Teile; ziehen Sie in jedem Teilpunkt T_1 und T_2 die Senkrechte zum Durchmesser; so ergibt sich der gesuchte Balkenquerschnitt.

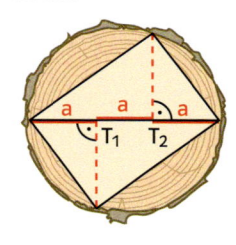

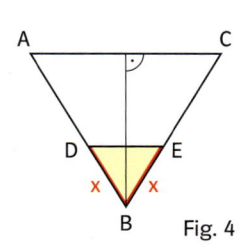

11 Eine Elektronikfirma verkauft monatlich 5000 Stück eines Bauteils zum Stückpreis von 25 Fr. Die Marktforschungsabteilung dieser Firma hat festgestellt, dass sich der durchschnittliche monatliche Absatz bei jeder Stückpreissenkung um 1 Franken um jeweils 300 Stück erhöhen würde. Bei welchem Stückpreis sind die monatlichen Einnahmen am grössten?

12 Bei einer rechteckigen Glasplatte ist eine Ecke abgebrochen. Aus dem Rest soll eine rechteckige Scheibe mit möglichst grossem Flächeninhalt herausgeschnitten werden.
a) Wie ist der Punkt P zu wählen?
b) Aus dem Rest soll wiederum eine rechteckige Scheibe geschnitten werden.
Wie gross kann diese höchstens werden?
Stellen Sie zunächst eine Wertetabelle auf.
Welche Vermutung folgern Sie?
Begründen Sie diese durch Rechnung.

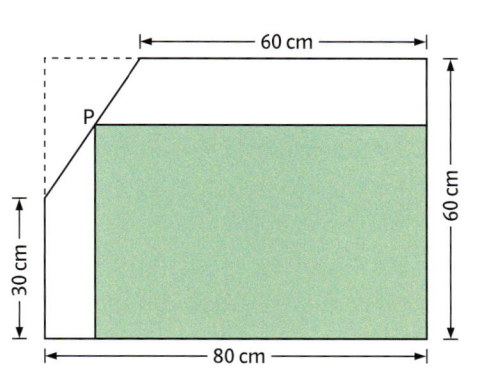

13 Vom gleichseitigen Dreieck ABC (Fig. 4) wird längs $\overline{DE}$ das Dreieck DBE so hochgefaltet, dass das Dreieck DBE senkrecht zur ursprünglichen Dreiecksebene steht. Verbindet man gedanklich B mit A und C, so entsteht eine schiefe Pyramide.
a) Berechnen Sie das Volumen V_a der Pyramide in Abhängigkeit von der Streckenlänge x für die Seitenlänge a des Dreiecks.
b) Zeichnen Sie die Graphen der Funktionen V_a für a = 3 und a = 6 und lesen Sie näherungsweise ab, für welche Werte von x das Volumen jeweils maximal wird.
c) Zeigen Sie, dass sich als grösstes Volumen $V_a = \frac{1}{36} \cdot a^3 \cdot \sqrt{3}$ ergibt und überprüfen Sie damit Ihre in b) gefundenen Werte.

Fig. 4

5 Graphen rationaler Funktionen

5.1 Verhalten in der Umgebung der Definitionslücken

a) Betrachten Sie die Funktion f mit dem Funktionsterm $f(x) = \frac{1}{x-3}$.
Geben Sie x-Werte an, für die $f(x) > 100$ bzw. für die $f(x) < -100$ ist.
Beschreiben Sie den Verlauf des Graphen von f in Worten. 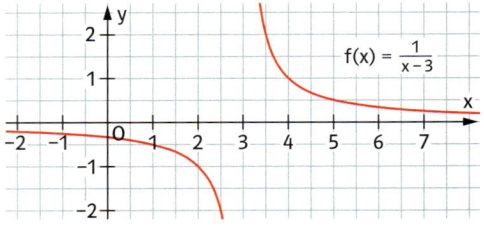
b) Bestimmen Sie die Funktionswerte der Funktionen $f(x) = \frac{2x^2 - x - 3}{2x - 3}$ und $g(x) = x + 1$ an den Stellen $x = -3; -2; -1; 0; 1; 2; 3$ und zeichnen Sie anschliessend ihre Graphen. Sind f und g dieselben Funktionen?

Bildet man den Quotienten zweier Polynome, so entsteht eine **rationale Funktion**. Solche Funktionen sind oftmals nicht mehr in ganz $\mathbb{R}$ definiert und zeigen für $x \to \pm\infty$ ein anderes Verhalten als Polynomfunktionen.
Beispiele solcher Funktionen sind $f(x) = \frac{x}{x-1}$, $g(x) = \frac{x+2}{x^2+1}$ oder $h(x) = \frac{x(x+1)}{(x+1)(x-1)}$.

Funktionen der Form $f(x) = \frac{p(x)}{q(x)}$ mit zwei Polynomen $p(x)$ und $q(x)$ heissen **rationale Funktionen** oder auch **gebrochenrationale Funktionen**.
Die Nullstellen des Nennerpolynoms $q(x)$ können in der Definitionsmenge D_f nicht enthalten sein und werden deshalb als **Definitionslücken** bezeichnet.

Die Nullstellen des Zählerpolynoms einer rationalen Funktion f, die nicht Definitionslücken von f sind, sind ihre Nullstellen.
Beispielsweise ist $x = 1$ Nullstelle der Funktion $g(x) = \frac{x-1}{x+2}$.

Polstellen

Wie sich rationale Funktionen in der Nähe ihrer Definitionslücken verhalten können, soll an der Funktion $f(x) = \frac{2x}{x-2}$ mit Definitionsmenge $D_f = \mathbb{R}\setminus\{2\}$ untersucht werden.

x	1.5	1.8	1.9	1.99	2.01	2.1	2.2	2.5
x − 2	−0.5	−0.2	−0.1	−0.01	0.01	0.1	0.2	0.5
$\frac{2x}{x-2}$	−6	−18	−38	−398	402	42	22	10

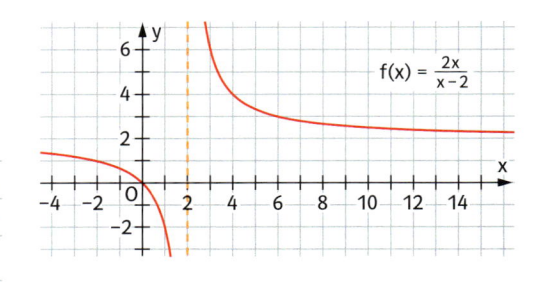

Die Wertetabelle und der Graph zeigen, dass die Funktionswerte bei Annäherung an die Definitionslücke $x_0 = 2$
von links beliebig klein   bzw.   von rechts beliebig gross werden.
Man schreibt dafür:
Für $x \to 2$ mit $x < 2$ gilt: $f(x) \to -\infty$ bzw.   Für $x \to 2$ mit $x > 2$ gilt: $f(x) \to \infty$
oder kurz:
$\lim\limits_{x \uparrow 2} f(x) = -\infty$ bzw. $\lim\limits_{x \downarrow 2} f(x) = \infty$

Die Stelle $x_0 = 2$ heisst Unendlichkeitsstelle oder **Polstelle** von f.

Beispiel 2
Lesen Sie für die rationale Funktion
$f(x) = \frac{3}{4}x - 1 - \frac{2}{2x+3}$ die Gleichungen
aller Asymptoten ab und skizzieren Sie
den Funktionsgraphen.
Lösung:
An der Stelle $x = -1.5$ besitzt die Funktion
eine Polstelle mit Vorzeichenwechsel von
+ nach –.
Gleichung der senkrechten Asymptote:
$x = -1.5$.
Die Gerade mit der Gleichung $y = \frac{3}{4}x - 1$
ist schiefe Asymptote von G_f.

Skizze des Funktionsgraphen:

Beispiel 3
Gegeben ist die Funktion $f(x) = \frac{3-4x^2}{2x^2+1}$.
Bestimmen Sie die Gleichungen aller
Asymptoten von G_f und skizzieren Sie den
Funktionsgraphen.
Lösung:
f besitzt keine Definitionslücke, weil der
Nenner immer positiv ist. G_f besitzt daher
also auch keine senkrechte Asymptote.
Zählergrad und Nennergrad sind gleich.

Es gilt: $f(x) = \frac{3-4x^2}{2x^2+1} = \frac{x^2\left(\frac{3}{x^2}-4\right)}{x^2\left(2+\frac{1}{x^2}\right)} = \frac{\frac{3}{x^2}-4}{2+\frac{1}{x^2}}$

Hieraus ist die waagerechte Asymptote mit
der Gleichung $y = \frac{-4}{2} = -2$ ersichtlich.

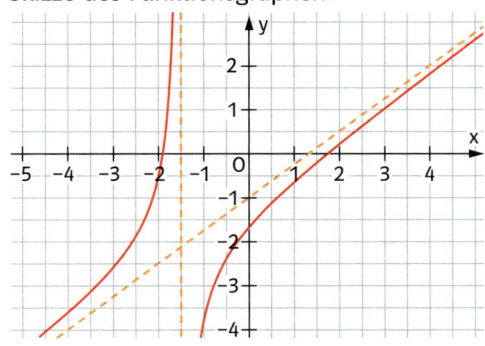

Skizze des Funktionsgraphen; ausgenutzt
wird $f(0) = 3$:

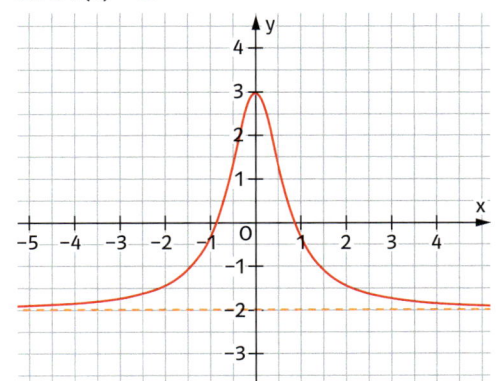

Aufgaben

1 Bestimmen Sie die Gleichungen aller Asymptoten.
a) $f(x) = \frac{4}{2x+1}$
b) $f(x) = \frac{x-1}{x+1}$
c) $g(x) = \frac{3-2x}{4x^2-1}$
d) $g(x) = \frac{3+2x^2}{4x^2+1}$
e) $f(x) = \frac{2x^3-1}{4x^2-x^3}$
f) $g(x) = \frac{3x^2-2x}{2x-1}$
g) $s(x) = x - \frac{1}{x-1}$
h) $g(x) = \frac{3x}{(x-2)^2}$

2 Eine der Funktionen f_1 bis f_6 besitzt die in Fig. 1 gezeichneten Asymptoten. Welche Funktion muss es sein? Begründen Sie Ihre Antwort kurz.
$f_1(x) = \frac{x+1}{2-x}$; $f_2(x) = \frac{0.5x^2-1}{x+2}$; $f_3(x) = \frac{3x+2}{2x-4}$; $f_4(x) = \frac{1+2x^2}{(x-2)^2}$; $f_5(x) = \frac{5-x^2}{4-2x}$; $f_6(x) = \frac{0.5x-2}{x-2}$

3 Geben Sie eine rationale Funktion an, die folgende Asymptoten besitzt.
a) $y = -1$; $x = 0$
b) $x = -1$; $y = x - 2$
c) $x = -2$; $x = 2$
d) $y = 0$; $x = \sqrt{2}$

4 Remo sagt: «Eine Asymptote wird nie vom Graphen der zugehörigen Funktion geschnitten.» Nora antwortet ihm: «Für eine senkrechte Asymptote stimmt das schon, für waagerechte Asymptoten aber nicht; schau dir doch mal die Funktion $f(x) = \frac{x^2}{(x-2)^2}$ an.»
Begründen Sie, dass Nora mit ihren beiden Aussagen Recht hat.

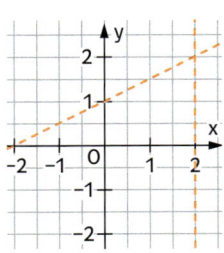

Fig. 1

5 Gegeben sind fünf Funktionen und drei Graphen. Zu welchen Funktionen sind keine Graphen vorhanden und zu welchen Graphen gehören die verbleibenden Funktionen?

1) $f(x) = \dfrac{x}{x-2}$ 2) $f(x) = \dfrac{x^2}{x-2}$ 3) $f(x) = \dfrac{x^2}{(x-2)^2}$ 4) $f(x) = \dfrac{x(x-1)}{(x-2)}$ 5) $f(x) = \dfrac{x}{(x-2)^2}$

a) b) 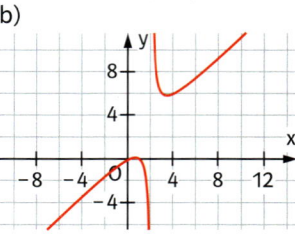 c)

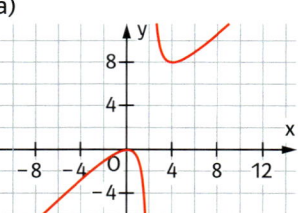

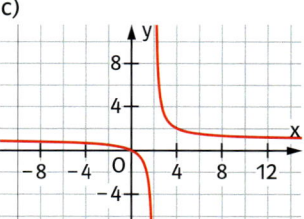

6 Welche der Funktionen f_1 bis f_{10} haben – die waagerechte Asymptote $y = 0$; – die waagerechte Asymptote $y = -2$; – die schiefe Asymptote $y = x - 3$?

$f_1(x) = \dfrac{1+2x}{2-x}$; $f_2(x) = \dfrac{0{,}5x-1}{x^2+2}$; $f_3(x) = \dfrac{4x+3}{1-2x}$; $f_4(x) = x - 3 + \dfrac{4}{x-2}$; $f_5(x) = \dfrac{-2x^2+7x-2}{1-2x}$

$f_6(x) = \dfrac{1-0{,}5x}{x-3}$; $f_7(x) = \dfrac{x+1}{2-x^2}$; $f_8(x) = \dfrac{x^3-2x}{x-1}$; $f_9(x) = \dfrac{3}{2x}$; $f_{10}(x) = \dfrac{1}{(x-2)^2} + x - 3$

7 Ordnen Sie den abgebildeten Funktionsgraphen die passenden Funktionen zu und erklären Sie Ihre Wahl.

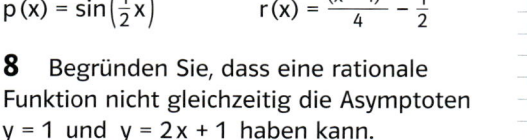

$f(x) = \dfrac{3x-2}{2x-2}$ $g(x) = x - \dfrac{1}{2} - \dfrac{1}{x+1}$

$h(x) = \dfrac{3}{1-x}$ $k(x) = \dfrac{2x-1}{(x-1)^2}$

$m(x) = \dfrac{3x^2}{x^2+1}$ $n(x) = -\dfrac{1}{4}x^2 - \dfrac{1}{2}x - \dfrac{3}{4}$

$p(x) = \sin\left(\dfrac{1}{2}x\right)$ $r(x) = \dfrac{(x-1)^2}{4} - \dfrac{1}{2}$

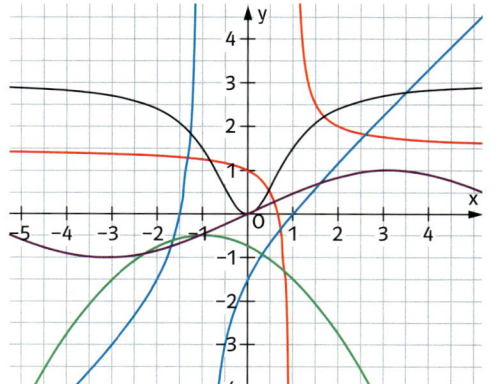

8 Begründen Sie, dass eine rationale Funktion nicht gleichzeitig die Asymptoten $y = 1$ und $y = 2x + 1$ haben kann.

9 Gegeben ist die Funktion f. Ermitteln Sie die Definitionsmenge und die Polstellen. Geben Sie die Nullstellen von f sowie die Asymptoten an.

a) $f(x) = \dfrac{-2}{x-4}$ b) $f(x) = \dfrac{-4}{x-2}$ c) $f(x) = \dfrac{1}{(x-2)^2}$ d) $f(x) = \dfrac{x}{x-3}$ e) $f(x) = \dfrac{x+2}{x}$

f) $f(x) = \dfrac{x+2}{x+4}$ g) $f(x) = \dfrac{x+1}{x}$ h) $f(x) = \dfrac{x+2}{x-4}$ i) $f(x) = \dfrac{x-1}{(x-4)^2}$ j) $f(x) = \dfrac{x^2}{2(x-3)}$

10 Ermitteln Sie die Gleichungen der Asymptoten.

a) $f(x) = \dfrac{4x-3}{0{,}5x+2}$ b) $f(x) = \dfrac{3x^2-1}{3-x-2x^2}$ c) $g(x) = \dfrac{0{,}5x^2+2}{2x+1}$ d) $g(x) = \dfrac{2-5x^2}{2x^2-x}$

11 Ermitteln Sie jeweils die Näherungsfunktion g. Berechnen Sie den Unterschied zwischen $f(x)$ und $g(x)$ für $x = 10$ und für $x = 100$. Zeichnen Sie die Graphen von f und g jeweils in ein gemeinsames Koordinatensystem.

a) $f(x) = \dfrac{x^3+2x-1}{2x+1}$ b) $f(x) = \dfrac{2x^4-x^2-2}{x^2+1}$ c) $f(x) = \dfrac{-4x^4-2x^3+3x}{2x-3}$ d) $f(x) = \dfrac{3x^3}{1-2x}$

5.3 Kurvendiskussion rationaler Funktionen

Welche Eigenschaften rationaler Funktionen wurden bisher in Kapitel 5 untersucht? Welche markanten Punkte kommen durch die Anwendung der Ableitungen noch dazu?

Bei der Kurvendiskussion rationaler Funktionen sind die gleichen Gesichtspunkte wie bei den Polynomfunktionen (vgl. S. 84) zu betrachten. Gegebenenfalls muss dazu noch das Verhalten an den Definitionslücken untersucht werden.

Beispiel Kurvendiskussion einer rationalen Funktion
Führen Sie eine vollständige Kurvendiskussion an der Funktion $f(x) = \frac{x^3}{x^2 - 4}$ durch und zeichnen Sie den Graphen der Funktion mit Asymptoten.
Lösung:
Der Funktionsterm kann auch dargestellt werden in der Form
$$f(x) = x + \frac{4x}{x^2 - 4} \quad \text{oder} \quad f(x) = \frac{x^3}{(x+2)(x-2)}.$$
Je nach dem zu untersuchenden Aspekt wird man die geeignete Darstellung wählen.

1. Definitionsmenge:
Rationale Funktionen haben Definitionslücken an den Nullstellen des Nenners.

$x^2 - 4 = (x+2)(x-2) = 0 \Rightarrow x_1 = -2;\ x_2 = 2$
$\Rightarrow D_f = \mathbb{R} \setminus \{-2; 2\}$

2. Symmetrie:
Zum Ursprung: $f(-x) = -f(x)$
Zur y-Achse: $f(-x) = f(x)$ für alle $x \in D_f$

Da $f(-x) = \frac{(-x)^3}{(-x)^2 - 4} = \frac{-x^3}{x^2 - 4} = -f(x)$ ist,
ist der Graph punktsymmetrisch zu $O(0|0)$.

3. Schnittpunkte mit den Koordinatenachsen:
Schnittpunkte mit x-Achse:
$x_0 \in D_f$ mit $f(x_0) = 0$;
Schnittpunkt mit y-Achse: $S(0|f(0))$

$f(x) = \frac{x^3}{x^2 - 4} = 0 \Rightarrow x^3 = 0 \Rightarrow x = 0$
Nullstelle: $x_3 = 0$ (dreifache Nullstelle)
Schnittpunkt mit der x- und y-Achse:
$S(0|0)$

4. Ableitungen:
Von f werden die ersten drei Ableitungen bestimmt.

$f'(x) = \frac{x^2 \cdot (x^2 - 12)}{(x^2 - 4)^2}$; $f''(x) = \frac{8x \cdot (x^2 + 12)}{(x^2 - 4)^3}$;

$f'''(x) = \frac{-24 \cdot (x^4 + 24x^2 + 16)}{(x^2 - 4)^4}$

5. Extrempunkte:
$f'(x_0) = 0$ und
(1) f' wechselt in x_0 das Vorzeichen von
– nach + (Minimalstelle) oder von
+ nach – (Maximalstelle)
oder
(2) $f''(x_0) > 0$ (lokales Minimum) oder
$f''(x_0) < 0$ (lokales Maximum)

$f'(x) = \frac{x^2 \cdot (x^2 - 12)}{(x^2 - 4)^2} = 0 \Rightarrow$
$x_4 = 0;\ x_5 = -2\sqrt{3};\ x_6 = 2\sqrt{3}$.
Da $f''(0) = 0$, kann man über x_4 mithilfe der 2. Ableitung keine Aussage machen.
Da $f''(-2\sqrt{3}) = -\frac{3}{4}\sqrt{3} < 0$ ist, liegt in $x_5 = -2\sqrt{3}$ ein Maximum vor.
Es ist $f(-2\sqrt{3}) = -3\sqrt{3}$; daher ist $H(-2\sqrt{3}\,|\,-3\sqrt{3})$ ein Hochpunkt.
Wegen der Punktsymmetrie ist bei $T(2\sqrt{3}\,|\,3\sqrt{3})$ ein Tiefpunkt.

6. Wendepunkte:
f''(x_0) = 0 und

(1) f''(x) wechselt in x_0 das Vorzeichen
oder
(2) f'''(x_0) ≠ 0

$f''(x) = \dfrac{8x \cdot (x^2 + 12)}{(x^2 - 4)^3} = 0$ ergibt $x_7 = x_4 = 0$.
Wegen f'''(0) = $-\dfrac{3}{2}$ ≠ 0 ist W(0|0) ein Wendepunkt. Da die Steigung in W f'(0) = 0 ist, ist W ein Sattelpunkt.

7. Verhalten an den Definitionslücken:
Eine Definitionslücke x_p, für die der Nenner, aber nicht der Zähler null wird, ist eine Polstelle. Hier hat der Graph eine senkrechte Asymptote mit der Gleichung x = x_p.
Für x → x_p gilt: f(x) → ±∞

Theoretisch mögliche Fälle:

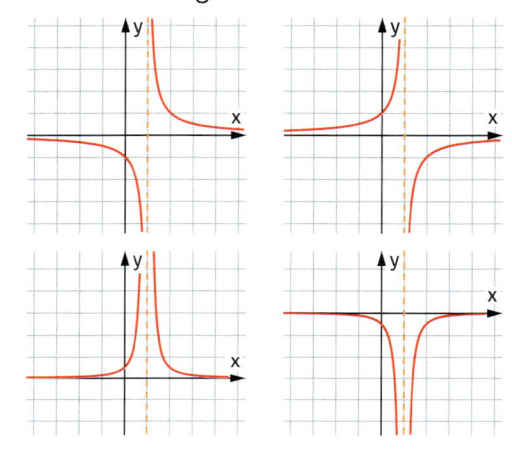

Untersuchung der Definitionslücke x_1 = −2:

Für x → −2 mit x < −2: $f(x) = \underbrace{\dfrac{x^3}{x-2}}_{\to\,2} \cdot \underbrace{\dfrac{1}{x+2}}_{\to\,-\infty} \to -\infty$

Für x → −2 mit x > −2: $f(x) = \underbrace{\dfrac{x^3}{x-2}}_{\to\,2} \cdot \underbrace{\dfrac{1}{x+2}}_{\to\,\infty} \to \infty$

Also liegt eine Polstelle mit Vorzeichenwechsel von − nach + vor.

Untersuchung der Definitionslücke x_2 = 2:

Für x → 2 mit x < 2: $f(x) = \underbrace{\dfrac{x^3}{x+2}}_{\to\,2} \cdot \underbrace{\dfrac{1}{x-2}}_{\to\,-\infty} \to -\infty$

Für x → 2 mit x > 2: $f(x) = \underbrace{\dfrac{x^3}{x+2}}_{\to\,2} \cdot \underbrace{\dfrac{1}{x-2}}_{\to\,\infty} \to \infty$

Also liegt ebenfalls eine Polstelle mit Vorzeichenwechsel von − nach + vor.

Die Funktion besitzt zwei senkrechte Asymptoten mit den Gleichungen x = 2 und x = −2.

8. Verhalten im Unendlichen:
Bei Polynomfunktionen ist das Verhalten von f(x) für betragsmässig grosse x-Werte durch den Summanden mit dem grössten Exponenten bestimmt.
Für rationale Funktionen mit Zählergrad m und Nennergrad n bzw. deren Graphen gilt:
m < n: x-Achse ist waagerechte Asymptote.
m = n: waagerechte Asymptote.
m = n + 1: schiefe Asymptote.
m > n + 1: keine Asymptote.

$f(x) = \dfrac{x^3}{x^2 - 4}$

Zählergrad = Nennergrad + 1, also besitzt der Graph eine schiefe Asymptote.
Der ebenfalls gegebenen Darstellung der Funktion $f(x) = x + \dfrac{4x}{x^2 - 4}$, die man auch durch Polynomdivision erhalten könnte, entnimmt man, dass die Gerade mit der Gleichung y = x schiefe Asymptote von G_f ist.
Für x → −∞ gilt: f(x) → −∞ und
für x → ∞ gilt: f(x) → ∞

9. Graph:
Falls sich f(x) in einfacher Weise faktorisieren lässt, empfiehlt es sich, vorab eine Gebietseinteilung vorzunehmen. Im vorliegenden Beispiel lässt sich f(x) in der Form $f(x) = \dfrac{x^3}{(x+2)(x-2)}$ schreiben. Dies zeigt, dass f(x) das Vorzeichen wechselt, wenn eine der Geraden mit den Gleichungen x = 2; x = 0; x = −2 überschritten wird. Da f(x) für grosse x-Werte offenbar positiv ist, ergibt sich die Gebietseinteilung von Fig. 1, Seite 103.

Der Graph der Funktion (Fig. 2) ergibt sich dann unter Verwendung der ermittelten charakteristischen Eigenschaften: Punktsymmetrie, Sattelpunkt W(0|0), Hochpunkt H(−3.46|−5.20), Tiefpunkt T(3.46|5.20), senkrechte Asymptoten x = −2 und x = 2, schiefe Asymptote y = x.

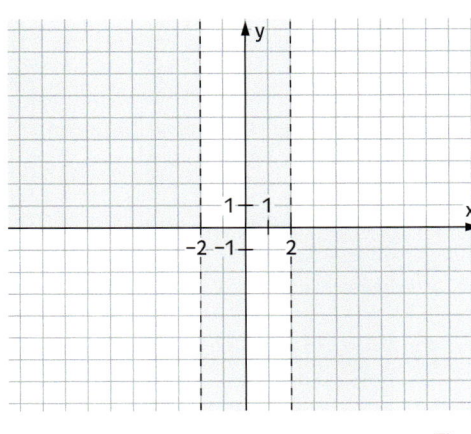

Fig. 1

Fig. 2

Aufgaben

1 Gegeben ist die Funktion f mit $f(x) = \frac{2-x^2}{x^2-9}$.

a) Untersuchen Sie die Funktion auf Symmetrie, Polstellen, Nullstellen und Asymptoten. Weisen Sie die Symmetrie rechnerisch nach.
b) Bestimmen Sie die Extremwerte von f.
c) Weisen Sie rechnerisch nach, dass f keine Wendestelle besitzt.

2 Untersuchen Sie die Funktion auf Symmetrie, Polstellen, Nullstellen und Asymptoten.

a) $f(x) = \frac{x}{x-1}$. Zeigen Sie rechnerisch, dass f keine Extremwerte besitzt.

b) $f(x) = \frac{2x+1}{x-2}$. Zeigen Sie durch Rechnung, dass f in D_f streng monoton fallend ist.

c) $f(x) = \frac{x^2+2x+5}{2(x+1)}$. Berechnen Sie alle Extremwerte von f.

d) $f(x) = \frac{x^2-4}{x^2+1}$. Zeigen Sie, dass der Graph von f den Wendepunkt $W\left(\frac{\sqrt{3}}{3} \mid -\frac{11}{4}\right)$ besitzt.

3 Führen Sie eine Kurvendiskussion von f durch. Bestimmen Sie auch die Gleichungen der Asymptoten.

a) $f(x) = \frac{8}{4-x^2}$ b) $f(x) = \frac{4+x^2}{x^2-9}$ c) $f(x) = \frac{x^2-4}{x^2+2}$ d) $f(x) = \frac{3x^3-3x}{(x-2)^2}$

e) $f(x) = \frac{x^2}{x-1}$ f) $f(x) = \frac{x^3}{x^2-1}$ g) $f(x) = \frac{(1-x)^2}{2-x}$ h) $f(x) = \frac{x^3}{x^2+6}$

4 Führen Sie eine Kurvendiskussion von f durch. Ermitteln Sie auch für $x \to \pm\infty$ die Näherungsfunktion g.

a) $f(x) = \frac{x^3-1}{x}$ b) $f(x) = \frac{2-x^3}{2x}$ c) $f(x) = \frac{x^4-2x^2+5}{x^2-1}$

5 Es gibt eine Funktion f, deren Funktionsterm die Form $f(x) = \frac{a+bx+x^2}{x^3}$; $a, b \in \mathbb{R}$ hat und deren Graph an der Stelle $x = 1$ einen Wendepunkt mit waagerechter Tangente besitzt. Bestimmen Sie f(x).

6 Der Graph der Funktion $f(x) = \frac{x^3+ax^2}{bx^2+c}$, mit $a, b, c \in \mathbb{R}$ und $c \neq 0$, besitzt die schiefe Asymptote $y = x - 1$. Bestimmen Sie a, b und c so, dass die Tangente an der Stelle $x = -1$ parallel zur schiefen Asymptote verläuft.

5.4 Anwendungen rationaler Funktionen

Ein Schäfer benötigt einen rechteckigen Pferch mit einem Flächeninhalt von 500 m². Wie soll er das Rechteck wählen, damit für eine Umzäunung möglichst wenig Material benötigt wird, wenn eine Rechteckseite von einem Bach gebildet wird?

Eine wichtige Anwendung der Differenzialrechnung ist die Bestimmung von Extremwerten von Funktionen. Die Funktion muss aber oft erst aus der Beschreibung des Sachverhalts ermittelt werden, anhand derer die reale Fragestellung untersucht werden kann.
Als zu optimierende Funktionen treten neben Polynomfunktionen auch rationale Funktionen auf.

Beispiel
Bei einem Buch ist für den bedruckbaren Teil einer Seite eine rechteckige Fläche mit dem Inhalt 360 cm² festgelegt. Die Ränder sollen oben und unten je 2 cm, links und rechts je 1 cm breit werden (Fig. 1). Bei welchen Massen für eine Seite ist der Papierverbrauch am kleinsten?
Lösung:
1. Ist x (in cm) die Breite und y (in cm) die Höhe der Seite, so gilt:
$A = x \cdot y$ mit $x > 2$ und $y > 4$.
2. Nebenbedingung: $(x - 2) \cdot (y - 4) = 360$
3. Aus der Nebenbedingung ergibt sich z. B. $y = \frac{360}{x-2} + 4 = \frac{352 + 4x}{x - 2}$.
Einsetzen in $A = x \cdot y$ liefert $A(x) = \frac{352x + 4x^2}{x - 2} = 4x + 360 + \frac{720}{x - 2}$ mit $D_A = \{x \mid x > 2\}$.
4. Man bestimmt das absolute Minimum: $x \approx 15.4$; $A(15.4) \approx 475.3$.
Ergebnis: Für eine Breite von ungefähr 15 cm und eine Höhe von 30.8 cm ergibt sich eine Seite mit kleinstem Papierverbrauch. Dieser beträgt etwa 475 cm².

Fig. 1

Zur Strategie für das Lösen von Extremwertproblemen vgl. Seite 89.

Aufgaben

1 In einem Zoo beträgt der Platzbedarf für ein rechteckiges Gehege (in Fig. 2 grün) einschliesslich der Streifen um das Gehege (in Fig. 2 rot) insgesamt 6000 m².
Die Streifen sind Abgrenzungen zu den Besuchern bzw. zu anderen Bereichen des Zoos. Sie sind versicherungsrechtlich vorgeschrieben und haben die angegebenen Masse (in m).
Wie gross kann der Flächeninhalt des Geheges höchstens werden?

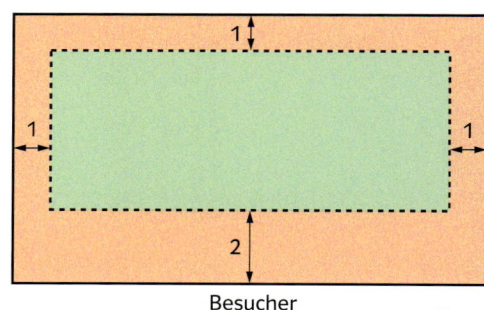

Fig. 2

2 Der Querschnitt eines unterirdischen Entwässerungskanals ist ein Rechteck mit aufgesetztem Halbkreis (Fig. 3). Wie sind Breite und Höhe des Rechtecks zu wählen, damit die Querschnittsfläche 8 m² gross ist und zur Ausmauerung des Kanals möglichst wenig Material benötigt wird?

Fig. 3

3 Es sollen zylinderförmige Töpfe einfachster Bauart mit dem Rauminhalt 2 Liter hergestellt werden (Fig. 1). Wie sind Durchmesser und Höhe der Töpfe zu wählen, damit
a) die gesamte Schweissnaht (Bodenrand und eine Mantellinie) minimal wird?
b) der Blechverbrauch möglichst klein wird?

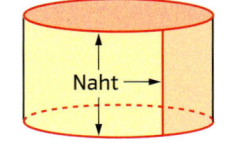

Fig. 1

4 1-Liter-Milchpacks haben zum Teil die Form einer quadratischen Säule. Diese Verpackungen sind aus einem einzigen rechteckigen Stück Pappe durch Falten und Verkleben hergestellt. Fig. 2 zeigt das Netz einer solchen Verpackung, die bis 2 cm unter dem oberen Rand mit Milch gefüllt wird. Bestimmen Sie den Flächeninhalt der verwendeten Pappe als Funktion der Grundkantenlänge x. Bei welcher Höhe und Breite der Verpackung hat man den geringsten Materialverbrauch?

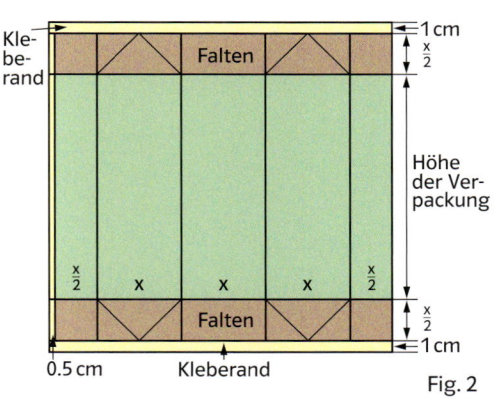

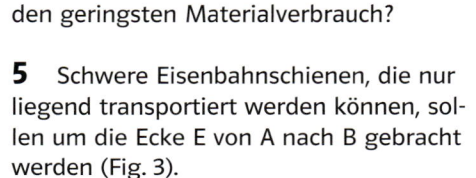

Fig. 2

5 Schwere Eisenbahnschienen, die nur liegend transportiert werden können, sollen um die Ecke E von A nach B gebracht werden (Fig. 3).
a) Stellen Sie die Länge der Strecke $\overline{PQ}$ als Funktion einer geeigneten Variablen dar und untersuchen Sie diese Funktion auf Minima.
b) Wie lang darf eine Schiene bei $a = 1\,\text{m}$ und $b = 2\,\text{m}$ höchstens sein?

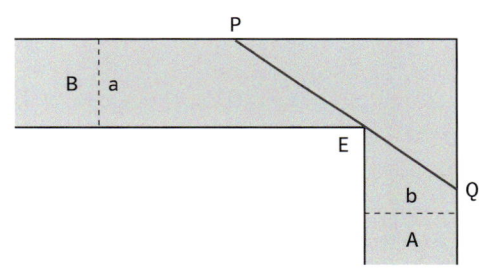

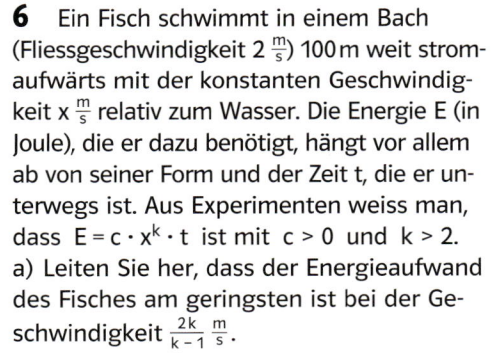

Fig. 3

6 Ein Fisch schwimmt in einem Bach (Fliessgeschwindigkeit $2\,\frac{m}{s}$) 100 m weit stromaufwärts mit der konstanten Geschwindigkeit $x\,\frac{m}{s}$ relativ zum Wasser. Die Energie E (in Joule), die er dazu benötigt, hängt vor allem ab von seiner Form und der Zeit t, die er unterwegs ist. Aus Experimenten weiss man, dass $E = c \cdot x^k \cdot t$ ist mit $c > 0$ und $k > 2$.
a) Leiten Sie her, dass der Energieaufwand des Fisches am geringsten ist bei der Geschwindigkeit $\frac{2k}{k-1}\,\frac{m}{s}$.
b) Begründen Sie: Je weniger ergonomisch ein Fisch gebaut ist (d.h., je grösser der Parameter k ist), desto kleiner ist seine energiesparendste Geschwindigkeit.

Parameter k:
nur wenig grösser als 2 — wesentlich grösser als 2

7 Eine Autobahn soll bezüglich eines Koordinatensystems den Verlauf des Graphen der Funktion f mit $f(x) = x - \frac{1}{x}$ für $x > 0$ (x in km, f(x) in km) erhalten. An der Stelle $H(1|1)$ befindet sich ein Haus, dessen Einwohner die Lärmbelästigung fürchten. Ab einer Entfernung von 300 m ist der Lärm erträglich. Haben die Bewohner Grund zu klagen?

6 Weitere Ableitungsregeln

6.1 Ableiten der trigonometrischen Funktionen

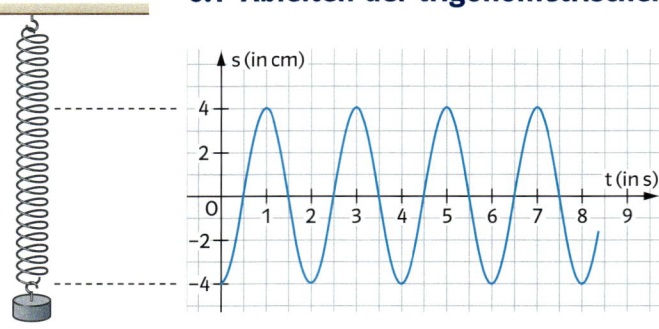

Das Zeit-Ort-Diagramm zeigt die Auslenkung eines Federpendels bei einer Schwingung mit der Amplitude 4 cm.
Überlegen Sie, wie das zugehörige Zeit-Geschwindigkeits-Diagramm aussieht, und skizzieren Sie diesen Graphen. Welche Vermutung ergibt sich beim Betrachten beider Graphen?

Die Geschwindigkeitsfunktion ist die Ableitung der Ortsfunktion.

Fig. 1 zeigt den Graphen der Sinusfunktion $f(x) = \sin(x)$ mit x im Bogenmass.
Um die Ableitung f' zu skizzieren, sucht man zuerst markante Stellen, an denen die Tangentensteigung gut ablesbar ist. Man zeichnet also im Punkt $P(x|f(x))$ eine Tangente und trägt deren Steigung als Funktionswert f' in ein neues Koordinatensystem (Fig. 2) ein. Bei der Sinusfunktion sind solche markanten Stellen z. B.
$x = 0$ mit $f'(0) \approx 1$; $x = \frac{\pi}{2}$ mit $f'\left(\frac{\pi}{2}\right) = 0$ und $x = \pi$ mit $f'(\pi) \approx -1$.
Darüber hinaus untersucht man das Steigungsverhalten der Sinusfunktion zwischen diesen markanten Stellen. Im Bereich $\left[0; \frac{\pi}{2}\right]$ ist z. B. zu erkennen, dass die Steigung vom Wert 1 bis zum Wert 0 zunächst langsam, dann immer stärker abnimmt. Entsprechend skizziert man den Verlauf von f'.

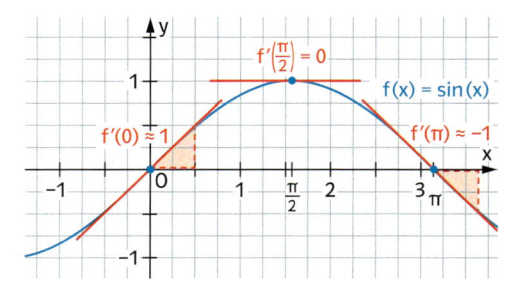

Fig. 1

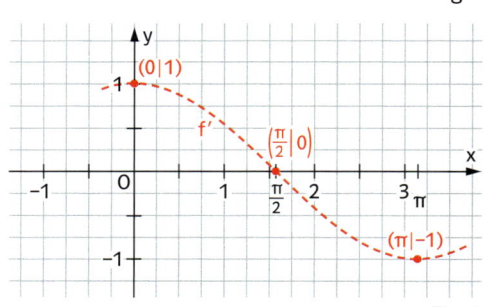

Fig. 2

Führt man dieses Verfahren für mehrere Punkte bzw. Bereiche durch, so kann man nach und nach den Graphen der Ableitung der Sinusfunktion skizzieren.

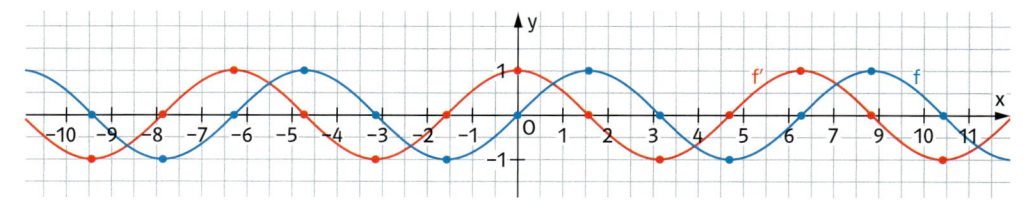

Es liegt die Vermutung nahe, dass die Kosinusfunktion die Ableitung der Sinusfunktion ist. Analog betrachtet man den Graphen der Kosinusfunktion und kommt so zur Vermutung, dass die Funktion $f(x) = -\sin(x)$ die Ableitung der Kosinusfunktion ist.
In der Exkursion auf Seite 109 wird nachgewiesen, dass diese Vermutungen stimmen. Die Ableitung der Tangensfunktion ergibt sich dann aus der Darstellung $\tan(x) = \frac{\sin(x)}{\cos(x)}$ und der Anwendung der Quotientenregel (vgl. Aufgabe 2, S. 107).

Ableitung der trigonometrischen Funktionen
Sinus-, Kosinus- und Tangensfunktion sind auf ihrem jeweiligen Definitionsbereich differenzierbar und es gilt für x im Bogenmass:

$$f(x) = \sin(x) \qquad f'(x) = \cos(x).$$

Die Funktion $g(x) = \cos(x)$ hat die Ableitung $g'(x) = -\sin(x)$.

$$h(x) = \tan(x) \qquad h'(x) = \frac{1}{\cos^2(x)} = 1 + \tan^2(x).$$

Bemerkung:
Wird der Winkel im Gradmass gemessen, so kommt bei jeder Ableitung ein Faktor $\frac{\pi}{180°}$ dazu (vgl. S.109):

$(\sin(\alpha))' = \frac{\pi}{180°} \cos(\alpha)$

$(\cos(\alpha))' = -\frac{\pi}{180°} \sin(\alpha)$

$(\tan(\alpha))' = \frac{\pi}{180°} \frac{1}{\cos^2(\alpha)}$

Beispiel 1 Ableitung
Bestimmen Sie f'(x) für
a) $f(x) = 3 \cdot \sin(x)$
b) $f(x) = x^2 - 4 \cdot \cos(x)$
c) $f(x) = x^3 \cdot \tan(x)$

Lösung:
a) $f'(x) = 3 \cdot \cos(x)$
b) $f'(x) = 2x + 4 \cdot \sin(x)$
c) $f'(x) = 3x^2 \cdot \tan(x) + x^3 \cdot \frac{1}{\cos^2(x)}$

Beispiel 2 Tangentengleichung
Ermitteln Sie die Gleichung der Tangente von $f(x) = \sin(x)$ in $P\left(\frac{\pi}{4} \Big| \frac{\sqrt{2}}{2}\right)$ (Fig. 1).

Lösung:
Es ist $f'(x) = \cos(x)$ und somit $f'\left(\frac{\pi}{4}\right) = \cos\left(\frac{\pi}{4}\right) = \frac{1}{2}\sqrt{2}$. Mit dem Ansatz $y = mx + b$ erhält man $y = \frac{1}{2}\sqrt{2}\,x + b$. Einsetzen der Koordinaten von P in diese Gleichung liefert $\frac{1}{2}\sqrt{2} = \frac{1}{2}\sqrt{2} \cdot \frac{\pi}{4} + b$, also $b = \frac{1}{2}\sqrt{2}\left(1 - \frac{\pi}{4}\right)$. Die Gleichung der Tangente lautet: $y = \frac{1}{2}\sqrt{2} \cdot x + \frac{1}{2}\sqrt{2}\left(1 - \frac{\pi}{4}\right)$

Beispiel 3 Extremwerte
Bestimmen Sie die Extremwerte von $f(x) = \sin(x) - \frac{1}{2}x$ im Intervall $[0; 2\pi]$. Berechnen Sie f(0) und skizzieren Sie den Graphen im angegebenen Intervall.

Lösung:
Ableitungen: $f'(x) = \cos(x) - \frac{1}{2}$; $f''(x) = -\sin(x)$

Notwendige Bedingung: $f'(x) = \cos(x) - \frac{1}{2} = 0$
$\Rightarrow x_1 = \frac{\pi}{3}; \; x_2 = \frac{5}{3}\pi$

Hinreichende Bedingung:
$f''\left(\frac{\pi}{3}\right) = -\sin\left(\frac{\pi}{3}\right) = -\frac{\sqrt{3}}{2} < 0 \Rightarrow$ Maximum in $x_1 = \frac{\pi}{3}$
$f''\left(\frac{5}{3}\pi\right) = \frac{\sqrt{3}}{2} > 0 \Rightarrow$ Minimum in $x_2 = \frac{5}{3}\pi$

Es gilt: $f(0) = \sin(0) - 0 = 0$

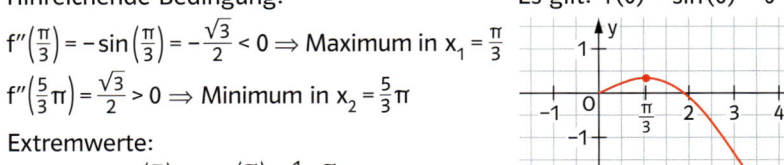

Extremwerte:
Maximum: $f\left(\frac{\pi}{3}\right) = \sin\left(\frac{\pi}{3}\right) - \frac{1}{2} \cdot \frac{\pi}{3} = 0.34$
Minimum: $f\left(\frac{5}{3}\pi\right) = \sin\left(\frac{5}{3}\pi\right) - \frac{1}{2} \cdot \frac{5}{3}\pi = -3.48$

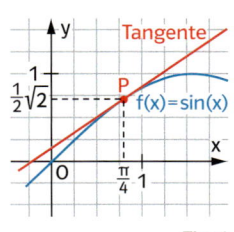

Fig. 1

Aufgaben

1 Bestimmen Sie f'(x) und berechnen Sie $f'\left(\frac{\pi}{2}\right)$.
a) $f(x) = x^2 - \frac{1}{2} \cdot \cos(x)$
b) $f(x) = -9 \cdot \sin(x)$
c) $f(x) = \sqrt{5}\,x \cdot \cos(x)$
d) $f(x) = \frac{1}{x} + \frac{2}{\tan(x)}$
e) $f(x) = 6x^3 \cdot \cos(x)$
f) $f(x) = \tan(x) \cdot \cos^2(x)$
g) $f(x) = \frac{1}{3}x^2 \cdot (-\sin(x))$
h) $f(x) = \frac{3}{4} \cdot \sin(x) + \frac{1}{8}x$

2 Beweisen Sie: $(\tan(x))' = \frac{1}{\cos^2(x)} = 1 + \tan^2(x)$

3 In welchen Punkten hat der Graph von $f(x) = \sin(x)$ dieselbe Steigung wie
a) die Gerade mit der Gleichung $y = x$, b) die x-Achse,
c) die Gerade mit der Gleichung $y = -x$, d) die Gerade mit der Gleichung $y = \frac{1}{2}x$?

Wichtige Werte:

α	30°	45°	60°	90°
x	$\frac{\pi}{6}$	$\frac{\pi}{4}$	$\frac{\pi}{3}$	$\frac{\pi}{2}$
$\sin(x)$	$\frac{1}{2}$	$\frac{\sqrt{2}}{2}$	$\frac{\sqrt{3}}{2}$	1
$\cos(x)$	$\frac{\sqrt{3}}{2}$	$\frac{\sqrt{2}}{2}$	$\frac{1}{2}$	0

4 Wie oft muss man die Funktion f ableiten, um wieder f zu erhalten?
a) $f(x) = \sin(x)$ b) $f(x) = \cos(x)$

5 Betrachten Sie die Funktion $f(x) = \tan(x) - x$ im Intervall $[0; 2\pi]$.
a) An welchen Stellen x_0 gilt $f'(x_0) = 0$? Welche Art von Punkten befindet sich dort?
b) Gibt es Stellen mit $f'(x_0) < 0$?

6 Bestimmen Sie die Tangente und die Normale an den Graphen von f im Punkt P.
a) $f(x) = \cos(x)$; $P(1.75\pi \mid ?)$ b) $f(x) = 3 \cdot \sin(x)$; $P\left(\frac{5}{3}\pi \mid ?\right)$ c) $f(x) = \tan(x) + \frac{x}{2}$; $P\left(\frac{1}{4}\pi \mid ?\right)$

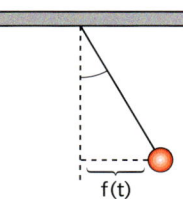

7 Ein Pendel führt eine Bewegung aus, die näherungsweise durch die Weg-Zeit-Funktion $f(t) = a \cdot \sin(t)$ angegeben werden kann.
a) Nach welcher Zeitspanne befindet sich das Pendel wieder in der Nulllage?
b) Zu welchen Zeitpunkten sind die Ausschläge maximal? Weisen Sie nach, dass dort der Pendelkörper die Momentangeschwindigkeit 0 hat.
c) Welche Geschwindigkeit hat der Körper beim Durchgang durch die Nulllage?

8 Gegeben sind die Funktionen $f(x) = x + \sin(x)$ und $g(x) = x + \cos(x)$.
a) In Fig. 1 ist G_f violett gezeichnet. Überlegen Sie, wie man diesen Graphen mithilfe der anderen beiden eingezeichneten Graphen erhalten kann, und skizzieren Sie analog G_g für $-\frac{\pi}{2} \le x \le 2\pi$.
b) Bestimmen Sie zuerst näherungsweise graphisch, dann rechnerisch die Punkte auf G_g, in denen die zugehörige Tangente parallel zu der Geraden mit der Gleichung $y = 2x$ ist.
c) Zeigen Sie, dass sowohl G_f als auch G_g nirgends eine negative Steigung haben.

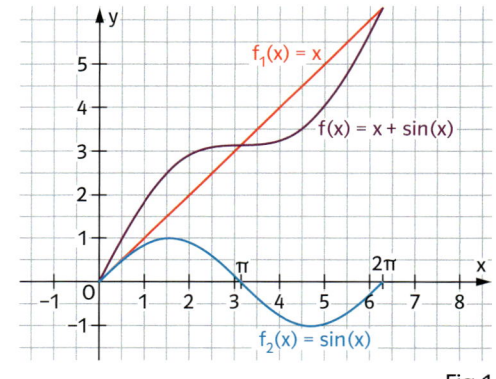

Fig. 1

9 Ermitteln Sie für die Graphen der Funktionen $f(x) = \tan(x)$ und $g(x) = \cos(x)$ den Schnittpunkt S im Intervall $[0;1]$. Unter welchem Winkel schneiden die durch S verlaufenden Tangenten jeweils die x-Achse?

10 Bestimmen Sie für den Graphen von f die Punkte mit waagerechten Tangenten im Intervall $[0; 2\pi]$.
a) $f(x) = \sin(x) + \cos(x)$ b) $f(x) = 2 \cdot \sin(x) - \cos(x)$
c) $f(x) = 4 \cdot \cos(x) + 2x$ d) $f(x) = \tan(x) - 2x$

11 Bestimmen Sie Nullstellen und Extrema der Funktionen und untersuchen Sie die Graphen auf Symmetrie. Skizzieren Sie anschliessend die Graphen im Intervall $[-2\pi; 2\pi]$.
a) $f(x) = \sin^2(x)$ b) $f(x) = \cos(x) + \pi$
c) $f(x) = \sin^2(x) + \cos^2(x)$ d) $f(x) = \tan(x)$

Exkursion   Ableitung der Sinus- und Kosinusfunktion – eine Beweisführung

Es wird gezeigt, wie die bereits bekannte Ableitung der Sinusfunktion hergeleitet werden kann. Um die Ableitung der Sinusfunktion $f(x) = \sin(x)$ an einer Stelle x_0 zu bestimmen, bildet man den Differenzenquotienten und betrachtet den Grenzwert:

$$f'(x_0) = \lim_{h \to 0} \frac{\sin(x_0 + h) - \sin(x_0)}{h} = \lim_{h \to 0} \frac{2\cos\left(\frac{x_0 + h + x_0}{2}\right)\sin\left(\frac{x_0 + h - x_0}{2}\right)}{h} = \lim_{h \to 0} \frac{\cos\left(x_0 + \frac{h}{2}\right) \cdot \sin\left(\frac{h}{2}\right)}{\frac{h}{2}}$$

$$= \lim_{h \to 0} \cos\left(x_0 + \frac{h}{2}\right) \cdot \frac{\sin\left(\frac{h}{2}\right)}{\frac{h}{2}}$$

Bei nebenstehender Umformung wurde folgende Formel benutzt:
$\sin(x) - \sin(y)$
$= 2\cos\left(\frac{x+y}{2}\right) \cdot \sin\left(\frac{x-y}{2}\right)$

Mithilfe einer Wertetabelle wird $\frac{\sin\left(\frac{h}{2}\right)}{\frac{h}{2}}$ für $h \to 0$ untersucht.

Die in der nebenstehenden Tabelle berechneten Werte lassen vermuten, dass gilt:

$\lim_{h \to 0} \frac{\sin\left(\frac{h}{2}\right)}{\frac{h}{2}} = 1$

h	$\sin\left(\frac{h}{2}\right)$	$\sin\left(\frac{h}{2}\right) : \left(\frac{h}{2}\right)$
−0.2	−0.09983342	0.99833417
0.2	0.09983342	0.99833417
−0.02	−0.00999983	0.99998333
0.02	0.00999983	0.99998333
−0.002	−0.00100000	0.99999983
0.002	0.00100000	0.99999983

Im Folgenden wird dies näher begründet:
Im nebenstehenden Bild ist x die Bogenlänge.
Es ist zu erkennen, dass
der Inhalt I_1 des Dreiecks OBP kleiner ist als
der Inhalt I des Kreissektors OAP und
der Inhalt I_2 des Dreiecks OAQ grösser ist
als der Inhalt I.
Also gilt: $I_1 < I < I_2$

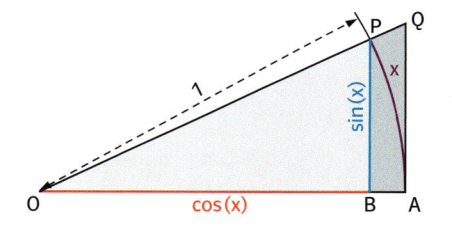

Dabei ist $I_1 = \frac{1}{2} \cdot \cos(x) \cdot \sin(x)$ und $I = \frac{1}{2} \cdot x \cdot 1 = \frac{1}{2} \cdot x$ (Fläche mit r = 1 und Bogenlänge x).

Wegen $\overline{QA} = \tan(x) = \frac{\sin(x)}{\cos(x)}$ ist $I_2 = \frac{1}{2} \cdot 1 \cdot \frac{\sin(x)}{\cos(x)}$.

Also gilt: $\frac{1}{2} \cdot \cos(x) \cdot \sin(x) < \frac{1}{2} \cdot x < \frac{1}{2} \cdot \frac{\sin(x)}{\cos(x)} \Rightarrow \cos(x) < \frac{x}{\sin(x)} < \frac{1}{\cos(x)}$

Übergang zu den Kehrwerten ergibt: $\frac{1}{\cos(x)} > \frac{\sin(x)}{x} > \cos(x)$

Dies gilt auch für $x < 0$ (vgl. Aufgabe 3).

Für $x \to 0$ gilt: $\cos(x) \to 1$ und $\frac{1}{\cos(x)} \to 1$. Also ist $1 \geq \lim_{x \to 0} \frac{\sin(x)}{x} \geq 1$ und folglich $\lim_{x \to 0} \frac{\sin(x)}{x} = 1$.

Somit gilt für $f(x) = \sin(x)$: $f'(x_0) = \lim_{h \to 0} \cos\left(x_0 + \frac{h}{2}\right) \cdot \frac{\sin\left(\frac{h}{2}\right)}{\frac{h}{2}} = \lim_{h \to 0} \cos\left(x_0 + \frac{h}{2}\right) \cdot 1 = \cos(x_0)$

Bemerkung:
Wird der Winkel in Gradmass gemessen, so gilt für die Kreissektorfläche
$I = \frac{\pi \cdot \alpha}{360°}$ *und somit*

$\lim_{\alpha \to 0°} \frac{\sin(\alpha)}{\alpha} = \frac{\pi}{180°}$.

Daraus ergeben sich die entsprechenden Ableitungsregeln im Gradmass (vgl. S. 107, Randspalte).

1 Fassen Sie in eigenen Worten die wesentlichen Schritte des obigen Beweises zusammen.

2 Zeigen Sie in analoger Weise, dass für die Funktion $g(x) = \cos(x)$ gilt: $g'(x) = -\sin(x)$.
Benutzen Sie dabei die Formel $\cos(x) - \cos(y) = -2\sin\left(\frac{x+y}{2}\right) \cdot \sin\left(\frac{x-y}{2}\right)$.

3 Oben wurde die Ungleichung $\frac{1}{\cos(x)} > \frac{\sin(x)}{x} > \cos(x)$ für alle $x \in \left[0; \frac{\pi}{2}\right]$ bewiesen.
Zeigen Sie, dass diese Ungleichung auch für alle $x \in \left[-\frac{\pi}{2}; 0\right]$ gilt.

6.2 Verkettung von Funktionen und ihre Ableitung

$f(x) = (2x+3)^2$

Annalena:
$f'(x) = 2(2x+3)$
$= 4x + 6$

Sebastian:
$f(x) = 4x^2 + 12x + 9$
$f'(x) = 8x + 12$

Sebastian und Annalena sollen die Ableitung der Funktion $f(x) = (2x + 3)^2$ bilden.
Annalena hat gleich eine Idee und beginnt zu rechnen, während Sebastian zuerst ausmultipliziert und danach ableitet.
Wer hat Recht?

Verkettung von Funktionen

Bisher haben wir gegebene Funktionsterme addiert, subtrahiert, multipliziert oder dividiert und auch Regeln kennen gelernt, wie man die so verknüpften Funktionen ableiten kann. Eine andere Art der Verknüpfung ist die Hintereinanderausführung oder Verkettung von Funktionen.

> Für zwei Funktionen v und u heisst die Funktion $u \circ v(x) = u(v(x))$ **Verkettung** oder **Hintereinanderausführung** der Funktionen u und v. Die Definitionsmenge von $u \circ v$ besteht nur aus allen $x \in D_v$, für die $v(x)$ zu D_u gehört.

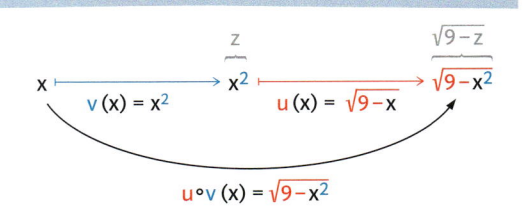

$x \xrightarrow{v(x) = x^2} x^2 \xrightarrow{u(x) = \sqrt{9-x}} \sqrt{9-x^2}$

$u \circ v(x) = \sqrt{9-x^2}$

*Für x = 2 kann **u∘v** gebildet werden.*

*Für x = 4 kann **u∘v** nicht gebildet werden.*

Manchmal muss die Definitionsmenge einer Verkettung eingeschränkt werden:
Ist z. B. $v(x) = x^2$ und $u(x) = \sqrt{9-x}$, so ist u nur für $x \leq 9$ definiert; damit $u(v(x))$ gebildet werden kann, dürfen in $v(x)$ also nur Werte mit $-3 \leq x \leq 3$ eingesetzt werden.
Für die Definitionsmenge von $u \circ v$ gilt also: $D_{u \circ v} = \{x \in D_v \mid v(x) \in D_u\} = [-3; 3]$

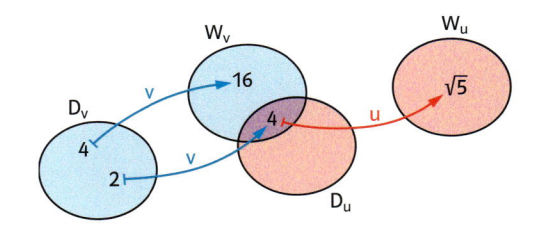

Bei der Verkettung $u \circ v(x) = u(v(x))$ nennt man v die **innere** und u die **äussere** Funktion.
Es gilt dann: $u(v(x)) = \sqrt{9 - v(x)} = \sqrt{9 - x^2}$
Bildet man dagegen die Verkettung $v \circ u$, so ist u die innere und v die äussere Funktion.
In diesem Fall gilt: $v(u(x)) = (u(x))^2 = (\sqrt{9-x})^2 = 9 - x$
Die Verkettung zweier Funktionen ist also **nicht kommutativ**, im Allgemeinen gilt also: $u \circ v \neq v \circ u$

Andere Zerlegungsmöglichkeit für f:
$v(x) = x^2$ und
$u(x) = \sin(x+1)$

Umgekehrt lassen sich oft kompliziertere Funktionen wie $f(x) = \sin(x^2 + 1)$ als Verkettung einfacher Funktionen darstellen. Wählt man als innere Funktion $v(x) = x^2 + 1$, so erhält man die äussere Funktion $u(x) = \sin(x)$. Es ist $f = u \circ v$. Die Zerlegung einer Funktion ist nicht immer eindeutig (vgl. auch Randspalte und Beispiel 2b).

Beispiel 1
Gegeben sind die Funktionen $u(x) = \frac{1}{2\sqrt{x}}$ und $v(x) = x + 2$ mit $D_u = \mathbb{R}^+$ und $D_v = \mathbb{R}$.
Bestimmen Sie $u \circ v$ und $v \circ u$ und geben Sie jeweils die maximale Definitionsmenge an.

Lösung:
$u(v(x)) = \frac{1}{2\sqrt{v(x)}} = \frac{1}{2\sqrt{x+2}}$. Damit $x+2 > 0$, muss $x > -2$ gelten.

Somit gilt: $u \circ v(x) = \frac{1}{2\sqrt{x+2}}$ mit $D_{u \circ v} = \,]-2;\infty[$ *Hier gilt: $D_{u \circ v} \subset D_v$*

$v(u(x)) = u(x) + 2 = \frac{1}{2\sqrt{x}} + 2$. Somit gilt: $v \circ u(x) = \frac{1}{2\sqrt{x}} + 2$ mit $D_{v \circ u} = \mathbb{R}^+$ *Hier gilt: $D_{v \circ u} = D_u$*

Beispiel 2
a) Gegeben ist die Funktion $f(x) = (2x^2 - 1)^4$. Bestimmen Sie Funktionen u, v mit $u \circ v = f$.
b) Geben Sie zwei Möglichkeiten zur Zerlegung der Funktion $f(x) = \frac{1}{(x+3)^2}$ an.

Lösung:
a) Innere Funktion: $v(x) = 2x^2 - 1$
Damit $(2x^2 - 1)^4 = f(x) = u(v(x)) = u(2x^2 - 1)$ gilt, muss $u(x) = x^4$ gewählt werden.
b) 1. Möglichkeit: Innere Funktion $v(x) = x + 3$; damit $\frac{1}{(x+3)^2} = u(x+3)$ gilt,
muss als äussere Funktion $u(x) = \frac{1}{x^2}$ gewählt werden.
2. Möglichkeit: Innere Funktion $v(x) = (x+3)^2$; damit $\frac{1}{(x+3)^2} = u((x+3)^2)$ gilt,
muss als äussere Funktion $u(x) = \frac{1}{x}$ gewählt werden.

Ableiten von verketteten Funktionen

Funktionen wie $f(x) = \sqrt{2x+3}$ oder $g(x) = \sin(x^2 + 2x)$ können wir mit den bisher bekannten Regeln nicht ableiten. Fasst man diese Funktionen aber als Verkettung geeigneter Funktionen auf, so kann man Ableitungen ermitteln.

Die nebenstehende Funktion $f(x) = (4x - 5)^2$ kann man mit den bisher bekannten Ableitungsregeln ableiten, wenn man den Funktionsterm zuerst ausmultipliziert.

$f(x) = (4x - 5)^2$
$\quad\;\; = 16x^2 - 40x + 25$
$f'(x) = 32x - 40$

Alternativ kann man $f(x) = (4x - 5)^2$ als verkettete Funktion $f = u \circ v = u(v(x))$ auffassen.
Für die Funktionen u und v lassen sich dann die Ableitungen bestimmen.

innere Funktion: $v(x) = 4x - 5$
äussere Funktion: $u(x) = x^2$
$\Rightarrow \begin{cases} v'(x) = 4 \\ u'(x) = 2x \end{cases}$

Man ermittelt die Ableitung von u' an der Stelle $v(x)$:

$u'(v(x)) = u'(4x - 5) = 2(4x - 5) = 8x - 10$

Vergleicht man die oben ermittelte Ableitung f' mit u' und v', so gilt offensichtlich für $f = u \circ v$:

$f'(x) = u'(v(x)) \cdot 4 = u'(v(x)) \cdot v'(x)$

Allgemein gilt folgende Regel:

Kettenregel
Ist $f = u \circ v$ eine Verkettung zweier differenzierbarer Funktionen u und v, so ist auch f differenzierbar, und es gilt für $f(x) = (u \circ v)(x) = u(v(x))$:

$$f'(x) = (u \circ v)'(x) = u'(v(x)) \cdot v'(x)$$

Beweis der Kettenregel:
Es sei $f(x) = u(v(x))$. Die innere Funktion v sei an der Stelle x_0 differenzierbar, die äussere Funktion u an der Stelle $v(x_0)$. Um zu untersuchen, ob die Funktion f an der Stelle x_0 differenzierbar ist, betrachtet man den Differenzenquotienten von f und versucht, diesen mithilfe der Differenzenquotienten von u und v darzustellen:

Im letzten Umformungsschritt wird ausgenutzt, dass mit $x \to x_0$ auch gilt: $v(x) \to v(x_0)$. Vgl. hierzu den Begriff der Stetigkeit auf S. 32.

$$\frac{f(x) - f(x_0)}{x - x_0} = \frac{u(v(x)) - u(v(x_0))}{x - x_0} = \frac{u(v(x)) - u(v(x_0))}{v(x) - v(x_0)} \cdot \frac{v(x) - v(x_0)}{x - x_0}$$

$$\Rightarrow f'(x_0) = \lim_{x \to x_0} \frac{f(x) - f(x_0)}{x - x_0} = \lim_{x \to x_0} \frac{u(v(x)) - u(v(x_0))}{v(x) - v(x_0)} \cdot \lim_{x \to x_0} \frac{v(x) - v(x_0)}{x - x_0} = u'(v(x_0)) \cdot v'(x_0)$$

Beispiel
Leiten Sie die Funktion ab.
a) $f(x) = (2 - 6x)^5$
b) $f(x) = \frac{2}{4x^2 - 1}$
c) $f(x) = \sin(x^3 - 4x^2)$

Lösung:
a) Innere Funktion: $v(x) = 2 - 6x$; $v'(x) = -6$; äussere Funktion: $u(x) = x^5$; $u'(x) = 5x^4$;
Kettenregel: $f'(x) = u'(v(x)) \cdot v'(x) = 5(2 - 6x)^4 \cdot (-6) = -30(2 - 6x)^4$

Alternativ könnte bei b) auch mit der Quotientenregel abgeleitet werden.

b) Innere Funktion: $v(x) = 4x^2 - 1$; $v'(x) = 8x$; äussere Funktion: $u(x) = \frac{2}{x}$; $u'(x) = -\frac{2}{x^2}$;
Kettenregel: $f'(x) = u'(v(x)) \cdot v'(x) = -\frac{2}{(4x^2 - 1)^2} \cdot 8x = -\frac{16x}{(4x^2 - 1)^2}$

c) Innere Funktion: $v(x) = x^3 - 4x^2$; $v'(x) = 3x^2 - 8x$; äussere Funktion: $u(x) = \sin(x)$;
$u'(x) = \cos(x)$; Kettenregel: $f'(x) = u'(v(x)) \cdot v'(x) = \cos(x^3 - 4x^2) \cdot (3x^2 - 8x)$

Aufgaben

1 Geben Sie die Funktionen $f \circ g$ und $g \circ f$ sowie deren Definitionsmenge an.
a) $f(x) = (x - 1)^2$; $g(x) = x + 1$
b) $f(x) = x^2$; $g(x) = 2x + 3$
c) $f(x) = 2 - x$; $g(x) = 1$
d) $f(x) = \frac{1}{x}$; $g(x) = \frac{1}{x^2 - 4}$
e) $f(x) = 2x^2$; $g(x) = \sin(x)$
f) $f(x) = \sqrt{2x - 3}$; $g(x) = \frac{1}{x}$

2 Die Funktion f kann als Verkettung $u \circ v$ aufgefasst werden. Geben Sie geeignete Funktionen u und v an.
a) $f(x) = (2 - x)^3$
b) $f(x) = 2 - x^3$
c) $f(x) = \frac{1}{x^2 - 1}$
d) $f(x) = \frac{1}{x^2} - 1$
e) $f(x) = \sin^2(x)$
f) $f(x) = \sin(x^2)$
g) $f(x) = \sqrt{x^4 + 2}$
h) $f(x) = (3 + 4x)^{-1}$
i) $f(x) = |x^2 - 1|$

3 Leiten Sie ab.
a) $f(x) = (1 + x^2)^3$
b) $f(x) = \frac{1}{18}(3x + 2)^6$
c) $f(x) = (1 - x + x^3)^2$
d) $f(t) = (8t - 7)^{-1}$
e) $f(x) = 3x^2 - (x^2 - 1)^3$
f) $f(x) = 3\cos(x^2)$
g) $f(x) = \sin(2x)$
h) $f(x) = \frac{1}{4}\sin(2x + 1)$
i) $f(t) = \frac{3}{(5 - t)^2}$
j) $f(x) = \frac{1}{2(5x - 7)^3}$
k) $f(x) = \frac{1}{\cos(x)}$
l) $f(t) = \frac{1}{t^2} + \sin\left(\frac{1}{t}\right)$

4 Bei den folgenden Ableitungen haben sich Fehler eingeschlichen. Verbessern Sie.

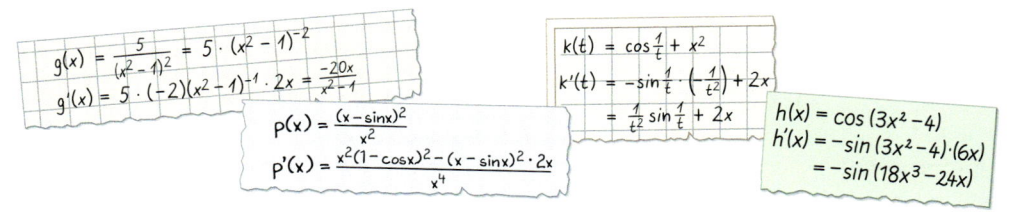

$g(x) = \frac{5}{(x^2 - 1)^2} = 5 \cdot (x^2 - 1)^{-2}$
$g'(x) = 5 \cdot (-2)(x^2 - 1)^{-1} \cdot 2x = \frac{-20x}{x^2 - 1}$

$p(x) = \frac{(x - \sin x)^2}{x^2}$
$p'(x) = \frac{x^2(1 - \cos x)^2 - (x - \sin x)^2 \cdot 2x}{x^4}$

$k(t) = \cos\frac{1}{t} + x^2$
$k'(t) = -\sin\frac{1}{t} \cdot \left(-\frac{1}{t^2}\right) + 2x$
$= \frac{1}{t^2}\sin\frac{1}{t} + 2x$

$h(x) = \cos(3x^2 - 4)$
$h'(x) = -\sin(3x^2 - 4) \cdot (6x)$
$= -\sin(18x^3 - 24x)$

5 Leiten Sie ab und bestimmen Sie $f'(2)$.
a) $f(x) = \left(\frac{1}{5}x + 1\right)^2$
b) $f(x) = (5 - x)^2$
c) $f(x) = (2 - 3x + x^2)^3$
d) $f(x) = 2(5 - x)^{-1}$
e) $f(x) = (7x - 2x^3)^{-3}$
f) $f(x) = \frac{1}{(x - 3)^2}$
g) $f(x) = 2\sin(2 - x)$
h) $f(x) = (4x - 7)^3$

6 Leiten Sie ab.
a) $f(t) = (at^3 + 1)^2$
b) $f(x) = (a + bx)^{-1}$
c) $f(x) = \frac{3a}{1+x^2}$
d) $f(t) = \frac{a}{(bt+1)^2}$
e) $f(t) = \sin(at^2)$
f) $f(x) = \sin((ax)^2)$
g) $f(x) = \sin^2(ax)$
h) $f(t) = t \cdot \sin((ax)^2)$

7 Die Funktion $f(x) = \sin^2(2x)$ kann als Verkettung $f = u \circ v \circ w$ mit $u(x) = x^2$, $v(x) = \sin(x)$ und $w(x) = 2x$ betrachtet werden.
Bestimmen Sie die Ableitung von f durch zweimaliges Anwenden der Kettenregel.

8 a) Bestimmen Sie die Tangente an den Graphen der Funktion $f(x) = 2(x-4)^{-3}$ im Punkt $P(2|y)$.
b) Bestimmen Sie die Gleichung der Wendetangente an den Graphen von
$f(x) = \cos\left(2x - \frac{\pi}{2}\right)$ für $0 < x < \pi$.

9 In welchem Punkt und unter welchem Winkel schneidet der Graph von $f(x) = \sin\left(\frac{1}{2}x\right)$ die horizontale Asymptote der Funktion $g(x) = \frac{x}{2x-1}$ im Intervall $\left[0; \frac{\pi}{2}\right]$?

10 Die Tangente im Punkt P an den Graphen von $f(x) = 2\left(\frac{x}{3} - 2\right)^3$ schneidet die Gerade
$g(x) = -\frac{1}{2}x + 7$ rechtwinklig. Bestimmen Sie P und die Gleichung der Tangente.

11 Der Graph der Funktion f mit $f(x) = (ax + b)^{-2}$ hat im Punkt $R(3|1)$ die Steigung $m = -4$. Bestimmen Sie a und b.

12 a) Der Graph der Funktion $f(x) = a(bx^2 - 4)^3$, mit $b \in \mathbb{Z}$, hat an der Stelle $x = 1$ die Steigung $m = 2$ und an der Stelle $x = \sqrt{2}$ einen Wendepunkt. Bestimmen Sie a und b.
b) Die Tangente in der Nullstelle $x = \frac{\pi}{4}$ der Kurve $y = a \cdot \sin(bx + c)$ schneidet die Gerade g mit $g(x) = -3x + 1$ rechtwinklig. Der Punkt $P\left(x \mid \frac{1}{3}\right)$ ist Hochpunkt. Bestimmen Sie a, b und c.

13 Führen Sie für die folgenden Funktionen eine Kurvendiskussion durch.
a) $f(x) = \frac{1}{64}\left((2x)^2 - 12\right)^2$
b) $f(x) = \frac{3(2x-3)}{(x-3)^2}$

14 Für welche Zahl a ist das Volumen des Würfels in Fig. 1 mit der Seitenlänge $s = a + \frac{1}{a}$ minimal?

15 Für welchen Punkt $P(a|b)$, $0 < a < 6$, des Graphen von $f(x) = \frac{1}{10}(-x^2 + 6x)$ hat das gerade quadratische Prisma mit der Grundseite a und der Höhe b maximales Volumen?

16 Der Graph der Funktion f mit $f(x) = \sin\left(\frac{1}{2}x\right)$ schliesst für $0 \leq x \leq 2\pi$ mit der x-Achse eine Fläche ein. In diese Fläche wird ein Rechteck einbeschrieben. Bestimmen Sie Länge und Breite des Rechtecks mit der maximalen Fläche.

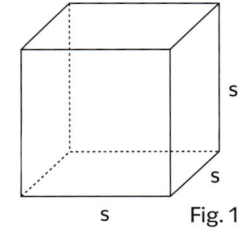

17 Bestimmen Sie den Punkt Q auf der Kurve $y = \frac{x}{2} + (2x - 1)^{-1}$ so, dass das Rechteck OPQR mit O als Ursprung, P auf der x- und R auf der y-Achse liegend, minimale Fläche besitzt.

18 In einen kegelförmigen Behälter (Fig. 2) mit dem Radius $r = 10$ cm und der Höhe $h = 30$ cm werden pro Sekunde 20 cm^3 Wasser gefüllt. Die Höhe des Wasserspiegels und das Volumen des Wassers im Behälter hängen also von der Zeit t ab.
a) Bestimmen Sie die Zuordnung $h(t) \rightarrow V(t)$.
b) Während des Füllvorgangs steigt der Wasserspiegel unterschiedlich schnell. Wie schnell steigt er in dem Augenblick, in dem das Wasser im Behälter 5 cm hoch steht?

19 Bestimmen Sie a, b und c so, dass der Graph der Funktion $f(x) = \tan(ax + b) + c$ an der Stelle $x = \frac{\pi}{6}$ die Wendetangente $y = 3x - \frac{\pi}{3}$ besitzt.

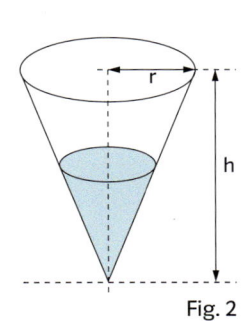

Fig. 1

Fig. 2

6.3 Ableitung der Umkehrfunktion

a) Zeichnen Sie für $x \geq 0$ den Graphen G_f der Funktion $f(x) = x^2$ in ein Koordinatensystem. Ermitteln Sie die Gleichung der Tangente t an den Graphen im Punkt $P(2|4)$ und zeichnen Sie diese ein.
b) Spiegeln Sie den Graphen G_f, den Punkt P und die Tangente t an der Winkelhalbierenden $y = x$. Zu welcher Funktion g gehört der gespiegelte Graph G_g?
c) Welcher Zusammenhang besteht zwischen den Steigungen der beiden Tangenten?

Die **Umkehrfunktion** f^{-1} einer Funktion f ist dadurch definiert, dass der Zahl $y = f(x)$ die Zahl x zugeordnet wird (vgl. Band 9/10, S. 206).
Zum Beispiel ist für die Funktion $f(x) = x^2$ die Umkehrfunktion $f^{-1}(x) = \sqrt{x}$. Liesse man hier allerdings den gesamten Definitionsbereich zu, so würden zwei verschiedene x-Werte auf denselben y-Wert abgebildet werden, wie $f(-3) = f(3) = 9$. Die Umkehrfunktion müsste $y = 9$ wieder beide x-Werte ± 3 zuordnen, was der Definition einer Funktion widerspräche. Die Funktion $f(x) = x^2$ ist also nur umkehrbar, wenn man den Definitionsbereich z. B. auf $\mathbb{R}_0^+$ einschränkt.
Allgemein kann man festhalten: Damit die Umkehrfunktion einer Funktion f existiert, müssen zwei verschiedene x-Werte aus dem Definitionsbereich auch zwei verschiedene Funktionswerte besitzen. Dies ist sicher der Fall, wenn f streng monoton zunehmend oder streng monoton abnehmend ist.

Zusammen mit dem Monotoniesatz (S. 75) ergibt sich:

Kriterium für Umkehrbarkeit
Ist eine Funktion f **streng monoton**, so ist sie **umkehrbar**.
Insbesondere ist jede differenzierbare Funktion f, für die $f'(x) > 0$ für alle x in einem Intervall (bzw. $f'(x) < 0$ für alle x in einem Intervall), in diesem Intervall **umkehrbar**.

Dieser Satz macht nur eine Aussage über die Existenz einer Umkehrfunktion. Eine Möglichkeit zur Ermittlung der Umkehrfunktion von f ist die Auflösung der Funktionsgleichung $y = f(x)$ nach der Variablen x.

Die Ableitung von f^{-1} kann man über die Kettenregel wie folgt herleiten. Die Verkettung einer Funktion mit ihrer Umkehrfunktion erzeugt wieder den Ursprungswert: $f(f^{-1}(x)) = x$. Differenziert man beide Seiten der Gleichung, so erhält man unter Anwendung der Kettenregel: $f'(f^{-1}(x)) \cdot (f^{-1})'(x) = 1$. Unter der Voraussetzung $f'(f^{-1}(x)) \neq 0$ ergibt sich: $(f^{-1})'(x) = \frac{1}{f'(f^{-1}(x))}$

Umkehrregel
Es sei f umkehrbar. Die Umkehrfunktion f^{-1} ist an der Stelle x differenzierbar, wenn f an der Stelle $f^{-1}(x)$ differenzierbar ist und dort keine waagerechte Tangente besitzt. Die Ableitung der Umkehrfunktion f^{-1} an der Stelle x ist dann gleich dem Kehrwert der Ableitung der Funktion f an der Stelle $f^{-1}(x)$: $(f^{-1})'(x) = \frac{1}{f'(f^{-1}(x))}$

Bemerkung
Die Voraussetzung $f'(f^{-1}(x)) \neq 0$ ist tatsächlich nötig. Beispielsweise ist die Funktion $f(x) = x^3$ umkehrbar und überall differenzierbar, die Umkehrfunktion $f^{-1}(x) = \sqrt[3]{x}$ ist jedoch nur für $x \neq 0$ differenzierbar. Anschaulich sieht man dies folgendermassen: Da $f'(f^{-1}(0)) = f'(0) = 0$, besitzt f an der Stelle $f^{-1}(0) = 0$ die x-Achse als Tangente, also hat die Umkehrfunktion f^{-1} an der Stelle 0 als Tangente die y-Achse, die aber keine endliche Steigung besitzt.

Beispiel 1 Bestimmung der Umkehrfunktion
Ist die gegebene Funktion umkehrbar? Bestimmen Sie gegebenenfalls den Funktionsterm von f^{-1} und die Definitionsmenge $D_{f^{-1}}$.
a) $f(x) = \frac{3}{x-1}$; $D_f = \,]1; \infty[$
b) $f(x) = x^3 - x$; $x \in \mathbb{R}$

Lösung:
a) $f'(x) = \frac{-3}{(x-1)^2} < 0$; also ist f streng monoton fallend und damit in D_f umkehrbar.
Auflösen der Gleichung $y = \frac{3}{x-1}$ nach x: $x - 1 = \frac{3}{y}$ $\Rightarrow$ $x = \frac{3}{y} + 1$
Variablentausch: $y = \frac{3}{x} + 1$; also $f^{-1}(x) = \frac{3}{x} + 1$ mit $D_{f^{-1}} = W_f = \mathbb{R}^+$.
b) Es gilt z.B. $f(-1) = f(1) = 0$. Deshalb ist f nicht umkehrbar.

Beispiel 2 Umkehrregel
Zeigen Sie, dass $f(x) = x^2$ für $x > 0$ umkehrbar ist, und bestimmen Sie die Ableitung der Umkehrfunktion mithilfe der Umkehrregel.
Lösung:
Ableitung: $f'(x) = 2x > 0$ für $x > 0$ $\Rightarrow$ f streng monoton steigend $\Rightarrow$ f umkehrbar
Umkehrfunktion: $f^{-1}(x) = \sqrt{x}$
Umkehrregel: $(f^{-1})'(x) = \frac{1}{f'(f^{-1}(x))} = \frac{1}{2(f^{-1}(x))} = \frac{1}{2\sqrt{x}} = \frac{1}{2}x^{-\frac{1}{2}}$ mit $x > 0$

Beispiel 3 Umkehrregel
Zeigen Sie, dass die Sinusfunktion im Intervall $\left]-\frac{\pi}{2}; \frac{\pi}{2}\right[$ umkehrbar ist, und berechnen Sie die Ableitung der Umkehrfunktion arcsin.
Lösung:
Ableitung: $\sin'(x) = \cos(x) = \sqrt{1-\sin^2(x)} > 0$ in $\left]-\frac{\pi}{2}; \frac{\pi}{2}\right[$ $\Rightarrow$ umkehrbar
Umkehrregel: $\arcsin'(x) = \frac{1}{\sqrt{1-(\sin(\arcsin(x)))^2}} = \frac{1}{\sqrt{1-x^2}}$ mit $x \in \,]-1;1[$

Die Umkehrfunktion der Sinusfunktion wird mit arcsin (Arkussinusfunktion) bezeichnet.

Aufgaben

1 Zeigen Sie mithilfe der Ableitung, dass f umkehrbar ist.
a) $f(x) = x^3 + x$; $x \in \mathbb{R}$
b) $f(x) = \frac{2}{x+1}$; $x \neq -1$
c) $f(x) = x^3 - x$; $x > \sqrt{\frac{1}{3}}$

2 Zeigen Sie, dass die Funktion f umkehrbar ist. Bestimmen Sie die Umkehrfunktion f^{-1}. Geben Sie $D_{f^{-1}}$ und $W_{f^{-1}}$ an. Leiten Sie die Umkehrfunktion mithilfe der Umkehrregel ab.
a) $f(x) = \frac{4}{x-2}$; $x < 2$
b) $f(x) = 4 - \frac{6}{x}$; $x < 0$
c) $f(x) = (x-3)^2$; $x \geq 3$

3 Leiten Sie die Umkehrfunktion von f ab.
a) $f(x) = \cos(x)$; $x \in \,]0; \pi[$
b) $f(x) = \tan(x)$; $x \in \left]-\frac{\pi}{2}; \frac{\pi}{2}\right[$

4 Es sei f eine Funktion mit $f'(x) = f(x) > 0$ für alle $x \in \mathbb{R}$. Bestimmen Sie $(f^{-1})'$.

Die Umkehrfunktion der Kosinus- bzw. Tangensfunktion wird mit arccos (Arkuskosinusfunktion) bzw. mit arctan (Arkustangensfunktion) bezeichnet.

6.4 Potenzfunktionen mit rationalen Exponenten und ihre Ableitung

Im vorherigen Kapitel (Beispiel 2) wurde gezeigt, dass die Funktion $f(x) = x^{\frac{1}{2}}$ die Ableitung $f'(x) = \frac{1}{2} \cdot x^{-\frac{1}{2}}$ hat.
Benutzen Sie diese Ableitung und die Produktregel für Ableitungen, um die Ableitungen von $g(x) = x^{\frac{3}{2}}$, $h(x) = x^{\frac{5}{2}}$, $k(x) = x^{\frac{7}{2}}$ usw. zu bestimmen. Was fällt auf?

Um bei Funktionen mit Wurzeltermen, wie etwa $f(x) = \sqrt[3]{2x - 5}$, eine vollständige Kurvendiskussion durchführen zu können, muss man wissen, wie man Wurzelfunktionen ableitet. Da sich Wurzeln als Potenzen mit rationalem Exponenten darstellen lassen, stellt sich die Frage, ob man Wurzelfunktionen gemäss der Potenzregel (S. 56) ableiten darf. Gilt also die bekannte Ableitungsregel für Funktionen $f(x) = x^n$ mit $n \in \mathbb{Z}$ auch für $n \in \mathbb{Q}$?

Funktionen der Form $\mathbf{f(x) = a \cdot x^{\frac{p}{q}} = a \cdot \sqrt[q]{x^p}}$ ($a \in \mathbb{R}$, $p \in \mathbb{Z}$ und $q \in \mathbb{N}$) heissen **Potenzfunktionen mit rationalen Exponenten**.

Insbesondere heisst $f(x) = x^{\frac{1}{2}} = \sqrt{x}$ **(Quadrat-)Wurzelfunktion**.
Bei Potenzfunktionen mit rationalen Exponenten muss gegebenenfalls die Definitionsmenge geeignet bestimmt werden, damit Wurzelterme definiert sind, so ist beispielsweise bei $f(x) = x^{\frac{1}{2}}$ $D_f = \mathbb{R}_0^+$ bzw. bei $g(x) = x^{-2}$ $D_g = \mathbb{R}\setminus\{0\}$.

Im Folgenden betrachten wir speziell Graphen von Potenzfunktionen mit $a = 1$.

Wie verlaufen die Graphen für die Exponenten 1 und −1?

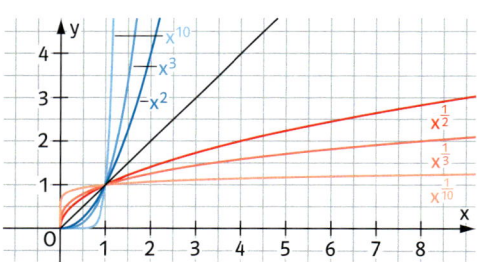

Für **positive** Exponenten gilt:

Für **negative** Exponenten gilt:

Die Graphen verlaufen durch die Punkte $(0|0)$ und $(1|1)$.
Sie sind streng monoton steigend.
Für Exponenten > 1 verläuft der Graph für $x \in [0;1[$ unterhalb und für $x \in]1;\infty[$ oberhalb der Winkelhalbierenden $y = x$.
Für Exponenten < 1 verläuft der Graph für $x \in [0;1[$ oberhalb und für $x \in]1;\infty[$ unterhalb der Winkelhalbierenden $y = x$.

Die Graphen verlaufen durch den Punkt $(1|1)$.
Sie sind streng monoton fallend.
Die x- und y-Achse sind Asymptoten, d.h., es existieren die Grenzwerte
$\lim_{x \to \infty} f(x) = 0$ und $\lim_{x \to 0} f(x) = \infty$.

An den beiden obigen Bildern erkennt man, dass z.B. die Graphen von $f(x) = x^3$ und $g(x) = x^{\frac{1}{3}}$ bezüglich der Winkelhalbierenden $y = x$ symmetrisch sind. Allgemein gilt:
Für $x \in \mathbb{R}_0^+$ hat die Funktion $\mathbf{f(x) = x^{\frac{p}{q}}}$ als **Umkehrfunktion** die Funktion $\mathbf{f^{-1}(x) = x^{\frac{q}{p}}}$.

Für die Ableitung von Potenzfunktionen mit rationalen Exponenten gilt auch die Potenzregel.

Potenzregel
Für Funktionen $f(x) = a \cdot x^{\frac{p}{q}} = a \cdot \sqrt[q]{x^p}$ ($a \in \mathbb{R}$, $p \in \mathbb{Z}$ und $q \in \mathbb{N}$) gilt: $\mathbf{f'(x) = \frac{p}{q} \cdot a \cdot x^{\frac{p}{q}-1}}$

Für $f(x) = a \cdot x^r$ mit $r \in \mathbb{Q}$ gilt: $f'(x) = ra \cdot x^{r-1}$

Im Speziellen gilt für die Ableitung der Wurzelfunktion $f(x) = \sqrt{x} = x^{\frac{1}{2}}$: $f'(x) = \frac{1}{2}x^{-\frac{1}{2}} = \frac{1}{2\sqrt{x}}$

Beweis der Ableitungsregel:
Als Erstes werden Potenzfunktionen betrachtet, mit Exponenten der Form $\frac{1}{q}$ ($q \in \mathbb{N}$).

Die Funktion $f(x) = x^{\frac{1}{q}}$ ist die Umkehrfunktion zur Funktion $g(x) = x^q$ mit $g'(x) = q \cdot x^{q-1}$.
Nach der Umkehrregel (S. 114) gilt für die Ableitung von f:

$f'(x) = \frac{1}{g'(f(x))} = \frac{1}{q \cdot (f(x))^{q-1}} = \frac{1}{q \cdot \left(x^{\frac{1}{q}}\right)^{q-1}} = \frac{1}{q} \cdot \left(x^{\frac{1}{q}}\right)^{1-q} = \frac{1}{q} \cdot x^{\frac{1}{q}-1}$

Die bisher bekannte Ableitungsregel für Potenzfunktionen der Form x^n gilt analog also auch für Exponenten der Form $\frac{1}{q}$ mit $q \in \mathbb{N}$.
In einem zweiten Schritt werden allgemein Potenzfunktionen betrachtet, deren Exponenten die Form $\frac{p}{q}$ ($p \in \mathbb{Z}$, $q \in \mathbb{N}$) haben: $f(x) = x^{\frac{p}{q}} = \left(x^{\frac{1}{q}}\right)^p$

Nach der Kettenregel gilt: $f'(x) = p \cdot \left(x^{\frac{1}{q}}\right)^{p-1} \cdot \frac{1}{q} \cdot x^{\frac{1}{q}-1} = \frac{p}{q} \cdot x^{\frac{p-1}{q} + \frac{1}{q} - 1} = \frac{p}{q} \cdot x^{\frac{p}{q}-1}$

Beispiel 1 Ableitung
Bestimmen Sie die Ableitung f'.
a) $f(x) = \sqrt[3]{x^2}$; $x > 0$ b) $f(x) = \sqrt[4]{8-x}$; $x < 8$
Lösung:
a) Aus $f(x) = x^{\frac{2}{3}}$ folgt: $f'(x) = \frac{2}{3}x^{\frac{2}{3}-1} = \frac{2}{3}x^{-\frac{1}{3}} = \frac{2}{3} \cdot \frac{1}{\sqrt[3]{x}}$
b) Aus $f(x) = (8-x)^{\frac{1}{4}}$ folgt: $f'(x) = \frac{1}{4} \cdot (8-x)^{\frac{1}{4}-1} \cdot (-1) = -\frac{1}{4} \cdot (8-x)^{-\frac{3}{4}} = -\frac{1}{4} \cdot \frac{1}{\sqrt[4]{(8-x)^3}}$

Beispiel 2 Kurvendiskussion
Bestimmen Sie für die Funktion $f(x) = x - \sqrt{x}$ die maximale Definitionsmenge, die Nullstellen sowie Hoch- und Tiefpunkte. Skizzieren Sie anschliessend den Graphen.
Lösung:
Definitionsmenge $D_f = [0; +\infty[$
Nullstellen: $x - \sqrt{x} = 0 \Rightarrow \sqrt{x}(\sqrt{x} - 1) = 0$; somit $x_1 = 0$; $x_2 = 1$
Ableitungen: $f'(x) = 1 - \frac{1}{2}x^{-\frac{1}{2}}$; $f''(x) = \frac{1}{4}x^{-\frac{3}{2}}$
Notwendige Bedingung für Extremstellen: $f'(x) = 1 - \frac{1}{2}x^{-\frac{1}{2}} = 0$
$\Rightarrow 1 = \frac{1}{2}x^{-\frac{1}{2}} \Rightarrow x^{\frac{1}{2}} = \frac{1}{2} \Rightarrow x = \frac{1}{4}$ Skizze:

Hinreichende Bedingung:
$f''\left(\frac{1}{4}\right) = \frac{1}{4}\left(\frac{1}{4}\right)^{-\frac{3}{2}} = 2 > 0 \Rightarrow$ Minimum in $x = \frac{1}{4}$
Tiefpunkt: $f\left(\frac{1}{4}\right) = -\frac{1}{4}$; $T\left(\frac{1}{4} \mid -\frac{1}{4}\right)$
Hochpunkt $H(0 \mid 0)$, da $f(x) < 0$ im Intervall $]0; 1[$ und 0 die linke Grenze von D_f ist.

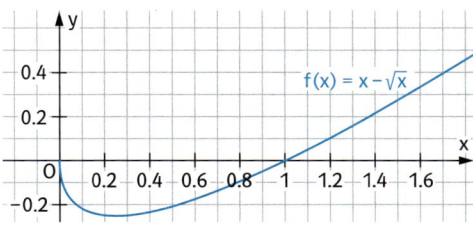

Aufgaben

1 Leiten Sie f ab und bestimmen Sie f'(1).
a) $f(x) = x^{0.2}$ b) $f(x) = x^{\frac{4}{3}}$ c) $f(x) = x^{\frac{3}{4}}$ d) $f(x) = 2x^{0.7}$
e) $f(x) = \frac{1}{p} \cdot x^{-p}$ f) $f(x) = \sqrt[4]{x^5}$ g) $f(x) = \sqrt[5]{x^4}$ h) $f(x) = 0.02 \cdot \sqrt{x^7}$
i) $f(x) = (\sqrt[3]{x})^{-1}$ j) $f(x) = 3 \cdot (\sqrt[3]{x^5})^{-1}$ k) $f(x) = x^2 \cdot \sqrt[4]{x^3}$ l) $f(x) = \frac{12}{\sqrt[3]{x^4}}$

2 Leiten Sie mithilfe der Kettenregel ab.
a) $f(x) = \sqrt[3]{1 + 2x}$ b) $g(x) = (7x^2 - x)^{\frac{4}{5}}$ c) $f(t) = (1 + \sqrt{t})^3$
d) $f(x) = \sqrt[4]{\sin(x)}$ e) $f(x) = 2(x^2 - 3\sqrt{x})^2$ f) $f(x) = (1 + \sqrt{3x + 2})^2$
g) $f(x) = 8(\sqrt{3x + 1})^{-\frac{3}{4}}$ h) $f(x) = \frac{1}{(x^3 - 2\sqrt{x})^2}$ i) $f(t) = \cos\left(\frac{1}{\sqrt{t}}\right)$

3 Bestimmen Sie die Tangente und Normale an den Graphen von f im Punkt B.
a) $f(x) = 2 \cdot \sqrt{2x + 1}$; $B(0|?)$ b) $f(x) = (1 + x) \cdot \sqrt{3x}$; $B(3|?)$

4 a) Bestimmen Sie den Schnittwinkel der Graphen der Funktionen f und g
mit $f(x) = (2x - 1)^3 + 2$ und $g(x) = \sqrt{x + 8}$.
b) Vom Punkt $R(2|1)$ werden die Tangenten an den Graphen von f mit $f(x) = \sqrt{2x - 4}$
gelegt. Berechnen Sie die Koordinaten des Berührpunktes und geben Sie die Gleichung
der Tangente an.

5 Eine Rohrleitung soll von A nach B verlegt werden. Die Verlegekosten betragen entlang der Strasse 300 Fr. pro Meter und über die Strasse 500 Fr. pro Meter.
a) Bestimmen Sie den Punkt D so, dass die
Kosten der Verlegung von A über D nach B
möglichst gering werden.
b) Vergleichen Sie die minimalen Kosten
mit den Kosten bei geradliniger Verlegung
von A nach B bzw. von A über C nach B.

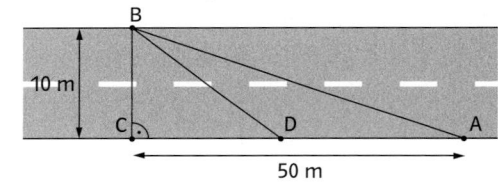

6 Führen Sie eine Kurvendiskussion durch.
a) $f(x) = \sqrt{2x} - x^2$ b) $g(x) = \frac{1}{3}x \cdot \sqrt{16 - x^2}$ c) $h(x) = \frac{3x}{\sqrt{9 + x^2}}$

7 Gegeben ist die Funktion f mit $f(x) = \sqrt{25 - x^2}$.
a) Berechnen Sie f'. Geben Sie die maximal möglichen Definitionsmengen D_f und $D_{f'}$ an.
b) Stellen Sie die Gleichungen der Tangenten und Normalen an den Graphen von f in den
Punkten $A(3|?)$ und $B(4|?)$ auf.
c) Skizzieren Sie den Graphen von f sowie die Tangenten und Normalen. Was fällt bei der
Lage der Normale auf?
d) Funktionsgraph, x-Achse und die Normale durch B schliessen einen Kreissektor ein.
Berechnen Sie dessen Flächeninhalt.
e) Geben Sie die Vektor- und Koordinatengleichung des Kreises an, der durch die Punkte
A und B von Teilaufgabe b) verläuft. Ergänzen Sie diesen Kreis im Koordinatensystem.

8 a) Es sei f eine differenzierbare Funktion mit $f(x) > 0$ für alle $x \in \mathbb{R}$.
Zeigen Sie: Eine Stelle $x_0 \in \mathbb{R}$ ist Maximalstelle von $g(x) = \sqrt{f(x)}$, wenn sie eine Maximalstelle von f ist.
b) Bestimmen Sie mit den Kenntnissen aus a) das Maximum von $g(x) = \sqrt{8.64x - 1.25x^4}$.

7 Natürliche Exponential- und Logarithmusfunktion

7.1 Die natürliche Exponentialfunktion und ihre Ableitung

Rechts sind die Graphen der Funktionen $f(x) = 2^x$ und $g(x) = 3^x$ zusammen mit ihren Ableitungen dargestellt. Welche Vermutungen über eine Funktion, die identisch mit ihrer Ableitung ist, kann man daraus herleiten?

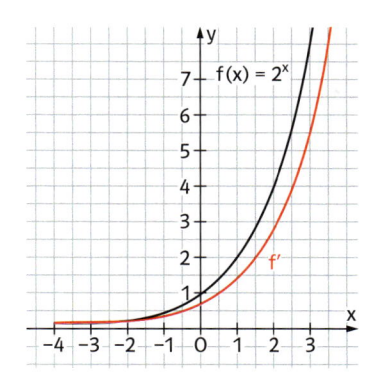

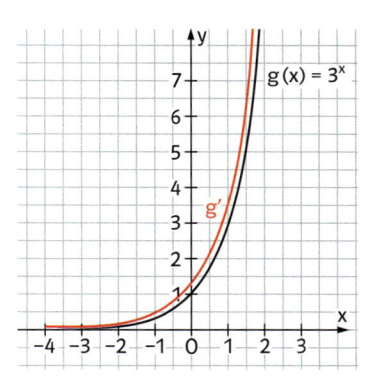

Häufig lassen sich Wachstumsvorgänge mithilfe von Exponentialfunktionen der Form $f(x) = b \cdot a^x$ ($b \in \mathbb{R}$; $a > 0$) beschreiben. Um die Stärke des Wachstums bestimmen zu können, wird im Folgenden zunächst speziell die Ableitung von $f(x) = a^x$ ermittelt. Dabei wird gezeigt, dass für einen bestimmten Wert der Basis a die Ableitung besonders einfach wird.

Erinnerung: Exponentialfunktionen:

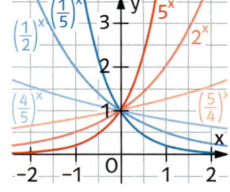

Um die Ableitung von $f(x) = a^x$ an einer Stelle x_0 zu bestimmen, wird zunächst der Differenzenquotient von f an x_0 betrachtet:

$$\frac{f(x_0 + h) - f(x_0)}{h} = \frac{a^{x_0 + h} - a^{x_0}}{h} = \frac{a^{x_0} \cdot a^h - a^{x_0}}{h}$$
$$= a^{x_0} \cdot \frac{a^h - 1}{h}$$

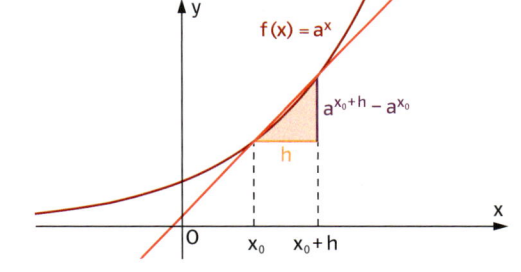

Für die Ableitung gilt:

$$f'(x_0) = a^{x_0} \cdot \lim_{h \to 0} \frac{a^h - 1}{h}$$

Wegen $\lim_{h \to 0} \frac{a^h - 1}{h} = f'(0)$ ist also die Ableitung der Exponentialfunktion $f(x) = a^x$ an der Stelle x_0 gleich dem Produkt aus dem Funktionswert an der Stelle x_0 und der Ableitung von f an der Stelle 0.

Würde nun $f'(0) = 1$ gelten, dann hätte man eine Funktion f mit $f'(x) = f(x)$. Es wird also ein Wert a gesucht, für den gilt:

$$\lim_{h \to 0} \frac{a^h - 1}{h} = 1$$

Um diese Basis a zu ermitteln, formt man um; für $h = \frac{1}{n}$ gilt: $\lim_{h \to 0} \frac{a^h - 1}{h} = \lim_{n \to \infty} \frac{a^{\frac{1}{n}} - 1}{\frac{1}{n}}$

Damit $\lim_{n \to \infty} \frac{a^{\frac{1}{n}} - 1}{\frac{1}{n}} = 1$, muss für sehr grosse n gelten:

$a^{\frac{1}{n}} - 1 \approx \frac{1}{n}$ und damit $a^{\frac{1}{n}} \approx 1 + \frac{1}{n}$ sowie $a \approx \left(1 + \frac{1}{n}\right)^n$.

Der obige Grenzwert wird also dann 1, wenn gilt: $a = \lim_{n \to \infty} \left(1 + \frac{1}{n}\right)^n$

Mithilfe des Taschenrechners oder eines Tabellenkalkulationsprogramms erhält man:

n	1	10^2	10^4	10^6	10^8	10^{10}
$\left(1 + \frac{1}{n}\right)^n$	2	2.704 813 829	2.718 146 927	2.718 280 469	2.718 281 815	2.718 281 828

Bei noch grösseren Werten von n stossen Taschenrechner an ihre Grenzen: $\frac{1}{n}$ wird durch 0 angenähert und folglich das fehlerhafte Ergebnis 1 angezeigt.

Leonhard Euler
(1707–1783)

Der Grenzwert $\lim_{n \to \infty} \left(1 + \frac{1}{n}\right)^n$ existiert und ist eine irrationale Zahl. Diese heisst **Euler'sche Zahl** und wird mit **e** bezeichnet.
Es ist e = 2.718 281 828…

Der Basler Mathematiker Leonhard Euler hat als Erster nachgewiesen, dass dieser Grenzwert existiert und eine irrationale Zahl ist. Er bezeichnete diese Zahl mit e; sie wurde später ihm zu Ehren Euler'sche Zahl (vgl. S. 122) genannt.

Da die Funktion $f(x) = e^x$ grosse Bedeutung bei der Modellierung von natürlichen Wachstums- und Zerfallsprozessen hat, bezeichnet man sie als die **natürliche Exponentialfunktion**. Die Basis e wurde vorher so bestimmt, dass die Ableitung der Funktion $f(x) = e^x$ mit der Funktion übereinstimmt. Die natürliche Exponentialfunktion $f(x) = e^x$ hat also die Ableitung $f'(x) = e^x$. Insbesondere ist $f'(0) = 1$.

Die natürliche Exponentialfunktion

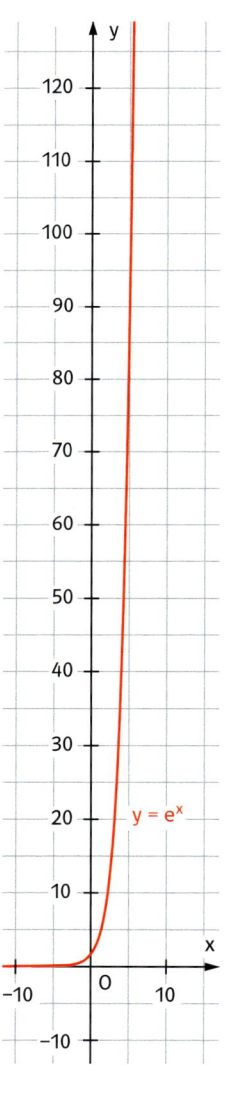

$f(x) = e^x$ heisst **natürliche Exponentialfunktion**. Für ihre Ableitung gilt:
$f'(x) = f(x) = e^x$

Die natürliche Exponentialfunktion ist (bis auf Multiplikation mit Konstanten $c \in \mathbb{R}$: $f_c(x) = c \cdot e^x$; also z. B. $3 \cdot e^x$) die einzige von null verschiedene Funktion, welche für alle $x \in \mathbb{R}$ die Eigenschaft $f'(x) = f(x)$ besitzt.

Beispiel 1
Bestimmen Sie die Ableitungsfunktion f' und berechnen Sie die Steigung des Graphen von f an den Stellen x = 0; 1; –1.
a) $f(x) = 3e^x + x$
b) $f(x) = \frac{1}{2} \cdot e^{x+1}$

Lösung:
a) $f'(x) = 3e^x + 1$

$f'(0) = 4$; $f'(1) = 3e + 1$; $f'(-1) = \frac{3}{e} + 1$

b) Wegen $f(x) = \frac{1}{2}e^x \cdot e^1 = \frac{e}{2} \cdot e^x$ ist $f'(x) = \frac{e}{2} \cdot e^x$

$f'(0) = \frac{1}{2}e$; $f'(1) = \frac{1}{2}e^2$; $f'(-1) = \frac{1}{2}$

Beispiel 2
a) Skizzieren Sie den Graphen der Funktion $f(x) = \frac{1}{2}e^x$ mithilfe einiger Punkte.
b) Ermitteln Sie die Gleichung der Tangente t an G_f im Punkt $A(2 | f(2))$. Zeichnen Sie diese ein.

Lösung:
a) Wertetabelle:

x	–1	0	1	2	2.5
y	$\frac{1}{2e} \approx 0.2$	$\frac{1}{2}$	$\frac{1}{2}e \approx 1.4$	$\frac{1}{2}e^2 \approx 3.7$	$\frac{1}{2}e^{2.5} \approx 6.1$

b) Ansatz für t: $y = mx + b$
Aus $f'(x) = \frac{1}{2} \cdot e^x$ folgt: $m = f'(2) = \frac{1}{2}e^2$
$A\left(2 \Big| \frac{1}{2}e^2\right) \in g$: $\frac{1}{2}e^2 = \frac{1}{2}e^2 \cdot 2 + b$
$\Rightarrow b = -\frac{1}{2}e^2$
Tangente: $y = \frac{1}{2}e^2 x - \frac{1}{2}e^2 = \frac{1}{2}e^2(x - 1)$

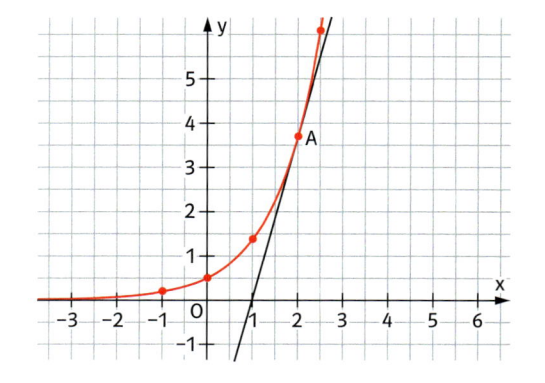

Aufgaben

1 Der Graph der Funktion $f(x) = e^x$ soll für $x \geq 0$ auf ein A4-Blatt gezeichnet werden, wobei der Koordinatenursprung in die linke untere Ecke und die x-Achse auf die kürzere Seite gelegt wird. Die Einheit soll auf beiden Koordinatenachsen 1 cm betragen.
a) Bis zu welchem x-Wert passt der Graph von f auf das Blatt?
b) Wie hoch müsste ein Blatt von gleicher Breite wie ein A4-Blatt sein, wenn der Graph die rechte obere Ecke erreichen soll? Schätzen und rechnen Sie.

2 Bestimmen Sie die Steigung der Tangente an den Graphen von f an der Stelle x_0.
a) $f(x) = 4 \cdot e^x$; $x_0 = -2$
b) $f(x) = -3 \cdot e^x$; $x_0 = 0{,}5$
c) $f(x) = \frac{1}{2} \cdot e^x - e \cdot x^2$; $x_0 = 1$
d) $f(x) = 4 \cdot e^x - 3 \cdot x^e$; $x_0 = 0$

3 Es sei G_f der Graph von $f(x) = e^x$.
a) Bestimmen Sie die Gleichungen der Tangenten an G_f in $A(1|e)$ und $B\left(-1 \big| \frac{1}{e}\right)$.
b) Geben Sie die Steigungen der Normalen an G_f in den Punkten A und B an.

4 In welchen Punkten $P(x_0|f(x_0))$ und $Q(x_0|g(x_0))$ haben die Graphen von f und g parallele Tangenten?
a) $f(x) = e^x$; $g(x) = x$
b) $f(x) = 2e^x$; $g(x) = -4x$
c) $f(x) = \sqrt{e} \cdot x$; $g(x) = e^x - 2$

5 Gegeben ist die Funktion f_c mit $f_c(x) = c \cdot e^x$. Bestimmen Sie c so, dass der zu f_c gehörige Graph im Schnittpunkt mit der y-Achse die Steigung 0,4 hat.

6 Gegeben ist $f(x) = e^x$ mit dem Graphen G_f.
a) In einem Punkt $P(a|f(a))$ wird die Tangente an G_f gelegt (Fig. 1). Berechnen Sie abhängig von a die Koordinaten des Punktes Q.
b) Welcher Zusammenhang besteht zwischen den x-Koordinaten der Punkte P und Q?
c) Für den Steigungswinkel α der Tangente an G_f in $P(x_0|f(x_0))$ gilt stets: $\tan(\alpha) = f'(x_0)$. Leiten Sie mithilfe dieser Beziehung das Ergebnis von b) geometrisch her.
d) Wie lässt sich mit dem Ergebnis von b) die Tangente an G_f in einem gegebenen Punkt konstruieren?

7 Geben Sie die Gleichung der Tangente an den Graphen von $y = e^x$ an, die durch $(0|0)$ geht. Welche Koordinaten hat der Berührpunkt?

8 Beschreiben Sie, wie der Graph der Funktion g aus dem Graphen von $f(x) = e^x$ hervorgeht.
a) $g(x) = e^{-x} + 1$
b) $g(x) = e^{x+1}$
c) $g(x) = -e^{-x}$
d) $g(x) = e^{-x-1}$

9 Ordnen Sie den in Fig. 2 abgebildeten Graphen jeweils eine der folgenden Funktionen zu und begründen Sie die Entscheidung:
$f_1(x) = e^x - 1$; $f_2(x) = \frac{1}{9}x^2 + \frac{2}{3}x + 1$; $f_3(x) = e^{-x} + 1$; $f_4(x) = 2 - 2x + 0{,}5x^2$

10 Für welche Funktionen $f(x) = ce^x + a$ gilt:
a) die Punkte $P(2|1)$ und $Q(\ln(2)|3 - e^2)$ liegen auf G_f,
b) die Tangente im Punkt $A(0|1)$ an G_f hat die Steigung 2?

Zu Aufgabe 6:

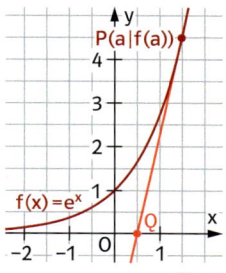

Fig. 1

Zu Aufgabe 9:

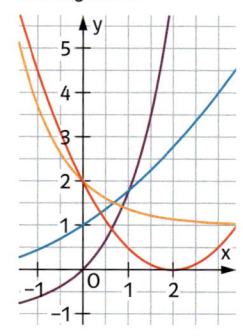

Fig. 2

Zu Aufgabe 10:
$e^{\ln(2)} = 2$

Exkursion: Die Euler'sche Zahl e

Die Basis der natürlichen Exponentialfunktion und des natürlichen Logarithmus war schon im 17. Jahrhundert Gegenstand von Untersuchungen. Jakob Bernoulli (1654–1705), ein Mitglied der grossen Basler Mathematikerfamilie Bernoulli, gelangte bei Untersuchungen der Verzinsung von Kapital zur Zahl 2.718 281 … .
Seine Untersuchungen sollen im Folgenden nachvollzogen werden.

Jakob Bernoulli (1654–1705)

Die stetige Verzinsung

Eine Bank legt ein Angebot vor, nach dem sich ein angelegtes Kapital K_0 innerhalb von 10 Jahren verdoppelt. Dies sind 100 % Zinsen in 10 Jahren. Damit erhöht sich im Durchschnitt das Kapital K_0 pro Jahr um $\frac{100\%}{10} = 10\%$. Würde diese durchschnittliche Kapitalerhöhung von 10 % jeweils als Jahreszins dem Kapital K_0 hinzugefügt, so erhielte man nach 10 Jahren einen erheblich höheren Betrag: $K_{10} = K_0 \cdot \left(1 + \frac{1}{10}\right)^{10} \approx 2.5937 \cdot K_0$

Es wird folgender Fall betrachtet:
Bei einer Verzinsung von 100 % in 10 Jahren ist die durchschnittliche Kapitalerhöhung pro Jahr $\frac{1}{10} = 10\%$, pro Halbjahr $\frac{1}{20} = 5\%$, pro Vierteljahr $\frac{1}{40} = 2.5\%$, pro Monat $\frac{1}{120} \approx 0.83\%$ usw. Dieser Anteil wird als Zinssatz angenommen und der zugehörige Zins dem Kapital jährlich, halbjährlich, vierteljährlich, monatlich usw. zugeführt. Welches Kapital liegt jeweils nach 10 Jahren vor?

– Halbjährliche Verzinsung (20 Zeiträume) mit $\frac{100}{20}\% = \frac{1}{20} = 5\%$:

$K_{20} = K_0 \cdot \left(1 + \frac{1}{20}\right)^{20} \approx 2.6533 \cdot K_0$

– Vierteljährliche Verzinsung (40 Zeiträume) mit $\frac{100}{40}\% = \frac{1}{40} = 2.5\%$:

$K_{40} = K_0 \cdot \left(1 + \frac{1}{40}\right)^{40} \approx 2.6851 \cdot K_0$

– Monatliche Verzinsung (120 Zeiträume) mit $\frac{100}{120}\% = \frac{1}{120} = \frac{5}{6}\%$:

$K_{120} = K_0 \cdot \left(1 + \frac{1}{120}\right)^{120} \approx 2.7070 \cdot K_0$

– Werden schliesslich die 10 Jahre in m gleiche Zeiträume unterteilt und wird der Zinssatz $\frac{100}{m}\%$ nach jedem Zeitabschnitt dem Kapital zugefügt, so erhält man als Endkapital:
$K_m = K_0 \cdot \left(1 + \frac{1}{m}\right)^m$

Die Tabelle zeigt den Kontostand eines Anfangskapitals von $K_0 = 1$ Franken nach 10 Jahren.

Zuschlag	10-j.	jährl.	halbj.	viertelj.	monatl.	tägl.	stündl.	pro Sekunde
m	1	10	20	40	120	3600	86 400	311 040 000
Kapital	2.00	2.5937	2.6533	2.6851	2.7070	2.7179	2.7183	2.7183

Offensichtlich wächst das Kapital bei immer kürzeren Verzinsungszeiträumen immer weiter an. Für den Grenzfall $m \to \infty$ gilt:

$K_\infty = \lim_{m \to \infty} \left[K_0 \cdot \left(1 + \frac{1}{m}\right)^m\right] = K_0 \cdot \lim_{m \to \infty} \left(1 + \frac{1}{m}\right)^m$

Der Wert des Grenzwertes $\lim_{m \to \infty} \left(1 + \frac{1}{m}\right)^m$ ist vom Herleiten der Ableitung der Exponentialfunktion (vgl. S. 119) $f(x) = a^x$ bekannt und wird heute als **Euler'sche Zahl e** mit $e \approx 2.71828$ bezeichnet.

Damit kann das Kapital durch Verkürzung der Zinszeiträume nur auf das e-fache wachsen. Man spricht dann von **stetiger Verzinsung**.

Das ist uns Ihr Geld wert:
Jahreszins 3.1 %
Allerdings müssen Sie uns Ihr Geld ein Jahr lang überlassen!
Ihre **J Bank**

Legen Sie Ihr Geld bei uns an:
halbjährlich 1.5 % Zins
Wir schreiben den Zins nach jedem Halbjahr Ihrem Konto gut!
Ihre **H Bank**

Wir zahlen für Ihr Geld:
vierteljährlich 0.75 %
Der Zins wird vierteljährlich Ihrem Guthaben zugefügt!
Ihre **V Bank**

Die Zahl e vor Euler

Das 1689 von Jakob Bernoulli gestellte Problem der stetigen Verzinsung war Leonhard Euler (1707–1783) vermutlich bekannt, da Euler in jungen Jahren Privatstunden von Johann Bernoulli (1667–1748) erhielt, dem Bruder von Jakob. Bei Lösungen weiterer mathematischer Probleme der damaligen Zeit (u.a. Problem der Kettenlinie) trat die Zahl 2.718 2818… immer häufiger auf, sodass sie eine eigene Bezeichnung erhielt: zuerst von Gottfried Wilhelm Leibniz (1646–1716), der in Briefen an Christiaan Huygens (1629–1695) von 1690/91 den Buchstaben b verwendete. Johann Bernoulli benützte später zunächst den Buchstaben a, dann c.

Die Bezeichnung e für die Zahl 2.718 2818… erschien erstmals in einem Manuskript von Euler über die Analyse ballistischer Experimente von 1727: «Scribatur pro numero, cujus logarithmus est unitas, e, qui est 2.718 2818…, cujus logarithmus secundum Vlacq. est 0.434 294 4…» (Für die Zahl, deren Logarithmus die Einheit ist, wird e geschrieben, wobei e gleich 2.718 2818… ist, dessen Zehnerlogarithmus 0.434 294 4… ist.) Erst in seinem 1748 erschienenen Werk «Introductio in Analysin infinitorum» (Einleitung in die Analysis des Unendlichen) gibt Euler eine ausführliche Herleitung der Zahl e.

Das allererste Auftreten der Zahl 2.718 2818… in der Mathematik war in einer Nebenrolle, als der Schweizer Uhrmacher und Mathematiker Jost Bürgi und der schottische Mathematiker John Napier um das Jahr 1600 Logarithmentafeln aufstellten. Diese Zeit war von grossem Fortschritt in den Naturwissenschaften geprägt, wodurch ein Interesse entstand, den Rechenaufwand zu minimieren. Dies gelang mithilfe von Logarithmentafeln, die es ermöglichten, die Multiplikation durch die Addition zu ersetzen: Man schrieb die Faktoren als Potenz zu einer bestimmten Basis, addierte ihre Exponenten und wandelte die resultierende Potenz mithilfe der Logarithmentafeln wieder zurück in eine Zahl (siehe Lambacher Schweizer Band 9/10, S. 185).

Bürgi wählte in seiner Logarithmentafel (moderner Ausschnitt in Fig. 1) die Zahl $1 + 10^{-4} = 1.0001$ als Basis. Da die Zahlen der zweiten und dritten Spalte gleich sind, gilt für eine Zahl n $(b^{0.0001})^n = (1.0001)^n$. Nach b aufgelöst ergibt sich $b^{0.0001} = 1.0001$ bzw. $b = (1.0001)^{10\,000} = \left(1 + \frac{1}{10\,000}\right)^{10\,000} = 2.718\,145\,926\,83$, was sehr nahe der Zahl e ist.

Exponent	Potenz	Zahl
0.0000	$b^{0.0000}$	1.0000 = 1
0.0001	$b^{0.0001}$	$(1.0001)^1 = 1.0001$
0.0002	$b^{0.0002}$	$(1.0001)^2 = 1.00020001$
0.0003	$b^{0.0003}$	$(1.0001)^3 = 1.00030003$
…	…	…

Fig. 1

Gottfried Wilhelm Leibniz (1646–1716)

Der Holländer Adriaan Vlacq (1600–1667) publizierte 1628 in seinem Buch «Arithmetica logarithmica» eine Logarithmentafel der Zahlen 1 bis 100 000 auf 10 Stellen genau.

Jost Bürgi (1552–1632)

John Napier (1550–1617)

Eulers Herleitung

Im Vorwort zu seinem Buch «Introductio in Analysin infinitorum» schrieb Leonhard Euler (in deutscher Übersetzung): «[…] Ja, es hat bekanntlich gerade durch die Lehre von den unendlichen Reihen die höhere Analysis sehr bedeutende Erweiterungen erfahren. […]», und er betont immer wieder, wie nützlich die Analysis des Unendlichen und daraus die Darstellung von Zahlgrössen und Funktionen als unendliche Reihen für die Mathematik ist.

Im 7. Kapitel des ersten Teils «Von der Darstellung der Exponentialgrössen und der Logarithmen durch Reihen» leitet er die Zahl e wie folgt her.

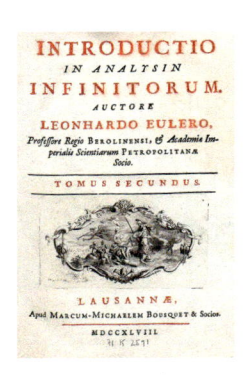

Titelseite von Eulers Werk «Introductio in Analysin infinitorum», das 1748 in Lausanne gedruckt wurde.

Da $a^0 = 1$ ist, kann für eine unendlich kleine, jedoch von null verschiedene Zahl ω

$$a^\omega = 1 + \chi$$

geschrieben werden, wobei χ ebenfalls eine unendlich kleine Zahl bedeutet. Da die Zahl a noch unbekannt ist, setzt Euler $\chi = k\omega$ und erhält

$$a^\omega = 1 + k\omega$$

Er zeigt nun anhand eines Beispiels, dass k von der Wahl von a abhängt und eine endliche Zahl ist. Nachdem er beide Seiten der Gleichung in die i-te Potenz, i = irgendeine Zahl, erhebt

$$a^{i\omega} = (1 + k\omega)^i$$

entwickelt er die rechte Seite nach dem binomischen Lehrsatz:

$$a^{i\omega} = 1 + \frac{i}{1}k\omega + \frac{i(i-1)}{1 \cdot 2}k^2\omega^2 + \frac{i(i-1)(i-2)}{1 \cdot 2 \cdot 3}k^3\omega^3 + \ldots$$

Mit $i = \frac{z}{\omega}$, wobei z irgendeine endliche Zahl bedeutet, wird i unendlich gross, da ω eine unendlich kleine Zahl ist. Mit der Substitution $\frac{z}{i}$ für ω erhält er

$$a^z = 1 + \frac{1}{1}kz + \frac{1 \cdot (i-1)}{1 \cdot 2i}k^2z^2 + \frac{1 \cdot (i-1)(i-2)}{1 \cdot 2i \cdot 3i}k^3z^3 + \frac{1 \cdot (i-1)(i-2)(i-3)}{1 \cdot 2i \cdot 3i \cdot 4i}k^4z^4 + \ldots$$

Da i eine unendlich grosse Zahl ist, nähern sich die Brüche $\frac{i-1}{i}, \frac{i-2}{i}, \frac{i-3}{i}$ usw. immer mehr der Zahl 1, je grösser i ist. Folglich wird $\frac{i-1}{2i} = \frac{1}{2}, \frac{i-2}{3i} = \frac{1}{3}, \frac{i-3}{4i} = \frac{1}{4}$ usw., und mit Einsetzen dieser Werte folgt:

$$a^z = 1 + \frac{kz}{1} + \frac{k^2z^2}{1 \cdot 2} + \frac{k^3z^3}{1 \cdot 2 \cdot 3} + \frac{k^4z^4}{1 \cdot 2 \cdot 3 \cdot 4} + \ldots \text{ in inf.}$$

Setzt man $z = 1$, so wird:

$$a = 1 + \frac{k}{1} + \frac{k^2}{1 \cdot 2} + \frac{k^3}{1 \cdot 2 \cdot 3} + \frac{k^4}{1 \cdot 2 \cdot 3 \cdot 4} + \ldots$$

Nach der Herleitung der Reihenentwicklung von $\log(1 + x)$ sowie $\log(1 - x)$ folgt der entscheidende Schritt. Euler schreibt: «Da man nun bei der Verfertigung eines Logarithmensystems die Basis a nach Belieben wählen kann, so kann man sie auch so annehmen, dass $k = 1$ wird.» Dadurch wird $a^\omega = 1 + k\omega = 1 + \omega$, was exakt dem Bauprinzip von Bürgis Logarithmentafel entspricht: $b^\nu = b^{0.0001} = 1.0001 = 1 + 0.0001 = 1 + \nu$.

Mit $k = 1$ erhält Euler

$$a = 1 + \frac{1}{1} + \frac{1}{1 \cdot 2} + \frac{1}{1 \cdot 2 \cdot 3} + \frac{1}{1 \cdot 2 \cdot 3 \cdot 4} + \ldots$$

Damit Euler eine Genauigkeit von 23 Stellen nach dem Komma erhielt, musste er mindestens 24 Summanden addieren.

Verwandelt man diese Brüche in Dezimalbrüche und addiert sie, ergibt sich für a der Wert:

$$a = 2.718\,281\,828\,459\,045\,235\,360\,28$$

«wo auch noch die letzte Ziffer genau ist», wie Euler schreibt. Und weiter: «Die aufgrund dieser Basis berechneten Logarithmen werden gewöhnlich natürliche oder hyperbolische Logarithmen genannt, weil die Quadratur der Hyperbel durch solche Logarithmen ausgeführt werden kann. Wir werden nun in der Folge der Kürze wegen für diese Zahl 2.718 281 828 459… stets den Buchstaben e gebrauchen, sodass also e die Basis der natürlichen oder hyperbolischen Logarithmen bedeutet, welcher der Wert $k = 1$ entspricht, oder es soll e stets die Summe der unendlichen Reihe

$$1 + \frac{1}{2} + \frac{1}{1 \cdot 2} + \frac{1}{1 \cdot 2 \cdot 3} + \frac{1}{1 \cdot 2 \cdot 3 \cdot 4} + \ldots$$

bezeichnen.»

Die «Quadratur der Hyperbel» ist ein historischer Name für die Flächenberechnung unter der Hyperbel $y = \frac{1}{x}$.

7.2 Die natürliche Logarithmusfunktion und ihre Ableitung

Gegeben ist die natürliche Exponentialfunktion $f(x) = e^x$ für $x \in \mathbb{R}$.
a) Zeichnen Sie den Graphen von f und spiegeln Sie diesen an der Winkelhalbierenden $y = x$. Begründen Sie, dass sich dabei wieder der Graph einer Funktion g ergibt.
b) Bestimmen Sie die Funktionswerte von g an den Stellen e, e^2, e^{-1} und $\sqrt{e}$.
c) Beschreiben Sie für g die Zuordnung mit Worten; nutzen Sie den Begriff des Logarithmus.

Erinnerung:
$\log_a(b)$ ist diejenige Hochzahl, mit der a potenziert werden muss, um b zu erhalten.
Insbesondere ist $\ln(x)$ derjenige Exponent, mit dem e potenziert werden muss, um x zu erhalten.

Die natürliche Exponentialfunktion $f(x) = e^x$ mit $D_f = \mathbb{R}$ und $W_f = \mathbb{R}^+$ ist streng monoton zunehmend, da $f'(x) = e^x > 0$ ist für alle $x \in \mathbb{R}$. Damit gibt es zu jeder vorgegebenen positiven Zahl y genau eine Zahl x mit $e^x = y$. Die Funktion f ist also in $\mathbb{R}$ umkehrbar. Die Lösung der Exponentialgleichung $e^x = y$ ist diejenige Zahl x, mit der man e potenzieren muss, um y zu erhalten, also ist $x = \log_e(y)$. Der Logarithmus zur Basis e wird als **natürlicher Logarithmus** bezeichnet und mit «ln» abgekürzt, also $x = \ln(y)$. Nach Vertauschen von x und y ergibt sich die zu f gehörige Umkehrfunktion $f^{-1}(x) = \ln(x)$ mit $D_{f^{-1}} = \mathbb{R}^+$ und $W_{f^{-1}} = \mathbb{R}$.

$\log_e(x) = \ln(x)$

In der Exponentialgleichung $e^x = y$ nennt man den Exponenten x den **natürlichen Logarithmus** von y. Man schreibt $x = \ln(y)$.
Die Funktion $f(x) = \ln(x)$, $x \in \mathbb{R}^+$, ist die Umkehrfunktion der natürlichen Exponentialfunktion und heisst **natürliche Logarithmusfunktion**.

Für den natürlichen Logarithmus gelten auch die **Logarithmengesetze** (Band 9/10, S. 178).
Für $u > 0$ und $v > 0$ ist:
(1) $\ln(u \cdot v) = \ln(u) + \ln(v)$ (2) $\ln(u : v) = \ln(u) - \ln(v)$ (3) $\ln(u^x) = x \cdot \ln(u)$

Eigenschaften von $f(x) = \ln(x)$:
- Für $x < 0$ gilt $0 < e^x < 1$, also folgt: **$\ln(x) < 0$ für $0 < x < 1$**
- Für $x > 0$ gilt $e^x > 1$, also folgt: **$\ln(x) > 0$ für $x > 1$**
- Wegen $e^0 = 1$ erhält man: $\ln(1) = 0$
- Für $x \to \infty$ gilt: $\ln(x) \to \infty$
- Für $x \to 0$ mit $x > 0$ gilt: $\ln(x) \to -\infty$; die y-Achse ist senkrechte Asymptote des Graphen.

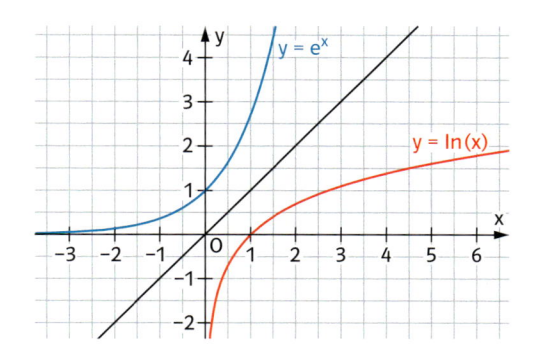

x	1	e	e^2	$\sqrt{e}$	$\frac{1}{e}$
ln(x)	0	1	2	$\frac{1}{2}$	-1

Da die natürliche Logarithmusfunktion $f(x) = \ln(x)$ die Umkehrfunktion der natürlichen Exponentialfunktion $g(x) = e^x$ ist, kann man die Ableitung von f durch Anwendung der Umkehrregel (S. 114) erhalten: $f'(x) = \frac{1}{g'(f(x))}$.

Weil hier $g' = g$ gilt, folgt $f'(x) = \frac{1}{g(f(x))}$ bzw. $(\ln(x))' = \frac{1}{e^{\ln(x)}} = \frac{1}{x}$.

Die natürliche Logarithmusfunktion $f(x) = \ln(x)$, $x \in \mathbb{R}^+$, hat die Ableitungsfunktion $f'(x) = \frac{1}{x}$.

Umformen mit dem Logarithmengesetz (3) bzw. (2).

Beispiel 1 Berechnen Sie die Ableitung von f unter Verwendung der Logarithmengesetze.
a) $f(x) = \ln(x^2)$; $x > 0$
b) $f(x) = \ln\left(\frac{3}{x}\right)$; $x > 0$

Lösung:
a) $f(x) = \ln(x^2) = 2 \cdot \ln(x)$
$f'(x) = 2 \cdot \frac{1}{x} = \frac{2}{x}$

b) $f(x) = \ln\left(\frac{3}{x}\right) = \ln(3) - \ln(x)$
$f'(x) = -\frac{1}{x}$

Beispiel 2 Untersuchen Sie, ob die Tangente an den Graphen von $f(x) = \ln(x)$ an der Stelle $x_0 = e$ eine Ursprungsgerade ist. Zeichnen Sie die Tangente und G_f.

Lösung:
Ansatz für die Gleichung der Tangente:
$y = mx + b$
Wegen $f'(x) = \frac{1}{x}$ folgt: $m = f'(e) = \frac{1}{e}$
Da $P(e \mid 1)$ auf der Tangente liegt, gilt:
$1 = \frac{1}{e} \cdot e + b \Rightarrow b = 0$; also $y = \frac{1}{e} \cdot x$
Die Tangente ist eine Ursprungsgerade.
Für die Zeichnung wird $\ln(1) = 0$ benutzt.

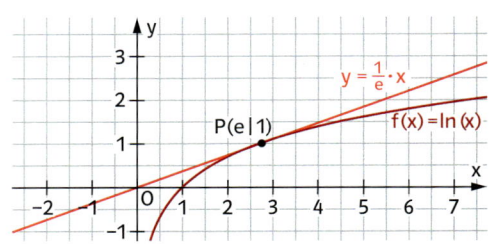

Aufgaben

Hinweis: Taschenrechner haben meist ausser der [log]-Taste eine [ln]-Taste, sodass man Näherungswerte für den natürlichen Logarithmus erhalten kann.

1 Es ist $\ln(3) \approx 1.10$ und $\ln(8) \approx 2.08$. Berechnen Sie damit Näherungswerte.
a) $\ln(24)$
b) $\ln(2)$
c) $\ln(72)$
d) $\ln(0.375)$
e) $\ln\left(\frac{1}{3}\right)$
f) $\ln(16)$

Schätzen Sie zuerst und überprüfen Sie den Wert mit dem Taschenrechner.

2 Welche Werte lassen sich ohne Taschenrechner ermitteln? Geben Sie diese an.
a) $\ln(4e)$
b) $\ln(e^{-1})$
c) $\ln(e^3)$
d) $\ln(\sqrt{e})$
e) $\ln(e + e^2)$
f) $\ln(1 - e^3)$
g) $[\ln(e^2)]^3$
h) $\ln[(e^{-2})^5]$
i) $\ln\left(\frac{5}{e^2}\right)$

3 Bestimmen Sie die maximal mögliche Definitionsmenge und die Ableitung.
a) $f(x) = 2\ln(x)$
b) $f(x) = \ln(2x)$
c) $f(x) = \ln\left(\frac{x}{3}\right)$
d) $f(x) = \ln(x^3)$
e) $f(x) = \ln(-3x)$
f) $f(x) = \ln\left(\frac{1}{x}\right)$

$\ln(cx) = \ln(-c) + \ln(-x)$ ist eine falsche Umformung.
Hat Carla Recht?

4 Ordnen Sie den gegebenen Funktionen die Terme der Ableitungen auf den Kärtchen passend zu. Begründen Sie Ihre Zuordnung.

$f(x) = 1 + \ln(x)$ $g(x) = x + \ln(x^2)$
$h(x) = x^2 + \ln(x^3)$ $k(x) = \ln(x^{-2})$
$u(x) = \ln(\sqrt{x})$ $v(x) = 3\ln(\sqrt{4x})$

Kärtchen: $2x + \frac{3}{x}$; $\frac{1}{x}$; $-\frac{2}{x}$; $\frac{3}{2} \cdot \frac{1}{x}$; $1 + \frac{2}{x}$; $\frac{1}{2x}$; $\frac{3}{8x}$

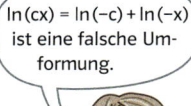

5 Gegeben sind die Funktionen f und g mit $f(x) = \ln(x)$ und $g(x) = \frac{x}{e}$.
a) Zeichnen Sie G_f und G_g in ein Koordinatensystem. Welche Vermutung liegt nahe?
b) Bestimmen Sie den Schnittpunkt der beiden Graphen und bestätigen Sie Ihre Vermutung durch Rechnung.

6 Ermitteln Sie mithilfe der Abbildung näherungsweise
a) die Steigung der Tangente an den Graphen G_f an der Stelle $x_0 = 0.5$ (1; 2; 4),
b) die Stelle, an der Funktionswert und Wert der Ableitung übereinstimmen. Überprüfen Sie mit dem Taschenrechner.

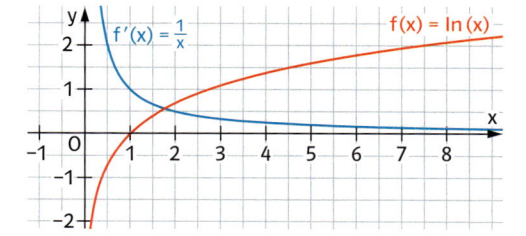

7 Geben Sie die Gleichung der Tangente an den Graphen der natürlichen Logarithmusfunktion $f(x) = \ln(x)$ an, die
a) im Punkt $P(e^2 | 2)$ den Graphen berührt,
b) von $A(0 | 2)$ aus an den Graphen von f gelegt wird,
c) von $B(0 | n)$ (wobei $n \in \mathbb{N}_0$) aus an den Graphen von f gelegt wird.

8 Wie lautet die Funktionsgleichung des Graphen, der aus dem Graphen der natürlichen Logarithmusfunktion hervorgeht durch
a) Verschiebung um 3 Einheiten in positiver y-Richtung,
b) Verschiebung um 3 Einheiten in negativer x-Richtung,
c) Streckung in y-Richtung mit dem Faktor 2,
d) Streckung in x-Richtung mit dem Faktor $\frac{1}{2}$?
Skizzieren Sie jeweils den Graphen.

9 Welcher Graph in Fig. 1 gehört zu welcher Funktionsgleichung in der Randspalte? Begründen Sie.

10 Welche der Parabeln mit der Funktionsgleichung $y = ax^2 + c$ schneiden den Graphen der natürlichen Logarithmusfunktion orthogonal? Für welche der Parabeln liegt der Schnittpunkt auf der x-Achse?

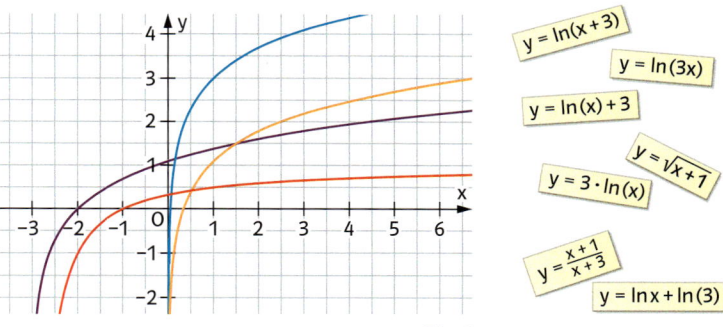

$y = \ln(x+3)$
$y = \ln(3x)$
$y = \ln(x) + 3$
$y = \sqrt{x+1}$
$y = 3 \cdot \ln(x)$
$y = \frac{x+1}{x+3}$
$y = \ln x + \ln(3)$

Fig. 1

11 Gegeben ist die Funktion $f(x) = x - \ln x$.
a) Untersuchen Sie f auf Nullstellen und Extremstellen. Zeichnen Sie G_f.
b) In welchem Punkt hat G_f die Steigung $-e$? Gibt es Punkte mit der Steigung e?
c) Vom Ursprung aus soll eine Tangente an G_f gelegt werden. Welche Koordinaten hat der Berührpunkt?

12 Der abgebildete Graph gehört zur Funktion $f(x) = 4 \cdot \frac{\ln(x)}{x}$.
a) Geben Sie die maximal mögliche Definitionsmenge von f an.
b) Bestätigen Sie durch Rechnung, dass es nur einen Hochpunkt gibt, und bestimmen Sie seine exakten Koordinaten.
c) Begründen Sie das Verhalten von f für $x \to 0$ mit $x > 0$.

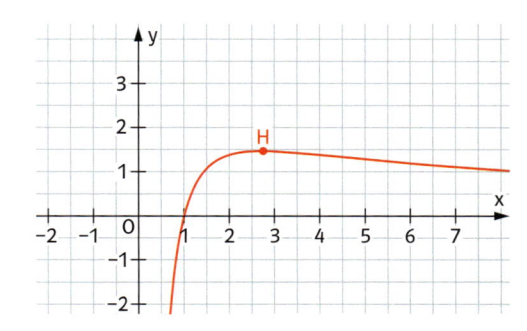

Kaum zu glauben: Wenn man an der Wandtafel die Einheit in x- und y-Richtung zu je 1 dm wählt, so erreicht der Graph der ln-Funktion eine 3 m hohe Decke für $x = e^{30}$ dm $> 10^9$ km. Die Entfernung der Sonne von der Erde beträgt «nur» $1.5 \cdot 10^8$ km.

7.3 Ableiten zusammengesetzter Funktionen

a) Wie erhält man die auf den Kärtchen angegebenen Funktionen aus den Funktionen $f(x) = e^x$, $u(x) = x^2 + 1$ und $g(x) = \ln(x)$?
b) Von welcher nebenstehenden Funktion ist $h(x) = 2 \cdot e^{2x}$, von welcher $k(x) = \frac{2x}{x^2+1}$ die Ableitungsfunktion?

$h_1(x) = x^2 + 1 - e^x$
$h_2(x) = (x^2 + 1) \ln x$
$h_3(x) = e^{x^2+1}$
$h_4(x) = \frac{x^2+1}{\ln x}$
$h_5(x) = (e^x)^2 + 1$
$h_6(x) = \ln(x^2 + 1)$

Durch Addition, Subtraktion, Multiplikation, Division oder Verkettung lassen sich auch aus der natürlichen Exponentialfunktion bzw. der natürlichen Logarithmusfunktion und einer weiteren Funktion neue Funktionen gewinnen. Für die Ableitung dieser Funktionen gelten die bekannten Ableitungsregeln. Besonders wichtig ist das Ausnutzen der bereits bekannten Kettenregel.

Erinnerung:
Man spricht von inneren Funktionen, hier $v(x)$, und äusseren Funktionen, hier die e- bzw. ln-Funktion.

Ist v eine differenzierbare Funktion, so lassen sich die Verkettungen $f(x) = e^{v(x)}$ mit der natürlichen Exponentialfunktion bzw. $g(x) = \ln[v(x)]$ mit der natürlichen Logarithmusfunktion (wobei gelten muss: $v(x) > 0$) mit der Kettenregel ableiten.

Für $f(x) = e^{v(x)}$ gilt: $f'(x) = e^{v(x)} \cdot v'(x)$

Für $g(x) = \ln[v(x)]$ gilt: $g'(x) = \frac{v'(x)}{v(x)}$

Beispiel 1 Geben Sie die innere und äussere Funktion der Verkettung an und leiten Sie die Funktion f mithilfe der Kettenregel ab.
a) $f(x) = e^{3x-2}$
b) $f(x) = \frac{2}{3} \cdot \ln(x^2 + 1)$

Lösung:
a) $f(x) = e^{v(x)}$ mit $v(x) = 3x - 2$
$f'(x) = e^{v(x)} \cdot v'(x) = e^{3x-2} \cdot 3 = 3 \cdot e^{3x-2}$

b) $f(x) = \frac{2}{3} \cdot \ln[v(x)]$ mit $v(x) = x^2 + 1$
$f'(x) = \frac{2}{3} \cdot \frac{v'(x)}{v(x)} = \frac{2}{3} \cdot \frac{2x}{x^2+1} = \frac{4}{3} \cdot \frac{x}{x^2+1}$

Beispiel 2 Bilden Sie die Ableitung der Funktion f und geben Sie die verwendeten Regeln an.
a) $f(x) = \frac{e^{2x+0.5}}{x+1}$
b) $f(x) = x^2 \cdot \ln(3x + 1)$

Lösung:
a) $f(x) = \frac{u(x)}{v(x)}$ mit $u(x) = e^{2x+0.5}$ und $v(x) = x + 1$

Quotientenregel: $f'(x) = \frac{u'(x) \cdot v(x) - u(x) \cdot v'(x)}{(v(x))^2} = \frac{(2 \cdot e^{2x+0.5}) \cdot (x+1) - (e^{2x+0.5}) \cdot 1}{(x+1)^2} = \frac{(2x+1) \cdot e^{2x+0.5}}{(x+1)^2}$

b) $f(x) = u(x) \cdot v(x)$ mit $u(x) = x^2$ und $v(x) = \ln(3x + 1)$

Produktregel: $f'(x) = u'(x)v(x) + u(x)v'(x) = 2x \cdot \ln(3x+1) + x^2 \cdot \frac{3}{3x+1} = x\left(2\ln(3x+1) + \frac{3x}{3x+1}\right)$

Aufgaben

1 Leiten Sie die Funktion f ab.
a) $f(x) = x - e^x$
b) $f(x) = e + e^{2x}$
c) $f(x) = 3\ln\left(\frac{1}{3} \cdot x\right)$
d) $f(x) = e^{3x+4}$
e) $f(x) = \ln\left(\frac{1}{2} \cdot x^2 + 1\right)$
f) $f(x) = e^{-2x}$
g) $f(x) = \frac{1}{2} \cdot e^{x^2+2}$
h) $f(x) = \ln\left(\frac{1}{x}\right)$

2 Bestimmen Sie die maximal mögliche Definitionsmenge der Funktion f und bilden Sie f'.
a) $f(x) = 2x \cdot e^x$
b) $f(x) = x \cdot \ln(x)$
c) $f(x) = x^2 \cdot e^{-x}$
d) $f(x) = \ln(\sqrt{x})$
e) $f(x) = \sqrt{x} \cdot \ln(x)$
f) $f(x) = \frac{2x}{e^{-4x}}$
g) $f(x) = \ln\left(\frac{x}{x-1}\right)$
h) $f(x) = \frac{e^{2x}}{x+1}$
i) $f(x) = 2x - \frac{1}{e^{-x}}$
j) $f(x) = \ln\left(\frac{x}{x+1}\right)$
k) $f(x) = 3 \cdot \ln(\sqrt{4x})$
l) $f(x) = e^{-x} + \frac{x}{e^x}$

3 In welchen Punkten besitzt der Graph der Funktion f waagerechte Tangenten?
a) $f(x) = x + e^{-x}$
b) $f(x) = xe^x$
c) $f(x) = \frac{\ln(x)}{x}$
d) $f(x) = xe^{2x+1}$

4 a) Zeigen Sie, dass die Funktion $f(x) = e^{v(x)}$ monoton steigend ist, wenn $v(x)$ monoton steigend ist, und dass $f(x)$ monoton fallend ist, wenn $v(x)$ monoton fallend ist.
b) Zeigen Sie die Aussage aus a) auch für die Funktion $f(x) = \ln(v(x))$ mit $v(x) > 0$.

5 In Fig. 1 ist der Graph der Ableitung einer Funktion v gezeichnet. Welche Aussagen können Sie hiermit über die Funktion $f(x) = e^{v(x)}$ machen? Erläutern Sie Ihre Überlegungen und skizzieren Sie einen möglichen Graphen von f.

6 Gegeben ist die Funktion $f(x) = e^{-x^2+1}$.
Ermitteln Sie die Gleichungen der Tangenten an den Graphen von f in den Punkten $P_1(-3|f(-3))$ und $P_2(3|f(3))$. In welchem Punkt schneiden sich die Tangenten?

7 Bestimmen Sie die Gleichung der Normale an den Graphen der Funktion $f(x) = \ln\left(\frac{x-1}{x+1}\right)$ im Punkt $P(3|?)$.

8 Gegeben sind die Funktionen $f(x) = -x^2 + 3$ und $g(x) = e^x$. An welchen Stellen und unter welchen Winkeln schneidet die Tangente an den Graphen von g im Punkt $A(0|y)$ den Graphen von f?

9 In welchem Punkt des Graphen der Funktion f mit $f(x) = \ln(x)$ muss die Tangente gelegt werden, damit diese durch den Ursprung verläuft?

10 Die Potenzregel $(x^r)' = r \cdot x^{r-1}$ wurde in Kapitel 3.5 für $r \in \mathbb{Z}$ und in Kapitel 6.4 für $r \in \mathbb{Q}$ gezeigt. Beweisen Sie diese Regel für beliebige $r \in \mathbb{R}$ und $x > 0$, indem Sie die Identität $x^r = \left(e^{\ln(x)}\right)^r = e^{r \cdot \ln(x)}$ benutzen.

11 Die Funktion f mit $f(x) = 2 \cdot \ln\left(\frac{x+1}{x}\right)$ ist gegeben. Im I. Quadranten wird ein Rechteck mit achsenparallelen Seiten und $O(0|0)$ und $P(x|f(x))$ als zwei Eckpunkten so einbeschrieben, dass sein Umfang minimal ist. Bestimmen Sie die Koordinaten von P.

12 Ein Kreis mit Mittelpunkt M, wobei M auf der Geraden $g(x) = x - 1$ liegt, berührt den Graphen der Funktion $f(x) = e^x$ im Punkt B.
a) Bestimmen Sie den Punkt B so, dass die Fläche des Kreises minimal ist.
b) Wie gross ist die minimale Fläche?

13 Die Punkte P, $Q(1|y_Q)$ und $R(-1|y_R)$ liegen auf dem Graphen der Funktion f mit $f(x) = e^x$, wobei P zwischen Q und R liegt. Bestimmen Sie die Gleichung der Tangenten im Punkt P, welcher von der Geraden durch Q und R den grössten Abstand hat.

$f(x) = e^{2x}$ kann man auf mehrere Arten ableiten:

(1) Kettenregel:
$f(x) = e^{v(x)}$
$f'(x) = 2 \cdot e^{2x}$

(2) Produktregel:
$f(x) = e^{2x} = e^x \cdot e^x$
$f'(x) = e^x \cdot e^x + e^x \cdot e^x$
$= 2 \cdot e^{2x}$

(3) Regel zur Ableitung von Potenzen und Kettenregel:
$f(x) = (e^x)^2$
$f'(x) = 2 \cdot e^x \cdot e^x$
$= 2 \cdot e^{2x}$

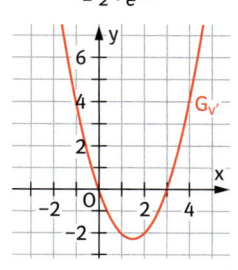

Fig. 1

Umformungen, die das Ableiten vereinfachen können:

(1) Quotienten in Produkte umwandeln:
$\frac{e^x}{x^2} = e^x \cdot x^{-2}$

(2) Logarithmische Terme zerlegen:
$\ln\left(\frac{3}{x}\right) = \ln(3) - \ln(x)$

(3) Terme durch Ausklammern vereinfachen:
$(x-1)e^{2x} + e^{2x}$
$= (x - 1 + 1)e^{2x}$
$= x \cdot e^{2x}$

7.4 Gleichungen, Funktionen mit beliebigen Basen

a) Berechnen Sie $x \in \mathbb{R}$ so, dass $2 \cdot e^x = 2^x$ ist. Können Sie weitere Lösungswege angeben?
b) Bestimmen Sie eine Zahl k so, dass $2^x = e^{kx}$ für alle $x \in \mathbb{R}$ ist.

Bei der Exponentialfunktion $f(x) = e^x$ ist oft der Funktionswert vorgegeben und der zugehörige x-Wert gesucht. Dann ist die **Exponentialgleichung** $e^x = y$ zu lösen. Ihre Lösung ist definitionsgemäss $x = \ln(y)$. Setzt man dies in die Ausgangsgleichung ein («Probe»), so gilt: $e^{\ln(y)} = y$. Entsprechend erhält man $\ln(e^x) = x$. Damit kann man Terme vereinfachen und Exponentialgleichungen sowie logarithmische Gleichungen lösen.

> Für alle $x > 0$ gilt: $e^{\ln(x)} = x$ Für alle $x \in \mathbb{R}$ gilt: $\ln(e^x) = x$

Es ist möglich, jede Exponentialfunktion f mit $f(x) = a^x$ mit der Basis e darzustellen:
$a^x = (e^{\ln(a)})^x = e^{x\ln(a)}$.
Ferner kann jede Logarithmusfunktion f mit $f(x) = \log_a(x)$ durch die natürliche Logarithmusfunktion ausgedrückt werden: Aus $y = a^x$ folgt nämlich einerseits $x = \log_a(y)$, wegen $y = e^{x\ln(a)}$ folgt andererseits $\ln(y) = x \cdot \ln(a)$ bzw. $x = \frac{\ln(y)}{\ln(a)}$.
Damit gilt: $\log_a(y) = \frac{\ln(y)}{\ln(a)}$.

Man könnte auch eine andere Basis als e verwenden, allerdings wäre dann die Ableitung nicht so einfach zu bilden.

> Jede Exponentialfunktion f mit $f(x) = a^x$, $a > 0$, $x \in \mathbb{R}$, ist darstellbar mithilfe der Basis e: $f(x) = e^{x\ln(a)}$
> Jede Logarithmusfunktion f mit $f(x) = \log_a(x)$, $a > 0$, $x > 0$, ist darstellbar mithilfe des natürlichen Logarithmus: $f(x) = \frac{\ln(x)}{\ln(a)}$

Mit den bekannten Ableitungsregeln lässt sich aus diesen Darstellungen die Ableitung beliebiger Exponential- und Logarithmusfunktionen herleiten:

$(a^x)' = \left(e^{\ln(a)\cdot x}\right)' = \ln(a) \cdot e^{\ln(a)\cdot x} = \ln(a) \cdot a^x$ und $\left(\log_a(x)\right)' = \left(\frac{1}{\ln(a)} \cdot \ln(x)\right)' = \frac{1}{\ln(a)} \cdot \frac{1}{x}$

> Die **Exponentialfunktion** $f(x) = a^x$, $a > 0$, $x \in \mathbb{R}$, hat die **Ableitung** $f'(x) = \ln(a) \cdot a^x$.
> Die **Logarithmusfunktion** $f(x) = \log_a(x)$, $a > 0$, $x \in \mathbb{R}$, hat die **Ableitung** $f'(x) = \frac{1}{\ln(a) \cdot x}$.

Beispiel 1   Vereinfachen von Termen
Vereinfachen Sie.

Wie kann man in Beispiel 1a) noch anders umformen?

a) $e^{2 \cdot \ln(4x)}$
b) $e^{-\ln(\sqrt{x})}$
c) $\ln\left(\frac{1}{2}e^2\right)$

Lösung:
a) $e^{2 \cdot \ln(4x)} = e^{\ln((4x)^2)} = (4x)^2 = 16x^2$
b) $e^{-\ln(\sqrt{x})} = \left(e^{\ln(\sqrt{x})}\right)^{-1} = (\sqrt{x})^{-1} = \frac{1}{\sqrt{x}}$
c) $\ln\left(\frac{1}{2}e^2\right) = \ln\left(\frac{1}{2}\right) + \ln(e^2) = 2 + \ln\left(\frac{1}{2}\right)$

Beispiel 2 Exponentialgleichung
Bestimmen Sie die Lösung der Exponentialgleichung $2 \cdot e^{2x-3} = e^{-x}$.
Lösung:

1. Möglichkeit:

$2 \cdot e^{2x-3} = e^{-x}$ $\quad | \cdot \frac{1}{2} e^{x}$
$e^{3x-3} = \frac{1}{2}$ $\quad$ |Definition des ln
$3x - 3 = \ln\left(\frac{1}{2}\right)$
$\Rightarrow x = 1 + \frac{1}{3}\ln\left(\frac{1}{2}\right) \approx 0.7690$

2. Möglichkeit (beidseitig logarithmieren):

$\ln(2 \cdot e^{2x-3}) = \ln(e^{-x})$
$\ln(2) + \ln(e^{2x-3}) = \ln(e^{-x})$
$\ln(2) + (2x - 3) = -x$
$\Rightarrow x = 1 - \frac{1}{3}\ln(2) \approx 0.7690$

Beispiel 3 Ableitungen
Leiten Sie ab. a) $f(x) = 4 \cdot 3^{x}$ b) $f(x) = \frac{2}{3}\log_{5}(x)$
Lösung: a) $f'(x) = 4\ln(3) \cdot 3^{x}$ b) $f'(x) = \frac{2}{3\ln(5) \cdot x}$

Aufgaben

1 Vereinfachen Sie ohne Taschenrechner.
a) $e^{\ln(4)}$ b) $e^{-\ln(2)}$ c) $\ln\left(\frac{1}{2} \cdot e^{3}\right)$ d) $\ln\left(\frac{1}{3}\sqrt{e}\right)$

2 Zeigen Sie die Gültigkeit der Gleichung.
a) $\frac{\ln(a^{r})}{\ln(a^{s})} = \frac{r}{s}$ für $a > 0$ b) $a^{\frac{1}{\ln(a)}} = e$ für $a > 0$ c) $a^{\frac{\ln(b)}{\ln(a)}} = b$ für $a > 0, b > 0$

3 Lösen Sie die Gleichung.
a) $e^{x} = \sqrt{2}$ b) $e^{(x^{2})} = 1000$ c) $e^{x}(e^{x} - 2) = 0$ d) $\left(\frac{1}{2}\right)^{x} = \left(\frac{2}{3}\right)^{x-1}$
e) $2^{x} = 3$ f) $2^{x-1} - 3^{x} = 0$ g) $\ln\left(\frac{1}{x}\right) - \ln(x) = 4$ h) $\sqrt{\ln(1-x)} = e$

4 Erklären Sie, warum die Gleichung einfach zu lösen ist, und geben Sie die Lösung an.
a) $e^{-x} = \sqrt{e}$ b) $e^{x} = \frac{1}{e^{2}}$ c) $e^{x} \cdot (e^{x} - 2) = 0$
d) $(e^{x} - 1)(\ln(x) - 1) = 0$ e) $e^{2x} - 3 \cdot e^{x} = 0$ f) $\ln(x) \cdot (\ln(x) - 3) = 0$

5 Lösen Sie die Gleichung mithilfe einer Substitution.
a) $(e^{x})^{2} - 7 \cdot e^{x} + 12 = 0$ b) $e^{x} - 2 - \frac{15}{e^{x}} = 0$ c) $e^{4x} - 3 \cdot e^{2x} = 10$

6 Stellen Sie die Funktion mithilfe der Basis e dar und bilden Sie die erste Ableitung.
a) $f(x) = \left(\frac{2}{3}\right)^{x}$ b) $f(x) = 2^{x-2}$ c) $f(x) = 0.5^{2x-1}$ d) $f(x) = 2^{3x}$

7 An welcher Stelle hat der Graph von $f(x) = 3 \cdot e^{2x}$ die Steigung 12?

8 Gegeben ist die Exponentialfunktion $f(x) = e^{3x}$.
a) Skizzieren Sie den Graphen der Funktion.
b) An welcher Stelle x gilt $f(x) = 4$?
c) Berechnen Sie den Schnittpunkt des Graphen von f mit der Geraden $y = 5$.
d) In welchem Punkt ist die Tangente an den Graphen parallel zur Geraden $y = x$?

9 Radioaktives Plutonium 239 zerfällt nach der Gleichung $N(t) = N_{0} \cdot e^{-2.875 \cdot 10^{-5} \cdot t}$, wobei $N(t)$ die Menge Plutonium nach t Jahren und N_{0} die Ausgangsmenge ist. Bestimmen Sie die Halbwertszeit.

7.5 Kurvendiskussion von Exponentialfunktionen

x	$f(x) = x^{10}$	$g(x) = e^x$
10	$1 \cdot 10^{10}$	22 026.5
20	$1.02 \cdot 10^{13}$	$4.85 \cdot 10^8$
30	$5.90 \cdot 10^{14}$	$1.07 \cdot 10^{13}$
40	$1.05 \cdot 10^{16}$	$2.35 \cdot 10^{17}$
50	$9.77 \cdot 10^{16}$	$5.18 \cdot 10^{21}$
60	$6.05 \cdot 10^{17}$	$1.14 \cdot 10^{26}$
70	$2.82 \cdot 10^{18}$	$2.52 \cdot 10^{30}$
80	$1.07 \cdot 10^{19}$	$5.54 \cdot 10^{34}$
90	$3.49 \cdot 10^{19}$	$1.22 \cdot 10^{39}$
100	$1 \cdot 10^{20}$	$2.69 \cdot 10^{43}$

Fig. 1

Die Tabelle von Fig. 1 zeigt die Funktionswerte der Funktionen f und g mit $f(x) = x^{10}$ und $g(x) = e^x$ zu verschiedenen x-Werten. Welche Vermutung liegt nahe für das Verhalten von $\frac{f}{g}$, $\frac{g}{f}$, $f - g$ für $x \to \infty$?

Mithilfe einer Kurvendiskussion ist es möglich, genaue Aussagen über die Funktion und über den Verlauf ihres Graphen zu erhalten. Bevor die dabei angewendete Vorgehensweise an einem Beispiel durchgeführt wird, wird das Verhalten von Exponentialfunktionen für $|x| \to \infty$ näher betrachtet.
In bestimmten Fällen ist das asymptotische Verhalten leicht erkennbar:

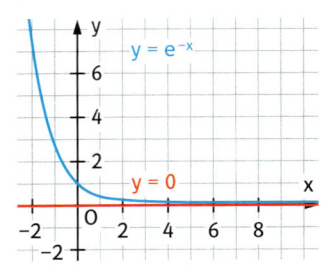

Der Graph der Funktion f mit $f(x) = e^{-x}$ nähert sich für $x \to \infty$ der x-Achse immer mehr an.
Die Gerade mit der Gleichung $y = 0$ ist eine waagerechte Asymptote für $x \to \infty$.

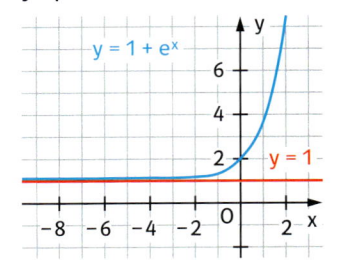

Der Graph der Funktion g mit $g(x) = 1 + e^x$ nähert sich für $x \to -\infty$ der Geraden mit der Gleichung $y = 1$ immer mehr an.
Die Gerade mit der Gleichung $y = 1$ ist eine waagerechte Asymptote für $x \to -\infty$.

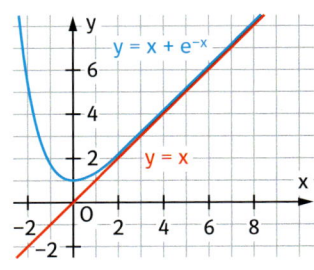

Der Graph der Funktion h mit $h(x) = x + e^{-x}$ nähert sich für $x \to \infty$ der Geraden mit der Gleichung $y = x$ immer mehr an.
Die Gerade mit der Gleichung $y = x$ ist eine schiefe Asymptote für $x \to \infty$.

Eine Gerade mit der Gleichung $y = mx + b$ ist Asymptote des Graphen der Funktion f für $x \to \infty$, wenn $f(x) - (mx + b) \to 0$ für $x \to \infty$.

In anderen Fällen lässt sich das asymptotische Verhalten nicht direkt an den Termen ablesen.

Bei Funktionen $f_n(x) = x^n \cdot e^{-x}$, $n \in \mathbb{N}$ strebt mit wachsendem x der erste Faktor gegen unendlich, der zweite aber gegen null.

Bei Funktionen $g_n(x) = e^x - x^n$, $n \in \mathbb{N}$ gehen für $x \to \infty$ beide Summanden gegen unendlich.

Die folgenden Figuren zeigen für $n = 1, 2$ und 3 die Graphen der Funktionen
$f_n(x) = x^n \cdot e^{-x}$ bzw. $g_n(x) = e^x - x^n$.

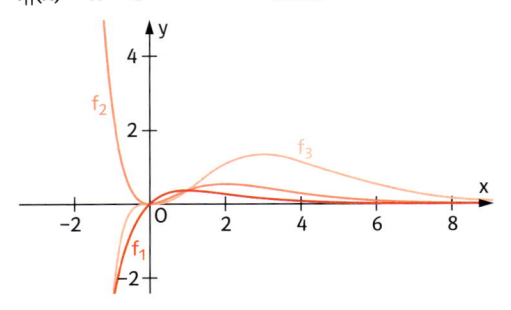

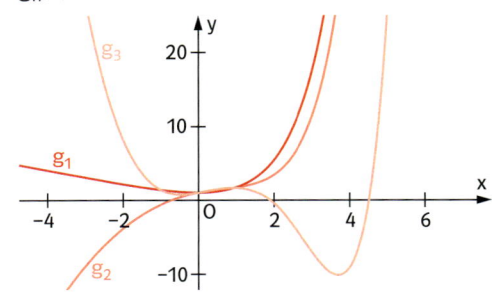

Man kann zeigen, was die Figuren bereits vermuten lassen:

Für alle $r \in \mathbb{R}^+$ gilt: $\lim\limits_{x \to \infty} \frac{x^r}{e^x} = 0$ und $\lim\limits_{x \to \infty} (e^x - x^r) = \infty$

Die Aussagen bedeuten, dass e^x für $x \to \infty$ «schneller» wächst als jede Potenz x^r ($r \in \mathbb{R}^+$).

Beispiel 1 Verhalten im Unendlichen, Asymptoten
Untersuchen Sie das Verhalten der Funktion f für $x \to \infty$ und $x \to -\infty$ und geben Sie die Gleichung der Asymptote an.
a) $f(x) = 4 - 3e^{-x}$ b) $f(x) = \frac{x^3}{e^x} + 5$
Lösung:
a) $\lim\limits_{x \to \infty} (4 - 3e^{-x}) = 4$, da $\lim\limits_{x \to \infty} e^{-x} = 0$; Asymptote: $y = 4$
$\lim\limits_{x \to -\infty} (4 - 3e^{-x}) = -\infty$, da $\lim\limits_{x \to -\infty} e^{-x} = \infty$
b) $\lim\limits_{x \to \infty} \left(\frac{x^3}{e^x} + 5\right) = 5$, da $\lim\limits_{x \to \infty} (x^3 \cdot e^{-x}) = 0$; Asymptote: $y = 5$
$\lim\limits_{x \to -\infty} \left(\frac{x^3}{e^x} + 5\right) = -\infty$, da $\lim\limits_{x \to -\infty} (x^3 \cdot e^{-x}) = -\infty$

Beispiel 2 Kurvendiskussion einer Exponentialfunktion
Untersuchen Sie die Funktion f mit $f(x) = 10x \cdot e^{-\frac{1}{2}x^2}$. Zeichnen Sie den Graphen von f.
Lösung:
1. Definitionsbereich: $D_f = \mathbb{R}$
2. Symmetrie:
$f(-x) = 10 \cdot (-x) \cdot e^{-\frac{1}{2}(-x)^2} = -10x \cdot e^{-\frac{1}{2}x^2} = -f(x)$,
also ist der Graph von f punktsymmetrisch zum Ursprung.
3. Schnittpunkte mit den Koordinatenachsen:
$f(x) = 0$, d.h. $10x \cdot e^{-\frac{1}{2}x^2} = 0$, also $x_1 = 0$, da $e^{-\frac{1}{2}x^2} > 0$ für alle $x \in \mathbb{R}$.
Also ist $N(0|0)$ einziger Schnittpunkt mit der x-Achse.
Wegen $f(0) = 0$ ist N auch Schnittpunkt mit der y-Achse.
4. Ableitungen:
$f'(x) = 10 \cdot (1 - x^2) \cdot e^{-\frac{1}{2}x^2}$
$f''(x) = 10x \cdot (x^2 - 3) \cdot e^{-\frac{1}{2}x^2}$
$f'''(x) = -10 \cdot e^{-\frac{1}{2}x^2} \cdot (x^4 - 6x^2 + 3)$
5. Extrempunkte:
$f'(x) = 0$ liefert $x_2 = -1$ und $x_3 = 1$ als mögliche Extremstellen.
Es ist $f''(x_2) = 20 \cdot e^{-\frac{1}{2}} > 0$ und $f(x_2) = -10 \cdot e^{-\frac{1}{2}} \approx -6{,}07$.
Daher ist $T\left(-1 \mid -\frac{10}{\sqrt{e}}\right)$ Tiefpunkt. Wegen der Punktsymmetrie ist $H\left(1 \mid \frac{10}{\sqrt{e}}\right)$ Hochpunkt.
6. Wendepunkte:
$f''(x) = 0$ ergibt drei mögliche Wendestellen: $x_4 = 0$, $x_5 = -\sqrt{3}$ und $x_6 = \sqrt{3}$.
An allen drei Stellen ist die 3. Ableitung von null verschieden. Unter Verwendung der Punktsymmetrie erhält man die Wendepunkte
$W_1(0|0)$, $W_2\left(\sqrt{3} \mid \frac{10\sqrt{3}}{e\sqrt{e}}\right) \approx W_2(1{,}73 \mid 3{,}86)$
und $W_3\left(-\sqrt{3} \mid -\frac{10\sqrt{3}}{e\sqrt{e}}\right) \approx W_3(-1{,}73 \mid -3{,}86)$.

7. Verhalten im Unendlichen:
$\lim\limits_{x \to \infty} f(x) = \lim\limits_{x \to \infty} \underbrace{(10x}_{\to \infty} \cdot \underbrace{e^{-\frac{1}{2}x^2})}_{\to 0} = 0$
Waagerechte Asymptote: $y = 0$
Wegen der Punktsymmetrie gilt dies auch für $x \to -\infty$.
8. Graph: Siehe Fig. 1.

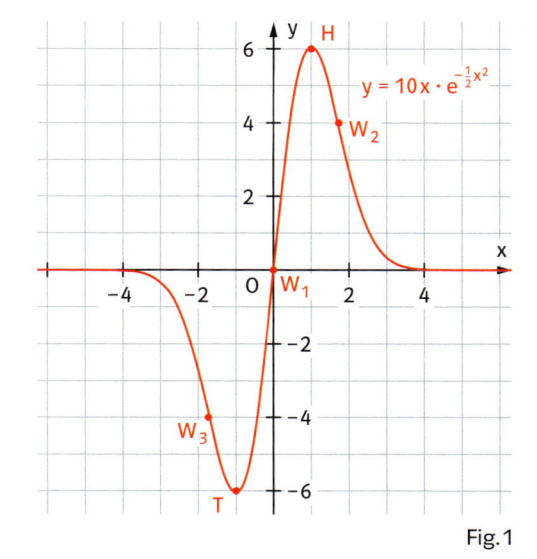

Beachten Sie:
Man käme auch ohne 3. Ableitung aus, da die 2. Abteilung beim Durchgang durch die Stellen $x_4 = 0$, $x_5 = -\sqrt{3}$, $x_6 = \sqrt{3}$ jeweils einen Vorzeichenwechsel hat.

Fig. 1

Aufgaben

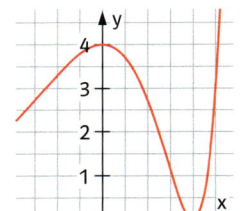

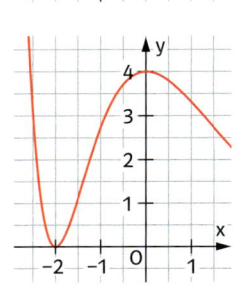

1 Untersuchen Sie das Verhalten der Funktion f für $|x| \to \infty$ und geben Sie eine Gleichung der Asymptoten des Graphen von f an.
a) $f(x) = 6 + 2e^x$
b) $f(x) = 3e^{-x} - 7$
c) $f(x) = x^5 \cdot e^{-x}$
d) $f(x) = \sqrt{x} \cdot e^{-x}$
e) $f(x) = \frac{1}{2}x + 3 + e^{-x}$
f) $f(x) = x - e^x$
g) $f(x) = 3e^x - x^7$
h) $f(x) = x^2 \cdot e^x$

2 Skizzieren Sie den Graphen der folgenden Funktion f. Beschreiben Sie Ihr Vorgehen.
a) $f(x) = e^{x-2}$
b) $f(x) = \frac{1}{2} \cdot e^{-x} + 3$
c) $f(x) = \frac{1}{4}x - e^x$
d) $f(x) = x + e^x$

3 a) Einer der beiden Graphen in der Randspalte gehört zur Funktion $f(x) = (x-2)^2 \cdot e^x$. Entscheiden Sie welcher und begründen Sie Ihre Wahl.
b) Wie lautet der Funktionsterm des anderen Graphen? Erläutern Sie Ihre Überlegung.

4 Sind die folgenden Grenzwerte richtig bestimmt? Begründen Sie Ihre Entscheidung.
a) $\lim_{x \to \infty} \frac{x}{e^x} = 0$
b) $\lim_{x \to 0} \frac{x}{e^x} = \infty$
c) $\lim_{x \to 0} \frac{x^2 + x}{e^x} = 0$
d) $\lim_{x \to \infty} \frac{x^2 + x}{e^x} = 0$

5 Geben Sie die maximal mögliche Definitionsmenge der Funktion f an sowie die Asymptote des Graphen von f.
a) $f(x) = \frac{x^2 - 4}{e^x}$
b) $f(x) = e^{\frac{1}{x}}$
c) $f(x) = (x^2 + x)e^{-x}$

6 Bestimmen Sie a und k so, dass der Graph der Funktion $f(x) = a \cdot e^{kx}$ durch den Punkt $P(3|3e)$ geht und die Tangente an den Graphen im Schnittpunkt mit der y-Achse mit dieser einen 45°-Winkel einschliesst.

7 Führen Sie eine Kurvendiskussion durch und zeichnen Sie den Graphen.
a) $f(x) = 2x - e^x$
b) $f(x) = x + \frac{1}{2}e^{-x}$
c) $f(x) = e \cdot x + e^{-x}$
d) $f(x) = e^x + e^{-x}$
e) $f(x) = 5x \cdot e^x$
f) $f(x) = (x-2) \cdot e^x$
g) $f(x) = 3x \cdot e^{-x+1}$
h) $f(x) = x \cdot e^{-2x} + 2$
i) $f(x) = x^2 \cdot e^{-x}$
j) $f(x) = 3 \cdot e^{(-x^2)}$
k) $f(x) = 4e^{\left(-\frac{1}{4}x^4\right)}$
l) $f(x) = x^3 \cdot e^{-x}$

8 Gegeben ist die Funktion f mit $f(x) = x^x$ mit $x > 0$. Untersuchen Sie den Graphen von f und stellen Sie eine Vermutung zum Grenzwert von f für $x \to 0$ auf.

9 Der Gateway Arch in St. Louis, Missouri, besitzt die Form einer umgedrehten Kettenlinie. Der Verlauf des Bogens kann durch die Funktion f mit
$f(x) = -\frac{1}{2 \cdot 0.0257}\left(e^{0.0257x} - 11.866 + e^{-0.0257x}\right)$ angenähert werden.
a) Untersuchen Sie den Graphen von f auf Symmetrie.
b) Bestimmen Sie die Höhe und die Spannweite des Bogens.
c) Das höchste Gebäude der Schweiz, der «Prime Tower» in Zürich, ist maximal 55 m breit und 126 m hoch. Hätte dieses Gebäude im Bogen Platz?
d) Der Gateway Arch war immer wieder Schauplatz von spektakulären Flügen durch den Bogen. In welcher Maximalhöhe kann man mit einem Kleinflugzeug mit einer Flügelspannweite von 10 m durch den Bogen fliegen, wenn auf jeder Seite des Flugzeugs ein Sicherheitsabstand von mindestens 30 m vorhanden sein muss?
e) Bestimmen Sie den Steigungswinkel des Bogens am Boden.
f) Wie steil ist der Bogen auf 100 m Höhe?
g) Auf welcher Höhe beträgt die Steigung 100%?

Der Gateway Arch in St. Louis wurde vom Architekten Eero Saarinen (1910–1961) entworfen und von 1961 bis 1967 gebaut. Das Memorial erinnert an die Besiedelung der USA nach 1800 bis zur Pazifikküste.

7.6 Kurvendiskussion von Logarithmusfunktionen

a) Erstellen Sie die Graphen von f mit $f(x) = \ln(x)$ und g mit $g(x) = x \cdot \ln(x)$. Welche Aussage über das Verhalten der Funktion g für $x \to 0$ lässt sich aus dem Graphen ablesen?

b) Welches Verhalten erwarten Sie für h mit $h(x) = \frac{\ln(x)}{x}$ für $x \to 0$ bzw. $x \to \infty$?

Auch bei Funktionen, die mit dem Logarithmus zusammengesetzt sind, lässt sich das Grenzverhalten untersuchen.

Bei Funktionen wie z. B. $f(x) = x^2 \cdot \ln(x)$ benötigt man oft eine Aussage über das Verhalten für $x \to 0$.

Entsprechend interessiert bei Funktionen wie $g(x) = \frac{\ln(x)}{x}$ das Verhalten für $x \to \infty$.

Die folgenden Figuren zeigen für $n = 1, 2$ und 3 die Graphen der Funktionen

$f_n(x) = x^n \cdot \ln(x)$ bzw. $g_n(x) = \frac{\ln(x)}{x^n}$.

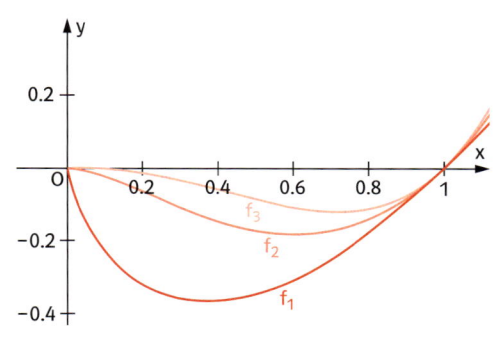

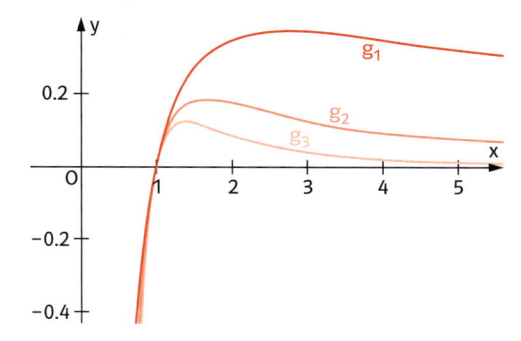

Man kann zeigen:

> Für alle $r \in \mathbb{R}^+$ gilt: $\lim_{x \to 0}(x^r \cdot \ln(x)) = 0$ und $\lim_{x \to \infty}\frac{\ln(x)}{x^r} = 0$

Der Grenzwert für $\frac{\ln(x)}{x^r}$ besagt, dass $\ln(x)$ für $x \to \infty$ «langsamer» wächst als jede Potenz x^r ($r \in \mathbb{R}^+$).

Beispiel Kurvendiskussion einer Logarithmusfunktion

Untersuchen Sie die Funktion f mit $f(x) = 4 \cdot \frac{\ln(x)}{x}$. Zeichnen Sie den Graphen.

Lösung:

1. Definitionsmenge: Es ist $D_f = \mathbb{R}^+$.

2. Nullstellen:
$4 \cdot \ln(x) = 0$ liefert $x_1 = 1$.

3. Ableitungen:
$f'(x) = 4 \cdot \frac{1 - \ln(x)}{x^2}$, $f''(x) = 4 \cdot \frac{-3 + 2 \cdot \ln(x)}{x^3}$, $f'''(x) = 4 \cdot \frac{11 - 6 \cdot \ln(x)}{x^4}$.

4. Extrempunkte:
$f'(x) = 0$ liefert $x_2 = e$ als mögliche Extremstelle.
Es ist $f''(e) = \frac{-4}{e^3} < 0$ und $f(e) = \frac{4}{e}$. Daher ist $H\left(e \mid \frac{4}{e}\right)$ Hochpunkt.

5. Wendepunkte:
$f''(x) = 0$ liefert $x_3 = e^{1.5}$ als mögliche Wendestelle.
Es ist $f'''(e^{1.5}) = \frac{8}{e^6} \neq 0$ und $f(e^{1.5}) = \frac{6}{e^{1.5}}$.
Daher ist $W\left(e^{1.5} \mid \frac{6}{e^{1.5}}\right)$ Wendepunkt.

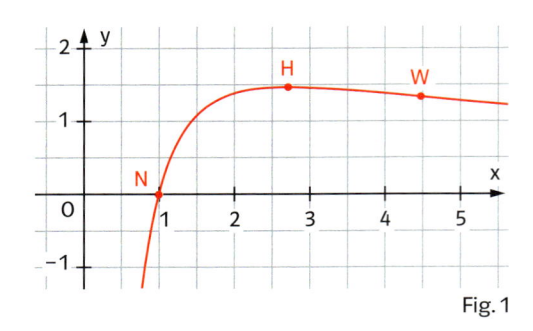

6. Verhalten an der Grenze des Definitionsbereiches:
Für $x \to 0$ mit $x > 0$: $f(x) = \left(4 \cdot \underbrace{\frac{1}{x}}_{\to \infty} \cdot \underbrace{\ln(x)}_{\to -\infty}\right) \to -\infty$

Senkrechte Asymptote: $x = 0$

7. Verhalten im Unendlichen:
$\lim\limits_{x \to \infty} f(x) = \lim\limits_{x \to \infty} \left(4 \frac{\ln(x)}{x}\right) = 0$; waagerechte Asymptote: $y = 0$

8. Graph:
Siehe Fig. 1 (N(1|0); H(2.72|1.47); W(4.48|1.34))

Fig. 1

Aufgaben

1 Untersuchen Sie die Funktion auf ihr Verhalten im Unendlichen und in der Nähe von 0.
a) $f(x) = 8 \cdot \frac{\ln(x)}{x}$ b) $f(x) = \frac{\ln(x^2)}{x}$ c) $f(x) = 5x^3 \cdot \ln(x)$ d) $f(x) = \frac{1}{x} \cdot (1 + \ln(x))$

2 Skizzieren Sie die Graphen der Funktionen $f(x) = \ln(x^2)$; $g(x) = \ln(x^2) - 1$; $h(x) = \ln(x^2 - 1)$. Welche Merkmale haben die Graphen gemeinsam?

3 Gegeben sind die Funktionen $f(x) = \sqrt{x}$ und $g(x) = \ln(x)$.
Aus den Funktionen f und g wird eine neue Funktion h gebildet:
a) $h(x) = f(x) + g(x)$ b) $h(x) = f(x) \cdot g(x)$ c) $h(x) = f(x) - g(x)$
d) $h(x) = \frac{f(x)}{g(x)}$ e) $h(x) = g[f(x)]$ f) $h(x) = f[g(x)]$

Bestimmen Sie jeweils die Definitionsmenge und untersuchen Sie das Grenzverhalten von h. Erstellen Sie dazu gegebenenfalls Tabellen mit geeigneten Funktionswerten. Skizzieren Sie die Graphen.

Mithilfe von Funktionswertetabellen erhält man nur Vermutungen über das Grenzwertverhalten von Funktionen.

x	$\sqrt{x}$	$\ln(x)$	h(x)
0	...	...	...
0.1			
0.01			
0.001			
...			

$x \to 0$: $h(x) \to ?$

4 Untersuchen Sie die Funktion. Zeichnen Sie den Graphen.
a) $f(x) = 8 \cdot \frac{\ln(x)}{x}$ b) $f(x) = -10 \cdot \frac{\ln(x)}{x^2}$ c) $f(x) = 5x^3 \cdot \ln(x)$ d) $f(x) = \ln(1 + x^2)$
e) $f(x) = \frac{\ln(x^2)}{x}$ f) $f(x) = \ln(2x - 1)$ g) $f(x) = \ln((x-1)^2)$ h) $f(x) = \frac{1}{x} \cdot (1 + \ln(x))$

5 Gegeben ist die Funktion f mit $f(x) = x - \ln(x)$.
a) Untersuchen Sie f. Zeichnen Sie den Graphen. Gibt es Punkte mit der Steigung e?
b) Vom Ursprung aus soll eine Tangente an einen weiteren Punkt P des Graphen von f gelegt werden. Ermitteln Sie die Koordinaten von P.

6 In welchem Punkt $P(u|?)$ des Graphen der Funktion f mit $f(x) = \ln(3x)$ muss die Normale errichtet werden, damit diese die y-Achse bei $u^2 + 2$ schneidet?

7 Die Lautstärke L des Schalls ist als $L = 10 \cdot \log_{10}\left(\frac{I}{I_0}\right)$ definiert, sie wird in dB (Dezibel) angegeben. Dabei ist I die Schallintensität und $I_0 = 10^{-16} \frac{W}{cm^2}$ die Hörgrenze.

a) Flüstern ergibt etwa eine Lautstärke von 20 dB, normales Reden eine von 40 dB. Um wie viel höher ist die Schallintensität bei normaler Unterhaltung gegenüber dem Flüstern?
b) Geben Sie die Intensität I in Abhängigkeit von der Lautstärke L an. Bestimmen Sie die mittlere Änderungsrate der Intensität I im Lautstärkenintervall zwischen 20 dB und 40 dB und interpretieren Sie diese.

Einige Lautstärken in dB:
Blätterrauschen 10
normale Unterhaltung 40
starker Verkehrslärm 70
Presslufthammer (in 1 m Entfernung) 120

7.7 Funktionen mit Parameter

Legt man Leisten gleichen Materials und gleichen Querschnitts an ihren Enden auf zwei Stützen O und A mit dem Abstand a cm, so biegen sie sich durch (Fig. 1).
In dem in Fig. 2 gewählten Koordinatensystem gilt für die Durchbiegung d (in cm) an der Stelle x: $d_a(x) = 0.001 \cdot (-x^4 + 2ax^3 - a^3x)$ ($x \in \mathbb{R}$; $0 \leq x \leq a$).

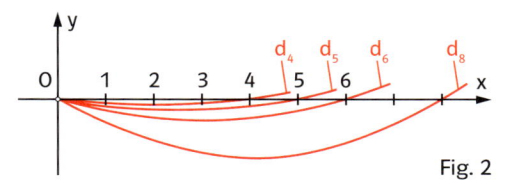

a) Geben Sie die maximale Durchbiegung für die Werte a = 4, a = 6 und a = 8 an.
b) Ermitteln Sie, wie gross der Auflageabstand höchstens sein darf, wenn die maximale Durchbiegung nicht mehr als 1 mm betragen soll.

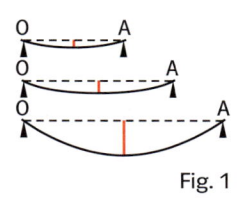

Fig. 1

Fig. 2

Durch Erosion verändert sich die Höhe einer Steilküste ständig. Die Höhe h über dem Meeresspiegel hängt nicht nur vom Abstand x des Ortes vom Ufer, sondern auch von der Zeit t ab. Die Höhe h hängt also von zwei Variablen t und x ab. Modellrechnungen zeigen, dass bis zu einem Abstand von 6 m vom Ufer annähernd gilt:
$h = \frac{100}{t+5} \cdot (7-x) \cdot e^{x-6}$ ($0 \leq x \leq 6$; x in m, t in Jahrhunderten seit 2000).
Es liegt nahe, den Küstenverlauf für verschiedene Jahrhunderte t zu betrachten. Dazu muss man t festhalten und die Höhe in Abhängigkeit von x untersuchen. Die festgehaltene Grösse t heisst **Parameter**, x ist die Funktionsvariable.

Für jedes $t \geq 0$ ergibt sich eine Funktion f_t mit $f_t(x) = \frac{100}{t+5} \cdot (7-x) \cdot e^{x-6}$.
Zum Beispiel für t = 3:
$f_3(x) = \frac{100}{8} \cdot (7-x) \cdot e^{x-6}$.
In Fig. 3 sind die Graphen von f_t für t = 0, t = 1, t = 2 und t = 3 gemeinsam dargestellt.

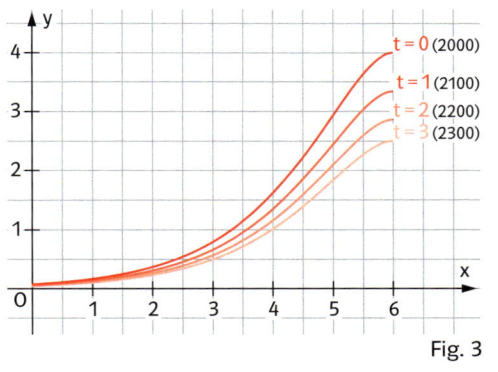

Fig. 3

para (griech.): *neben*
metron (griech.): *Mass*

Betrachtet man die Höhe h an einem festen Ort x vom Ufer in Abhängigkeit von der Zeit, so ist t die Funktionsvariable und x der Parameter.
Man erhält eine Funktion g_x, z.B. 6 m vom Ufer: $g_6(t) = \frac{100}{t+5}$.

Enthält ein Funktionsterm ausser der Variablen x noch einen **Parameter** t, so gehört zu jedem t eine Funktion f_t, die jedem x den Funktionswert $f_t(x)$ zuordnet. Die Funktionen f_t bilden eine **Funktionenschar**.

Die Kurvendiskussion bei Funktionenscharen verläuft grundsätzlich gleich wie die Untersuchung einer gewöhnlichen Funktion. Dabei wird der allgemeine Parameter wie eine Zahl behandelt. Dies gilt insbesondere beim Ableiten. Somit gilt z.B. für
$f_t(x) = 3x + e^{tx}$: $f_t'(x) = 3 + te^{tx}$ und $f_t''(x) = t^2 \cdot e^{tx}$.

Die Eigenschaften der Funktionen einer Funktionenschar wie f_t mit $f_t(x) = e^x \cdot (e^x - t)$; $t \in \mathbb{R}^+$ hängen im Allgemeinen vom Parameter t ab. Zum Beispiel hat jede Funktion der Schar die Nullstelle $x = \ln(t)$. Die Nullstelle ist keine feste Zahl, sondern hängt von t ab.

Die Bestimmung der Tiefpunkte führt auf die Gleichung $0 = f'_t(x) = e^x \cdot (2e^x - t)$, also $t = 2e^x$ bzw. $x = \ln\left(\frac{t}{2}\right)$.

Mit $f''_t\left(\ln\left(\frac{t}{2}\right)\right) > 0$ und der Gleichung für die Funktionswerte erhält man den dazugehörigen y-Wert: $y_t = f_t\left(\ln\left(\frac{t}{2}\right)\right) = -\frac{t^2}{4}$.

Für den von t abhängigen Tiefpunkt erhält man $T_t\left(\ln\left(\frac{t}{2}\right) \mid -\frac{t^2}{4}\right)$.

t	T_t
1	$\left(\ln\left(\frac{1}{2}\right) \mid -\frac{1}{4}\right)$
2	$(\ln(1) \mid -1)$
3	$\left(\ln\left(\frac{3}{2}\right) \mid -\frac{9}{4}\right)$
4	$(\ln(2) \mid -4)$

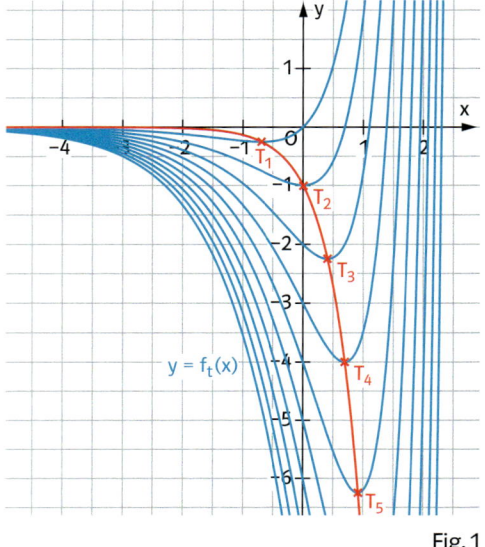

Fig. 1

Durchläuft t alle zugelassenen Werte, so liegen die Punkte T_t auf einer Kurve. Diese Kurve heisst **Ortskurve** oder **Ortslinie** der Tiefpunkte T_t. In Fig. 1 ist die Ortskurve rot dargestellt. Eine Gleichung der Ortskurve der Tiefpunkte erhält man, indem man aus den Gleichungen $x = \ln\left(\frac{t}{2}\right)$ und $y = -\frac{t^2}{4}$ die Variable t eliminiert:

$y = -\frac{t^2}{4} = -\frac{(2 \cdot e^x)^2}{4} = -e^{2x}$

Man erhält die **Gleichung der Ortskurve** eines Punktes $P(u(t) \mid v(t))$, indem man die Gleichung $x = u(t)$ nach t auflöst und in $y = v(t)$ einsetzt.

Es gibt Funktionenscharen mit charakteristischen Eigenschaften, die nicht von t abhängen. So haben alle Graphen der Funktionenschar f_t mit $f_t(x) = tx \cdot e^x$; $t \in \mathbb{R}$ den gemeinsamen Punkt $P(0 \mid 0)$ und die Asymptote $y = 0$. Weiterhin liegen alle Extrempunkte auf der Geraden mit $x = -1$ (Fig. 2).

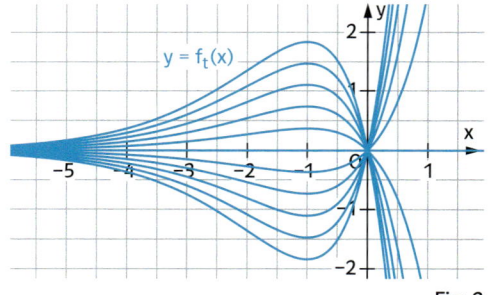

Fig. 2

Beispiel Kurvendiskussion einer Funktionenschar
Gegeben ist die Funktionenschar f_t mit $f_t(x) = (t - e^x)^2$, $x \in \mathbb{R}$ und $t > 0$.
Führen Sie eine Kurvendiskussion durch und zeichnen Sie den Graphen der Funktion f_t für $t = \frac{1}{2}$; 1; 2. Berechnen Sie die Gleichung der Ortskurve der Wendepunkte.
Lösung:
1. Definitionsbereich: $D = \mathbb{R}$
2. Symmetrie:
$f_t(-x) = (t - e^{-x})^2 \neq f_t(x)$; $f_t(-x) = (t - e^{-x})^2 \neq -f_t(x)$; der Graph von f_t ist weder achsensymmetrisch zur y-Achse noch punktsymmetrisch zum Koordinatenursprung.

3. Schnittpunkt mit den Koordinatenachsen:
Aus $f_t(x) = 0 = (t - e^x)^2$ folgt, dass $e^x = t$, also $x = \ln(t)$. Da $t > 0$ vorausgesetzt ist, hat f_t die Nullstelle $x_1 = \ln(t)$.
Aus $f_t(0) = (t - 1)^2$ ergibt sich der Schnittpunkt mit der y-Achse $S_t(0 \,|\, (t-1)^2)$.

4. Ableitungen:
$f_t'(x) = 2 \cdot (t - e^x) \cdot (-e^x) = 2(e^{2x} - te^x)$; $f_t''(x) = 2 \cdot (2e^{2x} - te^x)$; $f_t'''(x) = 2 \cdot (4e^{2x} - te^x)$

5. Extrempunkte:
Aus $f_t'(x) = 0$ mit $2 \cdot (t - e^x) \cdot e^x = 0$ ergibt sich $e^x = t$ und daraus $x_1 = \ln(t)$ als mögliche Extremstelle.
$f_t''(x_1) = f_t''(\ln(t)) = 2 \cdot (2e^{2\ln(t)} - te^{\ln(t)}) = 2 \cdot (2e^{\ln(t^2)} - t \cdot t) = 2t^2 > 0$, damit liegt bei $x_1 = \ln(t)$ eine Minimumstelle vor, an der der Graph der Funktion f_t die x-Achse im Tiefpunkt $T_t(\ln(t) \,|\, 0)$ berührt.

6. Wendepunkte:
Aus $f_t''(x) = 0$ mit $2 \cdot (2e^{2x} - te^x) = 0$ berechnet man $x_2 = \ln\left(\frac{t}{2}\right)$ als einzig mögliche Wendestelle.
Da $f_t'''\left(\ln\left(\frac{t}{2}\right)\right) = t^2 \neq 0$ ist, berechnet man aus $f_t\left(\ln\left(\frac{t}{2}\right)\right) = \frac{t^2}{4}$ den Wendepunkt $W_t\left(\ln\left(\frac{t}{2}\right) \,\middle|\, \frac{t^2}{4}\right)$.

7. Verhalten im Unendlichen:
$\lim\limits_{x \to \infty} f_t(x) = \lim\limits_{x \to \infty} (t - \underbrace{e^x}_{\to \infty})^2 = \infty$; $\lim\limits_{x \to -\infty} f_t(x) = \lim\limits_{x \to -\infty} (t - \underbrace{e^x}_{\to 0})^2 = t^2$

Damit ist $y = t^2$ Asymptote des Graphen von f_t für $x \to -\infty$.

Da $D_{f_t} = \mathbb{R}$ ist, entfällt die Untersuchung auf Polstellen.

8. Graphen: Siehe Fig. 1.

9. Ortskurve der Wendepunkte:
Die Ortskurve der Wendepunkte
$W_t\left(\ln\left(\frac{t}{2}\right) \,\middle|\, \frac{t^2}{4}\right)$ bestimmt man durch Eliminieren der Variablen t aus $x = \ln\left(\frac{t}{2}\right)$ und $y = \frac{t^2}{4}$.
Löst man $x = \ln\left(\frac{t}{2}\right)$ mit $t > 0$ nach t auf, so erhält man $t = 2 \cdot e^x$.
Dieses Ergebnis setzt man in $y = \frac{t^2}{4}$ ein und erhält $y = e^{2x}$.
Damit liegen die Wendepunkte auf dem Graphen der Funktion k mit $k(x) = e^{2x}$.

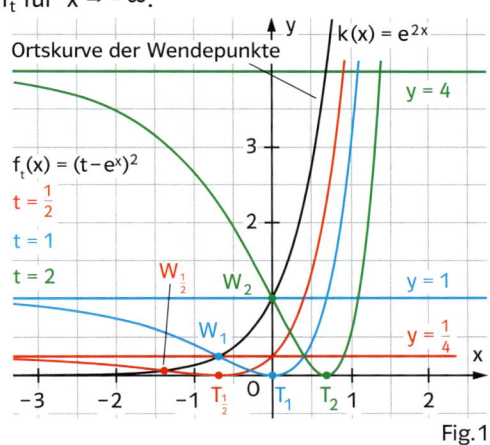

Fig. 1

Aufgaben

1 Gegeben ist die Funktionenschar f_t ($t > 0$). Skizzieren Sie die Graphen der Schar für $t = 1; 2; 3; 4$. Beschreiben Sie Gemeinsamkeiten und Unterschiede der Graphen. Was bewirkt eine Erhöhung des Parameters?
a) $f_t(x) = t + e^x$
b) $f_t(x) = tx + 1$
c) $f_t(x) = x^2 + tx$
d) $f_t(x) = e^{x-t}$
e) $f_t(x) = \sin(x - t)$
f) $f_t(x) = t - e^{-x}$
g) $f_t(x) = tx^2 - 1$
h) $f_t(x) = (x + t)^3$
i) $f_t(x) = \sin(tx)$

2 Gegeben ist die Funktionenschar f_t ($t > 0$). Welche Steigung hat f_t an der Stelle 0? Für welchen Wert von t ist diese Steigung 1?
a) $f_t(x) = -x^2 + tx$
b) $f_t(x) = e^{tx} - 4$
c) $f_t(x) = tx^3 - 3tx$
d) $f_t(x) = \sin(tx) + 2$
e) $f_t(x) = te^{tx} - 8$
f) $f_t(x) = tx^4 - 4x^3 + t^2 x$

3 Gegeben ist die Funktionenschar f_t mit $f_t(x) = x^2 - xt$; $t \in \mathbb{R}$.
a) Skizzieren Sie die Graphen von f_0 und f_2.
b) Für welchen Parameter t liegt der Punkt $P(3|-5)$ auf dem Graphen von f_t?
c) Geben Sie die Gleichung der Ortskurve an, auf der die Extrempunkte von f_t liegen.
d) Durch welchen Punkt gehen alle Graphen der Schar?

4 Bestimmen Sie die Extrempunkte des Graphen von f_a ($a \in \mathbb{R}$). Für welche Werte von a hat der Graph von f_a Extrempunkte auf der x-Achse?

a) $f_a(x) = x^2 - ax + 4$
b) $f_a(x) = \dfrac{ax^3 + 2}{2x^2}$
c) $f_a(x) = e^{2a-x} + x - 3a$

5 Der Verlauf des Trageseils einer Hängebrücke kann durch eine Kettenlinie angenähert werden. Diese ist der Graph der Funktion f_c mit $f_c(x) = 2.5 \cdot (e^{cx} + e^{-cx})$; $c > 0$. Hierbei ist $f_c(x)$ die Höhe des Seils an der Stelle x über der Strasse (alle Angaben in Metern). Die Masten der Brücke stehen symmetrisch zur y-Achse und haben den Abstand 200 m.
a) Skizzieren Sie die Kettenlinie für c = 0.01; 0.02; 0.03.
b) Beweisen Sie, dass sich der tiefste Punkt des Seils am Punkt $T(0|5)$ befindet.
c) In welcher Höhe über der Strasse befinden sich beim Parameter c = 0.015 die Aufhängepunkte des Seils an den Masten?
d) Wie gross ist c, wenn die Aufhängepunkte des Seils 30 m über der Strasse liegen?

Zu Aufgabe 6:
Je nach Parameterwert kann der zugehörige Graph sehr verschieden aussehen (Fig. 1).

$f_{-\frac{1}{2}}(x) = \dfrac{4}{1 - \frac{1}{2}x^2}$

$f_{\frac{1}{2}}(x) = \dfrac{4}{1 + \frac{1}{2}x^2}$

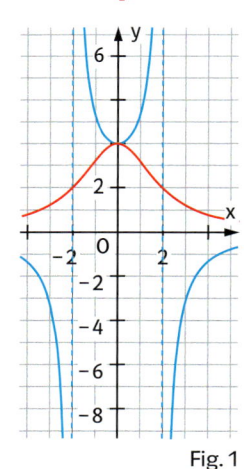

6 Für jedes t ($t \in \mathbb{R}\setminus\{0\}$) ist eine Funktion f_t durch $f_t(x) = \dfrac{4}{1 + tx^2}$ gegeben.
a) Untersuchen Sie die Graphen von f_t auf Symmetrie, Schnittpunkte mit der x-Achse, Extrem- und Wendepunkte sowie auf Asymptoten.
b) Ermitteln Sie die Gleichung der Ortskurve der Wendepunkte.
c) Ermitteln Sie den Wert für t, für den der Graph Wendetangenten mit den Steigungen 1 und −1 besitzt.

7 Durch $f_t(x) = \dfrac{t^2 x^2 - 1}{x^2 + 1}$ ($t \in \mathbb{R}_0^+$) ist eine Schar von rationalen Funktionen f_t gegeben.
a) Welche Kurve der Schar schneidet die x-Achse in $A(1|0)$ und $B(-1|0)$?
b) Welche Kurve hat die Gerade y = 2 als Asymptote?
c) Welche Kurve hat die x-Achse als Asymptote?
d) Geben Sie eine Gleichung einer weiteren Schar rationaler Funktionen h_t an, deren Kurven jeweils dieselbe waagerechte Asymptote wie die zugehörigen Kurven der Kurvenschar f_t besitzen.

8 Gegeben ist die Funktionenschar f_t mit $f_t(x) = (x + t) \cdot e^{-x}$ ($t \in \mathbb{R}$).
a) Führen Sie eine Kurvendiskussion durch.
b) Ermitteln Sie eine Gleichung der Ortskurve der Extrempunkte.
c) Die Strecke mit den Endpunkten $P(-t|0)$ und $Q(-t + 2a|0)$ mit $a \in \mathbb{R}$; $a > 0$ bildet die Basis eines gleichschenkligen Dreiecks, dessen dritter Eckpunkt auf dem Graphen von f_t liegt. Untersuchen Sie, ob es solche Dreiecke mit grösstmöglichem Flächeninhalt gibt.
d) Die Wendetangente begrenzt mit den positiven Achsen ein Dreieck. Ermitteln Sie für t < 4 die Fläche dieses Dreiecks. Für welchen Wert t wird die Fläche extremal?

9 Gegeben ist die Funktionenschar f_t mit $f_t(x) = \dfrac{2 + \ln(tx)}{x}$ ($t \in \mathbb{R}$). Untersuchen Sie f_t auf Nullstellen, Extrem- und Wendepunkte sowie Asymptoten.

10 Gegeben ist die Funktionenschar mit $f_t(x) = t \cdot \sin(tx) + t$ mit $x \in \mathbb{R}$ und $t > 0$. Ermitteln Sie die Nullstellen und die Koordinaten der lokalen Extrempunkte von f_t.

Fig. 1

III
Integralrechnung

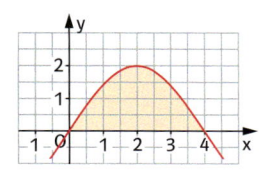

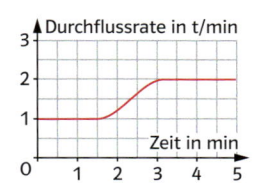

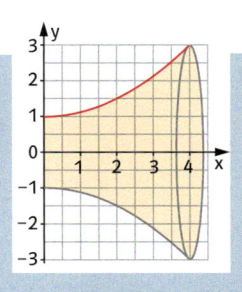

Inhalt
- Das Integral
- Stammfunktionen
- Hauptsatz der Differenzial- und Integralrechnung
- Flächenberechnungen mit dem Integral
- Volumen von Rotationskörpern
- Integrationstechniken

8 Das Integral

8.1 Lokale Änderungsrate und Gesamtänderung

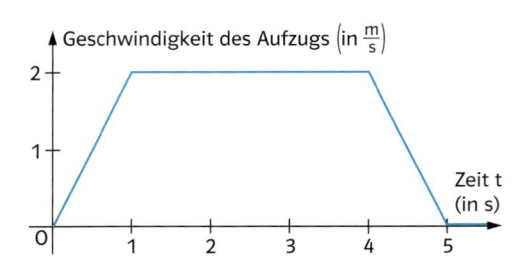

Der Graph zeigt die Geschwindigkeit eines Aufzugs in einem Hochhaus während einer Fahrt nach oben. Ermitteln Sie mithilfe der Abbildung den Höhenunterschied, den der Aufzug bewältigt hat. Vergleichen Sie Ihr Ergebnis mit dem Inhalt der Fläche zwischen dem Graphen und der t-Achse.

In der Differenzialrechnung war die Ableitung ein zentraler Begriff, mit deren Hilfe man die momentane Änderungsrate einer Grösse bestimmen konnte. Im Folgenden soll erarbeitet werden, wie man umgekehrt von der momentanen Änderungsrate einer Grösse auf die Gesamtänderung der Grösse schliessen kann.

Die zu bestimmende Grösse ist der zurückgelegte Weg. Die Änderungsrate dieser Grösse ist die Geschwindigkeit. Sie bewirkt die Ortsveränderung.

Ein Auto fährt zunächst mit konstanter Geschwindigkeit, bremst dann gleichmässig ab und beschleunigt danach unregelmässig. Im Diagramm (Fig. 1) ist seine Momentangeschwindigkeit im Zeitintervall [0; 30] dargestellt. Damit lässt sich die in diesem Intervall zurückgelegte Strecke bestimmen.

Im Zeitraum von 0s bis 15s gilt für die zurückgelegte Strecke s_1 (in m):
$s_1 = v \cdot t = 20 \cdot 15 = 300$. Dies entspricht dem Flächeninhalt A_1.
Die im Zeitraum von 15s bis 20s gefahrene Strecke s_2 (in m) ist die gleiche, die in fünf Sekunden mit der konstanten Durchschnittsgeschwindigkeit von $10 \frac{m}{s}$ zurückgelegt worden wäre: $s_2 = 10 \cdot 5 = 50$.
Dies entspricht dem Flächeninhalt A_2. Im Zeitraum zwischen 20s und 30s ändert sich die Momentangeschwindigkeit nicht linear. Auch in diesem Fall kann man zeigen, dass der zurückgelegte Weg dem Inhalt der unter der Kurve liegenden Fläche A_3 entspricht. Zur näherungsweisen Berechnung von s_3 nähert man den Graphen durch ein Geradenstück an. Es ergibt sich: $s_3 \approx \frac{1}{2} \cdot 15 \cdot 10 \approx 75$.

Der im Zeitintervall [0; 30] zurückgelegte Weg ist also $s_1 + s_2 + s_3 \approx 425$ (m).

Allgemein schliesst man vom Verlauf der lokalen Änderungsrate auf die Gesamtänderung:

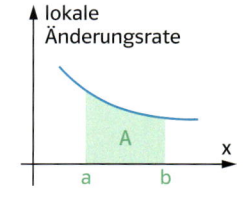

Fig. 1

Ist der Verlauf der **lokalen (momentanen) Änderungsrate** einer Grösse durch einen Graphen oberhalb der x-Achse gegeben, so kann man die **Gesamtänderung** der Grösse in einem Intervall [a; b] als **Flächeninhalt** A zwischen dem Graphen und der x-Achse innerhalb des Intervalls deuten und dadurch ermitteln.

142

Beispiel 1

In der Abluft eines Kamins wird laufend der Schadstoffausstoss gemessen. Er beträgt 15 Minuten lang $40\frac{g}{min}$, sinkt dann innerhalb von 10 Minuten gleichmässig auf 0 und steigt nach fünfminütiger Betriebspause innerhalb von 20 Minuten gleichmässig auf $40\frac{g}{min}$ an.

a) Zeichnen Sie das zugehörige Messdiagramm des Schadstoffausstosses in Abhängigkeit von der Zeit.
b) Berechnen Sie den Schadstoffausstoss M_1 im Zeitintervall $[0;15]$.
c) Bestimmen Sie mithilfe des Diagramms die Gesamtmenge des ausgetretenen Schadstoffes im Zeitintervall $[15;50]$.

Lösung:

a)

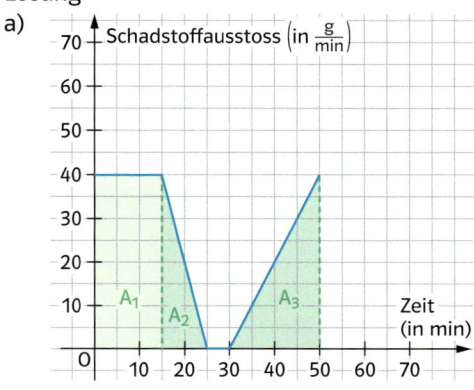

b) Im Intervall $[0;15]$ beträgt die Schadstoffmenge $M_1 = 40\frac{g}{min} \cdot 15\,min = 600\,g$.

c) Für die Schadstoffmenge M_2 im Intervall $[15;25]$ ergibt sich $M_2 = 200\,g$, da der Inhalt der Dreiecksfläche $A_2 = \frac{1}{2} \cdot 10 \cdot 40 = 200$ ist.
Die Schadstoffmenge M_3 im Intervall $[30;50]$ beträgt $400\,g$. Sie folgt aus der zugehörigen Dreiecksfläche
$A_3 = \frac{1}{2} \cdot 20 \cdot 40 = 400$.
Im Zeitintervall $[15;50]$ tritt also die Gesamtmenge von $600\,g$ an Schadstoffen aus.

Ebenso ist der Flächeninhalt $A_1 = 600$.

Beispiel 2

Pflanzen verdunsten über die Blattoberflächen Wasser. Bei einer Sonnenblume wurde dieser Wasserverlust im Verlauf eines Sommertages bestimmt.

Uhrzeit	0	2	4	6	8	10	12	14	16	18	20	22
Mom. Verlustrate (in $\frac{g}{h}$)	0.3	0.3	0.9	2.1	4.8	9.6	14.7	15.6	7.2	3.0	1.5	0.6

a) Stellen Sie den ungefähren Verlauf der momentanen Verlustrate mithilfe der Messwerte in einem Koordinatensystem dar. Erläutern Sie, wie man die im Tagesverlauf von der Sonnenblume verdunstete Wassermenge veranschaulichen kann.
b) Bestimmen Sie näherungsweise die an diesem Tag verdunstete Wassermenge.

Lösung:

a) Die im Tagesverlauf verdunstete Wassermenge kann als Fläche zwischen dem Graphen der Verlustrate und der t-Achse veranschaulicht werden.

b) Der Inhalt der Fläche, die der verdunsteten Wassermenge entspricht, wird durch die Flächeninhalte A_1 (Dreieck) und $A_2, \ldots, A_5$ (Trapeze) angenähert. Es gilt:

$A = A_1 + A_2 + A_3 + A_4 + A_5$
$= \frac{1}{2} \cdot 6 \cdot 2.1 + \frac{1}{2} \cdot (2.1 + 14.7) \cdot 6$
$+ \frac{1}{2} \cdot (14.7 + 15.6) \cdot 2 + \frac{1}{2} \cdot (15.6 + 3.0) \cdot 4$
$+ \frac{1}{2} \cdot (3.0 + 0.3) \cdot 6 = 134.1$

Der gesamte Wasserverlust beträgt also ungefähr $134\,g$.

Zu a) und b):

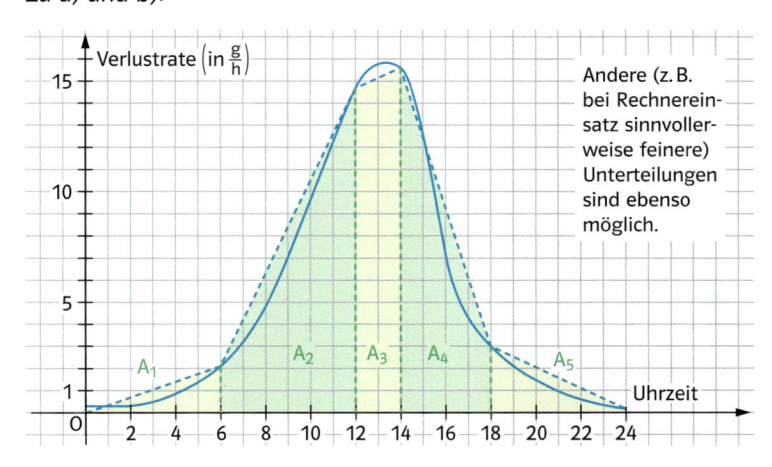

Andere (z. B. bei Rechnereinsatz sinnvollerweise feinere) Unterteilungen sind ebenso möglich.

Aufgaben

*Zum Ausmessen von Flächeninhalten gibt es besondere Geräte, die sogenannten **Planimeter**. Nach Umfahren der Fläche mit einem Stift kann man den Flächeninhalt näherungsweise ablesen.*

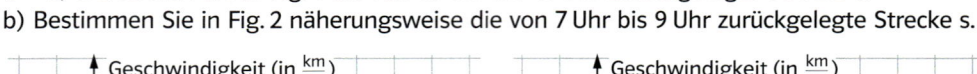

1 a) Berechnen Sie in Fig. 1 die von 16 Uhr bis 18 Uhr zurückgelegte Strecke s.
b) Bestimmen Sie in Fig. 2 näherungsweise die von 7 Uhr bis 9 Uhr zurückgelegte Strecke s.

Fig. 1

Fig. 2

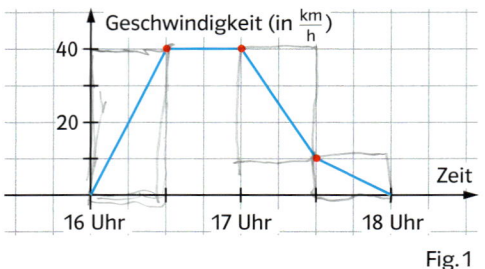

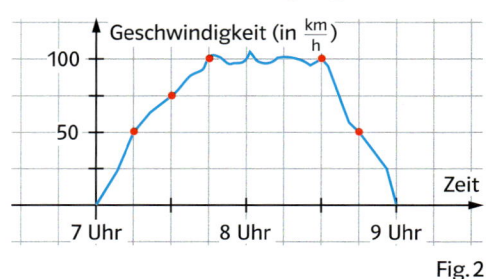

2 Die momentane Abflussmenge eines Flusses ist in Fig. 3 dargestellt. Bestimmen Sie näherungsweise die zwischen 0 und 24 Uhr abgeflossene Wassermenge.

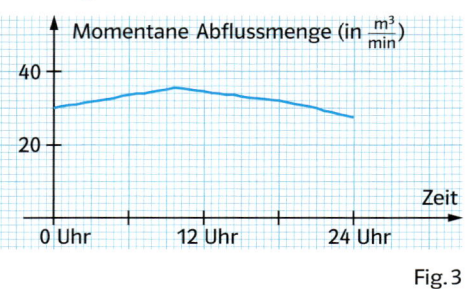

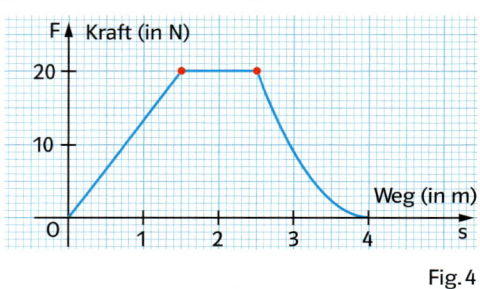

Fig. 3

Fig. 4

3 a) Ein Auto wird 50 m mit der konstanten Kraft F = 300 N angeschoben. Zeichnen Sie ein Kraft-Weg-Diagramm und deuten Sie darin die verrichtete Arbeit W = F · s.
b) Bestimmen Sie näherungsweise die verrichtete Arbeit in Fig. 4.

4 Familie Schlatter plant, ihr Hausdach auf einer Fläche von 30 m² mit Solarzellen zu bedecken. Um zu wissen, ob sich eine solche Investition lohnt, messen sie an einem Frühlingstag die auf 1 dm² des Daches einfallende Sonnenenergie.

***Leistung** ist die momentane Änderungsrate der Energie.*
$\frac{J}{s} = \frac{Joule}{Sekunde}$

Uhrzeit	6	7	8	9	10	11	12	13	14	15	16	17	18
Leistung (in $\frac{J}{s}$)	1	1	2	2	3	5	6	7	6	4	2	1	1

Der Wirkungsgrad von Solarzellen liegt bei etwa 30 %. Bestimmen Sie näherungsweise die Energiemenge, die man an diesem Tag mit der installierten Anlage hätte nutzen können. Geben Sie diese Energie in kWh (Kilowattstunden) an. Es gilt: 1 kWh = 3 600 000 J.

5 Nach einem Gewitterregen wurde gemessen, wie stark der Abfluss einer Quelle von diesem Niederschlag beeinflusst wurde. Dazu wurde zu verschiedenen Zeiten vor und nach Beginn des Gewitterregens die von der Quelle abfliessende Wassermenge gemessen.

Zeit nach Beginn (in min)	−20	−10	0	10	20	25	30	35	45	55	70
Mom. Abfluss (in $\frac{l}{s}$)	5	5	5	5	9	14	14	8	6	5	5

Bestimmen Sie näherungsweise die durch den Gewitterregen zusätzlich abfliessende Wassermenge.

8.2 Definition des Integrals als Grenzwert einer Summe

Das in der nebenstehenden Figur im Intervall [0;2] eingefärbte Flächenstück hat als krummlinige Begrenzung den Graphen der Funktion $f(x) = 1 + \sqrt{x}$.
a) Begründen Sie, dass für den Inhalt A dieses Flächenstücks die grobe Abschätzung $3 < A < 2 \cdot (1 + \sqrt{2})$ gilt.
b) Wie lässt sich eine bessere Abschätzung gewinnen? Erläutern Sie Ihre Überlegung.

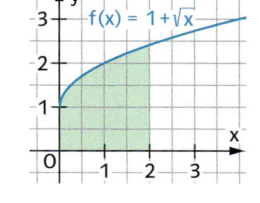

Wenn ein Graph aus geradlinigen Stücken zusammengesetzt ist, kann die exakte Fläche zwischen dem Graphen und der x-Achse mithilfe von Rechtecks- und Dreiecksflächen bestimmt werden. Es stellt sich die Frage, wie bei krummlinigen Graphen vorgegangen werden kann.

Um den Inhalt der Fläche unter dem Graphen von $f(x) = x^2$ über dem Intervall [0;1] näherungsweise zu bestimmen, werden Rechtecke gleicher Breite einbeschrieben; ihre Höhen ergeben sich jeweils als Funktionswert an der linken Intervallgrenze. In den Figuren ist als Anzahl der Teilintervalle n = 4 bzw. n = 8 gewählt. Da die Rechtecke alle unter dem Graphen G_f, also innerhalb der betrachteten Fläche, liegen, bezeichnet man die Summe ihrer Inhalte als **Untersumme** U_4 bzw. U_8.

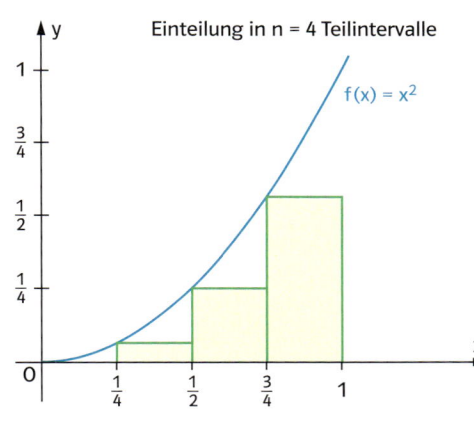

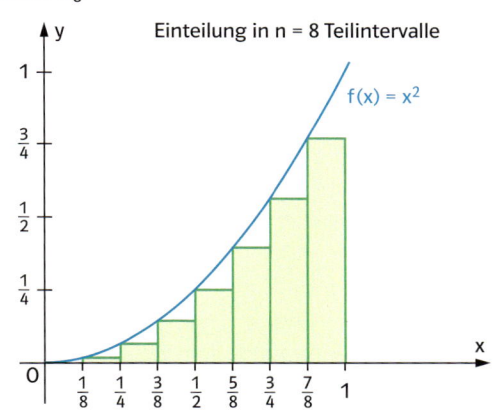

$U_4 = \frac{1}{4} \cdot \left(\frac{1}{4}\right)^2 + \frac{1}{4} \cdot \left(\frac{1}{2}\right)^2 + \frac{1}{4} \cdot \left(\frac{3}{4}\right)^2 \approx 0.2188$

$U_8 = \frac{1}{8} \cdot \left(\frac{1}{8}\right)^2 + \frac{1}{8} \cdot \left(\frac{1}{4}\right)^2 + \ldots + \frac{1}{8} \cdot \left(\frac{7}{8}\right)^2 \approx 0.2734$

Die Tabelle zeigt weitere Untersummen mit mehr Teilintervallen.

Anzahl n der Teilintervalle	4	8	10	100	1000
Untersumme U_n	≈ 0.2188	≈ 0.2734	≈ 0.2850	≈ 0.3284	≈ 0.3328

Es ist zu vermuten: Eine solche Untersumme U_n nähert den gesuchten Flächeninhalt umso besser an, je grösser die Anzahl n der Teilintervalle ist. Es liegt also nahe, die sich ergebenden Untersummen U_n auf einen Grenzwert für $n \to \infty$ zu untersuchen. Es gilt:

$U_n = \frac{1}{n} \cdot \left(\frac{1}{n}\right)^2 + \frac{1}{n} \cdot \left(\frac{2}{n}\right)^2 + \ldots + \frac{1}{n} \cdot \left(\frac{n-1}{n}\right)^2 = \frac{1}{n^3} \cdot [1^2 + 2^2 + \ldots + (n-1)^2]$

$= \frac{1}{n^3} \cdot \frac{1}{6} \cdot (n-1) \cdot n \cdot (2n-1) = \frac{1}{6} \cdot \frac{n-1}{n} \cdot \frac{n}{n} \cdot \frac{2n-1}{n} = \frac{1}{6} \cdot \left(1 - \frac{1}{n}\right) \cdot 1 \cdot \left(2 - \frac{1}{n}\right)$

Für $n \to \infty$ ergibt sich also: $\lim_{n \to \infty} U_n = \lim_{n \to \infty} \left[\frac{1}{6} \cdot \left(1 - \frac{1}{n}\right)\left(2 - \frac{1}{n}\right)\right] = \frac{1}{6} \cdot 1 \cdot 2 = \frac{1}{3}$

Hier wird folgende Summenformel (vgl. S. 27, 3d) angewendet:
$1^2 + 2^2 + 3^2 + \ldots + n^2$
$= \frac{1}{6} \cdot n \cdot (n+1) \cdot (2n+1)$

Eine andere Möglichkeit, den gesuchten Flächeninhalt A anzunähern, zeigen die folgenden Figuren. Weil hier die Summe der Rechtecksinhalte jeweils grösser ist als A, spricht man von der **Obersumme** O_4 bzw. O_8.

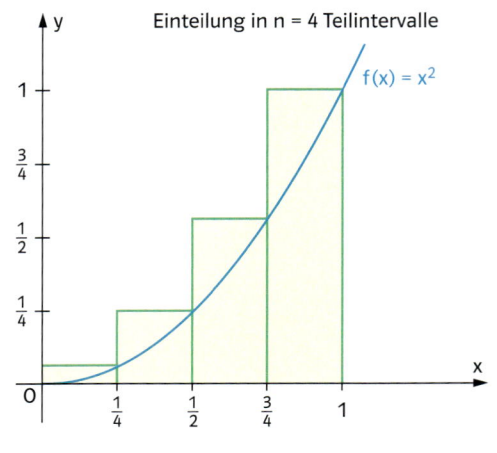

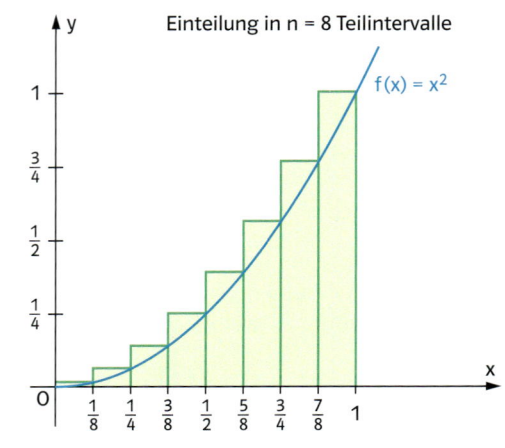

Einteilung in n = 4 Teilintervalle

Einteilung in n = 8 Teilintervalle

$O_4 = \frac{1}{4} \cdot \left(\frac{1}{4}\right)^2 + \frac{1}{4} \cdot \left(\frac{1}{2}\right)^2 + \frac{1}{4} \cdot \left(\frac{3}{4}\right)^2 + \frac{1}{4} \cdot 1 \approx 0.4688$

$O_8 = \frac{1}{8} \cdot \left(\frac{1}{8}\right)^2 + \frac{1}{8} \cdot \left(\frac{1}{4}\right)^2 + \ldots + \frac{1}{8} \cdot 1^2 \approx 0.3984$

n	4	8	10	100	1000
O_n	≈ 0.4688	≈ 0.3984	≈ 0.385	≈ 0.3384	≈ 0.3338

Auch mit Obersummen lässt sich der Flächeninhalt A umso besser annähern, je grösser n ist.
Es gilt: $O_n = \frac{1}{n} \cdot \left(\frac{1}{n}\right)^2 + \frac{1}{n} \cdot \left(\frac{2}{n}\right)^2 + \ldots + \frac{1}{n} \cdot \left(\frac{n}{n}\right)^2 = \frac{1}{n^3} \cdot [1^2 + 2^2 + \ldots + n^2]$

Formt man wie vorher mithilfe der Summenformel für die ersten n Quadrate um, so
ergibt sich: $O_n = \frac{1}{6} \cdot \left(1 + \frac{1}{n}\right) \cdot 1 \cdot \left(2 + \frac{1}{n}\right)$ und $\lim_{n \to \infty} O_n = \frac{1}{6} \cdot 1 \cdot 2 = \frac{1}{3}$

Da $\lim_{n \to \infty} U_n = \lim_{n \to \infty} O_n = \frac{1}{3}$ gilt, ist es sinnvoll, für den gesuchten Flächeninhalt $A = \frac{1}{3}$ anzunehmen.

Die Ober- bzw. Untersumme lässt sich

als $O_n = \sum_{i=1}^{n} M_i \cdot \Delta x$

bzw. $U_n = \sum_{i=1}^{n} m_i \cdot \Delta x$

schreiben, wobei M_i das Maximum und m_i das Minimum von f im Intervall $[a + (i-1) \cdot \Delta x; a + i \cdot \Delta x]$ ist (vgl. Fig.1).

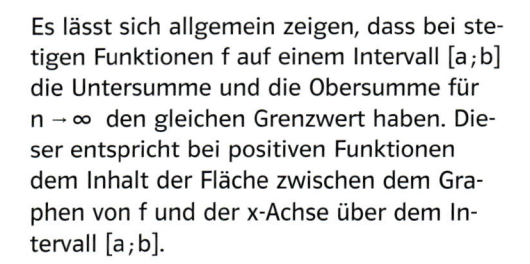

Es lässt sich allgemein zeigen, dass bei stetigen Funktionen f auf einem Intervall [a;b] die Untersumme und die Obersumme für n → ∞ den gleichen Grenzwert haben. Dieser entspricht bei positiven Funktionen dem Inhalt der Fläche zwischen dem Graphen von f und der x-Achse über dem Intervall [a;b].

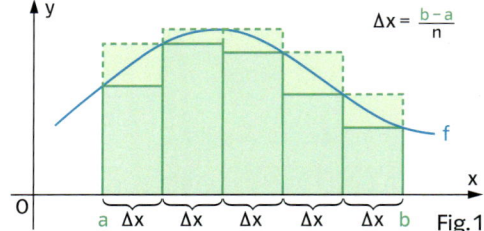

Fig.1

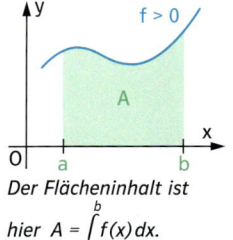

Der Flächeninhalt ist hier $A = \int_a^b f(x)\,dx$.

Die Funktion f sei auf dem Intervall [a;b] stetig. Dann nennt man den gemeinsamen Grenzwert $\lim_{n \to \infty} U_n = \lim_{n \to \infty} O_n$ von Unter- und Obersumme das **Integral der Funktion f** zwischen den Grenzen a und b.

Man schreibt dafür: $\int_a^b f(x)\,dx$ (lies: Integral von f(x)dx von a bis b).

Die Integralschreibweise wurde von G. W. Leibniz (1646–1716) eingeführt. Das Zeichen ∫ ist aus einem S (von summa) entstanden; dx steht für die immer kleiner werdenden Intervalle.

Bei der Integralschreibweise sind die in der nebenstehenden Figur erklärten Bezeichnungen **Integrand, Integrationsvariable** und untere bzw. obere **Integrationsgrenze** üblich.

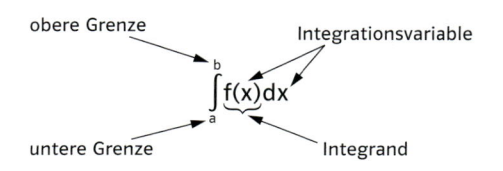

obere Grenze — Integrationsvariable
untere Grenze — Integrand

Bemerkungen
- Es gilt für $a < b$ folgende Vereinbarung: $\int_b^a f(x)\,dx = -\int_a^b f(x)\,dx$

  Damit sind auch Integrale erklärt, deren untere Grenze grösser ist als die obere.
  Eine Vertauschung der Integralgrenzen ändert nur das Vorzeichen des Integrals.
- Ist die lokale (momentane) Änderungsrate einer Grösse durch die Funktion f gegeben,
  so ist $\int_a^b f(x)\,dx$ die Gesamtänderung der Grösse im Intervall $[a;b]$.

Sonderfall:
$\int_a^a f(x)\,dx = 0$

Beispiel 1
Deuten Sie die folgenden Integrale anhand einer Figur und bestimmen Sie ihren Wert.

a) $\int_{-2}^{4} 2.5\,dx$

b) $\int_{2}^{6}\left(\frac{1}{2}x\right)dx$

Lösung:

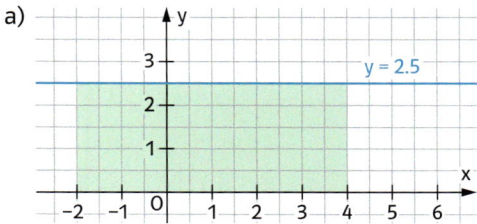

a) Das Integral entspricht dem Inhalt des gefärbten Rechtecks.

$\int_{-2}^{4} 2.5\,dx = 6 \cdot 2.5 = 15$

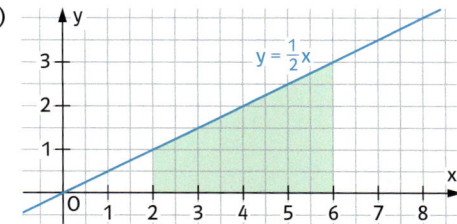

b) Das Integral entspricht dem Inhalt des gefärbten Trapezes.

$\int_{2}^{6}\left(\frac{1}{2}x\right)dx = \frac{1}{2} \cdot 4 \cdot 4 = 8$

Beispiel 2
Schätzen Sie den Wert des Integrals $\int_{0}^{3}(-0.25x^2 + 4)\,dx$ ab,
a) mithilfe von U_6 und O_6,
b) indem Sie U_n und O_n jeweils für $n = 6; 12; 24; 48; \ldots$ berechnen.
Setzen Sie die Verdopplung der Streifenzahl so lange fort, bis $O_n - U_n < 0.01$ ist.

Lösung:
a) Aufteilung des Intervalls $[0;3]$ in 6 Teilintervalle der Länge $\Delta x = 0.5$.

x	0	0.5	1	1.5	2	2.5	3
f(x)	4	$\frac{63}{16}$	$\frac{15}{4}$	$\frac{55}{16}$	3	$\frac{39}{16}$	$\frac{7}{4}$

$U_6 = 0.5 \cdot [f(0.5) + f(1) + \ldots + f(2.5) + f(3)]$
$= 9.15625$

$O_6 = 0.5 \cdot [f(0) + f(0.5) + \ldots + f(2) + f(2.5)]$
$= 10.28125$

$9.15 < \int_{0}^{3}(-0.25x^2 + 4)\,dx < 10.29$

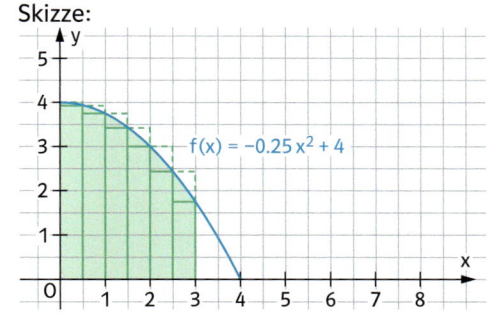

In $[0;3]$ nimmt f monoton ab. Daher muss für $U_6 (O_6)$ jeweils der Funktionswert am rechten (linken) Rand des Teilintervalls genommen werden (vgl. Skizze).

b)

n	6	12	24	48	96	192	384	768
U_n	9.1563	9.4609	9.6074	9.6792	9.7147	9.7324	9.7412	9.7456
O_n	10.2813	10.0234	9.8887	9.8198	9.7850	9.7675	9.7588	9.7544
$O_n - U_n$	1.125	0.5625	0.2813	0.1406	0.0703	0.0351	0.0176	0.0088

Zur Sicherheit wird nicht gerundet, sondern für U_6 bzw. O_6 ein kleinerer bzw. grösserer Wert gewählt.

Aufgaben

1 Deuten Sie folgende Integrale jeweils anhand einer Figur und bestimmen Sie anschliessend ihren Wert.

a) $\int_{1}^{5} 0.25x\,dx$ b) $\int_{-1}^{4} 1.8\,dx$ c) $\int_{5}^{0} 2t\,dt$ d) $\int_{6}^{2}(2x+2)\,dx$ e) $\int_{-5}^{-2}(-0.5u-1)\,du$

2 Schreiben Sie den Inhalt der gefärbten Fläche als Integral und schätzen Sie seinen Wert mithilfe geeigneter Dreiecks-, Rechtecks- oder Trapezflächen ab.

a)

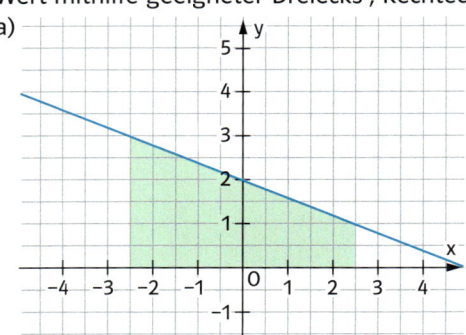

b)

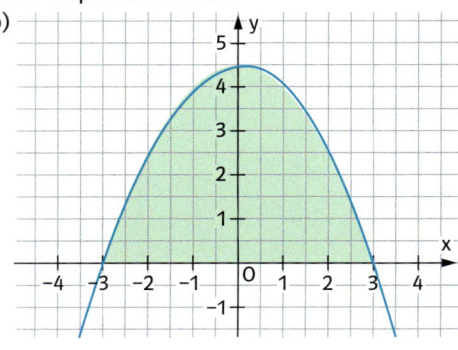

3 Zeichnen Sie den Graphen der Funktion f für a < x < b (Einheit: 2 cm) und schätzen Sie mithilfe von U_8 und O_8 den Wert des Integrals $\int_{a}^{b} f(x)\,dx$ ab.

a) $f(x) = 0.25x^2 + 2$; $a = 0$; $b = 4$ b) $f(x) = -0.5x^2 + 5$; $a = 1$; $b = 3$
c) $f(x) = -0.5(x-2)^2 + 5$; $a = 3$; $b = 5$ d) $f(x) = 4(x-4)^{-1} + 4$; $a = 1$; $b = -3$

Für Aufgabe 4 b) benötigt man die Summenformel in der Randspalte von S.145.

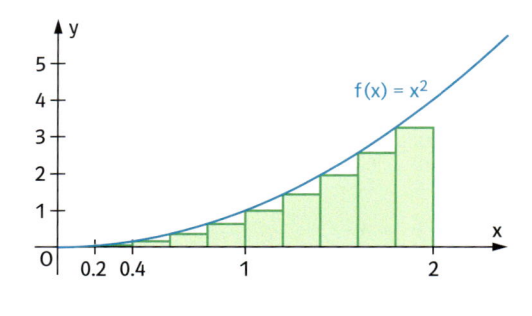

4 a) Bestimmen Sie für das Integral $\int_{0}^{2} x^2\,dx$ einen Näherungswert, indem Sie das Intervall [0;2] in zehn gleiche Teile aufteilen und die in der Abbildung dargestellte Untersumme U_{10} berechnen.
b) Bestimmen Sie den Wert des Integrals $\int_{0}^{2} x^2\,dx$ als Grenzwert von U_n für $n \to \infty$.

5 Die Funktion $v(t) = -0.8t + 10$ mit $t \geq 0$ beschreibt in Abhängigkeit von der Zeit t die momentane Geschwindigkeit eines sich geradlinig bewegenden Körpers.
a) Bestimmen Sie den Zeitpunkt t_s, an dem der Körper zum Stillstand kommt.
b) Drücken Sie den zwischen $t = 0$ und $t = t_s$ zurückgelegten Weg s als Integral von v aus. Berechnen Sie s.

Bei Aufgabe 6 wird folgende Summenformel benötigt:
$1^3 + 2^3 + 3^3 + \ldots + n^3 = \frac{1}{4}n^2(n+1)^2.$

6 a) Zeichnen Sie den Graphen der Funktion f mit $f(x) = x^3$. Der Graph, die x-Achse und die Gerade mit der Gleichung $x = 2$ begrenzen eine Fläche. Bestimmen Sie ihren Inhalt als Grenzwert der Obersumme O_n. (Anleitung: Benutzen Sie die Formel in der Randspalte.)
b) Zeigen Sie, dass man bei Verwendung der Untersumme denselben Grenzwert wie in a) erhält.

8.3 Das Integral als Flächenbilanz

In einem Gezeitenkraftwerk strömt bei Flut das Wasser in einen Speicher und bei Ebbe wieder heraus. Das durchfliessende Wasser treibt dabei Turbinen zur Stromerzeugung an. Der dargestellte Graph zeigt einen möglichen Verlauf der Durchflussrate d innerhalb von 12 Stunden.

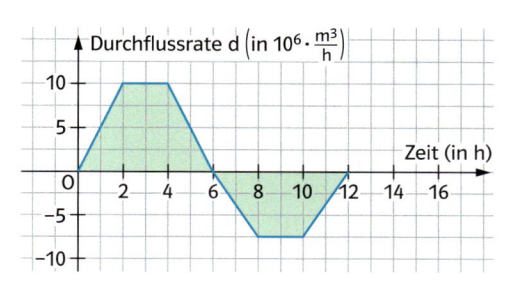

a) Deuten Sie den Verlauf von d. Was besagt der Graph unterhalb der t-Achse?
b) Welche Bedeutung hat jeweils der Inhalt der gefärbten Flächen? Was lässt sich über die Wassermenge im Speicher zur Zeit t = 12 im Vergleich zu t = 0 sagen?

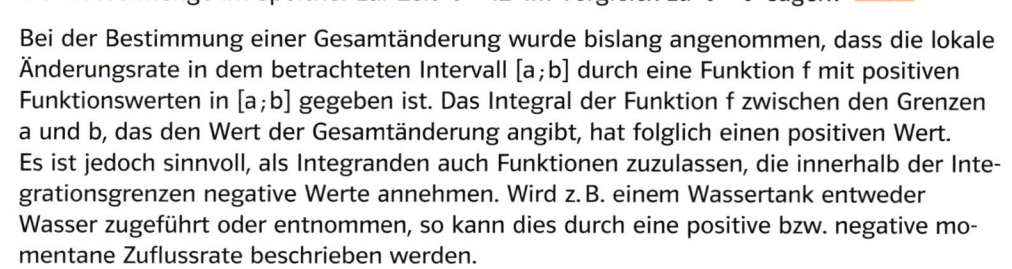

Das erste und immer noch grösste Gezeitenkraftwerk wurde 1966 in der Bucht von Saint-Malo (Nordwestfrankreich) in Betrieb genommen. Dort beträgt der Tidenhub 12 m. Das Speicherbecken des Kraftwerks fasst ca. 180 Millionen Kubikmeter.

Bei der Bestimmung einer Gesamtänderung wurde bislang angenommen, dass die lokale Änderungsrate in dem betrachteten Intervall [a;b] durch eine Funktion f mit positiven Funktionswerten in [a;b] gegeben ist. Das Integral der Funktion f zwischen den Grenzen a und b, das den Wert der Gesamtänderung angibt, hat folglich einen positiven Wert. Es ist jedoch sinnvoll, als Integranden auch Funktionen zuzulassen, die innerhalb der Integrationsgrenzen negative Werte annehmen. Wird z. B. einem Wassertank entweder Wasser zugeführt oder entnommen, so kann dies durch eine positive bzw. negative momentane Zuflussrate beschrieben werden.

In der Figur ist $f(x) < 0$ für $x \in [a;b]$. Bildet man zur Bestimmung des Inhalts A der gefärbten Fläche die Untersumme

$$U_n = \underbrace{[f(a + \Delta x) + f(a + 2\Delta x) + \ldots + f(b)]}_{\leq 0} \cdot \Delta x$$

mit $\Delta x = \frac{b-a}{n}$, so erkennt man: $U_n < 0$
Entsprechend folgt $O_n < 0$ und es gilt:
$\lim_{n \to \infty} U_n = \lim_{n \to \infty} O_n = -A < 0$

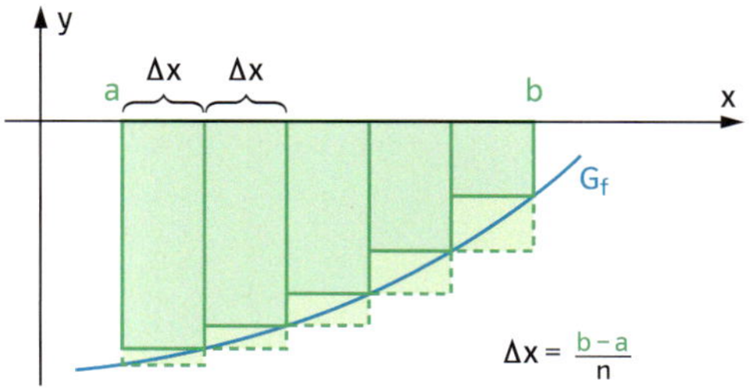

Auch in diesem Fall versteht man den Grenzwert $-A$ als das Integral von f zwischen den Grenzen a und b, also $\int_a^b f(x)\,dx = -A$.

Beachten Sie: Flächeninhalte werden als positive Grössen verstanden.

Der Graph, der den Verlauf der lokalen Änderungsrate beschreibt, verläuft manchmal sowohl oberhalb als auch unterhalb der x-Achse. Im nebenstehenden Diagramm ist z. B. für einen Wassertank, der durch dieselbe Leitung befüllt und entleert wird, die Durchflussrate der Leitung dargestellt. Im Zeitintervall $[t_1; t_2]$ ist dann mehr Wasser zugeflossen als abgeflossen, wenn $A_1 > A_2$, bzw. weniger zugeflossen als abgeflossen, wenn $A_1 < A_2$.

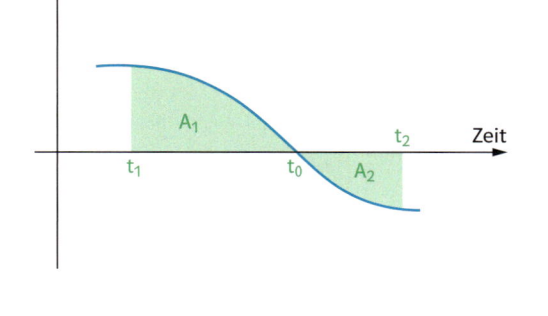

Allgemein bedeutet dies für das Integral $\int_a^b f(x)\,dx$ einer Funktion f, die im Intervall [a;b] eine Nullstelle mit Vorzeichenwechsel hat: Der Wert des Integrals ist positiv oder negativ, je nachdem, ob der Inhalt der Fläche oberhalb oder unterhalb der x-Achse grösser ist. Man sagt daher: Der Wert des Integrals gibt die **Flächenbilanz** an.

Für eine Funktion f, die in einem Intervall [a;b] stetig ist, gilt: Falls

f(x) > 0	f(x) < 0	f(x₀) = 0 und Vorzeichenwechsel
für alle $x \in [a;b]$:	für alle $x \in [a;b]$:	von f(x) bei $x_0 \in [a;b]$:

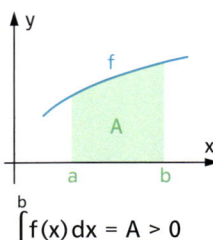

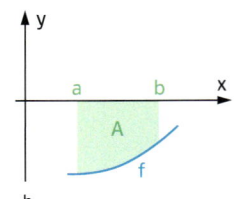

$$\int_a^b f(x)\,dx = A > 0 \qquad \int_a^b f(x)\,dx = -A < 0 \qquad \int_a^b f(x)\,dx = -A_1 + A_2 \begin{cases} > 0, \text{ falls } A_1 < A_2 \\ < 0, \text{ falls } A_1 > A_2 \end{cases}$$

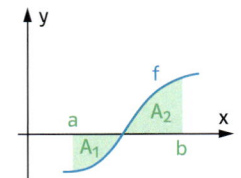

Beispiel

Deuten Sie anhand einer Skizze das Integral als Flächenbilanz. Berechnen Sie das Integral.

a) $\int_{-1}^{2}(-1)\,dx$
b) $\int_{-2}^{1} 0.5x\,dx$
c) $\int_{-1}^{2}\left(-\frac{3}{4}x + \frac{3}{4}\right)dx$

Lösung:

a) $\int_{-1}^{2}(-1)\,dx = -A$
$= -3$

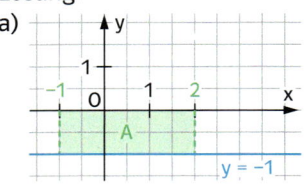

b) $\int_{-2}^{1} 0.5x\,dx = -A_1 + A_2$
$= -1 + 0.25 = -0.75$

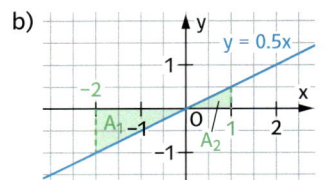

c) $\int_{-1}^{2}\left(-\frac{3}{4}x + \frac{3}{4}\right)dx = A_1 - A_2$
$= 1.5 - \frac{3}{8} = 1.125$

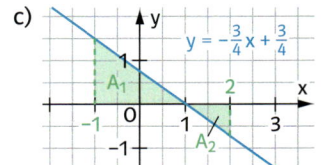

Aufgaben

1 Bestimmen Sie das Integral jeweils mithilfe der in der Figur angegebenen Flächeninhalte.

a) $\int_{-2}^{0} f(x)\,dx$
b) $\int_{-1}^{2} f(x)\,dx$
c) $\int_{0}^{3} f(x)\,dx$
d) $\int_{-2}^{3} f(x)\,dx$

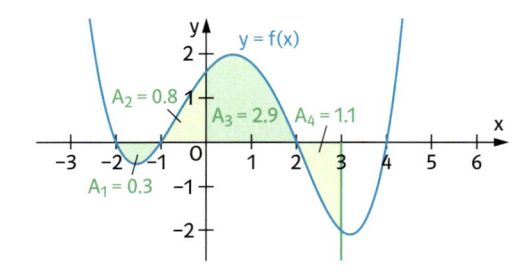

2 Deuten Sie das Integral anhand einer geeigneten Skizze als Flächenbilanz. Bestimmen Sie (ggf. näherungsweise) das Integral.

a) $\int_{-4}^{3} -\frac{1}{3}x\,dx$
b) $\int_{0}^{6}\left(\frac{1}{2}t - 1\right)dt$
c) $\int_{1}^{-4} 2\,dx$
d) $\int_{-\sqrt{5}}^{\sqrt{5}}(-x^2 + 5)\,dx$

3 Entscheiden Sie, ob das Integral positiv, negativ oder null ist. Begründen Sie jeweils.

a) $\int_{10}^{11} -x^4\,dx$
b) $\int_{0}^{2\pi} \sin(t)\,dt$
c) $\int_{-4}^{2} u^3\,du$
d) $\int_{1}^{-2}(-x^2 + 4)\,dx$

8.4 Die Integralfunktion

Welchen Wert hat das Integral $\int_0^b 0.5x\,dx$ für b = 1 bzw. b = 2? Geben Sie den Wert allgemein in Abhängigkeit von b an.

Bisher wurden Integrale mit fester unterer und oberer Grenze untersucht. Mit ihnen können Flächeninhalte und Flächenbilanzen sowie Gesamtänderungen von Grössen bestimmt werden.

Wenn bei Integralen einer Funktion f die obere Grenze als Variable betrachtet wird, so erhält man eine neue Funktion, die **Integralfunktion**. So wird z. B. für die Funktion

$$f(t) = t - 1 \text{ durch } I_0(x) = \int_0^x f(t)\,dt = \int_0^x (t-1)\,dt$$

jeder Zahl $x \in \mathbb{R}$ ein Funktionswert zugeordnet. Wählt man anstelle von 0 eine andere untere Grenze im Definitionsbereich von f, z. B. –1, so ergibt sich eine Funktion

$$I_{-1}(x) = \int_{-1}^x f(t)\,dt = \int_{-1}^x (t-1)\,dt \text{ für } x \in \mathbb{R}.$$

Die Graphen für $I_0(x)$ und $I_{-1}(x)$ erhält man, indem man den Wert der Flächenbilanz über den Intervallen [0;x] bzw. [–1;x] der Funktion f(t) = t–1 berechnet.

Nebenstehend sind die Graphen der Funktionen $f(t) = t - 1$ und $I_0(x) = \int_0^x (t-1)\,dt$ sowie $I_{-1}(x) = \int_{-1}^x (t-1)\,dt$ dargestellt.

In der folgenden Tabelle sind einige Funktionswerte von I_0 und I_{-1} eingetragen; sie können durch Berechnung der zugehörigen Flächeninhalte ermittelt werden.

x	–1	0	1	2	3	4
$I_0(x)$	1.5	0	–0.5	0	1.5	4
$I_{-1}(x)$	0	–1.5	–2	–1.5	0	2.5

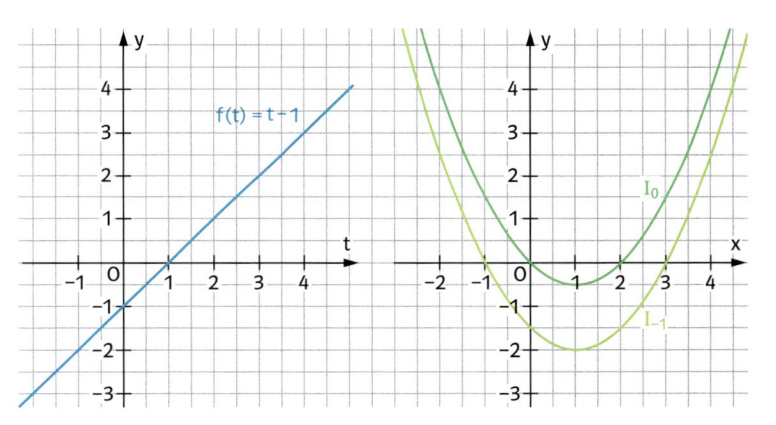

Die Funktionswerte $I_0(x)$ bzw. $I_{-1}(x)$ entsprechen den Werten der Flächenbilanz über den Intervallen [0;x] bzw. [–1;x].

Für den Wert $I_0(-1)$ wurde von $x = 0$ ausgehend nach links integriert, daher ist $I_0(-1)$ positiv.

> Die Funktion f sei in ihrem Definitionsbereich D stetig. Dann heisst für $a \in D$ die
> Funktion $I_a(x) = \int_a^x f(t)\,dt$ **Integralfunktion** von f zur unteren Grenze a.

Beispiel 1

Gegeben ist der nebenstehende Graph einer Funktion f. Zeigen Sie, dass sich die Integralfunktion $I_1(x) = \int_1^x f(t)\,dt$ darstellen lässt durch $I_1(x) = \frac{1}{4}x^2 - \frac{1}{4}$.

Lösung:

Es ist $f(t) = 0.5t$.

$I_1(x) = \int_1^x 0.5t\,dt$ entspricht dem Inhalt der Fläche unter dem Graphen von f über dem Intervall [1;x]. Für diese Trapezfläche ergibt sich: $I_1(x) = \frac{1}{2}(0.5 + 0.5x)(x-1) = 0.25x^2 - 0.25$

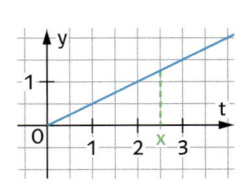

Beispiel 2

In der Figur ist näherungsweise die Vertikalgeschwindigkeit v eines Ballons in Abhängigkeit von der Zeit aufgetragen. Positive Werte von v bedeuten, dass der Ballon steigt.

a) Bestimmen Sie näherungsweise die Funktionswerte $I_0(15)$ und $I_0(25)$ der Integralfunktion I_0 von v zur unteren Grenze 0. Was bedeuten diese Funktionswerte im Zusammenhang mit der Ballonfahrt? Wann erreicht der Ballon seine grösste Höhe?
b) Skizzieren Sie einen Graphen von I_0.
c) Beurteilen Sie, ob Start- und Landepunkt gleich hoch liegen.

Lösung:
a) Durch Abschätzen des Flächeninhalts zwischen G_v und der t-Achse:
$I_0(15) \approx 1200$; $I_0(25) \approx 1700$
Die Funktionswerte geben die Höhe des Ballons über dem Startpunkt an. Die maximale Höhe wird nach 25 Minuten erreicht.
c) Offensichtlich ist der Flächeninhalt zwischen Kurve und x-Achse oberhalb der x-Achse deutlich grösser als unterhalb der x-Achse. Das entspricht einer Höhenzunahme. Der Landepunkt liegt höher als der Startpunkt.

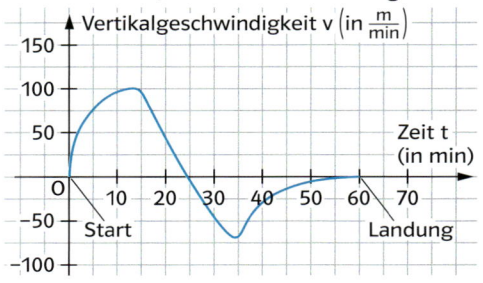

b) Weitere geschätzte Flächeninhalte:

t	5	10	20	35	40	60
$I_0(t)$	250	700	1600	1300	1050	900

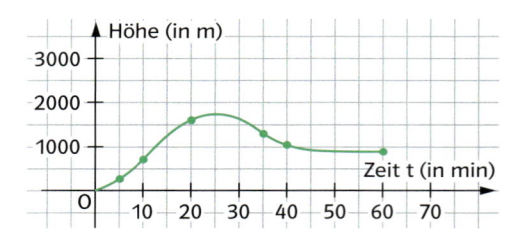

Aufgaben

1 Zeichnen Sie den Graphen der Funktion f und bestimmen Sie einen Funktionsterm der Integralfunktion $I_0(x) = \int_0^x f(t)\,dt$ von f, indem Sie die Flächeninhalte geeigneter Rechtecke bzw. Dreiecke in Abhängigkeit von x berechnen.

a) $f(t) = 2$ b) $f(t) = t$ c) $f(t) = -0{,}5\,t$ d) $f(t) = t + 1$

2 Zeichnen Sie die Graphen der Integralfunktionen $I_2(x) = \int_2^x f(t)\,dt$ und $I_0(x) = \int_0^x f(t)\,dt$.
a) $f(t) = 0{,}5\,t - 1$ b) $f(t) = -\frac{3}{4}t$

3 Der abgebildete Graph stellt modellartig den Verlauf der momentanen Änderungsrate der Lufttemperatur an einem Sommertag dar (t in Stunden nach 0 Uhr, f(t) in $\frac{°C}{h}$).

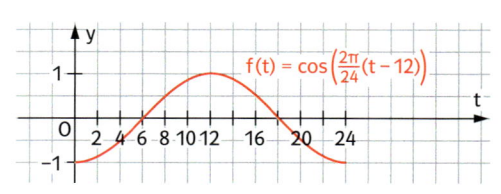

a) In welchen Zeitspannen nimmt die Lufttemperatur zu bzw. ab?
b) Zu welchen Zeiten ändert sich die Temperatur am schnellsten bzw. am langsamsten?
c) Zu welchen Zeitpunkten ist die Lufttemperatur maximal bzw. minimal?
d) Bestimmen Sie die Differenz zwischen Höchst- und Tiefsttemperatur an diesem Tag.

8.5 Stammfunktionen

Geben Sie zur Funktion f mit $f(x) = x$
a) eine Funktion F an, sodass gilt $F'(x) = f(x)$,
b) die Integralfunktionen I_0, I_1 und I_2 an. Welcher Zusammenhang besteht zwischen jeder dieser Integralfunktionen und der Funktion f?

f(x)	2	$\frac{1}{2}x$	$\frac{1}{2}x + 1$
$I_0(x)$	2(x)	$\frac{1}{4}x^2$	$\frac{1}{4}x^2 + x$
$I_1(x)$	2(x) − 2	$\frac{1}{4}x^2 - 0.25$	$\frac{1}{4}x^2 + x - 1.25$

Die Tabelle enthält für einige Funktionen die Integralfunktionen I_0 und I_1 von f. Vergleicht man f mit I_0, so gilt für die aufgeführten Beispiele: f ist die Ableitungsfunktion der Integralfunktion I_0 von f.

Ein entsprechender Zusammenhang gilt für f und I_1: Bei den angeführten Beispielen ist die Funktion f die Ableitungsfunktion der Integralfunktion I_1 von f.
Dieser Sachverhalt führt auf die Vermutung, dass man eine Integralfunktion I_a von f erhalten kann, indem man eine Funktion F mit $F' = f$ sucht. Eine solche Funktion F heisst **Stammfunktion** von f.

Eine Funktion F heisst **Stammfunktion** der Funktion f, wenn F und f denselben Definitionsbereich besitzen und gilt: **F′ = f**

Für die Potenzfunktion $g(x) = x^r$ $(r \in \mathbb{R})$ ist die Ableitungsfunktion $g'(x) = r x^{r-1}$ bekannt. Damit lässt sich umgekehrt z. B. für $f(x) = \sqrt{x} = x^{\frac{1}{2}}$ eine Stammfunktion F, nämlich $F(x) = \frac{2}{3} \cdot x^{\frac{3}{2}}$, gewinnen, was durch Ableiten von F bestätigt wird.
Allgemein gilt für Potenzfunktionen:
Zu $f(x) = x^r$ $(r \neq -1)$ ist $F(x) = \frac{1}{r+1} x^{r+1}$ eine **Stammfunktion**.

So findet man zu einer Potenzfunktion eine Stammfunktion:
1. Exponent plus 1
2. Term mit dem Kehrwert des neuen Exponenten multiplizieren

In der folgenden Tabelle sind die Stammfunktionen einiger Funktionen zusammengestellt.

Spezielle Stammfunktionen

f(x)	x^2	x	1	$x^{\frac{1}{2}}$	x^{-2}	$x^r (r \neq -1)$	x^{-1}	sin(x)	cos(x)	e^x	ln(x)
F(x)	$\frac{1}{3}x^3$	$\frac{1}{2}x^2$	x	$\frac{2}{3}x^{\frac{3}{2}}$	$-x^{-1}$	$\frac{1}{r+1} \cdot x^{r+1}$	$\ln(|x|)$	$-\cos(x)$	$\sin(x)$	e^x	$x \cdot \ln(x) - x$

Hier muss man prüfen: Gilt $F'(x) = f(x)$?

Es ist jeweils nur eine der möglichen Stammfunktionen angegeben, da mit F als Stammfunktion von f auch jede weitere Funktion $G = F + c$ (c beliebige Konstante) eine Stammfunktion von f ist, denn es gilt: $G' = (F + c)' = f$. Wenn G und F beides Stammfunktionen von f sind, dann gilt $(G - F)' = G' - F' = f - f = 0$, also muss die Differenz $G - F$ konstant sein, da ihre Ableitung null ist. Dies zeigt, dass sich verschiedene Stammfunktionen zu einer Funktion f nur durch eine additive Konstante unterscheiden.

$x^3 - 8 \quad x^3 \quad x^3 + 1$
Viele Stammfunktionen
$3x^2$
Eine Ableitung
$6x$

Ist F eine Stammfunktion von f, so gilt für alle weiteren Stammfunktionen G von f
G = F + c, mit einer Konstanten c.

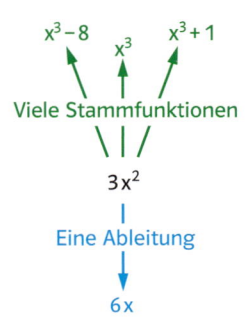

Die Schreibweise des unbestimmten Integrals wird oft in Formelsammlungen verwendet. So bedeutet z.B.
$\int \sin(x)\,dx = -\cos(x) + c$,
dass die Funktionen $F(x) = -\cos(x) + c$ ($c \in \mathbb{R}$) Stammfunktionen von $f(x) = \sin(x)$ sind.

Bemerkung
Ist F eine Stammfunktion von f, so heisst die Menge $\{F + c \mid c \in \mathbb{R}\}$ aller Stammfunktionen das **unbestimmte Integral** von f und man schreibt dafür $\int f(x)\,dx$. Als symbolische Schreibweise für diesen Sachverhalt wird verwendet: $\int f(x)\,dx = F(x) + c$

Um bei einer zusammengesetzten Funktion wie z.B. f mit $f(x) = x^2 + x$ eine Stammfunktion zu finden, beachtet man die Ableitungsregel $(u + v)' = u' + v'$ für Summen von Funktionen: Danach ist F mit $F(x) = \frac{1}{3}x^3 + \frac{1}{2}x^2$ eine Stammfunktion von f. Entsprechend kann man die Ableitungsregel $(c \cdot f)' = c \cdot f'$ zum Auffinden von Stammfunktionen benutzen.

Beispiel 1 Stammfunktionen
Ermitteln Sie die Stammfunktionen der folgenden Funktionen.
a) $f(x) = 3x^3 - \frac{x^2}{2} + \frac{x}{4} - 1$ b) $f(x) = \frac{5}{x^2} - \frac{1}{3x^3} + \sqrt[4]{x^5}$
c) $f(x) = \frac{1}{2x} + e^{x+1}$ d) $f(x) = 5 + 3\sin(x) - 4\cos(x)$
Lösung:
a) $F(x) = 3 \cdot \frac{1}{4}x^4 - \frac{1}{2} \cdot \frac{1}{3}x^3 + \frac{1}{4} \cdot \frac{1}{2}x^2 - x + c = \frac{3}{4}x^4 - \frac{1}{6}x^3 + \frac{1}{8}x^2 - x + c$
b) $f(x) = 5 \cdot x^{-2} - \frac{1}{3}x^{-3} + x^{\frac{5}{4}} \Rightarrow F(x) = -\frac{5}{1}x^{-1} + \frac{1}{6}x^{-2} + \frac{4}{9}x^{\frac{9}{4}} + c = -\frac{5}{x} + \frac{1}{6x^2} + \frac{4}{9}\sqrt[4]{x^9} + c$
c) $f(x) = \frac{1}{2} \cdot \frac{1}{x} + e \cdot e^x \Rightarrow F(x) = \frac{1}{2}\ln(|x|) + e \cdot e^x + c = \frac{1}{2}\ln(|x|) + e^{x+1} + c$
d) $F(x) = 5x + 3(-\cos(x)) - 4\sin(x) + c = 5x - 3\cos(x) - 4\sin(x) + c$

Beispiel 2 Stammfunktion mit besonderer Eigenschaft
Gegeben ist die Funktion f mit $f(x) = 4x$.
a) Bestimmen Sie die Stammfunktionen von f.
b) Geben Sie eine Stammfunktion G von f an, die an der Stelle 1 den Funktionswert 4 annimmt.
Lösung:
a) Für jede Stammfunktion F von f gilt: $F(x) = 2x^2 + c$ mit einer Konstanten $c \in \mathbb{R}$.
b) Es gilt: $G(1) = 2 \cdot 1^2 + c = 4$; $c = 4 - 2 \cdot 1^2 = 2$.
Die gesuchte Stammfunktion ist G mit $G(x) = 2x^2 + 2$.

Beispiel 3 Ermitteln eines unbestimmten Integrals
Gesucht ist das unbestimmte Integral $\int \frac{3x + 2x^2 - x^4}{x^2}\,dx$.
Lösung:
Gesucht werden alle Stammfunktionen des Integranden. Dazu wird der Integrand in eine Summe zerlegt.
$\int \frac{3x + 2x^2 - x^4}{x^2} = \int \left(\frac{3x}{x^2} + \frac{2x^2}{x^2} - \frac{x^4}{x^2}\right) dx = \int \left(\frac{3}{x} + 2 - x^2\right) dx = 3\ln|x| + 2x - \frac{1}{3}x^3 + c$

Der Wert c verschiebt den Graphen längs der y-Achse.

Aufgaben

1 Geben Sie die Stammfunktionen an. Überprüfen Sie Ihr Ergebnis durch Differenzieren.
a) $f(x) = 3x$ b) $f(x) = 0.5x^2$ c) $f(x) = \sqrt{2}x$ d) $f(x) = 0$
e) $f(x) = 2x^3$ f) $f(x) = \frac{x^2 - 2}{4}$ g) $f(x) = 2x^{-2}$ h) $f(x) = 5\frac{1}{x^2}$
i) $f(x) = -0.6\frac{1}{x^3}$ j) $f(x) = \frac{-8}{x^4}$ k) $f(x) = -\left(\frac{2}{x}\right)^2$ l) $f(x) = \frac{-2}{(3x)^2}$
m) $f(x) = \sqrt[3]{x}$ n) $f(x) = 7\sqrt[3]{x^4}$ o) $f(x) = \frac{4}{\sqrt[5]{x^2}}$ p) $f(x) = \frac{2x^{-1}}{3\sqrt{x}}$

2 Geben Sie eine Stammfunktion an. Dabei sind die Exponenten ganze Zahlen, die von -1 verschieden sind.
a) $f(x) = x^n$
b) $f(x) = x^{n-1}$
c) $f(x) = x^{2n}$
d) $f(x) = x^{1-2k}$
e) $f(x) = \frac{1}{2}x^{-2-n}$
f) $f(x) = \frac{-2}{x^n}$
g) $f(x) = -\frac{3}{2x^{n-1}}$
h) $f(x) = c \cdot \frac{1}{-x^{-n}}$

3 Geben Sie die Stammfunktionen an.
a) $f(x) = 4e^x$
b) $f(x) = x + \sin(x)$
c) $f(x) = 3x^5 - 2e^x$
d) $f(x) = 3 - 2\sin(x)$
e) $f(x) = \frac{2}{x}$
f) $f(x) = \frac{2x^3 - 5x^4}{x^2}$
g) $f(x) = \frac{4x + x^2}{3x^2}$
h) $f(x) = -\cos(-x)$

4 Bestimmen Sie zur gegebenen Funktion die Stammfunktion, deren Graph durch den Punkt P geht.
a) $f(x) = x^2 - 2x;\ P\left(1 \mid \frac{7}{3}\right)$
b) $g(t) = 0.5\sqrt{4t};\ P\left(2 \mid -\frac{1}{6}\sqrt{8}\right)$
c) $k(z) = \frac{2z^3 + 5z^2}{z^2};\ P\left(\frac{5}{2} \mid \frac{21}{4}\right)$
d) $h(x) = 5x^4 + 4x^3 - 2;\ P(-1 \mid 7)$
e) $r(a) = \frac{(2a+1)^2 - 1}{a};\ P(-3 \mid 2)$
f) $f(x) = \frac{1}{\sqrt{x}};\ P(9 \mid 2)$

5 Ermitteln Sie das unbestimmte Integral.
a) $\int x^7\,dx$
b) $\int a^2 z^{-4}\,dz$
c) $\int -e^t\,dt$
d) $\int \frac{k}{u}\,du$
e) $\int -\cos(x)\,dx$

6 In Fig. 1 ist der Graph einer Funktion f gezeichnet. F sei eine Stammfunktion von f. An welcher der markierten Stellen ist
a) $F(x)$ am grössten,
b) $F(x)$ am kleinsten,
c) $f'(x)$ am kleinsten,
d) $F'(x)$ am kleinsten?

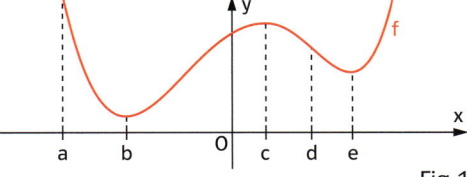

Fig. 1

7 Fig. 2 zeigt den Graphen einer Funktion f. F sei eine beliebige Stammfunktion zu f. Welche der folgenden Aussagen über F sind wahr, welche falsch? Begründen Sie.
(1) F ist in $[0;2]$ streng monoton fallend.
(2) F hat bei $x \approx 1.2$ eine Extremstelle.
(3) F hat bei $x = -1$ ein lokales Minimum.
(4) Die Funktionswerte von F sind für $x \in [0;1]$ negativ und für $x \in [1.5;2]$ positiv.

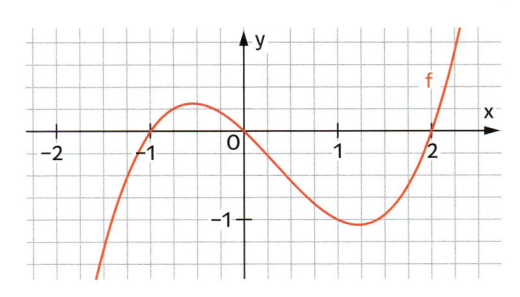

Fig. 2

8 a) Der Graph einer Stammfunktion von $f(x) = x^3$ hat in den Schnittpunkten mit der x-Achse Tangenten, die orthogonal zueinander sind. Um welche Stammfunktion handelt es sich?
b) Welche Stammfunktionen der Funktion $f(x) = 1 - 3x$ haben nur negative Funktionswerte?

9 Gegeben ist die Funktion f mit $f(x) = x^2 - x$.
a) Welche Stammfunktion F von f nimmt an der Stelle -2 den Funktionswert 10 an? Welchen Anstieg hat F an der Stelle -2?
b) Welche Stammfunktion G von f hat einen Graphen mit Wendepunkt $W(x_W \mid 2)$?

8.6 Der Hauptsatz der Differenzial- und Integralrechnung

Gegeben sind die Funktion $f(t) = t$ und die Integralfunktion $I_0(x) = \int_0^x t\,dt$ von f zur unteren Grenze 0.

a) Zeichnen Sie den Graphen von f und veranschaulichen Sie $I_0(3)$, $I_0(4)$ und $I_0(4) - I_0(3)$ als Flächeninhalte.

b) Geben Sie die Flächeninhalte aus Teilaufgabe a) an und bestimmen Sie einen Funktionsterm der Integralfunktion I_0.

c) Es sei F eine Stammfunktion von f. Bestimmen Sie $F(3)$, $F(4)$ und $F(4) - F(3)$. Was fällt Ihnen auf?

Die Berechnung eines Integrals als Grenzwert von Unter- bzw. Obersumme ist aufwendig. Eine einfachere Bestimmungsmethode ergibt sich aus folgendem Satz:

Integralrechnung (integrieren) und Differenzialrechnung (ableiten) hängen eng zusammen:

$$\left(\int_a^x f(t)\,dt\right)' = f(x)$$

Hauptsatz der Differenzial- und Integralrechnung

Die Funktion $f(t)$ sei im Intervall $[a;b]$ stetig.

Dann gilt für die Integralfunktion $I_a(x) = \int_a^x f(t)\,dt$: $\mathbf{I_a'(x) = f(x)}$ für $x \in [a;b]$

Das heisst, die Integralfunktion I_a von f ist eine Stammfunktion von f.

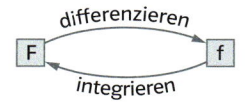

differenzieren
F ⟶ f
integrieren

Bemerkung

Der im Hauptsatz dargestellte Zusammenhang wird vereinfacht auch so ausgedrückt: Die Integration ist die Umkehrung der Differenziation.

Beweis des Hauptsatzes:
Es ist zu zeigen, dass der Grenzwert des Differenzenquotienten von I_a an der Stelle x gleich $f(x)$ ist.
Der Differenzenquotient von I_a an der Stelle x ist: $\frac{I_a(x+h) - I_a(x)}{h}$.
Dabei entspricht $I_a(x+h) - I_a(x)$ dem Inhalt des gelb markierten Streifens in der Figur.
f hat im Intervall $[x; x+h]$ einen grössten Funktionswert M_h und einen kleinsten Funktionswert m_h. Es gilt:
$m_h \cdot h \leq I_a(x+h) - I_a(x) \leq M_h \cdot h \Rightarrow m_h \leq \frac{I_a(x+h) - I_a(x)}{h} \leq M_h$

Für $h \to 0$ streben sowohl m_h als auch M_h gegen $f(x)$. Also strebt auch der Differenzenquotient für $h \to 0$ gegen $f(x)$. Damit gilt: $I_a'(x) = \lim_{h \to 0} \frac{I_a(x+h) - I_a(x)}{h} = f(x)$

Aufgrund des Hauptsatzes kann man das Integral $\int_a^b f(x)\,dx = I_a(b)$ wie folgt berechnen:

Da sich verschiedene Stammfunktionen von f nur um eine Konstante unterscheiden, folgt:
Ist F eine Stammfunktion von f, dann gilt für die Integralfunktion: $I_a(x) = F(x) + c$
Die Konstante c ergibt sich so: Da $I_a(a) = F(a) + c = 0$ ist, folgt: $c = -F(a)$
Somit gilt für die gesuchte Integralfunktion: $I_a(x) = F(x) - F(a)$

Insbesondere gilt dann: $\int_a^b f(x)\,dx = I_a(b) = F(b) - F(a)$

Berechnung von Integralen
Die Funktion f sei stetig in dem Intervall [a;b].
Ist F eine beliebige Stammfunktion von f in diesem Intervall, dann gilt:
$$\int_a^b f(x)\,dx = F(b) - F(a)$$

Statt $F(b) - F(a)$ schreibt man auch $[F(x)]_a^b$; es gilt dann: $\int_a^b f(x)\,dx = [F(x)]_a^b$

Berechnung der Gesamtänderung einer Grösse
Ist die momentane (lokale) Änderungsrate einer Grösse G zum Zeitpunkt $t \in [t_1; t_2]$ durch den Funktionsterm m(t) gegeben, dann erhält man die Gesamtänderung $G(t_2) - G(t_1)$ der Grösse im Intervall $[t_1; t_2]$ als Integral:
$$G(t_2) - G(t_1) = \int_{t_1}^{t_2} m(t)\,dt$$

Damit lässt sich aus der momentanen (lokalen) Änderungsrate m einer Grösse und ihrem Bestand $G(t_1)$ zum Zeitpunkt t_1 auch der Bestand $G(t_2)$ der Grösse zum Zeitpunkt t_2 bestimmen:
$$G(t_2) = G(t_1) + \int_{t_1}^{t_2} m(t)\,dt$$

Kennt man von einer Funktion f nur die Ableitung f' auf dem Intervall [a;b], dann kann man daraus die Gesamtänderung f(b) − f(a) bestimmen:
$$f(b) - f(a) = \int_a^b f'(x)\,dx$$

Beispiel 1 Berechnung von Integralen
Berechnen Sie das Integral.

a) $\int_1^2 (3x^2 + 2x)\,dx$ b) $\int_2^4 \frac{1}{x^2}\,dx$ c) $\int_0^{\pi/2} \sin(x)\,dx$ d) $\int_1^4 \frac{1}{\sqrt{x}}\,dx$ e) $\int_{-5}^{-1} \frac{1}{x}\,dx$

Lösung:

a) $\int_1^2 (3x^2 + 2x)\,dx = [x^3 + x^2]_1^2 = (2^3 + 2^2) - (1^3 + 1^2) = 10$

b) $\int_2^4 \frac{1}{x^2}\,dx = [-x^{-1}]_2^4 = -\frac{1}{4} - \left(-\frac{1}{2}\right) = \frac{1}{4}$ c) $\int_0^{\pi/2} \sin(x)\,dx = [-\cos(x)]_0^{\pi/2} = 0 - (-1) = 1$

d) $\int_1^4 \frac{1}{\sqrt{x}}\,dx = [2\sqrt{x}]_1^4 = 4 - 2 = 2$ e) $\int_{-5}^{-1} \frac{1}{x}\,dx = [\ln(|x|)]_{-5}^{-1} = \ln(1) - \ln(5) \approx 0 - \ln(5) \approx -1.6$

Kennt man von einer Funktion f die Ableitung f' auf dem Intervall [a;b] und den Funktionswert f(a), dann kann man daraus den Funktionswert f(b) bestimmen:
$$f(b) = f(a) + \int_a^b f'(x)\,dx$$

Der Einfachheit halber verwendet man bei der Berechnung von Integralen die Stammfunktion ohne konstanten Summanden, wie im Beispiel 1a):
$F(x) = x^3 + x^2$

Beispiel 2
a) Berechnen Sie $\int_{-1}^{3} \left(\frac{1}{2}x^2 - 1\right) dx$ und deuten Sie das Ergebnis als Flächeninhalt.
b) Bestimmen Sie den Term der Integralfunktion von $f(x) = \frac{1}{2}x^2 - 1$ zur unteren Grenze −1.

Lösung: Skizze:

a) $\int_{-1}^{3}\left(\frac{1}{2}x^2 - 1\right) dx = \left[\frac{1}{6}x^3 - x\right]_{-1}^{3}$

$= \frac{1}{6} \cdot 3^3 - 3 - \left(\frac{1}{6}\cdot(-1)^3 - (-1)\right) = \frac{2}{3}$

Das Integral entspricht der Flächenbilanz mit $A_1 < A_2$.

Es gilt: $\int_{-1}^{3}\left(\frac{1}{2}x^2 - 1\right) dx = -A_1 + A_2$

b) Die gesuchte Integralfunktion I_{-1} ist eine Stammfunktion von f: $I_{-1}(x) = \frac{1}{6}x^3 - x + c$

Es gilt: $I_{-1}(-1) = 0$, also $\frac{1}{6}(-1)^3 - (-1) + c = 0 \Rightarrow c = -\frac{5}{6}$

Die Integralfunktion von f zur unteren Grenze −1 hat den Term $I_{-1}(x) = \frac{1}{6}x^3 - x - \frac{5}{6}$.

Man kann die Lösung von a) auch mit dem Ergebnis von b) bestimmen:
$$\int_{-1}^{3}\left(\frac{1}{2}x^2 - 1\right) dx = I_{-1}(3)$$

Beispiel 3 Gesamtänderung einer Grösse
Für eine Modellrechnung wird die Wachstumsgeschwindigkeit w(t) $\left(\text{in } \frac{cm}{Tag}\right)$ einer zu Beginn 20 cm langen Wildrebe während der ersten 100 Tage in Abhängigkeit von ihrem Alter t (in Tagen) durch w(t) = 0.001 · t² beschrieben.
Berechnen Sie die Länge der Pflanze nach 100 Tagen.
Lösung:
Die Gesamtänderung (den Längenzuwachs) L(100) − L(0) erhält man mit folgendem Integral:

$$\int_0^{100} (0.001 \cdot t^2) \, dt = \left[\frac{0.001}{3} \cdot t^3\right]_0^{100} = \frac{1000}{3} - 0 \approx 333$$

Die Länge nach 100 Tagen beträgt 333 cm + 20 cm = 353 cm.

Aufgaben

1 Berechnen Sie das Integral.

a) $\int_1^4 x \, dx$
b) $\int_{-2}^4 x^3 \, dx$
c) $\int_{0.5}^2 \frac{1}{x^2} \, dx$
d) $\int_1^6 \frac{1}{\sqrt{x}} \, dx$

e) $\int_{-2}^{-10} x^2 \, dx$
f) $\int_{-8}^{-4} (1 - 3x^2) \, dx$
g) $\int_{-2}^0 (2 + x)^2 \, dx$
h) $\int_1^2 \left(x - \frac{1}{x^2}\right) dx$

i) $\int_3^{-3} 3x^5 \, dx$
j) $\int_1^5 k \, dx$
k) $\int_{10}^{20} dx$
l) $\int_{-1}^1 k^4 t^2 \, dt$

2 Es ist $\int_{-2}^{-1} -2x \, dx = \left[-x^2\right]_{-2}^{-1} = \ldots$

Mit welcher der folgenden Rechnungen geht es richtig weiter? Welche Fehler treten auf?

a) $-1^2 - 2^2 = -1 - 4 = -5$
b) $-(-1)^2 - (-(-2)^2) = -1 - (-4) = 3$
c) $-1^2 - (-2)^2 = -1 - 4 = -5$
d) $(-1)^2 - (-2)^2 = 1 - 4 = -3$
e) $-1^2 - 2^2 = 1 - 4 = -3$
f) $-1^2 - (-(-2)^2) = -1 + 4 = 3$

3 Berechnen Sie den Inhalt der gefärbten Fläche.

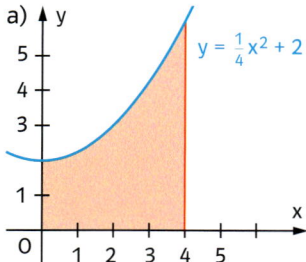

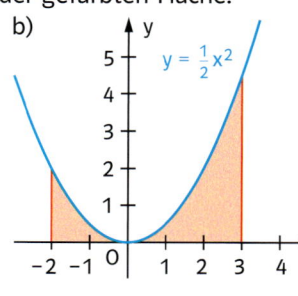

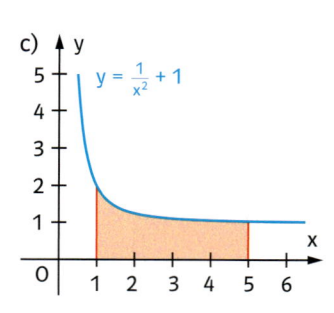

a) $y = \frac{1}{4}x^2 + 2$
b) $y = \frac{1}{2}x^2$
c) $y = \frac{1}{x^2} + 1$

4 a) Bestimmen Sie den eingezeichneten Schnittpunkt S von Parabel und Gerade.
b) Berechnen Sie unter Verwendung des Ergebnisses von a) den Inhalt der gefärbten Fläche.

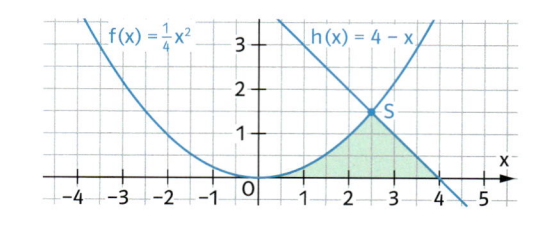

$f(x) = \frac{1}{4}x^2$, $h(x) = 4 - x$

5 Zeigen Sie zunächst, dass F eine Stammfunktion des Integranden ist, und berechnen Sie anschliessend das Integral.

a) $\int_{-4}^{4}(-x^3 + 3x)\,dx$; $F(x) = -\frac{1}{4}x^4 + 1.5x^2$

b) $\int_{-2}^{-1}\left(-1 - \frac{2}{x^2}\right)dx$; $F(x) = -x + \frac{2}{x}$

c) $\int_{0}^{4} \frac{2}{(2t+1)^2}\,dt$; $F(t) = \frac{2t}{2t+1}$

d) $\int_{-2}^{2} x(2\sin(-x) - x\cos(-x))\,dx$; $F(x) = x^2 \sin(-x)$

e) $\int_{3}^{5} \frac{u+1}{2\sqrt{0.5u^2 + u}}\,du$; $F(u) = \sqrt{0.5u^2 + u}$

f) $\int_{2}^{-1}(16x^3 - 12x^2 + 2x)\,dx$; $F(x) = (x - 2x^2)^2$

6 Berechnen Sie das Integral. Vereinfachen Sie gegebenenfalls den Integranden.

a) $\int_{0}^{4\pi} \cos(x)\,dx$

b) $\int_{-2}^{-1}(-2x^{-3} + 3x^{-3})\,dx$

c) $\int_{1}^{e}\left(\frac{1}{2x} + 0.5x^{-1}\right)dx$

d) $\int_{4}^{-1} e^{-x} \cdot e^{2x}\,dx$

e) $\int_{4}^{1} \ln(z)\,dz$

f) $\int_{0.5}^{2\pi} -\sin(t)\,dt$

g) $\int_{0}^{289} \sqrt{2x^2} \cdot \sqrt{\frac{1}{8x}}\,dx$

h) $\int_{2}^{4} \frac{1}{x^{0.25}}\,dx$

Zur Erinnerung die wichtigsten Ableitungsregeln:

Summenregel:
$f(x) = u(x) + v(x)$
$\Rightarrow f'(x) = u'(x) + v'(x)$

Faktorregel:
$f(x) = c \cdot u(x)$
$\Rightarrow f'(x) = c \cdot u'(x)$

Produktregel:
$f(x) = u(x) \cdot v(x)$
$\Rightarrow f'(x) = u'(x) \cdot v(x) + u(x) \cdot v'(x)$

Quotientenregel:
$f(x) = \frac{u(x)}{v(x)}$
$\Rightarrow f'(x)$
$= \frac{u'(x) \cdot v(x) - u(x) \cdot v'(x)}{[v(x)]^2}$

Kettenregel:
$f(x) = u(v(x))$
$\Rightarrow f'(x) = u'(v(x)) \cdot v'(x)$

7 Gegeben sind der Graph der Funktion f und der Graph einer Stammfunktion F von f. Bestimmen Sie mithilfe des Graphen von F einen Näherungswert für das angegebene Integral und den Inhalt der gefärbten Fläche.

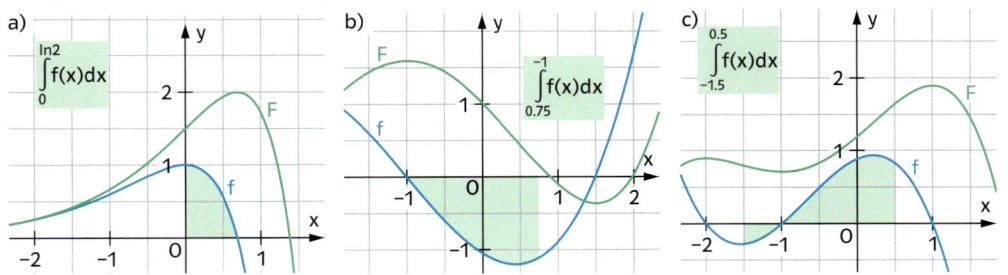

a) $\int_{0}^{\ln 2} f(x)\,dx$

b) $\int_{0.75}^{-1} f(x)\,dx$

c) $\int_{-1.5}^{0.5} f(x)\,dx$

8 Fällt ein Körper aus der Ruhe im freien Fall, dann kann seine Fallgeschwindigkeit v durch die Funktion $v(t) = 9.81t$ ($t \geq 0$ in Sekunden, $v(t)$ in Metern) beschrieben werden. Bestimmen Sie, wie weit der Körper in drei Sekunden gefallen ist.

9 Für das Wachstum einer Hopfenpflanze wird folgende Modellannahme getroffen: Die Wachstumsgeschwindigkeit $w(t)$ $\left(\text{in } \frac{cm}{Tag}\right)$ steigt innerhalb von 40 Tagen linear von 0 auf 25. Während der nächsten 30 Tage nimmt die Wachstumsgeschwindigkeit wieder linear auf den Wert 0 ab.
Bestimmen Sie, um wie viel die Pflanze insgesamt wächst.

10 Bestimmen Sie die Zahl k.

a) $\int_{k}^{2} x\,dx = 0$

b) $\int_{0}^{k} x^2\,dx = 5$

c) $\int_{1}^{2k} \frac{1}{x^2}\,dx = 0.7$

d) $\int_{2}^{k}\left(\frac{1}{x^3} + 2x\right)dx = -\frac{31}{8}$

e) $\int_{-1}^{1}(-kx^2 + k)\,dx = 4$

f) $\int_{0}^{k}(-x^2 + kx)\,dx = 288$

11 Für welchen Wert von a nimmt das Integral $\int_{0}^{a}\left(\frac{x}{a} - a\right)dx$ den grössten Wert an?

8.7 Eigenschaften von Stammfunktionen und Integralen

Gegeben sind die Funktionen
$f(x) = \cos(x)$ und $g(x) = 3x + 1$.
a) Geben Sie von f und g jeweils mögliche Stammfunktionen an.
b) Versuchen Sie, die Stammfunktionen zu den auf den Kärtchen angegebenen Funktionen zu erraten.

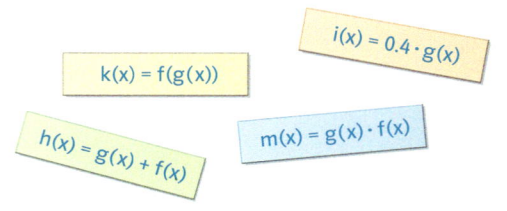

$k(x) = f(g(x))$
$i(x) = 0{,}4 \cdot g(x)$
$h(x) = g(x) + f(x)$
$m(x) = g(x) \cdot f(x)$

Berechnen Sie die Integrale $\int_1^3 (x^2 + 4x + 1)\,dx$, $\int_1^3 x^2\,dx$, $\int_1^3 (4x + 1)\,dx$ und vergleichen Sie.

Bei vielen Integralen ist der Integrand eine Summe oder ein Produkt von Funktionen oder auch eine verkettete Funktion. Zur Berechnung des Integrals ist auch in diesem Fall eine Stammfunktion zu ermitteln.

Für eine Summe von Funktionen wie $f(x) = x^2 + \cos(x)$ findet man eine Stammfunktion, wenn man die Summenregel zum Ableiten beachtet: $(g + h)' = g' + h'$
Danach ist $F(x) = \frac{1}{3} \cdot x^3 + \sin(x)$ eine Stammfunktion von f.

Entsprechend benutzt man bei Funktionen, deren Funktionsterm die Form $f(x) = c \cdot g(x)$ hat, wie z. B. $f(x) = 3\cos(x)$, die Faktorregel zum Ableiten: $(c \cdot g)' = c \cdot g'$
Danach ist $F(x) = 3 \cdot \sin(x)$ eine Stammfunktion von f.

Sind G und H jeweils Stammfunktionen von g und h, so gilt für alle $c \in \mathbb{R}$:
Ist $f(x) = c \cdot g(x)$ bzw. $f(x) = g(x) + h(x)$, so ist
  $F(x) = c \cdot G(x)$ bzw. $F(x) = G(x) + H(x)$ eine Stammfunktion.

Beachten Sie:
Für f mit
$f(x) = g(x) \cdot h(x)$
gilt im Allgemeinen
$F(x) \neq G(x) \cdot H(x)$.

Ein entsprechender Zusammenhang gilt für das Produkt von Funktionen nicht.
Beispielsweise gilt für die Stammfunktionen von $g(x) = 1$ und $h(x) = 1$:
$G(x) = x = H(x)$, also $G(x) \cdot H(x) = x^2$. Der Stammfunktionsterm zu $g(x) \cdot h(x) = 1$ ist allerdings x und nicht x^2.
Daher ist die Bestimmung von Stammfunktionen von Produkt-, Quotienten- und zusammengesetzten Funktionen im Allgemeinen aufwendig und wird hier vorerst nicht betrachtet. Für einige Sonderfälle sind im Folgenden Stammfunktionen angegeben.

Allgemein:
$\int f'(x) \cdot e^{f(x)}\,dx = e^{f(x)} + c$

$\int \frac{f'(x)}{f(x)}\,dx = \ln(|f(x)|) + c$

$\int f(ax + b)\,dx = \frac{1}{a} \cdot F(ax + b) + c$

Beispielfunktion:
$\int 2x \cdot e^{(x^2)}\,dx = e^{(x^2)} + c$

$\int \frac{2x}{x^2 + 1}\,dx = \ln(x^2 + 1) + c$

$\int \cos(2x - 5)\,dx = \frac{1}{2} \cdot \sin(2x - 5) + c$

$f(ax + b)$ bedeutet die Verkettung $f(v(x))$ mit $v(x) = ax + b$.

Der zuletzt vorgestellte Sonderfall setzt voraus, dass die verkettete Funktion als innere Funktion $v(x) = ax + b$ eine lineare Funktion hat. Leitet man nämlich mithilfe der Kettenregel eine zugehörige Stammfunktion ab, so ergibt die Ableitung der inneren Funktion $v'(x) = a$ lediglich eine Konstante.

Da Integrale mithilfe von Stammfunktionen berechnet werden können, ergeben sich aus den Eigenschaften von Stammfunktionen auch Eigenschaften von Integralen.

Rechenregeln für Integrale
Sind die Funktionen f und g stetig auf einem Intervall [a;b], dann gilt:

Faktorregel
Ein konstanter Faktor $k \in \mathbb{R}$ kann vor das Integral gezogen werden:
$$\int_a^b k \cdot f(x)\,dx = k \cdot \int_a^b f(x)\,dx$$

Summenregel
Eine Summe kann gliedweise integriert werden:
$$\int_a^b (f(x) + g(x))\,dx = \int_a^b f(x)\,dx + \int_a^b g(x)\,dx$$

*Die Faktor- und Summenregel beschreiben die sogenannte **Linearität** des Integrals.*

Vertauschungsregel
Vertauschung der Integrationsgrenzen bewirkt einen Vorzeichenwechsel des Integrals:
$$\int_a^b f(x)\,dx = -\int_b^a f(x)\,dx$$

Intervalladditivität
Das Integrationsintervall [a;b] kann in Teilintervalle [a;c] und [c;b] zerlegt werden:
$$\int_a^b f(x)\,dx = \int_a^c f(x)\,dx + \int_c^b f(x)\,dx \quad (a \leq c \leq b)$$

Beweis mit dem Hauptsatz am Beispiel der Summenregel:
Es sei F eine Stammfunktion von f und G eine Stammfunktion von g. Dann gilt:
$$\int_a^b (f(x) + g(x))\,dx = F(b) + G(b) - (F(a) + G(a)) = F(b) - F(a) + G(b) - G(a) = \int_a^b f(x)\,dx + \int_a^b g(x)\,dx$$

Beispiel 1
Bestimmen Sie eine Stammfunktion von $f(x) = \frac{2}{x^2} - (5x+1)^3$.
Lösung:
$f(x) = g(x) - h(x)$ mit $g(x) = 2x^{-2}$ und $h(x) = (5x+1)^3$
Stammfunktion von g: $G(x) = 2 \cdot (-1 \cdot x^{-1}) = -2x^{-1}$
Stammfunktion zur verketteten Funktion h: $H(x) = \frac{1}{4} \cdot \frac{1}{5} \cdot (5x+1)^4 = \frac{1}{20} \cdot (5x+1)^4$
Eine Stammfunktion von f ist F mit $F(x) = G(x) - H(x) = -\frac{2}{x} - \frac{1}{20} \cdot (5x+1)^4$.

Beispiel 2
Berechnen Sie a) $\int_1^4 \frac{2}{x}\,dx$, b) $\int_0^4 \frac{2x}{x+1}\,dx + \int_0^4 \frac{2}{x+1}\,dx$.

Lösung:

a) $\int_1^4 \frac{2}{x}\,dx = 2\int_1^4 \frac{1}{x}\,dx = 2\left[\ln(|x|)\right]_1^4 = 2 \cdot (\ln(4) - \ln(1)) = 2\ln(4) = 2{.}77$

b) $\int_0^4 \frac{2x}{x+1}\,dx + \int_0^4 \frac{2}{x+1}\,dx = \int_0^4 \left(\frac{2x}{x+1} + \frac{2}{x+1}\right)dx = \int_0^4 \frac{2x+2}{x+1}\,dx = \int_0^4 2\,dx = \left[2x\right]_0^4 = 8$

Hier wurde die Rechenregel für Integrale rückwärts ausgenutzt.

Beispiel 3
Deuten Sie das Integral anhand einer Skizze und berechnen Sie seinen Wert. Nutzen Sie die Formeln auf Seite 160 unten zur Bestimmung von Stammfunktionen in besonderen Fällen.

a) $\int_{-3}^{-1} \frac{1}{1+2x} dx$
b) $\int_{0}^{1} e^{1-3x} dx$
c) $\int_{0}^{\frac{\pi}{2}} \sin(3x) dx$

Lösung:
Skizze
a) b) c)

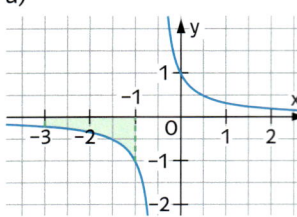

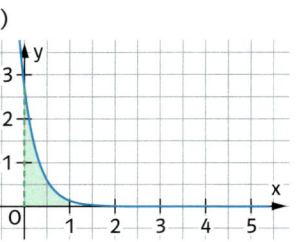

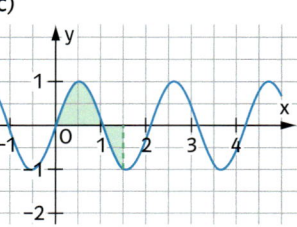

a) $\int_{-3}^{-1} \frac{1}{1+2x} dx = \frac{1}{2} \cdot \int_{-3}^{-1} \frac{2}{1+2x} dx = \frac{1}{2} \cdot [\ln(|1+2x|)]_{-3}^{-1} = \frac{1}{2}(\ln(1) - \ln(5)) = -\frac{1}{2}\ln(5) = -0.804$

Alternative Lösung zu b):

$\int_{0}^{1} e^{1-3x} dx$

$= -\frac{1}{3}\int_{0}^{1}(-3) e^{1-3x} dx$

$= -\frac{1}{3}[e^{1-3x}]_{0}^{1} = 0.860$

b) $\int_{0}^{1} e^{1-3x} dx = \left[-\frac{1}{3}e^{1-3x}\right]_{0}^{1} = -\frac{1}{3}e^{-2} + \frac{1}{3}e = \frac{1}{3}(e - e^{-2}) = 0.860$

c) $\int_{0}^{\frac{\pi}{2}} \sin(3x) dx = \left[\frac{1}{3}(-\cos(3x))\right]_{0}^{\frac{\pi}{2}} = -\frac{1}{3}\left(\cos\left(\frac{3}{2}\pi\right) - \cos(0)\right) = -\frac{1}{3}(0 - 1) = \frac{1}{3}$

Beispiel 4
Schreiben Sie $\int_{1}^{3}(3x^2 - 1) dx + \int_{4}^{3}(1 - 3x^2) dx$ als ein Integral und berechnen Sie.

Lösung:

$\int_{1}^{3}(3x^2 - 1) dx + \int_{4}^{3}(1 - 3x^2) dx = \int_{1}^{3}(3x^2 - 1) dx - \int_{3}^{4}(1 - 3x^2) dx =$

$\int_{1}^{3}(3x^2 - 1) dx + \int_{3}^{4}(3x^2 - 1) dx = \int_{1}^{4}(3x^2 - 1) dx = [x^3 - x]_{1}^{4} = 60 - 0 = 60$

Aufgaben

1 Berechnen Sie das Integral.

a) $\int_{-2}^{1.2}(3x^2 - x + 2) dx$
b) $\int_{1}^{5} 3\left(\frac{5}{z} + 2z\right) dz$
c) $\int_{-4}^{4} \frac{1}{2}x(2+t)^2 dx$
d) $\int_{2}^{4}\sqrt{2x+4}\, dx$

e) $\int_{4.5}^{3}\left(\frac{2}{t^2} + \frac{2}{t}\right) dt$
f) $\int_{-3}^{1}(-x^3 + 2e^x) dx$
g) $\int_{4}^{1} \frac{2+2z}{z^2+2z+1} dz$
h) $\int_{-1}^{0.5} 6 \cdot e^{4x-1} \cdot e^{2x} dx$

i) $\int_{1}^{3}(4u - 2\ln(u)) du$
j) $\int_{1}^{\pi}\left(\frac{1}{x} + 2\sin(x)\right) dx$
k) $\int_{1}^{4} \frac{5t}{t^2+1} dt - \int_{1}^{4} \frac{3t}{t^2+1} dt$
l) $\int_{0}^{-2} \frac{2}{(1-x)^2} dx$

2 Deuten Sie das Integral anhand einer Skizze und berechnen Sie seinen Wert.

a) $\int_{3}^{5} \frac{1}{x-2} dx$
b) $\int_{\pi}^{3\pi} 2\cos\left(t - \frac{\pi}{2}\right) dt$
c) $\int_{-2}^{0}(x-1)(2+x) dx$
d) $\int_{e}^{4}(2\ln(u) - 2) du$

3 a) Welche der Integrale auf den Kärtchen können Sie mit den bekannten Integrationsregeln berechnen, welche nicht? Begründen Sie jeweils.
b) Bestimmen Sie die Werte der Integrale, die Sie mit den bekannten Integrationsregeln berechnen können.

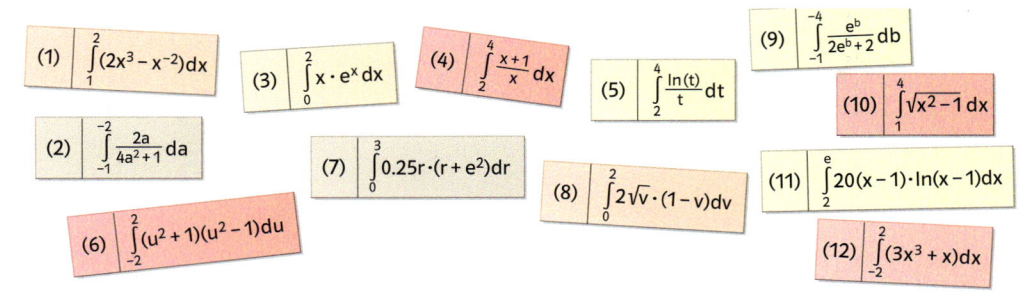

(1) $\int_{1}^{2}(2x^3 - x^{-2})dx$

(2) $\int_{-1}^{-2}\frac{2a}{4a^2+1}da$

(3) $\int_{0}^{2}x \cdot e^x\,dx$

(4) $\int_{2}^{4}\frac{x+1}{x}dx$

(5) $\int_{2}^{4}\frac{\ln(t)}{t}dt$

(6) $\int_{-2}^{2}(u^2+1)(u^2-1)du$

(7) $\int_{0}^{3}0.25r \cdot (r+e^2)dr$

(8) $\int_{0}^{2}2\sqrt{v}\cdot(1-v)dv$

(9) $\int_{-1}^{-4}\frac{e^b}{2e^b+2}db$

(10) $\int_{1}^{4}\sqrt{x^2-1}\,dx$

(11) $\int_{2}^{e}20(x-1)\cdot\ln(x-1)dx$

(12) $\int_{-2}^{2}(3x^3+x)dx$

4 Bestimmen Sie das unbestimmte Integral.
a) $\int e^{2-2t}\,dt$
b) $\int 4\cos(4x)\,dx$
c) $\int \frac{(t-1)(t+1)}{2t^3-2t}\,dt$
d) $\int 6\sin(3t+3)\,dt$

5 Schreiben Sie den Ausdruck als ein Integral und berechnen Sie.
a) $2 \cdot \int_{-1}^{-0.5}(3x+2)\,dx + \int_{-0.5}^{5}(6x+4)\,dx$
b) $\int_{1}^{3}(\sqrt[3]{x}-\sqrt{x})\,dx + \int_{\pi}^{3}(\sqrt{x}-\sqrt[3]{x})\,dx - \int_{\pi}^{4}(\sqrt{x}-\sqrt[3]{x})\,dx$

6 Bestimmen Sie die Zahl a.
a) $\int_{-a}^{a}x^2\,dx = 10$
b) $\int_{1}^{a}\left(\frac{1}{4}x^3 - 8x\right)dx = 90$
c) $\int_{-2}^{a}\left(-\frac{2}{u^2}+2u\right)du = -3$
d) $\int_{-\pi}^{a}3\sin(x)\,dx = 0$

7 a) Zeigen Sie durch Berechnung der beiden Integrale, dass gilt: $\int_{-3}^{3}x^2\,dx = 2\int_{0}^{3}x^2\,dx$
Begründen Sie die Gleichheit noch auf andere Art.
b) Geben Sie drei verschiedene Funktionen f an, sodass gilt: $\int_{-a}^{a}f(x)\,dx = 2\int_{0}^{a}f(x)\,dx$

8 Die Abbildung zeigt den Graphen einer Funktion f, die folgende Eigenschaften aufweist:
(1) f ist eine Polynomfunktion dritten Grades.
(2) Alle Nullstellen von f sind ganzzahlig.
(3) Es gilt: f(1) = −1
a) Bestimmen Sie den Funktionsterm von f.
b) Weisen Sie nach, dass G_f punktsymmetrisch bezüglich des Ursprungs ist.
c) Es gilt $\int_{-4}^{4}f(x)\,dx = 0$. Begründen Sie dies, ohne den Integralwert zu berechnen.
d) Begründen Sie, dass folgende Gleichheit gilt: $\int_{-1}^{2}f(x)\,dx = \int_{1}^{2}f(x)\,dx$

9 Beweisen Sie alle Rechenregeln für Integrale von Seite 161.

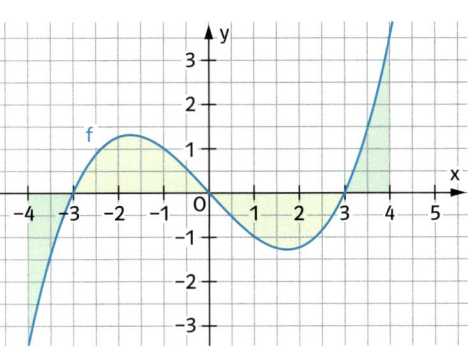

Max behauptet:
$f(x) = x^2 \cdot \cos(x)$
hat als Stammfunktion
$F(x) = \frac{x^3}{3}\sin(x)$.
Hat er Recht?
Begründen Sie.

8.8 Flächenberechnungen mit dem Integral

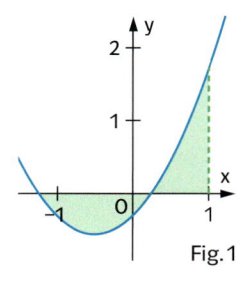

▬ Die Parabel in Fig. 1 ist Graph der Funktion $f(x) = x^2 + x - \frac{5}{16}$.
Drücken Sie den Inhalt der gefärbten Fläche in Fig. 1 mithilfe von Integralen aus. Beschreiben Sie die Schritte Ihres Vorgehens.

Fig. 2 zeigt die Graphen der Funktionen $f(x) = \sin x$ und $g(x) = \cos x$.
a) Wie lässt sich der Inhalt der grün gefärbten Fläche als Differenz von Integralen darstellen?
b) Erläutern Sie anhand einer Skizze, in welchen Schritten Sie den Inhalt der gelb gefärbten Fläche berechnen können. ▬

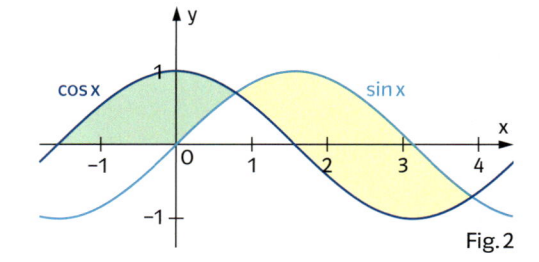

Fig. 1

Fig. 2

Fläche zwischen einem Graph und der x-Achse

Bisher wurde das Integral dazu verwendet, Gesamtänderungen von Grössen bzw. Flächenbilanzen zu bestimmen. Es ist aber auch möglich, den Inhalt der gesamten Fläche zwischen einem Graphen und der x-Achse zu bestimmen.

Den Inhalt $A = A_1 + A_2 + A_3$ der in der Figur gefärbten Fläche zwischen dem Graphen von f und der x-Achse in den Grenzen $x = a$ und $x = b$ erhält man nicht durch das Integral $\int_a^b f(x)\,dx$; das Integral gibt den Wert der Flächenbilanz an, da es die Flächen A_1 und A_3 oberhalb der x-Achse positiv und die Fläche A_2 unterhalb der x-Achse negativ zählt.

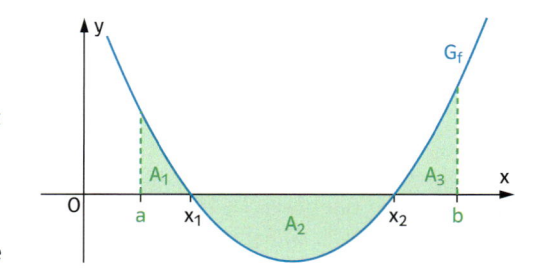

Da f in [a; b] sowohl positive als auch negative Funktionswerte annimmt, muss man die Inhalte der Teilflächen getrennt berechnen. Dabei ist zu beachten, dass Flächeninhalte nie negativ werden können.

Es gilt:
$$A = A_1 + A_2 + A_3$$
$$A = \int_a^{x_1} f(x)\,dx + \left| \int_{x_1}^{x_2} f(x)\,dx \right| + \int_{x_2}^b f(x)\,dx$$

Vorgehen bei der Berechnung des **Flächeninhalts zwischen dem Graphen** einer Funktion f **und der x-Achse** über dem Intervall [a; b]:

1. Bestimmen aller Nullstellen $x_1, x_2, \ldots, x_n$ von f in [a; b].
2. Ermitteln des Vorzeichens der Funktionswerte f(x) in den Teilintervallen.
3. Berechnen der Inhalte der Teilflächen über $[a; x_1], [x_1; x_2], \ldots, [x_n; b]$ und Addieren der Werte.

Beispiel
Gegeben ist die Funktion $f(x) = x^2 - 2x$.
Berechnen Sie den Inhalt der Fläche, die vom Graphen von f, von der x-Achse und den Geraden $x = -1$ und $x = 3$ begrenzt wird. Fertigen Sie eine Skizze an.

Lösung:
Bestimmung der Nullstellen:
$x(x - 2) = 0 \Rightarrow x_1 = 0$; $x_2 = 2$
Vorzeichen von f in den Teilintervallen:
$f(x) \geq 0$ für $-1 \leq x \leq 0$
$f(x) \leq 0$ für $0 \leq x \leq 2$
$f(x) \geq 0$ für $2 \leq x \leq 3$
Flächeninhalt:

$A = \int_{-1}^{0}(x^2 - 2x)\,dx + \left|\int_{0}^{2}(x^2 - 2x)\,dx\right| + \int_{2}^{3}(x^2 - 2x)\,dx$

$= \left[\frac{1}{3}x^3 - x^2\right]_{-1}^{0} + \left|\left[\frac{1}{3}x^3 - x^2\right]_{0}^{2}\right| + \left[\frac{1}{3}x^3 - x^2\right]_{2}^{3} = \frac{4}{3} + \left|-\frac{4}{3}\right| + \frac{4}{3} = \frac{4}{3} + \frac{4}{3} + \frac{4}{3} = 4$

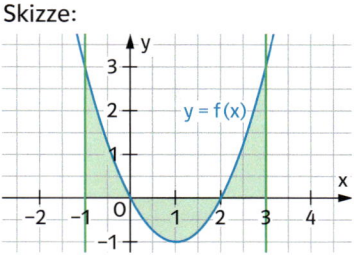

Auf die Bestimmung der Vorzeichen kann man verzichten, wenn man jeweils den Betrag der Teilintegrale nimmt.

Fläche zwischen zwei Graphen

Im Folgenden soll der Inhalt A einer Fläche bestimmt werden, die wie in Fig.1 von den Graphen zweier Funktionen f und g und den Geraden mit den Gleichungen $x = a$ und $x = b$ begrenzt wird. Dabei wird $f(x) \geq g(x)$ für $x \in [a;b]$ vorausgesetzt.

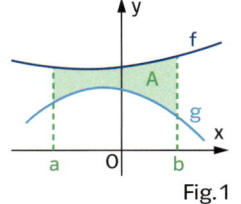

Dann gilt: $A = \int_{a}^{b} f(x)\,dx - \int_{a}^{b} g(x)\,dx = \int_{a}^{b} (f(x) - g(x))\,dx$

In der linken Figur nimmt die Funktion g im Intervall [a;b] auch negative Werte an, d.h., ihr Graph schneidet die x-Achse. Um den Inhalt A der Fläche wie oben bestimmen zu können, verschiebt man (vgl. rechte Figuren) beide Graphen um d in positiver y-Richtung, bis sie im Intervall [a;b] oberhalb der x-Achse liegen.
Da sich bei der Verschiebung der Inhalt A der Fläche zwischen den beiden Graphen nicht ändert, gilt:

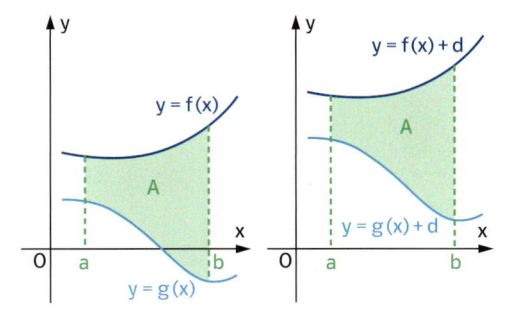

Fig.1

$A = \int_{a}^{b}(f(x) + d)\,dx - \int_{a}^{b}(g(x) + d)\,dx = \int_{a}^{b}(f(x) + d - g(x) - d)\,dx = \int_{a}^{b}(f(x) - g(x))\,dx$

Das Ergebnis zeigt, dass der Inhalt einer Fläche zwischen zwei Graphen, die sich nicht schneiden, stets mithilfe der Differenzfunktion berechnet werden kann, unabhängig davon, ob Teile der Fläche oberhalb bzw. unterhalb der x-Achse liegen.

Es seien f und g stetige Funktionen mit $f(x) \geq g(x)$ für $x \in [a;b]$. Dann gilt für den **Inhalt A der Fläche zwischen den Graphen** von f und g über dem Intervall [a;b]: $A = \int_{a}^{b}(f(x) - g(x))\,dx$

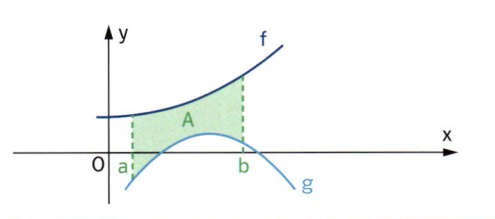

In der nebenstehenden Figur ist der Fall dargestellt, dass sich die Graphen von f und g im Intervall [a;b] an der Stelle x = s schneiden.
Es gilt f(x) ≧ g(x) im Intervall [a;s] und
f(x) ≦ g(x) im Intervall [s;b].
Daher ergibt sich der Inhalt A der Fläche zwischen den Graphen über [a;b] so:
$$A = \int_a^s (f(x) - g(x))\,dx + \int_s^b (g(x) - f(x))\,dx$$

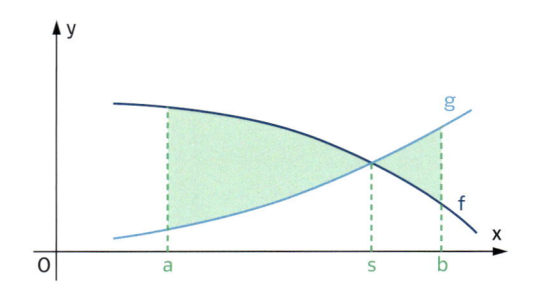

Vorgehen bei der Berechnung des **Flächeninhalts zwischen den Graphen zweier Funktionen** f und g über dem Intervall [a;b]:
1. Bestimmen aller Schnittstellen $s_1, s_2, ..., s_n$ der beiden Graphen in [a;b].
2. Ermitteln, in welchen Teilintervallen f(x) ≧ g(x) bzw. f(x) ≦ g(x) gilt.
3. Berechnen der Inhalte der Teilflächen über $[a;s_1], [s_1;s_2], ..., [s_n;b]$ und Addieren der Werte.

Beispiel 1
Gegeben sind die Funktionen $f(x) = \frac{1}{x} - 1$ (für x > 0) und $g(x) = \frac{1}{2}e^{\frac{x}{2}}$. Berechnen Sie den Inhalt der Fläche zwischen den Graphen der Funktionen f und g über dem Intervall [2;4]. Fertigen Sie eine Skizze an.
Lösung:
Im Intervall [2;4] gilt: f(x) ≦ g(x)   Skizze:
$$A = \int_2^4 [g(x) - f(x)]\,dx$$
$$= \int_2^4 \left(\frac{1}{2}e^{\frac{x}{2}} - \frac{1}{x} + 1\right)dx = \left[e^{\frac{x}{2}} - \ln(x) + x\right]_2^4$$
$$= e^2 - \ln(4) + 4 - (e - \ln(2) + 2)$$
$$= e^2 - e - \ln(2^2) + \ln(2) + 2$$
$$= e^2 - e - \ln(2) + 2 = 5.98$$
Der Flächeninhalt hat den Wert 5.98.

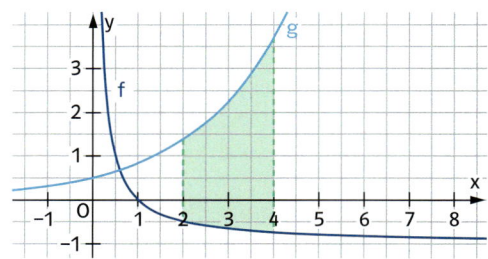

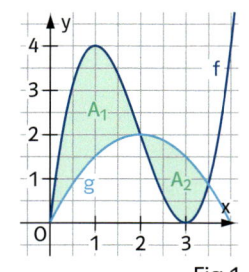

Beispiel 2
Berechnen Sie den Inhalt A der Fläche, die von den Graphen der Funktionen $f(x) = x^3 - 6x^2 + 9x$ und $g(x) = -0.5x^2 + 2x$ eingeschlossen wird (vgl. Fig. 1).
Lösung:
Schnittstellen von f und g: $x^3 - 6x^2 + 9x = -0.5x^2 + 2x$
$$\Rightarrow x(x^2 - 5.5x + 7) = 0$$
$$\Rightarrow x_1 = 0;\ x_2 = 2;\ x_3 = 3.5$$
Für 0 ≦ x ≦ 2 ist f(x) ≧ g(x); für 2 ≦ x ≦ 3.5 ist f(x) ≦ g(x).
$$A = A_1 + A_2 = \int_0^2 (f(x) - g(x))\,dx + \int_2^{3.5} (g(x) - f(x))\,dx$$
$$= \int_0^2 (x^3 - 5.5x^2 + 7x)\,dx + \int_2^{3.5} (-x^3 + 5.5x^2 - 7x)\,dx$$
$$= \left[\frac{1}{4}x^4 - \frac{11}{6}x^3 + \frac{7}{2}x^2\right]_0^2 + \left[-\frac{1}{4}x^4 + \frac{11}{6}x^3 - \frac{7}{2}x^2\right]_2^{3.5} = \frac{937}{192} = 4.88$$

Der gesuchte Flächeninhalt ist 4.88.

Fig. 1

Aufgaben

1 Berechnen Sie den Inhalt der Fläche zwischen dem Graphen von f und der x-Achse über dem angegebenen Intervall.
a) $f(x) = \frac{1}{2}x^3 - 2x$; $[-1;3]$
b) $f(x) = -2x^2 - 2x + 4$; $[-3;3]$
c) $f(x) = \frac{4x}{x^2+3} - 1$; $[0;5]$
d) $f(x) = 2\sin(2x) - 2$; $[-1;2]$
e) $f(x) = 0.25\sqrt{x+4}$; $[-3;0]$
f) $f(x) = -2(x-0.5) \cdot e^{x-x^2}$; $[-1;1]$

2 Bestimmen Sie die Fläche, die der Graph der Funktion f mit der x-Achse einschliesst.
a) $f(x) = x(4-x^2)$
b) $f(x) = (x-2)^2 - 1$
c) $f(x) = -x^2 + 2$
d) $f(x) = x + x^{-1} - 4$
e) $f(x) = x^4 - 4x^2$
f) $f(x) = \frac{1.5}{2\sqrt{x}} + \sqrt{x} - 2$

Tipp zu 2 f):
für die Nullstellenbestimmung substituieren.

3 Berechnen Sie den Inhalt der Fläche zwischen den Graphen der Funktionen f und g über dem angegebenen Intervall. Fertigen Sie zum Überblick eine Skizze an.
a) $f(x) = 0.1x^2 + 2$; $g(x) = x - 1$; $[-1;2]$
b) $f(x) = \ln(x)$; $g(x) = x^{-1}$; $[e;5]$
c) $f(x) = \sqrt{x+2}$; $g(x) = e^{-0.2x} - 1$; $[0;4]$
d) $f(x) = (-x)^{-2}$; $g(x) = x^2$; $[-4;-2]$

4 Bestimmen Sie den Wert k so, dass die durch den Graphen von f begrenzten Flächen oberhalb und unterhalb der x-Achse über dem Intervall $[0;k]$ gleich gross sind (vgl. Fig. 1).
a) $f(x) = -0.5x + 2$
b) $f(x) = (x-1)^2 - 4$
c) $f(x) = x^3 - 1$
d) $f(x) = x^3 + \frac{3}{2}x - 2$

Fig. 1

5 Berechnen Sie den Inhalt der Fläche, die von den Graphen der Funktionen f und g eingeschlossen wird. Fertigen Sie zum Überblick eine Skizze an.
a) $f(x) = x^2$; $g(x) = -x^2 + 4x$
b) $f(x) = x + 0.5x^2$; $g(x) = x^3 + x^2 - 2x$
c) $f(x) = -\frac{1}{x^2}$; $g(x) = 2.5x - 5.25$
d) $f(x) = (x-2)^2$; $g(x) = \sqrt{x-2}$

6 Berechnen Sie den Inhalt der Fläche, die vom Graphen von g, von der Tangente an den Graphen in P und der x-Achse begrenzt wird (vgl. Fig. 2).
a) $g(x) = 0.5x^2$; $P(3|4.5)$
b) $g(x) = (x-2)^4$; $P(0|16)$
c) $g(x) = x^{-2} - 0.25$; $P(0.5|3.75)$

7 Berechnen Sie die Fläche, welche die Wendetangente an die Kurve $y = x^3 - 3x^2 + 5$ zusammen mit der Kurve und der y-Achse einschliesst.

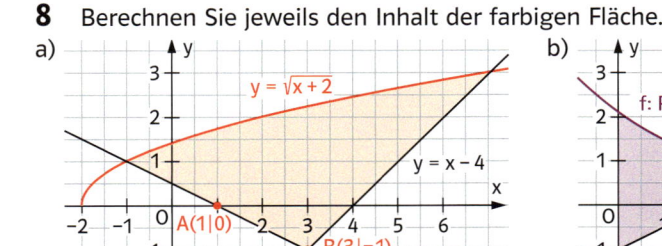

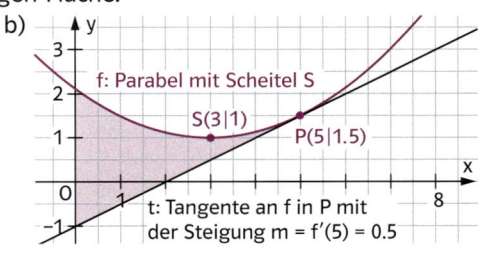

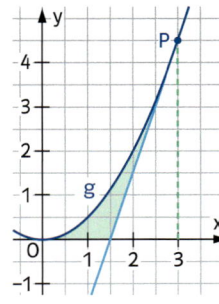

Fig. 2

8 Berechnen Sie jeweils den Inhalt der farbigen Fläche.
a) $y = \sqrt{x+2}$; $y = x - 4$; $A(1|0)$; $B(3|-1)$
b) f: Parabel mit Scheitel $S(3|1)$; $P(5|1.5)$; t: Tangente an f in P mit der Steigung $m = f'(5) = 0.5$

9 Im Punkt $P(2|?)$ des Graphen von $f(x) = -\frac{2}{x} + 3$ wird die Normale gezeichnet. Diese schliesst zusammen mit dem Graphen von f und der x-Achse eine Fläche ein. Berechnen Sie ihren Inhalt.

10 Bestimmen Sie die Steigung m einer Geraden g durch den Ursprung so, dass die von g und der Kurve $y = \sqrt{x}$ eingeschlossene Fläche den Inhalt $A = 4.5$ hat.

11 a) Für $t > 0$ ist die Funktion $f_t(x) = \frac{t}{x^2}$ gegeben. Der Graph von f_t schliesst mit der x-Achse über dem Intervall $[1;2]$ eine Fläche mit dem Inhalt $A(t)$ ein.
Bestimmen Sie $A(t)$ in Abhängigkeit von t und berechnen Sie, für welches t dieser Flächeninhalt den Wert 8 annimmt.

b) Die Funktion $h_t(x) = x^2 - t^2$ ist für $t > 0$ gegeben. Der Graph von h_t schliesst mit der x-Achse eine Fläche mit dem Inhalt $A(t)$ ein. Bestimmen Sie $A(t)$ in Abhängigkeit von t und berechnen Sie, für welches t dieser Flächeninhalt den Wert 36 annimmt.

12 Bestimmen Sie für die Geraden $x = a$ bzw. $y = a$ den Wert a (mit $0 < a < 4$) so, dass $A_1 = A_2$ gilt.

Zu Aufgabe 13:
Abwasserkanalsegment
Fig. 1

Fussgängertunnel
Fig. 2

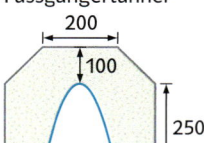

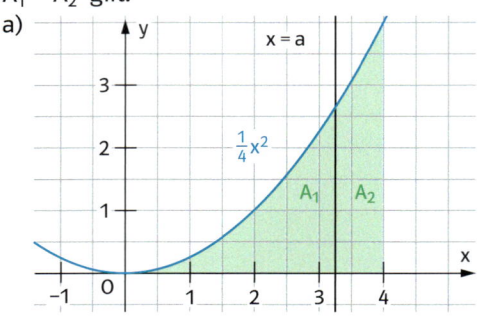

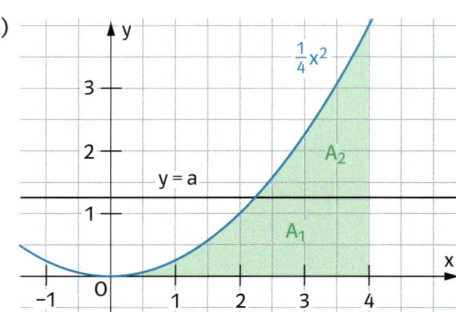

13 ($1\,m^3$ Beton hat eine Masse von 2.3 t.)
a) Für einen Abwasserkanal werden 1 m lange vorgefertigte Segmente aus Beton verwendet. Fig. 1 zeigt ein Segment im Querschnitt (alle Masse in cm). Der Ausschnitt ist parabelförmig. Bestimmen Sie die Masse des in einem Segment verarbeiteten Betons.
b) Ein 10 m langer Fussgängertunnel wird aus Beton gefertigt. Fig. 2 zeigt einen Querschnitt (alle Masse in cm), welcher parabelförmig ist. Wie viel Beton wird benötigt?

14 a) Bestimmen Sie $k > 0$ so, dass der Inhalt der Fläche zwischen der x-Achse und der Parabel $f_k(x) = kx - k^2x^2$ den Wert $\frac{3}{4}$ annimmt.
b) Bestimmen Sie $a > 0$ so, dass die von den beiden Graphen der Funktionen $f(x) = x$ und $g(x) = ax^2$ eingeschlossene Fläche den Inhalt 24 hat.
c) Wie ist die positive Zahl b zu wählen, damit der Graph von $f(x) = e^{-0.5x}$ zusammen mit den Koordinatenachsen und der Gerade $x = b$ ein Flächenstück mit Inhalt 1 einschliesst?

15 Für $a \in \mathbb{R}^+$ sind die Funktionen $f_a(x) = \frac{1}{a}x^2 - a$ und $h_a(x) = \frac{1}{3}x^2 - \frac{1}{3}a^2$ gegeben. Fig. 3 zeigt zur Orientierung für $a = 2$ die Graphen von f_2 und h_2.
a) Bestimmen Sie in Abhängigkeit von a die Nullstellen von f_a.
b) Zeigen Sie, dass sowohl der Graph von f_a als auch der Graph von h_a achsensymmetrisch bezüglich der y-Achse sind.
c) Begründen Sie, dass sich die Graphen von f_a und h_a auf der x-Achse schneiden.
d) Bestimmen Sie den Wert von a (mit $0 < a < 3$), für den der Inhalt der Fläche $A(a)$ zwischen dem Graphen von f_a und dem Graphen von h_a extremal wird.
Welche Art des Extremums liegt vor?

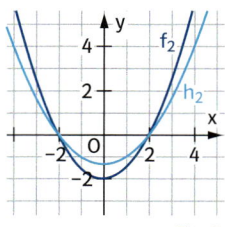

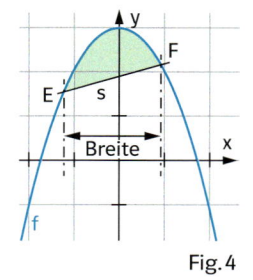

Fig. 3

Fig. 4

16 Eine Sekante s durch zwei Punkte E und F der Parabel f schliesst mit der Parabel die schraffierte Fläche ein, ein sogenanntes Parabelsegment (Fig. 4). Die Differenz der x-Koordinaten der Punkte E und F heisst Breite des Parabelsegments. Beweisen Sie, dass alle Segmente der Breite 2 der Parabel $f(x) = -x^2 + 3$ die gleiche Fläche haben.

Exkursion: Differenzialgleichungen

In Naturwissenschaft und Technik treten oft Probleme auf, deren mathematische Behandlung das Lösen von **Differenzialgleichungen** erfordert.

> Eine Gleichung, die einen Zusammenhang zwischen einer Funktion f und ihrer Ableitung f' beschreibt, heisst **Differenzialgleichung erster Ordnung**. Jede Funktion, welche diese Gleichung erfüllt, heisst **Lösung der Differenzialgleichung**.

*Die höchste in einer Differenzialgleichung vorkommende Ableitung der gesuchten Funktion bestimmt die **Ordnung der Differenzialgleichung**.*

Die Gleichung $f'(x) = 10 - 2f(x)$ ist eine Differenzialgleichung erster Ordnung. Die Funktion $f(x) = e^{-2x} + 5$ ist eine Lösung der Differenzialgleichung, denn es gilt $f'(x) = [e^{-2x} + 5]' = -2e^{-2x}$ und $10 - 2f(x) = 10 - 2(e^{-2x} + 5) = -2e^{-2x}$. Das heisst, f erfüllt die Differenzialgleichung. Tatsächlich ist jede Funktion f_c mit $f_c(x) = ce^{-2x} + 5$ ($c \in \mathbb{R}$) eine Lösung der Differenzialgleichung.

Lösen der Differenzialgleichung – Trennung der Variablen
Die Lösung einer Differenzialgleichung kann man in vielen Fällen berechnen, indem man die Darstellung $f'(x) = \frac{df}{dx}$ verwendet, die auf Leibniz zurückgeht. Dabei heissen df und dx **Differenziale**. Für die Differenzialgleichung $f'(x) = 10 - 2f(x)$ erhält man $\frac{df}{dx} = 10 - 2f$. Dabei wird kurz f statt f(x) geschrieben. Man trennt nun die Variablen f und x, indem man die Gleichung so umformt, dass links nur f und rechts nur x steht:
$\frac{df}{10-2f} = dx \Rightarrow -\frac{1}{2} \cdot \frac{1}{f-5} df = 1 \cdot dx$
Man bildet auf beiden Seiten eine Stammfunktion. Auf der linken Seite ist f und auf der rechten Seite ist x Integrationsvariable. Man erhält:
$-\frac{1}{2} \ln(f-5) = x + k \Rightarrow \ln(f-5) = -2(x+k)$
Dabei ist k eine Integrationskonstante, die beim Ableiten wieder wegfiele. Durch Anwenden der e-Funktion ergibt sich:
$f - 5 = e^{-2x-2k} = e^{-2x} \cdot e^{-2k} \Rightarrow f = ce^{-2x} + 5$ mit $c = e^{-2k}$
Die Lösung hängt noch von dem Parameter c ab. Damit man eine eindeutige Lösung erhält, ist eine zusätzliche Bedingung erforderlich.

*Der **Differenzialquotient** $\frac{df}{dx}$ (lies «df nach dx») wird hier formal wie ein Quotient behandelt. Das Vorgehen kann man begründen. Jedenfalls ist das Ergebnis durch eine Probe wie oben zu verifizieren.*

Falls $f < 5$ ist, muss man $\ln(5-f)$ statt $\ln(f-5)$ schreiben. Man erhält damit aber formal dieselbe Lösung, allerdings nun mit $c < 0$.

Anfangswertprobleme
Eine Differenzialgleichung, bei welcher ein Wert, z.B. f(0), vorgegeben ist, heisst Anfangswertproblem, f(0) heisst dabei **Anfangswert**.
Um für das Anfangswertproblem $f'(x) = 10 - 2f(x)$ mit dem Anfangswert $f(0) = 8$ die eindeutige Lösung zu bestimmen, setzt man den Anfangswert in die allgemeine Lösungsfunktion ein und bestimmt damit die passende Zahl c.
Aus $f_c(0) = c + 5 = 8$ ergibt sich $c = 3$.
Also ist die Funktion f mit $f(x) = 3e^{-2x} + 5$ die Lösung des Anfangswertproblems.

*Es gibt auch **Randwertprobleme**, z.B. für eine schwingende Saite, die an den Rändern eingespannt ist. Randwertprobleme werden hier nicht behandelt.*

Näherungslösung – Eulers Methode
Nicht immer gelingt es, eine Differenzialgleichung exakt zu lösen. Man kann aber immer Näherungslösungen bestimmen. Die einfachste Methode wurde von Leonhard Euler für Anfangswertprobleme angegeben.
Man «diskretisiert» dazu die Differenzialgleichung, indem man den Differenzialquotienten durch den Differenzenquotienten mit einem festen (kleinen) h bzw. Δx ersetzt:
Aus der Differenzialgleichung $f'(x) = 10 - 2f(x)$ wird dann die «Differenzengleichung»
$\frac{f(x+h) - f(x)}{h} = 10 - 2f(x)$.

Mit der näherungsweisen Lösung von Differenzialgleichungen beschäftigt man sich in der angewandten Mathematik. Die Entwicklung guter Näherungsverfahren ist ein brandaktuelles Thema der mathematischen Forschung.

Die Differenzengleichung ist nur eine Näherung der Differenzialgleichung. Je kleiner h ist, desto besser ist die Näherung. Für die Näherung wird g(x) geschrieben, also die Differenzengleichung $\frac{g(x+h) - g(x)}{h} = 10 - 2g(x)$ verwendet.

Man löst die Differenzengleichung nach g(x + h) auf: (*) $g(x + h) = g(x) + h(10 - 2g(x))$.
Da man den Anfangswert g(0) = f(0) kennt, kann man für x = 0 hiermit g(h) berechnen:
$g(h) = g(0) + h(10 - 2g(0))$.
Setzt man h für x in die Gleichung (*) ein, so kann man g(2h) berechnen und durch Wiederholung dieses Vorgehens g(3h), g(4h) usw., allgemein:
$g(n \cdot h) = g((n-1) \cdot h) + h \cdot (10 - 2 \cdot g((n-1) \cdot h))$.
Setzt man $u_n = g(nh)$, so erhält man die rekursive Darstellung einer Folge:
$u_n = u_{n-1} + h \cdot (10 - 2u_{n-1})$.
Die Folge u_n liefert Näherungswerte für die Funktionswerte von f an den diskreten Stellen nh.

Eine Differenzialgleichung zweiter Ordnung

Als Beispiel für eine Differenzialgleichung zweiter Ordnung wird die Differenzialgleichung **f″ = kf** ($k \in \mathbb{R} \setminus \{0\}$) betrachtet. Bei ihrer Lösung kommt es auf das Vorzeichen von k an. Das erkennt man an den Fällen f″ = f bzw. f″ = –f. Eine Lösung von f″ = f ist die Funktion f mit $f(x) = e^x$, eine Lösung von f″ = –f ist dagegen die Funktion f mit f(x) = sin(x). Diese speziellen Lösungen lassen sich auf den allgemeinen Fall f″ = kf übertragen. Falls k > 0, schreibt man $k = b^2$ mithilfe einer Zahl b ≠ 0. Man erhält damit die Differenzialgleichung $f'' = b^2 f$. Falls k < 0, schreibt man entsprechend $k = -b^2$, um das negative Vorzeichen hervorzuheben. Man erhält dann die Differenzialgleichung $f'' = -b^2 f$. Wie man durch zweimaliges Ableiten bestätigt, gilt:

> Die Differenzialgleichung $f'' = b^2 f$ hat als Lösung jede Funktion f mit $f(x) = a \cdot e^{b \cdot x}$.
> Die Differenzialgleichung $f'' = -b^2 f$ hat als Lösung jede Funktion f mit
> $f(x) = a \cdot \sin(b \cdot (x - c))$.
> Dabei sind a, b und c beliebige reelle Zahlen.

Im Fall der Differenzialgleichung $f'' = -b^2 f$ schreibt man mithilfe der Amplitude a und der Periode P auch
$f(x) = a \cdot \sin\left(\frac{2\pi}{P} \cdot (x - c)\right)$
(Fig. 1).

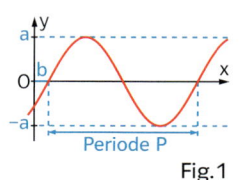

Fig. 1

Die Differenzialgleichung $f'' = -b^2 f$ hat praktische Anwendungen, wie am Beispiel der harmonischen Schwingung aus der Mechanik gezeigt wird.
An einer Schraubenfeder hängt ein Körper K (Fig. 2). Wenn K um eine Strecke s aus der Ruhelage bewegt wird, dann wirkt auf K eine von s abhängige Kraft F(s). Diese Kraft versucht K wieder in die Ruhelage zurückzubewegen. Lenkt man den Körper K anfangs um eine Strecke s_0 (entspricht der Amplitude) aus und lässt ihn dann los, so schwingt er harmonisch um die Ruhelage hin und her.

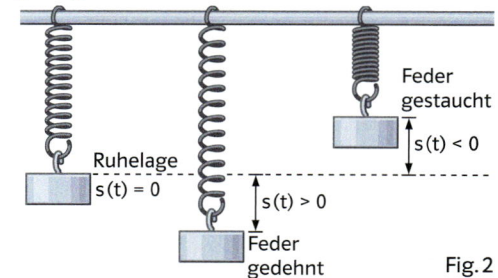

*Erinnerung:
Bezeichnet s(t) den Weg, so gilt für die Beschleunigung
a(t) = s″(t), kurz a = s″.*

Fig. 2

Die Kraft F ist zu s proportional, es gilt das lineare Kraftgesetz F = –Ds. Dabei ist D eine positive Konstante. Mithilfe der Newton'schen Grundgleichung F = ma = ms″ liefert das lineare Kraftgesetz für die Funktion s eine Differenzialgleichung zweiter Ordnung: ms″ = –Ds. Dabei ist m die Masse des Körpers K. Der Einfachheit halber führt man die Grösse $\omega = \sqrt{\frac{D}{m}}$ ein, sodass die Differenzialgleichung folgende Form annimmt: $s'' = -\omega^2 \cdot s$. Eine Lösung mit s(0) = 0 ist die Funktion s mit $s(t) = s_0 \cdot \sin(\omega \cdot t)$.

9 Anwendungen und Ergänzungen der Integralrechnung

9.1 Volumen von Rotationskörpern

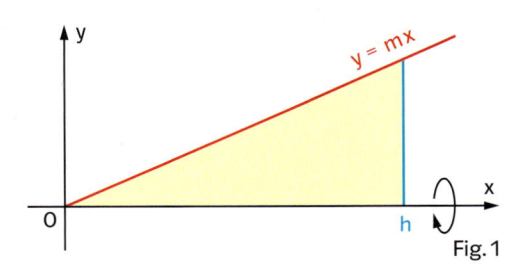

Fig. 1

a) Welche gemeinsamen Eigenschaften haben Körper, die ein Drechsler herstellt?
b) Gegeben ist die Funktion f mit f(x) = mx und m > 0 (Fig.1). Dreht sich die in Fig.1 gefärbte Fläche um die x-Achse, so entsteht ein Kegel.
Zeigen Sie, dass dieser Kegel das Volumen $V = \frac{1}{3}\pi m^2 h^3$ hat. Bestimmen Sie die Funktion g, sodass $\frac{1}{3}\pi m^2 h^3 = \int_0^h g(x)\,dx$. Was bedeutet g an der Stelle x geometrisch?

Gegeben ist eine auf dem Intervall [a;b] stetige Funktion f. Der Graph von f schliesst mit der x-Achse und den Geraden mit den Gleichungen x = a und x = b eine Fläche ein. Rotiert diese Fläche um die x-Achse (Fig. 2), entsteht ein Dreh- oder **Rotationskörper**.

Die Berechnung des Volumens V dieses Rotationskörpers K schliesst sich eng an das Verfahren zur Bestimmung von «Flächeninhalten unter Graphen» an (Fig. 3). Dabei wird [a;b] wieder in n Teilintervalle gleicher Länge Δx eingeteilt. Zu jedem Teilintervall gibt es einen Zylinder, der K von aussen, und einen Zylinder, der K von innen berührt (Fig.4). Man wählt nun x_k im k-ten Teilintervall so, dass $f(x_k)$ zwischen den Radien des inneren und des äusseren Zylinders liegt. Damit erhält man als Näherung für das Volumen von K die Summe

$V_n = \pi \sum_{k=1}^{n} (f(x_k))^2 \cdot \Delta x$.

Für n → ∞ strebt V_n gegen das Integral $\pi \int_a^b (f(x))^2\,dx$.

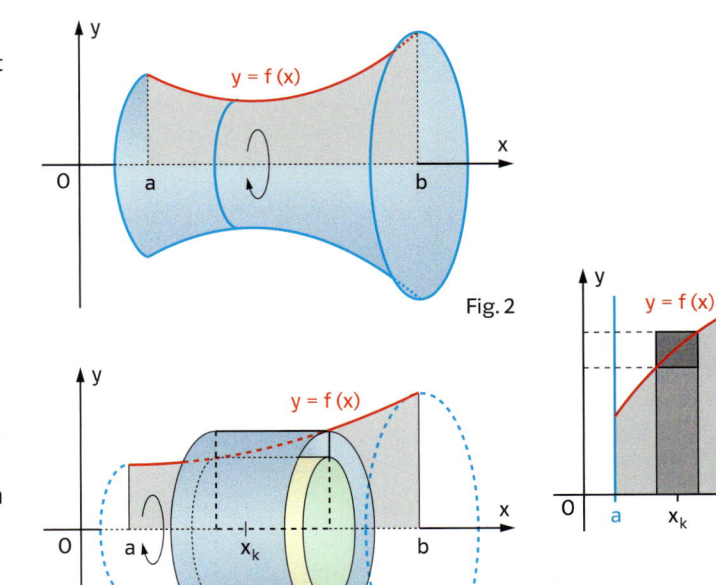

Fig. 2

Fig. 3

Fig. 4

Ist die Funktion f auf dem Intervall [a;b] stetig, so entsteht bei **Rotation** der Fläche zwischen dem Graphen von f und der x-Achse über [a;b] ein **Körper mit dem Volumen**

$$V = \pi \int_a^b (f(x))^2\,dx.$$

Ist $q(x) = \pi \cdot (f(x))^2$ der Inhalt einer Querschnittsfläche, dann kann man auch schreiben: $V = \int_a^b q(x)\,dx$.

171

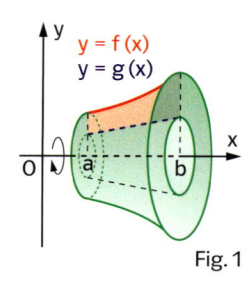

Gegeben sind die auf dem Intervall [a;b] stetigen Funktionen f und g mit $f(x) \geq g(x)$. Ihre Graphen schliessen mit den Geraden $x = a$ und $x = b$ eine Fläche vollständig ein (Fig. 1). Rotiert diese Fläche nun um die x-Achse, so entsteht ein Rotationskörper, dessen äussere Form durch den Graphen von f(x) geformt ist, dessen Innenraum, der hohl ist, aber durch die Rotation des Graphen der Funktion g(x) bestimmt wird.
Für das Gesamtvolumen subtrahieren sich also die durch f und g bestimmten Rotationskörper. Es ist dann $V = \pi \int_a^b (f(x))^2 dx - \pi \int_a^b (g(x))^2 dx = \pi \int_a^b (f(x))^2 - (g(x))^2 dx$.

Fig. 1

Beispiel 1 Volumen eines Rotationskörpers

Der Graph der Funktion f mit $f(x) = \frac{1}{2}\sqrt{x^2 + 4}$ begrenzt mit den Koordinatenachsen und der Geraden mit der Gleichung $x = 4$ eine Fläche (Fig. 2).
Bestimmen Sie das Volumen V des Rotationskörpers, der entsteht, wenn diese Fläche um die x-Achse rotiert.

Lösung:
Das Volumen V ist

$V = \pi \cdot \int_0^4 \left(\frac{1}{2}\sqrt{x^2 + 4}\right)^2 dx$

$= \pi \cdot \int_0^4 \left(\frac{1}{4}x^2 + 1\right) dx = \pi \left[\frac{1}{12}x^3 + x\right]_0^4$

$= \pi \frac{28}{3} \approx 29.32$.

Zum Vergleich:
V ist näherungsweise das Volumen des Kegelstumpfes, der durch Rotation der Strecke durch P(0|1) und Q(4|f(4)) entsteht. Wie gross ist der prozentuale Fehler?

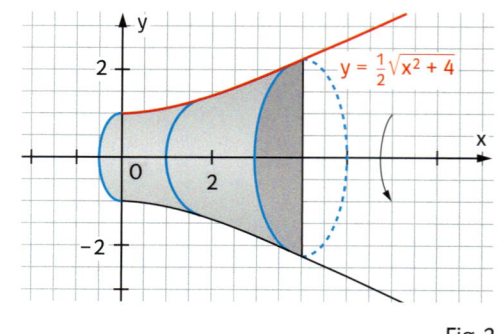

Fig. 2

Beispiel 2 Rotation einer eingeschlossenen Fläche

Die Graphen der Funktionen $f(x) = -\frac{1}{2}x^2 + 2$ und $g(x) = -x + 2.5$ schliessen mit der x-Achse eine Fläche vollständig ein (Fig. 4). Berechnen Sie das Volumen des Drehkörpers, der entsteht, wenn diese Fläche um die x-Achse rotiert (Fig. 3).

Lösung:
Aus $f(x) = g(x)$ folgt die Stelle $x_S = 1$ als untere Integrationsgrenze. Die Nullstelle von g(x) ist $x_g = 2.5$ und gleichzeitig die obere Integrationsgrenze des äusseren Drehkörpers. Die Nullstelle von f(x) ist $x_f = 2$ und gleichzeitig die obere Integrationsgrenze des inneren Drehkörpers. Es ist $V = V_a - V_i$:

$V = \pi \int_1^{2.5} (g(x))^2 dx - \pi \int_1^2 (f(x))^2 dx = 0.7592$

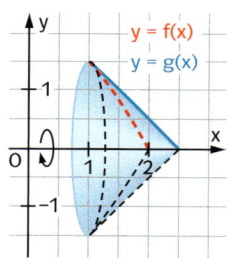

Fig. 3

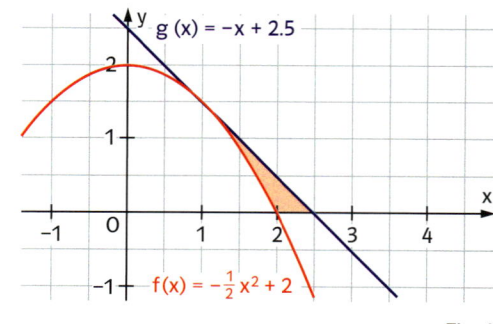

Fig. 4

Aufgaben

1 Skizzieren Sie den Graphen G der Funktion f. Berechnen Sie das Volumen des entstehenden Körpers, wenn die Fläche zwischen G und der x-Achse über [a;b] um die x-Achse rotiert.

a) $f(x) = \frac{1}{2}x^2 + 1$; [1; 3]   b) $f(x) = 3\sqrt{x+2}$; [-1; 7]   c) $f(x) = \frac{1}{x^2} + x$; [1; 4]

2 Der Graph G der Funktion f begrenzt mit der x-Achse eine Fläche, die um die x-Achse rotiert. Skizzieren Sie den Graphen G und berechnen Sie das Volumen des Rotationskörpers.

a) $f(x) = -x^2 + 4$ b) $f(x) = 3x - \frac{1}{2}x^2$ c) $f(x) = x^2(x+2)$ d) $f(x) = x\sqrt{4-x}$

172

3 Die Fläche zwischen den Graphen von f und g sowie den Geraden mit den Gleichungen x = a und x = b rotiert um die x-Achse. Skizzieren Sie die Graphen und berechnen Sie das Volumen des Rotationskörpers.
a) $f(x) = \sqrt{x+1}$; $g(x) = 1$; $a = 3$; $b = 8$
b) $f(x) = x^2 + 1$; $g(x) = -x^2 + 3$; $a = -1$; $b = 1$

Begründen Sie anschaulich, dass
$$V \neq \pi \int_a^b (f(x) - g(x))^2 \, dx.$$

4 Die Graphen der Funktionen f und g begrenzen eine Fläche, die um die x-Achse rotiert. Skizzieren Sie die Graphen und berechnen Sie das Volumen des Rotationskörpers.
a) $f(x) = \frac{1}{2}x$; $g(x) = \sqrt{x}$
b) $f(x) = 3x^2 - x^3$; $g(x) = x^2$
c) $f(x) = 3x^2 - x^3$; $g(x) = 2x$

5 a) Rotiert der Graph der Funktion f mit $f(x) = 2$ über dem Intervall $[0;5]$ um die x-Achse, so entsteht ein Zylinder. Bestimmen Sie sein Volumen durch Integration und bestätigen Sie das Ergebnis mithilfe der Formel für das Volumen von Zylindern.
b) Leiten Sie wie in a) die Formel $V = \pi r^2 h$ für den Zylinderinhalt her.

6 Durch Rotation des Graphen von f mit $f(x) = \sqrt{x}$ um die x-Achse entsteht ein (liegendes) Gefäss. Dieses Gefäss wird aufgestellt und mit einer Flüssigkeit gefüllt. Bis zu welcher Höhe steht die Flüssigkeit in dem Gefäss, wenn ihr Volumen 30 beträgt?

7 Ein Fass hat die Höhe h = 1.2 m und die Radien r = 0.80 m und R = 1.0 m (Fig. 1).
a) Bestimmen Sie sein Volumen V. Bestimmen Sie dazu eine quadratische Funktion f, über deren Graph Sie das Fass als Rotationskörper erhalten.
b) Vergleichen Sie V mit den Volumina V_1 und V_2 von Zylindern, welche dieselbe Höhe h, aber die Radien $r_1 = \frac{1}{2}(R + r)$ bzw. $r_2 = \frac{1}{3}(2R + r)$ besitzen. Geben Sie die prozentualen Abweichungen von V_1 bzw. V_2 von V auf 2 Dezimalen gerundet an.

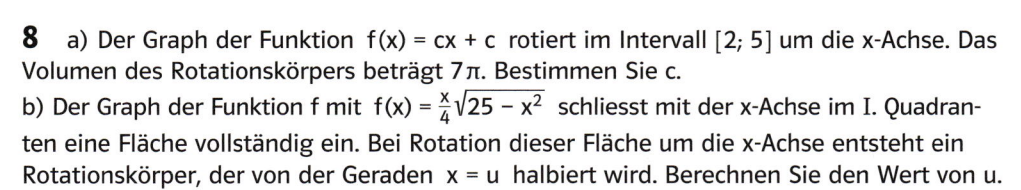

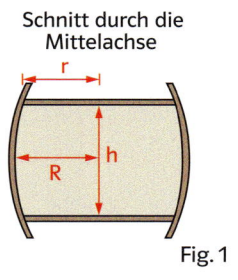

Schnitt durch die Mittelachse

Fig. 1

8 a) Der Graph der Funktion $f(x) = cx + c$ rotiert im Intervall $[2; 5]$ um die x-Achse. Das Volumen des Rotationskörpers beträgt 7π. Bestimmen Sie c.
b) Der Graph der Funktion f mit $f(x) = \frac{x}{4}\sqrt{25 - x^2}$ schliesst mit der x-Achse im I. Quadranten eine Fläche vollständig ein. Bei Rotation dieser Fläche um die x-Achse entsteht ein Rotationskörper, der von der Geraden $x = u$ halbiert wird. Berechnen Sie den Wert von u.

9 In einer Formelsammlung finden sich Formeln über Kugelteile (Fig. 2). Beweisen Sie diese Formeln.
Anleitung: Der Graph von f mit $f(x) = \sqrt{r^2 - x^2}$ rotiere um die x-Achse.

Kugel $\quad V = \frac{4\pi}{3}r^3$

Kugelabschnitt $\quad V = \frac{\pi}{3}a^2(3r - a)$
$\qquad\qquad\qquad = \frac{\pi}{6}a(3r_1^2 - a^2)$

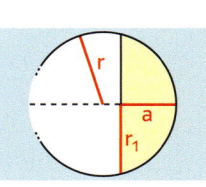

Fig. 2

10 Durch Rotation der Flächen in der Abbildung unten um die x-Achse entstehen «Ringe». Bestimmen Sie jeweils das Volumen des Ringes durch Integration.

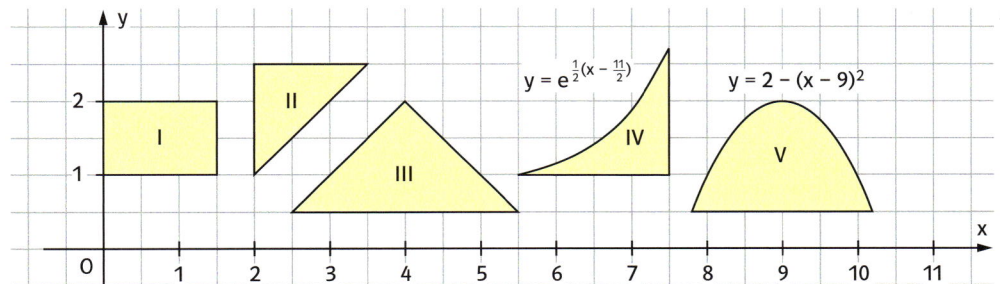

$y = e^{\frac{1}{2}(x - \frac{11}{2})}$ $\qquad$ $y = 2 - (x - 9)^2$

9.2 Mittelwerte von Funktionen

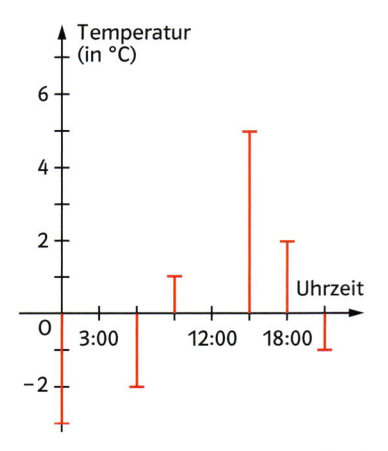

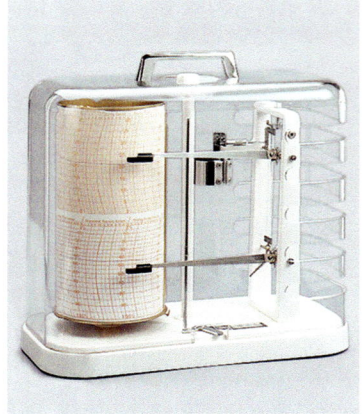

Fig. 1 Temperatur (in °C) / Uhrzeit

Fig. 2

An einem Ort wurde mehrmals am Tage die Temperatur gemessen. Fig. 1 zeigt das zugehörige Stabdiagramm. Wie könnte man damit eine mittlere Tagestemperatur bestimmen?

Ein Temperaturschreiber (Fig. 2) liefert einen kontinuierlichen Verlauf der Temperatur.
a) Wie könnte man mit einem solchen Graphen eine mittlere Tagestemperatur festlegen?
b) Welche weitere Möglichkeit für die Festlegung einer mittleren Tagestemperatur gibt es, wenn der Verlauf der Temperatur sogar durch den Graphen einer bekannten Funktion angenähert werden kann?

Sind n Zahlen $z_1; z_2; \ldots; z_n$ gegeben, so nennt man die Zahl $\overline{z_n} = \frac{1}{n}(z_1 + z_2 + \ldots + z_n)$ ihren **Mittelwert** oder genauer ihr **arithmetisches Mittel**.
Die Bildung eines Mittelwertes soll nun auf die Funktionswerte $f(x)$ einer auf einem Intervall $[a;b]$ stetigen Funktion f übertragen werden.

Dazu teilt man das Intervall $[a;b]$ in n Teilintervalle der Länge $\Delta x = \frac{b-a}{n}$ ein. Aus jedem Teilintervall wird eine Stelle ausgewählt (Fig. 3); man erhält so n zugehörige Funktionswerte $f(x_1), f(x_2), \ldots, f(x_n)$.
Bildet man den Mittelwert $\overline{f_n}$ dieser Funktionswerte und ersetzt $\frac{1}{n}$ durch $\frac{\Delta x}{b-a}$, ergibt sich:

$$\overline{f_n} = \frac{1}{n}(f(x_1) + f(x_2) + \ldots + f(x_n))$$

$$= \frac{1}{b-a} \sum_{k=1}^{n} f(x_k) \cdot \Delta x$$

Für $n \to \infty$ strebt $\overline{f_n}$ gegen das Integral $\frac{1}{b-a} \int_a^b f(x)\,dx$.

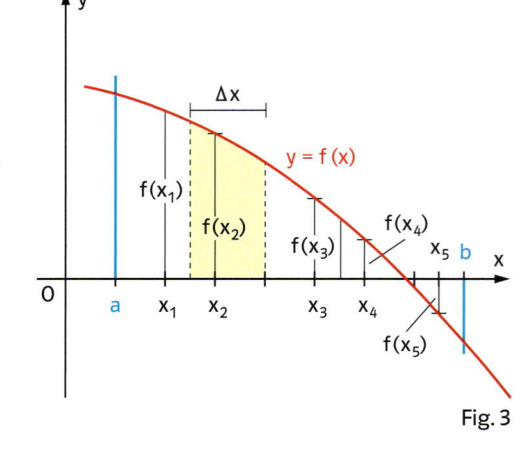

Fig. 3

Fig. 4

Anschaulich ist der Mittelwert $\overline{f}$ der Funktionswerte von f die Breite eines Rechtecks (Fig. 4), welches dieselbe Länge und denselben Inhalt hat wie die Fläche zwischen dem Graphen von f und der x-Achse über dem Intervall $[a;b]$.

Für eine auf einem Intervall $[a;b]$ stetige Funktion f heisst

$$\overline{f} = \frac{1}{b-a} \int_a^b f(x)\,dx \quad \text{der **Mittelwert** der Funktionswerte von f auf } [a;b].$$

Beispiel 1 Berechnung eines Mittelwertes
Bestimmen Sie für f mit $f(x) = \frac{1}{x^2}$ den Mittelwert $\overline{f}$ der Funktionswerte auf $[1;10]$.
Lösung:
Für den Mittelwert $\overline{f}$ gilt: $\overline{f} = \frac{1}{10-1} \cdot \int_1^{10} \frac{1}{x^2}\,dx = \frac{1}{9}\left[-\frac{1}{x}\right]_1^{10} = \frac{1}{9}\left(-\frac{1}{10} - (-1)\right) = \frac{1}{10}$

Beispiel 2 Anwendung der Mittelwertbildung

Der Abfluss Q (in $\frac{m^3}{s}$) einer Quelle hängt ab von der Zeit t (in Tagen). Messungen ergaben, dass für $0 \leq t \leq 10$ etwa $Q(t) = \frac{90}{(t+5)^2}$ gilt. Welcher konstante Abfluss hätte in diesem Zeitraum dieselbe Wassermenge geliefert?

Lösung:
Der gesuchte konstante Abfluss ist der Mittelwert $\overline{Q}$ des Abflusses Q:

$\overline{Q} = \frac{1}{10-0} \int_0^{10} \frac{90}{(t+5)^2}\,dt = \frac{1}{10}\left[-\frac{90}{t+5}\right]_0^{10} = 1{,}2$

Der konstante Abfluss ist $\overline{Q} = 1{,}2\,\frac{m^3}{s}$.

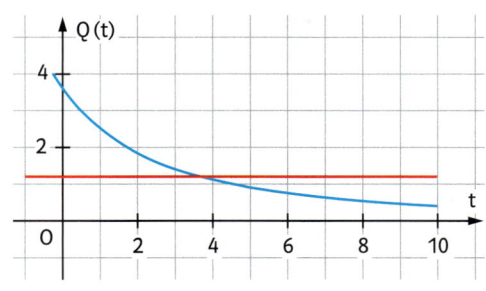

Fig. 1

Aufgaben

1 Bestimmen Sie den Mittelwert $\overline{f}$ der Funktionswerte von f auf [a;b] und zeichnen Sie den Graphen von f und die Gerade mit der Gleichung $y = \overline{f}$.
a) $f(x) = x^2 + 4x$; $a = 0$; $b = 4$
b) $f(x) = 1 - \left(\frac{2}{x}\right)^2$; $a = 1$; $b = 3$

2 Geben Sie drei Funktionen an, deren Mittelwert der Funktionswerte auf [−2;2] genau 1 ist.

3 Gegeben sind die Funktion f und der Mittelwert $\overline{f} = 2$ der Funktionswerte von f auf [1;6] (siehe Fig. 2).
a) Bestimmen Sie $\int_1^6 f(x)\,dx$.
b) Bestimmen Sie $\int_1^6 (f(x) - \overline{f})\,dx$.
c) Es ist $A_1 = 2{,}4$. Bestimmen Sie A_2.

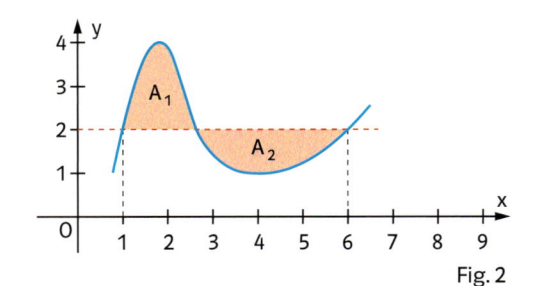

Fig. 2

4 Ein Auto beschleunigt in 10 s von 0 auf 100 $\frac{km}{h}$. Für diese Zeitspanne gilt für die Geschwindigkeit: $v(t) = \frac{1}{3{,}6} \cdot t \cdot (20 - t)$ (t in s; v in $\frac{m}{s}$).
a) Zeichnen Sie den Graphen und bestimmen Sie ohne Rechnung näherungsweise die mittlere Geschwindigkeit $\overline{v}$.
b) Bestimmen Sie $\overline{v}$ rechnerisch.
c) Wie weit ist das Auto gefahren?

Beachten Sie:
$100\,\frac{km}{h} = \frac{100}{3{,}6}\,\frac{m}{s}$

5 Eine Messung der Windgeschwindigkeit v (in $\frac{m}{s}$) an drei Tagen ergab die Tabelle von Fig. 3. Bestimmen Sie einen Mittelwert von v und v^3 für die Zeit zwischen 7 und 19 Uhr, indem Sie
a) das arithmetische Mittel bilden,
b) zunächst eine Parabel 3. Ordnung bestimmen und von dieser Funktion den Mittelwert berechnen.
Hinweis: Windenergie ist proportional zu v^3.

	Windgeschwindigkeit (in $\frac{m}{s}$)		
	1. Tag	2. Tag	3. Tag
7:00	15	21	36
13:00	27	30	42
19:00	30	33	24

Fig. 3

9.3 Uneigentliche Integrale

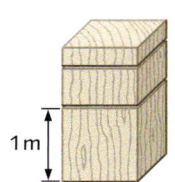

In der linken Figur sind Holzklötze mit der Breite 1m und den Höhen 1m, $\frac{1}{2}$m, $\frac{1}{4}$m usw. zu einem Turm aufeinandergeschichtet. Dieselben Klötze sind in der rechten Figur nebeneinandergelegt. Kann man bei «unendlich vielen» Klötzen etwas über die Höhe des Turms und den Flächeninhalt unter dem eingezeichneten Graphen sagen?

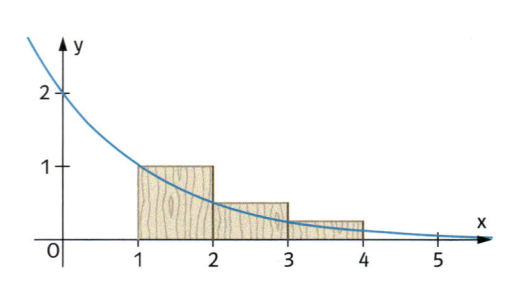

Bisher wurden Integrale über abgeschlossenen Intervallen betrachtet, d.h. mit fester unterer und oberer Grenze. Hier wird mithilfe der Integralrechnung untersucht, ob man auch «ins Unendliche reichenden» Flächen wie in den beiden folgenden Figuren einen endlichen Flächeninhalt zuordnen kann.

Für $u \to \infty$ ist die Fläche nach rechts unbegrenzt:

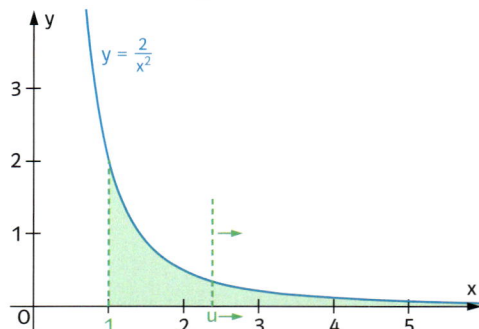

Für $u \to 0$ ist die Fläche nach oben unbegrenzt:

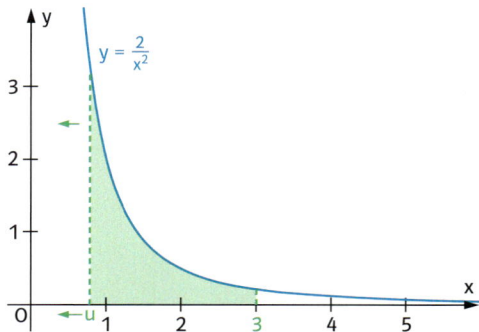

Um den Inhalt der nach rechts unbegrenzten Fläche zu untersuchen, berechnet man zunächst mit der variablen rechten Grenze u den Inhalt der Fläche über dem Intervall $[1; u]$.

$$A(u) = \int_1^u \frac{2}{x^2}\,dx = \left[-\frac{2}{x}\right]_1^u = -\frac{2}{u} + 2 = 2 - \frac{2}{u}$$

Es gilt: $\lim\limits_{u \to \infty} A(z) = \lim\limits_{u \to \infty} \left(2 - \frac{2}{u}\right) = 2$

Der Inhalt der Fläche hat für $u \to \infty$ den (endlichen) Wert 2.

Um den Inhalt der nach oben unbegrenzten Fläche zu untersuchen, berechnet man zunächst mit der variablen linken Grenze u den Inhalt der Fläche über dem Intervall $[u; 3]$.

$$A(z) = \int_u^3 \frac{2}{x^2}\,dx = \left[-\frac{2}{x}\right]_u^3 = -\frac{2}{3} + \frac{2}{u}$$

Es gilt: $\lim\limits_{u \to 0} A(z) = \lim\limits_{u \to 0} \left(-\frac{2}{3} + \frac{2}{u}\right) = \infty$

Der Inhalt der Fläche wächst für $u \to 0$ unbegrenzt; er hat keinen endlichen Wert.

Schreibweise:
$$\lim_{u \to \infty} \int_a^u f(x)\,dx = \int_a^\infty f(x)\,dx$$

Existiert für eine im Intervall $[a; \infty[$ bzw. $]a; b]$ stetige Funktion f der Grenzwert $\lim\limits_{u \to \infty} \int_a^u f(x)\,dx$ bzw. $\lim\limits_{u \to a} \int_u^b f(x)\,dx$, so heisst dieser Grenzwert das **uneigentliche Integral** über dem betreffenden Intervall.

Entsprechend wird das uneigentliche Integral einer Funktion f über $]-\infty; a]$ bzw. $[a; b[$ erklärt.

Beispiel 1   Nach rechts unbegrenzte Fläche
Gegeben ist die Funktion f mit $f(x) = 2e^{-x}$.
Zeigen Sie, dass die Fläche zwischen dem Graphen von f und den Koordinatenachsen (Fig. 1) einen Flächeninhalt A hat, und geben Sie A an.
Lösung:
Für $u > 0$ ist $A(u) = \int_0^u 2e^{-x}dx = [-2e^{-x}]_0^u = -2e^{-u} + 2$. Für $u \to \infty$ gilt $(-2e^{-u} + 2) \to 2$,
d.h., der Flächeninhalt A(u) hat den Grenzwert 2 für $u \to \infty$.
Damit ist $A = \lim_{u \to \infty} A(u) = 2$.

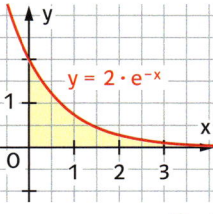

Fig. 1

Beispiel 2   Nach oben unbegrenzte Fläche
Gegeben ist die Funktion f mit $f(x) = x + \frac{1}{4\sqrt{x}}$ für $x > 0$.
Zeigen Sie, dass die Fläche zwischen dem Graphen von f, den Koordinatenachsen und der Geraden mit der Gleichung $x = 1$ (Fig. 2) einen Flächeninhalt A hat, und geben Sie diesen Flächeninhalt A an.
Lösung:
Für $u > 0$ gilt $A(u) = \int_u^1 \left(x + \frac{1}{4\sqrt{x}}\right)dx = \left[\frac{1}{2}x^2 + \frac{1}{2}\sqrt{x}\right]_u^1 = 1 - \frac{1}{2}u^2 - \frac{1}{2}\sqrt{u}$.
Für $u \to 0$ hat der Flächeninhalt A(u) den Grenzwert 1.
Folglich ist $A = \lim_{u \to 0} A(u) = 1$.

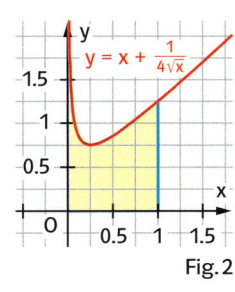

Fig. 2

Aufgaben

1   Untersuchen Sie, ob die von G_f und der x-Achse über dem angegebenen Intervall begrenzte, ins Unendliche reichende Fläche einen endlichen Flächeninhalt A besitzt. Geben Sie gegebenenfalls A an.
a) $f(x) = \frac{3}{x}$; $[1; \infty[$
b) $f(x) = 2e^x$; $]-\infty; 0]$
c) $f(x) = -4x^{-3}$; $]-\infty; -1]$

2   Untersuchen Sie jeweils, ob die gefärbte, ins Unendliche reichende Fläche in den Figuren auf der Randspalte einen endlichen Inhalt A hat. Geben Sie gegebenenfalls A an.

3   Zeichnen Sie G_f sowie dessen Asymptote für $x \to \infty$ bzw. $x \to -\infty$. Die Gerade mit der Gleichung $x = c$, G_f und die Asymptote begrenzen eine nach rechts bzw. links unbeschränkte Fläche. Untersuchen Sie, ob diese Fläche im angegebenen Intervall einen endlichen Inhalt hat. Geben Sie diesen gegebenenfalls an.
a) $f(x) = \frac{1}{2}x + \frac{2}{x^2}$; $c = 2$; $[2; \infty[$
b) $f(x) = -\frac{1}{3}x + e^x$; $c = 1$; $]-\infty; 1]$

4   Der Abfluss einer Quelle, der zu Beginn $4.0 \frac{m^3}{min}$ beträgt, nimmt etwa exponentiell ab und beträgt nach 20 Tagen $0.50 \frac{m^3}{min}$. Berechnen Sie die Wassermenge, die von der Quelle
a) in 30 Tagen geliefert wird,
b) insgesamt geliefert wird.

5   a) Wie viel Prozent von $\int_1^\infty e^{-x}dx$ sind $\int_1^a e^{-x}dx$ für $a = 2; 5; 10; 20; 50; 100$?
b) Bearbeiten Sie a) für die Funktion $f(x) = x^{-2}$ anstatt der Funktion $f(x) = e^{-x}$.

6   a) Berechnen Sie die Fläche, welche vom Graphen der Funktion $g(x) = e^{x-2}$, der Tangente t an der Stelle $x = 2$ an den Graphen von g und der x-Achse eingeschlossen wird.
b) Die Fläche unter der Kurve $y = \frac{1}{x}$ im Intervall $[1; \infty[$ rotiert um die x-Achse. Wie gross ist das Volumen des entstehenden Rotationskörpers?

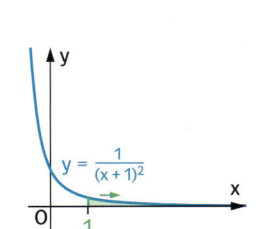

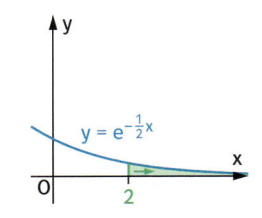

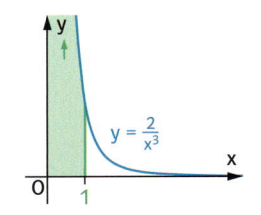

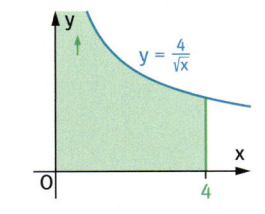

9.4 Partielle Integration

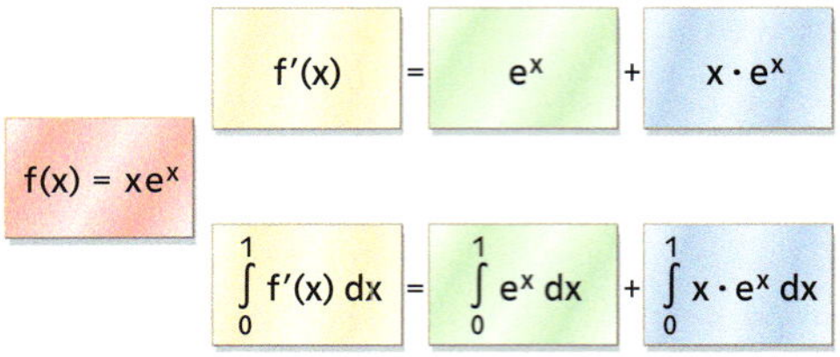

In Fig. 1 ist die Ableitung f' der Funktion f mit $f(x) = x \cdot e^x$ angegeben. Durch Integration von 0 bis 1 über die Funktion f' erhält man die darunterstehenden Integrale.

a) Zwei Integrale können sofort bestimmt werden. Welche Ergebnisse erhalten Sie?
b) Welches Integral kann mit den Ergebnissen von a) auch bestimmt werden?

Fig. 1

Aus der Produktregel kann ein Verfahren zur Bestimmung von Integralen gewonnen werden.

Aus $f = u \cdot v$ folgt $f' = u'v + uv'$. Integration über die Funktion f' von a bis b ergibt:

$\int_a^b f'(x)\,dx = \int_a^b u'(x) \cdot v(x)\,dx + \int_a^b u(x) \cdot v'(x)\,dx$. Wegen $\int_a^b f'(x)\,dx = [f(x)]_a^b = [u(x) \cdot v(x)]_a^b$ gilt:

Partielle Integration
Sind u und v auf dem Intervall [a; b] differenzierbare Funktionen mit stetigen Ableitungsfunktionen u' bzw. v', so gilt

$$\int_a^b u(x) \cdot v'(x)\,dx = [u(x) \cdot v(x)]_a^b - \int_a^b u'(x) \cdot v(x)\,dx.$$

Mit der partiellen Integration lässt sich eine Stammfunktion der Logarithmusfunktion f mit $f(x) = \ln(x)$ bestimmen. Man schreibt dazu $f(x) = (\ln(x)) \cdot 1$. Mit $u(x) = \ln(x)$ und $v'(x) = 1$ erhält man $u'(x) = \frac{1}{x}$ und $v(x) = x$. Damit ergibt sich für a, b > 0

$\int_a^b \ln(x)\,dx = \int_a^b (\ln(x)) \cdot 1\,dx = [(\ln(x)) \cdot x]_a^b - \int_b^a \frac{1}{x} x\,dx = [(\ln(x)) \cdot x]_a^b - [x]_a^b = [(\ln(x)) \cdot x - x]_a^b.$

Eine **Stammfunktion** der Funktion f mit $f(x) = \ln(x)$ ist die Funktion F mit
$$F(x) = x \cdot \ln(x) - x.$$

Beispiel 1 Partielle Integration

Bestimmen Sie $\int_0^1 3x \cdot e^{2x}\,dx$.

Lösung:

Strategie I:
Wähle u und v' so, dass $u' \cdot v$ einfacher als $u \cdot v'$ wird.

Wählt man $u(x) = 3x$ und $v'(x) = e^{2x}$, so ist $u'(x) = 3$ und $v(x) = \frac{1}{2}e^{2x}$. Also gilt:

$\int_0^1 3x \cdot e^{2x}\,dx = \int_0^1 u(x) \cdot v'(x)\,dx = [u(x) \cdot v(x)]_0^1 - \int_0^1 u'(x) \cdot v(x)\,dx$

$= [3x \cdot \frac{1}{2}e^{2x}]_0^1 - \int_0^1 3 \cdot \frac{1}{2}e^{2x}\,dx = \frac{3}{2}e^2 - [\frac{3}{4}e^{2x}]_0^1 = \frac{3}{4}e^2 + \frac{3}{4}$

Bemerkung

Wählt man in Beispiel 1 $u(x) = e^{2x}$ und $v'(x) = 3x$, dann ist $u'(x) = 2 \cdot e^{2x}$ und $v(x) = \frac{3}{2}x^2$. Damit gilt $\int_0^1 e^{2x} \cdot 3x\,dx = [e^{2x} \cdot \frac{3}{2}x^2]_0^1 - \int_0^1 2e^{2x} \cdot \frac{3}{2}x^2\,dx$. Das letzte Integral kann nicht bestimmt werden. Diese Wahl von u und v ist also ungeeignet.

Beispiel 2 Ein Sonderfall

Bestimmen Sie $\int_{0}^{\frac{\pi}{2}} \sin(x) \cdot \cos(x)\,dx$.

Lösung:
Mit $u(x) = \sin(x)$ und $v'(x) = \cos(x)$ erhält man $u'(x) = \cos(x)$ und $v(x) = \sin(x)$.
Dies ergibt:
$$\int_{0}^{\frac{\pi}{2}} \sin(x) \cdot \cos(x)\,dx = [\sin(x) \cdot \sin(x)]_{0}^{\frac{\pi}{2}} - \int_{0}^{\frac{\pi}{2}} \cos(x) \cdot \sin(x)\,dx$$

Zusammenfassen derselben Integrale liefert:
$$2\int_{0}^{\frac{\pi}{2}} \sin(x) \cdot \cos(x)\,dx = [\sin^2(x)]_{0}^{\frac{\pi}{2}} \text{ und somit } \int_{0}^{\frac{\pi}{2}} \sin(x) \cdot \cos(x)\,dx = [\sin^2(x)]_{0}^{\frac{\pi}{2}} = \frac{1}{2}$$

Strategie II:
Wähle u und v' so, dass u' · v ähnlich zu u · v' wird.

Aufgaben

1 Berechnen Sie.

a) $\int_{-1}^{1} x \cdot e^x\,dx$
b) $\int_{0}^{\pi} x \cdot \sin(x)\,dx$
c) $\int_{0}^{3} x \cdot (x-3)^5\,dx$
d) $\int_{0}^{0.5} 4x \cdot e^{2x+1}\,dx$
e) $\int_{1}^{e^2} 2\ln(x)\,dx$
f) $\int_{1}^{e} x \cdot \ln(x)\,dx$

2 Geben Sie verschiedene Möglichkeiten für $f(x)$ an, sodass Sie das Integral
$\int_{-1}^{1} f(x) \cdot e^x\,dx$ berechnen können. Begründen Sie Ihre Wahl in Worten.

3 Bestimmen Sie das Integral durch zweimalige Anwendung der partiellen Integration.

a) $\int_{0}^{2} x^2 \cdot e^x\,dx$
b) $\int_{\pi}^{-\pi} x^2 \cdot \cos(x)\,dx$
c) $\int_{0}^{2.5} x^2 \cdot (2x-5)^4\,dx$
d) $\int_{-1}^{\pi-1} x^2 \cdot \sin(x+1)\,dx$

4 Berechnen Sie das Integral wie in Beispiel 2.

a) $\int_{0}^{\pi} \sin^2(x)\,dx$
b) $\int_{-1}^{1} \cos^2(\pi x)\,dx$
c) $\int_{0}^{\pi} e^x \cdot \cos(x)\,dx$
d) $\int_{0}^{2} e^{2x} \cdot \sin(\pi x)\,dx$

5 Für die Auslenkung $a(t)$ (in cm) einer gedämpften Schwingung zur Zeit t (in s) gilt $a(t) = 8 \cdot e^{-0.2t} \cdot \sin(t)$.
Skizzieren Sie das Schaubild von a für $0 \leq t \leq 15$ und berechnen Sie den Mittelwert der Auslenkung in diesem Zeitintervall.

6 Gegeben ist die Funktion f mit $f(x) = x \cdot e^{1-x}$; ihr Graph sei G.
a) Der Graph G teilt das Quadrat ORST mit $O(0|0)$, $R(1|0)$ und $S(1|1)$ in zwei Teilflächen mit den Inhalten A_1 und A_2. Bestimmen Sie das Verhältnis $A_1 : A_2$.
b) Der Graph G, seine Wendetangente und die y-Achse begrenzen eine Fläche mit dem Inhalt A. Bestimmen Sie A.

7 Gegeben ist der Graph G der Funktion f mit $f(x) = 4x \cdot e^{-x}$.
Die x-Achse und G begrenzen im I. Quadranten eine nach rechts offene Fläche, welche um die x-Achse rotiert. Bestimmen Sie den Inhalt A der Fläche und das Volumen V des Rotationskörpers.

9.5 Integration durch Substitution

$F(x) = x^3$
$f(x) = 3x^2 \cdot \square$

$F(x) = (2x + 3)^3$
$f(x) = 3(2x + 3)^2 \cdot \square$

$F(x) = (2x^4 + 1)^3$
$f(x) = 3(2x^4 + 1)^2 \cdot \square$

$F(x) = (x + 1)^3$
$f(x) = 3(x + 1)^3 \cdot \square$

$F(x) = (x + 1)^3$
$f(x) = 3(x + 1)^3 \cdot \square$

$F(x) = (2e^{4x} + x)^3$
$f(x) = 3(2e^{4x} + x)^2 \cdot \square$

Eine auf $\mathbb{R}$ definierte und differenzierbare Funktion F ist eine Stammfunktion der Funktion f, wenn $F' = f$ gilt.
a) Ergänzen Sie in Fig. 1 jeweils den Term von f so, dass F eine Stammfunktion von f ist.
b) Es sei $F(x) = (g(x))^3$ und $f(x) = 3 \cdot (g(x))^2 \cdot \square$.
Welcher Term ist stets für $\square$ zu wählen?

Fig. 1

Die Grundlage der partiellen Integration ist die Produktregel beim Ableiten. Entsprechend kann man aus der Kettenregel ein Integrationsverfahren herleiten.
Es sei F eine Stammfunktion von f und g eine weitere differenzierbare Funktion. Kann man die Verkettung H mit $H(x) = F(g(x))$ bilden, so gilt $H'(x) = F'(g(x)) \cdot g'(x) = f(g(x)) \cdot g'(x)$ nach der Kettenregel. Folglich ist H eine Stammfunktion von h mit $h(x) = f(g(x)) \cdot g'(x)$.
Also gilt, wenn man die Variable von f und F mit z bezeichnet:

$$\int_a^b f(g(x)) \cdot g'(x)\, dx = \left[F(g(x))\right]_a^b = F(g(b)) - F(g(a)) = \left[F(z)\right]_{g(a)}^{g(b)} = \int_{g(a)}^{g(b)} f(z)\, dz.$$

Diesen Zusammenhang kann man zur Bestimmung von Integralen nutzen.

substituere (lat.): ersetzen

Bei der **Integration durch Substitution** wendet man die folgende Integrationsformel an:

$$\int_a^b f(g(x)) \cdot g'(x)\, dx = \int_{g(a)}^{g(b)} f(z)\, dz.$$

Beispiel 1 Integration durch Substitution

Bestimmen Sie $\int_0^2 \frac{4x}{\sqrt{1 + 2x^2}}\, dx$.

Lösung:

Strategie:
Man versucht die innere Funktion g so zu wählen, dass die Ableitung g' im Integranden als Faktor auftritt.

Substitution: $\qquad g(x) = 1 + 2x^2$ und $f(z) = \frac{1}{\sqrt{z}}$
Ableitung: $\qquad g'(x) = 4x$
Umrechnung der Grenzen: $\qquad$ Aus der Grenze 0 wird die Grenze $g(0) = 1$;
$\qquad$ aus der Grenze 2 wird die Grenze $g(2) = 9$.
Durchführung der Integration:

$$\int_0^2 \frac{4x}{\sqrt{1 + 2x^2}}\, dx = \int_0^2 \frac{1}{\sqrt{1 + 2x^2}} \cdot 4x\, dx = \int_0^2 f(g(x)) \cdot g'(x)\, dx = \int_1^9 f(z)\, dz = \int_1^9 \frac{1}{\sqrt{z}}\, dz = \left[2\sqrt{z}\right]_1^9 = 4$$

Beachten Sie:
Sie müssen die Grenzen nicht ausrechnen, wenn Sie die Substitution rückgängig machen oder wenn Sie eine Stammfunktion bestimmen wollen.

Bemerkung
Man kann in Beispiel 1 die Substitution $g(x) = 1 + 2x^2$ rückgängig machen.

Dies ergibt: $\int_0^2 \frac{4x}{\sqrt{1 + 2x^2}}\, dx = \ldots = \left[2\sqrt{z}\right]_1^9 = \left[2\sqrt{1 + 2x^2}\right]_0^2 = 4$

Auf diese Weise erhält man eine Stammfunktion des Integranden: F mit $F(x) = 2\sqrt{1 + 2x^2}$ ist eine Stammfunktion von f mit $f(x) = \frac{4x}{\sqrt{1 + 2x^2}}$.

Beispiel 2 Bestimmung einer Stammfunktion

Bestimmen Sie eine Stammfunktion für f mit $f(x) = \frac{x}{2(1+x^2)^3}$.

Lösung:

Man berechnet $\int_a^b \frac{x}{2(1+x^2)^3} dx$ für beliebige Zahlen $a, b \in D_f$ mithilfe einer Substitution.

Substitution: $\quad g(x) = 1 + x^2$ und $f(z) = \frac{1}{z^3}$

Ableitung: $\quad g'(x) = 2x$

Umrechnung der Grenzen: Aus der Grenze a wird die Grenze $g(a)$;
aus der Grenze b wird die Grenze $g(b)$.

Durchführung der Integration:

$$\int_a^b \frac{x}{2(1+x^2)^3} dx = \frac{1}{4}\int_a^b \frac{1}{(1+x^2)^3} \cdot 2x\, dx = \frac{1}{4}\int_{g(a)}^{g(b)} \frac{1}{z^3} dz = \frac{1}{4}\left[\frac{-1}{2z^2}\right]_{g(a)}^{g(b)} = \frac{1}{4}\left[\frac{-1}{2(1+x^2)^2}\right]_a^b$$

Also ist F mit $F(x) = \frac{-1}{8(1+x^2)^2}$ eine Stammfunktion von f mit $f(x) = \frac{x}{2(1+x^2)^3}$.

Aufgaben

1 Berechnen Sie das Integral mit der angegebenen Substitution.

a) $\int_0^2 \frac{4x}{\sqrt{1+2x^2}} dx$; $g(x) = 1 + 2x^2$
b) $\int_{-1}^1 \frac{-2}{(4-3x^2)^2} dx$; $g(x) = 4 - 3x^2$

c) $\int_0^1 x^2 e^{x^3+1} dx$; $g(x) = x^3 + 1$
d) $\int_0^1 x \cdot \sin(x^2) dx$; $g(x) = x^2$

2 Bestimmen Sie eine Stammfunktion der Funktion f.

a) $f(x) = \frac{3}{(3x+1)^2}$
b) $f(x) = \frac{5}{(4x+5)^4}$
c) $f(x) = \frac{x}{5+x^2}$
d) $f(x) = x^3 \cdot \ln(x^4)$

3 Bestimmen Sie eine Stammfunktion und das Integral.

a) $\int_1^3 \frac{10}{(3x+1)^2} dx$
b) $\int_{-2}^0 \frac{3}{\sqrt{1-4x}} dx$
c) $\int_0^2 \frac{4}{2x+5} dx$
d) $\int_1^4 \ln\left(\frac{2}{5}x - \frac{1}{5}\right) dx$

e) $\int_0^3 \frac{2x}{1+x^2} dx$
f) $\int_{-1}^2 \frac{e^x}{2+e^x} dx$
g) $\int_e^{e^2} \frac{4}{x \cdot \ln(x)} dx$
h) $\int_{\frac{1}{3}}^{\frac{1}{2}} \frac{\pi \cdot \cos(\pi x)}{\sin(\pi x)} dx$

4 Geben Sie verschiedene Funktionen u an, bei denen das Integral durch Substitution berechnet werden kann.

a) $\int_a^b (x^2+x)^3 \cdot u(x) dx$
b) $\int_a^b e^{x^2+2} \cdot u(x) dx$
c) $\int_a^b \sin(\sqrt{\pi x}) \cdot u(x) dx$
d) $\int_a^b \frac{4 \cdot u(x)}{\sqrt{1-3x^2}} dx$

e) $\int_a^b \frac{4x^2}{\sqrt{u(x)}} dx$
f) $\int_a^b (u(x))^2 \cdot 4x^3 dx$
g) $\int_a^b \frac{2x^3+x}{(u(x))^4} dx$
h) $\int_a^b e^{u(x)} \cdot (x^2+1) dx$

5 Die folgenden Integrale lassen sich sowohl durch Integration mit Substitution als auch durch partielle Integration bestimmen. Berechnen Sie jedes Integral auf zwei verschiedene Arten.

a) $\int_1^{2e} \frac{1}{x} \cdot \ln(x) dx$
b) $\int_{0.5\pi}^{1.5\pi} \sin(x) \cdot \cos(x) dx$
c) $\int_0^\pi \sin^2(x) \cdot \cos(x) dx$
d) $\int_0^\pi \sin(x) \cdot \cos^3(x)$

6 Untersuchen Sie, ob das uneigentliche Integral existiert.

a) $\int_0^\infty \frac{x^3}{(1+x^4)^2} dx$
b) $\int_0^e \frac{\ln(x)}{x} dx$
c) $\int_0^\infty \frac{1}{x^2} \cdot \sin\left(\frac{1}{x}\right) dx$
d) $\int_0^1 \frac{1-2x}{\sqrt{x-x^2}} dx$

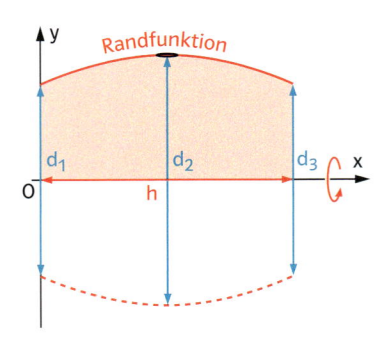

Exkursion: Numerische Integration – die Fassregel von Kepler

Kann man das Fassungsvermögen eines Weinfasses aus seinen Abmessungen berechnen?

Da es sich bei einem Fass um einen Rotationskörper handelt, ist eine Berechnung des Volumens mit dem Hauptsatz der Differenzial- und Integralrechnung möglich. Dazu benötigt man jedoch eine «Randfunktion» des Fasses, die im Allgemeinen nicht bekannt ist.

Vor diesem Problem stand der Astronom und Mathematiker Johannes Kepler (1571–1630), als er zu seiner Hochzeit einige Fässer Wein kaufte. Wie sollte er ohne grössere Umstände nachprüfen, wie viel Wein in den vollen Fässern war? Die sich aus diesem Problem ergebenden Überlegungen beschrieb Kepler in seiner Schrift «Nova stereometria doliorum vinariorum» (Neue Inhaltsberechnung von Weinfässern).

Mithilfe der Fassregel von Kepler kann man Flächeninhalte berechnen, wenn nur einzelne Kurvenpunkte bekannt sind oder wenn man keine Stammfunktionen kennt.

Eines seiner Ergebnisse war: Wenn man an einem Fass die drei Längen d_1, d_2 (durch das Spundloch) und d_3 misst und daraus die Inhalte der kreisförmigen Querschnittsflächen q_1, q_2 und q_3 berechnet, dann erhält man einen guten Näherungswert für das Volumen V des Fasses mit $V = \frac{1}{6} \cdot h \cdot (q_1 + 4q_2 + q_3)$. Von dieser Formel kommt der Name «Fassregel».

Im Folgenden soll die auf Flächeninhalte übertragene Problemstellung von Kepler erörtert und gelöst werden. Sie lautet:

Wie kann man einen Näherungswert für den Inhalt der Fläche unter dem Graphen in Fig. 1 bestimmen, wenn neben a und b nur die Längen y_a, y_m und y_b bekannt sind?

Idee: Man nähert die Fläche auf verschiedene Arten mit Trapezen an (Fig. 1 und Fig. 2).

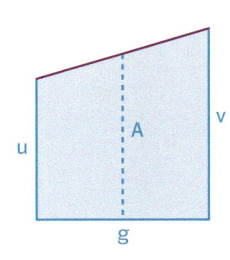

Formel für den Flächeninhalt des Trapezes:
$A = g \cdot \frac{u + v}{2}$

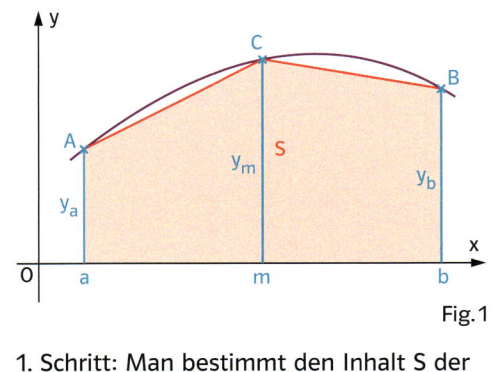

Fig. 1

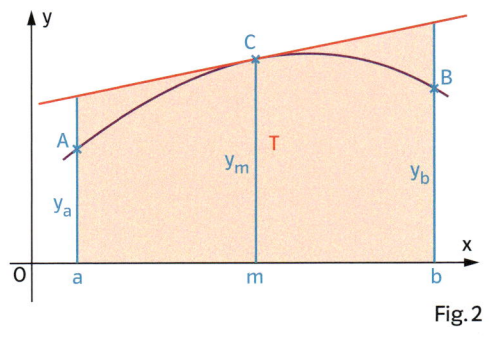

Fig. 2

1. Schritt: Man bestimmt den Inhalt S der beiden Sehnentrapeze in Fig. 1. Es gilt:

$$S = \frac{b-a}{2} \cdot \frac{y_a + y_m}{2} + \frac{b-a}{2} \cdot \frac{y_m + y_b}{2}$$
$$= \frac{b-a}{2}\left(\frac{y_a}{2} + y_m + \frac{y_b}{2}\right).$$

2. Schritt: Man bestimmt den Inhalt T des Tangententrapezes in Fig. 2. Es gilt:

$T = (b - a) \cdot y_m$.

(T ist unabhängig von der Steigung der Tangente.)

3. Schritt: Man kombiniert die beiden Näherungswerte S und T zu einem einzigen Näherungswert K. Weil bei der Bestimmung von S eine feinere Unterteilung verwendet wurde, erscheint es sinnvoll, S doppelt so stark zu gewichten wie T. Man setzt:

$K = \frac{1}{3}(2S + T) = \frac{1}{3}\left(2 \cdot \frac{b-a}{2}\left(\frac{y_a}{2} + y_m + \frac{y_b}{2}\right) + (b-a) \cdot y_m\right) = \frac{1}{6}(b-a) \cdot (y_a + 4y_m + y_b)$.

> **Fassregel von Kepler:** Sind von dem Graphen einer Funktion f die Koordinaten der drei Punkte $A(a|y_a)$, $B(b|y_b)$ und $C\left(\frac{a+b}{2}\Big|y_m\right)$ bekannt, dann gilt:
>
> $$\int_a^b f(x)\,dx \approx \frac{1}{6}(b-a) \cdot (y_a + 4y_m + y_b)$$

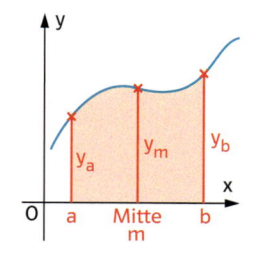

Die Genauigkeit der Kepler'schen Fassregel wird beispielhaft am Integral $\int_1^3 \frac{1}{1+x^2}\,dx$ untersucht.

Gegebene Werte: $a = 1$; $y_a = \frac{1}{1+1^2} = \frac{1}{2}$; $m = 2$; $y_m = \frac{1}{1+2^2} = \frac{1}{5}$; $b = 3$; $y_b = \frac{1}{1+3^2} = \frac{1}{10}$;

$\frac{1}{6}(b-a) \cdot (y_a + 4y_m + y_b) = \frac{1}{6} \cdot 2 \cdot \left(\frac{1}{2} + 4 \cdot \frac{1}{5} + \frac{1}{10}\right) = \frac{7}{15} \approx 0.4667$ (gerundet auf vier Dezimalen).

Der exakte Wert ist auf vier Dezimalen gerundet 0.4636. Das ist eine Abweichung von 0.7%.

Man kann die zur Kepler'schen Fassregel führende Problemstellung auch ganz anders angehen. Dabei wird durch die drei gegebenen Punkte A, B und C eine Parabel $f(x) = ax^2 + bx + c$ vom Grad 2 gelegt.
In Fig. 1 ergeben sich die Bedingungen:

$\quad\quad\quad\quad c = 1$ (Punkt A)
$16a + 4b + 1 = 3$ (Punkt B)
$\quad 4a + 2b + 1 = 4$ (Punkt C)

Lösung: $f(x) = -0.5x^2 + 2.5x + 1$

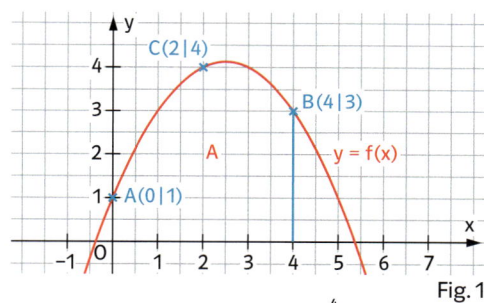

Mit dieser Funktion ergibt sich für den Flächeninhalt die Näherungslösung $\int_0^4 f(x)\,dx = \frac{40}{3}$.

Mit der Kepler'schen Fassregel ergibt sich $\frac{1}{6} \cdot 4 \cdot (1 + 4 \cdot 4 + 3) = \frac{40}{3}$.

Man kann zeigen, dass die Kepler'sche Fassregel und die «Parabelmethode» immer dieselben Ergebnisse liefern.

Fig. 1

1 Berechnen Sie das Integral $\int_0^2 f(x)\,dx$ mit dem Hauptsatz und näherungsweise mit der Kepler'schen Fassregel.
a) $f(x) = x$ b) $f(x) = x^2$ c) $f(x) = x^3$ d) $f(x) = x^4$ e) $f(x) = x^5$

2 a) Berechnen Sie die Integrale $\int_{-1}^1 10x^2(x-1)^2(x+1)^2\,dx$ und $\int_{-1}^1 x^2 \cdot e^{-x}\,dx$ näherungsweise mit der Kepler'schen Fassregel.
b) Berechnen Sie die Integrale aus Teilaufgabe a) mit der Parabelmethode und vergleichen Sie das Ergebnis mit den Ergebnissen aus a).

3 Bestätigen Sie rechnerisch, dass mit der Kepler'schen Fassregel das Volumen eines Zylinders und eines Kegels exakt bestimmt wird.

Es ist kein Zufall, dass die Kepler'sche Fassregel bei den Aufgaben 1a), 1b) und 1c) exakte Ergebnisse für das Integral liefert. Dies gilt für Polynome als Randfunktionen bis zum Grad 3.

Exkursion: Bogenlänge einer Kurve

In dieser Exkursion wird ein Verfahren hergeleitet, das die Berechnung der Länge einer ebenen Kurve zwischen zwei Punkten ermöglicht. Im Wesentlichen wird dabei derselbe Weg wie bei der Flächenberechnung eingeschlagen. Man unterteilt die Kurve zuerst in mehrere Teilstrecken. Wird die Unterteilung feiner, passen sich die Strecken immer genauer der Kurve an, und die Summe der Streckenlängen nähert sich der Länge des Graphen an.

Gegeben sei also eine Funktion f, für deren Kurve die Bogenlänge s zwischen den Punkten A und B berechnet werden soll. Damit das sinnvoll ist, darf die Kurve keine Sprungstellen haben, d.h., f wird als stetig vorausgesetzt.

Das Intervall $[a;b]$ wird zunächst in Teilstücke der Länge $\Delta x = \frac{b-a}{n}$ zerlegt, sodass die Kurve zwischen A und B durch endlich viele Punkte unterteilt ist (Fig. 1). Die Länge des Kurvenstücks s_i ($i = 1; 2; \ldots; n$) zwischen den Punkten $P_{i-1}(x_{i-1}|f(x_{i-1}))$ und $P_i(x_i|f(x_i))$ kann nun näherungsweise durch die Streckenlänge $\overline{P_{i-1}P_i}$ berechnet werden.

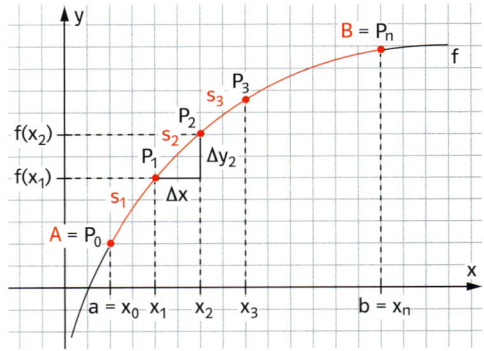

Mit $\Delta x = x_i - x_{i-1}$ und $\Delta y_i = f(x_i) - f(x_{i-1})$ folgt nach dem Satz des Pythagoras:

Fig. 1

$$s_i \approx \overline{P_{i-1}P_i} = \sqrt{(\Delta x)^2 + (\Delta y_i)^2} = \sqrt{\left(1 + \left(\frac{\Delta y_i}{\Delta x}\right)^2\right) \cdot (\Delta x)^2} = \sqrt{1 + \left(\frac{\Delta y_i}{\Delta x}\right)^2} \cdot \Delta x$$

Für die gesuchte Bogenlänge s ergibt sich: $s = s_1 + s_2 + \ldots + s_n = \sum_{i=1}^{n} s_i \approx \sum_{i=1}^{n} \sqrt{1 + \left(\frac{\Delta y_i}{\Delta x}\right)^2} \cdot \Delta x$

Unter der Voraussetzung, dass f differenzierbar ist, erhält man den genauen Wert der Bogenlänge, wenn der Grenzwert der Summe für $n \to \infty$ gebildet wird:

$$s = \lim_{n \to \infty} \sum_{i=1}^{n} \sqrt{1 + \left(\frac{\Delta y_i}{\Delta x}\right)^2} \cdot \Delta x = \int_a^b \sqrt{1 + (f'(x))^2} \, dx$$

Das Integral zur Berechnung der Bogenlänge ist in vielen Fällen nur mit erheblichem Aufwand und in den meisten praktischen Fällen gar nicht in geschlossener Form lösbar. Dann könnte man auf die Möglichkeiten der numerischen Integration zurückgreifen bzw. einen geeigneten Taschenrechner benutzen.

> Die **Bogenlänge** einer differenzierbaren Funktion f hat im Intervall $[a;b]$ den Wert
> $$s = \int_a^b \sqrt{1 + (f'(x))^2} \, dx.$$

1 Berechnen Sie die Länge der Strecke $\overline{PQ}$ mit $P(2|2)$ und $Q(6|4)$
a) mit dem Satz des Pythagoras,   b) als Bogenlänge eines Funktionsgraphen.

2 Zeichnen Sie den Graphen der Neil'schen Parabel $f(x) = \sqrt{x^3}$ für $x \in [0;2]$ in ein geeignetes Koordinatensystem.
a) Messen Sie die Länge des Parabelbogens in $[0;2]$ mithilfe eines Fadens.
b) Berechnen Sie die Länge des Parabelbogens in $[0;2]$.

Zu Aufgabe 3:
$\int \frac{1}{\sqrt{1-x^2}} \, dx = \arcsin(x) + c$

3 Bestätigen Sie den Umfang $u = 2\pi$ für den Einheitskreis, indem Sie die Bogenlänge der Funktion $f(x) = \sqrt{1-x^2}$ in $[0;1]$ berechnen.

Exkursion: Geschichte der Analysis

Die Mathematik gehört zu den ältesten Wissenschaften der Menschheit. Heute spielen die verschiedenen Teilgebiete der Mathematik in unzähligen Berufen, aber auch in vielen Alltagsbereichen eine tragende Rolle. Neben der Geometrie, der Wahrscheinlichkeitsrechnung und der Algebra gehört die Analysis zu den zentralen Gebieten der Mathematik.

análysis (griech.): *Auflösung*

Die Analysis beschäftigt sich in erster Linie mit der Differenzial- und Integralrechnung. In der Differenzialrechnung geht es um die Berechnung der Ableitung einer Funktion bzw. der momentanen Änderungsrate einer Grösse. Die Integralrechnung kann unter zwei Aspekten betrachtet werden: Zum einen können mit ihr Flächen und Volumina (z.B. von Rotationskörpern) berechnet werden. Zum anderen können mit der Integralrechnung Grössen rekonstruiert werden, wenn deren momentane Änderungsraten bekannt sind. Kennt man beispielsweise die Geschwindigkeit eines Autos, so lässt sich mithilfe der Integralrechnung der zurückgelegte Weg bestimmen. Die Verbindung zwischen diesen beiden Theorien der Analysis bildet den Hauptsatz der Differenzial- und Integralrechnung; er besagt, dass Integrale über Stammfunktionen berechnet werden können.

Mit der Geschwindigkeit v lässt sich ein zurückgelegter Weg bestimmen:

$$s(t) = \int_0^t v(x)\,dx.$$

Die Anfänge der Analysis gehen auf die Griechen zurück. Die Mathematiker der damaligen Zeit beschäftigten sich intensiv mit geometrischen Figuren und Körpern. Bei den Flächenberechnungen beschränkten sie sich zunächst auf Polygone (Dreiecke, Vierecke usw.). Dem griechischen Mathematiker und Ingenieur Archimedes gelang es 260 v. Chr., mithilfe der «Ausschöpfungsmethode» für die Kreiszahl π den Näherungswert $3 + \frac{10}{71}$ zu bestimmen. Er «schöpfte» dabei den Kreis mithilfe eines 96-Ecks (!) aus. Mit seinen Überlegungen zur Flächenberechnung griff er Ideen der Integralrechnung viel später folgender Mathematiker vor.

Die Ausschöpfungsmethode beim Kreis:

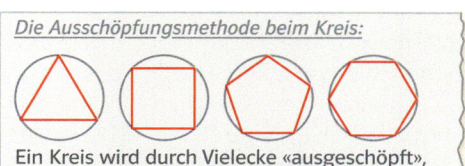

Ein Kreis wird durch Vielecke «ausgeschöpft», d. h., so gut wie möglich ausgefüllt. Je mehr Ecken das Vieleck hat, desto besser stimmen die Flächeninhalte des Vielecks und des Kreises überein.

Archimedes (ca. 287 v. Chr. – 212 v. Chr.)

Nach Archimedes dauerte es bis zum Beginn der Neuzeit, dass neue Erkenntnisse für die weitere Entwicklung der Analysis gewonnen wurden.

Der Mathematiker und Physiker Galileo Galilei erkannte bei seinen Untersuchungen zur Geschwindigkeit von Kugeln auf einer schiefen Ebene, dass die Beschleunigung die Ableitung der Geschwindigkeit ist. Er stellte darüber hinaus fest, dass ein Körper bei einer grossen Beschleunigung nicht zwingend auch eine grosse Geschwindigkeit haben muss. Es kommt u.a. darauf an, wie lange der Körper beschleunigt wird.

Darstellung der schiefen Ebene von Galilei.

Galileo Galilei (1564 – 1642)

Ein weiterer Wegbereiter der Analysis war Bonaventura Cavalieri. Er erkannte, dass geometrische Figuren als aus unendlich vielen unendlich kleinen Elementen zusammengesetzt betrachtet werden können. Nach Cavalieri besteht eine Linie aus unendlich vielen Punkten ohne Grösse, eine Fläche aus unendlich vielen Linien ohne Breite und ein Körper aus unendlich vielen Flächen ohne Höhen.

Francesco Bonaventura Cavalieri (1598 – 1647)

185

Isaac Newton
(1643 – 1727)

Gottfried Wilhelm Leibniz
(1646 – 1716)

Bernhard Riemann
(1826 – 1866)

Nach diesen vorbereitenden Arbeiten wurde im 17. Jahrhundert unabhängig voneinander vom Engländer Isaac Newton und vom Deutschen Gottfried Wilhelm Leibniz mit der Entwicklung der Infinitesimalrechnung der Grundstein für die Analysis gelegt.

Newton fasste variable Grössen als zeitabhängig auf und nannte diese «Fluenten» (Fliessende). Mit deren Ableitungen nach der Zeit bezeichnete er deren momentane Geschwindigkeiten («Ableitung»), die er «Fluxionen» nannte, und kennzeichnete sie mit einem Punkt (z. B. $\dot{x}$).

Newton berechnete die Fluxionen durch Grenzwertbetrachtungen. Da ein solches Vorgehen nicht seinem eigenen Methodenideal entsprach, veröffentlichte er seine Ergebnisse zunächst nicht, sondern erwähnte sie nur indirekt beim Argumentieren mit zeitabhängigen geometrischen Grössen.

So kam es, dass der Deutsche Gottfried Wilhelm Leibniz etwa zehn Jahre später eine eigene Theorie zum Ableitungsbegriff entwickelte. Leibniz verstand eine Kurve als ein «Unendlich-Eck», sodass eine Tangente die Kurve in einer unendlich kleinen Strecke schneiden musste. Hierbei baute er u. a. auf den Erkenntnissen von Cavalieri auf. Leibniz führte den Begriff «Differenziale» ein, aus dem der Begriff «Differenzialrechnung» hervorging.

Der Streit zwischen Leibniz und Newton, wer von beiden als Erster den Ableitungsbegriff entdeckt haben soll, gilt als der grösste Prioritätenstreit in der Geschichte der Mathematik.

Im Laufe der Zeit wurde die Analysis dann zunächst ohne wirklich gesicherte Grundlagen weiterentwickelt. Erst im 19. Jahrhundert konnte mit ihr in einer Art und Weise gearbeitet werden, die den heutigen Standards entspricht. Denn erst seit dieser Zeit sind Begriffe wie Funktion, Grenzwert oder Integral präzise geklärt. Hierzu trugen die Mathematiker Joseph Louis Lagrange (1736 – 1813), Augustin Louis Cauchy (1789 – 1857), Karl Weierstrass (1815 – 1879), Carl Friedrich Gauss (1777 – 1855) und Richard Dedekind (1831 – 1916) entscheidend bei.

Das Integral in der Form, wie es heute an den Gymnasien gelehrt wird, geht auf den deutschen Mathematiker Georg Friedrich Bernhard Riemann zurück. Riemann bestimmte die Fläche, die von der x-Achse und einem Graphen eingeschlossen wird, mithilfe von leicht zu berechnenden Rechtecksflächen. Die Idee des sogenannten «Riemann-Integrals» wurde später durch den französischen Mathematiker Henri Léon Lebesgue (1875 – 1941) weiterentwickelt.

Die mathematischen Anwendungen der Analysis sind immens. Gebiete wie Differenzialgleichungen, Integralgleichungen, Funktionalanalysis und viele mehr basieren auf den Konzepten der Analysis. Besondere Anwendungen findet man in der Wahrscheinlichkeitstheorie, den Naturwissenschaften, der Technik, der Informatik oder den Wirtschafts- und Sozialwissenschaften. Mit der Analysis lassen sich Flächen und Körper (z. B. Rotationskörper) berechnen, und es können Optimierungsprobleme, aber auch statische Probleme (Bau eines Hauses oder einer Brücke) gelöst werden. Daher gehört die Analysis zu den ersten Pflichtvorlesungen eines Mathematikstudiums.

IV
Wahrscheinlichkeitsrechnung

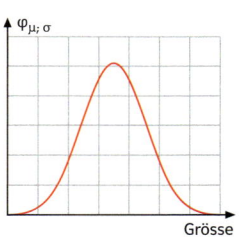

Inhalt

- Wahrscheinlichkeiten
- Kombinatorik
- Zusammengesetzte Ereignisse
- Erwartungswert und Varianz einer Zufallsvariablen
- Bernoulli-Experiment
- Binomialverteilung
- Normalverteilung

10 Wahrscheinlichkeiten und Abzählverfahren

10.1 Zufallsexperimente und Ereignisse

Was könnte von Interesse sein, wenn das in der Randspalte abgebildete Glücksrad gedreht wird?

Ergebnismenge

Bei der Durchführung eines **Zufallsexperiments** tritt genau ein **Ergebnis** von mehreren möglichen Ergebnissen ein. Welches Ergebnis auftreten wird, lässt sich nicht vorhersagen.

Ω: Omega bzw. ω: omega ist der letzte Buchstabe des griechischen Alphabets.

> Die Menge aller möglichen Ergebnisse eines Zufallsexperiments heisst **Ergebnismenge**. Sie wird mit Ω bezeichnet. Die einzelnen Ergebnisse bezeichnet man mit $\omega_1; \omega_2; \omega_3; \ldots$.

Beim Würfeln wählt man meist als Ergebnismenge $\Omega = \{1; 2; 3; 4; 5; 6\}$. Sind bei einem Würfel die Seitenflächen mit geraden Zahlen blau, die mit ungeraden Zahlen rot gefärbt und interessieren wir uns nur für die gewürfelte Farbe, so wählen wir als Ergebnismenge $\Omega = \{blau, rot\}$ oder $\Omega = \{gerade, ungerade\}$. Die Wahl einer passenden Ergebnismenge hängt also vom betrachteten **Merkmal** (z. B. Zahl oder Farbe) ab.

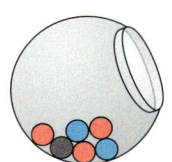

Im Folgenden wird an einem Beispiel beschrieben, wie man die Ergebnismenge eines komplexeren Zufallsexperiments gewinnt.

Aus einer Urne wird zweimal nacheinander eine Kugel gezogen und jedes Mal die Farbe notiert; dabei wird die zuerst gezogene Kugel vor der zweiten Ziehung wieder zurückgelegt (Ziehen mit Zurücklegen im Unterschied zum Ziehen ohne Zurücklegen).

In der Wahrscheinlichkeitsrechnung nennt man Gefässe, aus denen man z. B. Kugeln zieht, Urnen.

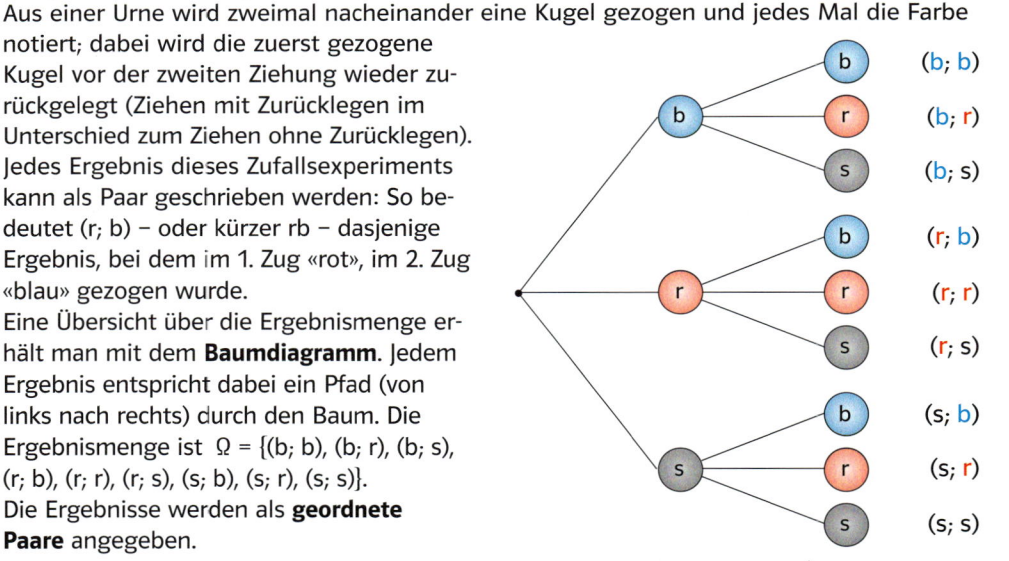

Jedes Ergebnis dieses Zufallsexperiments kann als Paar geschrieben werden: So bedeutet (r; b) – oder kürzer rb – dasjenige Ergebnis, bei dem im 1. Zug «rot», im 2. Zug «blau» gezogen wurde.

Eine Übersicht über die Ergebnismenge erhält man mit dem **Baumdiagramm**. Jedem Ergebnis entspricht dabei ein Pfad (von links nach rechts) durch den Baum. Die Ergebnismenge ist $\Omega = \{(b; b), (b; r), (b; s), (r; b), (r; r), (r; s), (s; b), (s; r), (s; s)\}$.

Die Ergebnisse werden als **geordnete Paare** angegeben.

Bemerkung: Die Ergebnisse eines Zufallsexperiments, das aus drei Teilen besteht, können beispielsweise in der Form (s; r; b) dargestellt werden.

Beispiel 1

Das Glücksrad in der Randspalte wird gedreht. Geben Sie für zwei mögliche interessierende Merkmale jeweils die Ergebnismenge an.

Lösung:
Interessiert das Merkmal Farbe, dann ist $\Omega = \{grün, gelb, rot, blau\}$.
Interessiert das Merkmal Zahl, dann ist $\Omega = \{1; 2; 3; 4; 5; 6; 7; 8\}$.

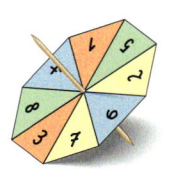

Beispiel 2
Geben Sie eine Ergebnismenge für das Experiment «gleichzeitiges Werfen zweier Münzen» an, wenn die Münzen
a) unterscheidbar,
b) nicht unterscheidbar sind.

Beim Münzwurf unterscheidet man zwischen Kopf (K) und Zahl (Z).

Lösung:
a) Das Experiment entspricht dem «zweimaligen Werfen einer Münze» unter Beachtung der Reihenfolge, da man eine der beiden unterscheidbaren Münzen immer als zuerst geworfen betrachten kann.
Ω = {(K; K), (K; Z), (Z; K), (Z; Z)}.
Ω besteht also aus vier Elementen.

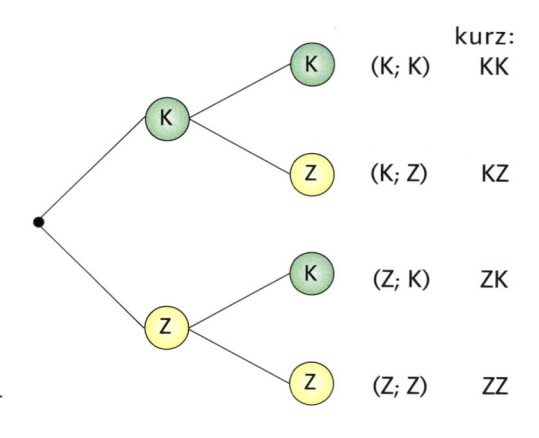

kurz:
(K; K) KK
(K; Z) KZ
(Z; K) ZK
(Z; Z) ZZ

b) Das Experiment entspricht dem «zweimaligen Werfen einer Münze» ohne Beachtung der Reihenfolge, da keine der nicht unterscheidbaren Münzen als zuerst geworfen betrachtet werden kann.
Ω = {zweimal Kopf, einmal Kopf und einmal Zahl, zweimal Zahl} = {{K; K}, {K; Z}, {Z; Z}}.
Die Mengenklammer bei {K; Z} bedeutet, dass die Reihenfolge, im Gegensatz zu geordneten Paaren, keine Rolle spielt. Ω besteht also aus drei Elementen.

Ereignisse

Beim Würfeln ist Ω = {1; 2; 3; 4; 5; 6} eine Ergebnismenge. Beim Eile-mit-Weile-Spiel schlägt in der dargestellten Situation Rot beim nächsten Wurf Blau, wenn das **Ereignis** «gerade Augenzahl» eintritt. Dies ist der Fall, wenn eine 2, eine 4 oder eine 6 fällt. Man schreibt für dieses Ereignis auch A = {2; 4; 6}.

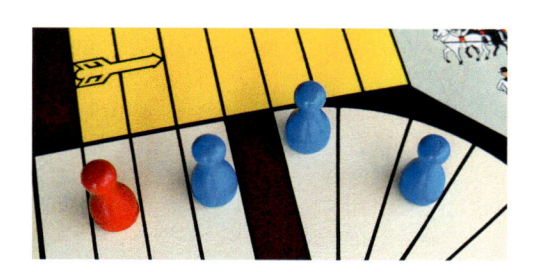

Das Ereignis «gerade Augenzahl» ist nicht eingetreten.

A ist eine **Teilmenge** der Ergebnismenge Ω, da jedes Element von A auch in Ω enthalten ist. Man schreibt: A ⊂ Ω (lies: A ist Teilmenge von Ω).
Ist das Ergebnis des Wurfs eine 2, eine 4 oder eine 6, so sagt man: Das Ereignis A ist eingetreten. Ist das Ergebnis beispielsweise eine 3, so ist A nicht eingetreten.

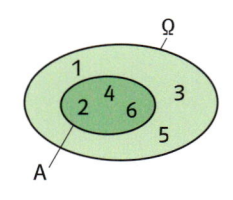

> Jede Teilmenge A der Ergebnismenge Ω eines Zufallsexperimentes nennt man **Ereignis**. Man sagt: **Das Ereignis A ist eingetreten**, wenn bei einer Durchführung des Zufallsexperimentes ein Ergebnis aus A auftritt.

Die Ergebnismenge Ω und die leere Menge ∅ sind auch Teilmengen von Ω und somit Ereignisse. Da das Ereignis Ω bei jeder Durchführung des Zufallsexperimentes eintritt, heisst es auch das **sichere Ereignis**. Das Ereignis ∅ tritt niemals ein, es heisst **unmögliches Ereignis**. Jedes Ereignis A hat ein **Gegenereignis** $\overline{A}$ (lies: A quer). $\overline{A}$ besteht aus den Ergebnissen von Ω, die nicht zu A gehören. Man schreibt: $\overline{A} = Ω \setminus A$ (lies: Ω ohne A).

Erinnerung: Die leere Menge wird auch mit dem Symbol { } bezeichnet.

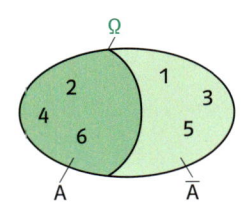

Es gibt noch weitere Ereignisse als die angegebenen.

Beispiel
Geben Sie unterschiedliche Ereignisse beim Werfen eines Würfels an. Beschreiben Sie die Ereignisse in Worten und in aufzählender Schreibweise. Welche der angegebenen Ereignisse treten ein, wenn die Zahl 5 gewählt wird?
Lösung:
Ergebnismenge Ω = {1; 2; 3; 4; 5; 6}.

Beschreibung in Worten:
A: Augenzahl ist gerade
B: Augenzahl ist ungerade
C: Augenzahl ist grösser 4
D: Augenzahl ist eine Primzahl
E: Augenzahl ist 6
F: Augenzahl ist durch 7 teilbar
G: Augenzahl ist kleiner als 7

Aufzählende Schreibweise:
A = {2; 4; 6}
B = {1; 3; 5} = $\overline{A}$
C = {5; 6}
D = {2; 3; 5}
E = {6}
F = $\emptyset$
G = Ω

Fällt bei einem Wurf die Augenzahl 5, so sind die Ereignisse B, C, D und G eingetreten.

Aufgaben

1 Welche der folgenden Experimente sind Zufallsexperimente? Welche Ergebnisse sind jeweils möglich?
a) Werfen eines Würfels und Ablesen der oben liegenden Zahl.
b) Messen der Breite Ihres Tisches.
c) Befragen eines fremden Schülers, in welchem Sternzeichen er geboren wurde.
d) Aufschlagen einer Buchseite und Ermitteln des ersten Buchstabens der Seite.
e) Ermitteln des Wochentages des 1. Mai 2020.

2 Jean knobelt gegen Ben. Es gilt: Schere schlägt Papier, Stein schlägt Schere und Papier schlägt Stein. Gleiche Handzeichen gelten als unentschieden.
a) Bei wie vielen Ergebnissen endet das Knobeln unentschieden?
b) Bei welchen Ergebnissen gewinnt Jean?
c) Ist das Spiel fair?

3 Es werden Familien mit zwei Kindern nach dem Geschlecht der Kinder befragt. Wie muss jeweils eine Frage formuliert werden, wenn die Reihenfolge, in der die Kinder geboren wurden,
a) berücksichtigt werden soll,   b) nicht berücksichtigt werden soll?

4 Ein Würfel wird zweimal nacheinander geworfen. Geben Sie die Ergebnismenge an,
a) wenn nach jedem Wurf die gefallene Augenzahl notiert wird,
b) wenn nur die Summe der Augenzahlen aus beiden Würfen notiert wird.

5 Aus einer grossen Lieferung von Porzellanvasen werden nacheinander drei Vasen ausgewählt und überprüft. Schreibt man 1 für «Vase ist einwandfrei» und 0 für «Vase ist schadhaft», so bedeutet z. B. (1; 0; 0), dass die erste Vase einwandfrei ist und die beiden anderen schadhaft sind. Zeichnen Sie ein Baumdiagramm und geben Sie die Ergebnismenge an.

Jeder Pfad des Baumes beschreibt ein mögliches Ergebnis.

6 Drei Ruderboote fahren um die Wette. Jedes Ergebnis sei festgelegt durch die Reihenfolge, in der die Boote die Ziellinie passieren. Geben Sie die Ergebnismenge an.

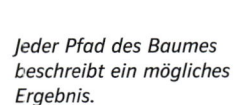

7 Fig. 1 zeigt eine Stellung aus einer Eile-mit-Weile-Partie.
a) Welche Würfelergebnisse des Spielers mit den gelben Steinen sind günstig dafür, dass er «heimschicken» kann?
b) Welches Ereignis würde beim Wurf von Grün dazu führen, dass dieser Spieler ins Ziel gelangen könnte?

8 Beim Werfen eines Würfels werden folgende Ereignisse betrachtet:
A = {1; 3; 5} B = {2; 4; 6} C = {4; 5; 6}
D = {2; 3} E = {1; 4} F = {2; 3; 5}
Beschreiben Sie diese Ereignisse in Worten.

Fig. 1

9 In den Spielregeln für ein Würfelspiel steht: «Man werfe beide Würfel und bilde aus den beiden oben liegenden Augenzahlen die grösstmögliche Zahl.» (Beispiel: Bei 1 und 5 ist das 51.)
a) Geben Sie die Ergebnismenge Ω für dieses Spiel an.
b) Geben Sie folgende Ereignisse in Mengenschreibweise an:
   A: Die zwei Ziffern der gebildeten Zahl sind gleich (d.h. ein Pasch).
   B: Die entstandene Zahl enthält mindestens einmal die Ziffer 4.
   C: Die Einerziffer ist halb so gross wie die Zehnerziffer.
   D: Die entstandene Zahl ist grösser als 54.
   E: Die Quersumme der entstandenen Zahl ist 6.
   F: Die entstandene Zahl ist grösser als 10.

10 Eine Münze wird dreimal hintereinander geworfen und jedes Mal das Ergebnis notiert.
a) Stellen Sie alle möglichen Ergebnisse in einem Baumdiagramm dar.
b) Beschreiben Sie folgende Ereignisse als Teilmenge der Ergebnismenge:
   A: Drei gleiche Seiten treten auf.
   B: Genau einmal tritt Kopf auf.
   C: Höchstens einmal tritt Zahl auf.
   D: Mindestens zweimal tritt Kopf auf.

11 Eine Urne enthält 10 Kugeln mit den Zahlen 0 bis 9. Eine Kugel wird gezogen.
a) Geben Sie die folgenden Ereignisse in aufzählender Schreibweise an:
   A: Primzahl   B: Zahl teilbar durch 5
   C: Gerade Zahl   D: Zahl grösser als 8
   E: Quadratzahl   F: Zahl kleiner als 4
b) Beschreiben Sie die Gegenereignisse aus a) in Worten und geben Sie diese in aufzählender Schreibweise an.

12 Frau Müller fährt von der Kronenstrasse mit dem Tram 11 oder 14 zum Zürcher Hauptbahnhof und von dort mit der S-Bahn-Linie S5, S9, S14 oder S15 nach Uster. Sie benutzt jeweils diejenige der infrage kommenden Linien, die als erste einfährt.
Notieren Sie die Ergebnismenge. Geben Sie die folgenden Ereignisse an:
A: Frau Müller fährt mit dem Tram 11.
B: Frau Müller fährt nicht mit der Linie S14.

13 Ein Tetraeder mit den Ziffern 1, 2, 3, 4 wird einmal geworfen. Die Augenzahl eines Wurfs ist die Zahl auf der Standfläche. Notieren Sie alle möglichen Ereignisse. Wie viele Ereignisse gibt es also?

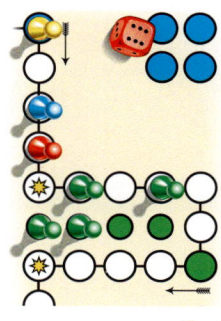

Tetraeder

10.2 Wahrscheinlichkeiten

Aus einem Jass-Spiel wird zufällig eine Karte gezogen.
Worauf würden Sie eher wetten?
(1) Die gezogene Karte ist eine Eichel-Karte.
(2) Die gezogene Karte ist ein Under oder ein Ober oder ein König.
Begründen Sie Ihre Antwort. Welche Annahmen haben Sie gemacht?

Relative Häufigkeiten und Wahrscheinlichkeiten

Das Ergebnis einer einmaligen Durchführung eines Zufallsexperimentes kann man nicht vorhersagen. Man kann aber Aussagen darüber machen, wie wahrscheinlich es ist, dass man ein bestimmtes Ergebnis erhält. Hierzu orientiert man sich an der **relativen Häufigkeit**, mit der dieses bestimmte Ergebnis bei mehrfacher Durchführung des Experimentes auftritt.

Fig. 1

Die Summe der Zahlen gegenüberliegender Seiten des Quaders beträgt 7.

*Die Erfahrung zeigt: Bei sehr grossen Anzahlen von Versuchen stabilisieren sich die relativen Häufigkeiten (**Gesetz der grossen Zahlen**).*

Ein Quader mit den Zahlen 1 bis 6 (Fig. 1) wurde 1000-mal geworfen. Die erhaltenen relativen Häufigkeiten kann man zur Grundlage nehmen, um die **Wahrscheinlichkeiten** für das jeweilige Auftreten der Zahlen 1 bis 6 festzulegen.

Zahl	1	2	3	4	5	6	
absolute Häufigkeit a	97	73	329	334	68	99	Summe: 1000
relative Häufigkeit $\frac{a}{1000}$	0.097	0.073	0.329	0.334	0.068	0.099	Summe: 1
festgelegte Wahrscheinlichkeit	0.10	0.07	0.33	0.33	0.07	0.10	Summe: 1

Für die relativen Häufigkeiten gilt allgemein:
– Die relativen Häufigkeiten liegen im Intervall [0;1].
– Die Summe der relativen Häufigkeiten aller Ergebnisse beträgt 1.
– Die relative Häufigkeit für das Auftreten eines Ereignisses ist die Summe der relativen Häufigkeiten der zugehörigen Ergebnisse. So ergibt sich z.B. die relative Häufigkeit für das Ereignis «Der Quader steht hochkant» aus $0.073 + 0.068 = 0.141$.

*Man bezeichnet aus relativen Häufigkeiten geschätzte Wahrscheinlichkeiten auch als **empirische Wahrscheinlichkeiten**.*

Ordnet man jedem Ergebnis eine Wahrscheinlichkeit zu, so übertragen sich die Eigenschaften der relativen Häufigkeiten auf die Wahrscheinlichkeiten.

Der Buchstabe P kommt von «probability», dem englischen Wort für Wahrscheinlichkeit.

Es sei $\Omega = \{\omega_1; \omega_2; ...; \omega_n\}$ die Ergebnismenge eines Zufallsexperimentes.
Eine Funktion P, die jedem Ergebnis ω_i genau eine reelle Zahl (eine Wahrscheinlichkeit) zuordnet, heisst **Wahrscheinlichkeitsfunktion** oder **Wahrscheinlichkeitsverteilung**, wenn folgende Bedingungen gelten:
– Die Wahrscheinlichkeit $P(\omega_i)$ eines Ergebnisses liegt im Intervall [0;1]:
  $0 \leq P(\omega_i) \leq 1$ für $i = 1; 2; ...; n$
– Die Summe der Wahrscheinlichkeiten aller Ergebnisse beträgt 1:
  $P(\omega_1) + P(\omega_2) + ... + P(\omega_n) = 1$
– Die Wahrscheinlichkeit P(A) eines Ereignisses $A = \{\omega_1; \omega_2; ...; \omega_r\}$
  ist die Summe der Wahrscheinlichkeiten der zugehörigen Ergebnisse:
  $P(A) = P(\omega_1) + P(\omega_2) + ... + P(\omega_r)$

Beispiel Wahrscheinlichkeitsschätzung aus Häufigkeiten

Ein wie in Fig. 1 beschrifteter Quader wurde sehr oft geworfen. Die Tabelle in Fig. 2 zeigt die beobachteten Häufigkeiten der drei möglichen Ergebnisse.

Schätzen Sie die Wahrscheinlichkeiten für die Ergebnisse 1, 2 und 3 nach 400 Würfen und berechnen Sie daraus die Wahrscheinlichkeit für das Werfen einer ungeraden Zahl.

Ergebnis \ Würfe	25	50	100	200	400
1	6	10	22	44	102
2	3	5	10	16	36
3	16	35	68	140	262

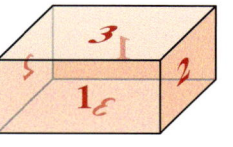

Fig. 2

Lösung:
Wegen $\frac{102}{400} = 0.255$; $\frac{36}{400} = 0.090$ und $\frac{262}{400} = 0.655$ schätzt man:
P(1) = 0.26; P(2) = 0.09; P(3) = 0.65.
P(ungerade Zahl) = P(1) + P(3) = 0.91

Die Wahrscheinlichkeiten sind gut gewählt, wenn sie bei sehr vielen Durchführungen eines Experimentes in der Nähe der relativen Häufigkeiten liegen.

Ereignisverknüpfungen und ihre Wahrscheinlichkeiten

Wenn ein Ereignis A eines Zufallsversuchs mit der Ergebnismenge Ω nicht eintritt, so ist sein **Gegenereignis** $\overline{A}$ = Ω \ A (Fig. 3) eingetreten.
Treten zwei Ereignisse A und B zusammen ein, so ist das Ereignis **A∩B** (Fig. 4) eingetreten.
Tritt von zwei Ereignissen A und B mindestens eines ein, so ist das Ereignis **A∪B** (Fig. 5) eingetreten.

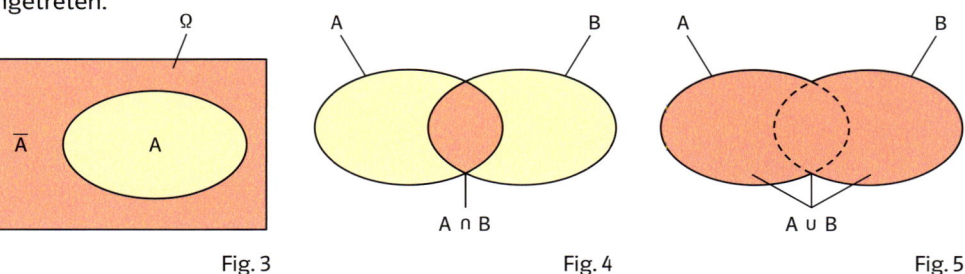

*Ω \ A bedeutet:
Ω ohne Elemente aus A.*

*Man nennt A∩B auch das **Und**-Ereignis von A und B.
A∪B wird auch das **Oder**-Ereignis von A und B genannt.*

Fig. 3   Fig. 4   Fig. 5

Für die Wahrscheinlichkeiten von Ereignissen desselben Zufallsversuchs gilt:
P(A) = 1 − P($\overline{A}$) und **P(A∪B) = P(A) + P(B) − P(A∩B)**.

Begründungen:
Die Regel P(A) = 1 − P($\overline{A}$) ergibt sich daraus, dass $\overline{A}$ alle Ergebnisse enthält, die nicht zu A gehören. Die Regel P(A∪B) = P(A) + P(B) − P(A∩B) ergibt sich, indem man P(A) und P(B) addiert. Dabei werden die Wahrscheinlichkeiten der Ergebnisse aus A∩B doppelt gerechnet. Also muss man anschliessend P(A∩B) subtrahieren, um P(A∪B) zu erhalten.

Beispiel
In einer Stadt gibt es zwei Lokalzeitungen A und B. 40 % der Bürger lesen A, 24 % B und 4 % beide Zeitungen. Mit welcher Wahrscheinlichkeit liest eine zufällig ausgewählte Person
a) mindestens eine der beiden Zeitungen,   b) keine der beiden Zeitungen?
Lösung:
A: Zufällig ausgewählte Person liest A;   B: Zufällig ausgewählte Person liest B.
a) P(mindestens eine Zeitung) = P(A∪B) = P(A) + P(B) − P(A∩B) = 0.40 + 0.24 − 0.04 = 0.60
b) P(keine Zeitung) = P($\overline{A∪B}$) = 1 − P(A∪B) = 1 − 0.60 = 0.40

Andrei Nikolajewitsch Kolmogorow (1903–1987) war einer der bedeutendsten Mathematiker des 20. Jahrhunderts.

*Ein **Axiom** ist eine Aussage, die als wahr vorausgesetzt wird.*

Axiomatische Definition von Wahrscheinlichkeit

Im Jahr 1933 veröffentlichte der russische Mathematiker Andrei N. Kolmogorow eine Fassung der Wahrscheinlichkeitstheorie. In dieser beschrieb er sehr allgemeine Eigenschaften von Wahrscheinlichkeiten, ohne eine inhaltliche Deutung oder einen statistischen Messprozess. Kolmogorow verwendete in seiner Definition nur eine Menge Ω (Ergebnismenge), deren Teilmengen (Ereignisse) und eine Funktion P, die jeder Teilmenge A einen Wert P(A) (ihre Wahrscheinlichkeit) zuordnet.

Eine Funktion P: $A \to P(A)$ mit $A \subset \Omega$ und $P(A) \in \mathbb{R}$ heisst Wahrscheinlichkeitsverteilung, wenn sie folgende Bedingungen, auch **Axiome von Kolmogorow** genannt, erfüllt:

Axiom I: $P(A) \geq 0$
Axiom II: $P(\Omega) = 1$
Axiom III: Wenn $A \cap B = \emptyset$, dann muss gelten: $P(A \cup B) = P(A) + P(B)$

P(A) heisst Wahrscheinlichkeit von A.

Diese sehr allgemeine Definition von Kolmogorow genügt, um die Wahrscheinlichkeitsrechnung lückenlos zu formulieren und deren Sätze zu beweisen.

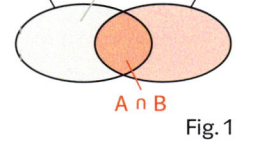

Beispiel Arbeiten mit den Kolmogorow-Axiomen
Für die Mengenvereinigung gilt $(A \setminus B) \cup (A \cap B) = A$ (Fig. 1). Leiten Sie daraus mithilfe der Kolmogorow-Axiome die Beziehung $P(A \setminus B) = P(A) - P(A \cap B)$ her.
Lösung:
Es gilt: $(A \setminus B) \cap (A \cap B) = \emptyset$
Also ist nach Axiom III: $P(A \setminus B) + P(A \cap B) = P((A \setminus B) \cup (A \cap B)) = P(A)$
Daraus ergibt sich $P(A \setminus B) = P(A) - P(A \cap B)$.

Fig. 1

Aufgaben

1 Die Häufigkeiten in der Tabelle Fig. 2 auf Seite 193 sind Zwischenstände.
a) Schätzen Sie die Wahrscheinlichkeiten für die Ergebnisse 1, 2 und 3 nach jeweils 25, 50, 100 und 200 Versuchen.
b) Zeichnen Sie die rechte Grafik ab und tragen Sie darin Ihre Ergebnisse ein.

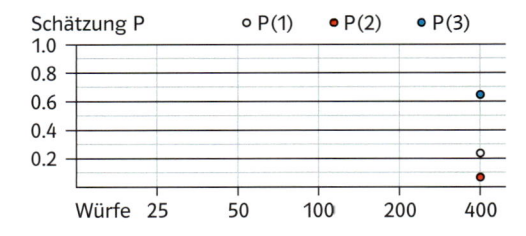

2 In einem Kasten liegen Kugeln, die jeweils einen der Buchstaben a, b, c, d tragen. Es wurde sehr oft jeweils eine Kugel gezogen, der Buchstabe notiert und alle Kugeln wieder durchmischt. Hierbei stellte man fest, dass die Buchstaben a, b, c und d im Verhältnis 7:4:6:8 gezogen wurden.
a) Geben Sie eine entsprechende Wahrscheinlichkeitsverteilung an.
b) Wie gross ist die Wahrscheinlichkeit, den Buchstaben b oder den Buchstaben c zu ziehen?
c) Wie gross ist die Wahrscheinlichkeit, den Buchstaben a nicht zu ziehen?

3 Beim Würfeln werden $\Omega = \{1; 2; 3; 4; 5; 6\}$, $C = \{1; 2; 3\}$ und $D = \{4; 5; 6\}$ betrachtet. Geben Sie in aufzählender Schreibweise an:
a) C und D   b) C oder D   c) weder C noch D   d) entweder C oder D   e) D, aber nicht C

4 Eine 5-Rappen-Münze und eine 1-Franken-Münze werden gleichzeitig geworfen. Es sei
A: Die 5-Rappen-Münze zeigt Zahl; B: Die 1-Franken-Münze zeigt Kopf.
Drücken Sie durch A, B aus:
C: Die 5-Rappen-Münze zeigt Kopf. D: Beide Münzen zeigen Zahl.
E: Eine Münze zeigt Zahl. F: Genau eine Münze zeigt Zahl.
G: Mindestens eine Münze zeigt Kopf. H: Höchstens eine Münze zeigt Zahl.

5 Ein Zufallsexperiment hat drei mögliche Ausgänge: ω_1, ω_2 und ω_3. Die Wahrscheinlichkeit von ω_1 beträgt 0.2; die Wahrscheinlichkeit von ω_3 beträgt 0.45.
a) Wie gross ist die Wahrscheinlichkeit von ω_2?
b) Geben Sie die Wahrscheinlichkeiten aller möglichen Ereignisse dieses Zufallsexperimentes an.

6 Ein gezinktes Tetraeder wird geworfen. Aufgrund der relativen Häufigkeiten legt man das Verhältnis der Wahrscheinlichkeiten, auf die Seiten a, b, c bzw. d zu fallen, wie folgt fest: 2 : 3 : 4 : 3
a) Bestimmen Sie jeweils die Wahrscheinlichkeit, dass das Tetraeder auf die Seite a, b, c bzw. d fällt.
b) Folgende Ereignisse werden festgelegt: A = {a, b}, B = {b, c} und C = {c, d}. Bestimmen Sie die Wahrscheinlichkeit dieser Ereignisse sowie die Wahrscheinlichkeiten der drei Ereignisse A ∩ B, A ∪ C und A ∪ B.

7 A und B seien beliebige Ereignisse. Geben Sie mithilfe von P(A), P(B) und P(A ∩ B) die Wahrscheinlichkeit dafür an, dass
a) mindestens eines, b) keines, c) höchstens eines,
d) genau eines der beiden Ereignisse eintritt,
e) nicht beide Ereignisse eintreten, f) A und nicht zugleich B eintritt,
g) entweder beide Ereignisse eintreten oder keines der beiden Ereignisse eintritt.

8 Bei der T-Shirt-Herstellung können Fehler beim Nähen (Nähfehler) und beim Bedrucken (Druckfehler) auftreten. Eine Stichprobe von 80 T-Shirts ergab: 6 hatten einen Nähfehler und einen Druckfehler, 2 hatten nur einen Nähfehler, 5 hatten nur einen Druckfehler. Die relativen Häufigkeiten für die Fehler in dieser Stichprobe übernimmt man nun als Werte für die Wahrscheinlichkeiten der Fehler in der gesamten Produktion. Mit welcher Wahrscheinlichkeit hat ein zufällig aus der Produktion ausgewähltes T-Shirt
a) mindestens einen der beiden Fehler, b) beide Fehler,
c) höchstens einen der beiden Fehler, d) keinen der beiden Fehler,
e) genau einen der beiden Fehler?

9 Alena behauptet, für drei Ereignisse gilt: P(A ∪ B ∪ C) = P(A) + P(B) + P(C) − P(A ∩ B ∩ C). Begründen Sie, dass dies falsch ist.

10 Begründen Sie die folgenden Aussagen mithilfe der Axiome von Kolmogorow:
a) $P(A) = 1 - P(\overline{A})$ b) Wenn A ∩ B = ∅, dann gilt: $P(\overline{A}) \geq P(B)$
c) $P(A \cup B) = P(A) + P(B) - P(A \cap B)$

11 Ein gleichmässig gearbeiteter Würfel mit den Zahlen 1 bis 6 wird zweimal geworfen. Worauf würden Sie eher wetten: «Die erste Augenzahl ist grösser als die zweite» oder «Das Produkt beider Augenzahlen ist grösser als 9»?

10.3 Laplace'scher Wahrscheinlichkeitsbegriff

Beschriften Sie die sechs Seiten eines Bleistifts mit den Zahlen 1 bis 6. Der Bleistift wird gerollt, die Augenzahl, die am Ende oben liegt, wird notiert. Tim vermutet, dass die Wahrscheinlichkeit jeder Augenzahl $\frac{1}{6}$ beträgt. Prüfen Sie durch ein Experiment, ob sich die Vermutung für den Bleistift aufrechterhalten lässt.

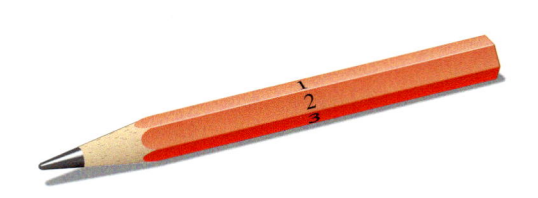

Laplace-Experimente

Häufig ist man bei Wahrscheinlichkeitsangaben sehr sicher: Eine Münze landet auf den Seiten Kopf oder Zahl jeweils mit der Wahrscheinlichkeit $\frac{1}{2}$ = 50 %.

Bei idealen Spielwürfeln beträgt die Wahrscheinlichkeit jeder Augenzahl $\frac{1}{6} \approx 16{,}7\%$.

Augenzahl	1	2	3	4	5	6
Wahrscheinlichkeit	$\frac{1}{6}$	$\frac{1}{6}$	$\frac{1}{6}$	$\frac{1}{6}$	$\frac{1}{6}$	$\frac{1}{6}$

Auch beim Drehen von Glücksrädern, deren Felder gleiche Öffnungswinkel haben, und beim Ziehen von Kugeln aus einer Urne ist es sinnvoll, anzunehmen, dass alle Ergebnisse gleich wahrscheinlich sind.

Zahl	1	2	3	4	5
Wahrscheinlichkeit	$\frac{1}{5}$	$\frac{1}{5}$	$\frac{1}{5}$	$\frac{1}{5}$	$\frac{1}{5}$

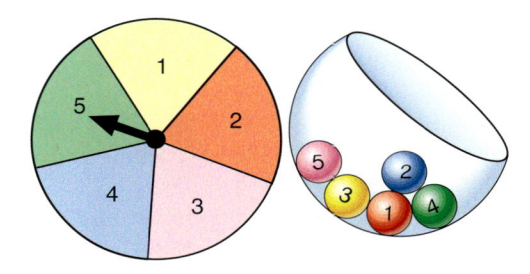

Zufallsexperimente, bei denen **alle Ergebnisse gleich wahrscheinlich** sind, heissen **Laplace-Experimente**. Man sagt: Die Laplace-Annahme ist erfüllt. Hat ein Laplace-Experiment n Ergebnisse, dann beträgt die Wahrscheinlichkeit für jedes Ergebnis $\frac{1}{n}$.

Der Franzose Pierre Simon Laplace (1749–1827) war Mathematiker, Physiker und Astronom. Er beschäftigte sich u.a. mit der Himmelsmechanik und der Wahrscheinlichkeitstheorie.

Beispiel 1
Bei einer Lotterie gibt es 50 von 1 bis 50 nummerierte Lose. Ist es wahrscheinlicher, das Los mit Nummer 23 als das mit Nummer 1 zu ziehen? Begründen Sie.
Lösung:
Die Laplace-Annahme ist gerechtfertigt, also ist das Ziehen der Lose gleich wahrscheinlich.

Beispiel 2
Man wirft eine Streichholzschachtel und interessiert sich dafür, welche Seite oben liegt. Ist dieses Zufallsexperiment ein Laplace-Experiment?
Lösung:
Nein. Es gibt zwar nur sechs mögliche Lagen, aber diese sind nicht gleich wahrscheinlich. Bei mehrfacher Durchführung des Experiments wird sich zeigen, dass sich die relativen Häufigkeiten der möglichen Lagen deutlich unterscheiden.

Wahrscheinlichkeit von Ereignissen bei Laplace-Experimenten

Gelb würfelt in der nebenstehenden Spielsituation. Es interessiert das Ereignis A: «Gelb kommt ins Haus», also A = {5; 6}, da diese Augenzahlen günstig sind. Für das Werfen eines Würfels ist die Laplace-Annahme sinnvoll. Ω = {1; 2; 3; 4; 5; 6} enthält sechs Elemente und A zwei, also gilt: $P(A) = \frac{2}{6} = \frac{1}{3}$.

Für die Anzahl der Ergebnisse eines Ereignisses A verwendet man die Kurzschreibweise |A|. Das Ereignis A = {5; 6} besteht aus zwei Elementen, also gilt: |A| = 2.

Ist M eine beliebige Menge, so schreibt man für die Anzahl ihrer Elemente |M|.

Für Laplace-Experimente gilt:
Die **Wahrscheinlichkeit P(A) eines Ereignisses A** erhält man, indem man die Anzahl der für A **günstigen** Ergebnisse **durch** die Gesamtzahl der **möglichen** Ergebnisse **dividiert**.

$$P(A) = \frac{\text{Anzahl der für das Ereignis A günstigen Ergebnisse}}{\text{Anzahl der möglichen Ergebnisse}} = \frac{|A|}{|\Omega|}$$

Ob die Laplace-Annahme sinnvoll ist, hängt von der Wahl der Ergebnismenge ab. Interessiert man sich beispielsweise beim Wurf zweier idealer Münzen dafür, wie oft Zahl auftritt, sind folgende Ergebnismengen denkbar:
Ω_1 = {keinmal Zahl; genau einmal Zahl; zweimal Zahl} oder bei Unterscheidung der Münzen (z. B. durch Farbe) Ω_2 = {KopfKopf; KopfZahl; ZahlKopf; ZahlZahl}.
Für die Wahrscheinlichkeit des Ereignisses A «genau einmal Zahl» ergeben sich unter Verwendung der Formel $\frac{|A|}{|\Omega|}$ je nach Wahl der Ergebnismenge unterschiedliche Werte: $\frac{1}{3}$ und $\frac{1}{2}$. Dies liegt daran, dass die Laplace-Annahme nur bei Ω_2 sinnvoll ist, nicht aber bei Ω_1. Bei Ω_2 wird berücksichtigt, dass es zwei unterschiedliche Möglichkeiten für das Eintreten des Ereignisses «genau einmal Zahl» gibt.
Die Formel $\frac{|A|}{|\Omega|}$ ist somit nur bei Ω_2 sinnvoll und führt zur Wahrscheinlichkeit $\frac{1}{2}$.

Beispiel
In einer Lostrommel befinden sich Lose mit den Nummern 1000 bis 9999. Losnummern mit drei Nullen bedeuten «Hauptgewinn»; endet die Losnummer auf 3 oder 7, so gibt es einen Trostpreis. Bestimmen Sie die Wahrscheinlichkeit für das Eintreten der Ereignisse:
a) Ziehen eines Hauptgewinns,   b) Ziehen eines Trostpreises,
c) Ziehen einer Niete.

Lösung:
Man kann annehmen, dass alle Lose mit jeweils gleicher Wahrscheinlichkeit gezogen werden (Laplace-Annahme).
Anzahl aller möglichen Ergebnisse: 9000, denn es gibt 9999 − 999 = 9000 Lose.
Anzahl der Hauptgewinne: 9, nämlich die Lose 1000, 2000, ..., 9000.
Anzahl der Trostpreise: 1800, denn auf 3 bzw. 7 enden je 900 Lose.

a) $P(\text{Hauptgewinn}) = \frac{9}{9000} = \frac{1}{1000}$ b) $P(\text{Trostpreis}) = \frac{1800}{9000} = \frac{1}{5}$

c) $P(\text{Nieten}) = 1 - P(\text{keine Nieten}) = 1 - \left(\frac{1}{1000} + \frac{1}{5}\right) = \frac{799}{1000} = 0.799$

Die Nieten bilden das Gegenereignis zu den Hauptgewinnen und Trostpreisen.

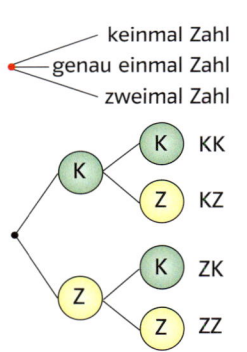

Tipp:
Überlegen Sie jeweils zuerst, warum je 900 Lose auf 3 oder 7 enden:
1003, 1013, 1023, ...
1007, 1017, 1027, ...

Erinnerung:
Die Wahrscheinlichkeit eines Ereignisses A und die des zugehörigen Gegenereignisses $\overline{A}$ ergänzen sich zu eins, da bei jeder Durchführung des Zufallsexperimentes entweder A oder $\overline{A}$ eintritt. Es gilt:
$P(A) + P(\overline{A}) = 1$
$\Rightarrow P(\overline{A}) = 1 - P(A).$

Aufgaben

1 Handelt es sich um ein Laplace-Experiment? Begründen Sie.
a) Ein Tetraeder wird geworfen.
b) Ein Legostein wird geworfen.
c) Ein Reissnagel wird geworfen.
d) Eine Münze wird geworfen.

2 a) Welche Wahrscheinlichkeit hat die Zahl 6 bei den abgebildeten Glücksrädern?
b) Peter dreht jedes der Räder 180-mal. Wie häufig erwarten Sie etwa die 6?
c) Was vermuten Sie, wenn die 6 in vielen Versuchsserien viel seltener auftritt, als Sie erwartet haben?

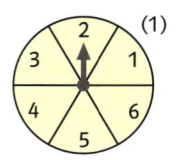

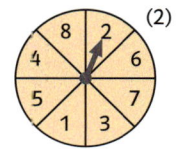

3 a) Fig. 1 zeigt das Netz eines Farbwürfels. Bestimmen Sie die Wahrscheinlichkeit für die einzelnen Wurfergebnisse.
b) Zeichnen Sie das Netz eines Farbwürfels, für den gilt:
$P(rot) = \frac{1}{2}$, $P(blau) = \frac{1}{3}$, $P(gelb) = \frac{1}{6}$

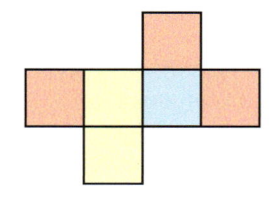

Fig. 1

4 In einer Lostrommel liegen 20 Kugeln mit den Zahlen 1 bis 20. Es wird eine Kugel gezogen. Wie gross ist die Wahrscheinlichkeit für das Ziehen einer Kugel mit
a) einer ungeraden Zahl,
b) einer Primzahl,
c) einer Zahl kleiner als 4?

5 Aus dem Wort «WAHRSCHEINLICHKEIT» wird auf gut Glück ein Buchstabe ausgewählt. Wie gross ist die Wahrscheinlichkeit dafür, dass
a) ein R,
b) ein E,
c) ein Konsonant,
d) ein Vokal,
e) ein L oder E gewählt wird?

6 Beim Jassen mit 36 Karten wird eine Karte gezogen. Mit welcher Wahrscheinlichkeit ist die gezogene Karte
a) ein Ass,
b) eine Herz-Karte,
c) das Herz-Ass,
d) eine Herz-Karte, aber kein Ass,
e) weder eine Herz-Karte noch ein Ass,
f) eine Herz-Karte oder ein Ass,
g) ein Ass, aber keine Herz-Karte?

7 Eine Lostrommel enthält 400 Lose. Die Hälfte davon sind Nieten, 80 % des Restes ergeben Trostpreise, die übrigen Lose sind Gewinne. Mit welcher Wahrscheinlichkeit ist das erste gezogene Los
a) ein Gewinnlos,
b) ein Trostpreis,
c) eine Niete,
d) keine Niete?

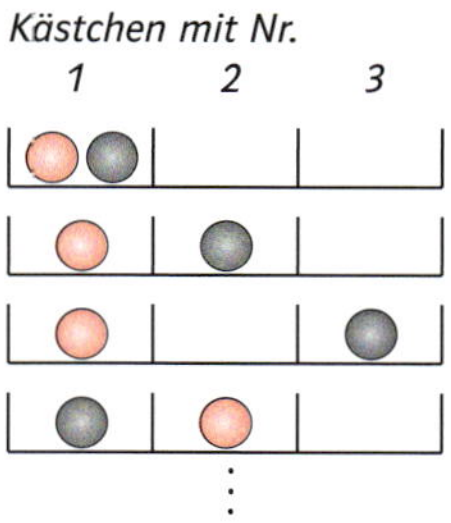

8 Eine rote und eine schwarze Kugel werden zufällig auf drei Kästchen verteilt.
a) Zeichnen Sie alle möglichen Belegungen der Kästchen.
b) Geben Sie eine Ergebnismenge an.
c) Berechnen Sie die Wahrscheinlichkeiten der Ereignisse
A: Kästchen 1 ist leer.
B: Nur Kästchen 1 ist leer.
C: Genau ein Kästchen ist leer.
D: Zwei Kästchen sind leer.

10.4 Wahrscheinlichkeiten bei mehrstufigen Zufallsexperimenten

Mia möchte gerne Sechsen würfeln. Sie überlegt: «Wenn ich einen Würfel nehme, ist die Wahrscheinlichkeit für eine Sechs $\frac{1}{6}$, wenn ich zwei Würfel nehme, ist sie $\frac{2}{6}$, wenn ich drei Würfel nehme, ist sie $\frac{3}{6}$ usw. Das ist ja super, dann habe ich mit sechs Würfeln ganz sicher eine Sechs!» Was meinen Sie dazu?

Mehrstufige Zufallsexperimente

Setzt sich ein Zufallsexperiment aus mehreren Teilexperimenten zusammen, so kann es mithilfe eines Baumdiagramms gut veranschaulicht werden.
Wird beispielsweise eine Münze dreimal geworfen, dann besteht das Zufallsexperiment aus 3 Stufen, die im nebenstehenden Baumdiagramm veranschaulicht sind.
Die Ergebnismenge Ω = {(Z; Z; Z), (Z; Z; K), (Z; K; Z), (Z; K; K), (K; Z; Z), (K; Z; K), (K; K; Z), (K; K; K)} kann direkt abgelesen werden.

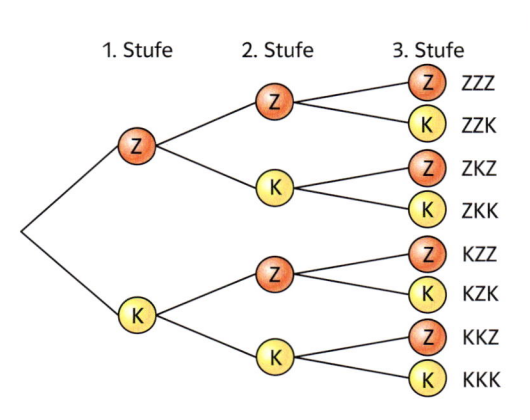

Ein Zufallsexperiment, das aus mehreren Teilexperimenten besteht, nennt man **mehrstufiges Zufallsexperiment**. Je nach Anzahl der Stufen des Zufallsexperimentes schreibt man seine Ergebnisse als Paare $(a_1; a_2)$, Tripel $(a_1; a_2; a_3)$ oder allgemein als n-Tupel $(a_1; a_2; \ldots; a_n)$. Jedes n-Tupel (Ergebnis) stellt genau einen **Pfad** im zugehörigen Baumdiagramm vom Startpunkt bis zu einem Endpunkt dar.

Wenn Verwechslungen ausgeschlossen sind, schreibt man statt $(a_1; a_2; \ldots; a_n)$ auch kurz $a_1 a_2 \ldots a_n$.

Die Betrachtung eines Zufallsexperimentes als mehrstufiges Experiment ist für die Berechnung von Wahrscheinlichkeiten häufig vorteilhaft. Wirft man z.B. zwei nicht unterscheidbare Münzen gleichzeitig, so wird die Ergebnismenge Ω = {{Z;Z}, {Z;K}, {K;K}} lauten. Die Laplace-Annahme ist für diese Ergebnismenge nicht erfüllt, was für die Berechnung von Wahrscheinlichkeiten nachteilig sein kann. Stellt man sich vor, dass die zwei Münzen nacheinander geworfen werden, so kann das Experiment als mehrstufiges Zufallsexperiment aufgefasst werden.

Die Mengenklammer bei {Z;K} bedeutet, dass die Reihenfolge von Z und K keine Rolle spielt.

Erinnerung: Die Laplace-Annahme ist erfüllt, wenn alle Ergebnisse gleich wahrscheinlich sind.

Seine Ergebnisse lassen sich mithilfe eines Baumdiagramms unmittelbar angeben. Die daraus resultierende Ergebnismenge Ω^* = {(Z; Z), (Z; K), (K; Z), (K; K)} ist eine **Verfeinerung von Ω** und genügt der Laplace-Annahme. Also kann beispielsweise die Wahrscheinlichkeit des Ereignisses «beide Münzen zeigen Zahl» sofort mit $\frac{1}{4}$ angegeben werden.
Das Beispiel zeigt also, dass die Darstellung als mehrstufiges Zufallsexperiment bei der Bestimmung von Wahrscheinlichkeiten vorteilhaft sein kann.

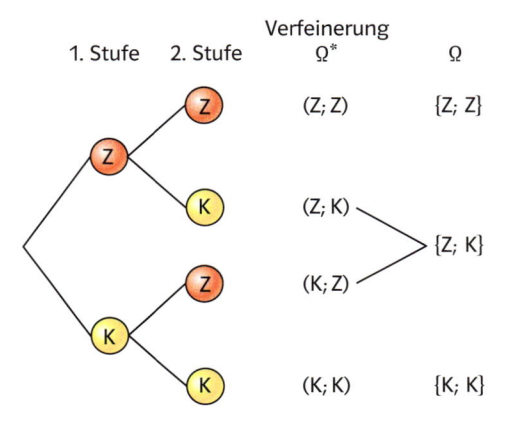

Bei der Schreibweise (Z; K) ist die Reihenfolge von Z und K von Bedeutung.

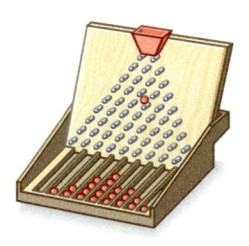

Sir Francis Galton (1822–1911)

Beispiel
Bei einem Galton-Brett fällt eine Kugel durch ein Brett mit Zapfen. An jedem Zapfen wird sie entweder nach links (l) oder nach rechts (r) abgelenkt.
a) Bestimmen Sie für die ersten drei Ablenkungen alle möglichen Ergebnisse mithilfe eines Baumdiagramms.
b) Geben Sie das Ereignis, in das Fach B zu fallen, als Menge von Ergebnissen an.
Lösung:
a)

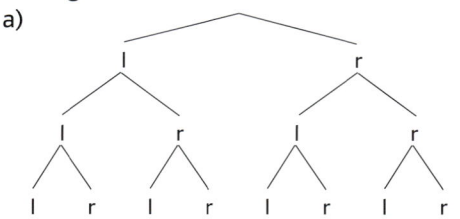

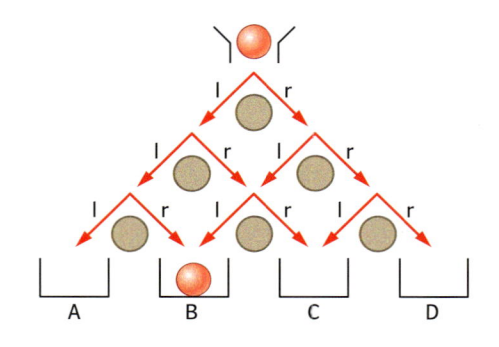

Ergebnisse insgesamt:
{(l; l; l), (l; l; r), (l; r; l), (l; r; r), (r; l; l), (r; l; r), (r; r; l), (r; r; r)}
b) Zum Ereignis «Die Kugel fällt in das Fach B» gehören alle Ergebnisse mit genau einmal r, also {(l; l; r), (l; r; l), (r; l; l)}.

Wahrscheinlichkeiten eines Ergebnisses

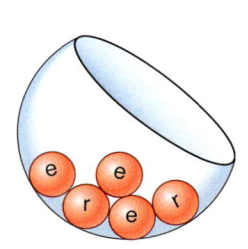

Aus der Urne werden nacheinander 2 Kugeln ohne Zurücklegen gezogen. Das zweistufige Zufallsexperiment hat die Ergebnismenge Ω = {ee, er, re, rr}. Im abgebildeten Baumdiagramm sind bei den einzelnen Zweigen die entsprechenden Wahrscheinlichkeiten eingetragen.
Um die Wahrscheinlichkeit für einen Pfad zu berechnen, z. B. desjenigen, der zum Ergebnis «re» gehört, betrachten wir die erwarteten relativen Häufigkeiten.

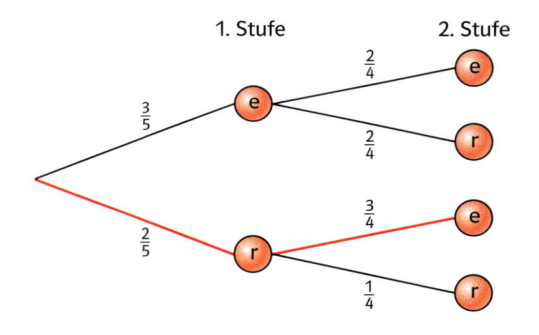

Führt man das Zufallsexperiment 100-mal durch, so erwarten wir beim 1. Zug in ungefähr $\frac{2}{5}$ der Fälle, also 40-mal, dass der Zweig nach r eingeschlagen wird. In diesen 40 Fällen wird dann beim 2. Zug in $\frac{3}{4}$ dieser Fälle, also 30-mal, der Zweig von r nach e eingeschlagen. Insgesamt erwartet man also die relative Häufigkeit $\frac{30}{100} = \frac{3}{10}$ für das Ergebnis «re». Die entsprechende Wahrscheinlichkeit erhält man auch durch Multiplikation der einzelnen Wahrscheinlichkeiten längs des Pfades: $P(re) = \frac{2}{5} \cdot \frac{3}{4} = \frac{3}{10}$.

> **Erste Pfadregel (Produkt von Wahrscheinlichkeiten)**
> Bei einem mehrstufigen Zufallsexperiment erhält man die **Wahrscheinlichkeit eines Ergebnisses**, indem man die Wahrscheinlichkeiten längs des zugehörigen Pfades im Baumdiagramm multipliziert.

Häufig zeichnet man bei einem Baum nur den Teil, der von Interesse ist. Dreht man beispielsweise das Glücksrad dreimal nacheinander und interessiert sich für die Wahrscheinlichkeit des Ereignisses «123», so ist es ausreichend, den nebenstehenden Pfad zu zeichnen.

Benötigter Pfad:

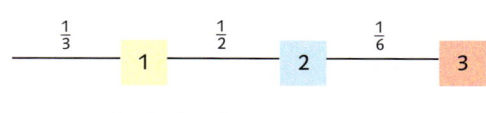

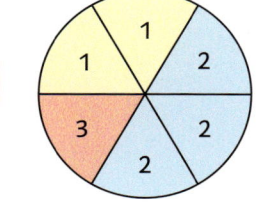

$P(123) = \frac{1}{3} \cdot \frac{1}{2} \cdot \frac{1}{6} = \frac{1}{36}$

Beispiel 1

Aus der Urne werden nacheinander 2 Kugeln gezogen, wobei die zuerst gezogene Kugel vor dem zweiten Zug wieder zurückgelegt wird. Zeichnen Sie ein Baumdiagramm und geben Sie die Wahrscheinlichkeiten auf den Zweigen und die aller Ergebnisse an.

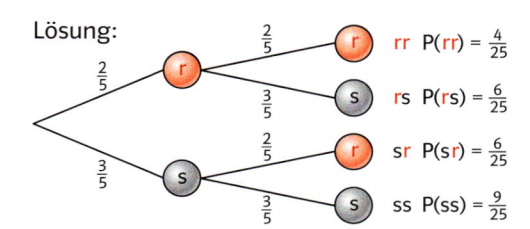

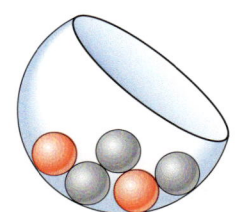

Lösung:

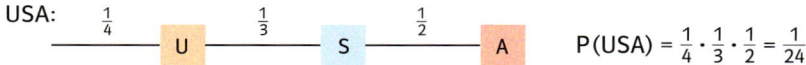

rr $P(rr) = \frac{4}{25}$
rs $P(rs) = \frac{6}{25}$
sr $P(sr) = \frac{6}{25}$
ss $P(ss) = \frac{9}{25}$

Beispiel 2

Aus der Urne wird dreimal gezogen. Mit welcher Wahrscheinlichkeit heisst das gezogene «Wort» USA? Skizzieren Sie zunächst den interessierenden Pfad.
Lösung:

USA: $\frac{1}{4}$ U $\frac{1}{3}$ S $\frac{1}{2}$ A $P(USA) = \frac{1}{4} \cdot \frac{1}{3} \cdot \frac{1}{2} = \frac{1}{24}$

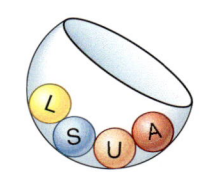

Beispiel 3

Beim Basketball trifft Willi mit 80% und Jan mit 60% Wahrscheinlichkeit. Erst wirft Willi und dann Jan. Wie gross ist die Wahrscheinlichkeit, dass
a) beide treffen,   b) höchstens einer trifft,   c) Willi trifft, aber Jan nicht?

Lösung:
a) $0.8 \cdot 0.6 = 0.48$
b) $0.8 \cdot 0.4 + 0.2 \cdot 0.6 + 0.2 \cdot 0.4 = 0.52$
oder mithilfe des Gegenereignisses:
$1 - 0.8 \cdot 0.6 = 0.52$
c) $0.8 \cdot 0.4 = 0.32$

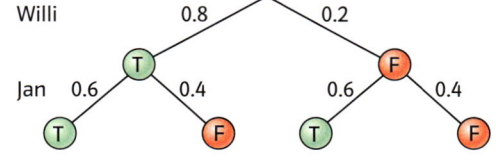

T: Treffer   F: Fehlschuss

Wahrscheinlichkeit eines Ereignisses

Werden aus der Urne in der Randspalte nacheinander 2 Kugeln ohne Zurücklegen gezogen, so ist die Ergebnismenge
$\Omega = \{(1; 1), (1; 2), (2; 1), (2; 2)\}$. Das Ereignis «Summe der Zahlen auf den Kugeln ist 3» wird durch $A = \{(1; 2), (2; 1)\}$ beschrieben. Die Wahrscheinlichkeit des Ereignisses A wird bestimmt, indem man die Wahrscheinlichkeiten der zu A gehörenden Ergebnisse (1; 2) und (2; 1) berechnet und anschliessend addiert. Ein Baumdiagramm ist hilfreich.

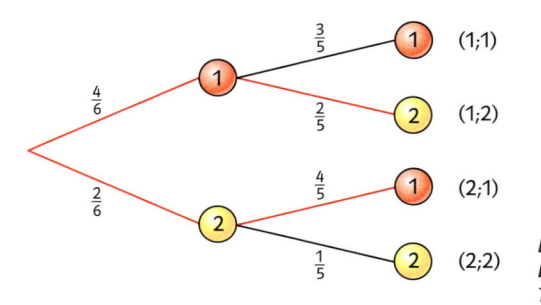

$P(A) = \frac{4}{6} \cdot \frac{2}{5} + \frac{2}{6} \cdot \frac{4}{5} = \frac{8}{15}$

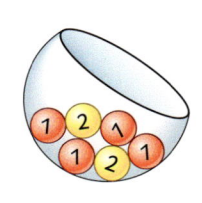

Erinnerung:
Ein Ereignis A ist eine Teilmenge der Ergebnismenge Ω eines Zufallsexperimentes.

Zweite Pfadregel (Summe von Wahrscheinlichkeiten)
Bei mehrstufigen Zufallsexperimenten erhält man die **Wahrscheinlichkeit eines Ereignisses**, indem man die Summe der Wahrscheinlichkeiten der Pfade bildet, die zu dem Ereignis gehören.

Erinnerung:
|A| bedeutet die Anzahl der Elemente der Menge A.

Bei Laplace-Experimenten hat jedes Ergebnis die Wahrscheinlichkeit $\frac{1}{|\Omega|}$. Ein Ereignis A besitzt |A| Elemente. Folglich gilt für seine Wahrscheinlichkeit nach der zweiten Pfadregel
$P(A) = \underbrace{\frac{1}{|\Omega|} + \frac{1}{|\Omega|} + \ldots + \frac{1}{|\Omega|}}_{|A| \text{ Summanden}} = |A| \cdot \frac{1}{|\Omega|} = \frac{A}{|\Omega|}$, in Übereinstimmung mit der bereits bekannten Formel $P(A) = \frac{\text{Anzahl der für das Ereignis A günstigen Ergebnisse}}{\text{Anzahl der möglichen Ergebnisse}} = \frac{A}{|\Omega|}$.

Strategie:
Betrachten des Gegenteils (Gegenereignisses).

Beispiel 1
In einem Korb liegen 6 gekochte und 4 rohe Eier. Christine nimmt 2 Eier heraus. Wie gross ist die Wahrscheinlichkeit des Ereignisses A, dass mindestens ein rohes Ei dabei ist?
Lösung:
Im Baumdiagramm bedeutet «g» gekocht und «r» roh.

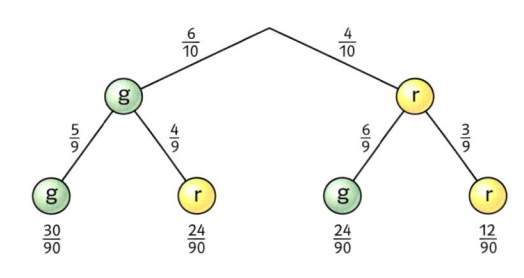

1. Möglichkeit:
Man addiert die Wahrscheinlichkeiten aller Pfade mit mindestens einem «r»:
$P(A) = P(\{gr; rg; rr\})$
$= \frac{6}{10} \cdot \frac{4}{9} + \frac{4}{10} \cdot \frac{6}{9} + \frac{4}{10} \cdot \frac{3}{9} = \frac{60}{90} = \frac{2}{3}$

2. Möglichkeit:
Man betrachtet das Gegenereignis $\overline{A}$ «nur gekochte Eier»:
$P(A) = 1 - P(\overline{A}) = 1 - P(gg)$
$= 1 - \frac{6}{10} \cdot \frac{5}{9} = 1 - \frac{1}{3} = \frac{2}{3}$

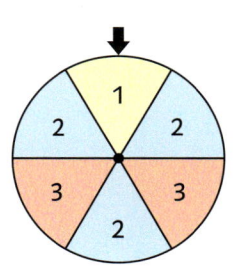

Beispiel 2
Das Glücksrad in der Randspalte wird zweimal gedreht. Mit welcher Wahrscheinlichkeit erscheint beide Male die gleiche Zahl?
Lösung:
P(«beide Male gleiche Zahl») = $P((1; 1)) + P((2; 2)) + P((3; 3)) = \frac{1}{6} \cdot \frac{1}{6} + \frac{1}{2} \cdot \frac{1}{2} + \frac{1}{3} \cdot \frac{1}{3} = \frac{7}{18}$

Aufgaben

1 Eine Urne enthält je 10 weisse, rote und schwarze Kugeln. Es werden nacheinander zwei Kugeln ohne Zurücklegen gezogen und die Farben notiert.
a) Zeichnen Sie dazu ein Baumdiagramm. Wie viele Elemente enthält die Ergebnismenge?
b) Schreiben Sie folgende Ereignisse als Menge von Ergebnissen:
A: «zwei Farben sind gleich»;
B: «mindestens einmal rot».

2 Eine ideale Münze wird dreimal geworfen. Berechnen Sie mit der ersten Pfadregel die Wahrscheinlichkeit, dass dabei
a) stets Zahl auftritt,   b) nie Zahl auftritt.

3 Ein normaler Würfel wird sechsmal geworfen. Wie gross ist die Wahrscheinlichkeit,
a) dass dabei keine einzige Sechs auftritt,
b) dass mindestens eine Sechs auftritt,
c) dass nur Sechsen auftreten,
d) dass nur gerade Zahlen auftreten?

4 In einer Urne sind vier Kugeln. Eine ist mit der Ziffer 2, eine andere mit der Ziffer 7 und zwei sind mit der Ziffer 0 gekennzeichnet. Hans zieht die vier Kugeln nacheinander aus der Urne. Wie gross ist die Wahrscheinlichkeit, dass er die Kugeln in der Reihenfolge «2007» erhält, wenn er
a) ohne Zurücklegen,
b) mit Zurücklegen zieht?

5 Eine Münze wird dreimal geworfen. Mit welcher Wahrscheinlichkeit erscheint
a) keinmal Zahl?
b) einmal Zahl?
c) zweimal Kopf?
d) zweimal Zahl?

6 Chris und Georg haben je zwei Steine. Sie werfen abwechselnd auf eine Blechdose. Ihre Treffsicherheiten betragen $\frac{1}{3}$ bzw. $\frac{1}{4}$.
a) Wie gross ist die Wahrscheinlichkeit, dass Chris als Erster trifft, wenn er beginnt?
b) Wie gross ist die Wahrscheinlichkeit, dass Georg als Erster trifft, wenn Chris beginnt?

7 Ein Biathlet kommt an den Schiessstand und muss dort auf fünf Scheiben schiessen. Für jeden Fehlschuss wird der Laufzeit eine Minute Strafzeit hinzugerechnet. Der Biathlet hat erfahrungsgemäss eine Treffsicherheit von 90 % pro Schuss.
a) Mit welcher Wahrscheinlichkeit hat er höchstens einen Fehlschuss?
b) Mit welcher Wahrscheinlichkeit bekommt er genau eine Minute Strafzeit?
c) Mit welcher Wahrscheinlichkeit bekommt er mindestens eine Minute Strafzeit?

8 Von einem Medikament ist bekannt, dass es bei der Behandlung einer Krankheit mit 80 % Wahrscheinlichkeit heilend wirkt. Es werden drei Patienten damit behandelt, die an dieser Krankheit leiden.
a) Ein Arzt überlegt sich, dass das Medikament mit einer Wahrscheinlichkeit von 51.2 % alle drei Patienten heilt. Wie kommt er zu diesem Ergebnis?
b) Wie gross ist die Wahrscheinlichkeit, dass mindestens zwei Patienten geheilt werden?
c) Wie kann man die Behandlung der Patienten mit einem Urnenexperiment simulieren? Diskutieren Sie, ob dann «mit Zurücklegen» oder «ohne Zurücklegen» gezogen wird.

9 Aus dem Sack werden (ohne Zurücklegen) nacheinander drei Kugeln gezogen. Wie gross ist die Wahrscheinlichkeit des Ereignisses, dass man das Wort «PAP» legen kann,
a) wenn man die gezogenen Buchstaben nicht umordnen darf?
b) wenn man die gezogenen Buchstaben noch umordnen darf?

10 Alex ist der Elfmeterschütze seiner Mannschaft. Zu Spielbeginn beträgt seine Treffsicherheit bei einem Elfmeter 95 %. Da er leider konditionelle Probleme hat, sinkt seine Treffsicherheit bis zur 90. Minute linear auf 65 %. Alex tritt nach der 10. und 70. Spielminute zum Elfmeter an.
a) Mit welcher Wahrscheinlichkeit verwandelt er beide Elfmeter?
b) Mit welcher Wahrscheinlichkeit verwandelt er nur einen Elfmeter?
c) Mit welcher Wahrscheinlichkeit verschiesst er beide Elfmeter?
d) In der letzten Spielminute bekommt seine Mannschaft einen dritten Elfmeter zugesprochen. Mit welcher Wahrscheinlichkeit verwandelt Alex alle drei Elfmeter?

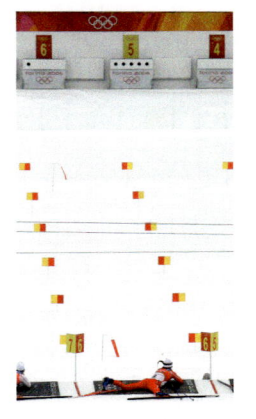

10.5 Kombinatorik – Abzählverfahren am Urnenmodell

▬▬ Wie viele Möglichkeiten gibt es für drei Vögel, sich auf fünf Bäume zu verteilen, wenn es sich um
a) eine Taube, einen Spatz und eine Schwalbe, b) drei Spatzen handelt? ▬▬

Zur Berechnung von Laplace-Wahrscheinlichkeiten von Ereignissen muss man die Anzahl der «möglichen» und die der «günstigen» Ergebnisse bestimmen. Dazu betrachtet man u. a. Urnenexperimente, da sich viele Zufallsexperimente durch sie simulieren lassen.

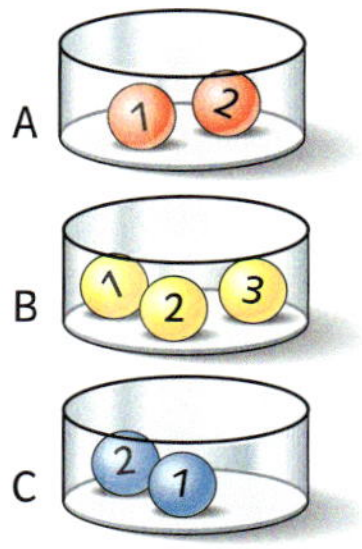

Zieht man aus den abgebildeten Urnen A, B und C je eine Kugel, dann lässt sich die Gesamtzahl der Möglichkeiten mit einem Baumdiagramm veranschaulichen.

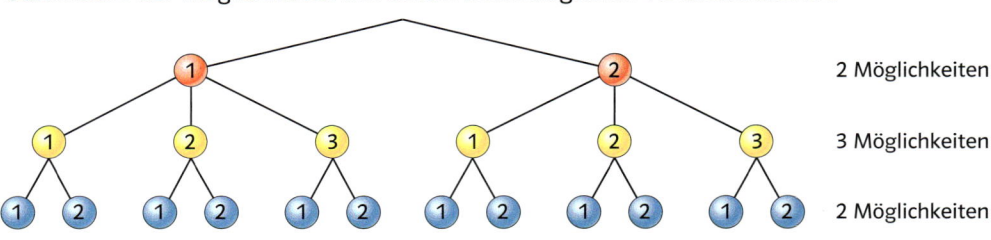

Für das Ziehen einer Kugel gibt es also 2 Möglichkeiten bei Urne A, 3 Möglichkeiten bei Urne B und 2 Möglichkeiten bei Urne C. Es gibt $2 \cdot 3 \cdot 2 = 12$ verschiedene Pfade durch das Diagramm. Das sind alle möglichen Ergebnisse. Diese Methode, die Anzahl von Möglichkeiten zu bestimmen, nennt man **Multiplikationsprinzip**.

Multiplikationsprinzip
Zieht man aus k Mengen mit $m_1; m_2; \ldots; m_k$ Elementen in dieser Reihenfolge jeweils ein Element, so gibt es insgesamt $m_1 \cdot m_2 \cdot \ldots \cdot m_k$ **Möglichkeiten**.

Ziehen aus einer Urne mit Beachtung der Reihenfolge

Eine Urne enthält 4 Kugeln mit den Zahlen 1, 2, 5 und 6. Aus dieser Urne wird 3-mal eine Kugel gezogen, die Zahl in der Reihenfolge der Ziehungen notiert und die gezogene Kugel jeweils vor der nächsten Ziehung in die Urne zurückgelegt.
In diesem Fall sind die Ergebnisse Tripel wie z. B. (1; 2; 2). Statt aus einer Urne 3-mal mit Zurücklegen zu ziehen, können wir uns auch vorstellen, aus 3 gleichen Urnen jeweils 1-mal zu ziehen. Nach dem Multiplikationsprinzip gibt es $4 \cdot 4 \cdot 4 = 4^3 = 64$ Tripel.

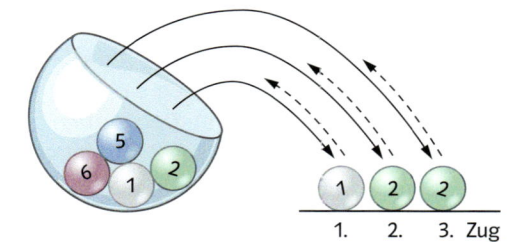

Ziehen mit Beachtung der Reihenfolge und mit Zurücklegen
Aus einer Urne mit n unterscheidbaren Kugeln wird k-mal eine Kugel **mit Zurücklegen** gezogen.
Die gezogenen Kugeln werden in der Reihenfolge des Ziehens notiert.
Dann sind n^k verschiedene Ergebnisse (k-Tupel) möglich.

---

4 Kugeln, 3 Ziehungen *mit Zurücklegen* mit Reihenfolge:
$n^k \rightarrow$ Ergebnisse

Beim Ziehen aus der angegebenen Urne ist es auch möglich, die Kugeln ohne Zurücklegen zu entnehmen. Auch in diesem Fall erhält man Tripel, wie z.B. (1; 2; 5). Im Unterschied zum Ziehen mit Zurücklegen verringert sich die Anzahl der Möglichkeiten bei jedem Zug um 1. Nach dem Multiplikationsprinzip erhält man also
4 · 3 · 2 = 24 Tripel.

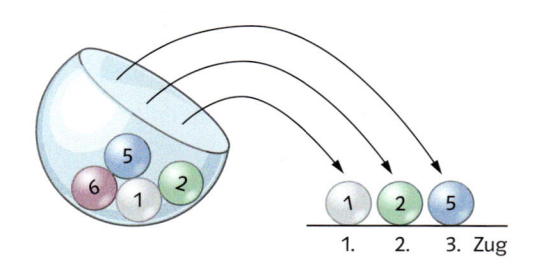

Ziehen mit Beachtung der Reihenfolge und ohne Zurücklegen
Aus einer Urne mit n unterscheidbaren Kugeln werden nacheinander k Kugeln **ohne Zurücklegen** gezogen und in der Reihenfolge des Ziehens notiert.
Dann sind **n · (n − 1) · ... · (n − k + 1)** verschiedene Ergebnisse möglich.

*4 Kugeln, 3 Ziehungen **ohne Zurücklegen** mit Reihenfolge:*

$\underbrace{4 \cdot 3 \cdot 2}_{k \text{ Faktoren}}$ Ergebnisse

Werden alle Kugeln nacheinander aus der Urne ohne Zurücklegen gezogen, so ist k = n. Die Anzahl der unterschiedlichen Reihenfolgen gibt dann an, auf wie viele verschiedene Arten n Elemente angeordnet werden können. Jede dieser Anordnungen bezeichnet man als **Permutation** der n Elemente.
Die Anzahl der Permutationen von n Elementen beträgt also n · (n − 1) · (n − 2) · ... · 2 · 1. Dieses Produkt wird als **n Fakultät** bezeichnet und mit **n!** abgekürzt.

permutare (lat.): vertauschen

Für alle natürlichen Zahlen n wird mit **n Fakultät** das Produkt der natürlichen Zahlen von 1 bis n bezeichnet.
$$n! = n \cdot (n-1) \cdot (n-2) \cdot \ldots \cdot 2 \cdot 1$$
Man legt fest: 0! = 1

4 Fakultät:
$4! = 4 \cdot 3 \cdot 2 \cdot 1 = 24$

Wegen der Umformung $n \cdot (n-1) \cdot \ldots \cdot (n-k+1) = \frac{n \cdot (n-1) \cdot \ldots \cdot 1}{(n-k) \cdot (n-k-1) \cdot \ldots \cdot 1} = \frac{n!}{(n-k)!}$ gilt:
Beim Ziehen von k Kugeln aus einer Urne mit n nummerierten Kugeln ohne Zurücklegen mit Beachtung der Reihenfolge gibt es $\frac{n!}{(n-k)!}$ Ergebnisse.

Beispiel 1
Aus der nebenstehenden Urne werden 6 Kugeln nacheinander gezogen.
a) Wie viele «Wörter» können gebildet werden, wenn mit Zurücklegen gezogen wird? Mit welcher Wahrscheinlichkeit entsteht dabei das Wort «CARMEN»?
b) Nun werden die 6 Buchstaben nacheinander ohne Zurücklegen gezogen. Mit welcher Wahrscheinlichkeit entsteht jetzt das Wort «CARMEN»?
c) Die 6 Buchstaben werden wieder nacheinander ohne Zurücklegen gezogen. Mit welcher Wahrscheinlichkeit entsteht jetzt das Wort «CARMEN», wenn man anschliessend die Reihenfolge der gezogenen Buchstaben noch ändern kann?
Lösung:
a) Es sind 9 verschiedene Buchstaben, also gibt es $9^6 = 531441$ mögliche «Wörter».
«CARMEN» ist genau eines der 9^6 Wörter, also gilt: P(«CARMEN») = $\frac{1}{9^6} = \frac{1}{531441}$
b) Insgesamt können nun $9 \cdot 8 \cdot 7 \cdot 6 \cdot 5 \cdot 4 = \frac{9!}{3!} = 60\,480$ «Wörter» gebildet werden.
Also ergibt sich für die Wahrscheinlichkeit: P(«CARMEN») = $\frac{1}{60\,480}$
c) Es gibt 6! Permutationen von «CARMEN», also 6! günstige «Wörter». Somit ergibt sich:
P(«CARMEN») = $\frac{6!}{60\,480} = \frac{1}{84}$

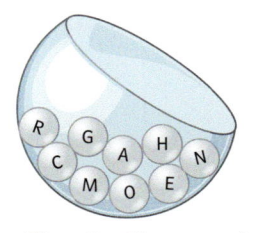

Alternative Lösung von a) mit erster Pfadregel:
$\overset{\frac{1}{9}}{} C \overset{\frac{1}{9}}{} A \overset{\frac{1}{9}}{} R \overset{\frac{1}{9}}{} M \overset{\frac{1}{9}}{} E \overset{\frac{1}{9}}{} N$
$P = \frac{1}{9} \cdot \frac{1}{9} \cdot \frac{1}{9} \cdot \frac{1}{9} \cdot \frac{1}{9} \cdot \frac{1}{9}$

Alternative Lösung von b) mit erster Pfadregel:
$\overset{\frac{1}{9}}{} C \overset{\frac{1}{8}}{} A \overset{\frac{1}{7}}{} R \overset{\frac{1}{6}}{} M \overset{\frac{1}{5}}{} E \overset{\frac{1}{4}}{} N$
$P = \frac{1}{9} \cdot \frac{1}{8} \cdot \frac{1}{7} \cdot \frac{1}{6} \cdot \frac{1}{5} \cdot \frac{1}{4}$

Beispiel 2
Barbara, Christine, Roman und Thomas setzen sich in zufälliger Reihenfolge auf eine Parkbank.
a) Wie viele Reihenfolgen sind möglich? Geben Sie zunächst ein passendes Urnenmodell an.
b) Mit welcher Wahrscheinlichkeit sitzt Roman neben Barbara und Christine neben Thomas?
Lösung:
a) In einer Urne sind vier Kugeln, die die Namen Barbara, Christine, Roman und Thomas tragen. Es werden nacheinander alle Kugeln gezogen, wobei die Reihenfolge angibt, wie die Personen von links nach rechts auf der Bank sitzen.
Anzahl der Möglichkeiten: $4! = 4 \cdot 3 \cdot 2 \cdot 1 = 24$.
Weitere mögliche Lösung: In einer Urne sind vier Kugeln, die die Nummern 1 bis 4 tragen. Die vier Personen ziehen nacheinander je eine Kugel.
b) Gesucht wird die Anzahl der Reihenfolgen, bei denen die angegebenen Paare nebeneinandersitzen.
Der Platz links aussen wird als Erstes vergeben. Dort kann jede Person sitzen, also gibt es 4 Möglichkeiten, den Platz zu besetzen. Auf dem folgenden Platz muss der Partner der Person vom ersten Platz sitzen, dafür gibt es 1 Möglichkeit. Auf dem dritten Platz kann einer der beiden verbliebenen Personen sitzen, dafür gibt es 2 Möglichkeiten. Für den letzten Platz bleibt eine Person übrig, dafür gibt es 1 Möglichkeit.
Anzahl der passenden Reihenfolgen: $4 \cdot 1 \cdot 2 \cdot 1 = 8$ (vgl. Tabelle in der Randspalte).
Wahrscheinlichkeit für eine passende Reihenfolge: $p = \frac{8}{24} = \frac{1}{3}$

Mögliche Permutationen:

1	2	3	4
B	R	C	T
B	R	T	C
R	B	C	T
R	B	T	C
C	T	B	R
C	T	R	B
T	C	B	R
T	C	R	B

Ziehen aus einer Urne ohne Beachtung der Reihenfolge

Zieht man aus der nebenstehenden Urne 3 Kugeln der Reihe nach ohne Zurücklegen, so erhält man $5 \cdot 4 \cdot 3 = 60$ mögliche Ergebnisse. Lässt man die Reihenfolge ausser Acht, zieht also mit einem Griff, dann können jeweils 6 der obigen Ergebnisse (mit Reihenfolge) nicht mehr unterschieden werden, da 3 Kugeln auf $3! = 6$ verschiedene Arten angeordnet werden können.
Aus 6 Ergebnissen (mit Reihenfolge) entsteht ein neues Ergebnis (ohne Reihenfolge). Die Anzahl der Ergebnisse ohne Beachtung der Reihenfolge erhält man also durch Division der 120 Ergebnisse mit Beachtung der Reihenfolge durch 6. Somit ergeben sich $\frac{5 \cdot 4 \cdot 3}{3!}$ Ergebnisse ohne Beachtung der Reihenfolge. Der angegebene Lösungsweg kann unmittelbar verallgemeinert werden.

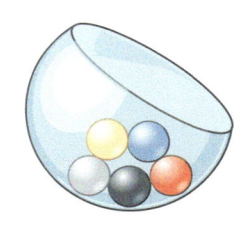

*5 Kugeln, 3 Ziehungen ohne Zurücklegen **ohne Reihenfolge**:*
$\underbrace{\frac{5 \cdot 4 \cdot 3}{3!}}_{}$ Ergebnisse (k Faktoren, n, k)

> **Ziehen ohne Zurücklegen und ohne Beachtung der Reihenfolge**
> Aus einer Urne mit n unterscheidbaren Kugeln werden k Kugeln mit einem Griff, d.h. ohne Zurücklegen und ohne Beachtung der Reihenfolge, gezogen.
> Dann gibt es $\dfrac{n \cdot (n-1) \cdot (n-2) \cdot \ldots \cdot (n-k+1)}{k!}$ mögliche Ergebnisse.

Die obige Anzahl lässt sich auch wie folgt berechnen:
$$\frac{n \cdot (n-1) \cdot (n-2) \cdot \ldots \cdot (n-k+1)}{k!} = \frac{n \cdot (n-1) \cdot (n-2) \cdot \ldots \cdot (n-k+1)}{k!} \cdot \frac{(n-k) \cdot (n-k-1) \cdot \ldots \cdot 2 \cdot 1}{(n-k) \cdot (n-k-1) \cdot \ldots \cdot 2 \cdot 1} = \frac{n!}{k! \cdot (n-k)!}$$
Diese Anzahl bekommt aufgrund ihrer grossen Bedeutung eine eigene Bezeichnung.

Für $k \in \mathbb{N}_0$, $n \in \mathbb{N}$ und $k \leq n$ heisst $\binom{n}{k} = \frac{n!}{k! \cdot (n-k)!}$ **Binomialkoeffizient**, gesprochen als «k aus n» oder «n tief k» («n über k»).

Die Anzahlen $\binom{n}{k}$ treten bei der Berechnung des Binoms $(a+b)^n$ auf. Daher rührt die Bezeichnung Binomialkoeffizient.

Da $0! = 1$ festgelegt ist, gilt: $\binom{n}{n} = 1$ und $\binom{n}{0} = 1$

Beim Ziehen ohne Zurücklegen und ohne Beachtung der Reihenfolge von k Kugeln aus n unterscheidbaren Kugeln gibt es somit $\binom{n}{k}$ mögliche Ergebnisse.

Zieht man also z. B. 3 Kugeln aus einer Urne mit 12 unterscheidbaren Kugeln mit einem Griff, so gibt es $\binom{12}{3} = \frac{12!}{3! \cdot 9!} = \frac{12 \cdot 11 \cdot 10}{3 \cdot 2 \cdot 1} = 220$ mögliche Ergebnisse.

Mit vielen Taschenrechnern können Binomialkoeffizienten berechnet werden. Um z.B. $\binom{5}{3}$ zu bestimmen, benutzt man die $\boxed{nCr}$-Taste:
$\binom{5}{3} = 5 \boxed{nCr} 3 = 10$
bzw. die entsprechende Funktion: $\boxed{nCr}(5,3) = 10$

Beispiel
In einem Raum sind 20 Plätze. 12 Personen verteilen sich auf die 20 Plätze. Auf wie viele verschiedene Arten ist dies möglich, wenn die Personen nicht unterschieden werden? Geben Sie zunächst ein passendes Urnenexperiment an.
Lösung:
In einer Urne sind 20 nummerierte Kugeln. Sie stehen für die verschiedenen Plätze. Es werden 12 Kugeln mit einem Griff bzw. ohne Zurücklegen und ohne Reihenfolge gezogen.
Folglich gibt es $\binom{20}{12} = 125\,970$ Möglichkeiten.

Ziehen aus einer Urne mit nur schwarzen und weissen Kugeln

Viele Zufallsexperimente lassen sich durch das Ziehen aus einer Urne mit nur schwarzen und weissen Kugeln simulieren. Somit sind nicht mehr alle Kugeln unterscheidbar.
Als Beispiel wird eine Urne mit 6 schwarzen und 4 weissen Kugeln betrachtet. Es werden 5 Kugeln **mit Zurücklegen** gezogen. Mit welcher Wahrscheinlichkeit sind genau 3 schwarze darunter?
Zur Lösung denken wir uns die 10 Kugeln durchnummeriert. Die schwarzen tragen die Nummern von 1 bis 6, die weissen von 7 bis 10. Da jetzt alle Kugeln unterscheidbar sind, kann man auf die vorher erarbeiteten Ergebnisse zurückgreifen.
Insgesamt gibt es 10^5 gleich wahrscheinliche Möglichkeiten, 5 Kugeln aus 10 mit Zurücklegen zu ziehen.
Man erhält z. B. genau 3 schwarze Kugeln, wenn man zuerst 3 schwarze und danach 2 weisse Kugeln zieht. Nach dem Multiplikationsprinzip hat man dafür $6^3 \cdot 4^2$ Möglichkeiten. Es sind aber auch andere Reihenfolgen möglich. Insgesamt gibt es $\binom{5}{3}$ Möglichkeiten, die 3 schwarzen Kugeln auf 5 Plätze zu verteilen.

5 Bücher werden zufällig auf die Personen einer Gruppe, bestehend aus 6 Knaben und 4 Mädchen, verteilt, wobei jede Person auch mehrere Bücher bekommen darf. Mit welcher Wahrscheinlichkeit bekommen die Knaben zusammen genau 3 Bücher?

Für die Anzahl der günstigen Fälle gilt also: $\binom{5}{3} \cdot 6^3 \cdot 4^2$

Da es sich um ein Laplace-Experiment handelt, gilt:
$$P(\text{genau 3 schwarze Kugeln}) = \frac{\binom{5}{3} \cdot 6^3 \cdot 4^2}{10^5} = 0.346$$

Das obige Vorgehen lässt sich auf Experimente mit N Kugeln (M schwarze und N−M weisse Kugeln) verallgemeinern.

*Die Wahrscheinlichkeitsverteilung für die Ergebnisse k = 0; 1; ...; n nennt man in diesem Fall **Binomialverteilung** (vgl. Kap. 13.2).*

> Aus einer Urne mit N Kugeln, von denen M schwarz sind, werden n Kugeln **mit Zurücklegen** und ohne Beachtung der Reihenfolge gezogen.
> Für die Wahrscheinlichkeit, genau k schwarze Kugeln zu ziehen, gilt:
> **P(genau k schwarze Kugeln)** = $\binom{n}{k} \cdot \frac{M^k \cdot (N-M)^{n-k}}{N^n}$

Die Wahrscheinlichkeit, in einem Zug eine schwarze Kugel zu ziehen, beträgt $p = \frac{M}{N}$. Damit lässt sich die Wahrscheinlichkeit, genau k schwarze Kugeln zu ziehen, mit $\binom{n}{k} \cdot p^k \cdot (1-p)^{n-k}$ berechnen.

Aus 6 Knaben und 4 Mädchen werden zufällig 5 Personen ausgewählt. Mit welcher Wahrscheinlichkeit sind genau 3 Knaben dabei?

Nun wird das vorherige Beispiel **ohne Zurücklegen** betrachtet. Aus einer Urne mit 6 schwarzen und 4 weissen Kugeln werden 5 Kugeln mit einem Griff gezogen. Mit welcher Wahrscheinlichkeit sind genau 3 schwarze darunter?

Wieder werden die 10 Kugeln durchnummeriert angenommen.

Insgesamt gibt es $\binom{10}{5}$ gleich wahrscheinliche Möglichkeiten, 5 Kugeln aus den 10 auszuwählen. Für die Anzahl der günstigen Ereignisse gilt: Es gibt $\binom{6}{3}$ Möglichkeiten, 3 Kugeln aus den 6 schwarzen auszuwählen. Für jede dieser $\binom{6}{3}$ Möglichkeiten gibt es noch $\binom{4}{2}$ Möglichkeiten, die restlichen 2 weissen Kugeln aus den 4 weissen auszuwählen. Nach dem Multiplikationsprinzip gilt für die Anzahl der günstigen Ereignisse: $\binom{6}{3} \cdot \binom{4}{2}$. Da es sich um ein Laplace-Experiment handelt, gilt:

$$P(\text{genau 3 schwarze Kugeln}) = \frac{\binom{6}{3} \cdot \binom{4}{2}}{\binom{10}{5}} = 0.476$$

*Die Wahrscheinlichkeitsverteilung für die Ergebnisse k = 0; 1; ...; n nennt man in diesem Fall **hypergeometrische Verteilung**.*

> Aus einer Urne mit N Kugeln, von denen M schwarz sind, werden n Kugeln mit einem Griff, das heisst **ohne Zurücklegen** und ohne Beachtung der Reihenfolge, gezogen.
> Für die Wahrscheinlichkeit, genau k schwarze Kugeln zu ziehen, gilt:
> **P(genau k schwarze Kugeln)** = $\frac{\binom{M}{k} \cdot \binom{N-M}{n-k}}{\binom{N}{n}}$

Beispiel 1
Ein Würfel wird siebenmal geworfen. Wie gross ist die Wahrscheinlichkeit,
a) keine Eins, b) genau zwei Einsen zu würfeln?
Beschreiben Sie zunächst ein geeignetes Urnenexperiment.
Lösung:
Eine Urne enthält 6 Kugeln, von denen eine schwarz ist (dies entspricht der 1). Es wird siebenmal mit Zurücklegen gezogen.

a) P(genau 0 Einsen) = $\binom{7}{0} \cdot \frac{1^0 \cdot 5^7}{6^7} = 0.279$ b) P(genau 2 Einsen) = $\binom{7}{2} \cdot \frac{1^2 \cdot 5^5}{6^7} = 0.234$

Beispiel 2
Wie gross ist die Wahrscheinlichkeit, beim Lotto «6 aus 45»
a) 6 Richtige zu tippen, b) genau 4 Richtige zu tippen?
Beschreiben Sie zunächst ein geeignetes Urnenexperiment.

Lösung:
Eine Urne enthält 45 Kugeln, von denen 6 schwarz (diese entsprechen den 6 gezogenen Zahlen) und 39 weiss (diese entsprechen den 39 nicht gezogenen Zahlen) sind. Es werden 6 Kugeln mit einem Griff gezogen.

a) P(genau 6 Richtige) = $\dfrac{\binom{6}{6} \cdot \binom{39}{0}}{\binom{45}{6}} = \dfrac{1}{8\,145\,060}$ b) P(genau 4 Richtige) = $\dfrac{\binom{6}{4} \cdot \binom{39}{2}}{\binom{45}{6}} = \dfrac{11\,115}{8\,145\,060}$

Aufgaben

1 a) Berechnen Sie jeweils $\binom{7}{4}, \binom{11}{5}, \binom{12}{10}, \binom{12}{2}, \binom{20}{15}, \binom{1000}{998}$.

b) Zeigen Sie, dass $\binom{11}{4} = \binom{11}{7}$ und $\binom{n}{k} = \binom{n}{n-k}$ gilt.

2 Beschreiben Sie zu jeder Aufgabe zunächst ein passendes Urnenmodell.
a) Ein Test besteht aus 8 Fragen, wobei es zu jeder Frage drei Antworten gibt, von denen jeweils eine richtig ist. Wie viele Möglichkeiten zum Ankreuzen gibt es?
b) Wie viele dreistellige Zahlen kann man mit den Ziffern 4, 5, 6, 7, 8 bilden, wenn keine Ziffer wiederholt auftreten darf? Und wie viele gibt es, wenn jede Ziffer beliebig oft auftreten darf?
c) Ein Computerzeichen besteht aus 8 Stellen; jede Stelle kann mit 0 oder 1 belegt werden. Wie viele Zeichen sind möglich? Wie viele Zeichen gibt es mit genau drei Nullen?
d) An einem 100-m-Lauf nehmen 8 Läufer teil, die nacheinander durchs Ziel laufen. Wie viele Reihenfolgen sind für die ersten drei Plätze möglich?
e) Wie viele Möglichkeiten gibt es, aus 10 Personen einen Ausschuss von 4 Personen zu bilden?
f) Wie viele Möglichkeiten gibt es, aus einer Klasse mit 15 Mädchen und 10 Jungen eine Gruppe von 2 Mädchen und 2 Jungen auszuwählen?

3 Eine Münze wird 10-mal geworfen und jedes Mal notiert, ob Kopf oder Zahl gefallen ist.
a) Wie viele mögliche Ergebnisse gibt es?
Mit welcher Wahrscheinlichkeit erhält man
b) nur Münzbilder einer Sorte,
c) zuerst 5-mal Kopf und dann 5-mal Zahl,
d) zuerst 5-mal Kopf?

4 Das Glücksrad I wird 3-mal gedreht; man erhält nacheinander die Hunderter-, Zehner- und Einerziffer einer 3-stelligen Zahl.
a) Beschreiben Sie das Zufallsexperiment mit einem Urnenmodell.
b) Mit welcher Wahrscheinlichkeit erhält man
  i) die Zahl 432,
  ii) eine Zahl mit 3 gleichen Ziffern,
  iii) eine Zahl, bei der mindestens 2 Ziffern verschieden sind,
  iv) eine Zahl nur aus ungeraden Ziffern?
c) Lösen Sie die Aufgaben mit dem Glücksrad II.

5 In einem Zeltlager mit 20 Personen soll eine Dreiergruppe zum Einkaufen geschickt werden. Dazu werden 3 Personen ausgelost. Wie gross ist die Wahrscheinlichkeit,
a) dass Rita, Bea und Christian ausgelost werden,
b) dass keine der genannten Personen ausgelost wird?

Von Blaise Pascal (1623–1662) stammt die Idee, die Binomialkoeffizienten in Dreiecksform aufzuschreiben. Welches Gesetz steckt dahinter?

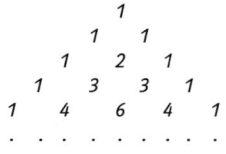

```
            1
          1   1
        1   2   1
      1   3   3   1
    1   4   6   4   1
```
Pascal'sches Zahlendreieck

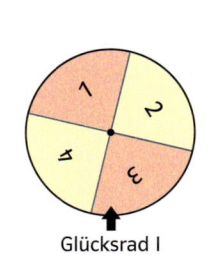

Glücksrad I

Glücksrad II

Galton-Brett:

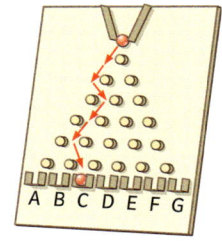

Morse-Alphabet
A · —
B — · · ·
C — · — ·
D — · ·
O — — —
S · · ·
· · · _S_ _O_ _S_ · · ·

6 Die Wochentage der Geburtstage in einer 5-köpfigen Familie werden betrachtet.
a) Wie viele Möglichkeiten gäbe es, die Geburtstage der 5-köpfigen Familie auf die Wochentage zu verteilen?
b) Mit welcher Wahrscheinlichkeit haben alle Mitglieder der Familie an verschiedenen Wochentagen Geburtstag, wenn die Wochentage als gleich wahrscheinlich angesehen werden?
c) Mit welcher Wahrscheinlichkeit haben mindestens zwei Familienmitglieder am gleichen Wochentag Geburtstag?
d) Mit welcher Wahrscheinlichkeit haben alle Familienmitglieder am gleichen Wochentag Geburtstag?

7 Bei einem Galton-Brett fällt eine Kugel durch ein Brett mit Zapfen. An jedem Zapfen wird sie entweder nach links oder nach rechts abgelenkt. Bestimmen Sie jeweils die Anzahl der möglichen Wege zu den Behältern A bis G.

8 Hannes hat 6 Freikarten für eine Vorstellung im Planetarium. Er verlost 5 Karten unter seinen Freunden (5 Mädchen und 7 Knaben). Mit welcher Wahrscheinlichkeit zieht er
a) nur Mädchen, b) nur Knaben,
c) 3 Knaben und 2 Mädchen, d) Peter und Thomas?

9 Wie viele Morsezeichen kann man aus Punkten und Strichen bilden, wenn jedes Zeichen
a) aus genau vier, b) aus höchstens vier Zeichen besteht?

10 Bei einer Pferdewette wettet man auf den Einlauf der ersten drei von insgesamt 15 Pferden. Man erreicht Gewinnklasse I, wenn man die ersten drei Pferde in der richtigen Reihenfolge ihres Einlaufs richtig vorhersagt, und Gewinnklasse II, wenn man die ersten drei Pferde in beliebiger Reihenfolge richtig vorhersagt. Bestimmen Sie die Wahrscheinlichkeiten für die beiden Gewinnklassen – gleiche Gewinnchancen für alle Pferde angenommen.

11 Bei Annas Geburtstag sind Barbara, Christian, Dennis, Elisa und Felix eingeladen.
a) Auf wie viele Arten können die Gäste eintreffen, wenn jeder alleine kommt?
b) Mit welcher Wahrscheinlichkeit kommt Felix als Letzter?
c) Mit welcher Wahrscheinlichkeit kommen Barbara als Erste und Elisa als Zweite?

12 Unter den 200 Losen einer Tombola befinden sich genau 50 Gewinnlose. Anne kauft zu Beginn der Lotterie 20 Lose. Wie gross ist die Wahrscheinlichkeit, dass sie
a) genau 5 Gewinnlose, b) keinen Gewinn, c) mindestens ein Gewinnlos hat?

13 Wie gross ist beim Lotto «6 aus 45» die Wahrscheinlichkeit für
a) genau 3 richtige Zahlen, b) genau 1 richtige Zahl,
c) mindestens 3 richtige Zahlen, d) keine richtige Zahl?

14 Ein Würfel wird zehnmal geworfen.
a) Mit welcher Wahrscheinlichkeit wird die Augenzahl 4 genau sechsmal übertroffen?
b) Mit welcher Wahrscheinlichkeit wird die Augenzahl 4 mehr als sechsmal übertroffen?

15 Beweisen Sie den binomischen Lehrsatz:
$$(a+b)^n = \sum_{k=0}^{n} \binom{n}{k} a^{n-k} b^k$$

Exkursion: Peinliche Fragen

Wenn man herausfinden will, wie hoch z. B. der Anteil der Personen in einer Bevölkerung ist, die schon einmal in einem Kaufhaus gestohlen haben, wird man bei einer direkten Befragung nur selten eine wahre Antwort erhalten. Einen realistischen Prozentsatz wird man nur dann bekommen, wenn es gelingt, trotz einer persönlichen Befragung die Privatsphäre der befragten Person zu wahren. Wie aber kann man dies erreichen? Untersuchungsmethoden bei «peinlichen» Fragen gehen auf das Jahr 1965 zurück. Seitdem haben sie sich stürmisch weiterentwickelt. Die Grundidee ist einfach.

> 1. Haben Sie schon einmal in einem Kaufhaus gestohlen?
> 2. Haben Sie noch nie in einem Kaufhaus gestohlen?

Beispiel

Gesucht ist der Anteil p der Personen in einer Bevölkerungsgruppe, die schon einmal in einem Kaufhaus gestohlen haben. 200 Personen sind bereit, an einer Untersuchung teilzunehmen, wenn sie nicht direkt befragt werden. Jede Versuchsperson erhält das Glücksrad I und den Zettel mit den Fragen 1 und 2. Die Versuchsperson dreht unbeobachtet das Glücksrad und beantwortet wahrheitsgemäss mit «ja» oder «nein» die Frage, die durch das Glücksrad festgelegt wurde. Da derjenige, der die Untersuchung durchführt, nicht weiss, welche Frage beantwortet wurde, bleibt die Anonymität gewahrt.

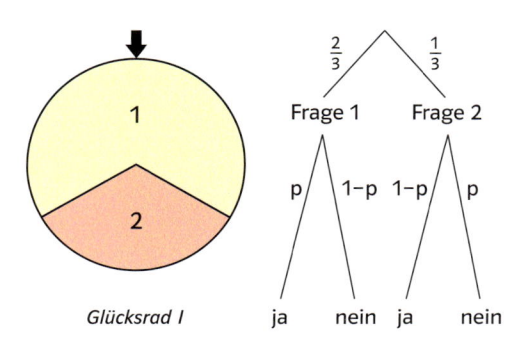

Glücksrad I

Die Befragung kann als zweistufiges Zufallsexperiment aufgefasst werden (vgl. das Baumdiagramm). Beim Glücksrad I erscheint die «1» mit der Wahrscheinlichkeit $\frac{2}{3}$. Mithilfe der Pfadregel ergibt sich:

$$P(\text{ja}) = \frac{2}{3} \cdot p + \frac{1}{3} \cdot (1-p) = \frac{1}{3} \cdot p + \frac{1}{3}.$$

Wir nehmen an, dass von den 200 Personen 86 Personen mit «ja» antworteten. Setzt man für P(ja) diesen Anteil ein, ergibt sich $\frac{86}{200} = \frac{1}{3} \cdot p + \frac{1}{3}$ bzw. p = 0.29, d. h., fast 30 % dieser Bevölkerungsgruppe haben schon einmal in einem Kaufhaus gestohlen.

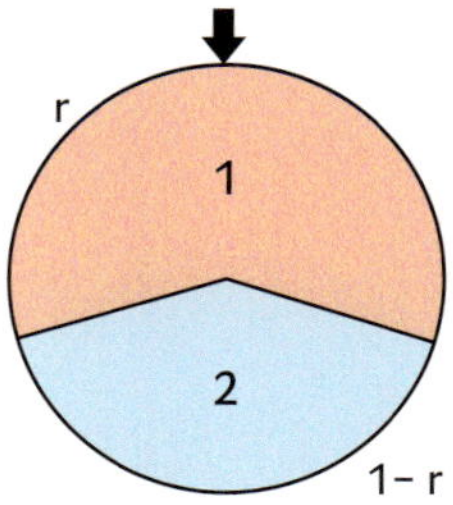

1 Untersuchen Sie, ob man bei dem angegebenen Verfahren anstelle des Glücksrads I auch ein Glücksrad verwenden kann, bei dem die «1» bzw. die «2» jeweils mit der Wahrscheinlichkeit 0.5 erscheint. Interpretieren Sie das Ergebnis.

2 Bei der ursprünglichen Methode sind die beiden Fragen abhängig voneinander. Um die Methode zu verbessern, dreht die befragte Person jetzt zwei Glücksräder II und III und erhält einen Zettel, bei dem die zweite Frage völlig harmlos ist. Der Ausgang des Glücksrads II bestimmt, welche Frage auf dem Zettel beantwortet werden soll. Beim Rad II erscheint die «1» mit der Wahrscheinlichkeit r, beim Rad III erscheint der Buchstabe A mit der Wahrscheinlichkeit s. Weiterhin nehmen wir an, dass w der Anteil der Personen ist, die bei einer Untersuchung mit «ja» geantwortet haben. Zeichnen Sie ein Baumdiagramm. Kann bei dieser Methode das Glücksrad II so eingestellt werden, dass r = 0.5 ist?

> 1. Haben Sie schon einmal in einem Kaufhaus gestohlen?
> 2. Zeigt das Glücksrad III auf das Feld mit dem Buchstaben A?

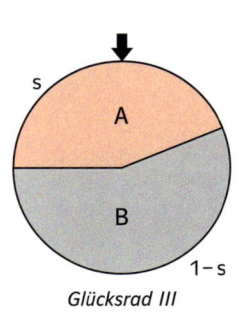

Glücksrad II

Glücksrad III

Exkursion: Die Würfel von Efron

Die sechs Seiten eines Würfels müssen nicht unbedingt mit den Zahlen von eins bis sechs beschriftet sein.

Für ein einfaches, aber im Ergebnis recht verblüffendes Würfelspiel benutzen wir die «Würfel von Efron». Es handelt sich dabei um drei verschiedenfarbige und unterschiedlich beschriftete Würfel. Man kann sie leicht herstellen, indem man bei herkömmlichen Würfeln die Seiten beispielsweise mit einem Folienstift entsprechend den abgebildeten Netzen beschriftet.

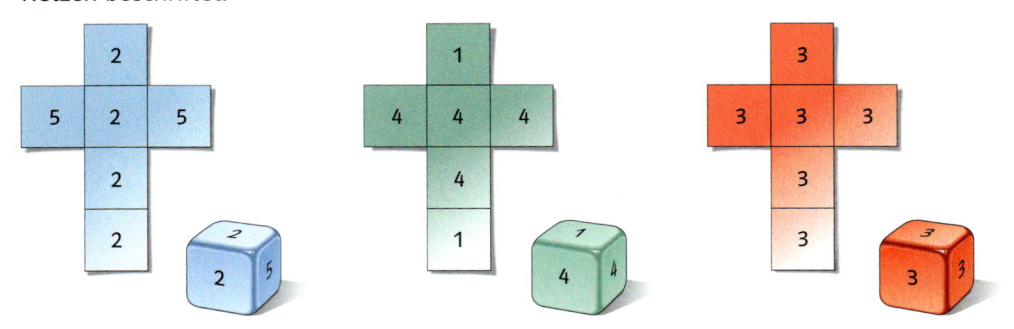

1 Mit diesen Würfeln wird das Spiel «Hoch gewinnt» gespielt. Es ist ein Spiel für zwei Personen und besteht aus mehreren Runden.

Spielregeln:
- Es wird ausgelost, welcher Spieler sich einen der Würfel auswählen darf.
- Der zweite Spieler muss danach einen anderen Würfel wählen.
- In jeder Runde würfeln beide Spieler. Wer die höhere Augenzahl erreicht, erhält vom anderen Spieler eine Münze, wobei jeder Spieler am Anfang vier Münzen hat.
- Das Spiel ist beendet, wenn einer der beiden Spieler keine Münzen mehr hat.

a) Gibt es einen besonders günstigen Würfel?
b) Welchen Würfel sollte der zweite Spieler wählen, wenn der erste Spieler den blauen Würfel gewählt hat? Begründen Sie Ihre Entscheidung.
c) Die Spielregeln werden geändert: Nach jeder Runde darf sich der erste Spieler neu für einen Würfel entscheiden. Der zweite Spieler muss aber in jedem Fall einen anderen Würfel als der erste Spieler wählen. Wie sieht nun die optimale Strategie des zweiten Spielers aus?

2 Das Spiel aus Aufgabe 1 wird jetzt mit den abgebildeten vier Würfeln gespielt.
a) Überlegen Sie jeweils, wie der zweite Spieler optimal auf die Würfelwahl des ersten Spielers reagiert.
b) Begründen Sie, dass die Gewinnchance des zweiten Spielers bei geeigneter Würfelwahl unabhängig von der Wahl des ersten Spielers pro Runde $\frac{2}{3}$ beträgt.
c) Mit welcher Wahrscheinlichkeit gewinnt der erste Spieler das Spiel in 4 Runden, wenn der zweite Spieler eine optimale Strategie verfolgt?
d) Mit welcher Wahrscheinlichkeit gewinnt der zweite Spieler das Spiel in 4 Runden, wenn er eine optimale Strategie verfolgt?

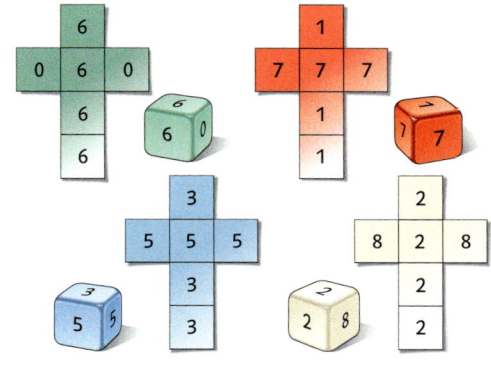

11 Zusammengesetzte Ereignisse

11.1 Ereignisse und Vierfeldertafel

In einer Tabelle an der Tafel sind bereits einige Ergebnisse eingetragen.
a) Wie viele Schülerinnen und Schüler sind in der Klasse?
b) Welche Bedeutung hat die eingetragene 2?
c) Füllen Sie die Tabelle ganz aus und erläutern Sie jeweils die Bedeutung der eingetragenen Zahl.

Ergebnis der Umfrage zur Computernutzung in der Klasse		
	Weiblich	Männlich
Mindestens zwei Stunden pro Tag	2	10
Weniger als zwei Stunden pro Tag		
	16	30

Werden zwei Ereignisse eines Zufallsexperimentes betrachtet, so sind für deren gemeinsame Darstellung die Schnitt- und Vereinigungsmenge hilfreich.

Sind zwei Mengen A und B gegeben, so enthält die **Schnittmenge** A ∩ B die Elemente, die zur Menge A **und** zugleich zur Menge B gehören. Ist beispielsweise
A = {Laura, Lisa, Nick, Tim} und
B = {Laura, Naomi, Tim}
so ist A ∩ B = {Laura, Tim}.

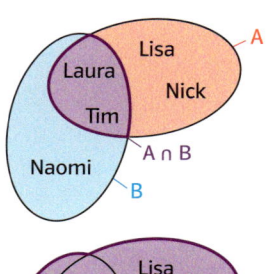

Sind zwei Mengen A und B gegeben, so enthält die **Vereinigungsmenge** A ∪ B die Elemente, die zur Menge A **oder** zur Menge B gehören. Ist beispielsweise
A = {Laura, Lisa, Nick, Tim} und
B = {Laura, Naomi, Tim}, so ist
A ∪ B = {Laura, Lisa, Naomi, Nick, Tim}.

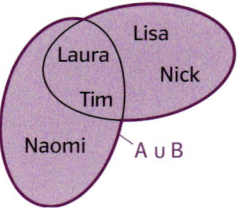

Erinnerung:
Die Ergebnismenge wird meist mit Ω und ihre Elemente werden mit ω bezeichnet.
Ein Ereignis E ist eine Teilmenge von Ω.

A ∩ B:
lies «A geschnitten B»

A ∪ B:
lies «A vereinigt B»

«A oder B» beinhaltet «A und B».

Bemerkung
Ein Element der Schnittmenge A ∩ B liegt auch in der Vereinigungsmenge A ∪ B. Die Schnittmenge ist also eine Teilmenge der Vereinigungsmenge. Die Formulierung «in A oder in B» wird in der Mathematik **nicht** im Sinn von «entweder in A oder in B» verstanden, sondern beinhaltet auch den Fall «in A und in B».
Im Folgenden wird mit Schnitt- und Vereinigungsmenge gearbeitet.

In einer Klasse sind 30 Schüler, von denen 16 Vereinssportler sind. Von den Vereinssportlern kommen 75% mit dem Fahrrad zur Schule. Nur 6 Schüler der Klasse sind in keinem Sportverein und kommen auch nicht mit dem Fahrrad in die Schule.

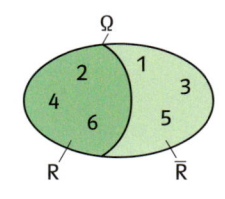

Erinnerung:
Mit $\overline{R}$ bezeichnet man die Elemente von Ω, die nicht in R enthalten sind.

Also: $\overline{R} = \Omega \setminus R$

Die Menge Ω enthält alle Schüler der Klasse. Wir betrachten die Teilmengen R der Radfahrer und V der Vereinssportler, da die Schüler hinsichtlich dieser beiden Merkmale unterschieden werden. Jeder Schüler gehört dann zu genau einer der vier Schnittmengen der nebenstehenden Darstellung. Man spricht von einer **Zerlegung** der Menge Ω.

R ∩ V	R ∩ $\overline{V}$
$\overline{R}$ ∩ V	$\overline{R}$ ∩ $\overline{V}$

213

Meist schreibt man kurz:

	V	$\overline{V}$	
R	12	8	20
$\overline{R}$	4	6	10
	16	14	30

Trägt man in die aus der Zerlegung resultierende **Vierfeldertafel** jeweils die zugehörigen Anzahlen ein, so können die fehlenden Anzahlen meist unmittelbar bestimmt werden. Die in der Tabelle rot markierten Anzahlen waren gegeben:

	V	$\overline{V}$	
R	$|R \cap V| = 12$	$|R \cap \overline{V}| = 8$	$|R| = 20$
$\overline{R}$	$|\overline{R} \cap V| = 4$	$|\overline{R} \cap \overline{V}| = 6$	$|\overline{R}| = 10$
	$|V| = 16$	$|\overline{V}| = 14$	$|\Omega| = 30$

$|\Omega| = 30$; $|V| = 16$; $|R \cap V| = 0{,}75 \cdot 16 = 12$ und $|\overline{R} \cap \overline{V}| = 6$.

Die anderen Anzahlen können durch zeilen- bzw. spaltenweise Subtraktion oder Addition berechnet werden. Dann kann z. B. die Anzahl der Radfahrer aus der Vierfeldertafel unmittelbar abgelesen werden: $|R| = 20$.

Fragt man nach der Wahrscheinlichkeit, dass ein zufällig ausgewählter Schüler Radfahrer ist, so interpretiert man R und V als Ereignisse und bildet den entsprechenden Quotienten:

$P(R) = \frac{|R|}{|\Omega|} = \frac{20}{30} = \frac{2}{3}$

Zwei Ereignisse A und B ermöglichen eine Zerlegung der Ergebnismenge Ω eines Zufallsexperimentes in vier Teilmengen:

$A \cap B$, $\overline{A} \cap B$, $A \cap \overline{B}$ und $\overline{A} \cap \overline{B}$.

Jedes Ergebnis ω gehört dabei genau einer Teilmenge an. Die zugehörigen Anzahlen von Elementen können in eine **Vierfeldertafel**

	B	$\overline{B}$	
A	$|A \cap B|$	$|A \cap \overline{B}|$	$|A|$
$\overline{A}$	$|\overline{A} \cap B|$	$|\overline{A} \cap \overline{B}|$	$|\overline{A}|$
	$|B|$	$|\overline{B}|$	$|\Omega|$

eingetragen werden. Die Anzahl der Elemente von A, $\overline{A}$, B, $\overline{B}$ treten als Spaltensummen bzw. Zeilensummen auf.

Liegt $\omega \in \Omega$ weder in A noch in B, so liegt ω in $\overline{A} \cap \overline{B}$.

In der nebenstehenden Zerlegung von Ω ist die Vereinigungsmenge $A \cup B$ farblich hervorgehoben. Sie setzt sich aus den Teilmengen $A \cap B$, $\overline{A} \cap B = B \setminus A$ und $A \cap \overline{B} = A \setminus B$ zusammen.

	B	$\overline{B}$
A	$A \cap B$	$A \cap \overline{B}$
$\overline{A}$	$\overline{A} \cap B$	$\overline{A} \cap \overline{B}$

Beispiel 1

H: Mag Hamburger
$\overline{H}$: Mag Hamburger nicht
G: Mag Gemüse
$\overline{G}$: Mag Gemüse nicht

	H	$\overline{H}$	
G	4		12
$\overline{G}$		6	
	18		

Eine Umfrage über Vorlieben bei Speisen unter den Schülerinnen und Schülern ergab die unvollständige Vierfeldertafel in der Randspalte.
a) Übertragen Sie die Vierfeldertafel ins Heft und vervollständigen Sie diese.
b) Beschreiben Sie mit Worten, welche Bedeutung die Zahl 12 bzw. 4 in der Vierfeldertafel hat.
c) Geben Sie $|G \cap \overline{H}|$ an.
d) Bestimmen Sie $|G \cup H|$.
e) Wie viele Schülerinnen und Schüler mögen weder Hamburger noch Gemüse?
f) Wie viele Schülerinnen und Schüler mögen keine Hamburger oder kein Gemüse?
g) Welcher Anteil der Befragten hat Gemüse nicht gern?

Lösung:
a)

	H	$\overline{H}$	
G	4	8	12
$\overline{G}$	14	6	20
	18	14	32

b) Insgesamt 12 Schülerinnen und Schüler essen gern Gemüse. 4 Schülerinnen und Schüler essen gern Gemüse und Hamburger.
c) $|G \cap \overline{H}| = 8$
d) $|G \cup H| = 4 + 8 + 14 = 26$
alternative Lösung:
$|G \cup H| = |\Omega| - |\overline{G} \cap \overline{H}| = 32 - 6 = 26$
e) $|\overline{G} \cap \overline{H}| = 6$
f) $|\overline{G} \cup \overline{H}| = 8 + 14 + 6 = 28$
g) $\frac{|\overline{G}|}{|\Omega|} = \frac{20}{32} = \frac{5}{8}$

Aufgaben

1 Auf dem Fahrradabstellplatz einer Schule stehen 240 Velos, von denen 150 Mountainbikes sind. Jedes fünfte Mountainbike hat keinen Rückstrahler. 75 % aller abgestellten Fahrräder haben einen Rückstrahler.
a) Stellen Sie den geschilderten Sachverhalt mithilfe einer vollständig ausgefüllten Vierfeldertafel dar.
b) Welcher Anteil an Velos ist ohne Rückstrahler und kein Mountainbike?

2 Eine Umfrage über das Spielen eines Instrumentes ergab die unvollständige Tabelle in Fig. 1.
a) Übertragen Sie die Tabelle ins Heft und vervollständigen Sie diese.
b) Wie viele Schülerinnen und Schüler sind in Kurs B und spielen ein Instrument?
c) Wie viele Schülerinnen und Schüler sind in Kurs B oder spielen ein Instrument?

	Kurs A	Kurs B	gesamt
spielt ein Instrument		18	36
spielt kein Instrument	50		
gesamt		28	

Fig. 1

3 Ein Schüler bzw. eine Schülerin aus einem der Kurse A bzw. B (aus Aufgabe 2, Fig. 1) wird zufällig ausgewählt. E ist das Ereignis «Der Schüler bzw. die Schülerin ist aus Kurs B», F ist das Ereignis «Der Schüler bzw. die Schülerin spielt ein Instrument».
Bestimmen Sie die Wahrscheinlichkeiten der Ereignisse $\bar{E}$, $E \cup F$ und $E \cap F$.

4 Von 90 Maturanden haben 50 Latein und 60 Spanisch gelernt. Jeder Maturand hat mindestens eine der beiden Sprachen gelernt.
a) Erstellen Sie eine Vierfeldertafel, welche die beschriebene Situation darstellt.
b) Wie gross ist der Anteil der Maturanden, die Latein und Spanisch gelernt haben?

5 Bei der Kontrolle von Tischtennisbällen wird einerseits auf die Formgebung und andererseits auf die Masse geachtet. Von 500 überprüften Bällen wurden 80 beanstandet. Die Masse wich in 60 Fällen ab, die Form in 6 % der Fälle.
a) Wie viele Bälle wiesen beide Fehler auf?
b) Welcher Prozentsatz an Bällen wich in nur einem der untersuchten Kriterien ab?

6 Eine Tagungsstätte hat 50 Einzelzimmer. Diese sind vollständig belegt, davon 36 % mit Frauen. Von den übernachtenden Männern schnarchen drei Viertel. Insgesamt schnarcht die Hälfte der anwesenden Gäste. Begründen Sie, dass nur eine einzige Frau schnarcht.

7 Die Befragung der 250 Schüler und Schülerinnen eines Gymnasiums zum Thema Rauchen ergab die folgenden Grafiken in der Schülerzeitung.

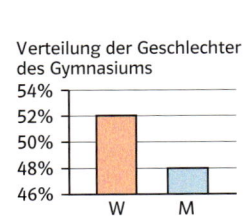

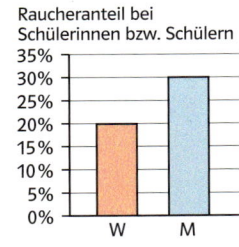

a) Stellen Sie das Ergebnis mit einer Vierfeldertafel dar.
b) Wie viele Nichtraucher wurden befragt?
c) Wie viele Personen sind weiblich und rauchen?
d) Wie viele Personen sind männlich oder Raucher?

11.2 Vierfeldertafel und Baumdiagramm

Bremse defekt	Beleuchtung defekt
⊬⊬⊬	⊬⊬⊬ ⊬⊬⊬ ⊬⊬⊬
⊬⊬⊬	⊬⊬⊬ ⊬⊬⊬ ⊬⊬⊬
⊬⊬⊬	⊬⊬⊬ ⊬⊬⊬ ⊬⊬⊬
	⊬⊬⊬ ⊬⊬⊬

Kurzschreibweisen:
Ereignis I: Schüler spielt ein Instrument
Ereignis F: Schüler ist Fussballfan

An einer Schule wurden 100 Fahrräder kontrolliert. Mehrfach wurden Bremsen oder Beleuchtung beanstandet. Bei 7 Fahrrädern musste beides beanstandet werden. Mit welcher Wahrscheinlichkeit werden bei einem Fahrrad weder Bremsen noch Beleuchtung beanstandet?

Wenn Personen oder Objekte mit zwei Merkmalen vorliegen, z. B. bei 90 Schülern, von denen 35 ein Instrument spielen (1. Merkmal), 50 an Fussball interessiert sind (2. Merkmal) und 25 weder an Fussball noch am Instrumentspielen Interesse zeigen, kann man durch jedes Merkmal ein Ereignis festlegen und die Situation in einer Vierfeldertafel darstellen.

Vierfeldertafel mit Anzahlen:
Die gegebenen Anzahlen sind rot gekennzeichnet.

	F	$\bar{F}$	
I	$|I \cap F| = 20$	$|I \cap \bar{F}| = 15$	$|I| = 35$
$\bar{I}$	$|\bar{I} \cap F| = 30$	$|\bar{I} \cap \bar{F}| = 25$	$|\bar{I}| = 55$
	$|F| = 50$	$|\bar{F}| = 40$	$|\Omega| = 90$

Erinnerung:
Für Laplace-Experimente gilt: $P(A) = \frac{|A|}{|\Omega|}$

Möchte man z. B. die Wahrscheinlichkeit bestimmen, dass ein zufällig ausgewählter Schüler ein Instrument spielt und Fussballfan ist, so muss nur noch der Wert des Quotienten $\frac{|I \cap F|}{|\Omega|} = \frac{20}{90}$ bestimmt werden. Analog können weitere Wahrscheinlichkeiten in der Vierfeldertafel ermittelt werden.

Vierfeldertafel mit Wahrscheinlichkeiten:

	F	$\bar{F}$	
I	$P(I \cap F) = \frac{20}{90}$	$P(I \cap \bar{F}) = \frac{15}{90}$	$P(I) = \frac{35}{90}$
$\bar{I}$	$P(\bar{I} \cap F) = \frac{30}{90}$	$P(\bar{I} \cap \bar{F}) = \frac{25}{90}$	$P(\bar{I}) = \frac{55}{90}$
	$P(F) = \frac{50}{90}$	$P(\bar{F}) = \frac{40}{90}$	1

Mit den Daten einer Vierfeldertafel kann man auch ein Baumdiagramm erstellen. Dazu muss das einstufige Zufallsexperiment «Zufälliges Auswählen eines Schülers» als zweistufiges betrachtet werden:
In der ersten Stufe wird z. B. nur auf das Merkmal Instrumentalist geachtet und in der zweiten auf das Merkmal Fussballfan.
Im Baumdiagramm rechts unten bedeutet beispielsweise der Pfad «—I—F», dass das Ereignis $I \cap F$ eingetreten ist; d.h., der Schüler spielt ein Instrument und ist Fussballfan.

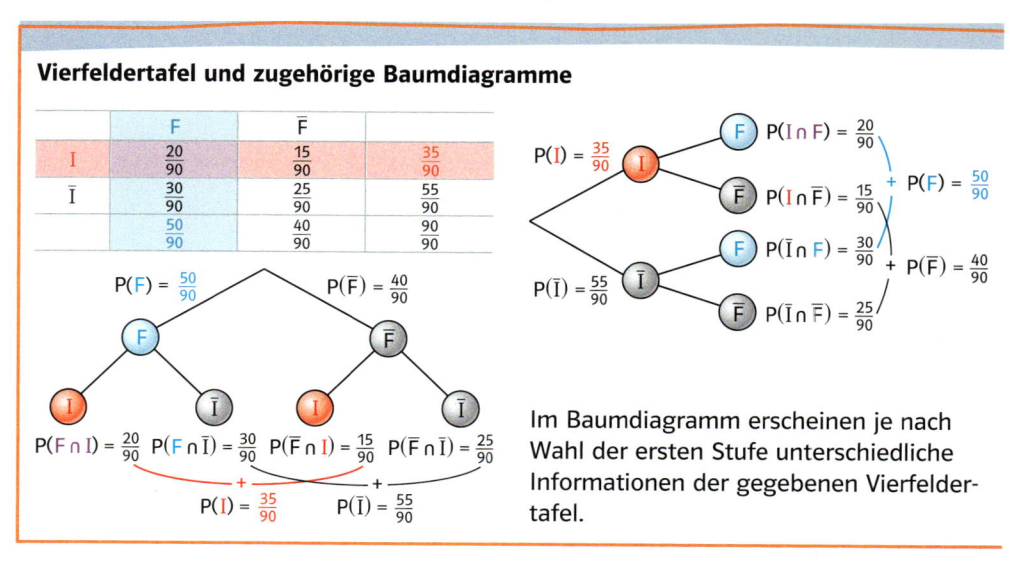

Alternativ könnte man auch das Merkmal Fussballfan zuerst beachten. So ist das untere Baumdiagramm im Kasten aufgebaut.

Vierfeldertafel und zugehörige Baumdiagramme

	F	$\bar{F}$	
I	$\frac{20}{90}$	$\frac{15}{90}$	$\frac{35}{90}$
$\bar{I}$	$\frac{30}{90}$	$\frac{25}{90}$	$\frac{55}{90}$
	$\frac{50}{90}$	$\frac{40}{90}$	$\frac{90}{90}$

Im Baumdiagramm erscheinen je nach Wahl der ersten Stufe unterschiedliche Informationen der gegebenen Vierfeldertafel.

216

Zu jeder Vierfeldertafel gehören zwei unterschiedliche zweistufige Baumdiagramme. Umgekehrt gibt es zu jedem zweistufigen Baum, der aus zwei Zerlegungen A und $\bar{A}$ bzw. B und $\bar{B}$ resultiert, eine Vierfeldertafel.

Bemerkung
Bei der Bestimmung von Wahrscheinlichkeiten mithilfe einer Vierfeldertafel ist es oft leichter, im ersten Schritt eine Vierfeldertafel mit gegebenen oder passend gewählten Anzahlen und im zweiten Schritt eine Vierfeldertafel mit den entsprechenden Wahrscheinlichkeiten zu erstellen.

Erst die Anzahlen, dann die Wahrscheinlichkeiten.

Beispiel 1
Aus den Zahlen 1 bis 49 werden 6 Zahlen gezogen.
a) Mit welcher Wahrscheinlichkeit ist eine beliebig ausgewählte Zahl gerade, mit welcher Wahrscheinlichkeit ist sie durch 7 teilbar?
b) Mit welcher Wahrscheinlichkeit ist die gezogene Zahl weder durch 2 noch durch 7 teilbar? Füllen Sie hierzu passende Vierfeldertafeln mit Anzahlen bzw. Wahrscheinlichkeiten aus.
Lösung:
a) Ereignis G: «Zahl ist gerade»; Ereignis S: «Zahl ist durch 7 teilbar»
$P(G) = \frac{24}{49}$ $P(S) = \frac{7}{49} = \frac{1}{7}$
b) Vierfeldertafel mit Anzahlen

	G	$\bar{G}$	
S	3	4	7
$\bar{S}$	21	21	42
	24	25	49

Vierfeldertafel mit Wahrscheinlichkeiten

	G	$\bar{G}$	
S	$\frac{3}{49}$	$\frac{4}{49}$	$\frac{1}{7}$
$\bar{S}$	$\frac{3}{7}$	$\frac{3}{7}$	$\frac{6}{7}$
	$\frac{24}{49}$	$\frac{25}{49}$	1

Mit der Wahrscheinlichkeit $\frac{3}{7}$ ist die gezogene Zahl weder durch 2 noch durch 7 teilbar.

Beispiel 2
In einer Klasse wurden 6 Kinder an einem Sonntag geboren. 18 Kinder wurden von Januar bis Juni geboren, 2 davon sind Sonntagskinder. 10 Kinder, die keine Sonntagskinder sind, kamen in der 2. Jahreshälfte auf die Welt.
a) Stellen Sie die Situation mit einer Vierfeldertafel und den beiden zugehörigen Baumdiagrammen dar.
b) Geben Sie die Wahrscheinlichkeit an, dass ein zufällig ausgewähltes Kind Sonntagskind ist und in der 2. Jahreshälfte geboren wurde.
c) Geben Sie die Wahrscheinlichkeit an, dass ein zufällig ausgewähltes Kind an einem Werktag geboren wurde.
Lösung:
Ereignis S: «zufällig ausgewähltes Kind ist Sonntagskind»
Ereignis 1H: «zufällig ausgewähltes Kind ist im 1. Halbjahr geboren»

a) Vierfeldertafel

	1H	$\overline{1H}$	
S	2	4	6
$\bar{S}$	16	10	26
	18	14	32

b) $P(S \cap \overline{1H}) = \frac{4}{32} = \frac{1}{8}$
c) $P(\bar{S}) = \frac{26}{32} = \frac{13}{16}$

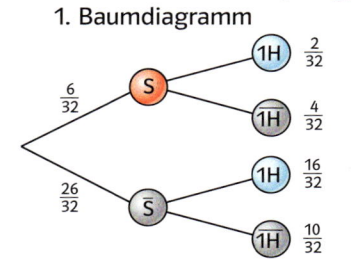

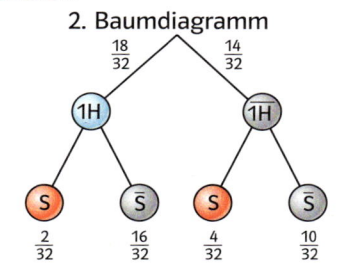

217

Aufgaben

1 In einem Eimer sind ausschliesslich 1-Stern- oder 2-Stern-Tischtennisbälle von den Herstellern A und B. Von A kommen 35 der insgesamt 50 1-Stern-Bälle. Von B stammen 40 der insgesamt 100 Bälle.
a) Stellen Sie dafür eine Vierfeldertafel auf.
b) Mit welcher Wahrscheinlichkeit ist ein zufällig herausgegriffener Ball
   i) von Hersteller A?   ii) von Hersteller A und 2-Stern-Ball?
   iii) von Hersteller A oder 1-Stern-Ball?   iv) von Hersteller B und 2-Stern-Ball?

2 In einem aus 90 Personen bestehenden Lehrerkollegium brauchen 40 eine Lesebrille. Von den 50 Männern benötigt die Hälfte eine Brille zum Lesen.
a) Stellen Sie eine Vierfeldertafel auf, die die gegebene Situation beschreibt.
b) Mit welcher Wahrscheinlichkeit ist eine zufällig ausgewählte Lehrkraft
   i) weiblich?   ii) weiblich und benötigt keine Lesebrille?
   iii) weiblich oder benötigt keine Lesebrille?

Erinnerung:
Nach der 1. Pfadregel gilt beispielsweise für den Pfad «—R—T»:

$P(R) \cdot x = P(R \cap T)$

3 Von zwei Ereignissen R und T eines Zufallsexperimentes ist bekannt: $P(R) = 0.4$; $P(T \cap \bar{R}) = 0.55$; $P(\bar{T} \cap R) = 0.25$.
a) Erstellen Sie eine passende Vierfeldertafel.
b) Geben Sie die Wahrscheinlichkeit $P(R \cap T)$ an.
c) Zeichnen Sie ein Baumdiagramm mit den zugehörigen Wahrscheinlichkeiten, das die gegebene Situation darstellt (2 Möglichkeiten). Verwenden Sie zur Bestimmung der Wahrscheinlichkeiten an den Zweigen der zweiten Stufe die Pfadregeln.

4 Von zwei Ereignissen A und B eines Zufallsexperimentes ist bekannt: $P(A) = 0.6$; $P(B) = 0.3$; $P(A \cup B) = 0.7$.
a) Geben Sie die Wahrscheinlichkeit $P(A \cap B)$ an.
b) Erstellen Sie eine passende Vierfeldertafel.
c) Zeichnen Sie ein geeignetes Baumdiagramm.

5 Bei einem Zufallsexperiment sind die Ereignisse A und B von Interesse. Die zugehörige Vierfeldertafel ist teilweise ausgefüllt:
a) Beschreiben Sie mit Worten die Bedeutung der Zahl 30 % in der Vierfeldertafel.
b) Ergänzen Sie die fehlenden Einträge.
c) Bestimmen Sie die Wahrscheinlichkeit des Ereignisses $A \cup B$.
d) Geben Sie ein zu der Vierfeldertafel passendes Baumdiagramm an (2 Möglichkeiten).

	B	$\bar{B}$	
A		30 %	
$\bar{A}$	32 %		
		60 %	100 %

6 Ein Zufallsexperiment wird durch das Baumdiagramm beschrieben.
a) Geben Sie ein Zufallsexperiment an, zu dem das gegebene Baumdiagramm passt.
b) Mit welcher Wahrscheinlichkeit tritt das Ereignis $A \cap B$ ein?
c) Mit welcher Wahrscheinlichkeit tritt das Ereignis B ein?
d) Mit welcher Wahrscheinlichkeit tritt das Ereignis $A \cup B$ ein?
e) Erstellen Sie eine Vierfeldertafel, die das Zufallsexperiment beschreibt.

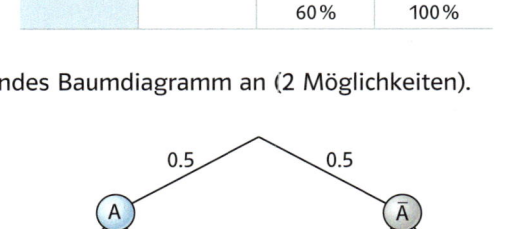

11.3 Bedingte Wahrscheinlichkeit

Die Vierfeldertafel beschreibt die Verteilung der Farbenfehlsichtigkeit unter 1000 Personen. Eine Person wird zufällig ausgewählt.

	nicht farbenfehlsichtig	farbenfehlsichtig
Männer	460	40
Frauen	498	2

Manche Menschen haben Schwierigkeiten, die Farbe Rot von Grün zu unterscheiden.

a) Wie gross ist die Wahrscheinlichkeit, dass diese Person farbenfehlsichtig ist?
b) Ergibt sich ein anderer Wert für die Wahrscheinlichkeit der Farbenfehlsichtigkeit, wenn man zusätzlich weiss, dass es sich um eine Frau handelt?

Es gibt Situationen, in denen Vorinformationen die Einschätzung der Lage beeinflussen. Würfelt man beispielsweise mit geschlossenen Augen mit einem Laplace-Würfel und erfährt, dass man eine gerade Zahl gewürfelt hat, so wird man die Wahrscheinlichkeit für eine Sechs nicht mehr bezüglich der gesamten Ergebnismenge $\Omega = \{1; 2; 3; 4; 5; 6\}$ berechnen, sondern bezüglich der Teilmenge $\{2; 4; 6\}$. Statt $\frac{1}{6}$ hat man dann also die Wahrscheinlichkeit $\frac{1}{3}$. Deutet man die gegebene Vorinformation als ein Ereignis, das bereits eingetreten ist, so kann man das einstufige Zufallsexperiment «Werfen eines Würfels» als zweistufiges auffassen, das mit einem Baumdiagramm dargestellt werden kann.

1. Stufe: Ereignis G: «gerade Augenzahl»
2. Stufe: Ereignis S: «Augenzahl 6»

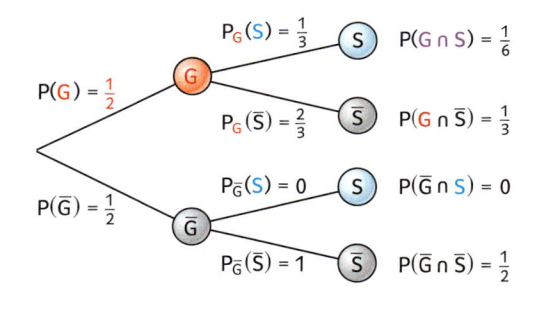

$P(G) = \frac{1}{2}$
$P_G(S) = \frac{1}{3}$ S $P(G \cap S) = \frac{1}{6}$
$P_G(\overline{S}) = \frac{2}{3}$ $\overline{S}$ $P(G \cap \overline{S}) = \frac{1}{3}$

$P(\overline{G}) = \frac{1}{2}$
$P_{\overline{G}}(S) = 0$ S $P(\overline{G} \cap S) = 0$
$P_{\overline{G}}(\overline{S}) = 1$ $\overline{S}$ $P(\overline{G} \cap \overline{S}) = \frac{1}{2}$

Da der Ausgang der 1. Stufe den der 2. Stufe beeinflusst, spricht man von der **bedingten Wahrscheinlichkeit** $P_G(S)$, der Wahrscheinlichkeit des Eintretens von S unter der Bedingung, dass G bereits eingetreten ist. $P_G(S)$ ist also die Wahrscheinlichkeit für das Eintreten von S bezüglich der Teilmenge, die dem Ereignis G entspricht.
Im Baumdiagramm findet man die bedingten Wahrscheinlichkeiten $P_G(S)$, $P_G(\overline{S})$, $P_{\overline{G}}(S)$ und $P_{\overline{G}}(\overline{S})$ an den Zweigen der 2. Stufe.

Nach der ersten Pfadregel gilt: $P(G) \cdot P_G(S) = P(G \cap S)$, also folgt $P_G(S) = \frac{P(G \cap S)}{P(G)}$.

Mithilfe einer Vierfeldertafel lassen sich bedingte Wahrscheinlichkeiten ebenfalls bestimmen, nämlich als Quotient aus dem Eintrag einer inneren Zelle und dem einer Randzelle: $P_G(S) = \frac{P(G \cap S)}{P(G)} = \frac{\frac{1}{6}}{\frac{1}{2}} = \frac{1}{3}$

	S	$\overline{S}$	
G	$P(G \cap S) = \frac{1}{6}$	$P(G \cap \overline{S}) = \frac{1}{3}$	$P(G) = \frac{1}{2}$
$\overline{G}$	$P(\overline{G} \cap S) = 0$	$P(\overline{G} \cap \overline{S}) = \frac{1}{2}$	$P(\overline{G}) = \frac{1}{2}$
	$P(S) = \frac{1}{6}$	$P(\overline{S}) = \frac{5}{6}$	1

Sind A und B Ereignisse eines Zufallsexperimentes mit $P(A) \neq 0$, so versteht man unter der **bedingten Wahrscheinlichkeit $P_A(B)$** die Wahrscheinlichkeit des Eintretens von B unter der Bedingung des Eintretens von A.

Es gilt: $P_A(B) = \frac{P(A \cap B)}{P(A)}$

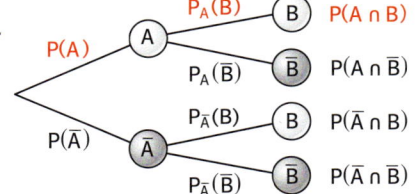

Für $P_A(B)$ wird auch die Schreibweise $P(B|A)$ verwendet.

Bemerkung
Bei jedem zweistufigen Zufallsexperiment können die Wahrscheinlichkeiten an den Ästen der 2. Stufe also als bedingte Wahrscheinlichkeiten gedeutet werden.

Im Baumdiagramm kann die bedingte Wahrscheinlichkeit $P_A(B)$ unmittelbar abgelesen werden, jedoch nicht die bedingte Wahrscheinlichkeit $P_B(A)$.

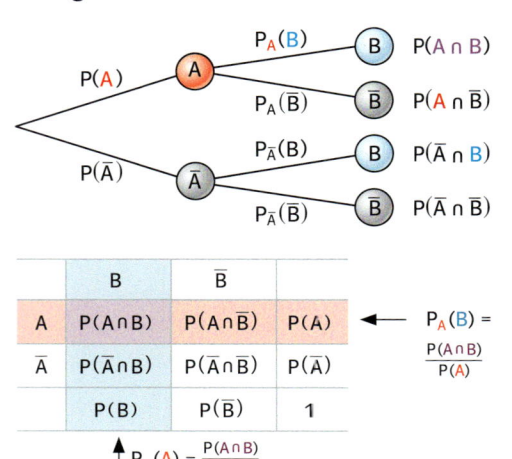

Mithilfe einer Vierfeldertafel lässt sich die bedingte Wahrscheinlichkeit $P_B(A)$ unmittelbar als Quotient aus dem Eintrag der inneren Zelle $P(A \cap B)$ und der Randzelle $P(B)$ bestimmen: $P_B(A) = \frac{P(A \cap B)}{P(B)}$. Analog können alle anderen bedingten Wahrscheinlichkeiten $P_{\bar{B}}(A)$, $P_B(\bar{A})$, $P_{\bar{B}}(\bar{A})$, $P_A(B)$, $P_{\bar{A}}(B)$, $P_A(\bar{B})$ und $P_{\bar{A}}(\bar{B})$ mit der Vierfeldertafel bestimmt werden.

Bedingte Wahrscheinlichkeiten kann man also mithilfe eines Baumdiagramms oder einer Vierfeldertafel bestimmen. Welche Darstellung günstiger ist, hängt von den gegebenen Informationen ab.

Beispielsweise sind in einer Urne weisse und schwarze Kugeln. 45 % aller Kugeln tragen zusätzlich eine Zahl, von diesen sind 20 % weiss. Weiter sind 24 % aller Kugeln nicht weiss und tragen keine Zahl. Man möchte wissen, wie gross die bedingte Wahrscheinlichkeit ist, dass eine gezogene Kugel eine Zahl trägt, wenn sie schwarz ist.

Ist S das Ereignis «schwarze Kugel» und Z «Kugel mit Zahl», so wird die bedingte Wahrscheinlichkeit $P_S(Z)$ gesucht. $P_S(Z)$ legt das Baumdiagramm mit Farbe als 1. Stufe nahe (vgl. Randspalte). Jedoch ist der Anteil der schwarzen Kugeln und somit die für die Berechnung benötigte Wahrscheinlichkeit $P(S)$ nicht unmittelbar gegeben.

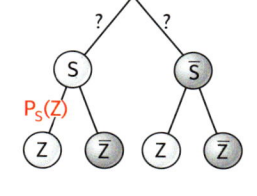

An der Vierfeldertafel mit den Anzahlen erkennt man, dass bei bedingten Wahrscheinlichkeiten die Bezugsmenge (hier S) nur eine Teilmenge von Ω ist.

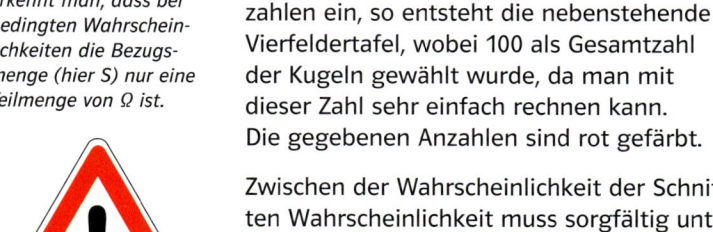

Eine passende Vierfeldertafel führt unmittelbar zum Ziel. Trägt man zuerst nur Anzahlen ein, so entsteht die nebenstehende Vierfeldertafel, wobei 100 als Gesamtzahl der Kugeln gewählt wurde, da man mit dieser Zahl sehr einfach rechnen kann. Die gegebenen Anzahlen sind rot gefärbt.

	S	$\bar{S}$	
Z	36	$45 \cdot \frac{20}{100} = 9$	45
$\bar{Z}$	24	31	55
	60	40	100

Für die gesuchte bedingte Wahrscheinlichkeit gilt: $P_S(Z) = \frac{|Z \cap S|}{|S|} = \frac{36}{60} = \frac{3}{5}$

Zwischen der Wahrscheinlichkeit der Schnittmenge zweier Ereignisse und einer bedingten Wahrscheinlichkeit muss sorgfältig unterschieden werden. Sind beispielsweise beim Würfeln die Ereignisse U «ungerade Zahl» und Pr «Primzahl» gegeben, so gilt:
Wahrscheinlichkeit der Schnittmenge: $P(U \cap Pr) = \frac{2}{6}$, da genau 2 der 6 möglichen Zahlen ungerade **und** Primzahlen sind.
Bedingte Wahrscheinlichkeit: $P_U(Pr) = \frac{2}{3}$, da 2 der 3 möglichen ungeraden Zahlen Primzahlen sind.
Sind beispielsweise in einer Klasse Sportler (S) sowie Zeitungsleser (Z), dann ist die Wahrscheinlichkeit, dass ein zufällig ausgewählter Schüler Sportler ist, der auch Zeitung liest, die Wahrscheinlichkeit einer Schnittmenge, nämlich $P(S \cap Z)$.
Jedoch ist die Wahrscheinlichkeit, dass ein Sportler Zeitungsleser ist, eine bedingte Wahrscheinlichkeit: $P_S(Z)$

$P_A(B) \neq P(A \cap B)$

Bei Formulierungen muss man sehr genau darauf achten, ob $P_A(B)$ oder $P(A \cap B)$ gemeint ist.

Beispiel 1
Jana hat in einer Schublade 18 blaue und 12 andersfarbige Kugelschreiber. Bei 6 blauen Kugelschreibern und bei 5 der restlichen Kugelschreiber ist die Mine eingetrocknet. Jana greift, ohne hinzusehen, in die Schublade und nimmt einen Kugelschreiber heraus.
a) Mit welcher Wahrscheinlichkeit ist seine Mine eingetrocknet?
b) Mit welcher Wahrscheinlichkeit schreibt der Kugelschreiber, wenn sie einen blauen Kugelschreiber in der Hand hat?
Lösung:
a) E: «Mine eingetrocknet». Die Laplace-Annahme gilt: $P(E) = \frac{|E|}{|\Omega|} = \frac{(6+5)}{30} = \frac{11}{30}$.
b) B: «Kugelschreiber ist blau»; $P(B) = \frac{18}{30} = \frac{3}{5}$; $P(B \cap \overline{E}) = \frac{12}{30} = \frac{2}{5}$;
$P_B(\overline{E}) = \frac{P(B \cap \overline{E})}{P(B)} = \frac{\frac{2}{5}}{\frac{3}{5}} = \frac{2}{3}$. Kürzer: $P_B(\overline{E}) = \frac{|B \cap \overline{E}|}{|B|} = \frac{12}{18} = \frac{2}{3}$.

Vierfeldertafel:

	E	$\overline{E}$	
B	6	12	18
$\overline{B}$	5	7	12
	11	19	30

Beispiel 2
Herr Schell hat eine Alarmanlage in seinem Auto installiert. Die Ereignisse A «Alarmanlage springt an» und K «Jemand versucht das Auto aufzubrechen» werden betrachtet. Beschreiben Sie folgende Wahrscheinlichkeiten mit Worten: $P_K(A)$, $P_K(\overline{A})$, $P_{\overline{K}}(A)$, $P_A(K)$.
Welche dieser bedingten Wahrscheinlichkeiten sollten hoch bzw. niedrig sein?
Lösung:
$P_K(A)$: die Wahrscheinlichkeit, dass die Alarmanlage anspringt, wenn jemand versucht das Auto aufzubrechen. (hoch)
$P_K(\overline{A})$: die Wahrscheinlichkeit, dass die Alarmanlage nicht anspringt, wenn jemand versucht das Auto aufzubrechen. (niedrig)
$P_{\overline{K}}(A)$: die Wahrscheinlichkeit, dass die Alarmanlage anspringt, wenn kein Einbruchsversuch vorliegt. (niedrig)
$P_A(K)$: die Wahrscheinlichkeit, dass ein Einbruchsversuch vorliegt, wenn die Alarmanlage anspringt. (hoch)

*Im Unterschied zu $P_K(A)$ sollte die Wahrscheinlichkeit $P(K \cap A)$, dass jemand versucht das Auto aufzubrechen **und** die Alarmanlage anspringt, niedrig sein (da allein die Wahrscheinlichkeit eines Einbruchs niedrig sein sollte).*

Beispiel 3
Bei der Herstellung eines Bauteils ist bekannt, dass der Ausschuss 2 % beträgt. Bei einem Prüfverfahren werden defekte Bauteile mit einer Wahrscheinlichkeit von 99 % erkannt. Es passiert jedoch auch, dass fälschlicherweise intakte Bauteile beanstandet werden. Mit 99,5 % Wahrscheinlichkeit wird ein intaktes Bauteil nicht beanstandet.
a) Legen Sie eine Vierfeldertafel für die Ereignisse D «Bauteil defekt» und B «Bauteil beanstandet» an und tragen Sie in die Vierfeldertafel geeignete Anzahlen ein.
b) Legen Sie ein Baumdiagramm an, das die Anzahlen der Vierfeldertafel enthält.
c) Mit welcher Wahrscheinlichkeit wird ein intaktes Bauteil beanstandet?
d) Mit welcher Wahrscheinlichkeit ist ein Bauteil defekt, wenn es beanstandet wird?
Lösung:
a) Betrachtete Anzahl insgesamt: 10 000

	B	$\overline{B}$	
D	$200 \cdot \frac{99}{100} = 198$	2	200
$\overline{D}$	49	$9800 \cdot \frac{995}{1000} = 9751$	9800
	247	9753	10 000

b) Mögliches Baumdiagramm

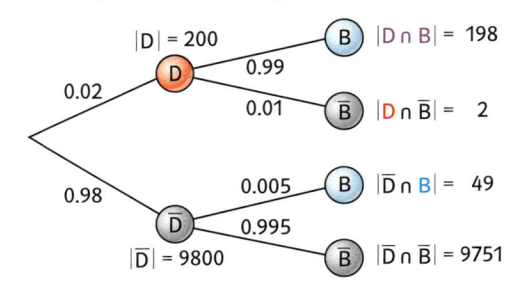

|D| = 200, 0.02 → D; 0.99 → B, $|D \cap B|$ = 198; 0.01 → $\overline{B}$, $|D \cap \overline{B}|$ = 2
$|\overline{D}|$ = 9800, 0.98 → $\overline{D}$; 0.005 → B, $|\overline{D} \cap B|$ = 49; 0.995 → $\overline{B}$, $|\overline{D} \cap \overline{B}|$ = 9751

c) $P_{\overline{D}}(B) = \frac{|\overline{D} \cap B|}{|\overline{D}|} = \frac{49}{9800} = 0.005 = 0.5\%$

d) $P_B(D) = \frac{|D \cap B|}{|B|} = \frac{198}{247} \approx 80.2\%$

Aufgaben

1 Bei einem Zufallsexperiment sind die Ereignisse K und L von Interesse. Über die Wahrscheinlichkeiten ihres Eintretens gibt das Baumdiagramm Auskunft.
a) Beschreiben Sie mit Worten die Bedeutung der Wahrscheinlichkeit mit dem Wert 0.4.
b) Geben Sie $P_{\overline{K}}(L)$ und $P(\overline{K} \cap L)$ an.
c) Erstellen Sie eine zu dem Baumdiagramm passende Vierfeldertafel.
d) Bestimmen Sie $P(L)$ und $P_L(K)$.

2 Aus den Reihen der Helfer im Schülercafé soll per Los eine Person bestimmt werden, die eine Skitageskarte geschenkt bekommt. Die Tabelle zeigt, wie sich die Helfer auf Geschlecht und Gymnasien verteilen.

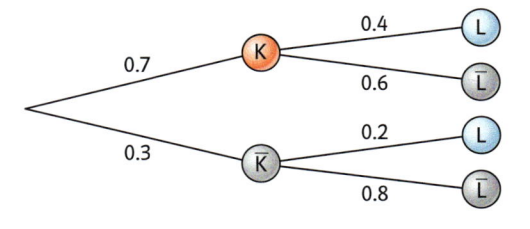

	Knaben	Mädchen
Untergymnasium	8	16
Obergymnasium	10	6

Mit welcher Wahrscheinlichkeit bekommt
a) ein Knabe aus dem Obergymnasium die Karte?
b) ein Knabe die Karte, wenn man weiss, dass die Person im Obergymnasium ist?
c) ein Mädchen die Karte, wenn man weiss, dass die Person im Untergymnasium ist?

3 Daria wirft einen Würfel. Mit welcher Wahrscheinlichkeit handelt es sich um eine Zwei, wenn sie mitteilt, dass die geworfene Augenzahl
a) eine Primzahl, b) gerade ist?

4 Von den Schülern einer Jahrgangsstufe werden die Merkmale «regelmässiger Kinogänger» und «Mitglied in einem Sportverein» betrachtet. Die Tabelle gibt teilweise Aufschluss über die Verteilung.

	Kinogänger	Kein Kinogänger	
Sportverein			48
Nicht in SV		68	72
	24		120

a) Ergänzen Sie die fehlenden Werte in der Vierfeldertafel.
b) Erstellen Sie ein zu der Vierfeldertafel passendes Baumdiagramm.
c) Mit welcher Wahrscheinlichkeit ist ein zufällig ausgewählter Schüler Kinogänger?
d) Mit welcher Wahrscheinlichkeit ist ein zufällig ausgewählter Schüler Kinogänger und Mitglied in einem Sportverein?
e) Mit welcher Wahrscheinlichkeit ist ein zufällig ausgewählter Schüler Kinogänger, wenn man weiss, dass er in einem Sportverein ist?

5 Von den 60 Personen eines Lehrerkollegiums brauchen zwei Drittel eine Lesebrille. Die Hälfte der 24 Männer benötigt eine Brille zum Lesen.
a) Erstellen Sie eine Vierfeldertafel, die die gegebene Situation beschreibt.
b) Mit welcher Wahrscheinlichkeit ist eine zufällig ausgewählte Lehrkraft
   i) männlich,
   ii) männlich und benötigt eine Lesebrille,
   iii) Träger einer Lesebrille, wenn sie weiblich ist?
c) Eine Lesebrille liegt im Lehrerzimmer. Mit welcher Wahrscheinlichkeit gehört sie einer Frau?

6 Es werden 2 Würfel nacheinander geworfen.
a) Wie gross ist die Wahrscheinlichkeit, dass der erste Wurf 5 zeigt, wenn die Augensumme mindestens 8 ist?
b) Wie gross ist die Wahrscheinlichkeit, dass die Augensumme höchstens 4 beträgt, wenn der erste Wurf 1 zeigt?

7 Auf dem Jahrmarkt zielt Markus an der Schiessbude mit dem ersten Schuss auf einen Teddybären, mit dem zweiten auf eine Rose und mit dem dritten auf einen Glücksbringer, wobei seine Treffsicherheit jeweils 50% beträgt. Seine Freundin Carmen interessiert sich nur dafür, ob er die Rose schiesst. Jedoch steht sie etwas abseits und kann seine Schiesskünste nicht verfolgen. Wie gross ist die Wahrscheinlichkeit, dass er die Rose trifft,
a) wenn Carmen nur seine Treffsicherheit kennt?
b) wenn Carmen erfahren hat, dass er
    i)   mindestens einmal getroffen hat,   ii) genau einmal getroffen hat,
    iii) höchstens einmal getroffen hat,   iv) beim ersten Schuss getroffen hat,
    v) überhaupt nicht getroffen hat,   vi) mindestens zweimal getroffen hat,
    vii) mindestens einmal danebengeschossen hat?

8 In einer Urne sind vier Kugeln, die mit den Ziffern von 1 bis 4 beschriftet sind.
a) Drei Kugeln werden nacheinander ohne Zurücklegen gezogen. Sie legen eine dreistellige Zahl fest, deren Einerstelle die zuletzt gezogene Ziffer ist. Mit welcher Wahrscheinlichkeit ist die Zahl gerade, wenn
    i) die zweite Kugel die Ziffer 2 trägt,
    ii) die erste Kugel eine ungerade Ziffer hat,
    iii) man keine Zusatzinformationen hat?
b) Drei Kugeln werden nacheinander mit Zurücklegen gezogen. Bestimmen Sie die Wahrscheinlichkeit für eine gerade Zahl, wenn
    i) die zweite Kugel die Ziffer 2 trägt,
    ii) die erste Kugel eine ungerade Ziffer hat,
    iii) man keine Zusatzinformationen hat?

9 Man wirft einen Würfel zweimal. Wie gross ist die Wahrscheinlichkeit, die Augensumme 7 zu erhalten, wenn
a) der erste Wurf eine 4 zeigt,
b) ein Wurf eine gerade und der andere eine ungerade Zahl zeigt,
c) beide Würfe eine ungerade Zahl zeigen,
d) der zweite Wurf eine Augenzahl kleiner als 3 zeigt?

10 Mit einem Test soll eine bestimmte Krankheit nachgewiesen werden. Dabei können jedoch Fehler auftreten:
– Die Person hat die Krankheit, jedoch zeigt dies der Test nicht an.
– Die Person hat die Krankheit nicht, jedoch zeigt der Test die Krankheit an.
Folgende Ereignisse werden betrachtet:
K: «eine zufällig ausgewählte Person hat die Krankheit»,
POS: «eine zufällig ausgewählte Person hat ein positives Testergebnis».
Beschreiben Sie folgende bedingte Wahrscheinlichkeiten mit Worten und geben Sie jeweils an, ob der Wert gross oder klein sein sollte.
a) $P_K(POS)$ b) $P_{\overline{K}}(POS)$ c) $P_{POS}(K)$
d) $P_{POS}(\overline{K})$ e) $P_{\overline{POS}}(\overline{K})$ f) $P_{\overline{POS}}(K)$

11.4 Unabhängigkeit von Ereignissen

▬▬▬ Bei einem zufällig ausgewählten Elfjährigen betrachtet man die Ereignisse
Z «Putzt immer Zähne», K «Hatte schon einmal Karies» und G «Körpergrösse über 1.50 m».
a) Beschreiben Sie mit Worten die Bedeutung der bedingten Wahrscheinlichkeiten
$P_Z(K)$, $P_{\bar{Z}}(K)$, $P_Z(G)$ und $P_{\bar{Z}}(G)$.
b) Welches der Zeichen «<», «>» oder «=» vermuten Sie zwischen $P_Z(K)$ und $P_{\bar{Z}}(K)$ bzw. $P_Z(G)$ und $P_{\bar{Z}}(G)$? ▬▬▬

Zwei Ereignisse A und B werden als (stochastisch) **unabhängig** bezeichnet, wenn das Eintreten von A keinen Einfluss auf das Eintreten von B und umgekehrt das Eintreten von B keinen Einfluss auf das Eintreten von A hat.

Also ist die Wahrscheinlichkeit von B gleich der bedingten Wahrscheinlichkeit von B unter der Bedingung A: $P(B) = P_A(B)$

Ebenso ist die Wahrscheinlichkeit von A gleich der bedingten Wahrscheinlichkeit von A unter der Bedingung B: $P(A) = P_B(A)$

Mit der Definition der bedingten Wahrscheinlichkeit erhält man dann jeweils:

$P(B) = P_A(B) = \frac{P(A \cap B)}{P(A)}$ | · P(A) $P(A) = P_B(A) = \frac{P(A \cap B)}{P(B)}$ | · P(B)

Beide Gleichungen führen auf die gemeinsame Gleichung:
$$P(A) \cdot P(B) = P(A \cap B)$$

Zwei Ereignisse A und B heissen (stochastisch) **unabhängig**, wenn gilt:

$P(A) \cdot P(B) = P(A \cap B)$,

andernfalls nennt man A und B voneinander abhängig.

Die Unabhängigkeit zweier Ereignisse A und B darf nicht mit deren Unvereinbarkeit (dem Sich-Ausschliessen), d.h. $A \cap B = \emptyset$, verwechselt werden.

Die Unvereinbarkeit erschliesst sich bereits aus dem Mengenbild.

Bei der Unabhängigkeit handelt es sich um eine Eigenschaft der Wahrscheinlichkeiten.

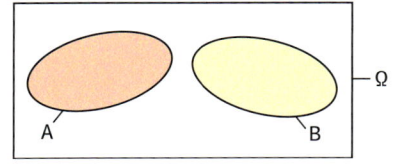

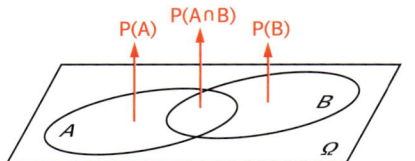

Für zwei Ereignisse A und B gilt stets der bereits bekannte Produktsatz:
$P(A \cap B) = P(A) \cdot P_A(B)$

Sind A und B stochastisch unabhängig, so gilt der spezielle Produktsatz:
$P(A \cap B) = P(A) \cdot P(B)$

Trägt man in eine Vierfeldertafel die zu den unabhängigen Ereignissen A und B gehörigen Wahrscheinlichkeiten ein, so steht im Feld für $A \cap B$ das Produkt $P(A) \cdot P(B)$.

	B	$\bar{B}$	
A	$P(A \cap B) = P(A) \cdot P(B)$	$P(A \cap \bar{B})$	$P(A)$
$\bar{A}$	$P(\bar{A} \cap B)$	$P(\bar{A} \cap \bar{B})$	$P(\bar{A})$
	$P(B)$	$P(\bar{B})$	1

Für das Feld $A \cap \bar{B}$ gilt:
$P(A \cap \bar{B}) = P(A) - P(A \cap B)$
$= P(A) - P(A) \cdot P(B) = P(A) \cdot (1 - P(B))$
$= P(A) \cdot P(\bar{B})$

Somit sind auch die Ereignisse A und $\bar{B}$ unabhängig, wenn A und B unabhängig sind.
Entsprechend zeigt man die Unabhängigkeit von $\bar{A}$ und B bzw. $\bar{A}$ und $\bar{B}$.

Schreibt man kurz a = P(A) und b = P(B), so ergibt sich die folgende Vierfeldertafel:

	B	$\overline{B}$	
A	a · b	a · (1 − b)	a
$\overline{A}$	(1 − a) · b	(1 − a) · (1 − b)	1 − a
	b	1 − b	1

Die Vierfeldertafel der Wahrscheinlichkeiten unabhängiger Ereignisse A und B ist also eine sogenannte Multiplikationstafel, da die Einträge der inneren Felder das Produkt der zugehörigen Randfelder sind.

Ist umgekehrt *ein* innerer Eintrag gleich dem Produkt der zugehörigen Randfelder, so sind die Ereignisse A und B unabhängig.

Da aus der Unabhängigkeit von A und B auch die von A und $\overline{B}$ bzw. $\overline{A}$ und B sowie $\overline{A}$ und $\overline{B}$ folgt, gilt: $P_A(B) = P_{\overline{A}}(B) = P(B)$
sowie $P_A(\overline{B}) = P_{\overline{A}}(\overline{B}) = P(\overline{B})$.

Für das zugehörige Baumdiagramm bedeutet dies, dass an den Ästen der zweiten Stufe statt der bedingten Wahrscheinlichkeiten $P_A(B)$ und $P_A(\overline{B})$ die Wahrscheinlichkeiten $P(B)$ und $P(\overline{B})$ stehen. An allen aufwärts gerichteten Ästen der zweiten Stufe stehen also die gleichen Wahrscheinlichkeiten, ebenso an den abwärts gerichteten.

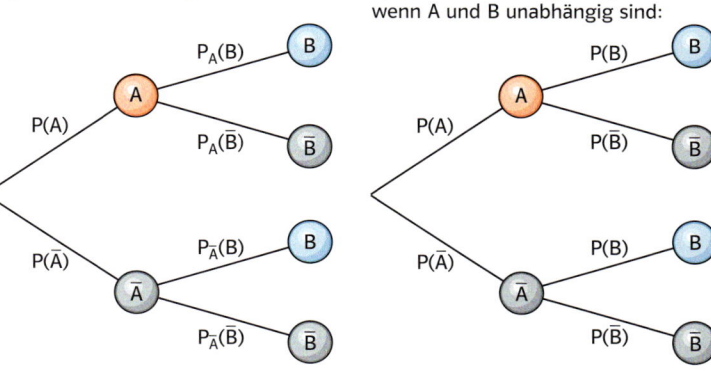

Allgemeines Baumdiagramm:

Spezielles Baumdiagramm, wenn A und B unabhängig sind:

Beispiel 1
Aus einer Urne mit drei Kugeln, die die Ziffern 1, 2 und 3 tragen, wird zweimal eine Kugel mit Zurücklegen gezogen. Jedes Elementarereignis hat die gleiche Wahrscheinlichkeit. Betrachtet werden die folgenden Ereignisse:
A: Die Zahlensumme ist 5.
B: Die zweite Zahl ist grösser als die erste.
C: Die Zahlensumme ist kleiner als 5.
D: Gleiche Zahl in beiden Zügen.
Zeigen Sie:
a) A und B sind voneinander abhängig.
b) C und D sind unabhängig.
Lösung:
a) Gegeben (siehe Tabelle rechts):
$P(A) = \frac{2}{9}$; $P(B) = \frac{3}{9}$; $P(A \cap B) = \frac{1}{9}$
Da $P(A \cap B) \neq P(A) \cdot P(B)$, sind A und B voneinander abhängig.
b) Gegeben:
$P(C) = \frac{6}{9}$; $P(D) = \frac{3}{9}$; $P(C \cap D) = \frac{2}{9}$
Da $P(C \cap D) = P(C) \cdot P(D)$, sind C und D unabhängig.

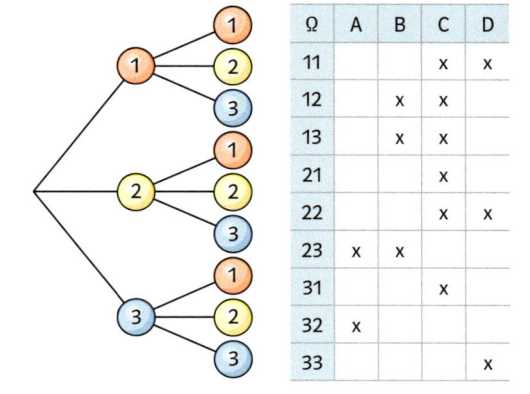

Ω	A	B	C	D
11			x	x
12		x	x	
13		x	x	
21			x	
22			x	x
23	x	x		
31			x	
32	x			
33				x

Beispiel 2
Von den Ereignissen A und B ist Folgendes bekannt: P(A) = 0.5; P(A ∪ B) = 0.95; P(A\B) = 0.05. Begründen Sie, dass A und B unabhängig sind.
Lösung:
P(A ∩ B) = P(A) − P(A\B) = 0.5 − 0.05 = 0.45 und P(B) = P(A ∪ B) − P(A\B) = 0.95 − 0.05 = 0.9.
Also folgt: P(A) · P(B) = 0.9 · 0.5 = 0.45 = P(A ∩ B); damit sind A und B unabhängig.

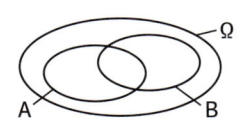

Beispiel 3
Im Durchschnitt werden pro Jahr 600 von 100 000 Einwohnern bei einem Verkehrsunfall verletzt. Jeder fünfte Verunglückte gehört zur Altersgruppe der 18- bis 24-Jährigen, obwohl der Anteil dieser Altersgruppe an der Gesamtbevölkerung nur 8 % beträgt.
a) Stellen Sie die Aussage «Jeder fünfte Verunglückte gehört zur Altersgruppe der 18- bis 24-Jährigen» mithilfe einer bedingten Wahrscheinlichkeit dar.
b) Mit welcher Wahrscheinlichkeit ist ein zufällig ausgewählter Einwohner Opfer eines Verkehrsunfalls und zwischen 18 und 24 Jahre alt?
c) Mit welcher Wahrscheinlichkeit wird ein 18- bis 24-Jähriger Opfer eines Verkehrunfalls?
d) Wie gross müsste der Anteil der 18- bis 24-Jährigen unter den Unfallopfern sein, damit die Ereignisse «gehört zur Gruppe der 18- bis 24-Jährigen» und «gehört zu den Unfallopfern» unabhängig sind?
Lösung:
J: gehört zur Gruppe der 18- bis 24-Jährigen   U: gehört zu den Unfallopfern

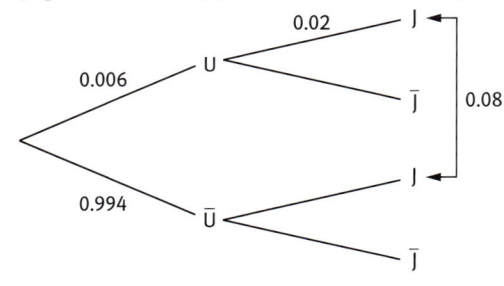

a) $P_U(J) = \frac{1}{5} = 0.2$
b) $P(U \cap J) = P(U) \cdot P_U(J) = 0.006 \cdot 0.2 = 0.0012$
c) $P_J(U) = \frac{P(U \cap J)}{P(J)} = \frac{0.0012}{0.08} = 0.015$
d) Damit die Ereignisse unabhängig sind, müsste der gesuchte Anteil gleich dem Anteil der 18- bis 24-Jährigen an der Gesamtbevölkerung sein, also 0.08.

Aufgaben

1 Ein Zufallsexperiment hat die Ergebnismenge $\Omega = \{a, b, c, d, e, f, g, h\}$ und die Verteilung wie in der Tabelle.
Sind die Ereignisse $A = \{a, d\}$ und $B = \{c, d\}$ unabhängig?

ω_i	a	b	c	d	e	f	g	h
$P(\omega_i)$	$\frac{2}{16}$	$\frac{1}{16}$	$\frac{6}{16}$	$\frac{2}{16}$	$\frac{2}{16}$	$\frac{1}{16}$	$\frac{1}{16}$	$\frac{1}{16}$

2 Ein idealer Würfel wird zweimal geworfen. Welche zwei der folgenden Ereignisse sind unabhängig?
A: Im 2. Wurf eine 4   B: Zwei gleiche Augenzahlen   C: Augensumme kleiner 5

3 Das Ereignis A tritt mit der Wahrscheinlichkeit 0.7 ein und B mit der Wahrscheinlichkeit 0.4. Weiter ist bekannt, dass B und $\overline{A}$ zugleich mit der Wahrscheinlichkeit 0.18 eintreten. Sind A und B unabhängig?

	B	$\overline{B}$
A	471	151
$\overline{A}$	148	230

Fig. 1

4 Der Engländer Sir Francis Galton untersuchte den Zusammenhang der Augenfarbe an 1000 Vater-Sohn-Paaren. In der Vierfeldertafel (Fig. 1) bedeuten
A: Vater helläugig; B: Sohn helläugig.
Ein Vater-Sohn-Paar wird zufällig ausgewählt. Untersuchen Sie A und B auf Unabhängigkeit.

5 Bei einem Sehtest aller achtjährigen Kinder einer Stadt wurden 4445 Jungen und 4379 Mädchen untersucht. Man fand bei den Knaben 268 und bei den Mädchen 256 Brillenträger. Mithilfe einer Kartei aller achtjährigen Kinder der Stadt wird ein Kind zufällig ausgewählt. Untersuchen Sie die Ereignisse K: Knabe, B: Brillenträger auf Unabhängigkeit.

6 Begründen Sie folgenden Zusammenhang zwischen Unvereinbarkeit und Unabhängigkeit: Wenn zwei Ereignisse A und B mit $P(A) \neq 0$, $P(B) \neq 0$ unvereinbar sind, so sind sie stochastisch abhängig.

7 Eine Laplace-Münze wird zweimal geworfen. A sei das Ereignis «Höchstens einmal Zahl», B das Ereignis «Jede Seite wenigstens einmal». Sind A und B unabhängig?

8 In einer Urne sind 60 Kugeln, die mit den Zahlen von 1 bis 60 versehen sind. Eine Kugel wird gezogen. Z bedeutet das Ereignis, dass die Zahl auf der gezogenen Kugel durch 2 teilbar ist, S, dass sie durch 6 teilbar ist, und F, dass sie durch 15 teilbar ist.
a) Untersuchen Sie die Ereignisse Z und S auf Unabhängigkeit.
b) Untersuchen Sie F und S auf Unabhängigkeit.
c) Untersuchen Sie Z und F auf Unabhängigkeit.

9 Ein neues Medikament wird auf seine Wirksamkeit erprobt. Hierzu haben sich Patienten bereit erklärt, an einer Studie teilzunehmen. Ein Teil der Patienten bekommt das neue Medikament, der andere ein Placebo. Kein Patient weiss jedoch, ob er ein Placebo oder das Medikament bekommen hat.

	Besserung	Keine Besserung
Medikament	285	150
Placebo	608	320

In der Tabelle sind die Ergebnisse der Studie zusammengetragen.
Betrachtet man das Zufallsexperiment «Zufällige Auswahl eines Patienten, der teilgenommen hat», so werden durch «Besserung» und «Medikament» Ereignisse festgelegt.
Untersuchen Sie die beiden Ereignisse auf Unabhängigkeit.

Ein Placebo ist ein Präparat, welches in einer für Medikamente üblichen Darreichungsform hergestellt wird, jedoch keine wirksamen Inhaltsstoffe besitzt.

10 Beim zweimaligen Wurf eines Laplace-Würfels werden die Ereignisse
A: Augenzahl 3 beim ersten Wurf,   B: Augensumme gerade und
C: Augensumme 5 oder 6 oder 10
betrachtet.
a) Bestätigen Sie: $P(A) \cdot P(B) \cdot P(C) = P(A \cap B \cap C)$
b) Untersuchen Sie alle Paare von Ereignissen auf stochastische Unabhängigkeit.
c) Erläutern Sie, dass folgende Festlegung von stochastischer Unabhängigkeit für drei Ereignisse A, B und C ungeeignet ist: $P(A) \cdot P(B) \cdot P(C) = P(A \cap B \cap C)$

11 Für die unabhängigen Ereignisse R und S führen wir folgende Bezeichnungen ein:
$r = P(R)$ und $s = P(S)$.
Drücken Sie durch die Bezeichnungen r und s die Wahrscheinlichkeiten folgender Ereignisse aus:
a) Die Ereignisse R und S treten gleichzeitig ein.
b) Genau eines der Ereignisse tritt ein.
c) Weder R noch S tritt ein.
d) Entweder R oder S tritt ein.
e) Das Ereignis S tritt unter der Bedingung ein, dass das Ereignis R bereits eingetreten ist.

12 Johannes und Muriel versuchen mit Steinen eine 10 m entfernte kleine Pfütze zu treffen. Johannes trifft mit 40% Wahrscheinlichkeit und Muriel mit 50%. Jeder hat 2 Versuche.
a) Mit welcher Wahrscheinlichkeit trifft Muriel zweimal und Johannes einmal?
b) Mit welcher Wahrscheinlichkeit erzielt Johannes mehr Treffer als Muriel?
c) Erläutern Sie, warum die Teilaufgaben a) und b) nur gelöst werden können, wenn für die Ereignisse «Johannes trifft» und «Muriel trifft» Unabhängigkeit vorausgesetzt wird.

11.5 Regel von Bayes

Sebastian hat drei Spielchips in der Tasche. Einer ist auf beiden Seiten schwarz, einer ist auf beiden Seiten weiss und der dritte hat eine weisse und eine schwarze Seite. Er nimmt einen Chip aus der Tasche und legt ihn auf den Tisch. Die sichtbare Seite dieses Chips ist weiss.
Thomas behauptet, dass die Wahrscheinlichkeit hierfür $\frac{1}{2}$ beträgt. Sonja sagt $\frac{1}{3}$.
Wer hat Recht?

Es gibt Situationen, in denen man ein Ereignis B beobachtet und Annahmen darüber machen kann, mit welchen bedingten Wahrscheinlichkeiten B unter mehreren infrage kommenden Alternativen eintritt. Dann fragt man oft, wie wahrscheinlich jetzt diese Alternativen unter der Beobachtung B sind:

Eine Firma bezieht ein benötigtes Bauteil von drei Zulieferern A_1, A_2 und A_3. Dabei liefert A_1 die Hälfte, A_2 drei Zehntel und A_3 ein Fünftel der benötigten Bauteile. Bei A_1 beträgt der Ausschussanteil 1%, bei A_2 2% und bei A_3 5% (Fig. 1).
Ein defektes Bauteil wird bemerkt. Mit welcher Wahrscheinlichkeit stammt es von A_1 (von A_2, von A_3)?
Gesucht sind die bedingten Wahrscheinlichkeiten $P_D(A_1)$, $P_D(A_2)$ und $P_D(A_3)$, die sich folgendermassen bestimmen lassen:
Es gilt nach den Pfadregeln
$P(D) = P(A_1) \cdot P_{A_1}(D)$
$\quad + P(A_2) \cdot P_{A_2}(D) + P(A_3) \cdot P_{A_3}(D)$
$\quad = 0.5 \cdot 0.01 + 0.3 \cdot 0.02 + 0.2 \cdot 0.05 = 0.021$.

D: Bauteil defekt
$\overline{D}$: Bauteil nicht defekt

Man erhält also die Wahrscheinlichkeit einer Alternative A_i unter der Bedingung D, indem man die Wahrscheinlichkeit des Pfades über A_i nach D durch die Gesamtwahrscheinlichkeit von D über alle Pfade dividiert.

Aus Fig. 1 ergeben sich damit:

$$P_D(A_1) = \frac{P(A_1) \cdot P_{A_1}(D)}{P(D)} = \frac{0.005}{0.021} \approx 23.8\%$$

$$P_D(A_2) = \frac{P(A_2) \cdot P_{A_2}(D)}{P(D)} = \frac{0.006}{0.021} \approx 28.6\%$$

$$P_D(A_3) = \frac{P(A_3) \cdot P_{A_3}(D)}{P(D)} = \frac{0.01}{0.021} \approx 47.6\%$$

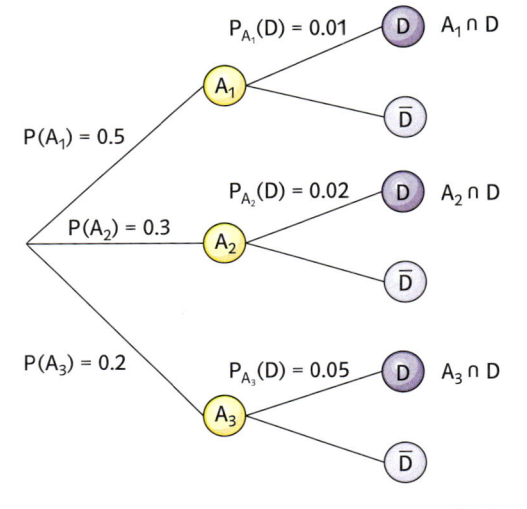

Fig. 1

Obwohl der Lieferant A_3 nur ein Fünftel der Bauteile liefert, ist er also von den drei Lieferanten der «Hauptverdächtige».

Die obige Wahrscheinlichkeit P(D) wird im Gegensatz zu den bedingten Wahrscheinlichkeiten **totale Wahrscheinlichkeit** von D genannt. Ihre Berechnung nach den Pfadregeln lässt sich verallgemeinern.

*Die Teilmengen A_1; A_2; ...; A_n bilden eine **Zerlegung** oder **Partition** von Ω, wenn jedes Element von Ω zu genau einer der Teilmengen gehört. Das heisst, $A_i \cap A_j = \emptyset$ für $i \neq j$ und $A_1 \cup A_2 \ldots \cup A_n = \Omega$.*

Satz von der totalen Wahrscheinlichkeit
Bilden die Ereignisse A_1; A_2; ...; A_n eine Zerlegung von Ω, so gilt für die totale Wahrscheinlichkeit eines Ereignisses B:

$$P(B) = P(A_1) \cdot P_{A_1}(B) + P(A_2) \cdot P_{A_2}(B) + \ldots + P(A_n) \cdot P_{A_n}(B) = \sum_{i=1}^{n} P(A_i) \cdot P_{A_i}(B)$$

Die Berechnung der bedingten Wahrscheinlichkeiten $P_D(A_1)$, $P_D(A_2)$ und $P_D(A_3)$ lässt sich verallgemeinern.

Satz von Bayes
Bilden die Ereignisse $A_1; A_2; \ldots; A_n$ eine Zerlegung von Ω, so gilt für jedes Ereignis B mit $P(B) \neq 0$:

$$P_B(A_i) = \frac{P(A_i) \cdot P_{A_i}(B)}{P(B)} = \frac{P(A_i) \cdot P_{A_i}(B)}{P(A_1) \cdot P_{A_1}(B) + \ldots + P(A_n) \cdot P_{A_n}(B)}$$

Dieser Satz zeigt den Zusammenhang von $P_B(A)$ und $P_A(B)$ zweier Ereignisse A und B.

Die $P(A_i)$ nennt man **A-priori-Wahrscheinlichkeiten** (Ursprungswahrscheinlichkeiten), da sie vor Durchführung des Zufallsexperimentes bekannt sind. Die $P_B(A_i)$ heissen **A-posteriori-Wahrscheinlichkeiten** (Endwahrscheinlichkeiten), da sie nach Durchführung des Zufallsexperimentes gewonnen werden. Mithilfe des Satzes von Bayes kann also eine A-priori-Wahrscheinlichkeit $P(A_i)$ durch eine Beobachtung B in die A-posteriori-Wahrscheinlichkeit $P_B(A_i)$ umgewandelt werden.

a priori (lat.): vom Früheren her

a posteriori (lat.): von dem, was nachher kommt

Beispiel 1
Die in einem Werk produzierten Fernsehgeräte werden vor der Auslieferung von einem der drei Kontrolleure K_1, K_2, K_3 geprüft. Der erste Kontrolleur prüft 50 %, der zweite 30 % und der dritte 20 % der Geräte. Die Wahrscheinlichkeit, vorhandene Mängel zu entdecken, beträgt beim ersten Kontrolleur 0.7, beim zweiten 0.8 und beim dritten 0.9. Mit welcher Wahrscheinlichkeit wurde ein fehlerhaftes Fernsehgerät, das die Kontrolle passiert hat, vom ersten Kontrolleur geprüft?
Lösung:
Bezeichnet man das Übersehen eines defekten Gerätes mit D, so ergibt sich das nebenstehende (verkürzte) Baumdiagramm.
Pfad über K_1: $0.5 \cdot 0.3 = 0.15$
Pfad über K_2: $0.3 \cdot 0.2 = 0.06$
Pfad über K_3: $0.2 \cdot 0.1 = 0.02$
Totale Wahrscheinlichkeit von D:
$0.15 + 0.06 + 0.02 = 0.23$.
Damit ergibt sich die gesuchte Wahrscheinlichkeit zu $P_D(K_1) = \frac{0.15}{0.23} \approx 65.2\%$.

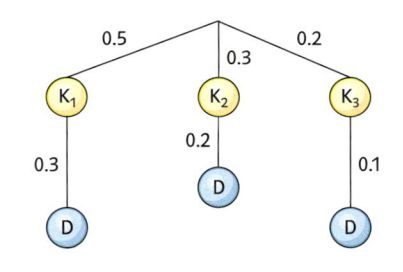

Beispiel 2
Ein Schnelltest auf Diabetes spricht bei 95 % der Erkrankten an und schlägt bei 3 % der Gesunden fälschlich Alarm. Angenommen, in einem Altersheim leiden 20 % der Bewohner unter dieser Krankheit. Eine Bewohnerin wird zufällig ausgewählt und positiv getestet. Mit welcher Wahrscheinlichkeit ist sie eine Diabetikerin?
Lösung:
Bezeichnet man Diabetes mit D und das Ansprechen des Tests mit K, so ergibt sich das (verkürzte) Baumdiagramm in Fig. 1.
Pfad über D: $0.2 \cdot 0.95 = 0.19$
Pfad über $\overline{D}$: $0.8 \cdot 0.03 = 0.024$
Totale Wahrscheinlichkeit von K: $0.19 + 0.024 = 0.214$.
Damit ergibt sich die gesuchte Wahrscheinlichkeit zu $P_K(D) = \frac{0.19}{0.214} \approx 0.8879 \approx 89\%$.

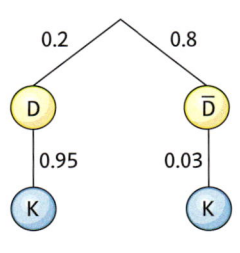

Fig. 1

Aufgaben

1 In einer Werkstatt werden Schalter zusammengebaut. 40% aller Schalter montiert Person A. In der Regel arbeiten 90% der von A zusammengebauten Schalter einwandfrei. Die Werkstatt liefert zu 95% einwandfreie Schalter. Ein der Produktion zufällig entnommener Schalter wird geprüft und erweist sich als defekt. Mit welcher Wahrscheinlichkeit hat A ihn zusammengebaut?

2 Ein Angestellter fährt an 80% aller Arbeitstage mit der Bahn nach Hause. In zwei Dritteln dieser Fälle kommt er pünktlich an. Durchschnittlich ist er an drei von fünf Arbeitstagen pünktlich. Eines Abends kommt der Angestellte pünktlich zu Hause an. Mit welcher Wahrscheinlichkeit hat er die Bahn benutzt?

3 Aufgrund langjähriger Statistiken weiss man, dass auf einer abschüssigen Wegstrecke die Unfallwahrscheinlichkeit 0.00001 beträgt. Bei Glatteis erhöht sie sich auf 0.00005. Im Winter ist die Wahrscheinlichkeit für Eisglätte auf dieser Wegstrecke 0.08. Mit welcher Wahrscheinlichkeit kommt bei einem Unfall im Winter Glatteis als mögliche Ursache infrage?

4 Eine repräsentative Stichprobe von Studierenden wurde vor Studienbeginn einem Eignungstest unterzogen. Von den Versuchspersonen haben 35% ohne Erfolg studiert. 85% dieser Personen hatten ein negatives Testergebnis im Eignungstest. Von den erfolgreichen Absolventen hatten 2% beim Eignungstest schlecht abgeschnitten. Mit welcher Wahrscheinlichkeit erreicht danach ein Studierender mit negativem Testergebnis den Studienabschluss nicht?

5 Ein Schüler wirft sechsmal eine Münze und zählt, wie oft hierbei «Zahl» erscheint. Ein anderer Schüler würfelt mit einem Laplace-Würfel. Die Versuchsergebnisse sind bei beiden eine Zahl von 1 bis 6. Jeder führt sein Experiment dreimal durch und notiert seine Ergebnisse auf einen Zettel. Einer der Zettel wird zufällig gewählt. Mit welcher Wahrscheinlichkeit stammt der Zettel vom Münzwurf, wenn auf dem Zettel
a) 2 – 3 – 2   b) 3 – 4 – 6   c) 6 – 6 – 6
d) 3 – 3 – 1   e) 2 – 3 – 1   f) 4 – 2 – 1
steht?

6 Zur Früherkennung einer Stoffwechselkrankheit bei Säuglingen wurde eine neue Untersuchungsmethode entwickelt. Bei Anwendung dieser Methode wird in 0.01% aller Fälle eine vorliegende Stoffwechselkrankheit nicht entdeckt, während sie in 0.1% aller Fälle irrtümlich eine Krankheit anzeigt. Durchschnittlich haben bei 1.1 Millionen Geburten 100 Säuglinge diese Stoffwechselkrankheit. Wie gross ist die Wahrscheinlichkeit, dass ein als krank diagnostizierter Säugling diese Stoffwechselkrankheit hat?

7 Drei gleich aussehende Schränkchen haben jeweils 2 Schubladen. Im ersten Schränkchen befinden sich in jeder Schublade ein goldenes, im zweiten in jeder Schublade ein silbernes und im dritten Schränkchen in einer Schublade ein goldenes und in der anderen ein silbernes Schmuckstück. Jemand wählt zufällig ein Schränkchen aus und öffnet eine der beiden Schubladen. Hierbei findet er ein goldenes Schmuckstück.
Mit welcher Wahrscheinlichkeit handelt es sich um
a) das erste,   b) das zweite,   c) das dritte
Schränkchen?

Exkursion: Das Ziegenproblem

Das Problem entstammt der US-amerikanischen Spielshow «Let's make a deal»:
Die Kandidatin steht vor genau drei gleichen Türen. Sie weiss, dass sich hinter einer der drei Türen der Hauptgewinn in Form eines Autos befindet, hinter den beiden anderen Türen jeweils eine Ziege.

Die Kandidatin wird aufgefordert, eine Tür auszuwählen, die zunächst geschlossen bleibt. Anschliessend öffnet der Moderator der Show, der weiss, hinter welcher Tür das Auto steht, eine der verbleibenden Türen, die die Kandidatin nicht gewählt hat. Er wählt dabei eine Tür aus, hinter der eine Ziege steht. 
Bevor die von der Kandidatin gewählte Tür geöffnet wird, kann sie ihre Entscheidung revidieren, d.h., sie kann statt der zuerst gewählten Tür die noch verbliebene, geschlossene Tür nehmen.
Die nun endgültig von der Kandidatin gewählte Tür wird geöffnet und der dahinterstehende Preis (Auto oder Ziege) wird übergeben.

Ist es für die Kandidatin nun besser, bei der anfangs gewählten Tür zu bleiben, die Tür zu wechseln, oder macht es keinen Unterschied, ob man wechselt oder nicht?

1 Simulation

Spielen Sie mit Ihrem Nachbarn das Ziegenproblem durch, um eine Antwort auf obige Frage zu finden.
Legen Sie eine Tabelle wie abgebildet an, um Ihre Simulation zu protokollieren:

Spiel	1	2	3	4	5	6	7	8	9	10	11	12	13	14	15	16	17	18	19	20
Wechsel																				
Gewinn																				

Einer von Ihnen ist der Moderator, der andere der Kandidat.
Gehen Sie bei jedem Spieldurchgang so vor:
(1) Der Moderator schreibt auf ein Blatt (geheim!) die Tür, hinter der das Auto steht.
(2) Der Kandidat tippt (im obigen Bild) auf eine Tür.
(3) Der Moderator «öffnet» dem Kandidaten eine Tür, d.h., er zeigt von den verbleibenden beiden Türen eine, hinter der eine Ziege steht.
(4) Der Kandidat darf seine Entscheidung, wenn er möchte, nochmals revidieren und die Tür wechseln. In diesem Fall wird in der Tabelle bei «Wechsel» ein Kreuz gesetzt.
(5) Der Moderator gibt bekannt, hinter welche Tür er anfangs das Auto gesetzt hat.
Hat der Kandidat gewonnen, so wird in der Tabelle «Gewinn» angekreuzt.

Wechseln Sie nach 10 Spielen die Rollen.
Notieren Sie am Ende die Zahl der Spiele mit und ohne Wechsel sowie die Zahl der Gewinne mit bzw. ohne Wechsel. Ist ein Trend erkennbar?
Tragen Sie nun die Ergebnisse aller Gruppen in der Klasse zusammen. Gibt es einen Trend?

2 Darstellung in zwei Baumdiagrammen

Die beiden möglichen Strategien «bleiben» oder «wechseln» werden jeweils in einem 2-stufigen Baumdiagramm veranschaulicht. Dabei bedeutet A: Das Auto steht hinter der gewählten Tür; Entsprechendes gilt für Z_1 (Ziege 1) bzw. Z_2 (Ziege 2).

Strategie «bleiben»   Strategie «wechseln»

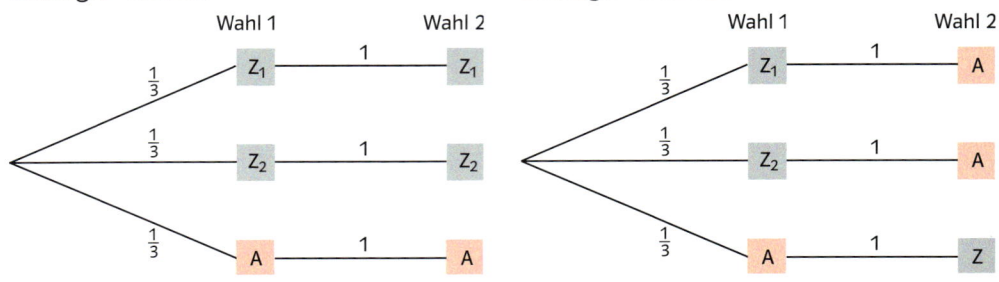

a) Begründen Sie für beide Strategien, warum die bedingten Wahrscheinlichkeiten der 2. Stufe jeweils 1 sind.
b) Bestimmen Sie für beide Strategien die Wahrscheinlichkeit, dass das Ereignis A eintritt.

3 Darstellung in einem Baumdiagramm

Der Entscheidungsprozess des Kandidaten kann auch als 3-stufiges Zufallsexperiment aufgefasst werden. Die erste Stufe gibt an, hinter welcher Tür das Auto steht. Die zweite Stufe stellt die Entscheidung des Kandidaten für eine bestimmte Tür dar. Die dritte Stufe beschreibt, welche Tür der Moderator öffnet.

a_i: Auto steht hinter der Tür i.
k_i: Kandidat entscheidet sich bei Wahl 1 für Tür mit Nummer i.
m_i: Moderator öffnet Tür i.
Die Ergebnismenge Ω besteht aus folgenden 3-Tupeln:
$\Omega = \{(a_i; k_j; m_n) \mid i, j, n \in \{1; 2; 3\}\}$
Das Ereignis A_1 besteht aus allen 3-Tupeln, die a_1 enthalten. Entsprechend werden alle Ereignisse A_i, K_i und M_i mit $i \in \{1; 2; 3\}$ festgelegt.

a) Beschreiben Sie das Ereignis $A_1 \cap K_1 \cap M_3$ mit Worten und geben Sie seine Wahrscheinlichkeit an.
b) Bestimmen Sie $P(A_1 \cap K_2 \cap M_3)$.
c) Beschreiben Sie die Wahrscheinlichkeiten $P_{K_1 \cap M_2}(A_1)$ und $P_{K_1 \cap M_2}(A_3)$ jeweils mit Worten und berechnen Sie die Werte. Welche Strategie sollte der Kandidat also verfolgen?

Marilyn vos Savant

Das Ziegenproblem sorgte für viel Aufsehen, vor allem weil sich in den USA die Frau mit dem angeblich höchsten Intelligenzquotienten, Marilyn vos Savant, dazu äusserte. Sie gab im Jahr 1990 in einer amerikanischen Illustrierten in ihrer Kolumne «Frag Marilyn» den Rat «Wechseln». Dies rief einen Sturm der Entrüstung quer durch die USA hervor. Es gab nicht viele Menschen, die ihr zustimmten, wohl aber genug, die sich über ihre Behauptung entsetzten, darunter viele Mathematiker. Seitdem wurde das Problem immer wieder diskutiert.

12 Zufallsvariablen und Verteilungsfunktion

12.1 Zufallsvariablen

Das nebenstehende Glücksrad wird zweimal gedreht. Der Einsatz beträgt 1 Fr. und ausgezahlt wird jeweils das Produkt der beiden Zahlen in Franken.
a) Geben Sie eine geeignete Ergebnismenge Ω an.
b) Geben Sie jeweils das Ereignis an, bei dem der Gewinn (Auszahlung minus Einsatz) minimal bzw. maximal ist.

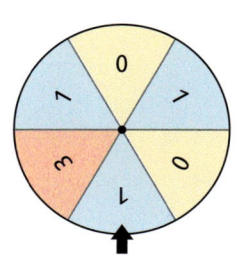

Beim zweifachen Wurf eines Würfels besteht die Ergebnismenge Ω aus 36 möglichen Zahlenpaaren. Interessiert man sich für die Augensumme, so wird jedem Ergebnis eine der Zahlen von 2 bis 12 zugeordnet.
Die Ergebnismenge lässt sich durch die Grösse «Augensumme» wie in der Tabelle rechts strukturieren.
Die Zufallsgrösse «Augensumme» ordnet beispielsweise dem Ergebnis (23) die reelle Zahl 5 zu.

Ergebnisse	(11)	(12)	(13)	(14)	(15)	(16)					
		(21)	(22)	(23)	(24)	(25)	(26)				
			(31)	(32)	(33)	(34)	(35)	(36)			
				(41)	(42)	(43)	(44)	(45)	(46)		
					(51)	(52)	(53)	(54)	(55)	(56)	
						(61)	(62)	(63)	(64)	(65)	(66)
	↓	↓	↓	↓	↓	↓	↓	↓	↓	↓	↓
Augensumme	2	3	4	5	6	7	8	9	10	11	12

> Eine Funktion X, die jedem Ergebnis $\omega \in \Omega$ eines Zufallsexperimentes eine reelle Zahl $X(\omega)$ zuordnet, heisst **Zufallsvariable** oder **Zufallsgrösse** auf Ω.
>
> $X: \Omega \longrightarrow \mathbb{R}$
> $X((23)) = 5$

Kann X alle Werte aus $\mathbb{R}$ bzw. eines Intervalls annehmen (z. B. Gewicht eines Neugeborenen), so wird X als **stetige Zufallsvariable** bezeichnet. Nimmt X nur einzelne Werte an (z. B. Augenzahl eines Würfels), so heisst X **diskrete Zufallsvariable**. Im weiteren Verlauf dieses Buches werden nur diskrete Zufallsvariablen betrachtet.

Für die Kennzeichnung von Zufallsvariablen verwendet man in der Regel Grossbuchstaben, z. B. X, Y und Z.
Bei der Zufallsvariablen X «Augensumme beim Wurf zweier Würfel» kann man das Ereignis A «Die Augensumme ist 5» in aufzählender Form: $A = \{(14), (23), (32), (41)\}$ oder abstrakter durch $A = \{\omega \,|\, X(\omega) = 5\}$ (sprich: A besteht aus der Menge aller ω mit der Eigenschaft $X(\omega) = 5$) oder kurz durch $X = 5$ darstellen.
Für eine auf der Ergebnismenge Ω definierte Zufallsvariable X, welche nur die Werte x_i (i = 1; 2; ...; n) annimmt, gilt allgemein: Die Ereignisse $\{A_i = \omega \,|\, X(\omega) = x_i\}$ bilden eine Zerlegung von Ω.
Für die Ereignisse A_i, die durch die Werte x_i von X festgelegt werden, verwendet man auch die symbolische Kurzschreibweise **X = x_i**.

Erinnerung:
Die Ereignisse $A_1; A_2; ...;$ A_n bilden eine Zerlegung von Ω, wenn gilt:
$A_i \cap A_j = \emptyset$ für $i \neq j$,
d.h., die Ereignisse sind paarweise disjunkt und
$A_1 \cup A_2 \cup ... \cup A_n = \Omega$.

Beispiel 1
Einer der vier Zettel in der Randspalte wird zufällig gezogen.
X gibt die Anzahl der Buchstaben und Y die Anzahl der Vokale des gezogenen Worts an.
a) Stellen Sie X und Y in einer Tabelle dar.
b) Welche Ereignisse werden durch X = 6 und Y = 2 beschrieben?

Lösung:
a)

	Aller	Anfang	ist	schwer
X(ω)	5	6	3	6
Y(ω)	2	2	1	1

b) X = 6: {Anfang, schwer}
Y = 2: {Aller, Anfang}

Beispiel 2
Mit einem Würfel wird nacheinander dreimal geworfen, wobei nur von Interesse ist, ob eine Eins geworfen wurde oder nicht.
a) Geben Sie eine geeignete Ergebnismenge Ω an.
b) Die Zufallsvariable Z gibt die Anzahl der Einsen an. Geben Sie die Ereignisse $Z = 0$, $Z = 1$, $Z = 2$, $Z = 3$ und $Z \leq 1$ in aufzählender Form an.
c) Bestimmen Sie die Wahrscheinlichkeiten der Ereignisse $Z = 0$, $Z = 1$, $Z = 2$ und $Z = 3$.

Lösung:
a) 1: Eins, 0: keine Eins
$\Omega = \{000, 100, 010, 001, 110, 101, 011, 111\}$
b) $Z = 0$: $\{000\}$; $Z = 1$: $\{100, 010, 001\}$
$Z = 2$: $\{110, 101, 011\}$; $Z = 3$: $\{111\}$
$Z \leq 1$: $\{000, 100, 010, 001\}$

c) $P(Z = 0) = \left(\frac{5}{6}\right)^3 = \frac{125}{216}$

$P(Z = 1) = 3 \cdot \frac{1}{6} \cdot \left(\frac{5}{6}\right)^2 = \frac{75}{216}$

$P(Z = 2) = 3 \cdot \left(\frac{1}{6}\right)^2 \left(\frac{5}{6}\right) = \frac{15}{216}$

$P(Z = 3) = \left(\frac{1}{6}\right)^3 = \frac{1}{216}$

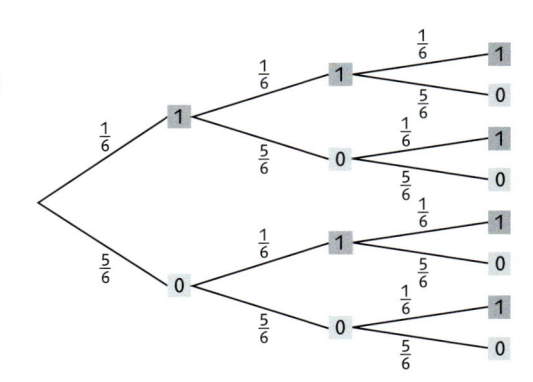

Aufgaben

1 In einer Urne liegen 16 Kugeln mit den Nummern 1 bis 16. Eine Kugel wird gezogen. Die Zufallsvariable X ordnet der gezogenen Kugel die Anzahl der Teiler der Nummer auf der Kugel zu.
a) Geben Sie eine Wertetabelle der Zufallsgrösse X an.
b) Geben Sie die Ereignisse $X = 2$, $X = 3$ und $X = 4$ in aufzählender Form an.
Welche besondere Bedeutung haben die Ereignisse $X = 2$ und $X = 3$ jeweils?
c) Bestimmen Sie jeweils die Wahrscheinlichkeit $P(X = 2)$ und $P(X = 3)$.

2 Auf drei verdeckten Karten ist jeweils einer der Buchstaben A, B, C notiert. Die Karten werden gemischt und nacheinander aufgedeckt. Man erhält 2 Fr., wenn A als erster Buchstabe erscheint, 1 Fr., wenn A als zweiter Buchstabe aufgedeckt wird. Man muss 3 Fr. bezahlen, wenn A als letzter Buchstabe kommt. Die Zufallsvariable G gibt den Gewinn in Franken an.
a) Geben Sie eine geeignete Ergebnismenge und anschliessend eine Wertetabelle der Zufallsvariablen an.
b) Welche Ereignisse werden durch $G = 2$, $G = -3$ und $G \leq 2$ beschrieben?
c) Bestimmen Sie $P(G \leq 1)$.

3 Ein Bogenschütze trifft mit der Wahrscheinlichkeit 0.25 ins Gelbe. Er schiesst vier Pfeile nacheinander auf die Zielscheibe.
Die Zufallsvariable X gibt an, wie oft er ins Gelbe getroffen hat.
a) Erläutern Sie, dass eine geeignete Ergebnismenge Ω die Mächtigkeit 16 hat.
b) Welche Bedeutung haben die Ereignisse $X = 0$, $X = 2$ bzw. $X \leq 1$? Geben Sie die Ereignisse jeweils in aufzählender Form an.
c) Bestimmen Sie die Wahrscheinlichkeiten $P(X = 0)$, $P(X = 2)$ und $P(X \leq 1)$.

*Erinnerung:
Die Anzahl der Elemente einer Menge bezeichnet man auch als Mächtigkeit der Menge.*

12.2 Wahrscheinlichkeitsverteilung einer Zufallsvariablen

Bei einem Spielautomaten, der aus den drei abgebildeten Rädern besteht, betragen die Zentriwinkel 60°, 90° und 120°. Der Einsatz beträgt 1 Fr. Der Automat zahlt aus: 5 Fr., wenn dreimal «rot»; 2 Fr., wenn zweimal «rot»; nichts ansonsten.
a) Welche Zufallsvariable ist für einen Spieler von Interesse, und welche Werte kann diese Zufallsvariable annehmen?
b) Bestimmen Sie die Wahrscheinlichkeit der Werte dieser Zufallsvariablen.

Ein Laplace-Würfel wird zweimal geworfen. Die Zufallsgrösse X ist die Augensumme. Die Wahrscheinlichkeit, mit der z. B. der Wert 5 von der Zufallsvariablen X angenommen wird, also die Wahrscheinlichkeit $P(X = 5)$, kann mit der nebenstehenden Darstellung der Ergebnismenge Ω einfach bestimmt werden: $P(X = 5) = 4 \cdot \frac{1}{36} = \frac{4}{36} = \frac{1}{9}$

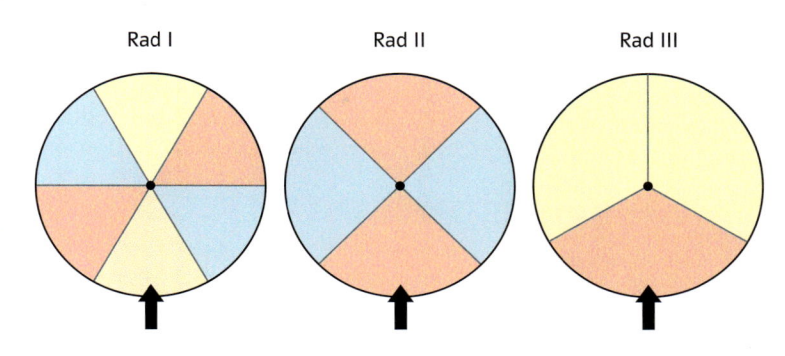

Ergebnisse	(11)	(12)	(13)	(14)	(15)	(16)					
	(21)	(22)	(23)	(24)	(25)	(26)				
		(31)	(32)	(33)	(34)	(35)	(36)			
			(41)	(42)	(43)	(44)	(45)	(46)		
				(51)	(52)	(53)	(54)	(55)	(56)	
					(61)	(62)	(63)	(64)	(65)	(66)
	↓	↓	↓	↓	↓	↓	↓	↓	↓	↓	↓
Augensumme	2	3	4	5	6	7	8	9	10	11	12

In der folgenden Tabelle sind die Wahrscheinlichkeiten der Ereignisse $X = x_i$ zusammengetragen.

x_i	2	3	4	5	6	7	8	9	10	11	12
$P(X = x_i)$	$\frac{1}{36}$	$\frac{2}{36}$	$\frac{3}{36}$	$\frac{4}{36}$	$\frac{5}{36}$	$\frac{6}{36}$	$\frac{5}{36}$	$\frac{4}{36}$	$\frac{3}{36}$	$\frac{2}{36}$	$\frac{1}{36}$

Die durch die Wertetabelle beschriebene Funktion, die jedem Wert x_i einer Zufallsvariablen X die Wahrscheinlichkeit $P(X = x_i)$ zuordnet, erhält einen eigenen Namen.

> Die Funktion, die jedem Wert x_i (i = 1, 2, ..., n) einer Zufallsvariablen X die Wahrscheinlichkeit $P(X = x_i)$ zuordnet, heisst **Wahrscheinlichkeitsfunktion** der Zufallsvariablen X oder **Wahrscheinlichkeitsverteilung** der Zufallsvariablen X bzw. kurz **Verteilung** von X.

Die Wahrscheinlichkeitsfunktion einer Zufallsvariablen wird oft mit W bezeichnet.
Zur Veranschaulichung der Wahrscheinlichkeitsverteilung einer Zufallsvariablen X verwendet man neben einer Tabelle häufig ein Stab- (oder Säulen-) Diagramm.
Die nebenstehende Grafik zeigt das Stabdiagramm für die Zufallsvariable «Augensumme beim Wurf zweier Würfel».
Die Länge der Stäbe gibt die Werte der Wahrscheinlichkeitsfunktion an den Stellen x_i an, d. h. die Wahrscheinlichkeiten $P(X = x_i)$.

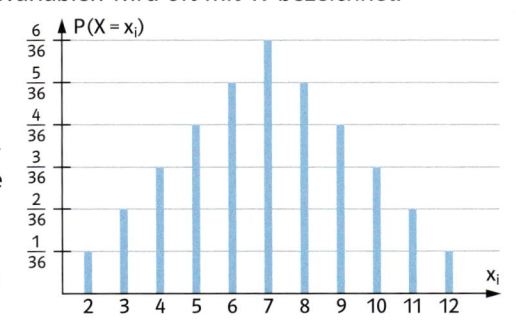

Bei der Zufallsvariablen «Augensumme beim Wurf zweier Würfel» gilt also:
$W(x_i) = P(X = x_i)$
$W(5) = P(X = 5) = \frac{4}{36}$

Interessiert beim Wurf zweier Würfel, mit welcher Wahrscheinlichkeit die Augensumme kleiner oder gleich 5 ist, so bestimmt man die Wahrscheinlichkeit $P(X \leq 5)$.
Diese Wahrscheinlichkeit kann als Summe berechnet werden:

$P(X \leq 5) = P(X = 5) + P(X = 4) + P(X = 3) + P(X = 2) = \frac{4}{36} + \frac{3}{36} + \frac{2}{36} + \frac{1}{36} = \frac{10}{36}$

Bestimmt man allgemein bei einer gegebenen Zufallsvariablen X die Wahrscheinlichkeit $P(X \leq x)$, wobei x eine reelle Zahl ist, so wird dadurch eine neue Funktion beschrieben.

Bei der Zufallsvariablen «Augensumme beim Wurf zweier Würfel» gilt also:
$F(x_i) = P(X \leq x_i)$
$F(5) = P(X \leq 5) = \frac{10}{36}$

Die Funktion F, die bei gegebener Zufallsvariable X jeder reellen Zahl x die Wahrscheinlichkeit $P(X \leq x)$ zuordnet, heisst **kumulative Verteilungsfunktion** der Zufallsvariablen X bzw. kurz Verteilungsfunktion von X: $F(x) = P(X \leq x)$ mit $x \in \mathbb{R}$.

Der Graph der kumulativen Verteilungsfunktion F ist eine sogenannte **Treppenfunktion**, deren Sprungstellen die Werte x_i der Zufallsvariablen sind und die jeweils an der Stelle x_i die «Sprunghöhe» $P(X = x_i)$ hat.

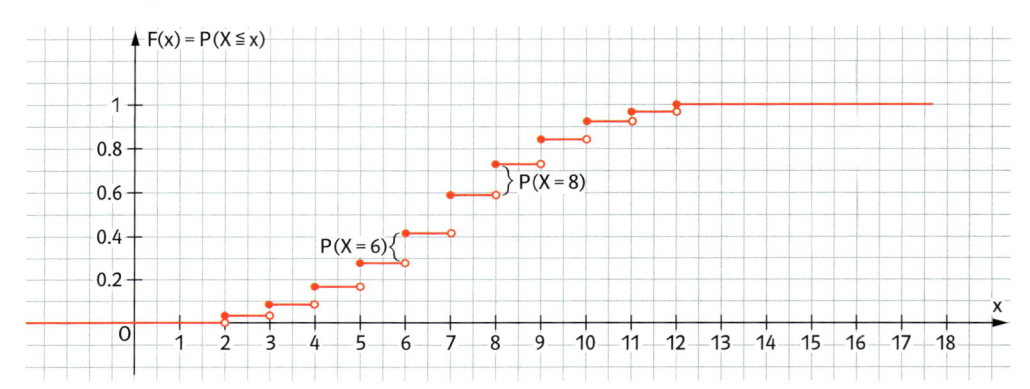

Bemerkungen
Für die kumulative Verteilungsfunktion F gilt:
- $\lim_{x \to -\infty} F(x) = 0$ und $\lim_{x \to \infty} F(x) = 1$.
- F ist monoton steigend auf $\mathbb{R}$.
- Der Graph von F springt an der Stelle x, wenn $P(X = x) \neq 0$. Die Höhe des Sprungs beträgt $P(X = x)$.
- Die Wahrscheinlichkeit $P(a < X \leq b)$, dass die Zufallsvariable X einen Wert x aus dem Intervall $]a;b]$ annimmt, kann als Differenz $F(b) - F(a)$ berechnet werden.
  Beispielsweise gilt: $P(4 < X \leq 7) = F(7) - F(4) = \frac{21}{36} - \frac{6}{36} = \frac{15}{36} = \frac{5}{12} \approx 42\%$

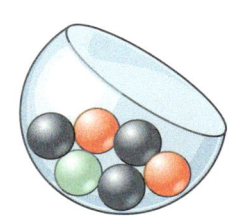

Beispiel 1
Ein Spieler zahlt 1 Fr. Einsatz und zieht aus der abgebildeten Urne zwei Kugeln ohne Zurücklegen. Laut Auszahlungsplan erhält er für zwei rote Kugeln 3 Fr., für zwei schwarze Kugeln 2 Fr. und für die grüne und eine beliebige Kugel 1 Fr. ausbezahlt. Bei allen anderen Ergebnissen wird nichts ausbezahlt.
a) Welche Werte kann die Zufallsvariable Gewinn G annehmen?
b) Veranschaulichen Sie die Gewinnwahrscheinlichkeiten durch ein Baumdiagramm.
c) Zeichnen Sie das zur Wahrscheinlichkeitsverteilung von G gehörende Stabdiagramm.

Lösung:
a) Gewinn = Auszahlung − Einzahlung;
mögliche Werte von G in Fr.: {2; 1; 0; −1}.
b) Baumdiagramm

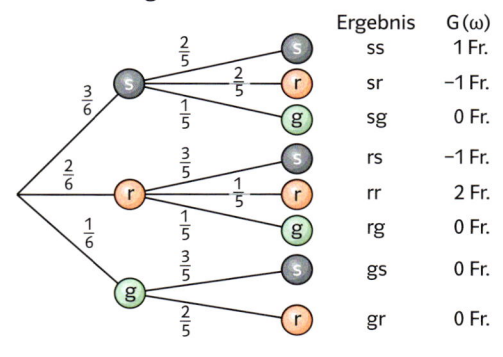

c) $P(G = 2) = \frac{2}{6} \cdot \frac{1}{5} = \frac{2}{30}$

$P(G = 1) = \frac{3}{6} \cdot \frac{2}{5} = \frac{6}{30}$

$P(G = 0) = \frac{3}{6} \cdot \frac{1}{5} + \frac{2}{6} \cdot \frac{1}{5} + \frac{1}{6} \cdot \frac{3}{5} = \frac{10}{30}$

$P(G = -1) = \frac{3}{6} \cdot \frac{2}{5} + \frac{2}{6} \cdot \frac{3}{5} = \frac{12}{30}$

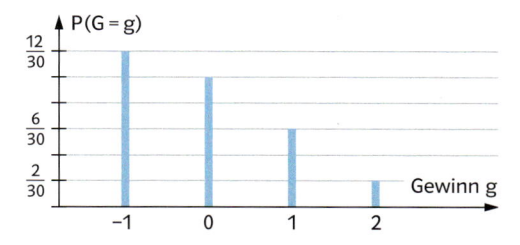

Beispiel 2
Gegeben ist der nebenstehende Graph der kumulativen Verteilungsfunktion einer Zufallsvariablen X.
a) Bestimmen Sie: $P(X \leq 3)$, $P(X \leq 3.5)$ und $P(X < 3)$.
b) Bestimmen Sie: $P(1 < X \leq 3)$, $P(1 \leq X \leq 3)$.
c) Bestimmen Sie: $P(X = 0)$ und $P(X = 3)$.
d) Zeichnen Sie das zur Verteilungsfunktion von X gehörende Stabdiagramm, wenn X die Werte −1; 1; 2; 3; 4; 5 annehmen kann.
Lösung:
a) $P(X \leq 3) = 0.7$; $P(X \leq 3.5) = 0.7$;
$P(X < 3) = 0.4$
b) $P(1 < X \leq 3) = 0.7 - 0.3 = 0.4$;
$P(1 \leq X \leq 3) = 0.7 - 0.1 = 0.6$
c) $P(X = 0) = 0$; $P(X = 3) = 0.7 - 0.4 = 0.3$

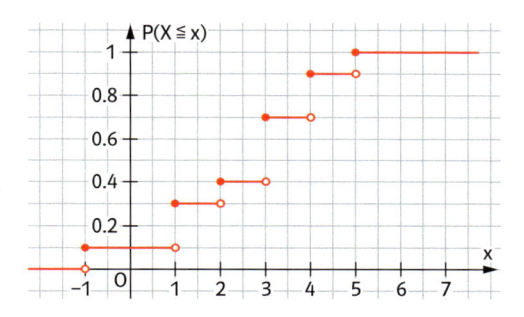

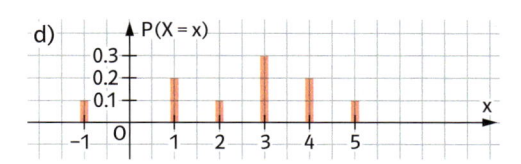

Aufgaben

1 Ein Spieler zieht aus der Urne (Fig. 1) zwei Kugeln ohne Zurücklegen. Er erhält für zwei weisse Kugeln 1 Fr., für zwei rote Kugeln 0.25 Fr. und für eine weisse und eine rote Kugel 0.20 Fr. Ist die schwarze Kugel dabei, so muss er 1 Fr. bezahlen. Ermitteln Sie die Wahrscheinlichkeitsverteilung für den Gewinn des Spielers.

2 A und B spielen folgendes Spiel:
Eine verbeulte Münze mit der Wahrscheinlichkeit $\frac{1}{3}$ für Zahl wird dreimal geworfen.
B zahlt an A 1 Fr., wenn höchstens einmal Kopf fällt; A zahlt an B 2 Fr., wenn zweimal Kopf fällt. Keiner zahlt etwas, wenn dreimal Kopf fällt.
Die Zufallsvariable G ordnet jedem Ergebnis den Gewinn von A in Franken zu.
a) Zeichnen Sie ein Baumdiagramm und bestimmen Sie die Wahrscheinlichkeiten der Ergebnisse.
b) Geben Sie die Wahrscheinlichkeitsverteilung von G in Form einer Tabelle an.

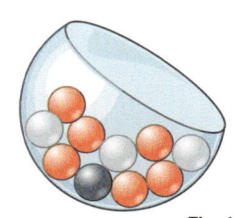

Fig. 1

3 Beschreiben Sie die Bedeutung von $P(X \geq x)$, wenn X eine Zufallsvariable ist.

4 Erläutern Sie, wie aus dem Stabdiagramm einer Zufallsvariablen der Graph der zugehörigen kumulativen Verteilungsfunktion entsteht.

5 Zu Beginn des 20. Jahrhunderts entstand in den USA das Spiel «chuck-a-luck»:
Die Spielunterlage besteht aus 6 Feldern mit den Zahlen 1 bis 6. Ein Spieler legt 1 Dollar auf eines der Felder. Dann werden 3 Würfel geworfen. Erscheint die Zahl des gewählten Feldes ein-, zwei- oder dreimal, erhält der Spieler seinen Einsatz zurück und ausserdem einen Gewinn von 1 bzw. 2 bzw. 3 Dollar. Andernfalls verliert er seinen Einsatz.
a) Ermitteln Sie die Wahrscheinlichkeitsverteilung für den Gewinn des Spielers bei der Durchführung, wenn die Würfel Laplace-Würfel sind.
b) Mit welcher Wahrscheinlichkeit gewinnt der Spieler mindestens 2 Dollar?

6 Fig. 1 zeigt den Graphen der kumulativen Verteilungsfunktion einer Zufallsvariablen X.
a) Bestimmen Sie: $P(X \leq 2)$ und $P(X > 3)$.
b) Bestimmen Sie: $P(0 < X \leq 4)$.
c) Zeichnen Sie ein zur Verteilungsfunktion von X gehörendes Stabdiagramm, wenn X die Werte 0; 1; 2; 3; 4 annehmen kann.

Fig. 1

7 Ein Autofahrer muss bei seiner Fahrt zum Arbeitsplatz drei Ampeln passieren, die unabhängig voneinander den Verkehr regeln. Jede der Ampeln steht mit der Wahrscheinlichkeit 0.4 auf Rot. Die Zufallsvariable X ordnet jeder Fahrt die Anzahl der Ampeln zu, die der Fahrer ohne Halt passieren kann.
a) Ermitteln Sie die Wahrscheinlichkeitsverteilung von X und zeichnen Sie das zugehörige Stabdiagramm.
b) Mit welcher Wahrscheinlichkeit kann der Fahrer mindestens 2 Ampeln passieren?

8 Ein Käfer beginnt zur Zeit 0 im Ursprung eines Koordinatensystems eine Wanderung, bei der er jede Minute seine Position um eine Einheit nach rechts, links, oben oder unten jeweils mit der Wahrscheinlichkeit 0.25 ändert.
a) Die Wanderung des Käfers dauert 2 Minuten; Fig. 2 zeigt zwei mögliche Wege.
Geben Sie die Koordinaten aller Punkte an, auf denen sich der Käfer nach der zweiten Minute befinden kann.
b) Die Zufallsvariable X ordnet jedem dieser Punkte den Abstand des Käfers vom Ursprung zu. Ermitteln Sie die Wahrscheinlichkeitsverteilung von X.
c) Die Wanderung dauert 3 Minuten. Ermitteln Sie die Wahrscheinlichkeitsverteilung der entsprechenden Zufallsvariablen.

Fig. 2

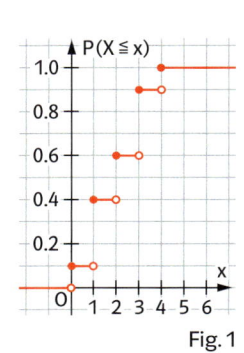

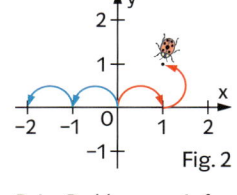

Beim Problem aus Aufgabe 8 handelt es sich um eine sogenannte **Irrfahrt** in der Ebene. Auch die unregelmässige Bewegung kleinster Teilchen in Flüssigkeiten oder Gasen, die sogenannte «Brown'sche Molekularbewegung», kann näherungsweise als eine Irrfahrt im Raum beschrieben werden. Diese Bewegung wurde 1827 vom englischen Botaniker Robert Brown (1773–1858) entdeckt.

9 Von fünf Feldern mit den Zahlen 1 bis 5 werden zwei zufällig angekreuzt.
a) Wie viele verschiedene Möglichkeiten gibt es? Erläutern Sie Ihr Vorgehen.
b) Alle Möglichkeiten seien gleich wahrscheinlich. Die Zufallsvariable X ordnet jedem Ergebnis die Summe der Zahlen der angekreuzten Felder zu. Ermitteln Sie die Wahrscheinlichkeitsverteilung von X.

12.3 Erwartungswert einer Zufallsvariablen

▬▬▬ Sie bekommen folgendes Spiel angeboten: Der Einsatz beträgt 1.60 Fr. Dann werden 3 Laplace-Münzen geworfen. Für jede Münze, die Kopf zeigt, erhalten Sie 1 Fr. Würden Sie sich an dem Spiel beteiligen? ▬▬▬

Bevor ein Spieler am nebenstehenden Glücksrad einmal drehen darf, ist ein Einsatz von 1 Fr. zu entrichten. In den gleich grossen Sektoren steht der Betrag in Franken, der ausgezahlt wird.
Die Zufallsvariable G gibt den Gewinn in Franken an. Ihre Wahrscheinlichkeitsverteilung kann der Tabelle entnommen werden.
Bei einem einzigen Spiel beträgt die Wahrscheinlichkeit über 50%, den eingesetzten Franken zu verlieren.

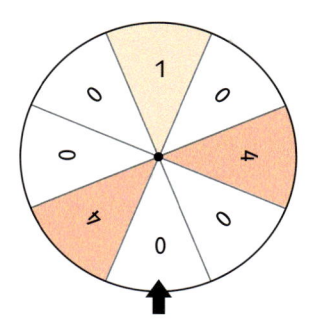

g_i	−1	0	3
$P(G = g_i)$	$\frac{5}{8}$	$\frac{1}{8}$	$\frac{2}{8}$

Um zu untersuchen, ob der Spieler aber auch auf lange Sicht, d.h., wenn er das Spiel sehr oft durchführt, mit einem Verlust rechnen muss, betrachtet man eine grosse Anzahl von Einzelspielen, z.B. 800. Man interpretiert die Wahrscheinlichkeiten der Ereignisse $G = g_i$ als relative Häufigkeiten für das Eintreten dieser Ereignisse bei sehr häufiger Versuchsdurchführung. Dann würde man in $\frac{5}{8}$ der Fälle, also bei 500 Spielen, 1 Fr. verlieren, in $\frac{1}{8}$ der Fälle, also bei 100 Spielen, weder gewinnen noch verlieren und bei weiteren $\frac{2}{8}$ der Fälle, also 200 Spielen, 3 Fr. gewinnen. Somit würde sich bei 800 Spielen folgender Gesamtgewinn ergeben: 500 · (−1 Fr.) + 100 · 0 Fr. + 200 · 3 Fr. = 100 Fr.
Den durchschnittlichen Gewinn pro Spiel erhält man, wenn man den Gesamtgewinn durch die Anzahl der Spiele dividiert: 100 Fr. : 800 = 0.125 Fr. Der Spieler kann also damit rechnen, auf lange Sicht im Durchschnitt pro Spiel 0.125 Fr. zu gewinnen.
Bei der Berechnung des durchschnittlichen Gewinns pro Spiel kann man direkt auf die Wahrscheinlichkeiten der Ereignisse $G = g_i$ zurückgreifen, wie folgende Rechnung zeigt:
$(500 \cdot (-1\,\text{Fr.}) + 100 \cdot 0\,\text{Fr.} + 200 \cdot 3\,\text{Fr.}) : 800 = \frac{5}{8} \cdot (-1\,\text{Fr.}) + \frac{1}{8} \cdot 0\,\text{Fr.} + \frac{2}{8} \cdot 3\,\text{Fr.} = 0.125\,\text{Fr.}$

*Das **empirische Gesetz der grossen Zahlen** besagt: Wird ein Zufallsexperiment unter gleichen Bedingungen sehr häufig durchgeführt, so stabilisiert sich die relative Häufigkeit des Eintretens eines Ereignisses.*

Das ist also der Wert des Gewinns, der bei hinreichend vielen Spielen durchschnittlich erwartet wird. Dieser **Erwartungswert** berechnet sich als Summe der Produkte aus den Werten der Zufallsvariablen und den zugehörigen Wahrscheinlichkeiten.

> Ist X eine Zufallsvariable, deren mögliche Werte $x_1; x_2; \ldots; x_n$ sind,
> so heisst die reelle Zahl **E(X)** mit
> $E(X) = x_1 \cdot P(X = x_1) + x_2 \cdot P(X = x_2) + \ldots + x_n \cdot P(X = x_n) = \sum_{i=1}^{n} x_i \cdot P(X = x_i)$
> **Erwartungswert** der Zufallsvariablen X.

Statt E(X) schreibt man auch häufig kürzer μ (gesprochen: mü).

Bemerkungen
− Der Erwartungswert einer Zufallsvariablen ist im Allgemeinen kein Wert, den die Zufallsvariable annimmt. Im obigen Beispiel ist μ = 0.125, während die zugehörige Zufallsvariable nur die Werte −1, 0 und 3 annehmen kann.
− Ein Spiel heisst **fair**, wenn der Erwartungswert des Gewinns für jeden Spieler 0 ist.

Beispiel 1
Bestimmen Sie für den zweifachen Wurf eines Laplace-Würfels den Erwartungswert der Zufallsvariablen «Augensumme».
Lösung:

x_i	2	3	4	5	6	7	8	9	10	11	12
$P(X = x_i)$	$\frac{1}{36}$	$\frac{2}{36}$	$\frac{3}{36}$	$\frac{4}{36}$	$\frac{5}{36}$	$\frac{6}{36}$	$\frac{5}{36}$	$\frac{4}{36}$	$\frac{3}{36}$	$\frac{2}{36}$	$\frac{1}{36}$

$\mu = 2 \cdot \frac{1}{36} + 3 \cdot \frac{2}{36} + 4 \cdot \frac{3}{36} + 5 \cdot \frac{4}{36} + 6 \cdot \frac{5}{36} + 7 \cdot \frac{6}{36} + 8 \cdot \frac{5}{36} + 9 \cdot \frac{4}{36} + 10 \cdot \frac{3}{36} + 11 \cdot \frac{2}{36} + 12 \cdot \frac{1}{36} = 7$

Beispiel 2
Im Rahmen einer Untersuchung über den Umgang von Jugendlichen mit Computerspielen wurde in einer Onlinebefragung die Frage gestellt: «Wie viele Stunden spielen Sie an einem Sonntag am Computer?» Die Ergebnisse sind im nebenstehenden Diagramm dargestellt. 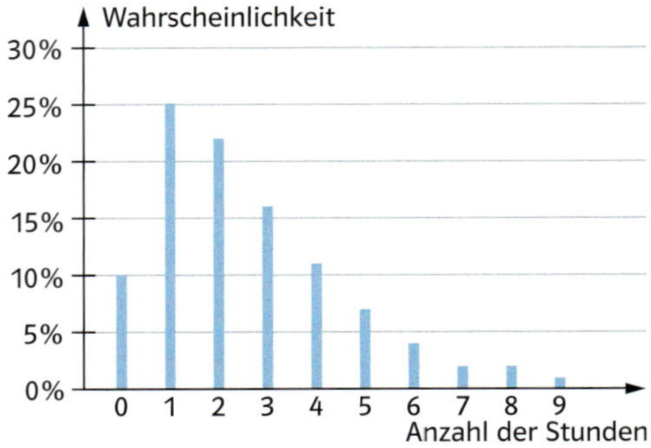
Die Zufallsvariable X bedeutet: «Anzahl der Stunden, die an einem Sonntag mit Computerspielen verbracht werden».
a) Bestimmen Sie $P(X \geq 3)$.
b) Geben Sie den Erwartungswert von X an und beschreiben Sie seine Bedeutung in diesem Sachzusammenhang mit Worten.
Lösung:
a) $P(X \geq 3) = 16\% + 11\% + 7\% + 4\% + 2\% + 2\% + 1\% = 43\%$
b) $E(X) = 0 \cdot 0.10 + 1 \cdot 0.25 + 2 \cdot 0.22 + 3 \cdot 0.16 + 4 \cdot 0.11 + 5 \cdot 0.07 + 6 \cdot 0.04 + 7 \cdot 0.02 + 8 \cdot 0.02 + 9 \cdot 0.01 = 2.59$
Im Durchschnitt verbringt ein Jugendlicher, der an der Onlinebefragung teilgenommen hat, an einem Sonntag 2.59 Stunden mit Computerspielen.

Zu Aufgabe 2:
a), b) Wahrscheinlichkeitsverteilungen (Diagramme in der Randspalte).

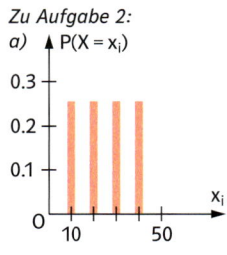

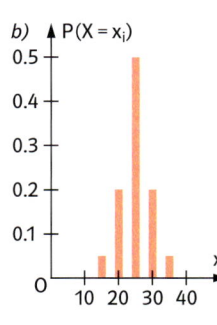

Aufgaben

1 Berechnen Sie den Erwartungswert der Zufallsgrösse «Augenzahl» beim Wurf eines Laplace-Würfels.

2 Berechnen Sie für die auf der Randspalte abgebildeten Wahrscheinlichkeitsverteilungen jeweils den Erwartungswert.

3 In einem Mehrfamilienhaus soll zur Mittagszeit ein Paket abgegeben werden. Dies ist möglich, wenn in mindestens

x_i	0	1	2	3	4
$P(X \leq x_i)$	0.3	0.6	0.8	0.9	1

einem der vier Haushalte eine Person angetroffen wird. Die Zufallsvariable X gibt an: «Anzahl der Haushalte, in denen jemand zur Mittagszeit anzutreffen ist».
a) Mit welcher Wahrscheinlichkeit kann in diesem Haus um die Mittagszeit ein Paket abgegeben werden?
b) Berechnen Sie den Erwartungswert von X.
c) Die Zufallsvariable X wurde auf einer Ergebnismenge Ω mit $|\Omega| = 16$ definiert. Geben Sie die Ergebnismenge an.

4 Beim Eile-mit-Weile-Spiel ist in der dargestellten Situation der Spieler mit den grünen Steinen an der Reihe. Er hat also maximal drei Versuche, eine Sechs zu würfeln. Die Zufallsvariable V gibt die Anzahl der Versuche an.
a) Bestimmen Sie die Wahrscheinlichkeitsverteilung von V.
b) Berechnen Sie den Erwartungswert von V und interpretieren Sie dessen Wert.

5 Ein Glücksrad hat vier Sektoren (Fig. 1), in denen jeweils die Zahlen 0, 2, 4 und 8 stehen. Die Zahlen in den Sektoren geben an, wie viele Franken pro Spiel ausbezahlt werden.
a) Wie hoch muss der Einsatz sein, damit das Spiel fair ist, wenn alle Sektoren gleiche Grösse haben?
b) Der Einsatz bei einem fairen Spiel beträgt 2.50 Fr. Bestimmen Sie eine Möglichkeit für die Grösse der zugehörigen Sektoren. Beschreiben Sie Ihr Vorgehen zur Lösung.

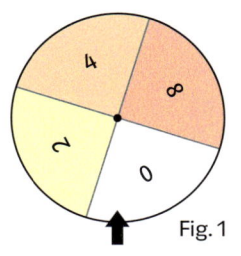

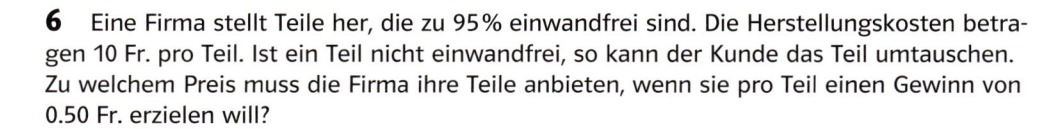

6 Eine Firma stellt Teile her, die zu 95% einwandfrei sind. Die Herstellungskosten betragen 10 Fr. pro Teil. Ist ein Teil nicht einwandfrei, so kann der Kunde das Teil umtauschen. Zu welchem Preis muss die Firma ihre Teile anbieten, wenn sie pro Teil einen Gewinn von 0.50 Fr. erzielen will?

7 Eine Zufallsvariable X nimmt nur die in der Tabelle angegebenen Werte x_i jeweils mit der Wahrscheinlichkeit $P(X = x_i)$ an.

x_i	−2	0	1	3.5
$P(X = x_i)$	0.05	0.25		0.45

Bestimmen Sie $P(X = 1)$ und den Erwartungswert der Zufallsvariablen X.

8 Celia erhält als Erwartungswert einer Zufallsvariablen die Zahl 4.2. Fabian meint: «Celia muss sich verrechnet haben, da alle Werte der Zufallsvariablen ganzzahlig sind.» Nehmen Sie zu Fabians Aussage Stellung.

9 Anna denkt sich eine natürliche Zahl von 1 bis 10. Jan soll diese Zahl erraten. Hierzu darf er Fragen stellen, die Anna nur mit «ja» oder «nein» beantworten darf.
Zwei Strategien stehen zur Wahl:
Strategie 1: Die Zahlen werden der Reihe nach abgefragt, bis Anna «ja» sagt oder zum 9. Mal «nein».
Strategie 2: Mit jeder Frage wird versucht, möglichst die Hälfte der verbleibenden Zahlen auszusondern.
Welche dieser beiden Strategien sollte Jan wählen? Veranschaulichen Sie sich dazu die Situation an Baumdiagrammen.

10 Eine Zufallsvariable X kann die Werte $a = 1$, 2 oder 3 annehmen. Zudem gilt: $P(X = a) = \frac{4-a}{b}$, wobei $b \in \mathbb{R}^+$. Bestimmen Sie den Erwartungswert von X.

11 Der Erwartungswert des Gewinns bei einem fairen Spiel soll den Wert null haben. Warum ist diese Festlegung sinnvoll?

12 Der Betreiber einer Glücksbude hat das Glücksrad (Fig. 2), auf dem in jedem Sektor der Auszahlungsbetrag in Franken eingetragen ist.
Welchen Einsatz muss der Glücksbudenbesitzer mindestens verlangen, um auf lange Sicht keinen Verlust zu machen?

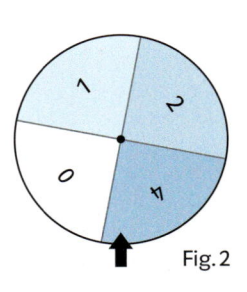

12.4 Varianz einer Zufallsvariablen

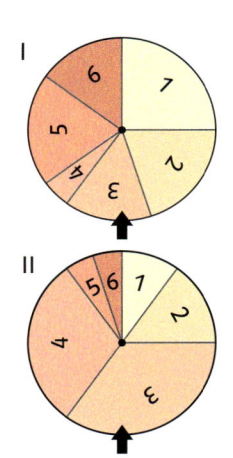

x_i	1	2	3	4	5	6
$P(X = x_i)$	0.25	0.2	0.15	0.05	0.2	0.15

y_i	1	2	3	4	5	6
$P(Y = y_i)$	0.1	0.15	0.35	0.3	0.05	0.05

Die Zufallsvariablen X und Y geben den angezeigten Auszahlungsbetrag (in Fr.) auf den Glücksrädern I bzw. II an.
a) Begründen Sie, dass X und Y den gleichen Erwartungswert besitzen.
b) Erstellen Sie zu X und Y jeweils ein Stabdiagramm und erläutern Sie, bei welcher Zufallsvariablen die Werte stärker streuen.

Zu jeder Zufallsvariablen X gehört eine Wahrscheinlichkeitsverteilung P, die angibt, mit welcher Wahrscheinlichkeit die einzelnen Werte x_i der Zufallsvariablen X auftreten. In vielen Fällen genügt es nicht, nur den Erwartungswert μ als Kenngrösse einer Zufallsvariablen X zu kennen, da zwei Wahrscheinlichkeitsverteilungen bei gleichem Erwartungswert unterschiedlich aussehen können (Fig. 1). Zusätzlich zum Erwartungswert μ wird eine Zufallsvariable X auch durch die Streuung der Werte x_i der Zufallsvariablen X um ihren Erwartungswert μ charakterisiert. Die Streuung wird durch eine weitere Kenngrösse erfasst.

blau: kleine Streuung
rot: grosse Streuung

$\mu = 4.6$ ist gemeinsamer Erwartungswert.

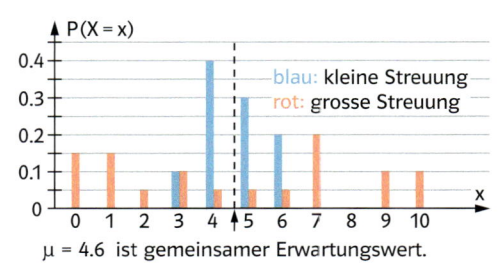

Fig. 1

Abweichung $x_i - \mu$:

Es liegt nahe, die Streuung der Werte x_i durch ihre Abweichungen $x_i - \mu$ vom Erwartungswert μ zu messen. Es genügt aber nicht, jede Abweichung $x_i - \mu$ mit der zugehörigen Wahrscheinlichkeit $P(X = x_i)$ zu multiplizieren und anschliessend die Summe
$S = (x_1 - \mu) \cdot P(X = x_1) + (x_2 - \mu) \cdot P(X = x_2) + \ldots + (x_n - \mu) \cdot P(X = x_n)$ zu bilden, da diese immer den Wert null hat. Dies wird anhand folgender Situation illustriert.

Beim Wurf eines Laplace-Würfels wird folgender Auszahlungsplan vereinbart:
Augenzahl 1, 2 oder 3:   0 Fr.
Augenzahl 4 oder 5:   1 Fr.
Augenzahl 6:   2 Fr.
Die Zufallsvariable X ist die Auszahlung (in Fr.).
Es gilt: $E(X) = \mu = 0 \cdot \frac{1}{2} + 1 \cdot \frac{1}{3} + 2 \cdot \frac{1}{6} = \frac{2}{3}$

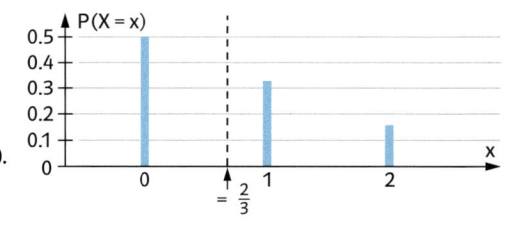

Für die oben genannte Summe S gilt:
$S = \left(0 - \frac{2}{3}\right) \cdot \frac{1}{2} + \left(1 - \frac{2}{3}\right) \cdot \frac{1}{3} + \left(2 - \frac{2}{3}\right) \cdot \frac{1}{6} = \underbrace{0 \cdot \frac{1}{2} + 1 \cdot \frac{1}{3} + 2 \cdot \frac{1}{6}}_{\mu} - \underbrace{\frac{2}{3}}_{\mu} \cdot \underbrace{\left(\frac{1}{2} + \frac{1}{3} + \frac{1}{6}\right)}_{1} = \frac{2}{3} - \frac{2}{3} \cdot 1 = 0$

Ersetzt man die Abweichungen $x_i - \mu$ durch ihre Beträge $|x_i - \mu|$ oder Quadrate $(x_i - \mu)^2$, so wird die S entsprechende Summe immer positiv. Das Streuungsmass der **Varianz** wird über die quadratische Abweichung definiert.

Var(X) =
$$\sum_{i=1}^{n}(x_i - \mu)^2 \cdot P(X = x_i)$$

Es gilt auch:
Var(X) = $E(X^2) - \mu^2$

Ist X eine Zufallsvariable, deren mögliche Werte $x_1; x_2; \ldots; x_n$ sind und die den Erwartungswert $E(X) = \mu$ hat, so heisst die reelle Zahl **Var(X)** mit
Var(X) = $(x_1 - \mu)^2 \cdot P(X = x_1) + (x_2 - \mu)^2 \cdot P(X = x_2) + \ldots + (x_n - \mu)^2 \cdot P(X = x_n)$
Varianz der Zufallsvariablen X.

Bei der vorherigen Rechnung sind die Werte der Zufallsvariablen X Masszahlen der Grösse «Auszahlung», die in Franken angegeben wird. Folglich ist Var(X) die Masszahl einer Grösse, die in (Fr.)² gemessen wird. Da dies in der Praxis sehr unanschaulich ist, wird ein weiteres Streuungsmass eingeführt.

> Die reelle Zahl $\sigma = \sqrt{\text{Var}(X)}$ heisst **Standardabweichung** der Zufallsvariablen X.

Da man für die Standardabweichung die Abkürzung σ (lies: Sigma) verwendet, wird die Varianz oft mit σ^2 bezeichnet.

Beispiel
Bestimmen Sie beim Wurf eines Laplace-Würfels Varianz und Standardabweichung der Zufallsvariablen «Augenzahl».
Lösung:
$\mu = 1 \cdot \frac{1}{6} + 2 \cdot \frac{1}{6} + 3 \cdot \frac{1}{6} + 4 \cdot \frac{1}{6} + 5 \cdot \frac{1}{6} + 6 \cdot \frac{1}{6} = 3.5$
$\text{Var}(X) = (1 - 3.5)^2 \cdot \frac{1}{6} + (2 - 3.5)^2 \cdot \frac{1}{6} + (3 - 3.5)^2 \cdot \frac{1}{6} + (4 - 3.5)^2 \cdot \frac{1}{6} + (5 - 3.5)^2 \cdot \frac{1}{6}$
$\qquad + (6 - 3.5)^2 \cdot \frac{1}{6} = \frac{35}{12}$
$\sigma = \sqrt{\text{Var}(X)} = \sqrt{\frac{35}{12}} \approx 1.71$

Aufgaben

1 Bestimmen Sie beim zweifachen Wurf eines Laplace-Würfels Varianz und Standardabweichung der Zufallsvariablen «Augensumme».

2 Berechnen Sie jeweils Varianz und Standardabweichung der Zufallsvariablen.

a)
x_i	-2	0	2	4
$P(X = x_i)$	0.5	0.2	0.2	0.1

b)
y_i	-3	-2	-1	0	1	2
$P(Y = y_i)$	0.1	0.1	0.3	0.2	0.2	0.1

3 Aus dem Satz «Die Varianz ist eine reelle Zahl» wird zufällig ein Wort gezogen. Die Zufallsvariable X gibt die Wortlänge an und die Zufallsvariable Y die Anzahl der Konsonanten des Worts. Bestimmen Sie von X und Y jeweils Erwartungswert und Varianz.

4 Eine Laplace-Münze mit den Seiten 1 und 0 wird so lange geworfen, bis eine Null oder drei Einsen hintereinander erscheinen. Die Zufallsvariable X gibt die Anzahl der Würfe an. Berechnen Sie Erwartungswert und Varianz.

5 Eine Zufallsvariable X kann nur die beiden Werte 1 oder 0 annehmen, wobei gilt:
$P(X = 1) = p$ und $P(X = 0) = 1 - p$.
Bestimmen Sie Erwartungswert und Standardabweichung von X in Abhängigkeit von p.

6 Carmen und Samuel gehen Roulette spielen. Carmen setzt 10 Fr. auf die 13 und Samuel 10 Fr. auf «gerade». Die Zufallsvariablen G_C und G_S geben jeweils den Gewinn in Franken an.
a) Bestimmen Sie für beide Zufallsvariablen Erwartungswert und Varianz.
b) Erläutern Sie, warum Carmen und Samuel bei gleichbleibender Spielweise auf lange Sicht dasselbe verlieren. Kann man Carmen als risikofreudiger bezeichnen?

7 Die Varianz einer Zufallsvariablen X hat den Wert 0. Beschreiben Sie ein zugehöriges Zufallsexperiment.

13 Bernoulli-Experiment und Binomialverteilung

13.1 Bernoulli-Experiment und Bernoulli-Kette

In einer Urne befinden sich 10 Kugeln, 7 davon sind rot. Es werden 5 Kugeln mit bzw. ohne Zurücklegen gezogen. Eine rote Kugel wird als Erfolg bezeichnet. Welche Aussage kann man über die Erfolgswahrscheinlichkeit bei den einzelnen Zügen machen?

Bei Zufallsexperimenten, die nur zwei Ergebnisse haben, nennt man die Ergebnisse oft «Erfolg» oder «Misserfolg». Wiederholte Durchführungen solcher Zufallsexperimente können als ein einziges, neues Zufallsexperiment aufgefasst werden wie das 4-malige Werfen einer Münze. Wenn sich bei solchen mehrstufigen Zufallsexperimenten die Teilexperimente nicht gegenseitig beeinflussen, spricht man von unabhängigen Durchführungen.

> Ein Zufallsexperiment mit nur zwei Ergebnissen heisst **Bernoulli-Experiment**. Die Wahrscheinlichkeit für Erfolg wird mit p, die für Misserfolg mit q bezeichnet, wobei q = 1 − p ist.
> Ein Zufallsexperiment, das aus n unabhängigen Durchführungen desselben Bernoulli-Experiments besteht, heisst **Bernoulli-Kette** der Länge n mit dem Parameter p.

Von Jakob Bernoulli (1654–1705) stammt das bahnbrechende Buch «Ars conjectandi» (lat.: Die Kunst des Mutmassens), in dem er neben anderen kombinatorischen Themen die Wahrscheinlichkeitsrechnung der damaligen Zeit zusammenfasste und weiterentwickelte. Das Werk gilt bis heute als Grundlagenwerk der Wahrscheinlichkeitsrechnung. Nicht zuletzt hat Jakob Bernoulli in seinem Buch dem heutigen Fachgebiet der Stochastik den Namen gegeben.

Zieht man aus einer Urne, die nur schwarze und weisse Kugeln enthält, mehrmals eine Kugel mit Zurücklegen, so liegt eine Bernoulli-Kette vor. Zieht man dagegen ohne Zurücklegen, so ändert sich von Zug zu Zug die Wahrscheinlichkeit für eine schwarze bzw. weisse Kugel. Hier sind also die einzelnen Bernoulli-Experimente nicht mehr unabhängig, somit liegt keine Bernoulli-Kette vor. Bei Anwendungsaufgaben ist jeweils genau zu prüfen, ob eine Bernoulli-Kette vorliegt oder nicht.

Die Wahrscheinlichkeiten der Elementarereignisse bzw. Ergebnisse einer Bernoulli-Kette können mithilfe eines Baumdiagramms bestimmt werden.
Die Figur zeigt das Baumdiagramm einer Bernoulli-Kette der Länge 3 mit «1» für Erfolg, «0» für Misserfolg sowie der Erfolgswahrscheinlichkeit p. Die Ergebnisse sind Tripel. Bei einer Bernoulli-Kette der Länge n sind die Ergebnisse n-Tupel. Für das Ergebnis «Erfolg nur im 3. Versuch» ergibt sich mithilfe der Pfadregel:
$P(001) = (1-p) \cdot (1-p) \cdot p = (1-p)^2 \cdot p = q^2 p$
Das Ergebnis «Genau 3 Misserfolge» hat die Wahrscheinlichkeit $P(000) = (1-p)^3 = q^3$.

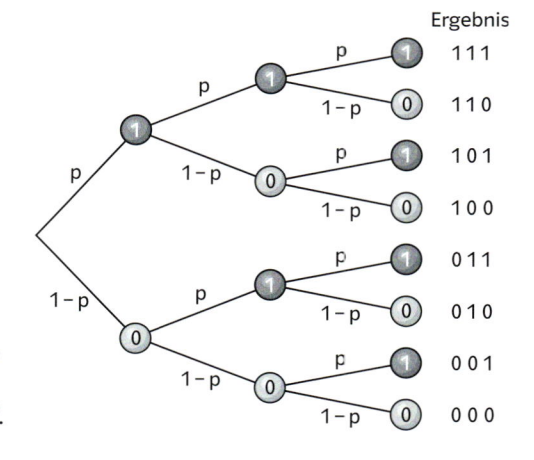

*Erinnerung:
Ein Ereignis kann auch nur aus einem Element bestehen. In diesem Sinn sprechen wir von der Wahrscheinlichkeit eines Ergebnisses.*

Beispiel
In der Bevölkerung der Schweiz haben 43% die Blutgruppe A. Bei 5 Patienten wird nacheinander die Blutgruppe bestimmt. Mit welcher Wahrscheinlichkeit haben die ersten 3 Patienten die Blutgruppe A und die letzten beiden nicht?
Lösung:
Mit Erfolg «1» für Blutgruppe A und n = 5 und p = 0.43 ergibt sich:
$P(11100) = 0.43^3 \cdot (1 - 0.43)^2 \approx 0.026 = 2.6\%$

Aufgaben

1 Erläutern Sie, welche der folgenden Zufallsexperimente als Bernoulli-Ketten aufgefasst werden können. Geben Sie gegebenenfalls n und p an.
a) Aus einer Urne mit 10 weissen und 30 roten Kugeln werden 5 Kugeln nacheinander ohne Zurücklegen gezogen und wird jeweils festgestellt, ob die Kugel rot ist oder nicht.
b) Aus der laufenden Produktion von Energiesparlampen werden 5 ausgewählt, es wird die Brenndauer bestimmt und festgestellt, ob diese über 8000 Stunden beträgt oder nicht.
c) Eine Untersuchung in einer Familie, ob deren 5 Kinder die Zunge rollen können.
d) Die Fussballmannschaft A hat 3 von 5 Spielen gegen die Mannschaft B gewonnen. Bei den nächsten drei Spielen wird jeweils festgestellt, ob A gewonnen hat oder nicht.
e) Eine ideale Münze wird 10-mal geworfen.
f) Zehn ideale Münzen werden gleichzeitig geworfen.
g) Eine verbeulte Münze wird 10-mal geworfen.

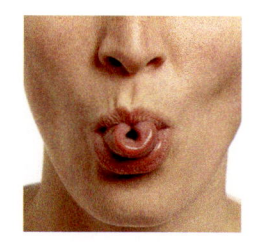

65 bis 70 % der Schweizer Bevölkerung haben die vererbte Fähigkeit, die Zunge in Richtung der Längsachse rollen zu können.

2 Geben Sie zu folgenden Bernoulli-Ketten die Länge n und die Wahrscheinlichkeit p für Erfolg an.
a) Ein idealer Würfel wird 4-mal geworfen und es wird jeweils festgestellt, ob eine gerade Augenzahl fiel oder nicht.
b) Ein Medikament gegen eine nicht ansteckende Krankheit führt mit einer Wahrscheinlichkeit von 70 % zur Besserung. Es werden 20 Personen mit diesem Medikament behandelt und es wird jeweils festgestellt, ob eine Besserung eintritt oder nicht.
c) Die Produktion eines Massenartikels hat einen Ausschussanteil von 2 %. Der Produktion werden 30 Artikel entnommen und es wird jeweils festgestellt, ob sie vollständig in Ordnung sind oder nicht.

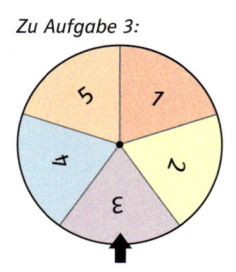

3 Bei dem in der Randspalte abgebildeten Glücksrad erscheint jedes der 5 Felder mit der gleichen Wahrscheinlichkeit 0.2. Das Glücksrad wird fünfmal gedreht und jeweils die ermittelte Ziffer festgestellt. Mit welcher Wahrscheinlichkeit sind
a) die erste und die letzte Ziffer gerade, die übrigen ungerade,
b) nur die ersten zwei Ziffern gerade,
c) ist nur die mittlere Ziffer grösser als 3,
d) sind alle Ziffern verschieden?

Zu Aufgabe 3:

4 Begründen Sie, dass folgende Aussage falsch ist: «Die Wahrscheinlichkeit, bei 3 Würfen eines Laplace-Würfels genau eine Eins zu werfen, beträgt $\left(\frac{1}{6}\right)^1 \cdot \left(\frac{5}{6}\right)^2$.»

5 Rund 8 % der Männer, aber nur rund 0.4 % der Frauen in der Schweiz haben eine angeborene Farbenfehlsichtigkeit, d.h., bei diesen Personen ist die Farbwahrnehmung gestört.
a) Bei einem Sehtest wird von acht zufällig ausgewählten Frauen die Farbwahrnehmung untersucht. Mit welcher Wahrscheinlichkeit ist nur bei der letzten Frau diese Wahrnehmung gestört?
b) Eine Augenärztin untersucht nacheinander die Farbwahrnehmung von zehn zufällig ausgewählten Männern. Wie gross ist die Wahrscheinlichkeit, dass erst bei der sechsten Untersuchung zum ersten Mal eine Farbenfehlsichtigkeit festgestellt wird?

*Zu Aufgabe 5:
Der englische Physiker und Chemiker John Dalton (1766–1844) untersuchte 1798 als Erster die Farbenfehlsichtigkeit. Er und zwei seiner Brüder waren Rot-Grün-blind.
Für Personen mit Rot-Grün-Störung ist auf der abgebildeten Farbtafel die 97 nicht erkennbar.*

245

13.2 Binomialverteilung

Maulwurf Kasimir hat in seinem Bau vier Schlafplätze A, B, C und D, die er jeden Abend zufällig auswählt. Er startet in S und geht mit der Wahrscheinlichkeit 0.4 nach oben und mit der Wahrscheinlichkeit 0.6 nach unten, aber nie zurück. Wo wird Kasimir am häufigsten schlafen?

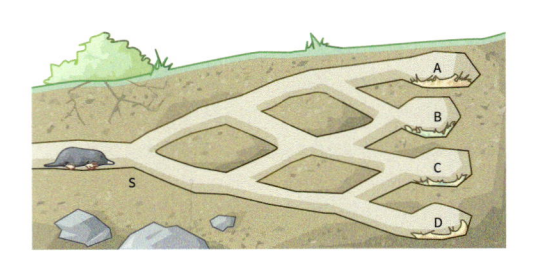

Erinnerung:
«1» steht für Erfolg,
«0» steht für Misserfolg.

Bei einer Bernoulli-Kette der Länge n besteht ein konkretes Ergebnis aus einer Folge von insgesamt n Nullen und Einsen, z.B. bei n = 5 ist ω = 11010 ein mögliches Ergebnis. Meist interessiert jedoch nur die Anzahl der Erfolge. Dies wäre beispielsweise bei ω = 11010 die Erfolgsanzahl 3.

Gibt die Zufallsvariable X die Anzahl der Erfolge einer Bernoulli-Kette der Länge n an, so kann X die Werte 0; 1; 2; ...; n annehmen.
Im Folgenden soll anhand einer konkreten Situation die Wahrscheinlichkeit P(X = k), dass die Zufallsvariable X den Wert k annimmt, bestimmt werden.

Eine geübte Bogenschützin trifft mit der Wahrscheinlichkeit p = 0.95 mit ihrem Pfeil die Zielscheibe. Sie schiesst eine Serie von drei Pfeilen ab. Ein Treffer werde mit «1» (Erfolg) und ein Fehlschuss mit «0» (Misserfolg) bezeichnet.

Das Lösen der Aufgaben kann somit durch eine Bernoulli-Kette der Länge 3 mit dem Parameter p = 0.95 beschrieben werden. Die Zufallsvariable X gibt die Anzahl der Treffer an.

Zur Bernoulli-Kette gehörendes Baumdiagramm:

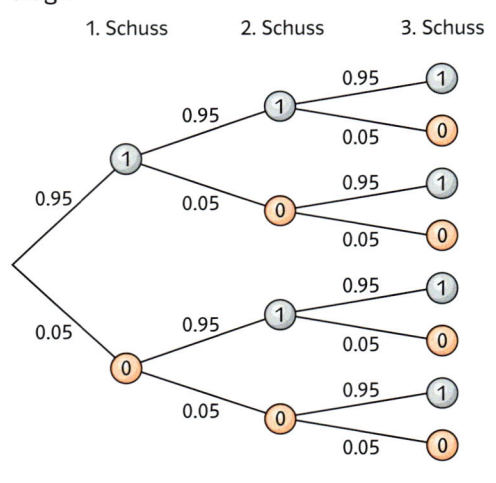

Wahrscheinlichkeitsverteilung:

ω	$P(\{\omega\})$	$X(\omega)$
111	0.95^3	3
110	$0.95^2 \cdot 0.05$	2
101	$0.95^2 \cdot 0.05$	2
100	$0.95 \cdot 0.05^2$	1
011	$0.95^2 \cdot 0.05$	2
010	$0.95 \cdot 0.05^2$	1
001	$0.95 \cdot 0.05^2$	1
000	0.05^3	0

Die Wahrscheinlichkeiten P(X = k), dass die Bogenschützin genau k-mal (k = 0; 1; 2; 3) trifft, lassen sich nun einfach berechnen. Zum Beispiel setzt sich das Ereignis X = 2 aus den Ergebnissen 110, 101 und 011 zusammen, da nur diese jeweils genau 2 Treffer enthalten. Jedes dieser Ergebnisse hat die Wahrscheinlichkeit $0.95^2 \cdot 0.05$. Also ergibt sich P(X = 2) = $3 \cdot 0.95^2 \cdot 0.05 \approx 0.14$.

Das Ereignis X = k besteht aus allen Ergebnissen mit genau k Treffern. Bei diesem Ereignis sind jeweils k Stellen eines Ergebnisses mit Einsen besetzt. Da es $\binom{3}{k}$ Möglichkeiten gibt, k Stellen aus 3 Stellen auszuwählen, besteht das Ereignis X = k aus insgesamt $\binom{3}{k}$ Ergebnissen.
Also gilt: $P(X = k) = \binom{3}{k} \cdot 0.95^k \cdot 0.05^{3-k}$
Verallgemeinert man obige Überlegungen von 3 auf n Pfeilschüsse, dann beträgt die Wahrscheinlichkeit für k Treffer $P(X = k) = \binom{n}{k} \cdot 0.95^k \cdot 0.05^{n-k}$.
Verallgemeinert man die Erfolgswahrscheinlichkeit von 0.95 auf p, so gilt folgende Formel:

Formel von Bernoulli
Gegeben ist eine Bernoulli-Kette der Länge n mit der Erfolgswahrscheinlichkeit p.
Die Zufallsvariable X gibt die Anzahl der Erfolge an.
Dann beträgt die Wahrscheinlichkeit für genau k Erfolge mit k ∈ {0; 1; …; n}
$P(X = k) = \binom{n}{k} \cdot p^k \cdot (1 - p)^{n-k}$.

Besitzt eine Zufallsvariable X eine Wahrscheinlichkeitsverteilung, wie sie bei einer Bernoulli-Kette auftritt, so definiert man:

Binomialverteilung
Eine Zufallsvariable X heisst **binomialverteilt** nach B(n; p) oder $B_{n;p}$, wenn gilt:
− X kann die Werte 0; 1; 2; …; n annehmen.
− $P(X = k) = \binom{n}{k} \cdot p^k \cdot (1 - p)^{n-k}$ mit $0 \leq p \leq 1$

Statt binomialverteilt nach B(n;p) schreibt man auch kurz **B(n; p)-verteilt**.

Schreibweisen: $\mathbf{B(n; p; k) = \binom{n}{k} \cdot p^k \cdot (1 - p)^{n-k}}$ oder $B_{n;p}(k) = \binom{n}{k} \cdot p^k \cdot (1 - p)^{n-k}$
Verwendet man q = 1 − p, so gilt: $B(n; p; k) = B_{n;p}(k) = \binom{n}{k} \cdot p^k \cdot q^{n-k}$

Die Zufallsvariable «Anzahl der Erfolge einer Bernoulli-Kette der Länge n mit der Erfolgswahrscheinlichkeit p» ist folglich B(n; p)-verteilt. Umgekehrt kann jede binomialverteilte Zufallsvariable als Anzahl der Erfolge in einer Bernoulli-Kette gedeutet werden.
Die **kumulative Verteilungsfunktion** einer nach B(n; p) verteilten Zufallsvariablen wird häufig mit F_p^n bezeichnet. Entsprechend bezeichnet man: $F_p^n(x) = P(X \leq x) = \sum_{k \leq x} B(n; p; k)$
Im Folgenden sind Tabelle, Stabdiagramm und kumulative Verteilungsfunktion einer nach B(5; 0.25) verteilten Zufallsvariablen dargestellt.

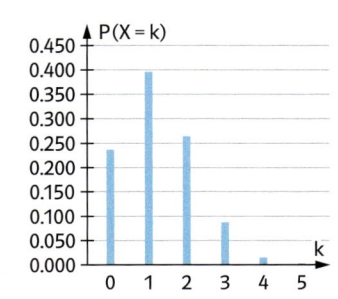

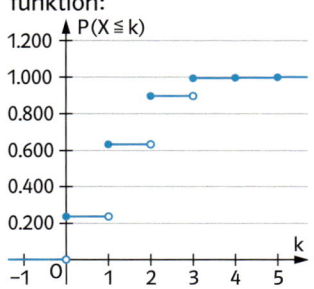

*Erinnerung:
Die Funktion F, die bei gegebener Zufallsvariable X jeder reellen Zahl x die Wahrscheinlichkeit $P(X \leq x)$ zuordnet, heisst kumulative Verteilungsfunktion der Zufallsvariablen X.*

Tabelle:

k	P(X = k)	P(X ≤ k)
0	0.237…	0.237…
1	0.396…	0.633…
2	0.264…	0.896…
3	0.088…	0.984…
4	0.015…	0.999…
5	0.001…	1.000

Beispiel

Ein Tierarzt behandelt 10 kranke Tiere mit einem Medikament, das in 80% aller Anwendungen zur Heilung führt. Mit welcher Wahrscheinlichkeit werden

a) genau 6 Tiere geheilt, b) mindestens 7 Tiere geheilt?

Lösung:
Die Behandlung kann als Bernoulli-Kette der Länge $n = 10$ mit dem Parameter $p = 0.8$ aufgefasst werden.

a) $P(X = 6) = \binom{10}{6} \cdot 0.8^6 \cdot 0.2^4 \approx 0.088$

b) Gesucht ist $P(X \geq 7)$.

$P(X \geq 7) = P(X = 7) + P(X = 8) + P(X = 9) + P(X = 10)$
$= \binom{10}{7} \cdot 0.8^7 \cdot 0.2^3 + \binom{10}{8} \cdot 0.8^8 \cdot 0.2^2 + \binom{10}{9} \cdot 0.8^9 \cdot 0.2^1 + \binom{10}{10} \cdot 0.8^{10} \cdot 0.2^0 \approx 0.879$

$P(X \geq 7) = \sum_{k=7}^{10} B(10; 0.8; k)$

Aufgaben

1 Ein idealer Würfel wird fünfmal geworfen. Berechnen Sie die Wahrscheinlichkeit für
a) genau zwei Sechsen, b) genau drei Sechsen, c) genau fünf Sechsen,
d) mindestens eine Sechs, e) mindestens drei Sechsen, f) höchstens zwei Sechsen.

2 Die Zufallsvariable X sei $B(n; p)$-verteilt. Geben Sie jeweils eine Wertetabelle der Wahrscheinlichkeitsverteilung von X an. Zeichnen Sie zudem jeweils ein Stabdiagramm und den Graphen der kumulativen Verteilungsfunktion.
a) $n = 4$; $p = 0.25$ b) $n = 6$; $p = 0.4$ c) $n = 8$; $p = 0.5$ d) $n = 10$; $p = 0.8$

3 Begründen Sie: $B(n; p; k) \leq F_p^n(k)$

4 Eine Maschine stellt Schrauben her. Der Ausschussanteil beträgt 3%. Wie gross ist die Wahrscheinlichkeit, dass
a) unter 4 Schrauben kein Ausschussstück ist,
b) unter 10 Schrauben genau 4 Ausschussstücke sind,
c) unter 8 Schrauben weniger als 4 Ausschussstücke sind,
d) unter 15 Schrauben mehr als 1, aber weniger als 4 Ausschussstücke sind?

Die Angaben über die Häufigkeit von Linkshändern schwanken von 5% bis 30%.

5 Von 100 Personen einer Bevölkerung sind im Durchschnitt 15 Linkshänder. Wie gross ist die Wahrscheinlichkeit, dass von 25 zufällig ausgewählten Personen dieser Bevölkerung
a) genau eine Person Linkshänder ist, b) mindestens eine Person Linkshänder ist,
c) höchstens 2 Personen Linkshänder sind, d) mehr als 3 Personen Linkshänder sind?

*Tipp zu Aufgabe 5:
Für binomialverteilte Zufallsvariablen gilt:
$P(X \geq 1) = 1 - P(X = 0)$*

6 Auf einer Hühnerfarm werden Eier in Schachteln zu 10 Stück verpackt. Erfahrungsgemäss ist eines von zehn Eiern beschädigt.
a) Mit welcher Wahrscheinlichkeit enthält eine Schachtel nur ganze Eier?
b) 12 Schachteln werden an 12 Kunden verkauft. Mit welcher Wahrscheinlichkeit erhalten genau 2 Kunden je eine Schachtel mit nur unbeschädigten Eiern?

7 Beschreiben Sie mit Worten, welche Wahrscheinlichkeit die Terme jeweils angeben, und berechnen Sie diese Wahrscheinlichkeiten.

a) $\sum_{i=3}^{12} B\left(12; \frac{1}{3}; i\right)$ b) $\sum_{i=3}^{5} B\left(12; \frac{1}{3}; i\right)$

8 Die Zufallsvariable X ist $B(12; \frac{1}{3})$-verteilt. Bestimmen Sie $P(|X - 4| < 2)$.

9 In der Randspalte ist die Wertetabelle der Verteilungsfunktion einer Zufallsvariablen X, das Stabdiagramm einer Zufallsvariablen Y und der Graph einer kumulativen Verteilungsfunktion einer Zufallsvariablen Z abgebildet. Jede einzelne Zufallsvariable ist $B(n; p)$-verteilt. Geben Sie jeweils die zugehörigen Parameter n und p an.

10 Ein Glücksrad trägt auf seinen 10 gleich grossen Feldern die Ziffern 0 bis 9. Es wird sechsmal gedreht. Mit welcher Wahrscheinlichkeit sind
a) höchstens 2 Ziffern grösser als 5,
b) mindestens 3 Ziffern gerade,
c) die ersten 4 Ziffern gerade,
d) nur die ersten 4 Ziffern gerade,
e) genau 3 Ziffern ungerade,
f) genau 3 Ziffern hintereinander ungerade und die anderen Ziffern gerade?

11 Bei dem nebenstehenden Galton-Brett wird eine Kugel beim Fallen durch die Hindernisse mit gleicher Wahrscheinlichkeit nach links oder rechts abgelenkt. Die Zufallsvariable X gibt die Nummer des Fachs an, in das die Kugel fällt.
Geben Sie die Wahrscheinlichkeitsverteilung von X mithilfe einer Tabelle an und zeichnen Sie das zugehörige Stabdiagramm.

12 Eine Firma, die einen Artikel in Paketen zu je 15 Stück an den Einzelhandel vertreibt, vereinbart, dass Pakete mit mehr als 2 schadhaften Stücken nicht berechnet werden. Wie viel Prozent der ausgelieferten Pakete muss die Firma als unberechnet kalkulieren, wenn ihr bekannt ist, dass durchschnittlich nur 2 % der Artikel schadhaft sind?

Zu Aufgabe 9:

k	$P(X = k)$
0	0.4096
1	0.4096
2	0.1536
3	0.0256
4	0.0016

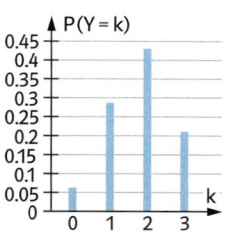

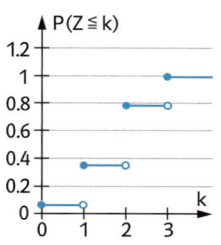

13 Der nebenstehende Text ist ein Auszug aus einer Studie, die das Medienverhalten von 12- bis 19-Jährigen untersucht. Der Text enthält mehrere Prozentangaben bzw. Anteile. Wählen Sie aus dem Text zwei gegebene Prozentangaben bzw. Anteile aus und formulieren Sie für jede ausgewählte Prozentangabe bzw. jeden Anteil eine Aufgabe zur Binomialverteilung.

Das Lesen von Büchern in der Freizeit ist bei Jugendlichen entgegen anderslautender Befürchtungen noch immer weit verbreitet. 40 Prozent geben an, täglich oder mehrmals pro Woche zum Buch zu greifen – fast die Hälfte der Mädchen, aber nur ein Drittel der Jungen. Mit zunehmendem Alter geht die regelmässige Buchlektüre zurück. Während bei den 12- bis 13-Jährigen noch über die Hälfte zu den regelmässigen Lesern zählt, ist es bei den ab 18-Jährigen nur noch ein knappes Drittel.

14 Insgesamt rechnen zwei Drittel der Jugendlichen ihre Handy-Nutzung über eine Prepaid-Karte ab, die anderen haben einen Festvertrag. Bestimmen Sie, wie gross eine Gruppe Jugendlicher wenigstens sein muss, damit mit mindestens 99 % Wahrscheinlichkeit mindestens ein Jugendlicher mit Festvertrag dabei ist.

13.3 Modellieren mit der Binomialverteilung

Es ist bekannt, dass der Anteil der Studenten, die einen Nebenjob haben, bei 70 % liegt. Es werden 100 Studenten zufällig ausgewählt und befragt, ob sie einen Nebenjob haben.
a) Mit welcher Wahrscheinlichkeit sind es genau 65?
b) Mit welcher Wahrscheinlichkeit sind es genau 130, wenn man 200 Studenten befragen würde? Geben Sie zunächst den zugehörigen Term an.

Beim Arbeiten mit binomialverteilten Zufallsvariablen sind in vielen Anwendungssituationen Modellannahmen notwendig, die vor allem die Konstanz der Erfolgswahrscheinlichkeit p und die Unabhängigkeit der einzelnen Versuchsdurchführungen betreffen. So geht man beispielsweise bei Produktionsprozessen davon aus, dass (wenigstens für eine gewisse Zeit) die Ausschusswahrscheinlichkeit p konstant ist. Entsprechend betrachtet man p als konstant für Lieferungen aus dieser Produktion.
Enthält eine Lieferung eine grosse Anzahl von Teilen und entnimmt man nur wenige Teile, zieht dabei ohne Zurücklegen, so kann man mit guter Näherung annehmen, dass die Ausschusswahrscheinlichkeit p für jedes Teil praktisch dieselbe ist. Man nähert in diesem Fall das Ziehen ohne Zurücklegen durch das Ziehen mit Zurücklegen an.

Vorgehen beim Modellieren mit der Binomialverteilung:
1. Man prüft, ob das Zufallsexperiment als Bernoulli-Kette der Länge n mit der Wahrscheinlichkeit p für Erfolg angesehen werden kann.
2. Ist dies der Fall, führt man eine B(n; p)-verteilte Zufallsvariable X ein.
3. Man bestimmt die gesuchte Wahrscheinlichkeit mithilfe der Binomialverteilung.

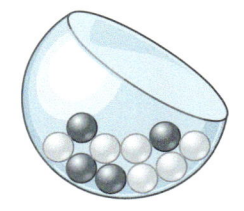

Jede binomialverteilte Zufallsvariable X kann als Erfolgsanzahl in einer Bernoulli-Kette der Länge n mit Parameter p gedeutet werden. Jede Bernoulli-Kette mit rationalem Parameter p wiederum kann als mehrmaliges Ziehen aus einer Urne mit Zurücklegen gedeutet werden. Ist beispielsweise n = 5 und p = 0.4, so kann man dies als 5-maliges Ziehen mit Zurücklegen aus einer Urne mit 4 schwarzen Kugeln (Erfolge) und 6 weissen Kugeln (Misserfolge) deuten. Die Wahrscheinlichkeit für genau k schwarze Kugeln beträgt dann
$P(X = k) = B(5; 0.4; k) = \binom{5}{k} \cdot 0.4^k \cdot 0.6^{5-k}$.

Allgemein gilt: Zieht man aus einer Urne mit N Kugeln, von denen S schwarz sind, n-mal mit Zurücklegen und ohne Beachtung der Reihenfolge, so beträgt die Wahrscheinlichkeit für genau k schwarze Kugeln $P(X = k) = B(n; p; k) = \binom{n}{k} \cdot p^k \cdot (1-p)^{n-k}$ mit $p = \frac{S}{N}$.

Beispiel 1
Die Zufallsvariable X ist B(10; 0.4)-verteilt. Ermitteln Sie jeweils:
a) $P(X = 5)$ b) $P(X \leq 5)$ c) $P(X < 5)$ d) $P(X > 5)$ e) $P(2 \leq X \leq 5)$
Lösung:
a) $P(X = 5) = B(10; 0.4; 5) \approx 0.20066$
b) $P(X \leq 5) = F_{0.4}^{10}(5) = \sum_{i=0}^{5} B(10; 0.4; i) \approx 0.83376$
c) $P(X < 5) = P(X \leq 4) = F_{0.4}^{10}(4) = \sum_{i=0}^{4} B(10; 0.4; i) \approx 0.63310$
d) $P(X > 5) = 1 - P(X \leq 5) = 1 - F_{0.4}^{10}(5) = 1 - \sum_{i=0}^{5} B(10; 0.4; i) \approx 1 - 0.83376 = 0.16624$
e) $P(2 \leq X \leq 5) = P(X \leq 5) - P(X \leq 1) = F_{0.4}^{10}(5) - F_{0.4}^{10}(1) \approx 0.83376 - 0.04636 = 0.78740$

Beispiel 2
Etwa 2% aller Schulkinder gelten als hochbegabt. Mit welcher Wahrscheinlichkeit ist in einer zufällig ausgewählten Gruppe von 50 Schulkindern mehr als eines hochbegabt?
Lösung:
Es liegt eine Bernoulli-Kette der Länge n = 50 mit dem Parameter p = 0.02 vor, da die Kinder zufällig ausgewählt wurden. Die Zufallsgrösse X gibt die Anzahl hochbegabter Kinder in der Gruppe an. X ist B(50; 0.02)-verteilt.
$P(X > 1) = 1 - P(X \leq 1) = 1 - F_{0.02}^{50}(1) = 1 - 0.73577 = 0.26423$

Strategie: Betrachten des Gegenteils (Gegenereignisses)

Beispiel 3
Aus einer Urne mit 75 schwarzen und 50 weissen Kugeln werden 5 Kugeln entnommen und es wird ihre Farbe notiert. Um wie viel Prozent weicht die Wahrscheinlichkeit für 3 schwarze Kugeln beim Ziehen mit Zurücklegen von der beim Ziehen ohne Zurücklegen ab?
Lösung:

Ziehen mit Zurücklegen
Da mit Zurücklegen gezogen wird, liegt eine Bernoulli-Kette der Länge n = 5 mit dem Parameter $p = \frac{75}{125} = 0.6$ vor.
Die Zufallsvariable X beschreibt die Anzahl der gezogenen schwarzen Kugeln und ist somit B(5; 0.6)-verteilt.
$P(X = 3) = B(5; 0.6; 3) = 0.34560$

Ziehen ohne Zurücklegen
Es liegt keine Bernoulli-Kette vor, da sich mit jedem Zug die Erfolgswahrscheinlichkeit für eine schwarze Kugel ändert.
Die Zufallsvariable Y beschreibt die Anzahl der gezogenen schwarzen Kugeln.
$P(Y = 3) = \frac{\binom{75}{3} \cdot \binom{50}{2}}{\binom{125}{5}} = \frac{67525 \cdot 1225}{234531275} \approx 0.35270$

Prozentuale Abweichung: $\frac{0.35270 - 0.34560}{0.35270} \approx 0.020 = 2.0\%$.

Aus der Fragestellung geht hervor, dass die Reihenfolge der gezogenen Kugeln nicht beachtet wird.

Beispiel 4
Einer grossen Sendung von Stanzteilen mit einem Ausschussanteil von 4% werden 30 Teile zu Prüfzwecken entnommen. Mit welcher Wahrscheinlichkeit ist höchstens ein Teil Ausschuss? Begründen Sie Ihre Modellierung.
Lösung:
In der Praxis werden die Teile ohne Zurücklegen gezogen. Da die Anzahl der Teile insgesamt sehr gross ist, wird sich der Ausschussanteil bei Entnahme der 30 Teile praktisch nicht verändern. Man kann somit den Vorgang als Bernoulli-Kette der Länge n = 30 mit Parameter p = 0.04 betrachten. Die Zufallsvariable X gibt die Anzahl der Ausschussteile an und ist somit B(30; 0.04)-verteilt.
$P(X \leq 1) = F_{0.04}^{30}(1) = 0.66118 \approx 66\%$

Beispiel 5
Für einen Test werden Schulkinder nach dem Zufallsprinzip ausgewählt. Wie viele Kinder muss man mindestens auswählen, um mit mindestens 99% Wahrscheinlichkeit mindestens ein hochbegabtes Kind in der Testgruppe zu haben, wenn etwa 2% aller Schulkinder als hochbegabt gelten?
Lösung:
Da die Erfolgswahrscheinlichkeit für ein hochbegabtes Kind konstant bleibt, handelt es sich um eine Bernoulli-Kette der Länge n mit Parameter p = 0.02. Die Zufallsvariable X beschreibt die Anzahl der hochbegabten Kinder und ist B(n; 0.02)-verteilt.
Es ist $P(X \geq 1) = 1 - P(X = 0) = 1 - 0.98^n$.
Aus $1 - 0.98^n \geq 0.99$ folgt $0.98^n \leq 0.01$. Beide Seiten logarithmieren ergibt
$n \cdot \ln(0.98) \leq \ln(0.01)$ und daraus $n \geq \frac{\ln(0.01)}{\ln(0.98)} \approx 227.9$.
Somit müssen mindestens 228 Schulkinder nach dem Zufallsprinzip ausgewählt werden.

*Beachten Sie:
Für $0 < x < 1$ ist $\ln(x) < 0$. Daher kehrt sich bei der Division einer Ungleichung durch $\ln(x)$ mit $0 < x < 1$ das Zeichen um.*

Aufgaben

1 Die Zufallsvariable X ist B(10; 0.4)-verteilt. Bestimmen Sie jeweils den Wert.
a) $P(X = 4)$ b) $P(X \leq 4)$ c) $P(X < 4)$ d) $P(X \geq 4)$
e) $P(X > 4)$ f) $P(3 \leq X \leq 5)$ g) $P(3 < X \leq 5)$ h) $P(3 < X < 5)$

2 Für welchen Wert von k ist B(10; 0.7; k) am grössten?

3 Aus einer Urne mit 36 weissen und 64 roten Kugeln werden 5 Kugeln nacheinander gezogen und es wird ihre Farbe notiert. Berechnen Sie die Wahrscheinlichkeit, dass unter den 5 Kugeln genau 3 rote anzutreffen sind beim
a) Ziehen mit Zurücklegen, b) Ziehen ohne Zurücklegen.

4 Die Zufallsvariable X ist B(50; 0.8)-verteilt. Für welche k gilt jeweils die Ungleichung?
a) $P(X = k) \geq 10\%$ b) $P(X = k) < 1\%$ c) $F_{0.8}^{50}(k) \geq 99\%$ d) $\sum_{i=0}^{k} B(50; 0.8; i) \geq 95\%$

5 Ein idealer Würfel wird 100-mal geworfen. Mit welcher Wahrscheinlichkeit fällt die Sechs
a) höchstens 4-mal, b) mehr als 7-mal, c) mindestens 4-mal und höchstens 7-mal?

6 Durchschnittlich einer von 10 Schaltern ist nach Angaben des Händlers defekt; die Schalter werden deshalb zum Sonderpreis angeboten.
a) Ein Bastler wählt 20 Schalter aus. Mit welcher Wahrscheinlichkeit sind mindestens 19 Schalter brauchbar?
b) Ein Bastler denkt: «Wenn ich 16 Schalter brauche und 18 Schalter kaufe, also gut 10% mehr als benötigt, dann sind mit Sicherheit 16 einwandfreie Schalter dabei.» Nehmen Sie zu dieser Überlegung Stellung.

7 Für eine Sorte von Blumenzwiebeln gibt es eine Keimgarantie von 90%.
a) In einer Packung sind 20 Zwiebeln. Mit welcher Wahrscheinlichkeit keimen mindestens 16 Zwiebeln (höchstens 14 Zwiebeln; alle 20 Zwiebeln)?
b) Ein Hausbesitzer möchte, dass mit mindestens 95% Wahrscheinlichkeit wenigstens 12 Blumen in seiner Rabatte blühen. Begründen Sie, dass er mindestens 16 Blumenzwiebeln pflanzen muss.

8 Beim Biathlon wird auf 5 nebeneinanderliegende Scheiben geschossen. Eine Teilnehmerin hat eine Trefferquote von 90%. Mit welcher Wahrscheinlichkeit
a) trifft sie alle 5 Scheiben,
b) trifft sie mindestens 3 Scheiben,
c) trifft sie nur die beiden letzten Scheiben,
d) trifft sie zum ersten Mal beim 3. Schuss,
e) braucht sie weniger als 3 Schüsse bis zum ersten Treffer,
f) wechseln Treffer und Fehlschuss ab?

9 In einer Klinik werden 100 Patienten mit einem bestimmten Medikament behandelt. Die Wahrscheinlichkeit, dass ein Patient auf dieses Medikament unerwünschte Nebenwirkungen zeigt, ist 0.02. Wie gross ist die Wahrscheinlichkeit, dass bei
a) höchstens einem, b) mehr als drei, c) mehr als sechs
so behandelten Patienten unerwünschte Nebenwirkungen auftreten?

10 Wie oft muss man einen idealen Würfel mindestens werfen, wenn man mit einer Wahrscheinlichkeit
a) von mehr als 90 %, b) von mehr als 99 %, c) von mehr als 99.9 %
mindestens einmal die Sechs erhalten will?

11 Beschreiben Sie eine mögliche binomialverteilte Zufallsvariable zu dem angegebenen Zufallsexperiment. Geben Sie die Parameter n und p an und beschreiben Sie deren Bedeutung.
a) Werfen von mehreren Würfeln
b) Prüfen von elektronischen Bauteilen
c) Freiwurftraining beim Basketball
d) Drehen eines Glücksrades
e) Untersuchung der Schülerinnen und Schüler einer Klasse darauf hin, ob sie die Zunge rollen können oder nicht
f) Übertragen einer Nachricht, bei der 5 % der Zeichen falsch ankommen

12 Nach einem Pressebericht hatten 1983 nur 6.3 % der 15- bis 24-Jährigen völlig gesunde Zähne. Heute beträgt der Anteil in dieser Altersgruppe 25 %. Dies wird auf eine gesteigerte Zahnhygiene und die erhöhte Zufuhr von Fluoriden über die Zahnpasta und Speisesalz zurückgeführt. Ein Zahnarzt untersucht 25 Personen dieser Altersgruppe.
a) Welche Anzahl von Patienten mit völlig gesunden Zähnen ist am wahrscheinlichsten?
b) Mit welcher Wahrscheinlichkeit haben mehr als 8 Personen völlig gesunde Zähne?

13 In einer Werkkantine werden jeden Tag zwei Menüs angeboten; freitags ist eines davon ein Fischgericht. Von den 100 Kantinenbenutzern wählt erfahrungsgemäss jeder Dritte das Fischgericht.
a) Wie viele Fischgerichte müssen vorbereitet werden, damit sie mit einer Wahrscheinlichkeit von mindestens 90 % ausreichen?
b) Die Küche bereitet 33 Fischgerichte vor. Mit welcher Wahrscheinlichkeit wurden zu viele Fischgerichte vorbereitet?

14 Ein Produzent behauptet, dass in einer Lieferung von 500 Teilen höchstens 40 fehlerhaft sind. Ein Abnehmer führt folgendes Prüfverfahren durch: Er entnimmt der Lieferung 3 Teile. Wenn eines davon fehlerhaft ist, schickt er die gesamte Lieferung zurück.
Mit welcher Wahrscheinlichkeit wird die Lieferung zurückgeschickt, obwohl die Angaben des Produzenten richtig sind, wenn
a) ohne Zurücklegen gezogen wird, b) mit Zurücklegen gezogen wird?

15 Bei einem System zur Nachrichtenübertragung werden nur einzelne Zeichen übertragen. Durchschnittlich jedes zehnte Zeichen wird falsch übermittelt.
a) Es werden 5 Zeichen übermittelt. Berechnen Sie die Wahrscheinlichkeit der Ereignisse:
  A: «Nur die ersten drei Zeichen werden richtig übertragen.»
  B: «Mindestens drei Zeichen werden richtig übertragen.»
b) Eine Nachricht aus 100 Zeichen wird übertragen. Mit welcher Wahrscheinlichkeit werden mindestens zwei Zeichen falsch übertragen?
c) Mit welcher Wahrscheinlichkeit werden vier hintereinander übertragene Zeichen fehlerfrei übermittelt?
d) Wie viele Vierergruppen von Zeichen muss man mindestens übertragen, dass mit einer Wahrscheinlichkeit von wenigstens 99 % mindestens eine Vierergruppe fehlerfrei übermittelt wird?

13.4 Erwartungswert und Varianz der Binomialverteilung

In einer Urne sind 3 schwarze und 2 weisse Kugeln. Es werden 2 Kugeln gezogen. Berechnen Sie jeweils Erwartungswert und Varianz der Zufallsvariablen «Anzahl der gezogenen schwarzen Kugeln», wenn
a) mit Zurücklegen und b) ohne Zurücklegen gezogen wird.

Erinnerung:
Erwartungswert einer Zufallsvariablen X
$E(X) = \sum_{i=1}^{n} x_i \cdot P(X = x_i)$,
wobei $x_1; x_2; \ldots; x_n$ die möglichen Werte der Zufallsvariablen X sind.

Wichtige Kenngrössen der Wahrscheinlichkeitsverteilung einer Zufallsvariablen sind Erwartungswert und Varianz. Diese Kenngrössen werden nun für binomialverteilte Zufallsvariablen bestimmt.
Für den Erwartungswert einer B(n; p)-verteilten Zufallsvariablen gilt:

$$E(X) = 0 \cdot P(X = 0) + 1 \cdot P(X = 1) + \ldots + n \cdot P(X = n) = \sum_{k=0}^{n} k \cdot P(X = k)$$

Im Falle n = 3 lässt sich diese Summe wie folgt umformen:
$E(X) = 0 \cdot 1 \cdot q^3 + 1 \cdot 3 \cdot pq^2 + 2 \cdot 3 \cdot p^2q + 3 \cdot 1 \cdot p^3$
$= 3p(q^2 + 2pq + p^2) = 3p(q + p)^2 = 3p$
Rechnet man allgemein mit n, so erhält man analog: $E(X) = np(q + p)^{n-1} = np$

Zur Berechnung der Varianz ist zu beachten, dass allgemein gilt: $Var(X) = E(X^2) - (E(X))^2$

Es genügt also $E(X^2)$ zu bestimmen. Für B(n; p)-verteiltes X ist
$$E(X^2) = \sum_{k=0}^{n} k^2 \cdot \binom{n}{k} p^k q^{n-k}.$$
Betrachtet man wiederum den Fall n = 3, so lässt sich diese Summe wie folgt berechnen:
$E(X^2) = 0^2 \cdot 1 \cdot q^3 + 1^2 \cdot 3 \cdot pq^2 + 2^2 \cdot 3 \cdot p^2q + 3^2 \cdot 1 \cdot p^3$
$= 3p(q^2 + 4pq + 3p^2) = 3p(q^2 + 2pq + p^2 + 2pq + 2p^2) = 3p((q + p)^2 + 2p(q + p))$
$= 3p(1 + 2p) = 3p(1 - p + 3p) = 3p(q + 3p) = 3pq + (3p)^2$
Rechnet man allgemein mit n, so erhält man analog:
$E(X^2) = np(1 + (n - 1)p) = npq + (np)^2$
Für die Varianz einer B(n; p)-verteilten Zufallsvariablen gilt also $Var(X) = npq$.

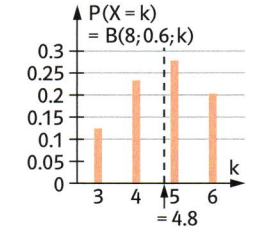

Eine B(n; p)-verteilte Zufallsvariable X hat den
Erwartungswert $\mu = E(X) = np$ und die
Varianz $\sigma^2 = Var(X) = npq$ mit q = 1 – p.
Für die Standardabweichung σ gilt: $\sigma = \sqrt{npq}$

P(X = k) = B(8; 0.6; k)

μ = 4.8

In der Umgebung des Erwartungswertes befinden sich die Anzahlen der Erfolge mit den höchsten Wahrscheinlichkeiten. Je mehr die Anzahl der Erfolge sich vom Erwartungswert unterscheidet, desto geringer wird deren Wahrscheinlichkeit (vgl. Beispiel in der Randspalte).

Beispiel 1
Ein Bogenschütze gibt wiederholt eine Serie von 5 Schüssen auf eine Scheibe ab. Er trifft bei jedem Schuss mit der Wahrscheinlichkeit 0.75 ins Gelbe. Mit wie vielen Treffern kann er auf lange Sicht im Durchschnitt pro Serie rechnen?
Lösung:
Eine Serie kann als Bernoulli-Kette der Länge n = 5 mit Parameter p = 0.75 betrachtet werden. Die Zufallsvariable X gibt die Anzahl der Treffer bei einer Serie an.
$E(X) = 5 \cdot 0.75 = 3.75$. Er kann im Durchschnitt mit 3.75 Treffern pro Serie rechnen.

Beispiel 2
Ein idealer Würfel wird 50-mal geworfen. Die Zufallsvariable X sei die Anzahl der Sechser.
a) Zeichnen Sie ein passendes Stabdiagramm und markieren Sie den Bereich, in dem die Werte von X liegen, die vom Erwartungswert μ höchstens um σ abweichen.
b) Mit welcher Wahrscheinlichkeit weicht ein Wert von X höchstens um σ von μ ab?
Lösung:
a) Die Zufallsvariable X gibt die Anzahl der Sechser an. Sie ist nach $B(50; \frac{1}{6})$ verteilt.

$\mu = E(X) = 50 \cdot \frac{1}{6} \approx 8.3$

$\sigma = \sqrt{50 \cdot \frac{1}{6} \cdot \frac{5}{6}} \approx 2.6$

$\mu - \sigma \approx 5.7$; $\mu + \sigma \approx 10.9$; vgl. Zeichnung

b) $P(\mu - \sigma \leq X \leq \mu + \sigma)$
$= P(5.7 \leq X \leq 10.9)$
$= P(6 \leq X \leq 10) = P(X \leq 10) - P(X \leq 5)$
$= F_{\frac{1}{6}}^{50}(10) - F_{\frac{1}{6}}^{50}(5) \approx 0.799 - 0.139$
$= 0.660$

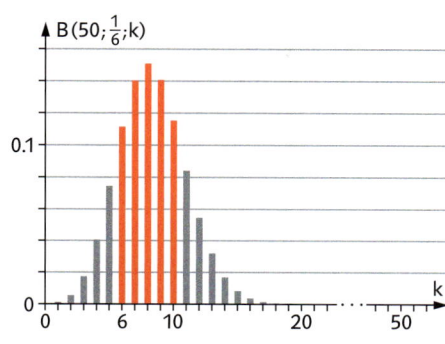

Aufgaben

1 Eine Zufallsvariable X ist B(n; 0.4)-verteilt.
a) Bestimmen Sie jeweils Erwartungswert, Varianz und Standardabweichung von X, wenn n = 10; 20; 50; 100.
b) Bestimmen Sie jeweils k so, dass B(n; 0.4; k) maximal wird, wenn n = 10; 20; 50; 100.

2 Aus einer Urne mit 75 weissen und 25 roten Kugeln wird 25-mal eine Kugel mit Zurücklegen gezogen. Die Zufallsvariable X gibt die Anzahl der gezogenen weissen Kugeln an, die Zufallsvariable Y die der roten Kugeln.
a) Bestimmen Sie Erwartungswert und Varianz von X und Y.
b) Mit welcher Wahrscheinlichkeit werden mindestens 10 rote Kugeln gezogen?

3 Bei der Fertigung von Spielzeugautos weist durchschnittlich jedes 15. Auto Mängel auf.
a) Mit wie vielen mängelbehafteten Autos muss man auf lange Sicht im Durchschnitt an einem Produktionstag rechnen, wenn pro Arbeitstag 630 Stück produziert werden?
b) Mit welcher Wahrscheinlichkeit ist unter 30 zufällig herausgegriffenen Exemplaren höchstens eines mit Mängeln behaftet?
c) Wie gross ist die Wahrscheinlichkeit, dass unter 30 zufällig ausgewählten Spielzeugautos genau 2 Autos Mängel aufweisen?

4 Gegeben sind eine Zufallsvariable X sowie ihr Erwartungswert μ und ihre Varianz σ^2. Beschreiben Sie mit Worten, was die Ungleichung $|X - \mu| \leq \sigma$ bedeutet.

5 In einer Fabrik werden die hergestellten Teile von einer Kontrolleurin überprüft, die jedes Teil mit einer Wahrscheinlichkeit von 95% richtig beurteilt. X sei die Anzahl der falschen Entscheidungen der Kontrolleurin bei 100 Kontrollen.
a) Berechnen Sie den Erwartungswert μ und interpretieren Sie die ermittelte Zahl.
b) Mit welcher Wahrscheinlichkeit liegt die Anzahl der falsch beurteilten Teile im Intervall $[\mu - \sigma; \mu + \sigma]$?

6 Eine Zufallsvariable X ist binomialverteilt mit dem Erwartungswert μ und der Standardabweichung σ. Berechnen Sie jeweils n und p.

a) μ = 20; σ = 4
b) μ = $\frac{10}{3}$; σ = $\frac{2}{3}\sqrt{5}$
c) μ = 75; σ = 7.5
d) μ = $\frac{2000}{6}$; σ = $\frac{100}{6}$
e) μ = 400; σ = $4\sqrt{15}$
f) μ = 60; σ = $3\sqrt{5}$

7 Mäuse bringen in der Regel mehrere Junge zur Welt. Bei 100 Würfen zu je 4 Tieren wurde jeweils die Anzahl k der weiblichen Tiere festgestellt. Die Tabelle zeigt das Ergebnis.

k	0	1	2	3	4
n_k	7	32	33	24	4

a) Berechnen Sie das arithmetische Mittel $\bar{k}$ der Anzahl der weiblichen Tiere pro Wurf.
b) X ist Zufallsvariable für die Anzahl der weiblichen Tiere pro Wurf. Man kann annehmen, dass X eine B(4;p)-verteilte Zufallsvariable ist. Welchen Näherungswert p* für p erhält man, wenn $\bar{k}$ als Näherung für den Erwartungswert μ aufgefasst wird?
c) Berechnen Sie die Wahrscheinlichkeiten B(4;p*;k) für k = 0; 1; 2; 3; 4. Vergleichen Sie diese Wahrscheinlichkeiten mit den empirisch gefundenen relativen Häufigkeiten h(k).

8 Eine binomialverteilte Zufallsvariable X hat den Erwartungswert μ = 4 und die Varianz σ² = 2.4. Beschreiben Sie ein Urnenexperiment, bei dem die Zufallsvariable X von Bedeutung ist.

9 Eine Zufallsvariable X ist B(50;0.4)-verteilt.
a) Bestimmen Sie alle Werte von X, die im durch $|X - \mu| \leq k \cdot \sigma$ festgelegten Intervall liegen, für k = 1; 2; 3.
b) Mit welcher Wahrscheinlichkeit nimmt die Zufallsvariable X Werte aus den in a) berechneten Intervallen an?

10 Eine Zufallsvariable X ist B(30;0.5)-verteilt.
a) Bestimmen Sie jeweils alle Werte von X, die in den Intervallen $[\mu - \sigma; \mu + \sigma]$, $[\mu - 2\sigma; \mu + 2\sigma]$ bzw. $[\mu - 3\sigma; \mu + 3\sigma]$ liegen.
b) Mit welcher Wahrscheinlichkeit nimmt X Werte aus den berechneten Intervallen an?

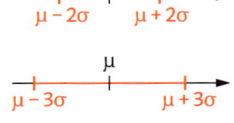

Ein σ-Intervall um μ hat die Länge 2σ.

11 Das nebenstehende Stabdiagramm beschreibt die Wahrscheinlichkeitsverteilung einer binomialverteilten Zufallsvariablen X.
a) Bestimmen Sie Erwartungswert μ und Standardabweichung σ der Zufallsvariablen X.
b) Bestimmen Sie die Wahrscheinlichkeit $P(|X - \mu| \leq \sigma)$.

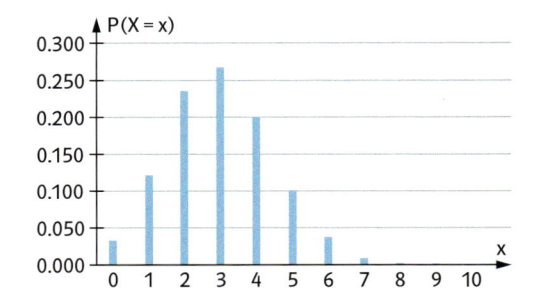

12 Begründen Sie: Vervierfacht man bei einer Bernoulli-Kette die Anzahl der Teilexperimente und lässt die Erfolgswahrscheinlichkeit gleich, so verdoppelt sich die Standardabweichung.

13 Zeigen Sie allgemein: Ist X B(n,p)-verteilt, dann ist E(X) = np und E(X²) = npq + (np)². Hinweis: Zur Umformung der entstehenden Summe beachte man, dass für $1 \leq k \leq n$ $\binom{n}{k} = \frac{n}{k} \cdot \binom{n-1}{k-1}$, also $k \cdot \binom{n}{k} = n \cdot \binom{n-1}{k-1}$ gilt. Ausserdem ist stets n − k = n − 1 − (k − 1).

Exkursion: Sigma-Regeln

In den Grafiken sind die Stabdiagramme von B(n; 0.4)-verteilten Zufallsvariablen abgebildet. Mit zunehmenden Werten von n werden die «Glockenkurven» immer breiter, was mit der Zunahme der Standardabweichungen $\sigma = \sqrt{n \cdot 0.4 \cdot 0.6}$ in Einklang steht.

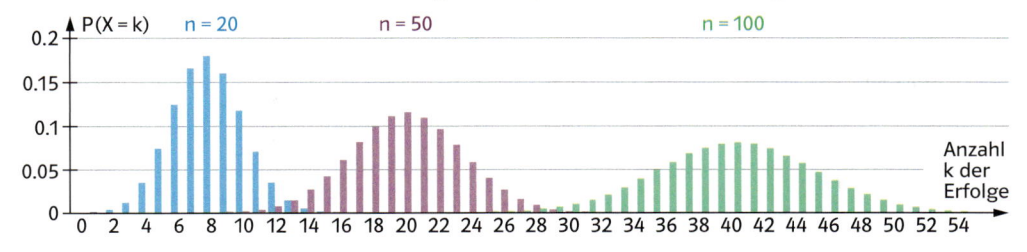

Dass die Standardabweichung ein geeignetes Mass für die «Glockenbreite» ist, zeigt sich auch bei der Fragestellung: Mit welcher Wahrscheinlichkeit liegen die Werte einer binomialverteilten Zufallsvariablen im Intervall $[\mu - \sigma; \mu + \sigma]$ um den Erwartungswert μ?

*Das Intervall $[\mu - \sigma; \mu + \sigma]$ wird auch als **Sigma-Umgebung** des Erwartungswerts bezeichnet.*

Bei einer nach B(20; 0.4) verteilten Zufallsvariablen X ist $\mu = 8$ und $\sigma = \sqrt{4.8} \approx 2.19$. Im Intervall $[5.81; 10.19]$ liegen somit die Werte 6; 7; 8; 9; 10. Für deren Wahrscheinlichkeit gilt:

$P(5.81 \leq X \leq 10.19) = P(X \leq 10) - P(X \leq 5)$
$\approx 0.87248 - 0.12560$
$= 0.74688$

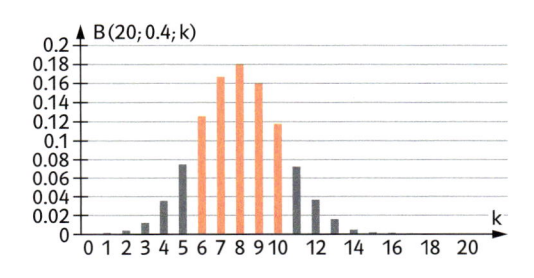

Betrachtet man allgemein die Wahrscheinlichkeit, dass ein Wert einer B(n; p)-verteilten Zufallsvariablen im Intervall $[\mu - \sigma; \mu + \sigma]$ liegt, so zeigt sich bei genügend grossem n, dass diese Wahrscheinlichkeit nahe bei 68.3 % liegt. Entsprechend gibt es auch Näherungswerte für die Wahrscheinlichkeiten der 2σ- und 3σ-Umgebung.

Der Mathematiker Gauss bestimmte als Erster diese Näherungswerte mithilfe der Normalverteilung (siehe S. 260).

> **Sigma-Regeln**
> Bei einer B(n; p)-verteilten Zufallsvariablen X mit Erwartungswert $\mu = n \cdot p$ und Standardabweichung $\sigma = \sqrt{n \cdot p \cdot (1 - p)}$ und genügend grossem n (Faustregel $\sigma > 3$) gilt:
> $P(\mu - \sigma \leq X \leq \mu + \sigma) \approx 68.3\%$
> $P(\mu - 2\sigma \leq X \leq \mu + 2\sigma) \approx 95.4\%$
> $P(\mu - 3\sigma \leq X \leq \mu + 3\sigma) \approx 99.7\%$

1 Barbara hat Zweifel, ob die 1-Franken-Münze eine Laplace-Münze ist. Es besteht der Verdacht, dass die Münzen bevorzugt auf «Kopf» fallen. Sie und ihre Töchter werfen eine Münze insgesamt 425-mal und erhalten 245-mal «Kopf».
Überprüfen Sie anhand der Sigma-Umgebungen, ob Zweifel berechtigt sind.

2 Bei einem Multiple-Choice-Test mit fünfzig Fragen sind jeweils drei Antworten vorgegeben, von denen nur eine richtig ist. Thomas hat 20 Antworten richtig. Diskutieren Sie unter Verwendung der Sigma-Regeln, wie naheliegend es ist, dass Thomas nur geraten hat.

13.5 Die Gauss'sche Glockenfunktion

Skizzieren Sie die Graphen der Binomialverteilungen mit den Parametern p = 0.5 und
a) n = 25,   b) n = 50,   c) n = 100,   d) n = 200.
Was stellen Sie fest?

Hier ist p = 0.5,
$B(n; 0.5; k) = \binom{n}{k} \cdot \left(\frac{1}{2}\right)^n$,
$\mu = \frac{1}{2}n$,
$\sigma = \frac{1}{2}\sqrt{n}$.

Rechts sind jeweils Binomialverteilungen für n = 4, n = 16 und n = 64 veranschaulicht. Hierbei werden die Wahrscheinlichkeiten B(n; 0.5; k) durch Flächeninhalte von Rechtecken der Breite 1 repräsentiert. Solche Diagramme nennt man auch Histogramme. Die Mitte der einen Rechteckseite liegt jeweils auf dem zugehörigen k-Wert.

Für die Diagramme erkennt man:
– Sie sind glockenförmig.
– Sie haben ihr Maximum beim Erwartungswert μ.
– Sie werden mit wachsendem n flacher und breiter.

Carl Friedrich Gauss hat bemerkt, dass man die «Binomialglocken» näherungsweise aus einer «Normalglocke» erzeugen kann. Damit lassen sich alle Berechnungen näherungsweise auf eine Funktion zurückführen.
Für die zugehörige Funktion φ (Fig. 1) fand er die Gleichung $\boldsymbol{\varphi(x) = \frac{1}{\sqrt{2\pi}} e^{\frac{-x^2}{2}}}$.

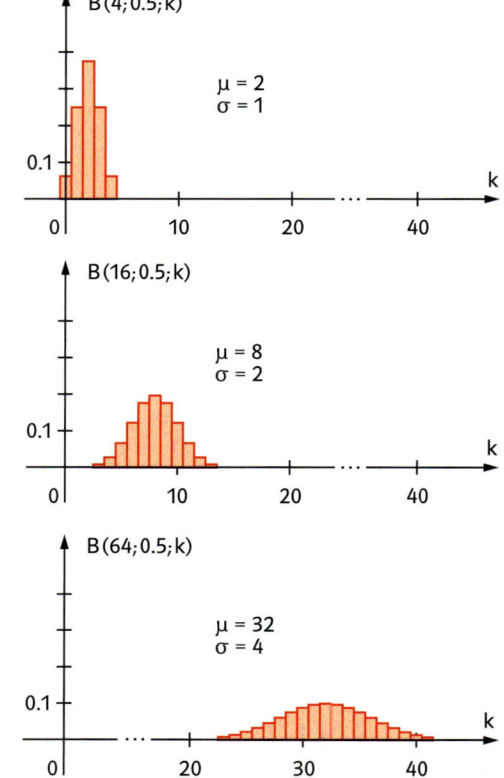

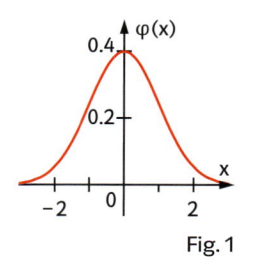

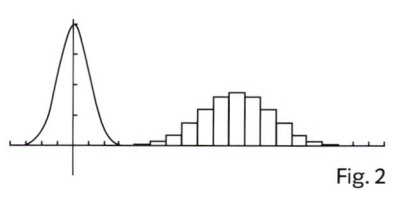

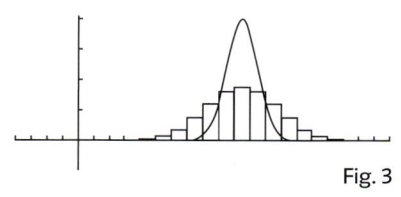

Fig. 1

Um die Gaussglocke in eine «Binomialglocke» zu überführen, sind drei geometrische Operationen nötig. Ausgangssituation ist Fig. 2.
1) Verschieben der Gaussglocke um μ nach rechts (Fig. 3),
2) dann Stauchen in y-Richtung mit Faktor $\frac{1}{\sigma}$ (Fig. 4),
3) schliesslich Strecken in x-Richtung mit Faktor σ (Fig. 5).

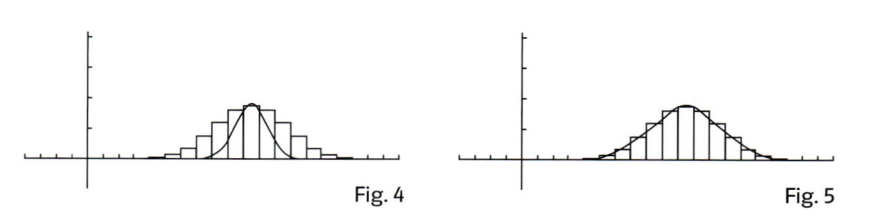

Fig. 2

Fig. 3

Fig. 4

Fig. 5

In Fig. 5 (vgl. S. 258) sind die Binomialglocke und die verschobene bzw. gestauchte Gaussglocke kaum noch zu unterscheiden. Um die Annäherung rechnerisch zu erfassen, werden die geometrischen Operationen algebraisch beschrieben:

1) $\varphi(x) \to \varphi(x - \mu)$ Verschieben der Gaussglocke um μ nach rechts,
2) $\varphi(x - \mu) \to \frac{1}{\sigma}\varphi(x - \mu)$ dann Stauchen in y-Richtung mit Faktor $\frac{1}{\sigma}$,
3) $\frac{1}{\sigma}\varphi(x - \mu) \to \frac{1}{\sigma}\varphi\left(\frac{x-\mu}{\sigma}\right)$ schliesslich Strecken in x-Richtung mit Faktor σ.

Man verwendet die Abkürzung $\varphi_{\mu;\sigma}(x) = \frac{1}{\sigma}\varphi\left(\frac{x-\mu}{\sigma}\right)$.

Für die Werte einer binomialverteilten Zufallsvariablen mit dem Erwartungswert $\mu = n \cdot p$ und der Standardabweichung $\sigma = \sqrt{n \cdot p \cdot (1 - p)}$ gilt für die Binomialverteilung:

$$B(n;p;k) \approx \varphi_{\mu;\sigma}(k)$$

Die Näherung ist brauchbar für $\sigma > 3$ und wird für grösser werdendes n immer besser.

Beispiel   Rechnerische Prüfung der Näherung
Untersuchen Sie die Näherung für eine Binomialverteilung mit n = 40 und p = 0.5.
Lösung:
Die Tabelle zeigt, dass die untersuchten Werte nur geringe Unterschiede haben.

k	20	21	22	23	24	25	26	27	28
B(n; p; k)	0.1254	0.1194	0.1031	0.0807	0.0572	0.0366	0.0211	0.0109	0.0051
$\varphi_{\mu;\sigma}(k)$	0.1262	0.12	0.1033	0.0804	0.0567	0.0361	0.0209	0.0109	0.0051

Da die Binomialverteilung für p = 0.5 symmetrisch ist, reicht die Untersuchung für Werte von $k \geq \mu = 20$. Werte für k > 28 sind praktisch null.

Aufgaben

1   Gegeben ist eine Binomialverteilung mit n = 20 und p = 0.4.
a) Welche geometrischen Operationen sind nötig, um die Gaussglocke an das Diagramm der Binomialverteilung anzupassen?
b) Stellen Sie die Näherung für B(n;p;k), mithilfe der Gauss'schen Glockenfunktion dar.
c) Zeichnen Sie das Diagramm der Binomialverteilung (vgl. S. 258) und die angepasste Gaussglocke.

2   Untersuchen Sie wie im Beispiel die Güte der Näherung mithilfe der Gauss'schen Glockenfunktion für eine Binomialverteilung B(n;p) mit:
a) n = 10, p = 0.7   b) n = 20, p = 0.7   c) n = 40, p = 0.7   d) n = 80, p = 0.7
e) n = 40, p = 0.1   f) n = 40, p = 0.25   g) n = 40, p = 0.4   h) n = 40, p = 0.75

3   Berechnen Sie exakt und näherungsweise mithilfe der Gauss'schen Glockenfunktion für eine Binomialverteilung mit n = 100 und p = 0.9:
a) P(X = 90)   b) P(X > 95)   c) P(87 ≤ X ≤ 93)   d) P(X ≥ 90)

4   Berechnen Sie P(X = μ) exakt und näherungsweise mithilfe der Gauss'schen Glockenfunktion für eine Binomialverteilung mit:
a) n = 20, p = 0.3   b) n = 50, p = 0.3   c) n = 100, p = 0.3   d) n = 200, p = 0.3

5   a) Führen Sie für die Gaussfunktion eine Funktionsuntersuchung durch.
b) Berechnen Sie mit einem geeigneten Taschenrechner $\int_{-u}^{u} \varphi(x)\,dx$ für u = 1; 2; 5; 10; 100. Was fällt auf?

13.6 Die Normalverteilung – Modell und Wirklichkeit

Kim findet neben dem Bild eines «Würfel» die Tabelle aus Fig. 1. Marco erinnert sich: Eine Tabellenzeile zeigt Wahrscheinlichkeiten, die anderen vier Tabellenzeilen enthalten relative Häufigkeiten. Welche Zeile enthält die Wahrscheinlichkeit?

1	2	3	4	5	6
5%	10%	38%	33%	7%	7%
15%	10%	22%	33%	11%	9%
8%	5%	33%	30%	9%	15%
4%	5%	33%	51%	1%	6%
9%	7%	34%	34%	7%	9%

Fig. 1

Beim idealen Würfel ordnet man jeder Seite die Wahrscheinlichkeit $\frac{1}{6} \approx 16.67\%$ zu.

Die Gauss'sche Glockenfunktion ergab sich bei der Annäherung von Binomialverteilungen. Sie dient auch zur Definition einer weiteren Verteilung.

Aufgrund von Messungen weiss man, dass sich die Diagramme zur Verteilung der Körpergrösse X (in cm) bei männlichen Schülern der Klassenstufe 12 näherungsweise beschreiben lassen durch die Glockenfunktion $\varphi_{\mu;\sigma}$ mit $\mu = 173$ und $\sigma = 8$. Fig. 2 zeigt ein Diagramm der Daten sowie den Graphen der zugehörigen Funktion $\varphi_{\mu;\sigma}$.

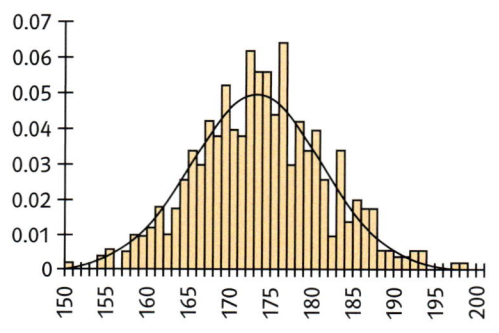

Fig. 2: relative Häufigkeiten und Gaussglocke

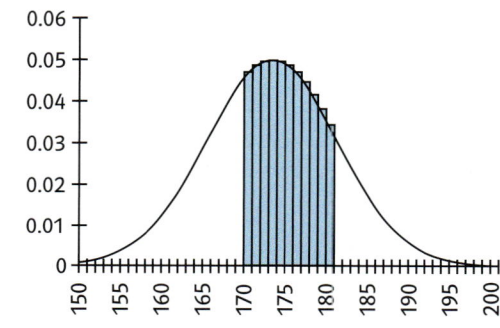

Fig. 3

Stellt man sich vor, dass bei einer viel grösseren Schüleranzahl die Abweichungen von der Kurve geringer wären, so erhält man Fig. 3. Da die Breite der Rechtecke 1 ist, gibt ihr Flächeninhalt eine relative Häufigkeit und damit einen Schätzwert für eine Wahrscheinlichkeit an. Daher hat die Wahrscheinlichkeit $P(170 \leq X \leq 180)$, dass ein ausgewählter Schüler eine Körpergrösse zwischen 170 cm und 180 cm hat, den Wert

$$P(170 \leq X \leq 180) = \int_{170}^{180} \varphi_{173;8}(x)\,dx = \Phi\left(\frac{180-173}{8}\right) - \Phi\left(\frac{170-173}{8}\right) \approx 0.455 \approx 45.5\%.$$

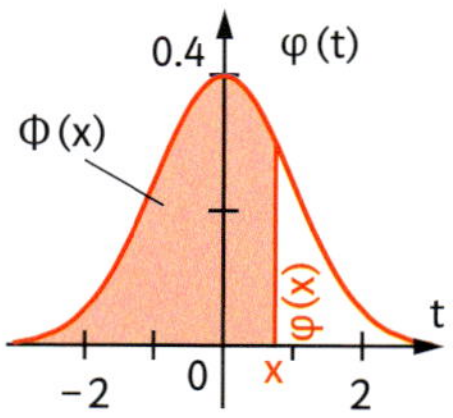

Dabei ist $\Phi(x) = \int_{-\infty}^{x} \varphi(t)\,dt$ die Integralfunktion der Gauss'schen (Normal-)Glockenfunktion (Fig. 4).

Fig. 4

Da viele Zufallsvariablen eine solche «normale» Verteilung haben, wird festgelegt:

> Eine Zufallsvariable X heisst **normalverteilt** mit Erwartungswert μ und Standardabweichung σ, wenn sich die Wahrscheinlichkeit $P(a \leq X \leq b)$ berechnen lässt als Integral
> $$P(a \leq X \leq b) = \int_a^b \varphi_{\mu;\sigma}(x)\,dx = \Phi\left(\frac{b-\mu}{\sigma}\right) - \Phi\left(\frac{a-\mu}{\sigma}\right).$$
> Die Glockenfunktion $\varphi_{\mu;\sigma}$ bezeichnet man als Wahrscheinlichkeitsdichte.

Sigma-Regeln
Bei einer normalverteilten Zufallsvariablen X beträgt die Wahrscheinlichkeit, dass ein Stichprobenwert im 1σ-Intervall [μ − σ; μ + σ] um den Erwartungswert liegt, ca. 68%, denn es gilt:
$P(\mu - \sigma \leq X \leq \mu + \sigma) = \Phi\left(\frac{(\mu+\sigma)-\mu}{\sigma}\right) - \Phi\left(\frac{(\mu-\sigma)-\mu}{\sigma}\right) = \Phi(1) - \Phi(-1) = 0.6827.$
Entsprechend erhält man die 2σ- und die 3σ-Regel:
$P(\mu - 2\sigma \leq X \leq \mu + 2\sigma) = \Phi(2) - \Phi(-2) = 0.9545$
$P(\mu - 3\sigma \leq X \leq \mu + 3\sigma) = \Phi(3) - \Phi(-3) = 0.9973$

Weitere nützliche Werte:

Intervall-radius	zug. Wahr-scheinl.
0.674 σ	50%
1.281 σ	80%
1.645 σ	90%
1.960 σ	95%
2.576 σ	99%

Wahrscheinlichkeit «einzelner Werte», Stetigkeitskorrektur
Bei normalverteilten Zufallsvariablen X wie der Körpergrösse hat «die Wahrscheinlichkeit eines festen Wertes a» die Grösse null, denn es gilt
$P(X = a) = \int_a^a \varphi_{\mu;\sigma}(x)\,dx = 0.$ Folglich gilt auch $P(a \leq X \leq b) = P(a < X < b).$

Das scheint paradox. Obwohl es etliche Schüler gibt, die z. B. 180 cm gross sind, soll die Wahrscheinlichkeit dafür 0 sein? Der Widerspruch löst sich auf, wenn man bedenkt, dass Körpergrössen meist nur auf Zentimeter genau gemessen werden. Zur Masszahl 180 gehört also «in Wirklichkeit» das Intervall [179.5; 180.5] mit der Wahrscheinlichkeit
$P(a \leq X \leq b) = \Phi\left(\frac{180.5 - 173}{8}\right) - \Phi\left(\frac{179.5 - 173}{8}\right) \approx \Phi(0.94) - \Phi(0.81) \approx 3.5\%.$
Dies zeigt, wie eine Zufallsvariable Z, die nur ganzzahlige Werte annehmen kann, näherungsweise durch eine Normalverteilung mit der Dichte $\varphi_{\mu;\sigma}$ beschrieben werden kann. Man stellt sich vor, die ganzzahligen Werte seien durch Runden entstanden, und benutzt die Formeln
$P(Z = a) = \int_{a - 0.5}^{a + 0.5} \varphi_{\mu;\sigma}(x)\,dx = \Phi\left(\frac{a + 0.5 - \mu}{\sigma}\right) - \Phi\left(\frac{a - 0.5 - \mu}{\sigma}\right)$ und
$P(a \leq Z \leq b) = \int_{a - 0.5}^{b + 0.5} \varphi_{\mu;\sigma}(x)\,dx = \Phi\left(\frac{b + 0.5 - \mu}{\sigma}\right) - \Phi\left(\frac{a - 0.5 - \mu}{\sigma}\right).$
Die Veränderung der Integrationsgrenzen um 0.5 wird als **Stetigkeitskorrektur** bezeichnet.

Da sich Binomialverteilungen durch die Gaussglocke annähern lassen, kann man so auch die Sigma-Regeln für Binomialverteilungen begründen (S. 257).

Zufallsvariablen, deren Werte alle reellen Zahlen annehmen können, nennt man «stetig», ganzzahlige Zufallsvariablen werden als «diskret» bezeichnet.

Beispiel 1 Stetige Zufallsvariable
Das Gewicht X (in g) von Rosinenbrötchen lässt sich beschreiben durch eine Normalverteilung mit μ = 54 und σ = 2.
Wie gross ist die Wahrscheinlichkeit, dass für ein zufällig herausgegriffenes Brötchen gilt
a) X < 52, b) X ≤ 52, c) 51 ≤ X ≤ 57, d) 56 ≤ X?
Lösung:
a) $\Phi\left(\frac{52 - 54}{2}\right) \approx 15.87\%$ b) wie a)
c) $\Phi\left(\frac{57 - 54}{2}\right) - \Phi\left(\frac{51 - 54}{2}\right) \approx 86.64\%$ d) $1 - \Phi\left(\frac{56 - 54}{2}\right) \approx 15.87\%$

Beispiel 2 Ganzzahlige Zufallsvariable
Die Anzahl Z der Rosinen in Rosinenbrötchen lässt sich näherungsweise beschreiben durch eine Normalverteilung mit μ = 14.2 und σ = 3.5. Wie gross ist die Wahrscheinlichkeit, dass ein zufällig ausgesuchtes Brötchen
a) genau 14 Rosinen enthält, b) zwischen 12 und 16 Rosinen enthält?
Lösung:
Man rechnet mit Stetigkeitskorrektur.
a) $\Phi\left(\frac{14.5 - 14.2}{3.5}\right) - \Phi\left(\frac{13.5 - 14.2}{3.5}\right) \approx 11\%$ b) $\Phi\left(\frac{16.5 - 14.2}{3.5}\right) - \Phi\left(\frac{11.5 - 14.2}{3.5}\right) \approx 52\%$

Aufgaben

1 Eine stetige Zufallsvariable X ist normalverteilt mit $\mu = 120$ und $\sigma = 10$.
Berechnen Sie die Wahrscheinlichkeiten
a) $P(X < 120)$ b) $P(X \leq 120)$ c) $P(110 \leq X \leq 130)$
d) $P(120 < X < 140)$ e) $P(130 \leq X)$ f) $P(130 = X)$

2 Eine ganzzahlige Zufallsvariable X lässt sich beschreiben durch eine Normalverteilung mit $\mu = 120$ und $\sigma = 10$.
Berechnen Sie mit Stetigkeitskorrektur näherungsweise die Wahrscheinlichkeiten
a) $P(X < 120)$ b) $P(X \leq 120)$ c) $P(110 \leq X \leq 130)$
d) $P(120 < X < 140)$ e) $P(130 \leq X)$ f) $P(130 = X)$

3 Eine stetige Zufallsvariable ist normalverteilt mit $\mu = 20$ und $\sigma = 10$.
Mit welcher Wahrscheinlichkeit ist ein Stichprobenwert negativ?

4 In einer Reihenuntersuchung der Klassenstufe 9 ergab sich für das Körpergewicht X (in kg) bei den Knaben der Mittelwert 66.6 und die Standardabweichung 14.7. Bei den Mädchen ergab sich entsprechend 59.5 und 12.3 (Fig. 1).
Nehmen Sie an, das Körpergewicht sei normalverteilt mit diesen Werten.
a) Berechnen Sie aufgrund dieser Annahme für beide Geschlechter die Wahrscheinlichkeiten $P(X \geq 87.5)$ und $P(X \leq 47.5)$.
b) Bestimmen Sie aus dem Stabdiagramm die beobachteten relativen Häufigkeiten.
c) Kommentieren Sie die Abweichungen zu den in a) berechneten Werten.

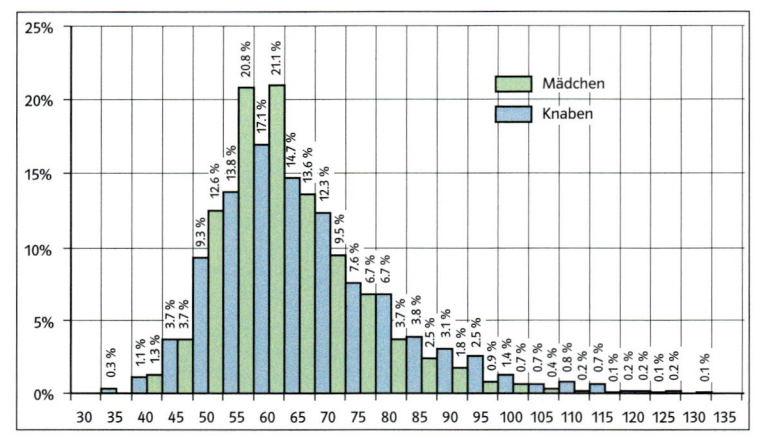

Fig. 1

5 Eine stetige Zufallsvariable X ist normalverteilt mit $\mu = 30$ und $\sigma = 2$.
a) Mit welcher Wahrscheinlichkeit liegt ein Stichprobenwert von X in [26; 34]?
b) Wie ändert sich diese Wahrscheinlichkeit, wenn man σ verändert?
c) Wie ändert sich diese Wahrscheinlichkeit, wenn man μ verändert?

Nutzen Sie die Tabelle in der Randspalte von Seite 261.

6 Der Benzinverbrauch eines Autos (in Liter/100 km) im Stadtverkehr ist normalverteilt mit $\mu = 8.2$ und $\sigma = 1.8$.
In welchem Intervall mit Mittelpunkt μ liegt der Spritverbrauch mit der Wahrscheinlichkeit
a) 50%   b) 80%   c) 90%   d) 95%   e) 99%?

7 Ein Hersteller A von Teleskopspiegeln garantiert, dass die an einem zufällig gewählten Punkt der Spiegeloberfläche gemessene Abweichung X (in Bruchteilen einer grünen Lichtwellenlänge) von der Sollform «normal verteilt» ist mit $\mu = 0$ und $\sigma = 0.04$.
a) Zwischen welchen symmetrisch zu μ liegenden Grenzen sollten mit der Wahrscheinlichkeit 99% die Messwerte liegen?
b) Ein Kunde lässt in einem Prüflabor die Spiegelform an 1000 Punkten nachmessen und erhält die Auskunft, dass in 8 Punkten die Abweichung $+0.25$ überschritten und in 9 Punkten die Abweichung -0.25 unterschritten wurde. Welche Schlüsse ziehen Sie daraus?

Exkursion: Geschichte der Wahrscheinlichkeitsrechnung

Bereits in Gräbern aus prähistorischer Zeit (25 000 v. Chr.) fand man einfache «Spielgeräte». Dies waren Sprungbeine von Schafen oder Ziegen, die auf verschiedene «Seiten» fallen können. Diese Zufallsgeräte dienten vermutlich mystischen Zwecken wie auch dem Spieltrieb des Menschen. Eine systematische bzw. theoretische Beschäftigung mit zufallsabhängigen Geschehen erfolgte erst im 17. Jahrhundert. Aus der Zeit davor sind nur wenige Zeugnisse bekannt.

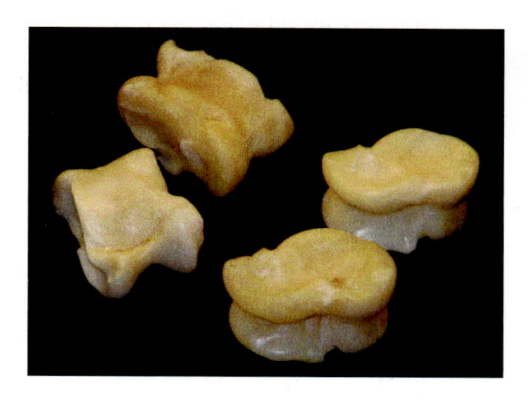

*Die **Stochastik** (altgriechisch στόχος: Vermutung) umfasst die Teilgebiete Statistik und Wahrscheinlichkeitsrechnung.*

Der Beginn der wissenschaftlichen Beschäftigung mit Stochastik wird heute meist mit einem berühmten Briefwechsel zwischen Blaise Pascal (1623 – 1662) und Pierre de Fermat aus dem Jahre 1654 verbunden. Der Briefwechsel wurde durch das Problem des Glücksspielers Chevalier de Méré (1607 – 1684) angeregt:

> Warum ist es unvorteilhafter, zum Erreichen einer Doppelsechs mit zwei Würfeln 24 Würfe zu machen, als zum Erreichen einer Sechs mit einem Würfel 4 Würfe zu machen, obwohl das Verhältnis 24 zu 36 (Anzahl der Ergebnisse bei zwei Würfeln) dasselbe ist wie 4 zu 6 (Anzahl der Ergebnisse bei einem Würfel)?

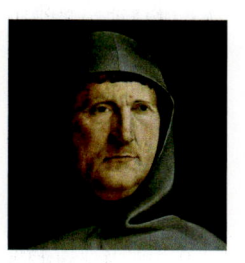

Neben diesem Problem war es auch das sogenannte Teilungsproblem des Luca Pacioli, das von der «gerechten» Aufteilung des Spieleinsatzes bei vorzeitiger Beendigung eines Spiels handelt, welches Pascal und Fermat beschäftigte:

> Zwei Parteien spielen mehrfach gegeneinander, wobei der Sieger eines Einzelspiels 10 Punkte bekommt. Gesamtsieger ist, wer zuerst 60 Punkte erreicht hat. Jede Partei setzt insgesamt 10 Dukaten ein. Aufgrund gewisser Umstände können sie nicht zu Ende spielen; dabei hat eine Partei 50 und die andere 20 Punkte. Welcher Anteil des Einsatzes steht jeder Partei zu?

Luca Pacioli (1445 – 1517)

Christiaan Huygens (1629 – 1695) hörte zwei Jahre später vom Briefwechsel zwischen Pascal und Fermat, hatte aber keinen Zugang zu den Briefen. Er begann daher unabhängig von Pascal und Fermat mit Arbeiten zur Wahrscheinlichkeitsrechnung in seinem Werk «Tractatus de Ratiociniis in Ludo Aleae».
Jakob Bernoullis Werk «Ars conjectandi» baute auf Huygens' Abhandlungen auf und stellte den Zusammenhang zwischen relativer Häufigkeit und Wahrscheinlichkeit im «Gesetz der grossen Zahlen» her.

Christiaan Huygens (1629 – 1695)

In seinem Werk «Théorie Analytique des Probabilités» (Mathematische Wahrscheinlichkeitstheorie) aus dem Jahr 1812 fasst Pierre-Simon Laplace (1749 – 1827) die bisherigen Kenntnisse auf dem Gebiet der Stochastik zusammen und formuliert explizit als Wahrscheinlichkeit eines Ereignisses A den Quotienten

$$\frac{\text{Anzahl der für A günstigen Ergebnisse}}{\text{Anzahl der möglichen Ergebnisse, sofern diese gleich wahrscheinlich sind}}$$

Laplace war sich der Schwachstelle seines klassischen Wahrscheinlichkeitsbegriffs, der Gleichwahrscheinlichkeit aller möglichen Ergebnisse, sehr wohl bewusst. Trotzdem war der klassische Wahrscheinlichkeitsbegriff vor allem bei der Analyse von Glücksspielen sehr erfolgreich.

Pierre-Simon Laplace (1749 – 1827)

David Hilbert
(1862–1943)

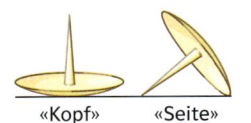

«Kopf»   «Seite»

Richard von Mises
(1883–1953)

Andrei Nikolajewitsch
Kolmogorow
(1903–1987)

David Hilbert stellte im Jahr 1900 auf dem internationalen Mathematikerkongress in Paris eine Liste von 23 mathematischen Problemen vor, die die Mathematik des 20. Jahrhunderts wesentlich beeinflussten. Das sechste Problem enthielt die Aufgabe der Axiomatisierung der Wahrscheinlichkeitsrechnung.

Verschiedene Ansätze der Axiomatisierung folgten in den kommenden Jahrzehnten. Richard von Mises verfolgte den Ansatz, die Wahrscheinlichkeit eines Ereignisses als Grenzwert relativer Häufigkeiten festzulegen.

Beispielsweise gibt die Form eines Reissnagels keinen Anhaltspunkt für die Wahrscheinlichkeit, «Kopf» bzw. «Seite» zu werfen. Von Mises versuchte, die sich stabilisierende relative Häufigkeit des Ereignisses «Kopf» bzw. «Seite» bei einer grossen Versuchszahl für die Definition der jeweiligen Wahrscheinlichkeit heranzuziehen. Bei diesem Vorgehen wird die Wahrscheinlichkeit des Ereignisses «Kopf» bzw. «Seite» als physikalische Masszahl aufgefasst, die mithilfe der relativen Häufigkeit bestimmt werden kann.

Richard von Mises legte 1919 für die Wahrscheinlichkeit P(A) eines Ereignisses A fest:
$P(A) = \lim_{n \to \infty} h_n(A)$, wobei $h_n(A)$ die relative Häufigkeit von A nach n Versuchen ist.

Von Mises war klar, dass dieser Grenzwert nicht im Sinne der Analysis aufgefasst werden konnte, da auch für grosse n noch starke Abweichungen von P(A) auftreten können. Das **starke Gesetz der grossen Zahl** sichert die Existenz dieses Grenzwertes nur ausserhalb einer von P abhängigen Nullmenge. Sein Versuch einer allgemeinen, von spezifischen Anwendungen unabhängigen Definition von Wahrscheinlichkeit führte daher zu unüberwindlichen Schwierigkeiten beim Aufbau der Theorie und musste fallen gelassen werden.

Der Russe Andrei N. Kolmogorow beschritt 1933 einen ganz anderen Weg bei der Definition von Wahrscheinlichkeit. Er legte nur noch Eigenschaften fest, die Wahrscheinlichkeiten besitzen müssen. Im Gegensatz zu von Mises ordnete er damit Ereignissen keine konkreten Werte zu. Die aus Kolmogorows Überlegungen resultierenden, sehr allgemein gehaltenen Axiome der Wahrscheinlichkeitsrechnung

Axiom I: $P(A) \geq 0$
Axiom II: $P(\Omega) = 1$
Axiom III: Wenn $A \cap B = \emptyset$, dann muss gelten: $P(A \cup B) = P(A) + P(B)$

wurden ihm zu Ehren benannt. Damit wurde auch die Konstruktion unendlich-dimensionaler Wahrscheinlichkeits-Räume möglich, welche die geeignete Struktur für ein **allgemeines starkes Gesetz der grossen Zahl** liefern.

Anwendungen der Stochastik sind in vielen Wissenschaften präsent. In der Physik ist sie beispielsweise das Fundament der Quantentheorie und der relativistischen Mechanik. Mit ersten Arbeiten zu Beginn des 20. Jahrhunderts hielt die Stochastik Einzug in die moderne Finanzmathematik, die sich seit den bahnbrechenden Arbeiten der späteren Nobelpreisträger Fischer Black, Robert Merton und Myron Scholes stürmisch entwickelt hat. Die Bedeutung der Stochastik für die Wirtschaftswissenschaften wird durch weitere Nobelpreise, die auf diesem Gebiet vergeben wurden, deutlich. Beispielsweise wurde der Nobelpreis für Wirtschaftswissenschaften im Jahr 2007 für die Entwicklung der Grundlagen des «Mechanism Design», eines Teilgebiets der Spieltheorie, vergeben. Auch für die Versicherungsmathematik ist die Stochastik von fundamentaler Bedeutung.

Weitere Anwendungsgebiete sind u.a. die Psychologie, Sozialwissenschaften, Medizin und Ingenieurwissenschaften, wie beispielsweise die Signalverarbeitung im Audio- und Videobereich etwa bei der Erzeugung von Bildern bei Computertomografen.

V Statistik

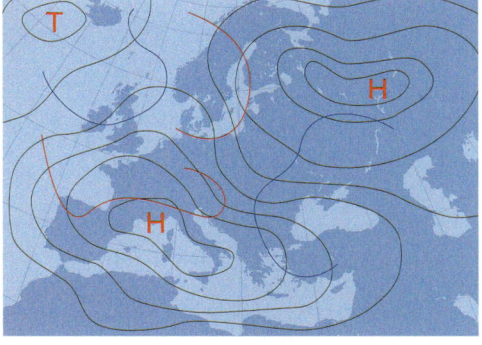

Inhalt
- Daten erheben und darstellen
- Mittelwert und Standardabweichung
- Regression und Korrelation
- Hypothesen testen

14 Beschreibende Statistik

14.1 Daten erheben und darstellen

Medienmitteilung, 27. Juni 2012: «Der Bundesrat hat sich für den Bau einer zweiten Strassentunnelröhre am Gotthard mit späterem einspurigem Betrieb ausgesprochen.»
Auf welche Daten stützt sich dieser Entscheid?
Wie könnten diese Daten erfasst worden sein?

In der Statistik werden Massenerscheinungen in Gesellschaft, Naturwissenschaften, Technik und Medizin mit Mitteln der Wahrscheinlichkeitsrechnung untersucht. Bevor man allerdings die Realität durch Wahrscheinlichkeitsmodelle beschreibt, muss man sie durch Messen, Zählen und Visualisieren «erfassen». Dies geschieht in der **beschreibenden Statistik**.

Daten, Merkmale und Erhebungen

Befragungen von Personen oder das Zählen von Gegenständen sind Beispiele von **statistischen** Erhebungen, bei denen **Daten** gesammelt werden. Bei einer solchen Erhebung wird an **Merkmalsträgern** (z. B. Personen oder Autos) ein bestimmtes **Merkmal** (z. B. Grösse oder Geschwindigkeit) festgestellt. Alle Merkmalsträger zusammen nennt man **Grundgesamtheit**. Werte, die von den Merkmalen angenommen werden können, heissen **Merkmalsausprägungen**. Die folgende Tabelle zeigt einige Beispiele.

Grundgesamtheit	Merkmalsträger	Merkmal	Merkmalsausprägungen
Einwohner einer Stadt	Person	Alter (in Jahren)	… 24; 25; 26; …
Bäume eines Waldes	Baum	Baumart	Linde, Buche, Eiche, …
Bäume eines Waldes	Baum	Höhe (in m)	… 8; 9; 10; 11; …
Tiere eines Bauernhofs	Tier	Geschlecht	männlich, weiblich

Man unterscheidet zwei Arten von Merkmalen. Ein Merkmal, dessen Ausprägung nur durch Zahlen dargestellt werden kann, nennt man **quantitatives Merkmal** (z. B. Alter, Grösse), andernfalls heisst es **qualitatives Merkmal** (z. B. Baumart, Geschlecht). Wenn die Ausprägungen eines quantitativen Merkmals nur isolierte Zahlenwerte sind (z. B. Anzahl der Schweine eines Bauernhofs, Alter in Jahren), so spricht man von einem **diskreten Merkmal**. Im Gegensatz dazu können **stetige Merkmale** prinzipiell alle Zahlen eines Intervalles annehmen (z. B. Höhe eines Baumes, Bremsweg).

Bei einer statistischen Erhebung kann es vorkommen, dass der Umfang der Grundgesamtheit zu gross ist (z. B. Gesamtbevölkerung) oder die Untersuchungsobjekte zerstört werden (z. B. Ausbrennen einer Glühbirne beim Testen der Lebensdauer). In diesen Fällen untersucht man nur die Merkmalsträger einer **Stichprobe** (Teilmenge der Grundgesamtheit). Die Anzahl n der Merkmalsträger in der Stichprobe heisst **Stichprobenumfang**.

Das Vorgehen einer statistischen Erhebung soll am Beispiel eines Betriebes, in dem die Altersstruktur untersucht wird, beschrieben werden.
Aus einer Stichprobe von 50 Angestellten werden für das Merkmal «Alter» die Werte in der Reihenfolge ihrer Erfassung in einer **Urliste** (Fig. 1) gesammelt.

23	18	27	28	39	46	23	59	25	43
33	25	56	61	27	20	31	23	50	19
23	60	42	41	43	33	27	19	52	46
23	35	20	53	27	27	43	33	52	20
27	55	30	30	21	44	46	49	28	57

Fig. 1

Um eine bessere Übersicht zu gewinnen, ordnet man die Werte der Grösse nach und zählt, z.B. mithilfe einer Strichliste (Fig. 1), wie oft jeder einzelne Wert vorkommt. Als Ergebnis erhält man die **absolute Häufigkeit** jeder Ausprägung.
Dividiert man die absolute Häufigkeit durch den Stichprobenumfang, so erhält man die

relative Häufkeit = $\frac{\text{absolute Häufigkeit}}{\text{Stichprobenumfang}}$.

Die Zuordnung von Häufigkeiten zu den verschiedenen Merkmalausprägungen nennt man **Häufigkeitsverteilung**.

Alter	Strichliste	absolute Häufigkeit	relative Häufigkeit
18	I	1	0.02 = 2%
19	II	2	0.04 = 4%
20	III	3	0.06 = 6%
21	I	1	0.02 = 2%
23	IIII	5	0.10 = 10%
25	II	2	0.04 = 4%
27	IIII I	6	0.12 = 12%
28	II	2	0.04 = 4%
30	II	2	0.04 = 4%
31	I	1	0.02 = 2%
33	III	3	0.06 = 6%
35	I	1	0.02 = 2%
39	I	1	0.02 = 2%
41	I	1	0.02 = 2%

Alter	Strichliste	absolute Häufigkeit	relative Häufigkeit
42	I	1	0.02 = 2%
43	III	3	0.06 = 6%
44	I	1	0.02 = 2%
46	III	3	0.06 = 6%
49	I	1	0.02 = 2%
50	I	1	0.02 = 2%
52	II	2	0.04 = 4%
53	I	1	0.02 = 2%
55	I	1	0.02 = 2%
56	I	1	0.02 = 2%
57	I	1	0.02 = 2%
59	I	1	0.02 = 2%
60	I	1	0.02 = 2%
61	I	1	0.02 = 2%

Die Summe aller absoluten Häufigkeiten ergibt den Stichprobenumfang. Die Summe aller relativen Häufigkeiten ergibt 1.

Fig. 1

Soll das Wesentliche einer Häufigkeitsverteilung deutlicher herausgearbeitet oder eine grössere Übersichtlichkeit erzielt werden, so kann man die Merkmalsausprägungen in **Klassen** (Intervallen, Kategorien) zusammenfassen (Fig. 2). Der Gewinn an Übersichtlichkeit durch die Klasseneinteilung bringt jedoch einen Verlust an Information.

Alter X	abs. Häufigkeit	rel. Häufigkeit
$10 \leq X < 20$	3	6%
$20 \leq X < 30$	19	38%
$30 \leq X < 40$	8	16%
$40 \leq X < 50$	10	20%
$50 \leq X < 60$	8	16%
$60 \leq X < 70$	2	4%

Fig. 2

Grafische Darstellungen von Häufigkeiten

Bei einer Häufigkeitverteilung in Tabellenform fällt es oft schwer, die Verteilung von Ausprägungen eines Merkmals schnell zu erfassen. Deshalb werden Häufigkeitsverteilungen auch grafisch dargestellt.

Will man die tabellarische Häufigkeitsverteilung der einzelnen Ausprägungen (Fig. 1) grafisch darstellen, kann man ein **Säulendiagramm** oder **Stabdiagramm** (Fig. 3) erstellen. Dabei wird auf der waagerechten Achse die Ausprägung (Alter) des Merkmals markiert. Über den einzelnen Ausprägungen werden dann Säulen oder Stäbe mit der Länge der entsprechenden relativen bzw. absoluten Häufigkeiten gezeichnet.

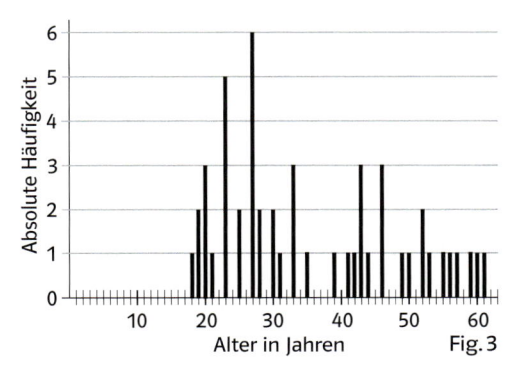

Fig. 3

Die durch die Klasseneinteilung entstandene Häufigkeitsverteilung (Fig. 2, S. 267) ist durch ein **Kreisdiagramm** (Fig. 1) oder durch ein **Histogramm** (Fig. 2) darstellbar.
Beim Kreisdiagramm sind die Flächen der Kreissektoren proportional zu den Häufigkeiten.

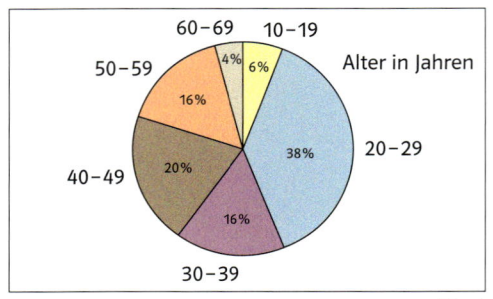

Fig. 1

Beim Histogramm wird über jedem Teilintervall (Klasse) ein Rechteck errichtet, dessen Fläche proportional zur jeweiligen Klassenhäufigkeit ist. Bei gleich grossen Klassenbreiten ergibt sich die Rechteckhöhe direkt aus den relativen bzw. absoluten Häufigkeiten.

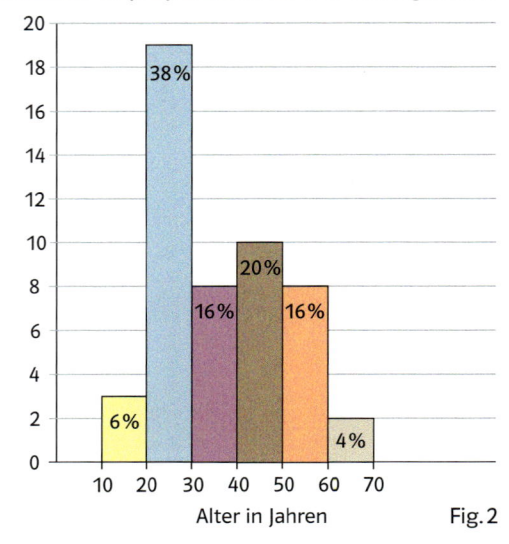

Fig. 2

Ähnlich wie das Histogramm dient das **Stamm-Blatt-Diagramm** (Fig. 3) der Visualisierung von Häufigkeitsverteilungen klassifizierter Daten. Dabei bleiben die Originalwerte erhalten. In der einfachsten Variante schreibt man die Ziffern 0 bis 9 untereinander. Dieser «Stamm» stellt die höchste Zehnerpotenz dar, die in den beobachteten Werten auftritt. Ein senkrechter Strich trennt den Stamm von den «Blättern», die wie folgt entstehen: Die Messwerte aus der Urliste (S. 266) werden nacheinander ohne die erste Ziffer in die Häuschen der Zeile mit der entsprechenden ersten Ziffer geschrieben. Die Konturen des Stamm-Blatt-Diagrammes sind (um 90° gedreht) identisch mit dem Histogramm.

0																			
1	8	9	9																
2	3	7	8	3	5	5	7	0	3	3	7	3	0	7	7	0	7	1	8
3	9	3	1	3	5	3	0	0											
4	6	3	2	1	3	6	3	4	6	9									
5	9	6	0	2	3	2	5	7											
6	1	0																	
7																			
8																			
9																			

Fig. 3

Vorgehen bei der Durchführung einer statistischen Erhebung
1. Merkmal festlegen.
2. Urliste einer Stichprobe erfassen.
3. Eventuell Klassen festlegen.
4. Häufigkeiten der Merkmalsausprägungen bzw. der Klassen bestimmen.
5. Diagramm zeichnen.

Beispiel 1 Säulendiagramm
In einer Stichprobe aus 57 Klausuren eines Jahrganges wurde das Merkmal «Punkte» erhoben. Es ergab sich die Urliste von Fig. 4.
Ermitteln Sie die Häufigkeiten, die zu den Merkmalsklassen «sehr gut» (13 ≦ X ≦ 15), «gut» (10 ≦ X ≦ 12), «genügend» (7 ≦ X ≦ 9) und «ungenügend» (4 ≦ X ≦ 6) gehören.
Stellen Sie die Verteilung in einem Säulendiagramm dar.

7	9	10	8	12
12	7	11	8	9
10	8	6	7	9
11	12	10	7	8
9	13	9	12	8
5	11	8	7	11
12	9	11	7	8
7	8	12	15	9
8	11	8	7	8
8	10	7	9	12
10	10	7	9	8
12	7			

Fig. 4

Lösung:

Klasse	sehr gut	gut	gen.	ungen.
Strichliste	‖	‖‖‖‖ ‖‖‖‖ ‖‖‖‖ ‖‖‖‖	‖‖‖‖ ‖‖‖‖ ‖‖‖‖ ‖‖‖‖ ‖‖‖‖ ‖‖‖‖ ‖‖‖	‖
abs. H.	2	20	33	2
rel. H.	3.51%	35.09%	57.89%	3.51%

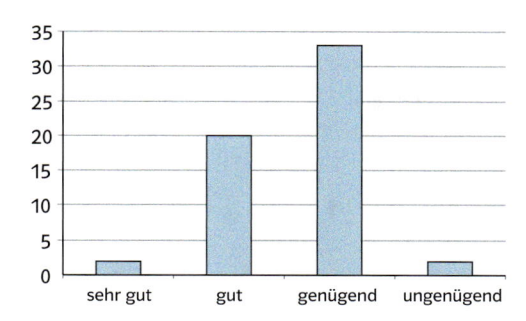

Beispiel 2 Histogramm mit verschiedenen Klassenbreiten
Ein Händler auf dem Markt verkaufte in der Weihnachtszeit insgesamt 286 Christbäume, die sich wie in der Tabelle verteilten.

Höhe in cm	[40; 50[	[50; 80[	[80; 100[	[100; 150[	[150; 190[
Anzahl	22	33	68	95	68

Erstellen Sie ein Histogramm.
Lösung:
Da die Fläche eines Rechtecks im Histogramm proportional zur jeweiligen Klassenhäufigkeit ist, kann man die Höhen aus $h = \frac{\text{Klassenhäufigkeit}}{\text{Klassenbreite}}$ berechnen.

Klasse	Klassenbreite	Klassenhöhe
[40; 50[	10	$\frac{22}{10} = 2.1$
[50; 80[	30	$\frac{33}{30} = 1.1$
[80; 100[	20	$\frac{68}{20} = 3.4$
[100; 150[	50	$\frac{95}{50} = 1.9$
[150; 190[	40	$\frac{68}{40} = 1.7$

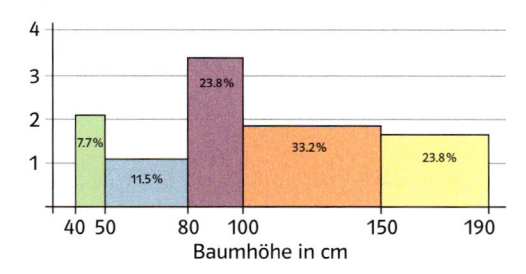

Aufgaben

1 Die Ergebnisse einer Wahl lauten:

	wahlberechtigt	gültige Stimmen	ungültige Stimmen	Partei A	Partei B	Partei C	Partei D	Partei E
2008	668 111	520 702	6862	221 520	176 408	84 392	18 462	0
2012	711 252	324 174	1447	98 295	146 694	51 073	13 197	6948

a) Erläutern Sie an diesem Beispiel die Begriffe «Grundgesamtheit», «Merkmalsträger», «Merkmal», «Merkmalsausprägung».
b) Berechnen Sie die Wahlbeteiligung in Prozent.
c) Welche Parteien haben 2012 im Vergleich zu 2008 relativ (absolut) an Stimmen gewonnen? (Der relative Anteil einer Partei wird bezogen auf die Anzahl gültiger Stimmen.)
d) Stellen Sie die Wahlergebnisse durch ein Säulendiagramm (Kreisdiagramm) dar.
e) Zwei Wochen vor der Wahl trat der Spitzenkandidat der Partei A aufgrund gegen ihn erhobener Vorwürfe von seiner Kandidatur zurück. Wie beurteilen Sie den Einfluss dieser Tatsache auf den Wahlausgang?

2 Die 29 Teilnehmer eines Kurses wurden befragt, an wie viele der Begriffe «relative Häufigkeit», «Baumdiagramm», «Pfadregel» sie sich erinnern. Es ergab sich die folgende Urliste: 3 1 1 3 3   1 1 0 0 3   1 3 3 2 0   0 1 3 1 3   3 2 1 1 0   0 1 3 0
Bestimmen Sie die absoluten und die relativen Häufigkeiten der Merkmalsausprägungen und zeichnen Sie ein Säulendiagramm und ein Kreisdiagramm.

3 Die folgende Tabelle zeigt die Fläche der Schweizer Kantone (in 100 km^2):

Zürich	17	Bern	60	Luzern	15
Uri	11	Schwyz	9	Obwalden	5
Nidwalden	3	Glarus	7	Zug	2
Fribourg	17	Solothurn	8	Basel-Stadt	0.4
Basel-Land	5	Schaffhausen	3	Appenzell-Ausserr.	2
Appenzell-Innerr.	2	St. Gallen	20	Graubünden	71
Aargau	14	Thurgau	10	Ticino	28
Vaud	32	Valais	52	Neuchâtel	8
Genève	3	Jura	8		

Stellen Sie die Fläche der Schweizer Kantone in einem sinnvollen Stamm-Blatt-Diagramm dar und beschreiben Sie kurz das Diagramm.

4 Beim telefonischen Bestellservice eines Modeversandhauses wurde während eines Tages die Dauer des Bestellgesprächs (in Minuten) gemessen:

12	23	7	5	11	21	17	18	12	9
17	12	11	6	31	14	20	19	7	5
16	13	4	22	18	13	9	14	11	10
27	5	2	19	21	11	6	21	18	19
11	16	18	24	3	8	11	17	8	21

a) Wählen Sie eine sinnvolle Klassenbreite und stellen Sie die Daten in einem Histogramm dar.
b) Schätzen Sie anhand des Histogramms die durchschnittliche Dauer eines Bestellgesprächs.

5 Marie (M) und Lena (L) spielen noch nicht gut Federball. Sie notieren, wie oft sie den Ball mit ihrem Schläger treffen, bevor er zu Boden fällt und ein neuer Aufschlag fällig wird.
Die Angabe «0» bedeutet, dass der Ball beim Aufschlag nicht getroffen wird, bei «1» gelingt der Aufschlag, aber die Gegnerin kann den Ball nicht zurückschlagen.

3, 1, **0**, 6, **5**, 1, **10**, 2, **4**, 12, **1**, 9, **3**, 3, **0**, 1, **6**, 8, **2**, 18, **12**, 1, **0**, 6, **3**, 3, **2**, 8, **5**, 2, **2**, 8, **4**, 9, **7**, 0, **1**, 1, **8**, 9, **3**, 2, **7**, 12, **5**, 2, **5**, 6, **14**, 12, **14**, 16, **10**, 7, **9**, 6, **4**, 1, **0**, 4, **3**, 8, **2**

a) Bestimmen Sie die absoluten und die relativen Häufigkeiten der Merkmalsausprägungen.
b) Stellen Sie die Ergebnisse durch ein Säulendiagramm mit Klassenbreite 3 dar, wobei (0, 1, 2) zur ersten, (3, 4, 5) zur zweiten Klasse … gehören.
c) Bei den fett gedruckten Zahlen der Urliste hatte Marie Aufschlag. Wie oft wurde das Spiel durch einen Fehler von Marie, wie oft durch einen Fehler von Lena beendet?
Tipp: **3** bedeutet: M L M (L) Fehler von Lena, 1 bedeutet L (M) Fehler von Marie.

Exkursion: Mogeln mit Statistik

«Ein Bild sagt mehr als tausend Worte.» Dieses Sprichwort befolgend werden uns täglich statistische Informationen in Form von Diagrammen präsentiert, die Botschaften übermitteln möchten. Die meisten statistischen Grafiken sind einwandfrei, mitunter wird aber auch gemogelt, um beim Betrachter einen gewünschten Eindruck hervorzurufen.

Wirkung von Skalierungen

Durch die Wahl von Skalierungen, insbesondere durch das Ein- und Ausblenden des Koordinatenursprungs, kann man mit Diagrammen sehr verschiedene Eindrücke erzeugen. Während Fig. 1 einen dramatischen Mitgliederschwund in einem Verein signalisiert – die Mitgliederzahlen scheinen auf ein Achtel zurückgegangen zu sein –, macht Fig. 2 deutlich, dass der Rückgang um 0.2 % eigentlich unbedeutend ist.

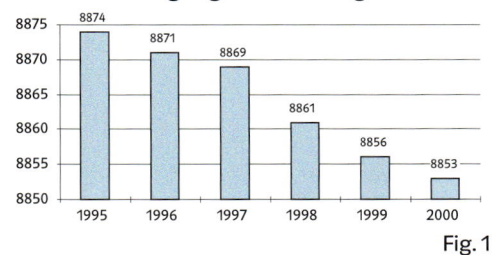

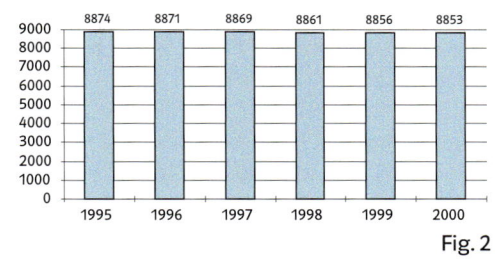

Fig. 4 zeigt die Ergebnisse einer Modellrechnung zur Entwicklung der Weltbevölkerung für die Jahre 2000 bis 2020, die von 6 Mrd. im Jahr 2000 und einer jährlichen Zunahme um 1.4 % ausgeht. Sie hinterlässt einen eher harmlosen Eindruck. Fig. 3 zeigt die Ergebnisse der gleichen Modellrechnung für die Jahre 0 bis 2020. Diese hinterlässt den Eindruck einer gegen Ende des betrachteten Zeitraumes dramatischen «Bevölkerungsexplosion».

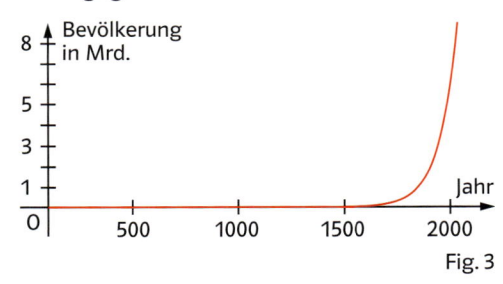

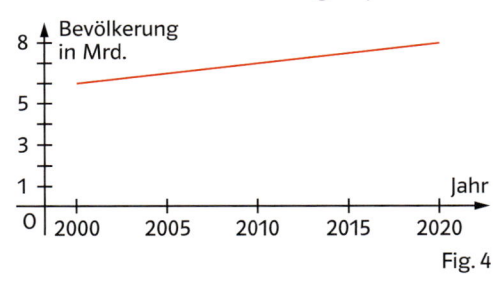

Bei jedem Diagramm sollte deshalb die Skalierung der Achsen kontrolliert werden.

Weglassen «schlechter» Daten

Den Leser kann man auch dadurch täuschen, dass man einfach nicht alle Daten darstellt.

Um mögliche Investoren anzulocken, zeigt man nur die rechte Grafik, in welcher der Aktienverlauf stoppt, sobald der Wert der Aktie zu fallen beginnt.

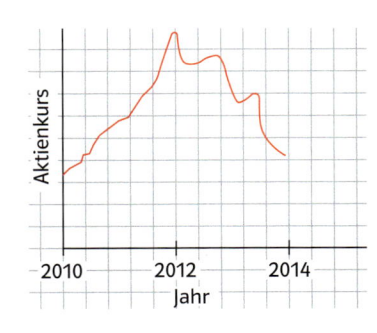

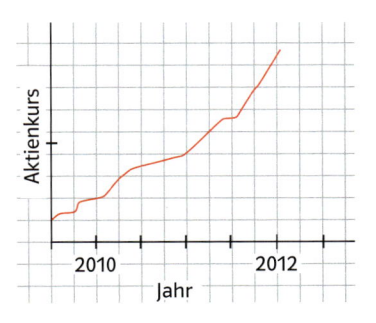

Falsche zwei- und dreidimensionale Darstellung

In Fig. 1 sank die Anzahl neuzugelassener Autos vom September 2008 zum Oktober 2008 um die Hälfte. Werden Länge und Höhe des grossen Autos halbiert, resultiert das kleine Auto, dessen Fläche nur ein Viertel der Fläche des grossen Autos ist. Dadurch erscheint die Abnahme drastischer, als sie in Wirklichkeit ist.

September 2008: 42 000 Neuzulassungen

Oktober 2008: 21 000 Neuzulassungen

Fig. 1

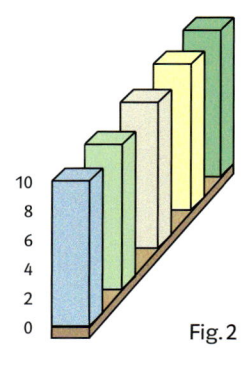

Ordnet man ein Säulendiagramm räumlich wie in Fig. 2 an, so scheinen die hinteren Säulen höher, als sie wirklich sind. Noch stärker kann man mit Würfeln oder Kugeln mogeln. Wenn sich z. B. eine Grösse verdoppelt und man das durch Würfel wie in Fig. 3 veranschaulicht, so hat man sogar einen 8-mal so grossen Würfel dargestellt.
Der zweite Würfel dürfte aber nur eine $\sqrt[3]{2}$-mal so lange Kante haben (Fig. 4).

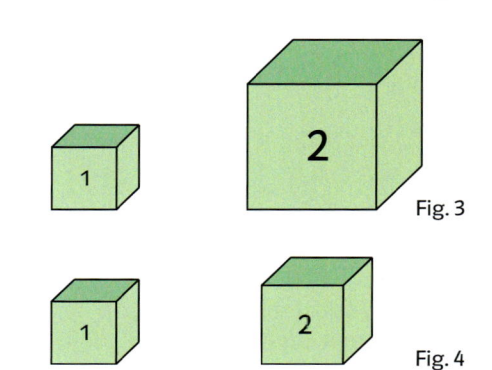

Fig. 2

Fig. 3

Fig. 4

1 Untersuchen Sie die folgenden Grafiken im Hinblick auf Mogeleien.

Anzahl der Jugendlichen unter 20 Jahren
(Angaben in Mio. – Daten- und Modellrechnungswerte: Statistisches Bundesamt)

Entwicklung des Kindergeldes für das erste und zweite Kind (Angaben in Euro)

Produktion von Personenwagen in Grossbritannien 1972 bis 1988 (Angaben in Mio.)

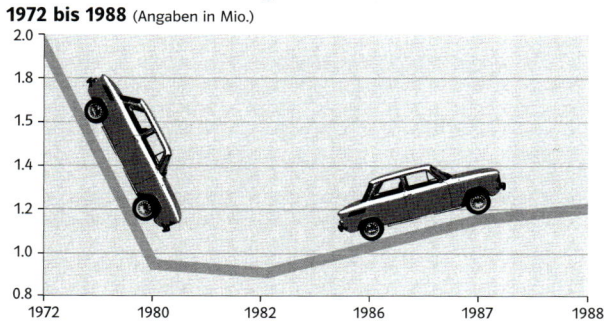

Aufwärtstrend – Entwicklung deutscher Messestände

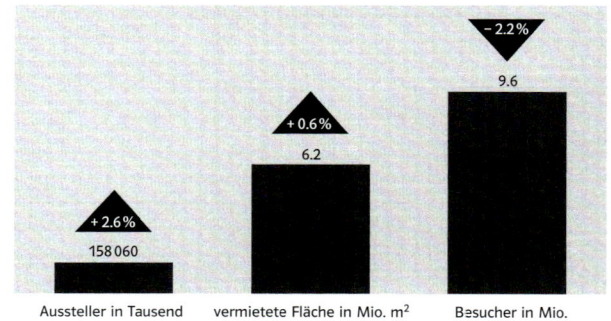

14.2 Statistische Kennzahlen

«Die Mathematik- und die Französisch-Prüfungen sind gleich ausgefallen, da in beiden Prüfungen der Klassendurchschnitt eine 4 ist», meint Lejla. «Für mich gibt es aber schon Unterschiede zwischen den beiden Prüfungen», entgegnet Max.

Note	1	1.5	2	2.5	3	3.5	4	4.5	5	5.5	6	Schnitt
Mathematik	0	1	0	2	2	3	4	4	2	2	1	4
Französisch	0	0	0	0	3	5	6	5	3	0	0	4

Will man zwei Stichproben vergleichen, so kann man entsprechende Diagramme erstellen und daraus Schlussfolgerungen ziehen. Häufig sind solche ausführlichen Vorgehensweisen nicht notwendig und es reicht, wenn man Zahlen gegenüberstellt, die möglichst viele Informationen über die jeweilige Stichprobe enthalten. Solche Zahlen heissen **Kennzahlen** einer Stichprobe.
Besonders aussagekräftig sind die Kennzahlen, die über die Lage des Zentrums einer Verteilung (**Lagemasse**), sowie Kennzahlen, die über die Abweichungen der Werte vom Zentrum Auskunft geben (**Streuungsmasse**).

Lagemasse

Betrachtet man die Messreihe einer Stichprobe, kann man sich fragen: «Wo liegen die meisten Werte?», «Wo liegt die Mitte der Verteilung?» oder «Was ist ein typischer Wert?». Solche Fragen beantworten Lagemasse.

Das in der Praxis am häufigsten verwendete Lagemass ist das **arithmetische Mittel**, auch **Mittelwert** oder **Durchschnitt** genannt.

Arithmetisches Mittel einer Stichprobe
Es seien $x_1; x_2; \ldots; x_n$ Werte einer Stichprobe mit Stichprobenumfang n. Dann wird das **arithmetische Mittel** $\bar{x}$ durch $\bar{x} = \frac{1}{n}(x_1 + x_2 + \ldots + x_n) = \frac{1}{n}\sum_{i=1}^{n} x_i$ berechnet.

Treten in der Stichprobe $x_1; x_2; \ldots; x_n$ die Werte x_i (i = 1; 2; $\ldots$; k) mit den absoluten Häufigkeiten n_i ($n_1 + n_2 + \ldots + n_k = n$) auf, dann braucht man nicht jeden Wert einzeln zu addieren, sondern erhält für den Mittelwert $\bar{x} = \frac{1}{n}\sum_{i=1}^{k} n_i x_i$. Da für die relative Häufigkeit $h_i = \frac{n_i}{n}$ gilt, lässt sich das arithmetische Mittel auch folgendermassen bestimmen.

Arithmetisches Mittel aus einer Häufigkeitsverteilung
Nimmt eine Stichprobe $x_1; x_2; \ldots; x_n$ die k verschiedenen Werte $x_1; x_2; \ldots; x_k$ mit den absoluten Häufigkeiten $n_1; n_2; \ldots; n_k$ bzw. mit den relativen Häufigkeiten $h_1; h_2; \ldots; h_k$ an, so wird das **arithmetische Mittel** $\bar{x}$ durch $\bar{x} = \frac{1}{n}\sum_{i=1}^{k} n_i x_i = \sum_{i=1}^{k} h_i x_i$ berechnet.

Bemerkung
Wenn die Messwerte zahlreicher sind bzw. bereits in Klassen eingeteilt wurden, verwendet man die Klassenmitten (Mitte der Klassenintervalle) als Messwerte x_i und die zugehörigen Klassenhäufigkeiten h_i in den Formeln.

Oft liegen die Stichprobenwerte in der Nähe ihres arithmetischen Mittels. Der Mittelwert repräsentiert dann den «typischen» Wert eines Merkmals gut. Das ist allerdings nicht mehr der Fall, wenn sich unter den Werten einzelne **Ausreisser** befinden, die sehr stark von den anderen Werten abweichen.

Wohnen beispielsweise in einem kleinen Dorf neun Bauern, die monatlich jeweils 4000 Fr. verdienen, und ein Reicher, der ein Einkommen von 300 000 Fr. hat, so ist der durchschnittliche Verdienst $\bar{x} = \frac{1}{10}(9 \cdot 4000 + 1 \cdot 300\,000) = 33\,600$ Fr. Verlässt man sich nur auf diese Kennzahl, so erscheint das Dorf wohlhabend. Das arithmetische Mittel repräsentiert hier nicht die tatsächliche Situation.

Bei Messreihen mit Ausreissern, die den Mittelwert stark beeinflussen, zieht man den **Median (Zentralwert)** dem arithmetischen Mittel vor.

Zur Bestimmung des Medians betrachtet man eine **geordnete Stichprobe**, bei der die Werte der Grösse nach geordnet sind.

> Der **Median** einer geordneten Stichprobe ist
> - bei ungeradem Stichprobenumfang der in der Mitte stehende Wert,
> - bei geradem Stichprobenumfang das arithmetische Mittel der beiden in der Mitte stehenden Werte.

Die so erhaltene Zahl hat die Eigenschaft, dass die Hälfte der Werte darunter, die Hälfte darüber liegt.

Das einfachste Lagemass schliesslich ist der sogenannte **Modus (Modalwert)**.

> Der **Modus** einer Stichprobe ist der Wert, der am häufigsten auftritt.

Bemerkungen
- Das arithmetische Mittel und der Median brauchen, im Gegensatz zum Modus, nicht mit einem gemessenen Wert übereinzustimmen.
- Der Median und der Modus sind, im Gegensatz zum arithmetischen Mittel, robust gegenüber Ausreissern: Ein extremer Wert verschiebt sie nur geringfügig.

Beispiel 1 Arithmetisches Mittel, Median, Modus
Die Messung der Grösse (in cm) von 103 Schülern wurde in einer Strichliste notiert:

161		166					171							176									181						186			
162		167					172							177							182								187		
163			168					173							178							183							188		
164			169						174							179									184					189	
165			170								175									180							185					190	

Berechnen Sie Mittelwert, Median und Modus.
Lösung:
Mittelwert: $\bar{x} = \frac{1 \cdot 163 + 1 \cdot 164 + 1 \cdot 165 + 3 \cdot 166 + \ldots + 1 \cdot 188}{103} \approx 175.8$
Median: 176 (stellt man die Schüler der Grösse nach auf, entspricht der Median bei 103 Schülern der Grösse des 52. Schülers. Genau 51 Schüler stehen links und rechts von ihm).
Modus: 175, 176, 179 (Der Wert, der am häufigsten vorkommt, ist hier nicht eindeutig.)

Beispiel 2 Repräsentativer Wert
Im Schaufenster des Uhrenfachgeschäfts Edmondsor sind 10 Armbanduhren zu folgenden Preisen (in Fr.) ausgestellt: 380, 155, 760, 21 620, 1130, 530, 1395, 19 840, 630, 470.
Bestimmen Sie einen repräsentativen Preis der Uhren.
Lösung:
Zwei Preise liegen deutlich über den übrigen Werten. Somit ist der Median das bessere Mass. Geordnete Stichprobe:

155   380   470   530   630   760   1130   1395   19 840   21 620

$$\frac{630 + 760}{2} = 695 \text{ Fr.}$$

Beispiel 3 Arithmetischer Mittelwert bei klassifizierten Daten
Bei einer Stichprobe von 74 Neugeborenen eines Landspitals wurde das Gewicht gemessen. Es ergab sich folgende Häufigkeitsverteilung.

Gewicht in g	[2250; 2750[	[2750; 3000[	[3000; 3250[	[3250; 3500[	[3500; 3750[	[3750; 4250[
Anzahl Neugeborene	3	11	17	33	9	1

Bestimmen Sie das durchschnittliche Gewicht eines Neugeborenen.
Lösung:
Als Messwerte werden die Klassenmitten verwendet.

$$\bar{x} = \frac{3 \cdot 2500 + 11 \cdot 2875 + 17 \cdot 3125 + 33 \cdot 3375 + 9 \cdot 3625 + 1 \cdot 4000}{74} = 3246.62 \text{ (g)}$$

Streuungsmasse

Der Mittelwert reicht im Allgemeinen nicht aus, um die Verteilung von Messwerten ausreichend zu beschreiben. Wichtig ist auch, wie stark die Werte vom Mittelwert abweichen, wie sehr sie «streuen». Liegen die Werte nahe beim Mittelwert, streuen sie schwach. Weichen die Werte deutlich vom Mittelwert ab, streuen sie stark.

Es gibt verschiedene Arten, die Streuung zu messen. Die naheliegendste ist die Differenz zwischen dem grössten und dem kleinsten Messwert, die sogenannte **Spannweite** oder **Variationsbreite**. Da nur zwei Messwerte herangezogen werden, ist die Spannweite sehr grob und wird deshalb selten verwendet.

Eine nächste Möglichkeit zur Messung der Streuung ist die durchschnittliche absolute Abweichung vom Mittelwert. Dazu werden sämtliche Abweichungen der Messwerte x_i von $\bar{x}$ im Betrag addiert und durch die Anzahl der Messwerte dividiert.

> Die **mittlere absolute Abweichung** s_a einer Stichprobe $x_1; x_2; \ldots; x_n$ wird berechnet durch:
> $$s_a = \frac{1}{n} \sum_{i=1}^{n} |x_i - \bar{x}|$$

Um eine stärkere Gewichtung der grösseren Abweichungen vom Mittelwert zu erhalten, führt man ein Streuungsmass ein, das nicht die absoluten Abweichungen, sondern die Quadrate der Abweichungen verwendet.

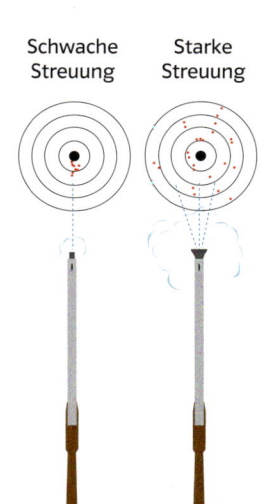

Bemerkung:
Es gibt mathematische Gründe, warum in der Definition von s^2 durch $n-1$ und nicht durch das naheliegende n dividiert wird, auf die hier nicht eingegangen werden kann.

Ist eine Stichprobe $x_1; x_2; \ldots; x_n$ gegeben und $\bar{x}$ das arithmetische Mittel, so ist die (empirische) **Varianz s^2** durch

$$s^2 = \frac{1}{n-1} \sum_{i=1}^{n} (x_i - \bar{x})^2$$

und die (empirische) **Standardabweichung s** durch

$$s = \sqrt{\frac{1}{n-1} \sum_{i=1}^{n} (x_i - \bar{x})^2} \quad \text{festgelegt.}$$

Die Standardabweichung ist das in der Statistik am häufigsten verwendete Streuungsmass. Der Name «Standardabweichung» kommt daher, dass bei vielen Erhebungen das Merkmal X, wie z. B. die Körperlänge von Schulanfängern oder der Intelligenzquotient, einer Vielzahl von unabhängigen Einflüssen unterliegt.

Nach einer Faustregel liegen «standardmässig»
– ca. **68 %** aller Daten innerhalb einer Standardabweichung um den Mittelwert, also im Intervall $[\bar{x} - s; \bar{x} + s]$,
– ca. **95 %** aller Daten innerhalb zweier Standardabweichungen um $\bar{x}$, also im Intervall $[\bar{x} - 2s; \bar{x} + 2s]$,
– ca. **99 %** aller Daten innerhalb dreier Standardabweichungen um $\bar{x}$, also im Intervall $[\bar{x} - 3s; \bar{x} + 3s]$.

Beispiel 1 Mittlere absolute Abweichung
Die Tabelle zeigt den Zeitaufwand in Minuten von Erwerbstätigen für den Arbeitsweg.

28	73	56	44	23	23	41	51	7	12
21	0	47	63	21	71	30	11	18	23
96	8	31	27	86	45	66	19	55	57

Bestimmen Sie den Mittelwert und die mittlere absolute Abweichung.
Lösung:

$$\bar{x} = \frac{28 + 73 + 56 + \ldots + 57}{30} = 38.4\overline{3} \text{ (min)}$$

$$s_a = \frac{1}{n} \sum_{i=1}^{n} |x_i - \bar{x}| = \frac{|28 - 38.4\overline{3}| + |73 - 38.4\overline{3}| + \ldots + |57 - 38.4\overline{3}|}{30} = 20.86 \text{ (min)}$$

Beispiel 2 Varianz und Standardabweichung
Im Alphotel Furtelgrat weisen die Angestellten folgende Dienstjahre auf.

Anzahl Dienstjahre	2	3	5	8	11	22
Anzahl Angestellte	3	2	4	3	2	1

Bestimmen Sie Varianz und Standardabweichung der Dienstjahre.
Lösung:
Mittelwert: $\bar{x} = \frac{1}{15}(3 \cdot 2 + 2 \cdot 3 + 4 \cdot 5 + 3 \cdot 8 + 2 \cdot 11 + 1 \cdot 22) = 6.67$ (Jahre)
Varianz:

$$s^2 = \frac{1}{n-1} \sum_{i=1}^{n} (x_i - \bar{x})^2$$

$$= \frac{1}{14}(3 \cdot (2 - 6.67)^2 + 2 \cdot (3 - 6.67)^2 + \ldots + 2 \cdot (11 - 6.67)^2 + 1 \cdot (22 - 6.67)^2) = 27.24$$

Standardabweichung: $s = \sqrt{s^2} = \sqrt{27.24^2} = 5.22$ (Jahre)

Die Varianz kann auch mit der Formel
$$s^2 = \frac{1}{n-1} \sum_{i=1}^{n} x_i^2 - \frac{n}{n-1} \bar{x}^2$$
bestimmt werden.

Beispiel 3 Standardabweichung

Simona erreicht bei ihrer Lehrabschlussprüfung als Metallbauschlosserin 183 Punkte im theoretischen und 219 Punkte im praktischen Teil. Im theoretischen Teil betrug die durchschnittliche Punktzahl der Klasse 156 und die Standardabweichung 12 Punkte; im praktischen Teil erreichte die Klasse durchschnittlich 205 Punkte bei einer Standardabweichung von 16 Punkten. In welchem Teil schnitt Simona besser ab? Begründen Sie.

Lösung:
Im theoretischen Teil liegt Simona im Bereich von drei Standardabweichungen über dem Durchschnitt, im praktischen Teil nur im Bereich von einer Standardabweichung über dem Durchschnitt. Somit schnitt Simona im theoretischen Bereich besser ab.

Aufgaben

1 In einer Streichholzschachtel sollen sich gemäss Packungsaufdruck 38 Hölzchen befinden. Sabrina untersucht eine Stichprobe und erhält folgende Tabelle.

Zahl der Hölzer	35	37	38	39	40	41	42	44
absolute Häufigkeit	1	4	5	5	6	5	3	1

Wie viele Hölzer befanden sich durchschnittlich in einer Schachtel?

2 In der Jahrgangsstufe 11 ergab sich die «Altersverteilung» aus Fig.1.
a) Berechnen Sie näherungsweise das mittlere Alter $\bar{x}$ unter Benutzung der Klassenmitten $k_1 = 15.3$; ...; $k_9 = 20.1$.
b) Vergleichen Sie Ihr Ergebnis mit dem aus der Urliste berechneten Mittelwert $\bar{x} = 16.9789$ Jahre.
c) Begründen Sie: Der Unterschied ist stets höchstens so gross wie die Klassenbreite (hier 0.6 Jahre).

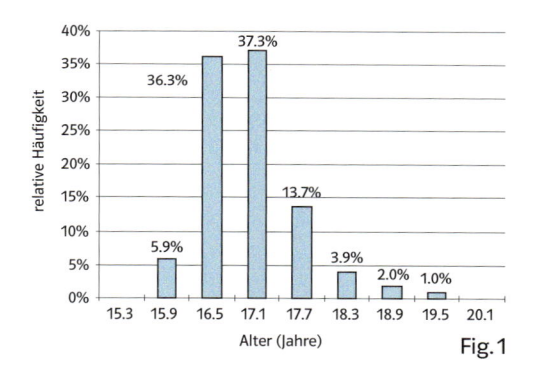

Fig. 1

3 Marcellina: «Der Mittelwert aller Abweichungen vom Mittelwert ist immer null.»
a) Was meint Marcellina mit ihrer «Entdeckung»?
Erläutern Sie die Aussage am Beispiel der Urliste 1, 5, 0, 2, 1, 8, 0, 3.
b) Begründen Sie, dass Marcellinas Aussage für jede Urliste stimmt.

4 Geben Sie den Mittelwert, den Median, den Modus, die mittlere absolute Abweichung, die Varianz und die Standardabweichung der Urliste an.
a) 5, 0, 8, 6, 5, 9 b) 3, 3, 3, 3, 3 c) 1, 3, 1, 3, 1, 3

5 Banker Joe vergleicht, wie erfolgreich er in den letzten zwei Jahren war. Im vorletzten Jahr lag der durchschnittliche Ertrag aller Bankangestellten bei 4.1 % mit einer Standardabweichung von 0.8 %. Im letzten Jahr resultierte ein durchschnittlicher Ertrag aller Bankangestellten von 2.2 % bei einer Standardabweichung von 0.3 %. Joe erwirtschaftete einen Ertrag von 5.2 % im vorletzten und 3.0 % im letzten Jahr. Wann war Joe erfolgreicher, verglichen mit allen Bankangestellten? Begründen Sie Ihre Antwort.

6 Bei einer Prüfung werden zur Punktzahl jedes Schülers 3 Punkte addiert. Ändert dies den Wert der durchschnittlichen Punktzahl oder der Standardabweichung?

277

7 Für die Teile einer Klausuraufgabe erhielten 20 Schüler die folgenden Punktzahlen.

Schüler	1	2	3	4	5	6	7	8	9	10	11	12	13	14	15	16	17	18	19	20
Teil a:	8	6	8	7	7	7	7	8	3	8	6	5	8	5	5	6	8	8	8	6
Teil b:	5	2	5	8	4	5	1	7	0	3	8	2	7	2	2	4	3	5	7	7
Teil c:	6	7	4	4	5	3	4	7	0	5	5	6	2	3	2	4	3	4	10	4

a) Berechnen Sie zeilenweise die Spannweite, die mittlere absolute Abweichung, die Varianz und die Standardabweichung der in den drei Aufgabenteilen erreichten Punktzahlen. Bei welchem Aufgabenteil ist die Varianz besonders hoch? (Man nennt solche Aufgaben «trennscharf».)
b) Berechnen Sie spaltenweise die von jedem der 20 Schüler erreichte Punktsumme. Wie gross sind Varianz und Standardabweichung der Punktsumme?

8 a) Berechnen Sie aus den Angaben von Fig. 1 und von Fig. 2 die Mittelwerte und die Standardabweichungen der Altersverteilungen in der Jahrgangsstufe 5 und in der Jahrgangsstufe 13.
b) Wie erklären Sie inhaltlich, dass die Standardabweichung in der Jahrgangsstufe 13 grösser ist als in der Jahrgangsstufe 5?

*In dieser Stichprobe liegen von den 165 Schülern der 5. Klasse 78.8 % mit ihrem Alter zwischen $\bar{x} - s$ und $\bar{x} + s$.
In Stufe 13 (77 Schüler) liegt der Prozentsatz mit 70.1 % näher am 68 %-Wert der Faustregel.*

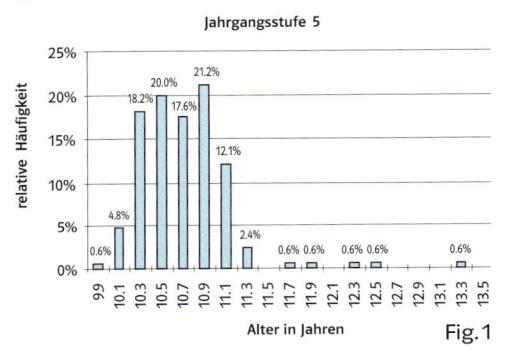

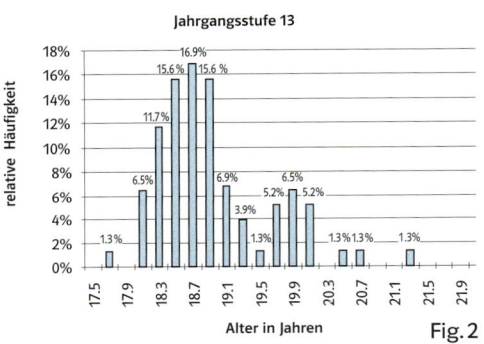

Fig. 1 — Jahrgangsstufe 5 (relative Häufigkeit, Alter in Jahren):
9.9: 0.6 %; 10.1: 4.8 %; 10.3: 18.2 %; 10.5: 20.0 %; 10.7: 17.6 %; 10.9: 21.2 %; 11.1: 12.1 %; 11.3: 2.4 %; 11.5: 0.6 %; 11.7: 0.6 %; 12.1: 0.6 %; 12.3: 0.6 %; 13.3: 0.6 %.

Fig. 2 — Jahrgangsstufe 13 (relative Häufigkeit, Alter in Jahren):
17.5: 1.3 %; 17.9: 6.5 %; 18.3: 15.6 %; 18.7: 16.9 %; 19.1: 15.6 %; 19.5: 11.7 %; 19.9: 6.9 %; 20.3: 3.9 %; 20.7: 6.5 %; 21.1: 5.2 %; 21.5: 5.2 %; 21.9: 1.3 %; weitere: 1.3 %, 1.3 %, 1.3 %.

9 In zwei Filialen der Banca Gris im Val Stazur wurden die Wartezeiten (in min.) von je zehn zufällig ausgewählten Kunden gemessen:

Filiale A	7.1	7.7	6.7	6.8	6.5	7.3	7.4	7.7	6.6	7.7
Filiale B	6.7	8.5	4.2	5.8	6.2	10.0	7.7	5.4	9.3	7.7

Was fällt Ihnen beim Vergleich der Wartezeiten bei beiden Banken auf? Argumentieren Sie mit mindestens zwei statistischen Kennzahlen.

10 Bei Aktien wurde nach einem Jahr Bilanz gezogen und ihr Gewinn oder Verlust in Prozent festgehalten.

Kursverlust	Relative Häufigkeit	Kursgewinn	Relative Häufigkeit
]0 %; 5 %]	0.17	]0 %; 5 %]	0.23
]5 %; 10 %]	0.09	]5 %; 10 %]	0.21
]10 %; 15 %]	0.05	]10 %; 15 %]	0.13
]15 %; 20 %]	0	]15 %; 20 %]	0.02
]20 %; 25 %]	0.06	]20 %; 25 %]	0.04

Berechnen Sie die durchschnittliche Änderung pro Aktie.

14.3 Regression

Fabienne lernt Autofahren und studiert die Tabelle des Anhaltewegs in Abhängigkeit von der Geschwindigkeit. «Wenn ich nun mit 60 km/h fahre und plötzlich bremsen muss, wie lang ist dann mein Weg, bis das Auto stillsteht?», fragt sie sich. «Und um wie viele Meter vergrössert sich der Anhalteweg, wenn die Geschwindigkeit um 1 km/h erhöht wird?»

Geschwindigkeit in km/h	Anhalteweg in m
20	6.2
30	11.1
50	24.6
80	53.6
100	79.0
120	109.1

Bisher wurden nur statistische Erhebungen betrachtet, in denen ein Merkmal gemessen wurde. Oft interessieren aber **zwei Merkmale** eines Merkmalsträgers.

So werden z. B. bei einer ärztlichen Untersuchung sowohl das Alter als auch der Blutdruck gemessen. Bei einer Stichprobe von 20 Männern ergaben sich folgende Wertepaare.

Alter in Jahren	45	65	63	37	19	18	50	47	56	43	29	49	32	26	28	38	57	41	36	58
Blutdruck in mm Hg	155	192	199	157	139	105	134	135	170	151	137	128	140	115	129	117	179	127	118	158

Gibt es einen Zusammenhang zwischen dem Alter und dem Blutdruck – je älter, desto höher der Blutdruck oder etwa umgekehrt? Mit der **Regression** wird das Ziel verfolgt, den mathematischen Zusammenhang zwischen zwei quantitativen Merkmalen zu finden und durch eine Gleichung zu beschreiben.

Wenn wir die Daten in ein Koordinatensystem eintragen, ergibt sich eine **Punktwolke** mit steigender Tendenz (Fig. 1). Um einen quantitativen Zusammenhang zwischen Alter und Blutdruck zu bestimmen, legen wir eine Gerade durch die Punktwolke, welche diese am besten approximiert. Die Gleichung dieser Geraden gibt dann einen linearen Zusammenhang zwischen Alter und Blutdruck.

Fig. 1

Als Kriterium für die Approximation wählt man die Bedingung, dass die Summe der quadratischen Abweichungen minimal ist (Methode der kleinsten Quadrate). Das heisst, man bestimmt die Gerade $f(x) = mx + b$, für die der Ausdruck $\sum_{i=1}^{n} (f(x_i) - y_i)^2$ am kleinsten wird.
Grafisch bedeutet dies, dass die Summe der «Fehlerquadrate» (Fig. 2) minimal wird.

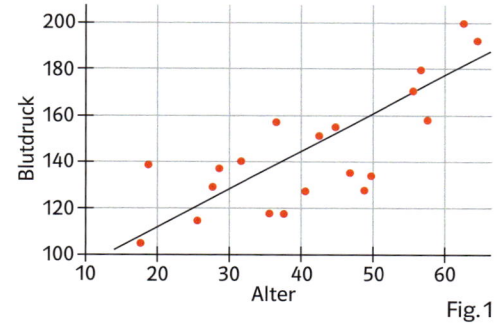

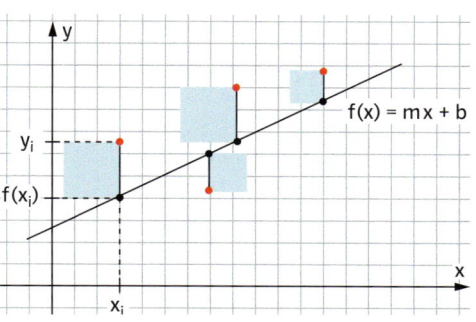

Fig. 2

> Gegeben sind n Paare von Merkmalswerten $(x_1|y_1), (x_2|y_2), \ldots, (x_n|y_n)$.
> Als **Regressionsgerade** bezeichnet man die Gerade $f(x) = mx + b$, für welche die Fehlerquadratsumme
> $$F(m,b) = \sum_{i=1}^{n} (f(x_i) - y_i)^2 = \sum_{i=1}^{n} (mx_i + b - y_i)^2 \text{ am kleinsten wird.}$$

Die Bestimmung der Regressionsgeraden ist ein Optimierungsproblem, wobei der Ausdruck $F(m,b) = \sum_{i=1}^{n} (mx_i + b - y_i)^2$ minimal sein soll. Aus der Eigenschaft des Mittelwerts, dass dieser allen Beobachtungen am nächsten ist (vgl. Aufgabe 3), ergibt sich, dass der Punkt P mit den Koordinaten $(\bar{x}|\bar{y})$, der sogenannte **Schwerpunkt** der Punktwolke, auf der Regressionsgeraden liegt. Damit können wir b durch m ausdrücken (sog. Nebenbedingung): $b = \bar{y} - m\bar{x}$. Somit lässt sich $F(m,b)$ als Funktion von m schreiben:

$$F(m) = \sum_{i=1}^{n} (mx_i + \bar{y} - m\bar{x} - y_i)^2 = \sum_{i=1}^{n} ((x_i - \bar{x})m + \bar{y} - y_i)^2$$

Da $F(m)$ minimal sein soll, bildet man die erste Ableitung und setzt sie gleich null. Durch summandenweises Ableiten nach m und unter Beachtung der Kettenregel ergibt sich:

$$F'(m) = \left(\sum_{i=1}^{n} ((x_i - \bar{x})m + \bar{y} - y_i)^2\right)' = \sum_{i=1}^{n} 2 \cdot ((x_i - \bar{x})m + \bar{y} - y_i) \cdot (x_i - \bar{x}) = 0$$

Division durch 2, Ausrechnen der Klammer und Aufspalten der Summe liefert:

$$\sum_{i=1}^{n} ((x_i - \bar{x})m + \bar{y} - y_i) \cdot (x_i - \bar{x}) = \sum_{i=1}^{n} ((x_i - \bar{x})^2 m + (\bar{y} - y_i)(x_i - \bar{x}))$$
$$= \sum_{i=1}^{n} (x_i - \bar{x})^2 m + \sum_{i=1}^{n} (\bar{y} - y_i)(x_i - \bar{x}) = 0$$

Auflösen nach m:

$$\sum_{i=1}^{n} (x_i - \bar{x})^2 m = -\sum_{i=1}^{n} (\bar{y} - y_i)(x_i - \bar{x})$$
$$m \cdot \sum_{i=1}^{n} (x_i - \bar{x})^2 = \sum_{i=1}^{n} (y_i - \bar{y})(x_i - \bar{x})$$
$$m = \frac{\sum_{i=1}^{n} (y_i - \bar{y})(x_i - \bar{x})}{\sum_{i=1}^{n} (x_i - \bar{x})^2}$$

b lässt sich dann aus m berechnen: $b = \bar{y} - m\bar{x}$

> Bei n vorgegebenen Merkmalswerten $(x_i|y_i)$ mit den Mittelwerten $\bar{x} = \frac{1}{n}\sum_{i=1}^{n} x_i$ und $\bar{y} = \frac{1}{n}\sum_{i=1}^{n} y_i$ berechnen sich die Steigung m und der Achsenabschnitt b der
> **Regressionsgeraden** $f(x) = mx + b$ wie folgt:
> $$m = \frac{\sum_{i=1}^{n} (x_i - \bar{x})(y_i - \bar{y})}{\sum_{i=1}^{n} (x_i - \bar{x})^2} \quad \text{und} \quad b = \bar{y} - m\bar{x}$$

Ein wichtiges Motiv für die Anpassung einer Geraden an eine Punktwolke besteht darin, nicht vorhandene oder zukünftige Werte vorhersagen zu können. Mithilfe der Regressionsgeraden können also **Prognosen** gemacht werden. Man sollte aber mit solchen Prognosen umso vorsichtiger umgehen, je weiter man in die Zukunft oder in unbekannte Bereiche vorstösst.

Auch für nicht lineare Beziehungen können die Parameter für die «beste» Ausgleichskurve durch Minimieren der mittleren quadratischen Abweichung gefunden werden. In vielen Anwendungen der Praxis reicht jedoch die Bestimmung der Regressionsgeraden.

Beispiel Regressionsgerade und Vorhersage
Die Tabelle zeigt die neu erstellten Wohnungen in der Schweiz seit 2004.

Jahr	2004	2005	2006	2007	2008	2009	2010
Anzahl neu erstellter Wohnungen	36 935	37 958	41 989	42 911	44 192	39 733	43 632

a) Berechnen Sie die Regressionsgerade (x = Jahr, y = Anzahl neu erstellter Wohnungen).
b) Basierend auf dem linearen Modell von Aufgabe a), wie viele Wohnungen werden im Jahr 2020 erstellt?
Lösung:
a) Mittelwerte: $\bar{x} = 2007$; $\bar{y} = 41050$
Regressionsgerade: $y = mx + b$
$m = \frac{(2004 - 2007)(36935 - 41050) + (2005 - 2007)(37958 - 41050) + \ldots + (2010 - 2007)(43632 - 41050)}{(2004 - 2007)^2 + (2005 - 2007)^2 + \ldots + (2010 - 2007)^2}$
$= \frac{25844}{28} = 923$
$b = 41050 - 923 \cdot 2007 = -1811411 \Rightarrow y = 923x - 1811411$
b) $y = 923 \cdot 2020 - 1811411 = 53049$ (Wohnungen)

*Beachten Sie:
Kennt man die Anzahl neu erstellter Wohnungen und will man das entsprechende Jahr bestimmen, darf man nicht die in a) bestimmte Regressionsgerade benützen, für y einsetzen und nach x auflösen.
Da man die horizontalen Abstände minimieren müsste.
Man muss also eine neue Regressionsgerade berechnen mit x = Anzahl neu erstellter Wohnungen und y = Jahr; dann setzt man den gegebenen Wert für x ein.*

Aufgaben

1 a) Schätzen Sie nach Augenmass die Gleichungen der Regressionsgeraden zu den folgenden Punktwolken.

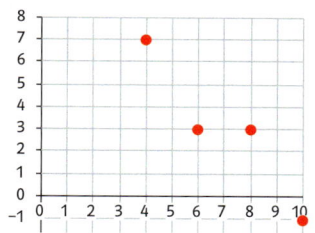

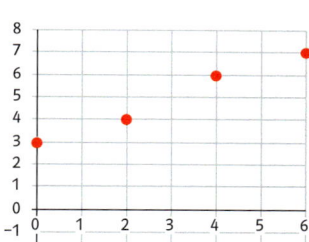

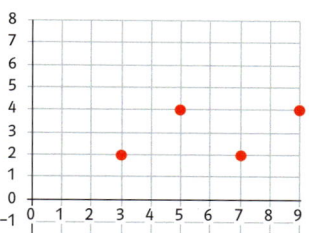

b) Berechnen Sie die Gleichungen der Regressionsgeraden. Vergleichen Sie mit Ihrer Schätzung.

2 Gegeben sind die folgenden Wertepaare. Zeichnen Sie je ein Punktdiagramm, ermitteln und zeichnen Sie die Regressionsgerade.

a) (3|5), (4|7), (5|12)   b) (5|3), (7|4), (12|5)   c) (0|6), (2|2), (4|1)
d) (3|4), (5|4), (7|4)   e) (2|6), (4|5), (6|4)   f) (−2|4), (−1|1), (0|0), (1|1), (2|4)

3 Zeigen Sie: Die mittlere quadratische Abweichung vom arithmetischen Mittel ist kleiner als die von irgendeinem anderen Wert.
Anleitung: Betrachten Sie die mittlere quadratische Abweichung
$A(x) = \frac{1}{n}[(x_1 - x)^2 + (x_2 - x)^2 + \ldots + (x_n - x)^2]$ von irgendeinem Wert x und untersuchen Sie, für welchen Wert von x die quadratische Funktion $A(x)$ ihr Minimum hat.

4 Mia, Lena und Elena sollen bei einem Experiment mehrere Schokoladetafeln an Federn oder Gummibändern aufhängen und die Länge Y der Feder (in cm) ablesen.

Anzahl der Tafeln	X	1	2	3	4	5
Mia	Y_1	12.7	13.6	14.8	16.3	17.9
Lena	Y_2	11.4	11.9	12.7	13.7	14.6
Elena	Y_3	6.4	10.1	17.6	21.9	22.4

a) Zeichnen Sie die (X|Y)-Datenpaare in ein Koordinatensystem, ermitteln und zeichnen Sie jeweils die Regressionsgerade.
b) Wie lang waren vermutlich die Federn bzw. Gummibänder, als noch keine Tafel angehängt war?
c) Welche Länge erwarten Sie bei einer Belastung durch 8 Tafeln?
d) Welche inhaltliche Bedeutung besitzt die Steigung der Regressionsgeraden?
e) Bei diesem Experiment wurden tatsächlich zwei Federn und ein Gummiband verwendet. Wer benutzte vermutlich das Gummiband? Begründen Sie Ihre Antwort.

5 Bei den folgenden Datenpaaren handelt es sich um Zeiten (in Sekunden) und die zugehörigen Geschwindigkeiten (in km/h) einer Auto-Testfahrt. Ermitteln Sie jeweils die Regressionsgeraden.
a) Erster Gang: (0.57|11.70), (0.95|17.70), (1.25|21.83), (1.52|25.13), (1.75|28.14), (1.97|30.86), (2.17|33.34), (2.35|35.57), (2.53|37.60), (2.70|39.44).
b) Zweiter Gang: (4.08|46.70), (4.35|49.66), (4.61|51.52), (4.86|53.68), (5.10|55.69), (5.34|57.51), (5.56|59.31), (5.78|60.97), (6.00|62.57).
c) Vollbremsung: (16.54|83.51), (16.71|79.42), (16.88|75.20), (17.07|70.42), (17.27|65.44), (17.49|59.48), (17.73|53.37), (18.01|45.88), (18.35|36.48), (18.85|23.77).
d) Welche inhaltliche Bedeutung haben bei der Regressionsgeraden die Steigung und die Schnittpunkte mit den Koordinatenachsen?

6 In einer Stichprobe wurden die Längen X (in cm) und die Gewichte Y (in g) von 39 Kartoffeln gemessen.
a) Die ersten vier Kartoffeln der Stichprobe hatten die Masse (7.9|110), (7.8|77), (6.4|69), (8.7|79). Ermitteln Sie die Regressionsgerade zu dieser Teil-Stichprobe.
b) Die letzten vier Kartoffeln lieferten (5.7|59), (8.3|64), (6.4|54), (7.7|97). Ermitteln Sie die Regressionsgerade zu dieser Teil-Stichprobe und vergleichen Sie mit a).
c) Lesen Sie aus dem Diagramm (Fig. 1) vier Punkte ab, die als Teil-Stichprobe sogar eine Regressionsgerade mit negativer Steigung geliefert hätten.
d) Wenn man die gesamte Stichprobe untersucht, erhält man die Regressionsgerade $y = 15.95x - 41.84$. Julian wundert sich, dass für $x = 2\,\text{cm}$ ein negatives Gewicht vorhergesagt wird. Helfen Sie ihm bei der Deutung.

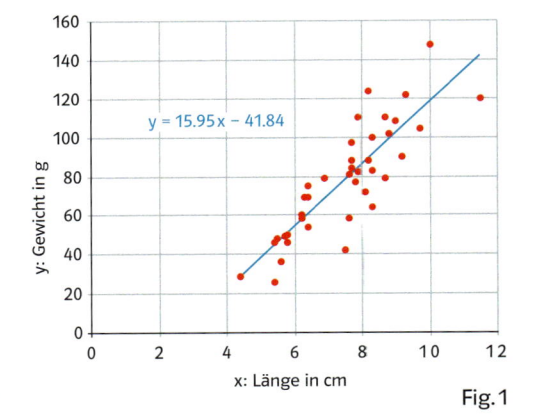

Fig. 1

14.4 Korrelation

Bei welcher Punktwolke ergibt sich mithilfe der Regressionsgeraden qualitativ die beste Vorhersage?

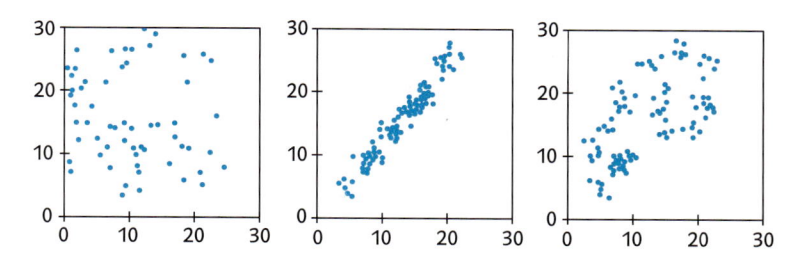

Im vorherigen Kapitel wurde mithilfe der Regressionsgeraden ein Zusammenhang zwischen Alter und Blutdruck festgestellt. Es gibt auch ein Mass für die Richtung und Stärke dieses linearen Zusammenhangs. Dieses Mass zeigt, wie stark die Daten vom gewählten linearen Modell abweichen, d.h., wie gut das lineare Modell ist.

Die Berechnung der Stärke und Richtung des Zusammenhangs zwischen zwei Merkmalen beruht auf folgender Idee: Bildet man für ein Wertepaar $(x_i | y_i)$ das Abweichungsprodukt $(x_i - \bar{x}) \cdot (y_i - \bar{y})$ vom Mittelwert, so ist dieses positiv, wenn x_i und y_i beide grösser oder beide kleiner als der Mittelwert $\bar{x}$ bzw. $\bar{y}$ sind. Der Punkt $(x_i | y_i)$ liegt somit in einem der positiven Bereiche von Fig. 1. Ist x_i grösser als $\bar{x}$ und y_i kleiner als $\bar{y}$ (oder umgekehrt), dann ist das Abweichungsprodukt negativ und der Punkt $(x_i | y_i)$ liegt in einem der negativen Bereiche.

Fig. 1

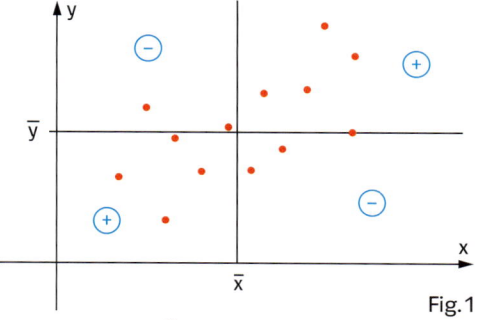

Bildet man die Summe der einzelnen Abweichungsprodukte $\sum_{i=1}^{n} (x_i - \bar{x})(y_i - \bar{y})$, so kann man über die Richtung des Zusammenhangs Folgendes feststellen: Eine positive Summe resultiert, wenn die beiden Variablen weitgehend gemeinsam in die gleiche Richtung von ihrem Mittelwert abweichen. Es besteht eine Tendenz der Form «Je grösser x, desto grösser y», der Zusammenhang ist positiv.

Dagegen ergibt sich eine negative Summe, wenn viele entgegengesetzt gerichtete Abweichungen vom jeweiligen Mittelwert auftreten. Die Merkmale weisen einen negativen Zusammenhang auf: «Je grösser x, desto kleiner y». Sind die Abweichungen mal gleich, mal entgegengesetzt gerichtet, so heben sich die Abweichungsprodukte gegenseitig auf und es resultiert eine Summe nahe null. In diesem Fall besteht kein linearer Zusammenhang zwischen den Variablen x und y.

Um auch eine quantitative Kennzeichnung des Zusammenhangs zweier Merkmale zu erreichen, wird ein standardisiertes Mass eingeführt.

Gegeben sind n Paare von Merkmalswerten $(x_1 | y_1), (x_2 | y_2), \ldots, (x_n | y_n)$.

Der Wert r mit $r = \dfrac{\sum_{i=1}^{n} (x_i - \bar{x})(y_i - \bar{y})}{\sqrt{\sum_{i=1}^{n} (x_i - \bar{x})^2 \cdot \sum_{i=1}^{n} (y_i - \bar{y})^2}}$ heisst **Korrelationskoeffizient**.

Der Korrelationskoeffizient r misst die Stärke und Richtung des Zusammenhangs zwischen zwei Merkmalen x und y. Er hat folgende Eigenschaften:
1) Der Korrelationskoeffizient liegt immer zwischen −1 und 1: $-1 \leq r \leq 1$
2) Der Korrelationskoeffizient ist positiv (r > 0), wenn die Regressionsgerade steigt, und negativ (r < 0), wenn sie fällt.
3) Die Korrelation, d.h. der Grad des linearen Zusammenhangs, lässt sich aus dem Korrelationskoeffizienten wie folgt bewerten:

|r|	1	[0.7; 1[	[0.3; 0.7[	]0; 0.3 [	0
Korrelation	volle	starke	mittlere	schwache	keine

Beispiele:

starke Korrelation   schwache Korrelation   keine Korrelation

Interpretation und Modell
Bei starker Korrelation kann ein **ursächlicher Zusammenhang** zwischen den beiden Merkmalen vorliegen. Dies ist z. B. der Fall, wenn man die Merkmale «Kraft» und «Verlängerung einer Feder» betrachtet.

Eine starke positive Korrelation liegt aber auch zwischen «der mittleren Tageslänge im Monat» und «der mittleren Temperatur im Monat» vor. Hier spricht die starke Korrelation nicht für einen ursächlichen Zusammenhang (die Tageslänge hängt nicht von der Temperatur ab!), sondern beide Merkmale werden in ihren Werten durch eine gemeinsame Ursache, den Sonnenstand, beeinflusst.

Bei der Betrachtung der Merkmale «Anzahl Störche» und «Anzahl Geburten» von 1965 bis 1975 in Schleswig-Holstein stellte man eine starke positive Korrelation fest. Ob hier eine gemeinsame Ursache vorliegt, kann nicht mathematisch, sondern nur von der Sache her entschieden werden.

Der hier eingeführte Korrelationskoeffizient macht nur Aussagen über den linearen Zusammenhang. Beim Fall r = 0 besteht kein linearer Zusammenhang, wie in der unregelmässigen Punktwolke von Fig. 1. Es kann aber sein, dass bei r = 0 ein nicht linearer Zusammenhang besteht, wie in Fig. 2. Würde man in diesem Fall als Modell eine Parabel wählen, dann wäre der zugehörige Korrelationskoeffizient nahe bei 1.

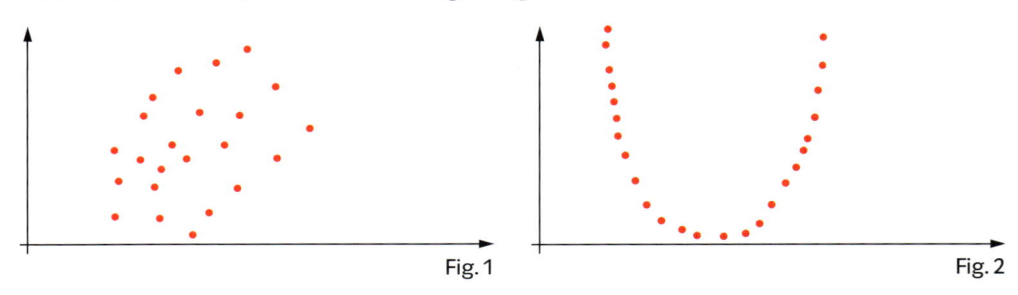

Fig. 1   Fig. 2

Fehlerhafte Schlüsse können auch gezogen werden, wenn man nicht bedenkt, dass der Korrelationskoeffizient im Allgemeinen zu gross wird, falls der Stichprobenumfang sehr klein ist. Betrachtet man z.B. nur zwei Paare von Merkmalswerten, so erhält man immer einen Korrelationskoeffizienten r = 1, weil die Regressionsgerade in diesem Fall immer genau durch die beiden Punkte verläuft.

Unterschied Regression – Korrelation
Beide untersuchen den Zusammenhang zwischen zwei Variablen. Bei der Korrelation sind die beiden Variablen gleichberechtigt, bei der Regression ist y von x abhängig. Dadurch erlaubt das Regressionsmodell Vorhersagen, über deren Qualität die Korrelation eine Aussage macht.

Beispiel 1 Regression und Korrelation
An einer Schule wurde der Zusammenhang zwischen Mathematik- und Physikkenntnissen getestet. Die 12 Versuchspersonen erreichten in den jeweiligen Tests folgende Punktzahlen.

Person	1	2	3	4	5	6	7	8	9	10	11	12
Merkmal X (Physik)	2	8	4	9	9	4	8	4	6	2	11	10
Merkmal Y (Mathematik)	3	5	4	7	8	5	7	3	4	2	7	9

a) Betrachten Sie für jede Person die Punktzahlen als Koordinatenpaar. Zeichnen Sie die Punktwolke.
b) Bestimmen Sie die Gleichung der Regressionsgeraden und zeichnen Sie diese.
c) Welche Punktzahl in Mathematik kann man für eine Person prognostizieren, die in Physik 12 Punkte erreicht?
d) Berechnen Sie den Korrelationskoeffizienten und beurteilen Sie die Güte der Anpassung an die Regressionsgerade.

Lösung:
a) Siehe rote Punkte in Fig. 1.
b) Mittelwerte: $\bar{x} = 6.42$; $\bar{y} = 5.33$
Regressionsgerade: $y = mx + b$

$$m = \frac{(2-6.42)(3-5.33) + (8-6.42)(5-5.33) + \ldots + (10-6.42)(9-5.33)}{(2-6.42)^2 + (8-6.42)^2 + \ldots + (10-6.42)^2}$$

$$= \frac{69.33}{108.92} = 0.64$$

$b = 5.33 - 0.64 \cdot 6.42 = 1.22$,
also ist die Gleichung der Regressionsgeraden:
$y = 0.64 \cdot x + 1.22$ (siehe Fig. 1)

c) $y(12) = 0.64 \cdot 12 + 1.22 = 8.9 \approx 9$ (Punkte)

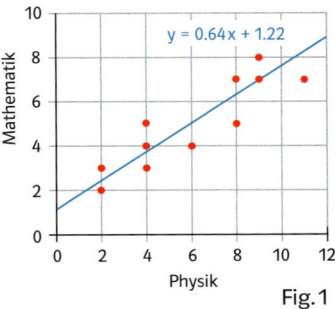

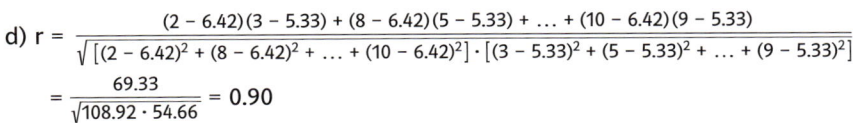

d) $r = \frac{(2-6.42)(3-5.33) + (8-6.42)(5-5.33) + \ldots + (10-6.42)(9-5.33)}{\sqrt{[(2-6.42)^2 + (8-6.42)^2 + \ldots + (10-6.42)^2] \cdot [(3-5.33)^2 + (5-5.33)^2 + \ldots + (9-5.33)^2]}}$

$= \frac{69.33}{\sqrt{108.92 \cdot 54.66}} = 0.90$

Fig. 1

Es ist $r \in [0.7; 1[$, also starke positive Korrelation.

Beispiel 2 Regression und Korrelation
Die Tabelle zeigt den Bremsweg y (in Meter) von Autos in Abhängigkeit von der Geschwindigkeit x (in km/h):

x	17.7	22.5	20.9	27.4	32.2	25.7	38.6	24.1	16.1	40.2	19.3	11.3
y	5.2	7.9	10.4	9.8	19.5	12.2	28	6.1	10.4	25.9	6.1	1.2

a) Nehmen Sie Stellung zur Aussage: je schneller ein Auto, desto länger der Bremsweg.
b) Berechnen Sie die Regressionsgerade.
c) Nach einem Unfall, bei dem es nur Blechschaden gab, misst die Polizei einen Bremsweg von 30.4 m. Der Autolenker gibt zu Protokoll, dass er mit ca. 30 km/h unterwegs war. Wie glaubwürdig ist seine Aussage? Argumentieren und begründen Sie.
Lösung:
a) Die Gestalt der Punktwolke lässt diesen Schluss vermuten; der hohe Wert der Korrelation von $r = 0.92$ unterstützt diesen Schluss. Allerdings beeinflussen noch andere Faktoren wie Fahrbahnbeschaffenheit, Reaktionszeit usw. den Bremsweg.
b) $y = 0.88x - 9.74$
c) Welcher Bremsweg gehört zur Geschwindigkeit $x = 30$ km/h?
$y = 0.88 \cdot 30 - 9.74 = 16.57$ m. Somit ergäbe eine Geschwindigkeit von 30 km/h einen (durchschnittlichen) Bremsweg von ca. 16.5 m, was viel kürzer ist als die gemessenen 30.4 m. Es muss vermutet werden, dass der Autolenker viel schneller unterwegs war. Der Autolenker wirkt also unglaubwürdig.

Aufgaben

1 Zur Punktwolke $P_1(0|4)$, $P_2(2|7)$, $P_3(4|0)$, $P_4(6|3)$ gehört die Regressionsgerade mit der Gleichung $y = -0.5x + 5$.
a) Zeichnen Sie die Punkte und die Regressionsgerade in ein Koordinatensystem.
b) Berechnen Sie die Korrelation r.

2 a) Ordnen Sie die Punktwolken gefühlsmässig nach steigender Korrelation.

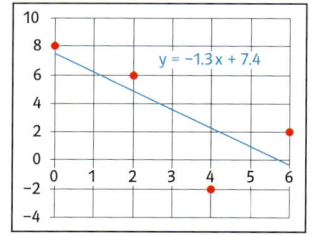

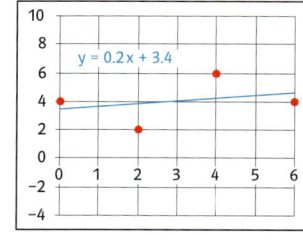

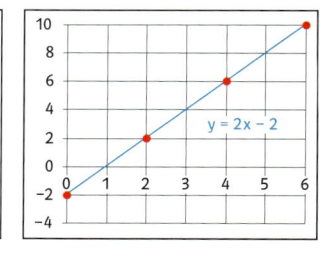

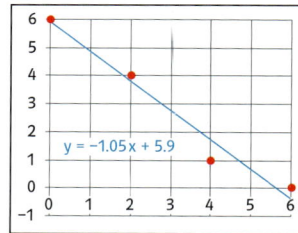

b) Kontrollieren Sie Ihre Antwort zu a) rechnerisch.

3 Frau Steiner versucht eine Wolke aus drei oder vier Punkten zu finden, bei der die Regressionsgerade positive Steigung besitzt, aber die Korrelation den Wert null hat. Helfen Sie ihr.

4 Die folgende Tabelle zeigt die Gesteinshärte in einem Bergwerk in x Meter Tiefe.

Tiefe (m)	0	100	200	300	400	500	600	700	800	900
Gesteinshärte	20	11	5	2	0	0	3	7	15	23

Besteht ein Zusammenhang zwischen der Tiefe und der Gesteinshärte? Begründen Sie.

5 1955 publizierte R. Doll eine Arbeit über Zigarettenkonsum und Lungenkrebs in 11 Ländern. Zeichnen Sie ein Punktdiagramm und berechnen Sie die Korrelation zwischen den Merkmalen X (Zigarettenverbrauch pro Kopf 1930) und Y (Todesfälle an Lungenkrebs 1950 je Million Einwohner).

Land	x_i	y_i	Land	x_i	y_i
Island	230	60	Kanada	500	150
Norwegen	250	90	Schweiz	510	250
Schweden	300	110	Finnland	1100	350
Dänemark	380	170	GB	1100	460
Australien	480	180	USA	1300	200
Niederlande	490	240			

6 Manchmal wird eine hohe Korrelation als Indiz gedeutet für eine kausale Beziehung zwischen zwei Merkmalen in dem Sinne, dass hohe Merkmalswerte von X auch hohe (niedrige) Werte von Y verursachen. Vermuten Sie zwischen folgenden Merkmalen positive bzw. negative Korrelation? Liegt Ihres Wissens ein kausaler Zusammenhang vor? Finden Sie weitere Beispiele.

		Korrelation: pos./neg.	Kausalität: j/n
Autos in der Stadt	verkaufte Benzinmenge		
Ausbildungsdauer	Jahreseinkommen		
Abwesenheit der Eltern	Fernsehkonsum der Kinder		
Duschgelkonsum	Ausgaben für Kleidung		
Alkoholkonsum	Tabakkonsum		
Freizeit	Einkommen		
Bierkonsum	mittlere Tagestemperatur		
Alter des Ehemannes	Alter der Ehefrau		
Anzahl der Störche je km^2	Bevölkerungszahl je km^2		

7 Die Verteilung der Bevölkerung in der Westschweiz zeigt folgende Übersicht:
a) Was fällt Ihnen an diesem Datensatz auf?
b) Berechnen Sie die Einwohnerzahl der einzelnen Kantone.
c) Berechnen Sie den prozentualen Anteil der einzelnen Kantone an der Gesamtbevölkerung der Westschweiz.
d) Berechnen Sie die Korrelation zwischen der Fläche und den Einwohnern pro km^2.
e) Interpretieren Sie den Wert der Korrelation.

Kanton	Fläche in km^2	Einwohner pro km^2
Freiburg	1671	135
Waadt	3212	191
Wallis	5224	51
Neuenburg	803	206
Genf	282	1405
Jura	836	81

8 Die Tabelle zeigt die Höhe über Meer (in Meter) und die durchschnittliche Lufttemperatur (in °C) von einigen Schweizer Orten.
a) Bestimmen Sie die Gleichung der Regressionsgeraden mit x = Höhe und y = Temperatur.
b) Interpretieren Sie die Steigung der Regressionsgeraden.
c) Gemäss Meteo Schweiz beträgt die durchschnittliche Lufttemperatur auf dem Jungfraujoch (3580 m über Meer) −7.92 °C. Vergleichen Sie diese Temperatur mit dem Regressionsmodell aus Aufgabe a), indem Sie mindestens eine statistische Zahl benützen.
d) Bestimmen Sie den linearen Korrelationskoeffizienten der Tabelle inklusive des Jungfraujochs. Erklären Sie die Zunahme der linearen Korrelation.

Ort	Höhe	Temperatur
Basel-Binningen	316	9.68
Bern-Liebefeld	565	8.20
Genf-Cointrin	420	9.83
Glarus	515	8.03
Locarno-Monti	366	11.47
Luzern	456	8.77
St. Gallen	779	7.40
Zürich-Kloten	436	8.30

15 Beurteilende Statistik

15.1 Das Grundproblem der beurteilenden Statistik

In einem Supermarkt wird für ein neues Erfrischungsgetränk geworben. Jeder Besucher wird aufgefordert, das Glücksrad zu drehen. Bleibt das Rad bei «Rot» stehen, erhält man eine Probierflasche. Jemand beobachtet fünf Kunden, alle gewinnen eine Probierflasche.
Nennen Sie zwei Möglichkeiten für das Zustandekommen dieses Ergebnisses.
Für welche der beiden Möglichkeiten würden Sie sich entscheiden?

Die Betrachtung der folgenden Situation zeigt, womit sich die beurteilende Statistik befasst.
Bei der letzten Wahl hat Kandidat Müller 50 % der abgegebenen Stimmen erhalten. Unter zehn zufällig ausgesuchten Wählern für ein Gruppeninterview sollen sich mindestens drei finden, die für Kandidat Müller gestimmt haben. Da die Erfolgswahrscheinlichkeit p bekannt ist, lässt sich die Wahrscheinlichkeit dieses Ereignisses berechnen. Sie beträgt
$1 - [B(10; 0.5; 0) + B(10; 0.5; 1) + B(10; 0.5; 2)] = 0.9453$.
In der Praxis stellt sich aber das Problem oft anders: Kandidat Müller möchte vor der nächsten Wahl etwas über seine Chancen erfahren, z. B., ob er mehr als die Hälfte der Stimmen bekommt. Alle Wähler befragen zu lassen, wäre zeitaufwendig und teuer. Er muss sich mit einer sogenannten **Stichprobe** begnügen.
Stellt sich nun heraus, dass in einer Stichprobe von 100 Befragten 65 den Kandidaten Müller wählen würden, so hat man zwei Möglichkeiten der Interpretation:
1. Möglichkeit: Das Stichprobenergebnis kam deshalb zustande, weil der Kandidat Müller in der Tat mehr als 50 % der Stimmen erhält.
2. Möglichkeit: Kandidat Müller erhält weiterhin nur 50 % der Stimmen. Unter dieser Voraussetzung lässt sich die Wahrscheinlichkeit für das eingetretene oder ein noch extremeres Ergebnis berechnen. Beschreibt bei 100 befragten Personen die Zufallsvariable X die Anzahl der Wähler von Kandidat Müller, so ist
$P(X \geq 65) = 1 - P(X \leq 64) = 1 - 0.9982 = 0.0018$.
Aufgrund dieser geringen Wahrscheinlichkeit wird man sich für die erste Möglichkeit entscheiden.

Erinnerung:
$B(n; p; k) = \binom{n}{k} \cdot p^k \cdot (1-p)^{n-k}$

In der Markt- und Meinungsforschung verwendet man häufig sogenannte repräsentative Stichproben. Diese sollen ein Abbild der Bevölkerungsgesamtheit darstellen. Das heisst, der Anteil der Jugendlichen, der Selbstständigen, der Frauen usw. soll in der Stichprobe und in der Gesamtheit übereinstimmen. Der Stichprobenumfang liegt hierbei oft in der Grössenordnung von 2000 Personen.

> In der **beurteilenden Statistik** wird versucht, mithilfe einer Stichprobe auf die unbekannte, dem betreffenden Zufallsexperiment tatsächlich zugrunde liegende Wahrscheinlichkeitsverteilung zu schliessen.

Beispiel Schliessen mithilfe einer Binomialverteilung
Während eines Spiels wird der Verdacht geäussert, dass beim benutzten Würfel die Wahrscheinlichkeit für eine Sechs grösser als $\frac{1}{6}$ ist. Eine Überprüfung ergab bei 100 Würfen 30 Sechsen.
a) Welche Möglichkeiten für das Zustandekommen dieses Ergebnisses gibt es?
b) Für welche Möglichkeit wird man sich entscheiden? Begründen Sie.

Lösung:
a) 1. Möglichkeit: Der Verdacht trifft zu. Bei diesem Würfel ist die Wahrscheinlichkeit für eine Sechs tatsächlich grösser als $\frac{1}{6}$. Damit ist das häufige Auftreten plausibel.
2. Möglichkeit: Der Verdacht trifft nicht zu. Der Würfel ist in Wirklichkeit doch ideal. Man erhält nur zufällig dieses extreme Ergebnis.
b) Angenommen, der Würfel ist ideal. Beschreibt X die Anzahl der Sechsen bei 100 Würfen, so ist X in diesem Fall $B(100; \frac{1}{6})$-verteilt. Die Wahrscheinlichkeit für 30 oder mehr Sechsen ist $P(X \geq 30) = 1 - P(X \leq 29) = 1 - 0.9993 = 0.0007$. Aufgrund dieser geringen Wahrscheinlichkeit wird man sich für die erste Möglichkeit entscheiden.

Aufgaben

1 Ein Zuckerrübenbauer weiss aus Erfahrung, dass der Anteil der süssen (vgl. Randspalte) unter seinen Zuckerrüben in normalen Jahren 40% beträgt.
Er entnimmt seiner Ernte eine Stichprobe von 50 Rüben und prüft, wie viele «süsse» Rüben darunter sind. Die Prüfung ergibt, dass die Stichprobe nur 10 süsse Rüben enthält.
a) Welche Möglichkeiten für das Zustandekommen dieses Ergebnisses lassen sich nennen?
b) Für welche Möglichkeit wird man sich entscheiden? Begründen Sie.

Eine süsse Zuckerrübe hat einen Zuckergehalt von mindestens 17%.

2 Von einer Urne ist bekannt, dass sie entweder doppelt so viele blaue wie weisse Kugeln (Fall 1) oder doppelt so viele weisse wie blaue Kugeln (Fall 2) enthält. Man zieht aus der Urne 20-mal mit Zurücklegen.
a) Berechnen Sie jeweils die Wahrscheinlichkeit, mindestens 12 weisse Kugeln zu erhalten.
b) Für welchen der beiden Fälle würden Sie sich entscheiden, wenn sich in der Stichprobe 15 weisse Kugeln zeigen? Begründen Sie Ihre Antwort.

3 Früher kannten 40% der Bevölkerung das Produkt SOMAC. Von 100 befragten Personen geben jetzt 37 an, dass sie SOMAC kennen. Ist der Bekanntheitsgrad von SOMAC gesunken? Entscheiden Sie, welche der folgenden Stellungnahmen stichhaltig sind. Begründen Sie Ihre Entscheidungen.
a) «Der Bekanntheitsgrad von SOMAC ist sicher nicht gesunken, ich kenne SOMAC auch.»
b) «Der Bekanntheitsgrad von SOMAC ist wohl gesunken, da nur 37% der Befragten SOMAC kennen. Wäre er gleich geblieben, so müssten es meiner Meinung nach 40% sein.»
c) «Angenommen, der Bekanntheitsgrad von SOMAC ist tatsächlich 40%. Dann ist die Zufallsvariable X (Anzahl der 100 Befragten, die SOMAC kennen) $B(100; 0.4)$-verteilt. Also ist die Wahrscheinlichkeit, dass nur 37 von 100 Befragten SOMAC kennen, $P(X = 37) = 0.0682$. Diese geringe Wahrscheinlichkeit deutet klar darauf hin, dass SOMAC heute nicht mehr so bekannt ist wie früher.»
d) «Das Stichprobenergebnis spricht nicht unbedingt für eine Verringerung des Bekanntheitsgrades von SOMAC. Eine gewisse Schwankung der Stichprobenergebnisse um den Erwartungswert $m = 100 \cdot 0.4 = 40$ ist doch normal.»

15.2 Hypothesen testen – Alternativtests

▮▮▮▮ Dialog aus einer Gerichtsverhandlung:
Richterin: «Angeklagter, Sie behaupten also, nicht im Juweliergeschäft eingebrochen zu haben.» Angeklagter: «Ja.» Richterin: «Aber in dem Geschäft wurden Ihre Fingerabdrücke gefunden.» Angeklagter: «Es liegt sicher eine Verwechslung vor.» Richterin: «In Ihrer Wohnung wurden Schmuckstücke aus dem Juweliergeschäft sichergestellt.» Angeklagter: «Man hat sie mir untergeschoben.» Richterin: «Das klingt alles sehr unwahrscheinlich.»
a) Von welcher Hypothese wird in jeder Gerichtsverhandlung zunächst ausgegangen?
b) In welchem Fall wird man diese Ausgangshypothese verwerfen? ▮▮▮▮

> **Hypothese**
> (griech.: hypóthesis):
> Annahme, Vermutung

> Ist H_0 wahr, so besteht kein («null») Unterschied zwischen der angenommenen und der vorliegenden Verteilung.

Liegt eine Hypothese über eine Wahrscheinlichkeitsverteilung vor, so ist es sinnvoll, aufgrund eines Stichprobenergebnisses über eine mögliche Ablehnung dieser Hypothese zu entscheiden. Diese zu überprüfende Hypothese nennt man **Nullhypothese**, kurz H_0.

Bei Binomialverteilungen gibt es Situationen, in denen die Nullhypothese die Form $H_0: p = p_0$ hat und als Alternative nur eine Hypothese des Typs $H_1: p = p_1$ mit $p_0 \neq p_1$ infrage kommt. In diesem Fall spricht man von **Alternativtests**.
Wird H_0 zu Unrecht abgelehnt, so nennt man dies einen **Fehler 1. Art**. Behält man H_0 irrtümlich bei, lehnt man also H_1 zu Unrecht ab, so nennt man dies einen **Fehler 2. Art**:

		Zustand der Wirklichkeit	
		H_0 ist wahr	H_0 ist falsch
Entscheidung: H_0 wird	abgelehnt	Fehler 1. Art	Richtige Entscheidung
	nicht abgelehnt	Richtige Entscheidung	Fehler 2. Art

Die Wahrscheinlichkeit für einen Fehler 1. Art heisst kurz **Irrtumswahrscheinlichkeit** und wird mit α bezeichnet. Die Wahrscheinlichkeit für einen Fehler 2. Art bezeichnet man mit β.
An folgender Situation sollen der Gedankengang und weitere Begriffe für Hypothesentests am Beispiel eines Alternativtests erläutert werden.
Die Elektrofirma HOT hatte bei ihren produzierten Toastern eine Ausschussquote von 10%. Das teure Wartungsunternehmen FIX war tätig und hat vertraglich zugesichert, dass nun die Ausschussquote nur noch 2% beträgt. Es wird ein Prüfverfahren vereinbart:

Umgangssprachliche Testbeschreibung:	Testbeschreibung mit Fachbegriffen:
Es werden 50 Toaster geprüft und die Anzahl defekter Geräte wird notiert.	Die Anzahl X defekter Geräte ist binomialverteilt mit den Parametern $n = 50$ und der Ausschussquote p.
HOT nimmt erst einmal an, es habe sich nichts geändert, um nicht zahlen zu müssen.	Als Hypothese H_0 legen wir fest: $p = 0.10$ Gilt H_0, so ist X binomialverteilt mit $n = 50$ und $p = 0.1$.
FIX nimmt an, die Massnahme war erfolgreich.	Als sogenannte **Gegenhypothese** H_1 notieren wir: $p = 0.02$ Gilt H_1, so ist X binomialverteilt mit $n = 50$ und $p = 0.02$.
HOT und FIX vereinbaren, dass HOT bei höchstens 2 defekten unter den geprüften 50 Toastern seine Zweifel fallen lässt.	Als sogenannte **Entscheidungsregel** legen wir fest: Bei höchstens 2 defekten Geräten wird H_1 abgelehnt. Kurz: $[0;2]$ ist der **Ablehnungsbereich** für die Hypothese H_0.

Jetzt lassen sich beide Irrtumswahrscheinlichkeiten ausrechnen (Werte gerundet):
$\alpha = P(X \leq 2) = 0.112$ für $p = 0.1$.
$\beta = P(X \geq 2) = 1 - P(X \leq 2) = 0.078$ für $p = 0.02$.
Da die Wahrscheinlichkeiten α und β für eine **irrtümliche** Ablehnung von H_0 bzw. H_1 vergleichbar klein sind, können beide Firmen mit den Werten zufrieden sein.

Bei einer Vergrösserung des Stichprobenumfangs mit Anpassung der Entscheidungsgrenze lassen sich beim Alternativtest sowohl α als auch β verkleinern (vgl. Beispiel 1).
In der Praxis wählt man daher oft folgende Abfolge: Zunächst wählt man eine Höchstgrenze für die Irrtumswahrscheinlichkeit α. Bei Alternativtests gilt sie meistens auch als Höchstgrenze für das Risiko des Fehlers 2. Art.
Danach wählt man einen passenden Stichprobenumfang n und bestimmt den Ablehnungsbereich K für H_0.

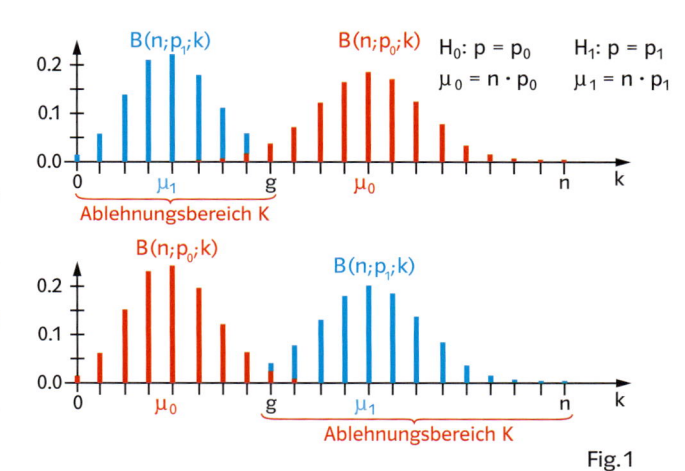

Fig. 1

Falls $p_0 > p_1$ gilt, hat K die Form $K = [0; g]$, für $p_0 < p_1$ hat er die Form $K = [g; n]$ mit einem passenden g zwischen $n \cdot p_0$ und $n \cdot p_1$ (Fig. 1).
Man nennt die Grenze g den **kritischen Wert**.

Vorgehensweise zur Bestimmung des Ablehnungsbereichs beim Alternativtest
1. Legen Sie die Bedeutung der Erfolge bei den betrachteten Bernoulli-Ketten fest.
2. Notieren Sie die Nullhypothese H_0: $p = p_0$ und die Gegenhypothese H_1: $p = p_1$.
3. Wählen Sie die Länge n der Bernoulli-Kette und eine Obergrenze α für die Irrtumswahrscheinlichkeit/Fehlerwahrscheinlichkeiten.
4. H_0 sei wahr: Geben Sie die Verteilung der Zufallsvariablen X (Anzahl der Erfolge) an.
5. Bestimmen Sie einen möglichst grossen Ablehnungsbereich K so, dass $P(X \in K) \leq \alpha$.
6. Prüfen Sie, ob für $p = p_1$ auch $1 - P(X \in K) \leq \alpha$ ist.
   Wenn ja: K ist bestimmt und Sie können die Entscheidungsregel formulieren.
   Wenn nein: Vergrössern Sie α oder n und gehen Sie nach Punkt 5. zurück.

Beispiel 1 Der Fall $p_0 > p_1$
Die Firmen HOT und FIX wollen die Entscheidung über das Erfolgshonorar sicherer machen. Sie einigen sich zwecks Senkung der Fehlerwahrscheinlichkeiten auf die Prüfung von 70 Geräten, um zwischen den Hypothesen H_0: $p = 0.1$ und H_1: $p = 0.02$ zu entscheiden. Bestimmen Sie eine faire Entscheidungsregel und berechnen Sie die zugehörigen Wahrscheinlichkeiten für den Fehler 1. und 2. Art.
Lösung:
1. Erfolg bedeutet, dass ein Toaster defekt ist.
2. Nullhypothese H_0: $p = 0.1$ (alte Qualität);
Gegenhypothese H_1: $p = 0.02$ (Senkung der Defektquote):
Ablehnung von H_0 für kleine Erfolgsanzahlen.
3. Länge der Bernoulli-Kette 70; α wird versuchsweise auf 0.08 gesetzt.

4. Ist H_0 wahr, so ist die Zufallsvariable X (Erfolgsanzahl) B(70; 0.1)-verteilt.
5. Bestimmung des Ablehnungsbereichs
K = [0; g]:
Gesucht ist die grösste ganze Zahl g mit
$P(X \leq g) \leq 0.08$.
Da (gerundet) $P(X \leq 3) = 0.0712$ und
$P(X \leq 4) = 0.1588$ ist, ergibt sich g = 3 bzw. K = [0; 3].
6. Für p = 0.02 ergibt sich $\beta = P(X > 3) = 1 - P(X \leq 3) = 0.0519$.
Damit ist der Bereich K fair und die Entscheidungsregel lautet:
Bei höchstens drei defekten Toastern wird H_1 angenommen, ansonsten H_0.

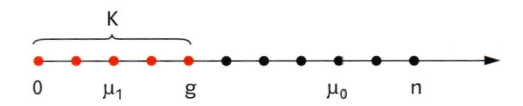

Beispiel 2 Der Fall $p_0 < p_1$

Ein Spieler hat einen gefälschten Würfel in Auftrag gegeben, den er vor der Bezahlung durch 120 Würfe testen will. Der Fälscher behauptet, dass die Sechs mit der Wahrscheinlichkeit 0.3 fällt, der Spieler zweifelt daran. Beide einigen sich darauf, dass nur bezahlt wird, wenn sich die Hypothese des Spielers mit einer Irrtumswahrscheinlichkeit unter 10% ablehnen lässt.

a) Formulieren Sie die Nullhypothese und die Gegenhypothese und bestimmen Sie den Ablehnungsbereich.

b) Wie hoch ist die Wahrscheinlichkeit, dass der Fälscher trotz «fachgerechter Arbeit» den Würfel zurücknehmen muss?

Lösung:

a) 1. Erfolg bedeutet, dass eine Sechs fällt.
2. Nullhypothese H_0: $p = \frac{1}{6}$ (Würfel nicht gefälscht);
Gegenhypothese H_1: p = 0.3 (erfolgreiche Fälschung); Ablehnung von H_0 bei grossen Erfolgsanzahlen.
3. Länge der Bernoulli-Kette 120; $\alpha = 0.1$.
4. Ist H_0 wahr, so ist die Zufallsvariable X (Erfolgsanzahl) B(120; $\frac{1}{6}$)-verteilt.
5. Bestimmung des Ablehnungsbereichs
K = [g; 120]:
Gesucht ist die kleinste ganze Zahl g mit
$P(X \geq g) \leq 0.1$.
Da $P(X \geq 25) = 1 - P(X \leq 24) = 0.1361$ und
$P(X \geq 26) = 1 - P(X \leq 25) = 0.0920$ ist, ergibt sich g = 26 bzw. K = [26; 120].
b) Das Risiko des Fälschers ist $\beta = P(X \leq 25)$ für p = 0.3. Es ergibt sich zu 0.0159.

Aufgaben

1 Die Hypothese H_0: p = 0.3 soll bei einem Stichprobenumfang von n = 100 gegen die Hypothese H_1: p = 0.7 getestet werden.
Wählen Sie g = 50 als kritischen Wert und berechnen Sie die Wahrscheinlichkeit für den Fehler 1. und 2. Art.

2 Die Hypothese H_0: p = 0.1 soll mit einer Irrtumswahrscheinlichkeit unter 1% gegen die Hypothese H_1: p = 0.3 getestet werden. Fangen Sie mit dem Stichprobenumfang n = 50 an und wählen Sie jeweils $g = 0.2 \cdot n$ als kritischen Wert. Berechnen Sie die Wahrscheinlichkeiten α und β für den Fehler 1. und 2. Art. Wiederholen Sie das mit laufendem Verdoppeln von n, bis α und β beide unter 1% liegen.

3 Rolf behauptet, dass er bei Mineralwasser in «drei von vier Fällen» schmecken könne, ob es seine Lieblingssorte sei. Tanja sagt: «Du rätst nur.» Sie wollen mit 20 Proben herausfinden, wer Recht hat. Formulieren Sie die Nullhypothese und die zugehörige Gegenhypothese und entwickeln Sie ein Testverfahren mit ausgewogenen Irrtumsrisiken.

4 Eine Fluggesellschaft hat für ein Menü den Zulieferer A und erhält ein Angebot eines Konkurrenten B. Beim Zulieferer A gab es 5% Reklamationen, B verspricht, bei ihm sei die Quote nur 1%. Während einer Testphase werden 500 Menüs von B ausgegeben und es beschweren sich nur 9 Fluggäste. Formulieren Sie die Nullhypothese H_0 und die Gegenhypothese H_1. Nehmen Sie an, 9 wäre der kritische Wert für H_0 gewesen, und bestimmen Sie die Risiken für den Fehler 1. und 2. Art beim Testen von H_0 gegen H_1.

5 Die Journalisten A und B in einer Lokalredaktion streiten sich, ob der Befürworteranteil für eine Umfahrungsstrasse in ihrer Stadt 40% oder 60% beträgt. A kommt am nächsten Tag und sagt: «Ich habe 20 Leute befragt und 15 waren für die Umfahrungsstrasse. Also habe ich Recht.»
a) Machen Sie unter theoretischen Gesichtspunkten eine Aussage über das Irrtumsrisiko von B.
b) A und B einigen sich, gemeinsam 100 Einwohner zu befragen und bei 50 Befürwortern zugunsten von B zu entscheiden. Berechnen Sie die Irrtumsrisiken für die beiden möglichen Entscheidungen.

6 Die Hypothese H_0: $p = 0.4$ soll bei einem Stichprobenumfang von $n = 100$ gegen die Hypothese H_1: $p = 0.8$ getestet werden.
a) Bestimmen Sie einen kritischen Wert g nach folgendem Verfahren: Man unterteilt das Intervall $[\mu_0; \mu_1]$ im Verhältnis der Standardabweichungen σ_0 und σ_1 und nimmt die dem Teilpunkt am nächstengelegene ganze Zahl als kritischen Wert. Geben Sie dann den Ablehnungsbereich für H_0 an.
b) Bestimmen Sie die Wahrscheinlichkeiten für den Fehler 1. und 2. Art. Sind α und β von der gleichen Grössenordnung?

7 Beim Wurf einer Streichholzschachtel wird vermutet, dass sie mindestens mit der Wahrscheinlichkeit 0.5 auf eine der grossen Seiten fällt. Ein Skeptiker billigt diesem Ereignis jedoch höchstens die Wahrscheinlichkeit 0.4 zu. Wie oft müsste man die Schachtel mindestens werfen, damit bei jeder der beiden möglichen Entscheidungen das Risiko für einen Irrtum weniger als 10% beträgt?

8 Wahr oder falsch? Begründen Sie.
a) Verwerfen einer Hypothese bedeutet, dass die Hypothese falsch ist.
b) Wenn beim Testen einer Hypothese das Stichprobenergebnis in den Annahmebereich fällt, ist die Nullhypothese wahr.
c) Wenn beim Testen einer Hypothese das Stichprobenergebnis nicht in den Annahmebereich fällt, ist die Nullhypothese falsch.
d) Wenn man zweimal nacheinander den gleichen Test durchführt, kann es sein, dass man unterschiedlich entscheidet.
e) Die Wahrscheinlichkeit für den Fehler 1. Art gibt an, mit welcher Wahrscheinlichkeit die Nullhypothese falsch ist.
f) Wenn man die Nullhypothese nicht ablehnt, ist sie auch richtig. Denn sonst könnte man ja nicht den Annahmebereich bestimmen.

15.3 Hypothesen testen – Signifikanztests

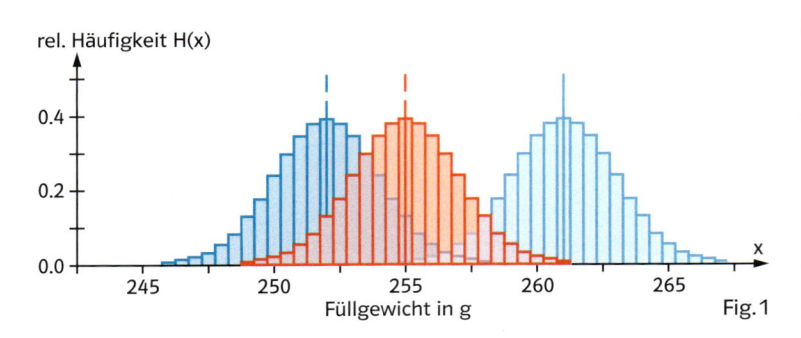

Eine Firma stellt Beutelsuppen her und liefert sie in Beuteln mit dem Aufdruck «250 g Inhalt» aus. Um Reklamationen zu vermeiden, ist die Abfüllanlage auf 255 g Sollinhalt eingestellt. Fig. 1 zeigt die Verteilung der Füllgewichte in Rot und mögliche Verteilungen in Blau bei unbemerkter Verstellung der Abfüllanlage.
Diskutieren Sie mögliche Verfahren der Qualitätskontrolle.

Fig. 1

Ist die Gegenhypothese zu einer Nullhypothese H_0 nur die Verneinung von H_0, so spricht man beim Hypothesentesten von **Signifikanztests**. Das Vorgehen ist ähnlich wie beim Alternativtest. Man kann allerdings nur das Risiko für einen Fehler 1. Art kontrollieren und orientiert sich daher nur an der zugehörigen Irrtumswahrscheinlichkeit α. Das Vorgehen soll wieder an einer Beispielsituation erklärt werden:

Katja und Rolf essen gerne Schokoladenaufstrich der Marke A. Als «ihre» Marke einmal ausverkauft ist, kauft Rolf die wesentlich billigere Marke B. Er probiert diese und findet, dass kein Unterschied zu schmecken sei. Katja ist anderer Meinung. Rolf hat den Verdacht, dass sich Katja von der Kenntnis der anderen Marke leiten lässt. Sie vereinbaren deshalb zu testen, ob Rolf seinen Verdacht fallen lassen sollte.

*In der Werbung wird oft behauptet, dieses oder jenes Markenprodukt sei unverwechselbar.
Das kann man überprüfen.*

Umgangssprachliche Testbeschreibung:	Testbeschreibung mit Fachbegriffen:
Katja soll bei insgesamt 10 zufällig ausgewählten Proben angeben, um welche der beiden Marken es sich handelt.	Eine richtige Angabe bedeutet Erfolg. Die Anzahl X der Erfolge ist binomialverteilt mit $n = 10$ und Erfolgswahrscheinlichkeit p.
Rolf behauptet, Katja treffe ihre Entscheidung für die Marke A bzw. B rein zufällig (wie durch einen Münzwurf gesteuert).	Als Nullhypothese wird festgelegt: H_0: $p = 0.5$. Gilt H_0, dann ist X binomialverteilt mit $n = 10$ und $p = 0.5$.
Katja ist überzeugt, dass ihre Erfolgswahrscheinlichkeit über 50 % liegt.	Als Gegenhypothese wird festgelegt: H_1: $p > 0.5$.
Katja und Rolf einigen sich darauf, dass Katja nur dann eine «besondere Begabung» zugestanden wird, wenn sie 9 oder 10 Proben erkennt.	Die Entscheidungsregel lautet: Bei mindestens 9 Erfolgen wird H_0 zugunsten von H_1 abgelehnt. Der Ablehnungsbereich für H_0 ist [9; 10].
Rolf weiss, dass Katja auch beim Raten durch pures Glück auf 9 bis 10 Erfolge kommen kann.	Die Irrtumswahrscheinlichkeit für die Ablehnung von H_0 beträgt: $\alpha = P(X \geq 9) = 1 - P(X \leq 8) = 0.017$.

Katja und Rolf hätten sich auch auf einen Höchstwert für die Irrtumswahrscheinlichkeit einigen können und so z. B. für $\alpha_{max} = 0.20$ den Ablehnungsbereich [7; 10] erhalten.

In der Praxis legt man in der Regel zuerst eine maximal zulässige Irrtumswahrscheinlichkeit, das sogenannte **Signifikanzniveau** α, fest und ermittelt daraus den Ablehnungsbereich. Dabei gibt es drei Situationen:

Einseitiges Testen

Bei der Produktion von Bauteilen (Ausschussanteil bisher $p = 5\%$) wird nach einer Maschinenüberholung eine Qualitätssteigerung vermutet. Man wird $H_0: p = 0.05$ zugunsten von $H_1: p < 0.05$ ablehnen, wenn z. B. bei 100 überprüften Teilen deutlich weniger als $\mu_0 = 100 \cdot 0.05 = 5$ defekte Teile sind. Hier ist $K = [0; g]$ der Ablehnungsbereich. Man spricht von einem **linksseitigen Test**. Ist H_0 wahr, so ist X (Anzahl der defekten Bauteile) $B(100; 0.05)$-verteilt. Der kritische Wert g lässt sich als die grösste ganze Zahl mit $P(X \leq g) \leq \alpha$ bestimmen.

$H_0: p = p_0$
$H_1: p < p_0$
$\mu_0 = n \cdot p_0$

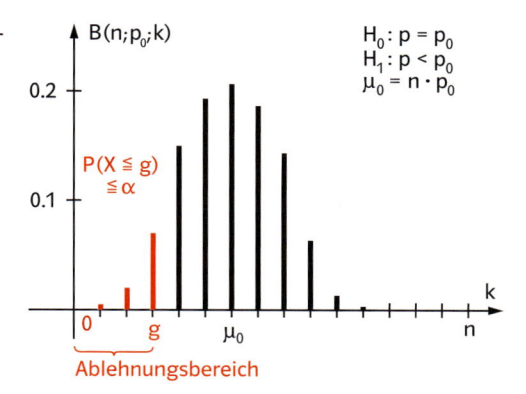

H_0 ist wahr:
X ist $B(100; 0.05)$-verteilt.

H_0 wird abgelehnt, wenn $X \leq g$ ist.

Signifikanzniveau: α

Aus $P(X \geq g) \geq \alpha$ lässt sich g bestimmen.

Ein Politiker wird nach einer Werbekampagne ein Anwachsen seines Wähleranteils (bisher 40%) vermuten. Man wird $H_0: p = 0.4$ zugunsten von $H_1: p > 0.4$ ablehnen, wenn sich z. B. von 100 Personen deutlich mehr als $\mu_0 = 100 \cdot 0.4 = 40$ für ihn aussprechen. Hier ist $K = [g; 100]$ der Ablehnungsbereich. Man spricht von einem **rechtsseitigen Test**. Ist H_0 wahr, so ist X (Anzahl der Wähler des Politikers) $B(100; 0.4)$-verteilt. Der kritische Wert g lässt sich als die kleinste ganze Zahl mit $P(X \geq g) \leq \alpha$ bestimmen.

$H_0: p = p_0$
$H_1: p > p_0$
$\mu_0 = n \cdot p_0$

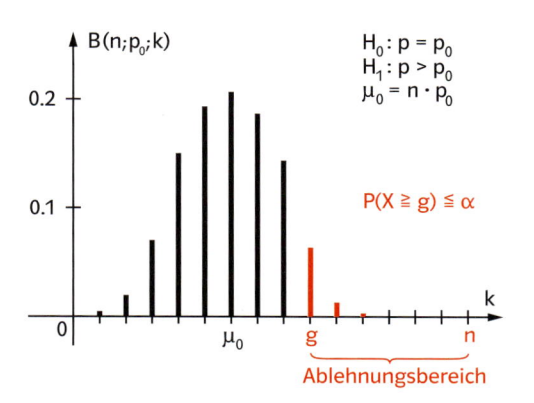

H_0 ist wahr:
X ist $B(100; 0.4)$-verteilt.

H_0 wird abgelehnt, wenn $X \geq g$ ist.

Signifikanzniveau: α

Aus $P(X \geq g) \leq \alpha$ lässt sich g bestimmen.

Zweiseitiges Testen

Beim linksseitigen Testen führen kleine Erfolgsanzahlen zur Ablehnung von H_0. Beim rechtsseitigen Testen gilt dasselbe für grosse Erfolgsanzahlen.

Manchmal sind jedoch Abweichungen vom Erwartungswert $\mu_0 = n \cdot p_0$ nach unten und nach oben von Interesse. Der Nullhypothese $H_0: p = p_0$ steht dann die Hypothese $H_1: p \neq p_0$ gegenüber. Man nennt einen solchen Test **zweiseitig**. Der Ablehnungsbereich ist $K = [0; g_l] \cup [g_r; n]$. Das Signifikanzniveau α wird in zweimal $\frac{\alpha}{2}$ aufgeteilt. Um diese beiden Wahrscheinlichkeiten möglichst gut auszuschöpfen, bestimmt man g_l als die grösste und g_r als die kleinste ganze Zahl, für die gilt:
$P(X \leq g_l) \leq \frac{\alpha}{2}$ bzw. $P(X \geq g_r) \leq \frac{\alpha}{2}$.

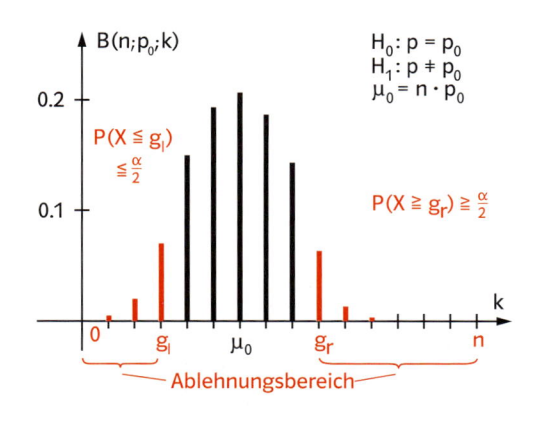

Die allgemeine Vorgehensweise lässt sich wie folgt zusammenfassen.

Vorgehensweise beim Signifikanztest mit einer Binomialverteilung
1. Legen Sie die Bedeutung der Erfolge bei der vorliegenden Bernoulli-Kette fest.
2. Notieren Sie die Nullhypothese H_0 und die Gegenhypothese H_1.
3. H_0 sei wahr: Geben Sie die Verteilung der Zufallsvariablen X (Anzahl der Erfolge) an.
4. Notieren Sie das Signifikanzniveau α.
5. Bestimmen Sie den Ablehnungsbereich K.
6. Treffen Sie eine Entscheidung bzw. geben Sie die Entscheidungsregel an.

Für Nullhypothesen der Form: H_0: $p \leq p_0$ bzw. H_0: $p \geq p_0$ genügt es, den «Extremfall» $p = p_0$ zu betrachten.

Bemerkung
Wenn nur bekannt ist, dass die Erfolgswahrscheinlichkeit bisher mindestens p = 5 % betrug, so lautet die Nullhypothese H_0: $p \geq 0.05$. Es genügt hier jedoch, den «Extremfall» $p_0 = 0.05$ zu betrachten. Je weiter nämlich die Erfolgswahrscheinlichkeit über 5 % liegt, desto unwahrscheinlicher ist es, sich fälschlicherweise für die Gegenhypothese H_1: $p < 0.05$ zu entscheiden.

Beispiel 1   Linksseitiger Test
In einem Stadtteil lag bisher der Anteil der Haushalte, in denen der Abfall nicht getrennt wird, bei 10 %. Aufgrund einer Flugblattaktion hofft man, dass dieser Anteil gesunken ist. In einer Stichprobe vom Umfang n = 100 finden sich nur fünf Haushalte, in denen der Abfall nicht getrennt wird. Kann man bei einem Signifikanzniveau von 15 % davon ausgehen, dass der Anteil jetzt niedriger als 10 % ist?
Lösung:
1. Erfolg bedeutet, dass in einem Haushalt der Abfall nicht getrennt wird.
2. Nullhypothese H_0: p = 0.1 (bisheriger Anteil);
Gegenhypothese H_1: p < 0.1 (Verbesserung); Ablehnung von H_0 für kleine Erfolgsanzahl.
3. Ist H_0 wahr, so ist die Zufallsvariable X (Erfolgsanzahl) B(100; 0.1)-verteilt.
4. Signifikanzniveau: $\alpha = 0.15$
5. Bestimmung des Ablehnungsbereichs K = [0; g]:
Gesucht ist die grösste ganze Zahl g mit $P(X \leq g) \leq 0.15$.
Da $P(X \leq 7) = 0.2061$ und $P(X \leq 6) = 0.1172$ ist, ergibt sich g = 6 bzw. K = [0; 6].
6. Da $5 \in K$ ist, wird H_0 abgelehnt. Man kann bei einem Signifikanzniveau von 15 % davon ausgehen, dass der Anteil der Haushalte, in denen der Abfall nicht getrennt wird, gesunken ist.

Pollen sind die bekanntesten Allergenträger. Etwa 10 % der Bevölkerung in der Schweiz leiden unter einer Pollenallergie.

Beispiel 2   Rechtsseitiger Test
HSM ist ein Mittel gegen Heuschnupfen und hilft zwei von drei Heuschnupfen-Patienten. Der Hersteller behauptet, dass das neue Mittel HSM^{plus} als Weiterentwicklung von HSM eine höhere Wirksamkeit besitzt. Eine Allergologin möchte diese Behauptung überprüfen und testet HSM^{plus} an 100 Patienten. Bei wie vielen Patienten muss HSM^{plus} mindestens helfen, damit man von einer erhöhten Wirksamkeit von HSM^{plus} ausgehen kann? Wählen Sie 5 % als Signifikanzniveau.

Lösung:
1. Erfolg bedeutet, dass HSM^{plus} bei einem Patienten wirkt.
2. Nullhypothese H_0: $p = \frac{2}{3}$ (bisheriger Wirkungsgrad);
Gegenhypothese H_1: $p > \frac{2}{3}$ (Verbesserung); Ablehnung von H_0 für grosse Erfolgsanzahlen.
3. Ist H_0 wahr, so ist die Zufallsvariable X (Erfolgsanzahl) $B(100; \frac{2}{3})$-verteilt.
4. Signifikanzniveau: $\alpha = 0.05$
5. Bestimmung des Ablehnungsbereichs $K = [g; 100]$: 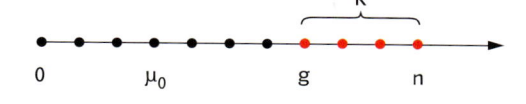
Gesucht ist die kleinste ganze Zahl g mit $P(X \geq g) \leq 0.05$.
Da $P(X \geq 74) = 1 - P(X \leq 73) = 1 - 0.9285 = 0.0715$ und
$P(X \geq 75) = 1 - P(X \leq 74) = 1 - 0.9542 = 0.0458$ ist,
ergibt sich $g = 75$ bzw. $K = [75; 100]$.
6. Entscheidungsregel: Bei mindestens 75 von 100 Patienten muss HSM^{plus} helfen, damit man beim Signifikanzniveau 0.05 von einer erhöhten Wirksamkeit ausgehen kann.

Beispiel 3   Zweiseitiger Test
Von einem Medikament A ist bekannt, dass es 70 % der Patienten hilft. Ein Unternehmen will beim Konkurrenzprodukt B an 50 zufällig ausgewählten Patienten testen, ob es eine andere Erfolgsquote besitzt. Als Signifikanzniveau wird 4 % gewählt. Bestimmen Sie eine geeignete Entscheidungsvorschrift.
Lösung:
1. Erfolg bedeutet, dass B einem Patienten hilft.
2. Nullhypothese ist H_0: $p = 0.7$ (Standard von A).
Gegenhypothese ist H_1: $p \neq 0.7$ (B weicht von A ab). Ablehnung von H_0 bei zu grosser Abweichung der Erfolgsanzahlen von $\mu_0 = 0.7 \cdot 50 = 35$.
3. Ist H_0 wahr, so ist die Zufallsvariable X (Erfolgsanzahl) $B(50; 0.7)$-verteilt.
4. Signifikanzniveau $\alpha = 0.04$.
5. Bestimmung des Ablehnungsbereichs $K = [0; g_l] \cup [g_r; 50]$: 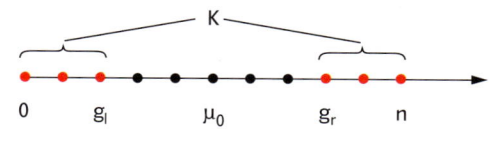
Gesucht sind die grösste ganze Zahl g_l mit $P(X \leq g_l) \leq 0.02$ und die kleinste ganze Zahl g_r mit $P(X \geq g_r) \leq 0.02$.
Da $P(X \leq 27) = 0.0123$ und $P(X \leq 28) = 0.0251$ ist, ergibt sich $g_l = 27$.
Da $P(X \geq 42) = 1 - P(X \leq 41) = 0.0183$ und $P(X \geq 41) = 1 - P(X \leq 40) = 0.0402$ ist, ergibt sich $g_r = 42$.
Also ist $K = [0; 27] \cup [42; 50]$.
6. Entscheidungsregel: Wenn weniger als 28 oder mehr als 41 Patienten geholfen wird, besitzt B eine andere Erfolgsquote als A.

Beispiel 4   Vorgabe einer Entscheidungsregel
In einem Betrieb, der Leuchtstoffröhren herstellt, ist bekannt, dass etwa ein Fünftel der gefertigten Leuchtstoffröhren eine Brenndauer von weniger als 4000 Stunden hat. Der Ingenieur des Betriebs behauptet, dass er durch Verbesserungen innerhalb des Produktionsprozesses die Qualität steigern konnte. Die Betriebsleitung stellt für eine Qualitätssteigerung eine Prämie in Aussicht und hält die Qualitätssteigerung für erwiesen, wenn in einer Stichprobe von 50 Leuchtstoffröhren höchstens fünf eine Brenndauer von weniger als 4000 Stunden haben. Welche maximale Irrtumswahrscheinlichkeit nimmt die Betriebsleitung bei der Prämienvergabe in Kauf?

Lösung:
1. Erfolg bedeutet, dass die Brenndauer weniger als 4000 Stunden beträgt.
2. Nullhypothese H_0: p = 0.2 (bisheriger Qualitätsstandard);
   Gegenhypothese H_1: p < 0.2 (Verbesserung); Ablehnung von H_0 für kleine Erfolgsanzahlen
3. Ist H_0 wahr, so ist die Zufallsvariable X (Erfolgsanzahl) $B(50; 0.2)$-verteilt.
4. Der Ablehnungsbereich ist vorgegeben: K = [0; 5].
5. Die maximale Irrtumswahrscheinlichkeit ist hierbei $\alpha = P(X \leq 5) = 0.0480 = 4.80\%$.

Aufgaben

Einseitiges Testen

1 Zeichnen Sie für einen linksseitigen (rechtsseitigen) Test zur Nullhypothese H_0: p = p_0 mit dem Stichprobenumfang n ein Stabdiagramm und kennzeichnen Sie für $\alpha = 0.1$ den Ablehnungsbereich.
a) p_0 = 0.5; n = 10
b) p_0 = 0.3; n = 10
c) p_0 = 0.25; n = 10
d) p_0 = 0.4; n = 15
e) p_0 = 0.4; n = 20
f) p_0 = 0.8; n = 20
g) p_0 = 0.1; n = 20
h) p_0 = 0.1; n = 50

2 Ermitteln Sie für den folgenden Test den Ablehnungsbereich.
a) H_0: p = 0.3; H_1: p < 0.3; n = 50; α = 1%
b) H_0: p = 0.9; H_1: p < 0.9; n = 100; α = 0.5%
c) H_0: p = 0.2; H_1: p > 0.2; n = 50; α = 1%
d) H_0: p = 0.05; H_1: p > 0.05; n = 100; α = 5%

3 Nachdem sich Klagen über das Belüftungssystem eines ihrer Automodelle gehäuft haben, verbessert das Werk die Konstruktion. Es wird nun behauptet, dass beim neuen Modell der Anteil der wegen der Belüftung unzufriedenen Kunden weniger als 10% beträgt. In einer Umfrage einer Automobilzeitschrift unter 100 Besitzern dieses Modells äusserten sechs ihre Unzufriedenheit mit dem Belüftungssystem. Lässt sich bei einem Signifikanzniveau von 15% schliessen, dass die Behauptung des Werks zutrifft?

4 In einem Supermarkt hatte das Waschmittel WAM bisher einen Marktanteil von 30%. Die Filialleiterin hat die Vermutung, dass aufgrund einer Werbeaktion der Marktanteil des Waschmittels gestiegen ist. Bei einer Überprüfung von 50 Waschmittelkäufern stellt sie fest, dass 21 Kunden sich für WAM entschieden hatten.
Kann die Filialleiterin nun bei einem Signifikanzniveau von 5% davon ausgehen, dass sich der Marktanteil von WAM erhöht hat?

5 Jemand behauptet von sich, er könne «Gedanken lesen». Um dies zu überprüfen, wird wiederholt folgender Versuch mit drei Karten unterschiedlicher Farbe durchgeführt:
Ein Versuchsleiter zieht eine der drei Karten und konzentriert sich intensiv auf die Farbe. Die Versuchsperson bemüht sich jeweils durch «Gedankenlesen» die richtige der drei Farben herauszufinden. Der Versuch wird 100-mal durchgeführt. Wie oft muss die Versuchsperson mindestens die richtige Farbe angeben, damit der Verdacht des blossen Ratens bei einem Signifikanzniveau von 1% als widerlegt gelten kann?

6 Von einer Fernsehsendung wird behauptet, dass sie von 30% der Fernsehzuschauer gesehen wird. Die Redaktion glaubt das nicht und beauftragt ein Umfrageunternehmen, das 200 zufällig ausgewählte Zuschauer befragt.
a) Wie lauten hier die Nullhypothese H_0 und die Gegenhypothese H_1?
b) Bestimmen Sie eine Entscheidungsregel für die Ablehnung von H_0 bei einem Signifikanzniveau von α = 5%.

7 Das Mittel DORMA gegen Schlafstörungen soll auf seine Wirksamkeit getestet werden. Dazu erhält jeder der 200 Test-Patienten je eine Woche lang DORMA und eine Woche lang zur Kontrolle ein Placebo. Das ist ein dem Originalarzneimittel nachgebildetes und diesem zum Verwechseln ähnliches Mittel, jedoch ohne den Wirkstoff des Originals.
Die Reihenfolge der Einnahme von DORMA – Placebo bzw. Placebo – DORMA wird zufällig bestimmt, wobei weder der Patient noch der behandelnde Arzt die Reihenfolge der Einnahme kennt.
Jeder Test-Patient muss sich entscheiden, in welcher Woche er besser geschlafen hat. Ist DORMA wirkungslos, so kann man annehmen, dass die Entscheidung zufällig (wie durch einen Münzwurf gesteuert) getroffen wird.
Die Auswertung des Tests ergibt, dass 115 Test-Patienten in der Woche besser geschlafen haben, in der DORMA verabreicht wurde.
Lässt sich damit bei einem Signifikanzniveau von 1% auf eine Wirksamkeit von DORMA schliessen?

Die Merkmale eines guten Tests im medizinischen Bereich heissen:
- *controlled*
- *double-blind*
- *randomized.*

Ordnen Sie in Aufgabe 7 diese Merkmale den entsprechenden Stellen in der Testbeschreibung zu.

8 Bei einem linksseitigen Test heisst die Nullhypothese H_0: $p = 0.3$, der Stichprobenumfang n liegt zwischen 10 und 20. Für welches n lässt sich das Signifikanzniveau von 10% am besten realisieren? Wie lautet der Ablehnungsbereich in diesem Fall?

9 a) Beschreiben Sie, wie mit einem Bernoulli-Experiment ein rechtsseitiger Signifikanztest auf dem Signifikanzniveau 5% mit dem Stichprobenumfang 200 für die Nullhypothese H_0: $p = 0.3$ durchgeführt wird.
b) Wie entscheiden Sie bei einem Stichprobenergebnis von 85 Erfolgen?
c) Wie gross ist die Wahrscheinlichkeit des Fehlers 1. Art?

10 Wahr oder falsch? Begründen Sie.
a) Die Wahrscheinlichkeit für einen Fehler 1. Art ist bei einem Signifikanztest nie höher als das Signifikanzniveau.
b) Bei höherem Signifikanzniveau wird auch der Ablehnungsbereich grösser.
c) Ein Signifikanztest kann je nach Festlegung des Signifikanzniveaus bei demselben Stichprobenergebnis zu gegenteiligen Entscheidungen führen.

Zweiseitiges Testen

11 Zeichnen Sie für einen zweiseitigen Test mit H_0: $p = p_0$ und dem Stichprobenumfang n ein Stabdiagramm und kennzeichnen Sie für $\alpha = 0.1$ den Ablehnungsbereich.
a) $p_0 = 0.5$; $n = 10$ b) $p_0 = 0.4$; $n = 15$ c) $p_0 = 0.3$; $n = 20$ d) $p_0 = 0.2$; $n = 20$

12 Die Nullhypothese H_0: $p = 0.3$ soll gegen H_1: $p \neq 0.3$ bei einem Stichprobenumfang von $n = 100$ getestet werden. Der Ablehnungsbereich sei $K = [0; 16] \cup [44; 100]$.
Wie gross ist die maximale Irrtumswahrscheinlichkeit?

13 Eine Münze wird 100-mal geworfen. Es ergibt sich 41-mal Kopf. Testen Sie mit einem Signifikanzniveau von 0.5% die Hypothese: Die Münze ist ideal.

14 Von einer Tierart wird behauptet, dass männliche und weibliche Nachkommen gleich häufig sind. In einem Institut wird bei 100 Nachkommen dieser Tierart das Geschlecht bestimmt. Man findet 64 männliche Tiere. Kann man bei einem Signifikanzniveau von 1% schliessen, dass die Geschlechter unter den Nachkommen nicht gleich häufig sind?

15.4 Fehlerwahrscheinlichkeiten bei Signifikanztests

Eine Pilzsammlerin findet einen Pilz, der giftig sein könnte. Welche beiden Fehler kann die Pilzsammlerin bei der Beurteilung der Hypothese «Der Pilz ist giftig» begehen? Gewichten Sie die beiden Fehler.

Da sich bei Signifikanztests nur das Risiko für den Fehler 1. Art kontrollieren lässt, werden die Fehler 1. und 2. Art nicht gleichrangig behandelt. Man nennt die Wahrscheinlichkeit α für einen Fehler 1. Art das **Risiko 1. Art**. In der Regel ist α als Signifikanzniveau vorgegeben. Die Wahrscheinlichkeit β für einen Fehler 2. Art wird erst danach betrachtet und heisst **Risiko 2. Art**.

Das Risiko 1. Art ist nicht die Wahrscheinlichkeit, mit der man sich bei einem Test irrt. Sie ist vielmehr die Wahrscheinlichkeit, mit der eine richtige Nullhypothese irrtümlicherweise abgelehnt wird.

Im Folgenden soll der Zusammenhang zwischen beiden Risiken untersucht werden.
Die Nullhypothese H_0: $p = 0.2$ über die Erfolgswahrscheinlichkeit einer Bernoulli-Kette soll in einem rechtsseitigen Test gegen die Hypothese H_1: $p > 0.2$ mit einer Stichprobe vom Umfang $n = 15$ und einem Signifikanzniveau von 7% getestet werden. Der Ablehnungsbereich für die Anzahl der Erfolge ist $K = [6; 15]$.

Man begeht bei diesem Test einen Fehler 2. Art, wenn in Wirklichkeit H_1: $p > 0.2$ gilt, aber H_0 nicht abgelehnt wird. Man lehnt H_0 nicht ab, wenn die Erfolgsanzahl X einen Wert aus dem Nicht-Ablehnungsbereich $\overline{K} = [0; 5]$ annimmt.
Da H_1 aus unendlich vielen Werten für p besteht, kann das Risiko 2. Art zunächst nicht berechnet werden. Nimmt man aber z. B. an, dass in Wirklichkeit $p = 0.5$ ist, so gilt:
$\beta = B(15; 0.5; 0) + \ldots + B(15; 0.5; 5) = 0.1509$.

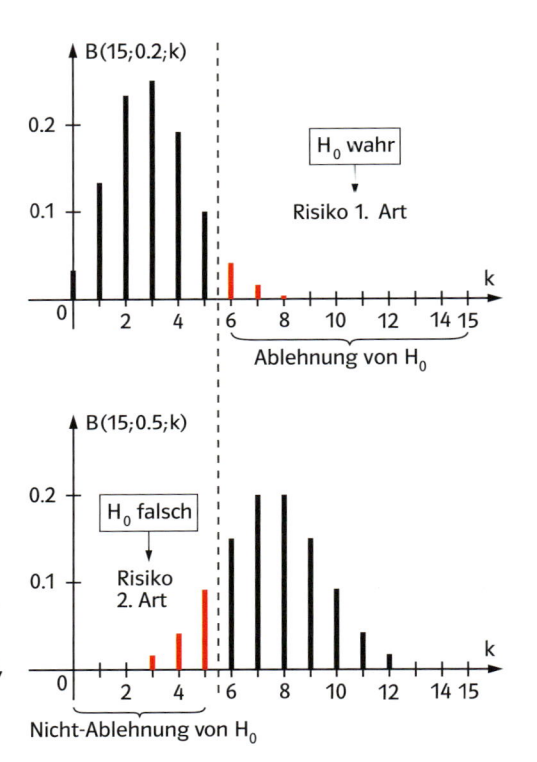

Denken Sie sich in den Grafiken die Trennlinie zwischen dem Ablehnungsbereich und dem Nicht-Ablehnungsbereich um 1 nach links verschoben.

Vergrössert man den Ablehnungsbereich z. B. auf $K = [5; 15]$, so wird β kleiner:
$\beta = B(15; 0.5; 0) + B(15; 0.5; 1) + \ldots + B(15; 0.5; 4) = 0.0592$
Hierbei wird aber α grösser:
$\alpha = B(15; 0.2; 5) + B(15; 0.2; 6) + \ldots + B(15; 0.2; 15) = 0.1642$

Das Risiko des Fehlers 2. Art lässt sich nur mit Annahmen über die Erfolgswahrscheinlichkeit H_1 berechnen.
Bei festem Stichprobenumfang n bewirkt eine Verkleinerung von β zwangsläufig eine Vergrösserung von α und umgekehrt.

Bemerkung

Grundsätzlich ist es sinnvoll, beide Risiken im Auge zu behalten. Wenn dennoch oft nur das Risiko 1. Art berücksichtigt wird, so ist dies in Fällen vertretbar, wo ein Fehler 1. Art entschieden schwerwiegender ist als ein Fehler 2. Art.

Beispiel   Risiko 2. Art

Von einem teuren Medikament ist bekannt, dass in weniger als 10% der Fälle unerwünschte Nebenwirkungen auftreten. Ein kostengünstigeres Medikament soll nur dann auf den Markt kommen, wenn der Anteil der Fälle mit Nebenwirkungen ebenfalls unter 10% liegt. In einer Voruntersuchung wird das neue Medikament an 100 Personen getestet (α = 1%). Im Folgenden bedeutet Erfolg, dass das Medikament bei einem Patienten Nebenwirkungen hervorruft, p ist die Erfolgswahrscheinlichkeit.
a) Bestimmen Sie den Ablehnungsbereich für den Test H_0: p = 0.1 gegen H_1: p < 0.1.
b) Berechnen Sie das Risiko 2. Art, wenn tatsächlich p = 0.05 gilt.
Lösung:
a) Ist H_0 wahr, so ist die Zufallsvariable X (Erfolgsanzahl) B(100; 0.1)-verteilt.
Bestimmung des Ablehnungsbereichs K = [0; g]:
Gesucht ist die grösste ganze Zahl g mit $P(X \leq g) \leq 0.01$.
Da $P(X \leq 4) = 0.0237$ und $P(X \leq 3) = 0.0078$ ist, ergibt sich g = 3 bzw. K = [0; 3].
b) Ist p = 0.05, so ist H_1 wahr und X (Erfolgsanzahl) ist B(100; 0.05)-verteilt.
Es gilt $\beta = P(X \geq 4) = 1 - P(X \leq 3) = 1 - 0.2578 = 0.7422 \approx 74\%$.

Bemerkung

Wie an diesem Beispiel deutlich wird, ist die Ablehnung der Nullhypothese H_0 und deren Beibehaltung nicht von derselben Qualität. Im ersten Fall ist das Risiko einer Fehlentscheidung durch die Vorgabe eines (kleinen) Signifikanzniveaus bekannt.
Der zweite Fall ist mit einem unbekannten Risiko behaftet. Dies kann wie im vorangegangenen Beispiel hoch sein. Die Tatsache, dass eine Nullhypothese nicht abgelehnt wird, kann somit nicht als Beleg für ihre Gültigkeit gewertet werden.

Aufgaben

1   Eine häufig wiederkehrende Anzeige in einer Tageszeitung wurde bisher von 40% der Leser gelesen. Nach einer Neugestaltung der Aufmachung soll durch eine Befragung von 100 Lesern überprüft werden, ob sich der Anteil der Leser dieser Anzeige erhöht hat. Dabei soll die Nullhypothese «Der Anteil hat sich nicht erhöht» mit einer Wahrscheinlichkeit von höchstens 10% irrtümlich verworfen werden.
a) Bestimmen Sie den Ablehnungsbereich.
b) Berechnen Sie das Risiko 2. Art, wenn sich der Anteil tatsächlich auf 50% erhöht hat.

2   Mathematiklehrer A behauptet, nur eine von 10 Personen könne die Aufgabe auf der Tafel lösen (Nullhypothese). Sein Kollege B hält dies für zu pessimistisch. A erklärt sich bereit, von seiner Meinung abzurücken, wenn mindestens 8 von 50 Befragten diese Aufgabe lösen können.

31% der Fläche der Schweiz ist mit Wald bedeckt, wovon 40% Schutzwald ist. Wie viel Prozent der Fläche der Schweiz ist mit Schutzwald bedeckt?

a) Wie gross ist das Risiko 1. Art?
b) Wie gross ist das Risiko 2. Art, wenn tatsächlich 20% der Befragten diese Aufgabe lösen können?

Aids-Tests haben eine Spezifität von etwa 99.8%. Bei einem Aids-Massentest wären etwa 2000 von 1 000 000 Nicht-Infizierten mit der falschen Diagnose «Infiziert» konfrontiert.

3 Von einem Virus-Test ist bekannt, dass er mit einer Wahrscheinlichkeit von 90% einen Nicht-Infizierten als solchen erkennt (Nullhypothese) – man nennt diese Wahrscheinlichkeit Spezifität. Ein neuer Test verspricht eine höhere Spezifität. Er wird an 100 Nicht-Infizierten getestet.
a) Wie viele Nicht-Infizierte muss der Test mindestens richtig erkennen, damit bei einem Signifikanzniveau von 5% eine höhere Spezifität gesichert ist?
b) Wie gross ist das Risiko 2. Art, wenn beim neuen Test tatsächlich eine Spezifität von 95% vorliegt?

Man kann das Vorgehen des Händlers als ein zweiseitiges Testen auffassen.

4 Ein Grossunternehmen bietet einem Elektrohändler aus Restbeständen eine grössere Anzahl von 15-Watt- und 20-Watt-Energiesparlampen zu einem Pauschalpreis an. Der Händler ist am Angebot interessiert, falls beide Sorten gleich vertreten sind. Um den Handel nicht unbesehen einzugehen, entschliesst sich der Händler zu folgendem Vorgehen: Er entnimmt dem Angebot zehn Lampen. Falls von einer Sorte nicht weniger als drei Stück darunter sind, nimmt er das Angebot an, andernfalls lehnt er es ab.
a) Wie gross ist die Wahrscheinlichkeit, dass der Elektrohändler ein ordnungsgemässes Angebot fälschlicherweise ablehnt?
b) Mit welcher Wahrscheinlichkeit wird ein Angebot, das doppelt so viele 15-Watt-Energiesparlampen wie 20-Watt-Energiesparlampen enthält, fälschlicherweise angenommen?

5 Der Chef einer Grossküche bestellt bei seinem Obstlieferanten eine grosse Lieferung Zwetschgen. Der Lieferant will einen Preisnachlass einräumen, falls der Anteil der wurmstichigen Zwetschgen 10% übersteigt. Um dies zu prüfen, wird folgende Vereinbarung getroffen: Der Lieferung werden 50 Zwetschgen entnommen. Enthalten mehr als sieben davon einen Wurm, so wird angenommen, p sei grösser als 10%.
a) Wie gross ist das Risiko des Lieferanten, einen Preisnachlass gewähren zu müssen, obwohl nur 10% der Zwetschgen wurmstichig sind?
b) Wie gross ist das Risiko des Küchenchefs, keinen Preisnachlass zu erhalten, obwohl 20% der Zwetschgen wurmstichig sind?
c) Wie müsste die Entscheidungsregel lauten, damit der Küchenchef mit einer Wahrscheinlichkeit von höchstens 5% zu Unrecht einen Preisnachlass erhält?

6 Bei dem nachfolgenden Test zum Thema «Testen» sollen Sie für jede der Aussagen entscheiden, ob diese richtig oder falsch ist. Die Nullhypothese «Sie raten nur» soll zugunsten der Gegenhypothese «Sie kennen sich aus beim Testen» genau dann abgelehnt werden, wenn Sie höchstens einmal falsch bewerten.
1) Die Wahrscheinlichkeit für den Fehler 1. Art beträgt bei dem vorliegenden Test 3.52%.
2) «Aufstellen der Nullhypothese» heisst, man nimmt an, dass die Erfolgswahrscheinlichkeit der zugrunde liegenden Bernoulli-Kette den Wert 0 habe.
3) Ein Fehler 2. Art liegt vor, wenn eine falsche Nullhypothese nicht abgelehnt wird.
4) Ein Fehler 1. Art liegt vor, wenn eine richtige Nullhypothese nicht abgelehnt wird.
5) Die Wahrscheinlichkeit des Fehlers 1. Art eines Tests ist die Wahrscheinlichkeit dafür, dass man sich falsch entscheidet.
6) Die Wahrscheinlichkeit für den Fehler 2. Art ist im Allgemeinen nur unter zusätzlichen Annahmen berechenbar.
7) Bei festem Stichprobenumfang lassen sich die zwei Fehlerwahrscheinlichkeiten gemeinsam vermindern.
8) Beim Testen mit einer Binomialverteilung versucht man, ausgehend von einer vorgegebenen Erfolgswahrscheinlichkeit p Aussagen über eine Stichprobe zu machen.

*Lösungskontrolle zu Aufgabe 6:
Stellen Sie die Zahl 164 im Zweiersystem dar und übersetzen Sie 1 mit «richtig» und 0 mit «falsch». So erhalten Sie von links nach rechts gelesen die Abfolge der richtigen Antworten.*

Exkursion: Das Taxiproblem

Von den Aufgaben der beurteilenden Statistik haben wir bisher **Testprobleme** kennen gelernt. Hier wird nun ein spezielles **Schätzproblem** vorgestellt, bei dem wieder eine Aussage aufgrund einer Stichprobe gemacht werden kann – das **Taxiproblem**. In einer Stadt stehen an einem Taxistand k = 5 Taxis. Jemand schreibt die Nummern der fünf Taxis auf: 76; 5; 37; 100; 69. Man schätze die Anzahl n der Taxis in der Stadt so gut wie möglich. (Wir nehmen an, die Taxis der Stadt seien von 1 bis n durchnummeriert.)

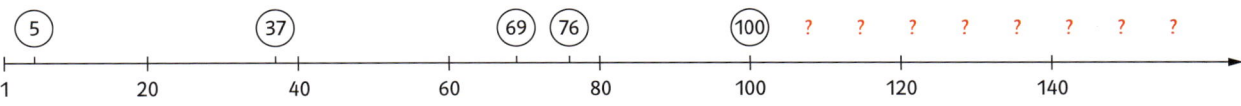

Wir sortieren die fünf Nummern der Grösse nach: $x_1 = 5$; $x_2 = 37$; $x_3 = 69$; $x_4 = 76$; $x_5 = 100$ und stellen zunächst einige z.T. naheliegende Ideen vor, wie aus den sortierten Werten dieser Stichprobe eine Schätzung für n gebildet werden kann.

(1) Die «doppelte Mitte» (arithmetisches Mittel) ergibt den «rechten Rand».
Die Verdopplung des arithmetischen Mittels führt hier zum Schätzwert:

$$2 \cdot \frac{x_1 + x_2 + x_3 + x_4 + x_5}{5} = 114.8 \approx 115$$

(2) Die «doppelte Mitte (Median)» ergibt den «rechten Rand».
Die Verdopplung des Medians führt hier zum Schätzwert $2 \cdot x_3 = 2 \cdot 69 = 138$.

(3) Der gesuchte Wert ist mindestens so gross wie das beobachtete Maximum.
Das Maximum führt hier zum Schätzwert $x_5 = 100$.

(4) Der Abstand von n zum Maximum ist ungefähr so gross wie der Abstand vom Minimum zur 1. Die Summe von Maximum und Minimum vermindert um 1 führt hier zum Schätzwert: $x_5 + x_1 - 1 = 100 + 5 - 1 = 104$

(5) Der Abstand von n zum Maximum ist ungefähr der Durchschnitt der Abstände («Lücken») zwischen zwei benachbarten Nummern, einschliesslich des Minimums zur 1. Dies führt hier zum Schätzwert

$$x_5 + \frac{(x_1 - 1) + (x_2 - x_1) + (x_3 - x_2) + (x_4 - x_3) + (x_5 - x_4)}{5} = x_5 + \frac{x_5 - 1}{5} = \frac{6}{5}x_5 - \frac{1}{5} = \frac{6}{5} \cdot 100 - \frac{1}{5} = 119.8 \approx 120.$$

Dieses Verfahren lässt sich also verkürzen zu: $\frac{6}{5}$ vom Maximum vermindert um $\frac{1}{5}$.

Erinnerung:
Der Median ist in einer der Grösse nach sortierten Wertereihe der Wert in der Mitte. Im hier betrachteten Beispiel ist der Median $x_3 = 69$. Ist die Anzahl der Werte gerade, so verwendet man das arithmetische Mittel aus den beiden Werten in der Mitte als Median.

Wie lauten bei (1) bis (5) die Berechnungen für beliebiges k?

1 Folgende Plausibilitätsbetrachtung zeigt, dass es sinnvoll ist, einige dieser fünf Schätzverfahren leicht abzuändern. Beobachtet man alle Taxinummern, ist also k = n, so sollte sich bei jedem der fünf Schätzverfahren als Schätzwert der wahre Wert n ergeben. Führt man Verfahren (1) für den Fall k = n durch, so ergibt sich mit $x_1 = 1$; $x_2 = 2$; ...; $x_k = n$:

$$2 \cdot \frac{1 + 2 + \ldots + (n-1) + n}{n} = \frac{2(1 + 2 + \ldots + (n-1) + n)}{n} = \frac{n(n+1)}{n} = n + 1$$

Als Schätzung ergibt sich nicht der wahre Wert. Zieht man jedoch vom verdoppelten arithmetischen Mittel 1 ab, so ergibt sich als Schätzwert wie gewünscht der wahre Wert n. Überprüfen Sie ebenso die restlichen vorgestellten Schätzverfahren und ändern Sie diese wenn nötig so ab, dass sich für den Fall k = n als Schätzwert n ergibt.

$2 \cdot (1 + 2 + \ldots + (n-1) + n)$
$= 1 + 2 + \ldots + (n-1) + n$
$ + n + (n-1) + \ldots + 2 + 1$
$= (n+1) + (n+1) + \ldots$
$ + (n+1) + (n+1)$
$= n \cdot (n+1)$

Im Zweiten Weltkrieg versuchten die Geheimdienste der Briten und Amerikaner, aufgrund von einzelnen Seriennummern Schätzungen über Anzahlen der deutschen Kriegsproduktion abzugeben.

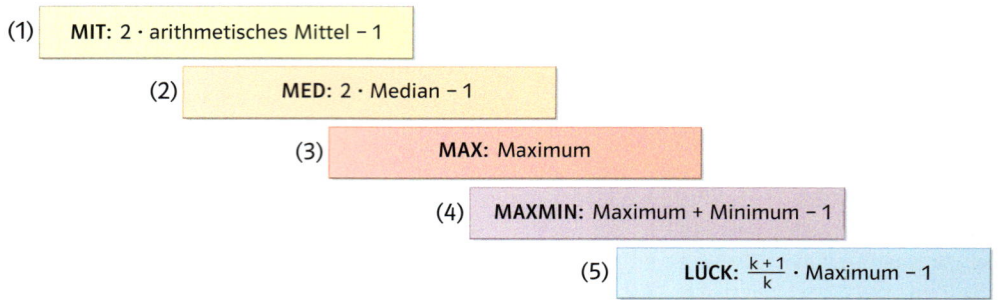

Wir betrachten im Folgenden fünf Schätzverfahren für die Zahl n, welche aus den auf der vorausgehenden Seite vorgestellten Ideen abgeleitet sind.

(1) MIT: $2 \cdot$ arithmetisches Mittel $- 1$

(2) MED: $2 \cdot$ Median $- 1$

(3) MAX: Maximum

(4) MAXMIN: Maximum + Minimum $- 1$

(5) LÜCK: $\frac{k+1}{k} \cdot$ Maximum $- 1$

Zur Ermittlung des «besten» dieser Schätzverfahren werden hier zwei Qualitätsmerkmale berücksichtigt:
(I) Die Schätzwerte sollen im Mittel den wahren Wert treffen.
(II) Die Abweichungen der Schätzwerte vom wahren Wert n sollen im Mittel klein sein.
Eine theoretische Behandlung dieser beiden Punkte übersteigt unsere mathematischen Möglichkeiten. Wir können uns jedoch mit einer Auswertung von Simulationen behelfen. Dazu geben wir den Stichprobenumfang und die zu schätzende Grösse vor (z. B. k = 5 und n = 32) und untersuchen die fünf Schätzverfahren auf die Qualitätsmerkmale (I) und (II).

2 Ziehen Sie aus einer Urne mit 32 durchnummerierten Kugeln 50 Stichproben vom Umfang k = 5. Werten Sie diese arbeitsteilig bezüglich der oben genannten Schätzverfahren aus – jeweils im Hinblick auf den sich ergebenden Schätzwert (S) und die Abweichung des Schätzwertes vom wahren Wert (A). Berechnen Sie dann zum Schluss das arithmetische Mittel der Schätzwerte und der Abweichungen.

Nr.	sortierte Stichprobe	MIT (S)	MIT (A)	MED (S)	MED (A)	MAX (S)	MAX (A)	MAXMIN (S)	MAXMIN (A)	LÜCK (S)	LÜCK (A)
1	6; 14; 15; 23; 30	34.2	2.2	29	3	30	2	35	3	35	3
2	2; 5; 19; 28; 31	33	1	37	5	31	1	32	0	36.2	4.2
3	…	…	…	…	…	…	…	…	…	…	…

In einer PC-Simulation ergaben sich aus 1 000 000 Stichproben die folgenden arithmetischen Mittel der Stichprobenwerte (MS) und der absoluten Abweichungen (MA):

MIT		MED		MAX		MAXMIN		LÜCK	
M_S: 32.0	M_A: 6.2	M_S: 32.0	M_A: 9.4	M_S: 27.5	M_A: 4.5	M_S: 32.0	M_A: 5.0	M_S: 32.0	M_A: 4.0

Auswertung: Mit dem Schätzverfahren MAX erhält man im Mittel zu kleine Werte. Die anderen Verfahren liefern im Mittel den wahren Wert. Von diesen zeigt sich beim Verfahren LÜCK im Mittel die geringste Abweichung vom wahren Wert, es ist unter den genannten also das «beste».

3 Angenommen, das vierte Taxi in der Beschreibung des Taxiproblems habe nicht die Nummer 100, sondern die Nummer 200.
a) Bei welchem der fünf obigen Schätzverfahren ergibt sich ein nicht akzeptabler Schätzwert?
b) Wie lassen sich die betreffenden Verfahren sinnvoll abändern?

Stichwortverzeichnis

A

Ablehnungsbereich 290, 291
Ableitung 48, 51
– der Exponentialfunktion 120, 130
– der Logarithmusfunktion 125, 130
– der Potenzfunktion 55, 117
– der Umkehrfunktion 114
–, höhere 58
– trigonometrischer Funktionen 107, 109
– verketteter Funktionen 111
– zusammengesetzter Funktionen 128
Ableitungsfunktion 51
absolute Häufigkeit 267
absolutes Maximum 76
absolutes Minimum 76
Abweichung, mittlere absolute 275
achsensymmetrisch 72
Alternativtest 290, 291
Analysis 185
Änderungsrate
–, lokale 45, 142
–, mittlere 43
–, momentane 45, 142
Anfangswertprobleme 169
arithmetische Folge 10
arithmetische Reihe 22
arithmetisches Mittel 174, 273
Asymptote 36, 93
–, schiefe 97, 98
–, senkrechte 93
–, waagerechte 97, 98
Ausreisser 274
Axiome von Kolmogorow 194, 264

B

Baumdiagramm 188, 216
Bayes, Satz von 229
Bernoulli, Jakob 122, 244
Bernoulli-Experiment 244
Bernoulli-Kette 244
beschränkt 13
Binomialkoeffizient 207
binomialverteilt 247
Binomialverteilung 208, 247, 250
Bogenlänge 184

C

Cantor, Georg 39

D

Darstellung
–, explizite 9
–, rekursive 9
Daten 266
Definitionslücke 92
–, hebbare 95
Diagonal-Abzählverfahren 39
Differenzenquotient 43
Differenziale 169
Differenzialgleichung 169
Differenzialquotient 45
differenzierbar 48, 51
Differenzierbarkeit 63
divergent 15
Dominoprinzip 26
Durchschnitt 273

E

Entscheidungsregel 290
Ereignis 189
Ergebnis 188
Ergebnismenge 188
Erhebung, statistische 266, 268
Erwartungswert 239, 254
Euler, Leonhard 120, 123
Euler'sche Zahl 120, 122
explizite Darstellung 9
Exponentialfunktion 119, 130
–, natürliche 120
Exponentialgleichung 130
Extrempunkt 76
Extremstelle 76
–, Bedingung für eine 78, 79
Extremwert 76
Extremwertproblem 89

F

fair 239
Faktorregel 57, 161
Fakultät 205
Fassregel von Kepler 183
fast alle 16
Fehler 1. Art 290
– 2. Art 290
Flächenberechnung 164, 165, 166
Flächenbilanz 149
Folge 8
–, arithmetische 10
–, beschränkte 13
–, divergente 15
–, geometrische 10, 11
–, konvergente 15
–, monotone 13
Funktion
–, äussere 110
–, differenzierbare 48, 51, 63
–, ganzrationale 64
–, gebrochenrationale 92
–, gerade 72
–, innere 110
– mit Parameter 137
–, monotone 74
–, rationale 92
–, stetige 32, 63
–, trigonometrische 106
–, umkehrbare 114
–, ungerade 72
Funktionenschar 137

G

Gegenereignis 189, 193
Gegenhypothese 290
geometrische Folge 10, 11
geometrische Reihe 22
Gesamtänderung 142, 157
Gesetz der grossen Zahlen 192, 264
Glied einer Folge 8
globales Maximum 76
globales Minimum 76
Glockenfunktion 258
Grad eines Polynoms 64
Grenzwert
– einer Folge 15
– einer Funktion 28, 35
–, linksseitiger 29
–, rechtsseitiger 29
Grenzwertsätze 19, 29
Grundgesamtheit 266

H

Häufigkeit
–, absolute 267
–, relative 192, 267
Häufigkeitsverteilung 267
Hauptsatz der Differenzial- und Integralrechnung 156
hebbare Definitionslücke 95
hinreichende Bedingung
– für Extremstellen 79

305

– für Wendestellen 82
Histogramm 268
h-Methode 49
Hochpunkt 76
hypergeometrische Verteilung 208
Hypothese 290

I

Induktionsschritt 26
Induktionsverankerung 26
Integral 146, 157
–, unbestimmtes 154
–, uneigentliches 176
Integralfunktion 151
Integrand 146
Integration
– durch Substitution 180
–, numerische 182
–, partielle 178
Integrationsgrenze 146
Integrationsvariable 146
Intervalladditivität 161
Irrtumswahrscheinlichkeit 290

K

Kennzahl, statistische 273
Kettenregel 111
Klasse 267
Koeffizient 64
Kolmogorow, Andrei N. 194, 264
konkav 81
Kontinuum 39
Kontinuumshypothese 40
konvergent 15, 16
konvex 81
Korrelationskoeffizient 283
Kosinusfunktion 106
Kreisdiagramm 268
kritischer Wert 291
kumulative Verteilungs-
　funktion 236, 247
Kurvendiskussion 84
– rationaler Funktionen 101
– von Exponentialfunktionen 132
– von Logarithmusfunktionen 135
– von Polynomfunktionen 84

L

Lagemass 273
Laplace, Pierre Simon 196, 263

Laplace-Experiment 196
Linearfaktor 67
linksgekrümmt 81
Logarithmengesetze 125
Logarithmus, natürlicher 125
Logarithmusfunktion 130
–, natürliche 125
lokal 76
lokales Maximum 76
lokales Minimum 76

M

Maximum 76
Median 274
Merkmal 188, 266
Merkmalsausprägung 266
Merkmalsträger 266
Minimum 76
Mittelwert 174, 273
Modalwert 274
Modus 274
monoton 13, 74
Multiplikationsprinzip 204

N

Näherungsfunktion 98
natürliche Exponentialfunktion 120
natürliche Logarithmusfunktion 125
natürlicher Logarithmus 125
Nebenbedingung 89
Normale 49
Normalverteilung 260
normalverteilt 260
notwendige Bedingung
– für Extremstellen 78
– für Wendestellen 82
Nullfolge 15
Nullhypothese 290
Nullstelle 67, 68

O

Obersumme 145
Ortskurve 138
Ortslinie 138

P

Paare, geordnete 188
Parameter 137
Partialsumme 21
partielle Integration 178

Partition 228
Permutation 205
Pfad 199
Pfadregel
–, erste 200
–, zweite 202
Polstelle 93
Polynom 64
Polynomdivision 68
Polynomfunktion 64
–, Bestimmung einer 86
Potenzfunktion 55, 116
Potenzregel 56, 117
Produktregel 60
punktsymmetrisch 72
Punktwolke 279

Q

Quotientenregel 61

R

rechtsgekrümmt 81
Regression 279
Regressionsgerade 280
Reihe 21
–, arithmetische 22
–, geometrische 22
–, unendliche 23
rekursive Darstellung 9
relative Häufigkeit 192, 267
relatives Maximum 76
relatives Minimum 76
Risiko 1. Art 300
– 2. Art 300
Rotationskörper 171

S

Sattelpunkt 81
Satz von Bayes 229
Säulendiagramm 267
Schnittmenge 213
Schwerpunkt 280
Sigma-Notation 21
Sigma-Regel 257, 261
Sigma-Umgebung 257
Signifikanzniveau 294
Signifikanztest 294, 296, 300
Sinusfunktion 106
Spannweite 275
Stabdiagramm 267

Stamm-Blatt-Diagramm 268
Stammfunktion 153
Standardabweichung 243, 276
Statistik
–, beschreibende 266
–, beurteilende 288
Steigung
– der Sekante 43
– des Graphen 45
stetig 32
Stetigkeit 32, 63
Stetigkeitskorrektur 261
Stichprobe 266, 288
–, geordnete 274
Stichprobenumfang 266
Stochastik 263
streng monoton 13, 74, 75
Streuungsmass 273
Substitution 180
Summenregel 57, 161
Summenzeichen 21
Symmetrie 72

T

Tangensfunktion 107
Tangente 45, 49
Taxiproblem 303
Terassenpunkt 81
Test einer Hypothese 290, 294
–, einseitiger 295
–, zweiseitiger 295
Tiefpunkt 76
Trennung der Variablen 169
Treppenfunktion 236

U

Umgebung 76
umkehrbar 114
Umkehrfunktion 114
Umkehrregel 114
unabhängige Ereignisse 224
unendlich 37, 39
Untersumme 145
Urliste 266

V

Varianz 242, 254, 276
Variationsbreite 275
Vereinigungsmenge 213
Verkettung von Funktionen 110

Vertauschungsregel 161
Verteilung 235
–, Binomial- 208, 247, 250
–, hypergeometrische 208
–, Normal- 260
Verteilungsfunktion, kumulative 236, 247
Verzinsung, stetige 122
Vierfeldertafel 214, 216
vollständige Induktion 25
Vollständigkeit 16
Volumenberechnung 171

W

Wahrscheinlichkeit 192
–, A-posteriori- 229
–, A-priori- 229
– eines Ereignisses 197, 202
– eines Ergebnisses 200
–, empirische 192
–, bedingte 219
–, totale 228
Wahrscheinlichkeits-
    funktion 192, 235
Wahrscheinlichkeits-
    verteilung 192, 235
Wendepunkt 81
Wendestelle 81
–, Bedingung für eine 82
Wendetangente 81

Z

Zahlenfolge 8
Zentralwert 274
Zerlegung 213, 228
Ziegenproblem 231
Zielfunktion 89
Zufallsexperiment 188
–, mehrstufiges 199
Zufallsgrösse 233
Zufallsvariable 233
–, diskrete 233
–, stetige 233

Bildquellenverzeichnis

Inhaltsverzeichnis: **Seite 7:** Roman Oberholzer, Luzern (Treppengeländer) – Roman Oberholzer, Luzern (Romanesco); **Seite 11:** Lieferant unbekannt (Zeitungsausschnitt); **Seite 21:** Gemenacom (Dosenpyramide); **Seite 22:** bpk (Gauss); **Seite 26:** Corbis/Dukas (Dominosteine); **Seite 34:** Lieferant unbekannt (Bolzano) – Lieferant unbekannt (Cauchy); **Seite 37:** Roman Oberholzer, Luzern (Galileis Räder/Konstruktion: Helene Meyer, Jan Pfister, Chris Steffen) – KEYSTONE/SCIENCE PHOTO LIBRARY/EMILIO SEGRE VISUAL ARCHIVES/AMERICAN INSTITUTE OF PHYSICS (Hilbert) – Alinari/bridgemanart.com (Aristoteles) – Deutsches Museum (Archimedes); **Seite 38:** Album/Prisma/AKG (Augustinus) – Museo di San Marco dell'Angelico, Florence, Italy/The Bridgeman Art Library (Thomas v. Aquin) – akg-images/Orsi Battaglini (Galilei) – Classic Image/Alamy (Wallis) – Wikimedia (Cauchy) – Lieferant unbekannt (Weierstrass); **Seite 39:** Wikimedia (Bolzano) – Lieferant unbekannt (Cantor); **Seite 40:** KEYSTONE/IBA-ARCHIV (Dedekind) – Wikimedia (Gabriels Horn) – Imago/Süddeutsche Zeitung Photo (Gödel); **Seite 41:** Q-Images/Alamy (Achterbahn) – Corbis/Dukas (Motorradfahrer) – iStockphoto (Tachometer) – Jochen Tack (Küstenstrasse) – f1online.de (Snowboarder); **Seite 51:** iStockphoto/Stephan Hoerold (Meteorkrater); **Seite 67:** Les. Ladbury/Alamy (Postauto); **Seite 71:** Klett-Archiv (Cira Moro), Stuttgart (Briefmarke); **Seite 83:** Corbis/Dukas (Passstrasse); **Seite 89:** Lieferant unbekannt (Fussballfeld); **Seite 97:** DUKAS/Action Press (ISS-Station); **Seite 105:** Reinhard Tierfoto/Hans Reinhard (Hecht) – Reinhard Tierfoto/Hans Reinhard (Forelle); **Seite 120:** Hans Hinz/ARTOTHEK (Euler); **Seite 122:** Deutsches Museum (Bernoulli); **Seite 123:** Lieferant unbekannt (Leibniz) – KEYSTONE/DPA (Bürgi) – Deutsches Museum (Napier); **Seite 124:** The European Library (Titelseite); **Seite 134:** Shutterstock/Rudy Balasko (Gateway Arch); **Seite 137:** Klett Archiv (Max Huber), Stuttgart (Steilküste); **Seite 140:** Goodshoot (Golden Gate Bridge); **Seite 141:** Paul Raftery/VIEW/ARTUR IMAGES (Zentrum Paul Klee) – Corbis/Dukas (Pipeline) – Corbis/Dukas (Kühltürme); **Seite 144:** Gebrüder Haff GmbH (Planimeter); **Seite 149:** KEYSTONE/DPA (Gezeitenkraftwerk St. Malo); **Seite 171:** Lieferant unbekannt (Drehbank); **Seite 174:** Lieferant unbekannt (Temperaturschreiber); **Seite 175:** Das Fotoarchiv, Essen (Windpropeller); **Seite 182:** akg-images (Kepler); **Seite 185:** Lieferant unbekannt/Bildzitat (schiefe Ebene Galilei) – akg-images (Archimedes) – akg-images (Galilei) – Deutsches Museum (Bonaventura); **Seite 186:** Lieferant unbekannt (Newton) – Lieferant unbekannt (Leibniz) – KEYSTONE/THE GRANGER COLLECTION (Riemann); **Seite 187:** mauritius images/Bernhard Lehn (Fahrradschloss) – Corbis/Dukas (Kinder) – Roger Coulam/Alamy (Blitz) – Lieferant unbekannt (Würfel); **Seite 189:** Peter Jankovics, Zürich (Eile mit Weile); **Seite 190:** iStockphoto (Hände); **Seite 192:** Imagepoint/Marc von Ah (Jasskarten) – Klett-Archiv (Cira Moro), Stuttgart (Quader); **Seite 194:** bpk (Kolmogorow); **Seite 196:** Fotolia.com/Vladimir Wrangel (Münzen) – Deutsches Museum (Laplace); **Seite 197:** Peter Jankovics, Zürich (Eile mit Weile); **Seite 198:** Fotolia.com/tavi (Legoklotz) – VRD/Fotolia.com (Reissnagel) – Fotolia.com/VRD (Münze) – Jürg Schreiter (Jasskarten); **Seite 199:** Klett-Archiv, Stuttgart (Mädchen); **Seite 200:** ullstein bild/The Granger Collection (Galton); **Seite 203:** ddpimages/dapd/AFP/Antonov (Schiessanlage Biathlon); **Seite 219:** Klett-Archiv, Stuttgart (Farbenblindheit); **Seite 232:** KEYSTONE/PICTURE ALLIANCE/Porträtdienst Lenz (M. v. Savant); **Seite 234:** Corbis/Dukas (Zielscheibe); **Seite 241:** Peter Jankovics, Zürich (Eile mit Weile); **Seite 244:** MP/Leemage (Titelseite); **Seite 245:** Dorling Kindersley (gerollte Zunge) – Interfoto Pressebild-Agentur, (Farbenblindheit); **Seite 249:** Vorlesungssammlung Physik/Universität Ulm/2005 (Galtonbrett); **Seite 252:** imago/Kosecki (Biathletin); **Seite 254:** imago/Friedrich Stark (Zielscheibe); **Seite 257:** ullstein bild/The Granger Collection (Gauss); **Seite 260:** Klett-Archiv (Cira Moro), Stuttgart (Quader); **Seite 263:** Corbis/Dukas (Astraguli) – akg-images/Erich Lessing (Pacioli) – akg images/Nimatallah (Huygens) – Deutsches Museum (Laplace); **Seite 264:** bpk (Hilbert) – Smithsonian Institution Libraries (v. Mises) – KEYSTONE/RIA NOVOSTI/V. Malyshev (Kolmogorow); **Seite 265:** Lieferant unbekannt (Läuferinnen); – Lieferant unbekannt (Stoppuhr) – picture-alliance/dpa (Gummibärchen) – Matthias Kulka (Wetterkarte); **Seite 266:** mediacolor's/Alamy (Stau Gotthard); **Seite 270:** Klett-Archiv (Cira Moro), Stuttgart (Badminton); **Seite 272:** Bosbach/Korff, Lügen mit Zahlen, Heyne 2011 (4 Grafiken); **Seite 275:** ullstein bild/XAMAX (Uhren); **Seite 289:** blickwinkel (Zuckerrüben); **Seite 293:** KEYSTONE/Walter Bieri (Airbus); **Seite 294:** Klett-Archiv (Cira Moro), Stuttgart (Blindtest); **Seite 296:** Johannes Weissgerber/OKAPIA (Blütenwiese) – Johannes Weissgerber/OKAPIA (Mädchen); **Seite 300:** Hans Reinhard/OKAPIA (Giftpilze); **Seite 303:** KEYSTONE/Eddy Risch (Taxischild)

Der Verlag hat sich bemüht, alle Rechteinhaber zu eruieren. Sollten allfällige Urheberrechte geltend gemacht werden, so wird gebeten, mit dem Verlag Kontakt aufzunehmen.